高等学校电子信息类专业
应用创新型人才培养精品系列

通信原理

微课版｜支持 AR+H5 交互

北京航空航天大学通信原理课程组◎编

肖振宇 徐桢 张军◎主编

寇艳红 张涛 赵晶晶 刘凯◎副主编

U0262377

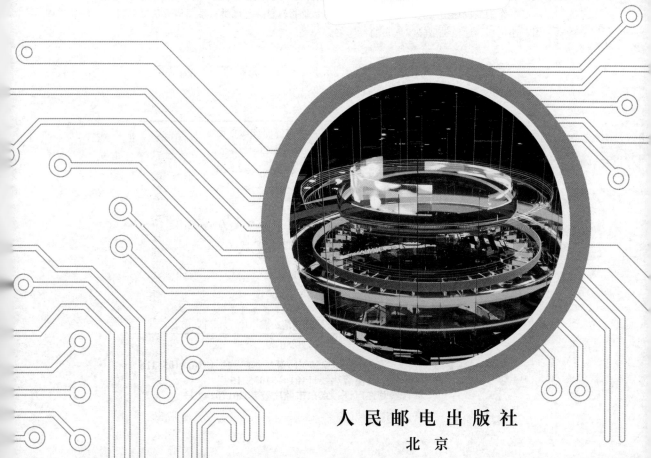

人民邮电出版社

北京

图书在版编目（CIP）数据

通信原理：微课版：支持AR+H5交互 / 北京航空航天大学通信原理课程组编；肖振宇，徐桢，张军主编．— 北京：人民邮电出版社，2024.12
高等学校电子信息类专业应用创新型人才培养精品系列
ISBN 978-7-115-64312-4

Ⅰ．①通… Ⅱ．①北… ②肖… ③徐… ④张… Ⅲ．①通信原理－高等学校－教材 Ⅳ．①TN911

中国国家版本馆CIP数据核字(2024)第084457号

内 容 提 要

本书采用线上与线下结合的模式，主要介绍典型模拟通信系统和数字通信系统的基本技术原理、时频信号分析及传输性能分析，重点从信号与系统的角度描述通信系统模块间的内在关联，注重章节之间的承启关系，建立通信系统的整体结构和外延扩展；同时，结合微课视频、AR 交互动画、H5 交互页面等数字形态，按章节提供关键知识点的在线交互仿真资源、重难点知识的讲解视频及典型素质教育案例，力求做到全面深刻、与时俱进。

全书共 9 章，包括绪论、确定信号与随机信号分析、信道与噪声、模拟调制系统、模拟信号数字化、数字信号的基带传输、数字信号的频带传输、信道编码、复用与多址，每章最后均附有习题。

本书可作为高校通信工程、电子信息工程等专业的教材，也可供从事通信领域项目研究工作的工程师使用，还可作为通信领域技术人员的参考书。

- ♦ 编　　　　北京航空航天大学通信原理课程组
  主　编　肖振宇　徐桢　张军
  副主编　寇艳红　张涛　赵晶晶　刘凯
  责任编辑　王宣
  责任印制　陈犇
- ♦ 人民邮电出版社出版发行　　北京市丰台区成寿寺路 11 号
  邮编　100164　电子邮件　315@ptpress.com.cn
  网址　https://www.ptpress.com.cn
  三河市中晟雅豪印务有限公司印刷
- ♦ 开本：787×1092　1/16　　　　彩插：1
  印张：22.75　　　　　　　　　2024 年 12 月第 1 版
  字数：624 千字　　　　　　　　2024 年 12 月河北第 1 次印刷

定价：79.80 元

读者服务热线：(010)81055256　印装质量热线：(010)81055316
反盗版热线：(010)81055315
广告经营许可证：京东市监广登字 20170147 号

推 荐 序

从烽火传信到电报、电话，再到如今的地面移动通信、低空智联网、卫星互联网与星际通信，通信产业实现了跨越式发展，深刻改变了人类的生产生活方式，正成为引领全球社会、经济、文化、科技、教育等多个领域进步的重要引擎。尽管各类通信技术与系统日新月异，但其基础始终是通信的基本原理。

通信原理课程是电子信息类本科专业核心课程，众多高校通信、电子和计算机等相关专业均开设这门课程，相应可参考的教材也有很多。但是，当今信息科学的飞速发展和教学改革的不断深化对教学内容、教学效率和教学效果都提出了更高的要求，新的通信技术、方法和系统不断出现，如语义通信、智能通信、通感一体、网算融合、低空智联网、大规模低轨卫星互联网等，亟须编写能够反映当前通信技术发展状况、适配当前教学环境、适合不同层次读者人群、反映学科最新研究成果和发展趋势的教材。

因此，为了适应现代数字多媒体、人工智能、空天网络等新兴技术的发展及国内高等学校深化教学改革的需要，北京航空航天大学通信原理课程组以丰富的教学实践经验和全国重点实验室科研成果为基础，以模拟信号的数字化传输过程为主线组织编写了该教材。该教材具有如下突出特点。

（1）该教材内容系统性强，章节关联紧密，力图用更有针对性的案例、更严密的信号与系统分析方法，清晰、透彻地讲解通信系统基本原理，以便读者巩固和增强学习效果。

（2）针对当前通信原理课程内容不断增加的情况，教学改革更强调知识点融会贯通、理论与实践结合相长。因此，该教材探索了微课视频、AR（Augmented Reality，增强现实）交互动画、H5（HTML5）交互页面等数字形态融合方式，能满足当下线上线下混合式教学的普遍需求，可以实现读者与动画、页面的实时互动，激发学习兴趣，加深知识理解。

（3）该教材突出科教融合，提供了丰富的空天通信重大工程案例介绍、人工智能技术在通信系统中的典型应用案例等线上扩展内容，以促成学生理解和掌握各类现代通信系统的核心专业能力。

该教材适用于高校通信、电子、计算机等相关专业的学生及信息技术研究部门的工程科技人员使用。相信该教材的出版将有助于我国高等学校电子信息类学科发展，为信息技术人才培养做出贡献。

北京邮电大学 教授
中国工程院 院士

前　言

时代背景

通信技术和通信产业是 20 世纪 80 年代以来发展极快的领域，尤其是进入 21 世纪以来，现代通信技术与经济发展之间的关系更加密切，通信网络成为支撑现代工业体系最重要的基础设施之一。随着计算机、微电子、机器学习等技术的快速发展，通信系统向着数字化、综合化与智能化方向不断演进。在此背景下，以 5G、6G、卫星互联网、人工智能等为代表的新兴技术不断涌入"通信原理"教材，对原本学时有限的"通信原理"课程形成了一定的冲击。与此同时，现代数字化技术的普及又不断推动教育向数字化方向发展，线上与线下结合等新形态教材呈现出蓬勃发展的态势。

写作初衷

为了避免学生陷入零散繁杂的知识海洋而难以抓住通信系统的基本主干，本书编著团队秉承"紧凑而深刻"的宗旨，力图采用线上与线下结合的模式，为学生构建模拟与数字通信系统的基本技术体系，从而促成学生建立理解和掌握各类现代通信系统的核心专业能力。

本书内容

本书以模拟信号的数字化传输过程为主线来组织内容。全书共 9 章（第 1~3 章为基础知识部分），第 1 章介绍通信系统的基本概念、发展简史、组成结构，以及信息的度量和信道容量，并介绍通信系统的主要性能指标等；第 2 章介绍通信原理中的信号分析方法，包括对确定信号的时频域分析、随机信号的平稳性分析及带通信号的复包络分析等；第 3 章介绍通信系统中信道与噪声的基本概念与模型；第 4 章介绍模拟调制系统中的调制/解调技术，涵盖各种模拟调制方法的原理、实现及抗噪声性能分析；第 5 章介绍模拟信号的数字化过程，包括采样、量化与编码等；第 6 章介绍数字信号的基带传输过程及方法，主要包括线路编码、波形设计、最佳接收、匹配滤波、均衡等；第 7 章介绍数字信号的频带传输，包括各种数字调制方法的原理、实现及误码性能分析等；第 8 章介绍信道编码，包括检错与纠错基本原理及典型信道编码的设计方法等；第 9 章介绍复用与多址技术，阐述多路及多用户业务高效共享通信资源的传输方法等。

本书内容可满足 40~80 学时的本科教学，适合不同能力层次的学生学习。

本书特色

本书主要特色如下。
- ➤ 强化系统工程：注重章节之间的承启关系，建立通信系统的整体结构和外延扩展。
- ➤ 深化技术原理：重点从信号与系统的角度描述通信系统模块间的内在关联。
- ➤ 线上线下结合：结合微课视频、AR 交互动画、H5 交互页面等数字形态助力开展混合式教学。
- ➤ 在线交互仿真：各章均提供关键知识点的在线交互仿真资源。

> ➢ 录制微课视频：提供重难点知识的微课视频，助力读者深入学习相关知识。
> ➢ 注重素质教育：提供"通信原理"课程典型素质教育案例。
> ➢ 提供丰富资源：提供与本书配套的 PPT、教学大纲、教案、习题答案等教辅资源。此外，编者还整理了"现代通信技术"与"人工智能赋能的通信技术"等学习资料，读者可以通过人邮教育社区（www.ryjiaoyu.com）下载获取。

AR 交互动画与 H5 交互页面使用指南

AR 交互动画是指将含有字母、数字、符号或图形的信息叠加或融合到读者看到的真实世界中，以增强读者对相关知识的直观理解，具有虚实融合的特点。H5 交互页面是指将文字、图形、按钮和变化曲线等元素以交互页面的形式集中呈现给读者，帮助读者深刻理解复杂事物，具有实时交互的特点。

为了使书中的抽象知识与复杂现象能够生动形象地呈现在读者面前，编者精心打造了与之相匹配的 AR 交互动画与 H5 交互页面，以帮助读者快速理解相关知识，进而实现高效自学。

读者可以通过以下步骤使用本书配套的 AR 交互动画与 H5 交互页面：

（1）扫描右侧二维码下载"人邮教育 AR"App 安装包，并在手机或平板电脑等移动设备上进行安装；

（2）安装完成后，打开 App，页面中会出现"扫描 AR 交互动画识别图"和"扫描 H5 交互页面二维码"两个按钮；

下载 App 安装包

（3）单击"扫描 AR 交互动画识别图"或"扫描 H5 交互页面二维码"按钮，扫描书中的 AR 交互动画识别图或 H5 交互页面二维码，即可操作对应的"AR 交互动画"或"H5 交互页面"，并且可以进行交互学习。H5 交互页面亦可通过手机微信扫码进入。

编者团队

北京航空航天大学通信原理课程组由北京航空航天大学电子信息工程学院的多位教师组成，主要负责北京航空航天大学通信原理课程的教学与实验工作。课程组由张军院士带领，长期从事空天信息传输的教学与科研工作，依托空地一体新航行系统技术全国重点实验室及空天电子信息国家级实验教学示范中心，支撑空天地一体化信息系统科教协同教学实验创新平台建设。课程组秉承"科教融通、数字引领"的课程建设理念，将特色科研成果与资源融入课程建设中，先后获得国家技术发明一等奖、国家科技进步一等奖等国家级科技奖励 4 项，国家级教学成果二等奖 1 项，全国高校青年教师教学竞赛一等奖 1 项，全国实验教学案例设计竞赛特等奖 1 项及一等奖 1 项，获评北京市优秀教学团队和北京高校优秀本科育人团队，是一支教学经验丰富、专业特色鲜明、空天情怀引领、科教成果卓著的教学队伍。

本书由本课程组编写，并由本课程组中的骨干教师肖振宇、徐桢、张军担任主编，寇艳红、张涛、赵晶晶、刘凯担任副主编。本书编写具体分工为：肖振宇编写了第 1 章、第 6 章和第 8 章，徐桢编写了第 4 章和第 5 章，张军编写了第 9 章，寇艳红、张涛、赵晶晶、刘凯共同编写了第 2 章、第 3 章和第 7 章。此外，肖振宇、徐桢、张军对全书进行了统稿。

限于编者的经验和水平，书中难免存在疏漏与不足之处，恳请读者朋友批评指正。编者电子邮箱为 xiaozy@buaa.edu.cn。

编 者
2024 年春于北京

目　录

资源索引

AR 交互动画识别图

H5 交互页面二维码

微课视频二维码

电子文档二维码

线上章节二维码

第 10 章　现代通信技术

第 11 章　人工智能赋能的通信技术

第 1 章   绪论

通信是人类社会进行信息交互的基本手段，是推动人类社会文明进步与经济发展的巨大动力。谈及通信，我们不禁要问，是什么因素驱使通信从传统形式发展到现代形式？未来又将如何发展？现代通信系统的标志性特征是什么？其基本构成与核心指标又是什么？

本章简介

作为本书的开篇，本章 1.1 节讲述通信的概念、现代通信系统的发展简史及典型通信系统，分析通信技术发展的内驱力；1.2 节给出通信系统的组成与分类；鉴于现代通信系统的根本目的是传递消息中所蕴含的"信息"，1.3 节正式介绍信息度量、信道容量和香农（Shannon）公式；以此为基础，1.4 节介绍现代通信系统的主要性能指标；最后 1.5 节概括本书的总体结构。

1.1   通信的概念与发展简史

简单而言，**通信就是信息的传输**，是发送者与接收者之间通过某种介质进行的信息传递。例如，最常用的人际通信方式是面对面讲话。发送者将语音以声波的形式在空气（介质）中传播，接收者通过耳朵接收声波，并恢复出语音。然而，面对面讲话这种通信方式存在一个最明显的问题，就是通信距离太短。为了克服这一问题，在古代，人们发明了很多通信手段，例如，利用飞鸽和快马传递书信，通过鸣金和击鼓传递作战命令，利用烽火台狼烟传递敌情等；现代社会中，更是出现了电报、电话、广播、电视、移动通信和计算机网络等大量先进的通信方式，以满足不同的通信需求。

那到底是什么因素驱使通信从飞鸽传书、鸣金击鼓、狼烟报警等传统形式，发展到电报、电话、广播、电视、移动通信和计算机网络等现代形式呢？答案是这是由人类社会的通信需求决定的。随着人类社会的不断发展，人们总是希望信息能够传递得更快、更远，并以更方便的形式进行通信。传统通信方式的传输介质存在时空局限性，例如，飞鸽传书受制于鸽子的飞行速度和距离，鸣金击鼓受限于声波的传播速度和距离，狼烟报警则局限于人眼所见范围和天气、地形等因素。因此，采用传统通信方式传递信息并不及时，也不可靠。一直以来，人们都在寻找更好的传输介质，以满足**更快、更远、更方便**的通信需求。直到 19 世纪初 **"电通信"** 技术开始被关注、探索，通信历史才迈进了新的时代，进入高速发展的新阶段。电信号作为信息的载体，传播速度极快，可以以接近光的速度在电缆中传播，并且可以通过接力中继实现远距离传输；此外，其使用和维护方便，可以有效地满足人们对通信的需求。因此，我们可以认为，电通信的出现是传统通信与现代通信的分水岭，而**将电（光）信号作为通信方式传递信息是现代通信系统的标志性特征**。

1.1.1   现代通信系统的发展简史

19 世纪 30 年代莫尔斯（Morse）发明了有线电报，这标志着电通信正式诞生。之后，第二次世界大战推动了通信技术的快速进步。伴随着电磁场理论、信息论、数字信号处理理论、微电子技术和计算机技术的发展，20 世纪 50 年代以来，各类通信技术不断发展并变得成熟。在现代通信发展历程中，主要的里程碑事件如表 1-1-1 所示。

表 1-1-1 现代通信发展历程中主要的里程碑事件

时间	事件
1600—1831 年	电磁学和电信技术的早期探索与发展
1838 年	莫尔斯发明有线电报，电通信诞生，开启现代通信历史
1864 年	麦克斯韦提出电磁辐射方程，为无线通信奠定理论基础
1876 年	贝尔（Bell）发明有线电话，推动电通信的大规模普及
1887 年	赫兹证实电磁波存在
1906 年	弗莱明发明真空管，为集成电路的发明奠定基础
1919 年	超外差收音机问世，推动无线通信的规模化应用
1925 年	开始采用三路明线载波电话、多路通信
1936 年	调频无线电广播开播，图灵机模型提出
1937 年	发明脉冲编码调制
1938 年	电视广播开播
1940—1945 年	第二次世界大战促进了雷达和微波通信系统的发展
1946 年	发明增量调制（Delta Modulation，DM），埃克特（Eckert）和莫奇利（Mauchly）合作发明世界第一台大型电子计算机"埃尼阿克"（Electronic Numerical Integrator and Computer，ENIAC）
1948 年	肖克利、巴丁和布拉顿合作发明晶体管，香农提出信息论，通信统计理论研究开始展开
1950 年	时分多路通信应用于电话
1957 年	发射第一颗人造卫星，创建 FORTRAN 语言
1958 年	铺设了越洋电缆，实现全球互连；出现可视电话；发射第一颗通信卫星，卫星通信诞生
1960 年	曼恩发明激光
1961 年	基尔比和诺伊斯发明集成电路，其极大地促进了现代化通信的发展
1962 年	发射第一颗同步通信卫星，脉冲编码调制进入实用阶段
1966 年	华人科学家高锟推导了透明玻璃纤维的损耗极限，并预测其能够用于通信，且提出光纤通信的设想，这些都奠定了全球高速信息网络的搭建基础
1970—1980 年	大规模集成电路、商用卫星通信、程控数字交换机、光纤通信系统诞生，微处理器等迅速发展
1980 年以后	超大规模集成电路、长波长距离光纤通信系统广泛应用，综合业务数字网崛起，Wi-Fi 无线局域网（Wireless Local Area Network，WLAN）技术及第一代至第五代移动通信技术相继问世，大规模低轨卫星互联网迅速发展

由此可见，现代通信技术依然沿着更快、更远、更方便的方向发展，逐渐从模拟通信发展到数字通信，从低速通信发展到高速通信，从地面通信发展到卫星通信。另外，现代通信的发展也与集成电路的发展密切相关。随着真空管的问世，模拟通信技术盛行。此后，随着脉冲编码调制原理和香农信息论的提出，以及晶体管和集成电路的飞速发展，数字通信崭露头角并逐渐成为主导，极大地改变了人类的生产与生活方式。进入 21 世纪后，随着移动通信、光纤通信和移动互联网的应用推广，通信技术的发展更是进入一个全盛时期。通信网络不仅已经成为支撑现代经济极为重要的基础设施之一，而且成为国家科技竞争的战略高地。

本书主要向读者介绍现代通信系统与通信技术，因此，如无特别说明，后文所提到的通信系统与通信技术均指采用电（光）信号作为信息载体的现代通信系统与通信技术。

1.1.2 典型通信系统

1．电报与电话

电报可以说是最早的通信系统了，而且是一种最简单的数字通信系统。
1837 年美国人莫尔斯提出了一种电报编码，其本质就是一种变长度的编码。这种编码用短的符号序列表示常用字母，用长的符号序列表示不常用字母。不同的电报编码对应不同的电信号。至此，

固定电话系统

电报走入人们的视野。之后，人们又陆续提出了一些电报编码，比如波特（Baud）采用的 5 位二进制序列等。电报历史上的一个重要里程碑是 1858 年建成的横跨欧美大陆的越洋电缆，但遗憾的是这条电缆仅工作 4 个星期就损坏了。

电话发明于 19 世纪 70 年代，由美国聋哑学校教师贝尔在 1876 年申请专利。早期的电话相当简单，仅能提供数百千米范围内的服务。一直到碳精话筒感应线圈的出现，其通话质量和服务范围才有了明显改进。但直到 1906 年真空管问世，电话线上的微弱信号能够被放大，电话才得以实现远距离传输。1909 年德国西门子公司的电磁式自动交换机诞生，这标志着通信自动化时代的开始，自动交换机取代了人工交换。随后，1913 年美国首先提出纵横制原理。1923 年瑞典首先制成可供实用的纵横接线器。1970 年，世界上第一部程控数字交换机在法国巴黎开通。与此同时，世界各国也相继研发出了自己的程控数字交换机。程控数字交换机使用计算机软件进行电话交换，这标志着数字电话的全面使用和程控交换通信时代的到来。1975 年，光纤通信进入实用化阶段，为通信的大容量、远距离传输带来了技术体系的重大变革。光纤与程控交换通信时代的到来引起了通信技术体制的升级换代，将通信技术推向一个更高的水平，人类迎来了通信业务的大发展。

2．光纤通信

光纤通信是以光波作为载波，以光纤作为传输介质，将信息从一处传至另一处的通信方式，人们将其称为"有线"光通信。它具有容量大、成本低、不怕电磁干扰的优点，而且与同轴电缆相比，可以大量节约有色金属等能源。因此，自 1977 年第一个光纤通信系统投入运行以来，光纤通信发展极为迅速，且已成为世界通信中的主要传输方式。

光纤通信原理框图如图 1-1-1 所示。光纤通信的原理是：在发送端，首先要把传送的信息（如语音）变成电信号，然后调制器将基带信号转换为适合信道（在两点之间用于收发信号的单向或双向通路）传输的信号，激光器将电信号转换为光信号，并加载到发出的激光束上，使光的强度随电信号的幅度（频率）变化而变化，且通过光纤发送出去；在接收端，接收器收到产生畸变和衰减的微弱光信号，经过放大和处理后恢复出发送前的电信号，再经解调后恢复出原信息。

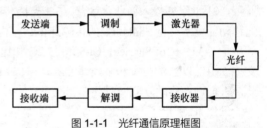

图 1-1-1　光纤通信原理框图

光纤通信的主要发展方向是大容量数字传输技术和相干光通信。随着信息传输速率日益加快，光纤技术已得到广泛的重视和应用。

3．蜂窝通信

蜂窝通信即移动通信，它是现代通信中发展最为迅速的一种通信手段，随着汽车、飞机、轮船、火车等交通工具的发展而同步发展起来。目前，其已从第一代移动通信技术发展到第五代移动通信技术，如表 1-1-2 所示。

表 1-1-2　各代移动通信技术的特征

技术分类	调制类别	传输带宽	交换方式	服务特点
第一代	模拟	窄带	电路交换	容量小，不能漫游
第二代	数字	窄带	电路交换	支持语音、低速数据服务，支持漫游
第三代	数字	宽带（5Mbit/s）	分组交换、电路交换	支持多媒体业务、移动互联
第四代	数字	更宽带（100Mbit/s）	分组交换	基于 IP 的核心网，支持移动互联
第五代	数字	更宽带（Gbit/s）	分组交换	支持物联网等垂直行业

第一代移动通信系统（First Generation Mobile Communication System，1G）是指 1978 年由美国贝尔实验室开发的先进移动电话业务系统（Advanced Mobile Phone System，AMPS），它是一种真正意义上具有随时随地通信能力的大容量蜂窝移动通信系统。其采用频率复用技术，可保证移动终端在整个服务覆盖区域内自动接入公用电话网，具有较大的容量和较好的语音质量，很好地解决了公用移动通信系统所面临的大容量要求与频谱资源限制的矛盾。此外，第一代移动通信系统采用模拟信号无线传输，属于窄带传输；其交换方式采用电路交换，多址方式采用频分多址（Frequency Division Multiple Access，FDMA），具有频谱利用率低、系统安全保密性差、数据承载业务难以开展、设备成本高、体积大、容量小、仅支持频分双工（Frequency Division Duplex，FDD）、不能漫游等局限，已不能满足日益增长的移动用户需求，如今已经被淘汰。

第二代移动通信系统（2G）主要是指全球移动通信系统（Global System for Mobile Communications，GSM）。该系统用到了工作在 900/1800MHz 频段的 GSM 移动通信网络提供的语音和数据业务。与 1G 相比，其采用了数字信号无线传输，可以实现语音以及低速数据业务，解决了不能漫游的问题。与以往的 1G 相比，GSM 实现了从模拟无线通信到数字无线通信的转变，并在多址方面引入了时分多址（Time Division Multiple Access，TDMA），每个载频可同时进行 8 组通话。遗憾的是，2G 虽较 1G 有所进步，但仍属窄带传输，交换方式依然采用电路交换。此外，仅支持 FDD 的问题也没有解决。

第三代数字蜂窝移动通信系统（3G）是指利用 WCDMA、CDMA2000、TD-SCDMA 等码分多址通信网络提供语音、数据、视频、图像等业务的系统，其主要特征是可提供移动宽带多媒体业务，21 世纪初投入商业化运营。3G 支持高速移动环境下可达 144kbit/s 的传输速率，步行和慢速移动环境下支持 384kbit/s 的传输速率，室内环境下支持 2Mbit/s 的传输速率，并保证高可靠服务质量（Quality of Service，QoS）。与 2G 相比，3G 采用电路交换与分组交换相结合的交换方式，支持 5MHz 以上的带宽和多媒体业务，支持 FDD 和时分双工（Time Division Duplex，TDD）。至此，人们进入移动互联网时代。

虽然 3G 解决了 1G、2G 的弊端，但其实际速度远未达到预期值。随后国际组织第三代合作伙伴计划（3rd Generation Partnership Project，3GPP）和 3GPP2，又开始了新一轮的 3G 演进计划，最终在众多候选标准中长期演进（Long Term Evolution，LTE）技术脱颖而出。2004 年年底，3GPP 组织启动了"LTE 计划"，该计划实现了 3G 向 4G 的平滑过渡，所以 LTE 又被称为准 4G 标准。该计划的最终目标是：提供一个低时延、高吞吐量、大规模覆盖的移动通信网络。第四代移动通信系统（4G）以宽带移动、高速数据传输为主要特征，在 2010 年开始商用。LTE 原本是 3G 向 4G 过渡升级过程中的演进标准，它有 FDD 和 TDD 两种工作方式。与 3G 相比，4G 的优点如下：采用无缝接入技术、更高的宽带（可达 100MHz）、基于 IP 协议的核心网、正交频分复用（Orthogonal Frequency Division Multiplexing，OFDM）以及采用多输入多输出（Multiple Input Multiple Output，MIMO）技术。

与前四代不同，第五代移动通信系统（5G）并不是一个支持单一无线技术的系统，而是现有无线通信技术的融合体。5G 可提供高达 10Gbit/s 的接入速率，在 IP 核心网基础上，实现了服务化，使核心网从专用设备逐渐开始演变为通用设备，节省了网络部署开销。同时，5G 开始扩展服务范围，从传统的通信业务拓展到支持物联网、工业互联网等垂直行业，从面向用户到面向企业。5G 有 3 个典型应用场景，分别是增强移动宽带（Enhanced Mobile Broadband，eMBB）、超高可靠超低时延通信（Ultra-Reliable and Low-Latency Communications，uRLLC）和大规模机器类型通信（Massive Machine Type Communications，mMTC）。其中，eMBB 主要面向移动互联网流量快速增长的需求，为移动互联网用户提供更极致的应用体验；uRLLC 主要面向工业控制、远程医疗、自动驾驶等对时延和可靠性具有极高要求的垂直行业应用需求；mMTC 主要面向智慧城市、智能家居、智慧农业等以传感和数据采集为目标的应用需求。因此，5G 涉及我们生活的方方面面，从智能穿戴设备到智能水表、电表，从智能井盖到车载终端，将涵盖智慧城市、智慧交通、环境监测及医疗保健等各个方面。大量的智能终端会接入网络，蜂窝网络将成为物联网的主要承载网络。随着物联网接入方式的多样化，面向 5G 网络的蜂窝物联网架构也逐渐清晰。与前几代相比，5G 具有更高的宽带，时延更小且可海量连接。

4．无线局域网

无线局域网是指采用无线媒体或介质以及无线射频技术将计算机设备互连起来，在一定区域内形成可以互相通信和实现资源共享的无线网络体系。无线局域网的出现补充和拓展了有线连网的方式，使用户摆脱了网线、光纤等物理传输介质的束缚，极大增强了用户设备的可移动性。其经过 6 轮更新换代，如今成为众多网络接入技术中部署最广、效率最高的技术。

世界上最早出现的无线局域网是夏威夷大学在 1971 年开发的基于封包式技术的实验性计算机网络系统——ALOHAnet 系统，它采用无线电台替代电缆线的原因是克服由于地理环境因素而造成的布线困难。该系统采用中心型拓扑结构，由 7 台计算机组成，工作频段为 400MHz，并设置有上行和下行两条广播信道。在下行信道中，主机的数据发往各个用户终端；在上行信道中，用户使用 ALOHA 通信协议，通过集线器将数据经 ALOHAnet 中心站发送至主机。1979 年，瑞士 IBM Ruesehlikon 实验室的格弗勒勒（Gfeller）首先提出了无线局域网的概念，他采用红外线作为传输介质，用以解决生产车间里布线困难的问题，避免大型机器的电磁干扰。不过，其方案由于传输速率小于 1Mbit/s 而没有投入使用。

尽管在 20 世纪 70 年代就已经出现无线局域网的技术，但直到 20 世纪 90 年代都没有获得过多的关注与研究。20 世纪 90 年代初期，美国电气与电子工程师协会（Institute of Electrical and Electronics Engineers，IEEE）下设 IEEE 802 标准委员会成立了 IEEE 802.11 任务组，并制定了 IEEE 802.11 标准。它采用红外、调频技术和直接序列扩频（Direct Sequence Spread Spectrum，DSSS）3 种物理层技术，提供 2Mbit/s 的传输速率以及 100m 的传输距离，但是由于其具有较低的传输速率以及高昂的成本，因此其没有得到广泛应用。1999 年，IEEE 802.11 任务组通过了 802.11b 标准，该标准成为第一代无线局域网标准。802.11b 标准工作频段为 2.4GHz，最大传输速率为 11Mbit/s，并引入补码键控，以降低由于错误而导致的重传率。传输速率获得大幅提升的同时，硬件设备成本也大幅下降，无线局域网开始大规模进入市场。

为了获得更高的传输速率，第二代无线局域网标准 IEEE 802.11a 也于 1999 年提出。它首次采用正交频分复用技术，支持 54Mbit/s 的传输速率，但其最大传输距离仅为 50m。802.11a 工作在 5GHz 频段，采用的射频器件成本较高，且与 802.11b 不兼容，因此，802.11a 并未得到广泛使用。

第三代无线局域网标准 IEEE 802.11g 于 2003 年提出。它同样采用 OFDM 技术，并保持了 54Mbit/s 的最大传输速率。802.11g 工作在 2.4GHz 频段，能够与 802.11b 在同一无线局域网中共存，保障了后向兼容性。

第四代无线局域网标准 IEEE 802.11n 于 2009 年提出。为了满足互联网等对传输速率与可靠性的需求，它采用 MIMO 技术，并搭配空分复用（Space Division Multiplexing，SDM）、空时分组码与发送波束赋形，使其最大传输速率达到 600Mbit/s，且其工作频段为 2.4GHz 和 5GHz，兼容 802.11a/b/g。

不过，移动宽带业务的快速发展和高密度接入的需求对无线局域网的传输速率提出了更高的要求，因此，第五代无线局域网标准 IEEE 802.11ac 于 2013 年提出。它采用下行链路多用户 MIMO（Multi-User Multiple Input Multiple Output，MU-MIMO），搭配更高的带宽与更高阶的调制技术，使理论最大传输速率达到 6.8Gbit/s。但它的工作频段仅为 5GHz，削弱了 2.4GHz 频段用户的体验。

在 802.11ac 优势的基础上，第六代无线局域网标准 IEEE 802.11ax 于 2019 年正式发布。它采用 1024 正交幅度调制（Quadrature Amplitude Modulation，QAM）技术，并通过降低 OFDM 中子载波间隔以及基于调度的资源分配等方法提供 9.6Gbit/s 的峰值速率。802.11ax 工作频段为 2.4GHz 与 5GHz，与 802.11a/g/n/ac 高效兼容。除此之外，802.11ax 采用正交频分多址（Orthogonal Frequency Division Multiple Access，OFDMA）以及上下行 MU-MIMO 技术，根据用户需求分配带宽，能够为多位用户提供相同的体验。

卫星通信系统

从 IEEE 802.11 到 IEEE 802.11ax，借助 OFDM、MIMO 与高阶 QAM 等技术，无线局域网的传输速率实现了飞速增长，满足了高可靠、低延时的通信需求。但是未来智慧家居系统及虚拟现实、增强现实技术等的兴起，不但对无线局域网的传输速率提出了更高的要求，还要求无线局域网具有内生感知、内生智能、强安全等功能，也因此衍生出了 802.11bf/bi/az 等标准，以满足未来的需求。

从卫星互联网到天地一体化移动互联网

5．卫星通信

卫星通信就是地球上（包括地面和低层大气中）的无线电通信站间利用卫星作为中继而进行的通信。卫星通信系统由卫星和地球站两部分组成，其特点可总结为 6 点：一是通信范围大（只要在卫星发射的电波所覆盖的范围内，任何两点之间都可进行通信）；二是可靠性高（不易受陆地灾害影响）；三是开通电路迅速（只要设置地球站电路即可开通）；四是成本降低（同时可在多处接收，能经济地实现广播、多址通信）；五是系统话务量分配更均衡（电路设置非常灵活，可随时分散过于集中的话务量）；六是信道利用率高（通过多址联结，同一信道可用于不同方式或不同区域）。

天通卫星与手机直连

卫星通信系统包括通信和保障通信的全部设备，一般由空间分系统、通信地球站分系统、跟踪遥测及指令分系统、监控管理分系统等部分组成，如图 1-1-2 所示。

其中，跟踪遥测及指令分系统负责对卫星进行跟踪测量，控制其准确进入静止轨道上的指定位置，在卫星正常运行后，负责定期对卫星进行轨道位置修正和姿态保持；监控管理分系统负责对定点卫星在业务开通前后进行通信性能的检测

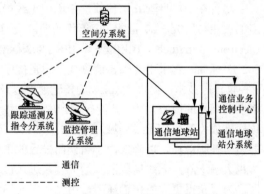

图 1-1-2　卫星通信系统的基本组成

和控制；空间分系统（通信卫星）主要包括通信系统、遥测指令装置、控制系统和电源装置（包括太阳能电池和蓄电池）等几个部分，是通信卫星上的主体；通信地球站分系统则是微波无线电收、发信站，用户通过它接入卫星线路进行通信。

6．航空通信

航空通信，一般指民航飞机及航空相关部门之间利用电信设备进行联系，以传递飞机飞行动态、空中交通管制指示、气象情报和航空运输业务信息等的一种飞行保障业务。早期的航空通信方式主要是高频与甚高频语音通信，目前广泛采用的是飞机通信寻址与报告系统（Aircraft Communications Addressing and Reporting System，ACARS），它主要通过飞机机载设备和地空数据通信网络建立飞机与地面计算机系统之间的连接，实现地面系统与飞机之间的实时双向数据通信。

民航语音电台

如图 1-1-3 所示，ACARS 系统可以分为 3 部分：机载地空数据通信设备、地面通信网络和地面信息处理系统。其中，机载地空数据通信设备主要完成信息采集、报文生成、信号调制/解调、通信模式转换和数据与语音信道切换等功能。地面通信网络则负责空地间数据的处理和消息分发。地面

信息处理系统包括飞行监控、交通服务、机场运行保障系统以及其他应用系统，是连接飞机和地面通信网络的节点。地面处理系统与机载地空数据通信设备相对，是上传数据的起始点和下传数据的终点，通常属于空中交通管制局或者航空公司，它们会将航线情况、天气等信息传给空中飞行人员，以保障飞行安全。ACARS 实现了航空器与地面站之间通过无线电信号和卫星通信系统传输报文的功能，且与传统的低空语音通信方式相比，具有传输速率快、抗干扰能力强、误码率低、可靠性强等优点，现已在民航领域获得了广泛应用，并成为目前全世界使用最多的地空数据通信系统。

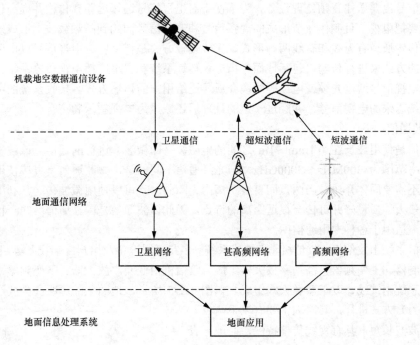

图 1-1-3　ACARS 系统的基本组成

7. 广播电视系统

广播电视系统是指把图像和伴音电视信号经过发射机调制后由发送天线以电磁波的形式辐射出去，在接收端进行相对应的相反变换和处理，恢复出原来的图像信号和伴音信号，用户可直接利用电视机进行收看的电视系统。随着数字技术领域的巨大发展和人们对电视图像质量需求的不断增加，现在逐步采用了用数字方式制作（信源采用数字压缩编码技术）、传输（信道传输）和接收的数字电视系统。

广播电视系统

广播电视系统的基本组成如图 1-1-4 所示。

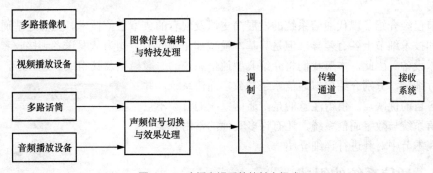

图 1-1-4　广播电视系统的基本组成

一个完整的广播电视系统由电视信号的产生与发送系统、信号传输通道、接收系统三大部分构成。在发送端（即电视台）的演播室中，根据电视节目的需要，用多台电视摄像机从不同的角度把要传送的景物变换成相应的图像信号，再经过图像信号编辑与特技处理设备形成节目所需的图像信号，也就是得到了播出所需的视频信号。声音信号是通过话筒拾取的。在电视节目制作现场，往往需要用多个话筒从不同方位拾取不同的声音信息，这些话筒输出的声音电信号被送到音频信号编辑与效果处理设备进行必要的处理，形成节目所需的声音信号，以作为播出的音频信号。在电视节目制作过程中，有时还需要插入现场以外的图像和声音信息，因此其他视频及音频播放设备输出的信号也要送往音频处理设备。为了便于对电视信号进行远距离传输并提高传输通道的利用效率，要把电视节目制作环节形成的视频信号和音频信号调制到高频载波上形成射频信号后进行传输。传输通道有无线和有线两种形式。无线传输方式是指将射频电视信号以电磁波形式通过空间辐射的方式来进行传输，包括地面广播电视传输系统和卫星广播电视传输系统。有线传输方式是指将电视信号通过光缆或电缆等线缆介质传送给用户的传输方式。接收系统的主要任务是接收传输系统送来的电视信号，并经过一定的处理后还原成为电视图像和声音。

8．微波通信

微波通信是使用波长在 0.1mm～1m 之间的电磁波（即微波）进行的通信。该波长段电磁波所对应的频率范围为 300MHz～3000GHz。与光纤通信不同的是，微波通信是直接使用微波信号进行通信，不需要固体介质，当两点间直线距离内无障碍时就可以使用微波传送。利用微波进行通信具有容量大、质量好并可传至很远距离的特点，因此微波通信是国家通信网的一种重要通信手段，也普遍适用于各种专用通信网。

微波通信系统由发信机、收信机、天馈线系统、多路复用设备及用户终端设备等组成。其中，发信机由调制器、上变频器、高功率放大器组成，收信机由低噪声放大器、下变频器、解调器组成；天馈线系统由馈线、双工器及天线组成。如图 1-1-5 所示，地面上的远距离微波通信通常采用中继（接力）方式进行，其原因主要有以下两点。

一是微波波长短，具有视线传播特性，而地球表面是一个曲面，电磁波长距离传输时，会受到地面的阻挡。为了延长通信距离，需要在两地之间设立若干中继站，进行电磁波转接。

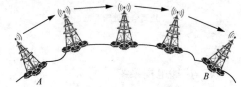

图 1-1-5　微波中继通信示意图

二是微波传播有损耗，随着通信距离的增加，信号会衰减。此时有必要采用中继方式对信号逐段接收、放大后发送给下一段，以延长通信距离。

1.2　通信系统的组成与分类

上一节已经介绍了现代通信系统的发展简史以及现有的典型通信技术。虽然这些通信系统在应用场景和技术细节上各有差异，但是其基本模型都是相同的，均为从发送者到接收者传输信息所需的技术设备。因此，本节我们将介绍典型通信系统的一般模型及其组成。进一步，我们将通信系统进行细分，分别介绍模拟通信系统与数字通信系统，并分析两者各自的优缺点。值得注意的是，通信系统的分类不只有模拟通信系统与数字通信系统，还有许多其他的常用分类，我们也将在本节中对其进行详细介绍。

1.2.1　通信系统的组成

自电通信诞生以来，通信系统的种类和数量可以说是不胜枚举。不同通信系统的组成和复杂度也各不相同，有的通信系统可以是发送者与接收者之间的一条传输线路，而有的通信系统则可以是诸如移动通信网络、卫星网络等复杂网络。然而，不管多么复杂的通信系统，其最基本的组成单元就是发送者与接收者之间的传输通路，我们可称之为一条点对点链路。通信系统的一般模型如图 1-2-1 所示，各部分功能简述如下。

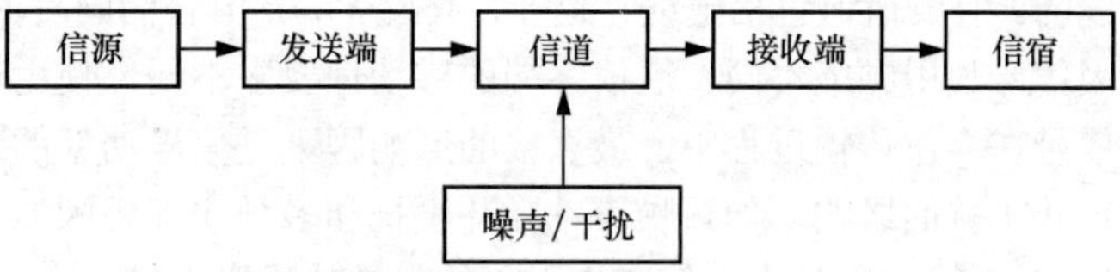

信源 → 发送端 → 信道 → 接收端 → 信宿

噪声/干扰

图 1-2-1　通信系统的一般模型

1．信源和信宿

通信系统的用途是传输信息，信息承载在消息中，或者说消息是信息的载体。我们日常接触和处理的消息是多种多样的，包括语音、音乐、文字、图像、数据、视频等。消息可以分为两大类：连续消息和离散消息。离散消息在幅度域取值是离散的，如符号、数据等，且消息数量是有限或可数的；连续消息在幅度域是连续的，如连续变化的语音、图像等，且消息数量是不可数的无穷值。

原始消息不是物理量，不可直接测量，更不是以电信号形式存在的。因此，这些原始消息往往并不能直接以"**电通信**"的形式传输出去，而**必须先转换成相应的"电信号"**，这里我们可称之为"消息信号"。**实现原始消息到消息信号这一转换功能的模块就是信源。**

信源是消息的产生和发送者，信源信号产生的消息信号携带待传输的消息；与之相对应，信宿则是消息的接收者和受众，它根据接收到的消息信号，恢复出原始消息。根据信源输出电信号性质的不同，信源可分为**模拟信源和数字信源**。模拟信源输出时间和幅度均连续变化的模拟信号，如电话机、话筒等；数字信源则输出时间和幅度均离散的数字信号，如电报机、计算机、手机等数字设备。模拟信号与数字信号的区别如图 1-2-2 所示。随着计算机多媒体技术、数字通信技术和各种手持数字终端的发展，数字信源种类和数量越来越多，已成为当今的主流信源。

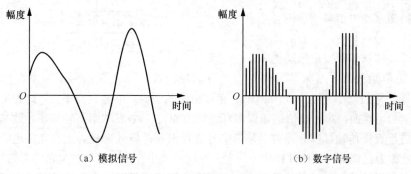

（a）模拟信号　　　　　　　　　　（b）数字信号

图 1-2-2　模拟信号与数字信号的区别

需要强调的是，由于数字通信技术的广泛应用，为了将模拟消息以数字化方式传输，模拟信源输出的模拟信号可通过采样、量化和编码转换为数字信号（即模拟信号的数字化，或称模数转换）。例如，模拟语音信号就可以通过脉冲编码调制转换为数字信号；相应地，模拟信源也通过级联模数转换器而变成了数字信源。因此，数字信源除了包括电报机、计算机等数字终端之外，**还包括由模拟信源数字化转换而成的信源。**

2．发送端

信源虽然已将消息转换为电信号，但是电信号并不能直接进行传输，这是因为不同的传输介质只适合传输特定的电信号。发送端的基本功能就是匹配信源和传输介质，也就是将信源产生的电信号变换为适合在特定传输介质中传送的信号形式，再送往传输介质。发送端通常需要对信源产生的电信号进行很多处理，如编码、变频、滤波、放大等。

3．信道

信道是从发送端到接收端之间信号传递所经过的传输介质。信道可以是无线的，也可以是有线的。有线信道包括电缆、光纤、双绞线等，但它们固有的传输特性各不相同。对无线信道而言，因信号使用频率不同，通信终端的移动性要求不同，使用环境不同，其传输特性便有很大差别。信号在介质传输过程中，最直接的影响因素是信号功率的衰减。除此之外，信号通常还会受到噪声和干扰的影响，如热噪声、脉冲干扰和多种非理想因素（如多普勒频移、多径衰落、电路非线性响应等）。实际上，**信道中引入的加性热噪声主要来自接收机前端的有源器件。**

4．接收端

接收端的基本功能是完成与发送端相对应的处理过程，以便从接收到的信号中正确恢复出消息信号，并传送给信宿进一步恢复出原始消息。通常情况下，由于信号在传输介质中有较大的功率衰减，因此接收端首先需要对信号进行放大，然后进行滤波、变频、同步、解码等处理。除此之外，接收端还需要尽量消除各种干扰和电路非线性影响，提升系统接收性能。值得指出的是，由于噪声、干扰以及各种非理想因素的存在，因此接收端往往**无法完全恢复发送端产生的电信号，而只能恢复出一种估计信号。**

1.2.2　模拟通信系统与数字通信系统

如前所述，通信系统可以传输模拟信源产生的模拟消息信号，也可以传输数字信源产生的数字消息信号。鉴于我们已将模拟信源数字化后的信源归为数字信源，我们可以**将传输模拟信源产生的模拟消息信号的通信系统称为模拟通信系统，将传输数字信源产生的数字消息信号的通信系统称为数字通信系统。**

图 1-2-3 给出了典型模拟通信系统的组成示意图。首先，模拟信源将连续消息转换为原始电信号，该信号通常称为基带信号。其中，基带的含义为基本频带，即从信源发出或送达

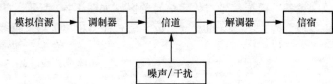

图 1-2-3　典型模拟通信系统的组成示意图

信宿的信号的初始频带。基带信号的频谱具有低通特性，如语音信号的频率范围为 300Hz～3400Hz，图像信号的频率范围为 0～6MHz。在近距离范围内，信号衰减不大，此种情况下可以直接传输基带信号。然而，对无线信道和许多有线信道而言，收/发端距离较远，导致基带信号衰减较大，无法进行直接传输，因此需要对基带信号进行调制，将其变换为适合在信道中传输的信号形式；该信号称为已调信号，该过程称为调制，在调制器中完成。已调信号携带基带信号的信息，且其频谱具有带通特性。与基带信号对应，**变频后的已调信号可称为带通信号或者频带信号。** 已调信号经过信道传输后，在接收端进行发射端的反变换，即通过解调器变换为基带信号，再通过信宿将基带信号还原为连续信息，即可完成信息的传递。

除此之外，模拟通信系统还涉及放大器、滤波器、天线等。此类部件不会对信号产生质的变化，只是对信号进行放大以及改善信号特性，因此，在通信系统的模型中一般不作讨论。通信原理对模拟通信系统的研究重点是调制/解调原理以及信道噪声对信号传输的影响，因此将其余部件简化为调制器与解调器。

上面介绍的模拟通信系统是一种早期的通信系统。它最大的优势是系统简单，但性能不足，无法有效应对信号在传输过程中产生的畸变以及引入的干扰等。相比之下，**数字通信系统的抗噪声性能及抗干扰性能明显优于模拟通信系统。** 在数字通信中，只要传输过程中所引入的数字信号畸变和引入的干扰保持在容许范围内，接收端就能够正确地恢复出发送端的数字信号，因此，数字信号可以无畸变地多次再生、转接。模拟通信中，虽然由信道频域特性不理想造成的模拟信号

畸变可以用频域均衡的方法得到纠正，但信道中引入的随机噪声和干扰却无法完全消除，信号不可能无失真地得到恢复。此外，相比于模拟信号，数字信号还具有便于处理、存储的优点。因而，随着数字传输技术、数字信号处理技术、超大规模集成电路、计算机技术和互联网的发展，当今数字通信系统已占据主导地位，几乎完全替代了模拟通信系统。但在广播电视、航空通信、短波通信等方面，早期建设的模拟通信系统依然延续应用至今，并可能继续应用下去。

对数字通信系统而言，发送和接收过程常常包含更多的处理环节。图 1-2-4 给出了一个典型数字通信系统的基本组成示意图。在数字通信系统中，发送端通常包括**信源编码**、**信道编码**、**调制**等基本组成部分。值得说明的是，除了基本组成部分，数字通信系统还可能包括加密与解密、合路与分接等附加部分。

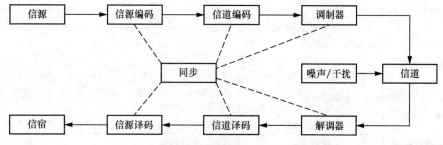

图 1-2-4　典型数字通信系统的基本组成示意图

信源编码有两个功能：一是完成模数转换；二是通过各种压缩编码技术减少编码符号数量。具体而言，当信源输出模拟信号（如语音、图像等）时，则首先需要对模拟信号进行采样、量化和编码，将其转换成数字信号（通常为二进制码元），使模拟信号能够通过数字通信系统传输。将模拟信号转换为数字信号后，再对其进行压缩编码。压缩编码的作用是通过改变编码符号的出现概率以及减小各符号间的相关性，提高符号的平均信息量，从而可以使用更少的符号传输相同量的信息，相关内容将在 1.3 节进行介绍；另外，还可以使信源发生可控的失真，降低信源的信息量，从而减少编码符号的数量，提升通信系统的有效性。信源译码则是信源编码的逆过程，将编码所用符号恢复为原来的信号。

信道编码的功能是进行差错控制。具体而言，数字信号在传输过程中会由于信道状态不理想以及加性噪声的影响而发生错误。信道编码的作用则是在被传输的信息序列中加入监督码元，监督码元与信息码元之间通过确定的规则形成约束。信道译码则是对接收到的数字信息序列按照相应的规则进行解码，从而发现错误或纠正错误，提升通信系统的可靠性。

调制的功能是把信号变换为适合在给定的信道中传输的形式，亦即使信号与信道特性相匹配。具体而言，数字基带信号往往含有丰富的低频分量，但是实际中的大多数信道（如无线信道）具有带通特性，使基带信号无法在此类信道中传输。通过调制，利用载波将数字基带信号变成带通信号，使信号与信道的特性相匹配，从而实现数字信号在具有不同特性的信道中传输。在接收端，则可以使用相干解调或非相干解调还原数字基带信号。**所谓相干**（Coherence），即两路载波信号同频同相。相干解调的本地振荡器（本振）需要产生与接收信号载波同频同相的载波信号，而非相干解调并不需要产生与接收信号载波同频同相的载波信号，甚至根本不需要产生载波信号。相比而言，相干解调抗噪声性能比非相干解调好，但相干解调系统较为复杂和昂贵。

数字调制种类丰富，首先，对载波的幅度、频率和相位分别进行控制，则可以实现幅移键控（Amplitude Shift Keying，ASK）、频移键控（Frequency Shift Keying，FSK）以及相移键控（Phase Shift Keying，PSK）3 种基本的数字调制方式；其次，数字信号分为二进制和多进制，因此数字调制具有二进制调制以及多进制调制；除此之外，为提高数字调制的性能，人们对数字调制不断加以改进，从而提出了多种新的调制/解调技术，如正交幅度调制（QAM）、正交频分复用调制（OFDM）等。表 1-2-1 中列出了各种常用的数字调制方式及典型应用。

表 1-2-1　常用的数字调制方式及典型应用

调制方式			典型应用
连续波调制	模拟幅度调制	常规调幅	音频广播
		双边带抑制载波调制	立体声广播
		单边带调幅	载波多路通信、无线电台
		残留边带调幅	电视广播
	模拟角度调制	频率调制	音频广播、微波通信、卫星通信、对讲机
		相位调制	中间调制方式、卫星通信
	数字调制	幅移键控	数据传输、光纤通信
		频移键控	移动通信、数据传输
		相移键控	卫星通信、空间通信、数字微波、移动通信
		其他高频谱效率数字调制	移动通信、数字微波、话带数据传输、卫星通信、空间通信
		正交频分复用调制	移动通信、无线局域网、超宽带通信、电力线通信、地面视频广播、水声通信
脉冲调制	脉冲模拟调制	脉幅调制	中间调制方式、光纤传输、音频功放、数字测量仪表
		脉宽调制	遥测、光纤传输
		脉位调制	电话线多路数字通信、语音编码、遥测
	脉冲数字调制	脉冲编码调制	军用数字电话、高速模数转换
		增量调制	语音编码、图像编码
		差分脉冲编码调制	中低速语音编码
		其他语音编码调制	中低速语音编码

注：常规调幅——Amplitude Modulation，AM；
　　双边带抑制载波——Double Side Band Suppressed Carrier，DSB-SC；
　　单边带——Single Side Band，SSB；
　　残留边带——Vestigial Side Band，VSB；
　　脉幅调制——Pulse Amplitude Modulation，PAM；
　　脉宽调制——Pulse Duration Modulation，PDM；
　　脉位调制——Pulse Position Modulation，PPM；
　　脉冲编码调制——Pulse-Code Modulation，PCM；
　　差分脉冲编码调制——Differential Pulse-Code Modulation，DPCM；
　　二进制幅移键控——Binary Amplitude Shift Keying，2ASK。

除此之外，为了使数字通信系统有序、准确、可靠地工作，还必须保证收/发端的信号在时间上保持步调一致，因此需要进行同步。同步又分为载波同步、码元同步、帧同步以及网同步。

载波同步的功能是在接收端产生一个与接收信号载波同频同相的本地振荡信号，供给解调器进行相干解调。具体而言，当接收信号中包含离散的载波分量时，接收端则可从接收信号中分离该载波分量并对其相位进行调整，保证本地振荡与接收信号中的载波同频同相；当接收信号中不包含离散载波分量时，则需要相应的载波同步电路，如平方环、科斯塔斯（Costas）环等，从接收信号中提取载波，供相干解调使用。

码元同步的功能则是获得每个接收码元的起止时刻，保证对每个接收码元进行正确的抽样判决。具体而言，接收端需要产生一个与接收码元严格同步的时钟脉冲序列，以确定每个码元的积分区间以及抽样判决时刻。码元同步一般需要从接收信号中提取码元时钟的频率和相位误差信息，并进行补偿校正，以时刻保证时钟脉冲序列与接收码元同步。

数字通信系统常用若干个码元表示一定的含义，如采用分组码纠错的系统中，需要将接收码元正确分组，才能正确译码，因此，接收端不仅需要知道每个码元的起止位置，还需要知道每一组码元的起止位置。帧同步的功能则是在收/发端之间建立起一组符号之间的同步，保证接收端能够识别码组的起止位置，使后续能够进行正确译码。

除了接收单个用户的信号，网同步则是在多个用户组成的通信网中保证各用户节点之间保持同步。例如，在时分复用（Time Division Multiplexing，TDM）通信网中，为了将来自不同地点的两路时分信号正确合并（复接），需要调整两路输入信号的时钟，使之同步后才能合并。又如，在卫星通信网中，卫星上的接收机接收多个地球站发来的时分信号时，各地球站需要随时调整其发送频率和码元时钟，以保持全网同步。

相比于模拟通信系统，数字通信系统因其大量优点而成为当代通信技术的主流，其优点如下。

（1）抗干扰能力强，且噪声不积累。相比于模拟通信系统需要在接收端恢复传输的波形，数字通信系统由于传输的是取离散值的数字波形，因此仅须在接收端判决出发送的是哪一个数字波形。另外，在远距离传输时，如微波中继传输，各中继站可利用数字通信系统特有的抽样、判决、再生的接收方式，使数字信号再生且噪声不积累。与之相比，模拟通信系统一旦叠加上噪声，则难以消除。

（2）传输差错可控。数字通信系统中的信道编码技术可以进行检错和纠错，有效降低误码率，提升通信质量。

（3）便于采用数字信号处理技术对信息进行处理。通过数字信号处理技术，可以将不同信源的信号综合到一起传输，显著提升通信系统的有效性。

（4）易于集成，便于通信设备微型化。

（5）易于加密处理，保密特性好。

不过，数字通信系统同样有自身的缺陷。一方面，数字通信系统需要较大的传输带宽，如一路模拟电话通常只占据 4kHz 的带宽，而相同语音质量的二进制电话需要占据 20kHz～60kHz 的带宽。但随着高效数据压缩技术的出现，带宽问题也正逐步得到解决；另一方面，由于数字通信系统对同步要求较高，因此其收/发端设备较为复杂。随着超大规模集成电路的出现和迅速发展，数字通信收/发端设备的高复杂度问题也迎刃而解。因此，随着数字通信系统缺陷的逐步解决，数字通信的应用也愈加广泛。

1.2.3　通信系统的分类

通信系统的种类很多，基于 1.2.1 小节讨论的通信系统基本模型，我们可对通信系统做如下分类。

1．按信道中所传输信号的特征分类

前面已指出，根据信道中所传输信号的取值特征，通信系统可以分为**数字通信系统和模拟通信系统**。模拟通信系统中，携带消息信号的正弦波或脉冲序列的参数，其取值范围是连续的，因而可以有无限多个值。数字通信系统中，携带消息信号的参数仅可取有限个数值。

2．按调制方式分类

根据传输时是否采用调制，通信系统可以分为基带传输和调制传输。如前所述，**在基带传输系统中，模拟消息信号经过放大后直接进入信道传输，或数字消息信号经基带码型变换后直接进入信道传输；而在调制传输系统中，消息信号经过调制后才送入信道传输。**调制传输时，消息信号通常携带在正弦波幅度、相位、频率中的某个或某几个物理量上，此时调制后消息信号的频谱被搬移到高频段，因而又称为**通带传输或频带传输**。消息信号也可以携带在周期性脉冲序列幅度、相位、宽度中的某个参数上，从而构成另一类特殊的调制方式，称为脉冲调制。表 1-2-1 为常用的数字调制方式及典型应用，其中同时列出了连续波调制和脉冲调制两类调制方式。需要指出的是，除了脉冲模拟调制可直接用于传输模拟消息信号外，该表中脉冲数字调制（如脉冲编码调制

和增量调制）更主要是用于模拟信号的数字化，其主要功能可纳入信源编码范畴，由此得到的数字脉冲序列可直接用于基带传输，但更多的是用作正弦波调制前的一个中间处理环节。

3．按信道类型和工作频率分类

按信道的实际物理介质不同，通信系统可以分为**有线通信系统和无线通信系统**。有线通信系统中使用的信道包括同轴电缆、架空明线、电话线、电力线、光缆等有形的人造传输介质，无线通信系统则是依靠电磁波或光波在空间（如空气、水中）传输信号。

表 1-2-2 中按频率范围由低至高介绍了电磁波和光波频段划分、名称及其在通信中的典型应用。由于不同频率的电磁波具有不同的空间传播特性，因此通信系统的组成和采用的传输技术也各不相同。无线通信系统可以按通信中使用的工作频段或波长分类，如将其分为中波通信系统、短波通信系统、甚高频通信系统、特高频通信系统、毫米波通信系统等。需要注意的是，在不同场合和应用领域，对所使用的频率范围常有另外的称呼，如在卫星通信、雷达等微波技术应用领域，依据 IEEE 的定义，常使用表 1-2-3 中的名称。以卫星通信为例，地面终端向卫星发送频率为 4GHz 左右频段（又称波段）的上行信号，而由卫星向地面终端发送频率为 6GHz 左右频段的下行信号，这类卫星通信统称为 C 频段卫星通信；上行频率为 12GHz 左右的频段、下行频率为 14GHz 频段的这类卫星通信，则称为 Ku 频段卫星通信。

表 1-2-2　电磁波和光波频段划分、名称及在通信中的典型应用

频率范围	波长范围/m	频段名称	典型应用
3Hz～30Hz	10^7～10^8	极低频、极长波	水下通信、远程导航
30Hz～300Hz	10^6～10^7	超低频、超长波	水下通信
300Hz～3000Hz	10^5～10^6	特低频、特长波	音频电话、远程通信
3kHz～30kHz	10^4～10^5	甚低频、甚长波	水下通信、声纳、导航
30kHz～300kHz	10^3～10^4	低频、长波	水下通信、无线电信标、载波通信、RFID
300kHz～3000kHz	10^2～10^3	中频、中波	中波调幅广播、电缆多路通信、RFID、电力线通信
3MHz～30MHz	10～10^2	高频、短波	短波调幅广播、短波通信、RFID、电力线通信
30MHz～300MHz	1～10	甚高频、超短波/米波	电视广播、调频广播、超短波通信、有线电视、集群通信、对讲机、流星余迹通信、RFID
0.3GHz～3GHz	0.1～1	特高频、分米波	电视广播、蜂窝移动通信、短距离无线通信（无线局域网、蓝牙等）、地面数字电视广播、数字音频广播、微波通信、有线电视、RFID、全球卫星导航、卫星移动通信、空间通信、集群通信、对讲机
3GHz～30GHz	0.01～0.1	超高频、厘米波	卫星通信、空间通信、微波通信、超宽带通信
30GHz～300GHz	10^{-3}～10^{-2}	极高频、毫米波	卫星通信、移动通信、微波通信
300GHz～3THz	10^{-4}～10^{-3}	亚毫米波	应用领域待分配、实验性太赫兹通信
30THz～3000THz	10^{-7}～10^{-5}	红外、可见光、紫外线、激光	红外通信、光纤通信、可见光通信、激光通信、自由空间光通信

注：RFID（Radio Frequency Identification，射频识别）是一种无线通信技术。

表 1-2-3　微波频段划分

频段名称	频率范围/GHz	波长范围/mm
P 频段	0.23～1	300～1300
L 频段	1～2	150～300
S 频段	2～4	75～150
C 频段	4～8	37.5～75

频段名称	频率范围/GHz	波长范围/mm
X 频段	8~12	25~37.5
Ku 频段	12~18	16.67~25
K 频段	18~27	11.11~16.67
Ka 频段	27~40	7.5~11.11
U 频段	40~60	5~7.5
V 频段	60~80	3.75~5
W 频段	80~100	3~3.75

4．按通信收/发方式分类

图 1-2-1 所示的通信系统是由左向右传输的单向通信系统，这种系统称为**单工通信系统**。但在大多数场合下，通信的双方需要相互交换信息，因而要求双向通信，此时还需要有从右向左传输的一套通信系统，即通信双方都要有发送设备和接收设备，这种系统称为**双工通信系统**。如果两个传输方向有各自的信道，则双方都可独立进行发送和接收；但若共用一个信道，则必须用频率或时间分割的方法来共享发送权，这种系统称为**半双工通信系统**。典型的双工通信系统包括固定电话和手机电话；无线电广播则是典型的单工通信系统；大多数无线对讲机则是双方用"按-讲"键争取发送权，实现在时间上交替收/发信息的半双工通信系统。

5．按传输多路信号的复用方式分类

当多个信源共用一个信道进行传输时，需要进行多路复用处理。接收设备则相应地需要解除多路复用，并正确分路输出给相应的信宿。目前广泛使用的复用方式有 3 种：频分复用、时分复用和码分复用（Code Division Multiplexing，CDM），与此相应的通信系统分别称为频分复用通信系统、时分复用通信系统和码分复用通信系统。频分复用通信系统中，各路信源占用不同的频率范围；时分复用通信系统中，将同一码流中不同的时隙（时间段）分配给各路信源使用；码分复用通信系统则是各路信源使用相互正交的脉冲序列。其有关原理将在第 9 章中详细讲述。

6．按多址方式分类

任意收/发两端之间仅用点对点通信无法支撑多用户通信需求，例如实际生活中一个地面基站通常需要同时服务多个用户，因此还需要点对多点，乃至多点对多点的通信系统。实现多点对多点的通信系统就需要采用多址技术。目前使用的多址方式主要有 5 种：频分多址、时分多址、码分多址（Code Division Multiple Access，CDMA）、随机多址和空分多址（Space Division Multiple Access，SDMA），与此相应的通信系统分别称为频分多址通信系统、时分多址通信系统、码分多址通信系统、随机多址通信系统和空分多址通信系统。顾名思义，频分多址、时分多址、码分多址和空分多址分别用不同频率、不同时间、不同正交脉冲序列和不同的物理空间/信号空间来区分通信发送端和接收端的地址，随机多址则是用竞争占用公共信道的方式实现多址通信。一个通信系统也可以同时采用多种多址方式。本书将在第 9 章详细介绍多址技术原理。

以上分类仅仅是基于常用典型通信系统模型，实际上通信系统还可以有其他分类方法。

1.3 信息度量、信道容量与香农公式

通信系统的每一则消息中必定包含接收者所需要知道的信息。消息以具体可识别的形式表现出来，如语音、文本、图片、视频等，信息则是抽象的、本质的内容。因此，在本节中，我们首先将抽象的信息具象化，介绍信息的度量。进一步，我们将介绍通信系统所能够传输信息的度量

及理论上可以传输最多信息的度量，即信道容量与香农公式。

1.3.1　信息度量

消息的出现具有随机性，一个预先确知的消息不会给接收者带来任何信息，因而就失去了传递的必要。为了衡量通信系统的传输能力，需要对被传输的信息进行**定量的测度**。

1．离散信源的信息量

根据直观经验，消息出现的概率越低，则此消息携带的信息就越多。例如，"某地发生特大地震"这条消息比"明天天气晴"这条消息包含更多的信息量。这是因为前一条消息所表达的事件是极少发生的，让人们感到十分意外；而人们对后一条消息所表达的事件习以为常。这个例子直观地给出了信息量的大小与消息出现概率的关系，即消息所表达的实际事件发生的概率越小，越不可预测，信息量就越大。

概率论告诉我们，事件的不确定程度可以用其出现的概率来描述。因此，消息中包含的信息量与消息发生的概率密切相关。消息出现的概率越小，则消息中包含的信息量就越大。假设 $P(x)$ 表示消息发生的概率，I 表示消息中所含的信息量，则根据上面的认知，I 与 $P(x)$ 的关系应当反映如下规律。

（1）消息中所含的信息量是该消息出现概率的函数，即 $I = f[P(x)]$。

（2）$P(x)$ 越小，I 越大；反之，I 越小；当 $P(x)=1$ 时，$I=0$；当 $P(x)=0$ 时，$I=\infty$。

（3）若干个互相独立的事件构成的消息所含信息量等于各独立事件信息量之和。换句话说，信息量具有相加性，即 $f[P(x_1)P(x_2)\cdots] = f[P(x_1)] + f[P(x_2)]+\cdots$。

不难看出，若 I 与 $P(x)$ 之间的关系为

$$I = \log_a \frac{1}{P(x)} = -\log_a P(x) \tag{1-3-1}$$

时即可满足上述要求，故定义式（1-3-1）为消息 X 所含的**信息量**。式中，$P(x)$ 为该消息发生的概率。当对数以 2 为底时，信息量单位称为比特（bit）；当对数以 e 为底时，信息量单位称为奈特（nit）。通常应用最广泛的单位是比特。

下面讨论**等概率**出现的离散消息的度量。

【案例 1-3-1】　设一个离散信源，以相等的概率发送二进制数字"0"或"1"，则每个数字的信息量为

$$I(0) = I(1) = \log_2 \frac{1}{1/2} = \log_2 2 = 1\,(\text{bit}) \tag{1-3-2}$$

由此可见，传送等概率的二进制波形之一的信息量为 1bit。在工程应用中，习惯把一个二进制码元称为 1bit。同理，传送等概率的四进制波形之一（$P=1/4$）的信息量为 2bit，这时每一个四进制波形需要用两个二进制脉冲表示；传送等概率的八进制波形之一（$P=1/8$）的信息量为 3bit，这时至少需要 3 个二进制脉冲。

综上所述，对于离散信源，M 个波形等概率（$P=1/M$）发送，且每一个波形的出现是独立的，即信源是无记忆的，则传送 M 进制波形之一的信息量为

$$I = \log_2 \frac{1}{P} = \log_2 \frac{1}{1/M} = \log_2 M\,(\text{bit}) \tag{1-3-3}$$

式中，P 为每一个波形出现的概率，M 为传送的波形数。

若 M 为 2 的整次幂，比如 $M = 2^k(k=1,2,3,\cdots)$，则式（1-3-3）相应地变为

$$I = \log_2 2^k = k\,(\text{bit}) \tag{1-3-4}$$

式中，k 为二进制脉冲数量。换句话说，传送每一个 $M(M = 2^k)$ 进制波形的信息量就等于用二进制脉冲表示该波形所需的脉冲数量 k。

对于**非等概率**的情况，此时可以用平均信息量的概念来计算离散无记忆信源的信息量。所谓平

均信息量是指每个符号所含信息量的统计平均值，因此，N 个符号的离散消息源的平均信息量为

$$H(x) = -\sum_{i=1}^{N} P(x_i) \log_2 P(x_i) \qquad (1\text{-}3\text{-}5)$$

上述平均信息量计算公式与热力学和统计力学中关于系统熵的公式类似，因此我们也把信源输出消息的平均信息量称为信息熵。

【案例 1-3-2】 设离散信源是一个由 N 个符号组成的集合，其中每个符号 $x_i (i = 1, 2, 3, \cdots, N)$ 按一定规律 $P(x_i)$ 独立出现，即

$$\begin{bmatrix} x_1 & x_2 & \cdots & x_N \\ P(x_1) & P(x_2) & \cdots & P(x_N) \end{bmatrix}, \text{ 且} \sum_{i=1}^{N} P(x_i) = 1 \qquad (1\text{-}3\text{-}6)$$

则 $x_1, x_2, \cdots, x_N$ 所包含的信息量分别为

$$-\log_2 P(x_1), -\log_2 P(x_2), \cdots, -\log_2 P(x_N) \qquad (1\text{-}3\text{-}7)$$

该离散信源的平均信息量为

$$\begin{aligned} H(x) &= P(x_1)[-\log_2 P(x_1)] + P(x_2)[-\log_2 P(x_2)] + \cdots + P(x_N)[-\log_2 P(x_N)] \\ &= -\sum_{i=1}^{N} P(x_i) \log_2 P(x_i) \end{aligned} \qquad (1\text{-}3\text{-}8)$$

需要注意的是，如果消息中各符号的出现呈统计相关，则此时式（1-3-5）不再适用，而必须用条件概率来计算平均信息量。如果只考虑前一个符号的影响，即只考虑相邻两符号间的统计关联性，则前一个符号为 x_i，而后一个符号为 x_j 时的条件平均信息量为

$$\begin{aligned} H(x_j | x_i) &= \sum_{i=1}^{N} P(x_i) \sum_{j=1}^{N} [-P(x_j | x_i) \log_2 P(x_j | x_i)] \\ &= -\sum_{i=1}^{N} \sum_{j=1}^{N} P(x_i) P(x_j | x_i) \log_2 P(x_j | x_i) \\ &= -\sum_{i=1}^{N} \sum_{j=1}^{N} P(x_i x_j) \log_2 P(x_j | x_i) \end{aligned} \qquad (1\text{-}3\text{-}9)$$

其中，$P(x_j | x_i)$ 是信源 X 前一个符号为 x_i、后一个符号为 x_j 时的概率。条件平均信息量又称条件熵。

【例题 1-3-1】 某离散信源由 A、B、C 这 3 种符号组成，相邻两符号的出现呈统计相关，其转移概率矩阵为

$$\begin{bmatrix} P(A|A) & P(A|B) & P(A|C) \\ P(B|A) & P(B|B) & P(B|C) \\ P(C|A) & P(C|B) & P(C|C) \end{bmatrix} = \begin{bmatrix} \dfrac{7}{11} & \dfrac{1}{8} & \dfrac{1}{9} \\ \dfrac{2}{11} & \dfrac{3}{4} & \dfrac{2}{9} \\ \dfrac{2}{11} & \dfrac{1}{8} & \dfrac{2}{3} \end{bmatrix}$$

且已知 $P(A) = \dfrac{11}{36}, P(B) = \dfrac{4}{9}, P(C) = \dfrac{1}{4}$。求该信源的平均信息量。

解：由式（1-3-9），可得该信源的平均信息量为

$$\begin{aligned} H(x_j | x_i) &= -\sum_{i=1}^{3} \sum_{j=1}^{3} P(x_i) P(x_j | x_i) \log_2 P(x_j | x_i) \\ &= -P(A)[P(A|A) \log_2 P(A|A) + P(B|A) \log_2 P(B|A) + P(C|A) \log_2 P(C|A)] - \\ &\quad P(B)[P(A|B) \log_2 P(A|B) + P(B|B) \log_2 P(B|B) + P(C|B) \log_2 P(C|B)] - \\ &\quad P(C)[P(A|C) \log_2 P(A|C) + P(B|C) \log_2 P(B|C) + P(C|C) \log_2 P(C|C)] \\ &= 1.18 (\text{bit}) \end{aligned} \qquad (1\text{-}3\text{-}10)$$

若上例中，A、B、C 符号统计独立，则可求得平均信息量为

$$H(x) = -\sum_{i=1}^{N} P(x_i)\log_2 P(x_i) = 1.534\,(\text{bit/symbol}) \tag{1-3-11}$$

这一结果说明，符号间统计独立时信源的熵高于统计相关时的熵，也就是说，符号间相互关联将使平均信息量减小。

可以证明，当离散信源中每个符号等概率出现，且各符号的出现统计独立时，该信源的平均信息量最大。此时最大熵为

$$H_{\max} = -\sum_{i=1}^{N} \frac{1}{N}\log_2 \frac{1}{N} = \log_2 N\,(\text{bit}) \tag{1-3-12}$$

下面以二元离散信源作为一个典型例子来进行分析。

若二元离散信源的统计特性为

$$\begin{pmatrix} x_1 & x_2 \\ P & Q \end{pmatrix},\ P+Q=1$$

$$H(x) = -\left(P\log_2 P + Q\log_2 Q\right) = -\left[P\log_2 P + (1-P)\log_2(1-P)\right] \tag{1-3-13}$$

由 $\dfrac{\mathrm{d}H(x)}{\mathrm{d}P}=0$，不难得到 $P=\dfrac{1}{2}$，此时 $H_{\max}=1\,(\text{bit})$，熵（H）随概率（P）变化的曲线如图 1-3-1 所示。我们可以从概念上对这一变化曲线进行如下定性解释：当 $P=0$（即 $Q=1$）或 $P=1$（即 $Q=0$）时，消息已完全确定，因而信息量最小；当 $P=Q=1/2$ 时，消息的不确定性最大，因而信息量也最大。

在例题 1-3-1 中，若 A、B、C 独立且等概率出现，则信源的最大熵为 $\log_2 3=1.585\,(\text{bit})$。如上所述，减小或消除符号间的关联，并使各符号的出现趋于等概率，将使离散信源达到最大熵，从而以最少的符号数传送最大的信息量。这正是数字通信系统中信源编码所要研究的问题。

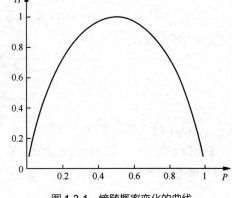

图 1-3-1 熵随概率变化的曲线

下面讨论两个离散信源情况下的平均信息量。

存在两个离散信源 X 和 Y 时，X 中 x_i 与 Y 中 y_j 同时出现的平均信息量称为联合熵或共熵。定义共熵为

$$H(XY) = -\sum_i \sum_j P(x_i, y_j)\log_2 P(x_i, y_j) \tag{1-3-14}$$

已知 X 中出现 x_i 的条件下，Y 中出现 y_j 的条件平均信息量为

$$H(Y/X) = -\sum_i \sum_j P(x_i, y_j)\log_2 P(y_j|x_i) \tag{1-3-15}$$

$H(Y/X)$ 又称条件熵。同理有

$$H(X/Y) = -\sum_i \sum_j P(x_i, y_j)\log_2 P(x_i|y_j) \tag{1-3-16}$$

互信息量的统计平均值称为平均互信息量，定义为

$$I(X,Y) = \sum_i \sum_j P(x_i, y_j)I(x_i, y_j) = \sum_i \sum_j P(x_i, y_j)\log_2 \frac{P(x_i|y_j)}{P(x_i)} \tag{1-3-17}$$

根据熵、条件熵、共熵和平均互信息量的定义，不难证明它们之间有如下关系。

（1）共熵与熵和条件熵的关系为

$$H(XY) = H(X) + H(Y|X) \tag{1-3-18a}$$

及

$$H(XY) = H(Y) + H(X|Y) \tag{1-3-18b}$$

（2）平均互信息量与熵和条件熵的关系为

$$I(X,Y) = H(X) - H(X|Y) \tag{1-3-19a}$$

及

$$I(X,Y) = H(Y) - H(Y|X) \tag{1-3-19b}$$

（3）平均互信息量与熵和共熵的关系为

$$I(X,Y) = H(X) + H(Y) - H(XY) \tag{1-3-20}$$

上述关系的证明留给读者练习。

2．连续信源的信息度量

根据我们将要在第 5 章介绍的采样定理可知，如果一个连续信号的频带限制在 $0 \sim B\mathrm{Hz}$ 的范围内，那么它完全可用间隔为 $1/(2B)\mathrm{s}$ 的抽样序列无失真地表示。

接下来计算每个抽样点所包含的信息量，这与离散消息中每个符号所携带的信息量相对应。换句话说，我们可以把连续消息看成是离散消息的极限情况。连续消息信号在每个抽样点上的取值是一个连续的随机变量，其一元概率密度函数为 $P(x)$。我们将随机变量的取值范围分成 $2N$ 小段，当 N 足够大时，取值落在 Δx_i 小段内的概率可近似表示为

$$P(x_i \leqslant x \leqslant x_i + \Delta x_i) \approx P(x_i)\Delta x_i \tag{1-3-21}$$

由式（1-3-5）可得各抽样点相互独立时，每个抽样点所包含的平均信息量为

$$H(x) \approx -\sum_{i=-N}^{N} P(x_i)\Delta x_i \log_2[P(x_i)\Delta x_i] \tag{1-3-22}$$

令 $\Delta x \to 0, N \to \infty$，则可得连续消息每个抽样点的平均信息量为

$$
\begin{aligned}
H(x) &= \lim_{\substack{\Delta x \to \infty \\ N \to \infty}} \left\{ -\sum_{i=-N}^{N} P(x_i)\Delta x_i \log_2[P(x_i)\Delta x_i] \right\} \\
&= -\int_{-\infty}^{\infty} P(x)\,\mathrm{d}x \left\{ \log_2\left[P(x)\mathrm{d}x\right] \right\} \\
&= -\int_{-\infty}^{\infty} P(x)\log_2 P(x)\,\mathrm{d}x - \log_2 \mathrm{d}x \int_{-\infty}^{\infty} P(x)\,\mathrm{d}x \\
&= -\int_{-\infty}^{\infty} P(x)\log_2 P(x)\,\mathrm{d}x + \log_2 \frac{1}{\mathrm{d}x}
\end{aligned} \tag{1-3-23}
$$

上式中，第 2 项为无穷大。但在计算熵变化或比较不同连续消息的熵时，由于这一项始终出现且可以相互抵消，故我们定义连续消息的平均信息量为

$$H(X) = -\int_{-\infty}^{\infty} P(x)\log_2 P(x)\mathrm{d}x \tag{1-3-24}$$

为了区分，有时把式（1-3-23）称为绝对熵，把式（1-3-24）的计算结果称为相对熵。需要注意的是，式（1-3-24）的计算结果算的是相对的信息度量，它与坐标系有关。

【例题 1-3-2】　有一个连续消息源，其输出信号在 $(-2,2)$ 取值范围内具有均匀的概率密度函数，求该连续消息的平均信息量。若将输出信号放大两倍，再求其平均信息量。

解：当信号取值为 $(-2,2)$ 时，概率密度函数 $P(x) = \dfrac{1}{4}$，由式（1-3-24）可得平均信息量为

$$H(X) = -\int_{-\infty}^{\infty} P(x)\log_2 P(x)\mathrm{d}x = -\int_{-2}^{2} \frac{1}{4}\log_2 \frac{1}{4}\mathrm{d}x = 2\,(\mathrm{bit}) \tag{1-3-25}$$

放大两倍后，取值范围变为 $(-4,4)$，$P(X) = \dfrac{1}{8}$，其平均信息量为

$$H'(X) = -\int_{-4}^{4} \frac{1}{8} \log_2 \frac{1}{8} dx = 3 \, (\text{bit}) \tag{1-3-26}$$

信号放大后平均信息量显然不应该发生变化，上例说明式（1-3-24）的定义只是信息量的相对度量。尽管相对熵发生了变化，但信号的绝对熵并没有变化。式（1-3-23）中，第 2 项随着信号放大两倍而由 $\log_2 \frac{1}{dx}$ 变为

$$\log_2 \frac{1}{2dx} = \log_2 \frac{1}{dx} - \log_2 2 \tag{1-3-27}$$

也就是说，随着信号放大两倍，第 2 项所包含的信息量减小了 1bit。

前面已指出，离散消息源当其所有符号等概率输出时，其熵最大。连续消息源的最大熵条件则取决于消息源输出取值上所受到的限制。常见的限制有两种，即峰值受限和均方值受限。

我们首先来讨论均方值受限情形。为简单起见，令 $P(x)$ 为一维分布，x 的均方值为 δ^2，即

$$\int_{-\infty}^{\infty} x^2 P(x) dx = \delta^2 \tag{1-3-28a}$$

$$\int_{-\infty}^{\infty} P(x) dx = 1 \tag{1-3-28b}$$

在上述约束条件下，求

$$H(X) = -\int_{-\infty}^{\infty} P(x) \log_2 P(x) dx \tag{1-3-29}$$

为最大值的概率密度 $P(x)$。该问题是一个泛函求极值问题，可用变分法中的拉格朗日乘数法求解，即要使 $H(X)$ 最大，则要求

$$F(x) = \int [-P(x) \log_2 P(x) + \lambda P(x) x^2 + \mu P(x)] dx \tag{1-3-30}$$

最大，式中 λ、μ 为待定系数。由 $\dfrac{\partial F(x)}{\partial P(x)} = 0$，可得

$$-1 - \log_2 P(x) + \lambda x^2 + \mu = 0 \tag{1-3-31}$$

由式（1-3-31）可得

$$P(x) = e^{\mu-1} e^{\lambda x^2} \tag{1-3-32}$$

代入式（1-3-28b）可得

$$e^{\mu-1} = \sqrt{\frac{-\lambda}{\pi}} \tag{1-3-33}$$

将式（1-3-33）代入式（1-3-32），再代入式（1-3-28a），可得

$$\lambda = -\frac{1}{2\sigma^2} \tag{1-3-34a}$$

$$e^{\mu-1} = \frac{1}{\sigma\sqrt{2\pi}} \tag{1-3-34b}$$

将这两个常数代入式（1-3-32），即得均方值受限时的最佳概率密度函数为

$$P(x) = \frac{1}{\delta\sqrt{2\pi}} e^{-\frac{x^2}{2\delta^2}} \tag{1-3-35}$$

即数学期望为 0、方差为 δ^2 的正态分布。

不难求得最佳分布时的最大熵为

$$H(X) = \ln \delta\sqrt{2\pi e} \, (\text{nit}) \tag{1-3-36}$$

或

$$H(X) = \log_2 \delta\sqrt{2\pi e} \, (\text{nit}) \tag{1-3-37}$$

同理可求得峰值受限情况下的最佳分布为

$$P(x) = \frac{1}{2A} \tag{1-3-38}$$

其中，A 为连续消息源输出的峰值，即 x 的取值范围为 $(-A, A)$。由式（1-3-38）可知，此时的最佳分布为均匀分布。最大熵为

$$H(X) = \log_2(2A) \tag{1-3-39}$$

与离散信源相对应，当发送端连续信源为 X，接收到的连续信源为 Y 时，它们的相对条件熵为

$$H(X/Y) = -\int_{-\infty}^{\infty} \int_{-\infty}^{\infty} P(y)P(x|y) \log_2 P(x|y) \mathrm{d}x \mathrm{d}y \tag{1-3-40}$$

其中，$P(y)$ 为接收信号 y 的概率密度函数，$P(x|y)$ 为条件概率密度。

同理，有

$$H(Y/X) = -\int_{-\infty}^{\infty} \int_{-\infty}^{\infty} P(x)P(y|x) \log_2 P(y|x) \mathrm{d}x \mathrm{d}y \tag{1-3-41}$$

连续信源的平均互信息量为

$$I(X,Y) = \int_{-\infty}^{\infty} \int_{-\infty}^{\infty} P(xy) \log_2 \frac{P(xy)}{P(x)P(y)} \mathrm{d}x \mathrm{d}y \tag{1-3-42}$$

平均互信息量与条件熵和熵之间的关系依然成立，即

$$I(X,Y) = H(X) - H(X|Y) = H(Y) - H(Y|X) \tag{1-3-43}$$

1.3.2　信道容量与香农公式

信息必须经过信道才能传输，但是不同的信道能够传输的最大信息速率是不同的，其通常会受到信道容量限制。信道容量定义为单位时间内信道上所能传输的最大信息量。实际信道中总是存在干扰，在有干扰情况下如何计算信道容量是本小节所要讨论的内容。信道可以分为离散信道和连续信道两类，因此，信道容量的描述方法也不同。下面将分别进行介绍。

1．离散信道容量

信道输入和输出符号都是离散符号时，该信道称为离散信道。当信道中不存在干扰时，离散信道的输入符号集 X 与输出符号集 Y 之间有一一对应的确定关系。但若信道中存在干扰，则输入符号与输出符号之间存在某种随机性，它们一一对应的确定关系将不复存在，而具有一定的统计相关性。这种统计相关性取决于转移概率 $P(y_j|x_i)$，$P(y_j|x_i)$ 是发送 x_i 的条件下收到 y_j 的条件概率。离散信道的特性可以用转移概率来描述。

一般情况下，发送符号集 $X = \{x_i\}$，$i = 1, 2, \cdots, L$，有 L 种符号；接收符号集 $Y = \{y_j\}$，$j = 1, 2, \cdots, M$，有 M 种符号。无记忆信道的转移概率可用下列矩阵表示。

$$P(y_j|x_i) = \begin{bmatrix} P(y_1|x_1) & P(y_2|x_1) & \cdots & P(y_M|x_1) \\ P(y_1|x_2) & P(y_2|x_2) & \cdots & P(y_M|x_2) \\ \vdots & \vdots & & \vdots \\ P(y_1|x_L) & P(y_2|x_L) & \cdots & P(y_M|x_L) \end{bmatrix} \tag{1-3-44a}$$

或

$$P(x_i|y_j) = \begin{bmatrix} P(x_1|y_1) & P(x_2|y_1) & \cdots & P(x_L|y_1) \\ P(x_1|y_2) & P(x_2|y_2) & \cdots & P(x_L|y_2) \\ \vdots & \vdots & & \vdots \\ P(x_1|y_M) & P(x_2|y_M) & \cdots & P(x_L|y_M) \end{bmatrix} \tag{1-3-44b}$$

无记忆信道是指信道输出仅与当前输入有关，而与以前输入无关。实际信道往往是有记忆的，每个输出符号不但与当前输入符号有关，而且与以前的若干个输入符号有关。显然，无记忆信道

的数学表达及分析最为简单。本小节仅讨论这种情形。

当信道转移概率矩阵中各行和各列分别具有相同集合的元素时，这类信道称为对称信道。基于对称信道这一特点，各行有

$$-\sum_{j=1}^{M} P(y_j|x_i)\log_2 P(y_j|x_i) = 常数 \tag{1-3-45}$$

即上述求和结果与 i 无关。因此，可推得对称信道的输入、输出符号集合之间的条件熵为

$$
\begin{aligned}
H(Y|X) &= -\sum_{i=1}^{L}\sum_{j=1}^{M} P(x_i y_j)\log_2 P(y_j|x_i) \\
&= -\sum_{i=1}^{L}\sum_{j=1}^{M} P(x_i)P(y_j|x_i)\log_2 P(y_j|x_i) \\
&= -\sum_{j=1}^{M} P(y_j|x_i)\log_2 P(y_j|x_i)\sum_{i=1}^{L} P(x_i) \\
&= -\sum_{j=1}^{M} P(y_j|x_i)\log_2 P(y_j|x_i)
\end{aligned}
\tag{1-3-46}
$$

上式表明，对称信道的条件熵 $H(Y|X)$ 与输入符号的概率 $P(X)$ 无关，而仅与信道转移概率 $P(y_j|x_i)$ 有关。同理可得

$$H(X|Y) = -\sum_{i=1}^{L} P(x_i|y_j)\log_2 P(x_i|y_j) \tag{1-3-47}$$

有扰信道的典型例子是无记忆二进制对称信道（Binary Symmetric Channel，BSC）。图 1-3-2 所示为无记忆二进制对称信道模型，它的传输特性可以用如下转移概率矩阵表示。

$$P(y_j|x_i) = \begin{bmatrix} 1-e & e \\ e & 1-e \end{bmatrix} \tag{1-3-48}$$

其中，$P(y_1|x_1) = P(y_2|x_2) = 1-e$，$P(y_1|x_2) = P(y_2|x_1) = e$。

由式（1-3-20）可知，平均互信息量 $I(X,Y) = H(X) + H(Y) - H(XY)$，这就是从 Y 中获取的关于 X 的信息，因而也就是有扰离散信道上所传输的信息量。由此可知，有扰离散信道上所传输的信息量不但与条件熵 $H(Y|X)$ 或 $H(X|Y)$ 有关，而且与熵 $H(X)$ 或 $H(Y)$ 有关。尽管对称信道的条件熵只取决于信道转移概率，但 $H(X)$ 或 $H(Y)$ 却与 $P(X)$ 或 $P(Y)$ 有关。

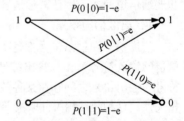

图 1-3-2　无记忆二进制对称信道模型

假设数字通信系统发送端每秒发出 r 个符号，则有扰信道的信息传输速率为

$$R = I(X,Y)r = [H(X) - H(X|Y)]r = [H(Y) - H(Y|X)]r \tag{1-3-49}$$

有扰离散信道的最高信息传输速率称为信道容量，定义为

$$
\begin{aligned}
C = R_{\max} &= \max[H(X) - H(X|Y)]r \\
&= \max[H(Y) - H(Y|X)]r
\end{aligned}
\tag{1-3-50}
$$

显然，在条件熵一定的情况下，我们可以通过使 $H(X)$ 或 $H(Y)$ 达到最大，从而求得有扰离散对称信道的信道容量。

若一个信道为对称信道时，信道输入符号的等概率分布与输出符号的等概率分布是同时存在的。具体证明过程如下。

设输入符号等概率分布，即 $P(X_i) = \dfrac{1}{L}$，对称信道转移矩阵中第 j 列元素为 $\{P(y_j|x_1), P(y_j|x_2), \cdots, P(y_j|x_L)\}$，则信道输出符号 y_j 的概率为

$$P(y_j) = \sum_{i=1}^{L} P(x_i)P(y_j|x_i) = \frac{1}{L}\sum_{i=1}^{L} P(y_j|x_i) \tag{1-3-51}$$

由于对称信道各列由相同的元素组成，则有

$$P(y_j) = \frac{1}{L}\sum_{i=1}^{L} P(y_j|x_i) = 常数 \tag{1-3-52}$$

因此输出符号也是等概率分布的，此时 $H(Y)$ 达到最大熵， $H_{max}(Y) = \log_2 M$ 。

由最大熵及式（1-3-50）可得有扰离散对称信道的信道容量为

$$C = [\log_2 M + \sum_{j=1}^{M} P(y_j|x_i)\log_2 P(y_j|x_i)]r \tag{1-3-53}$$

2. 有扰连续信道的信道容量

在有扰连续信道中，接收到的信号 y 是发送信号 x 和信道噪声 n 的线性叠加，即

$$y = x + n \tag{1-3-54}$$

假设信号和噪声在各抽样点上均为独立正态分布。此时仅须考虑一维概率密度，失真主要由噪声导致，因此条件概率密度函数 $f(y|x)$ 等于噪声 n 的概率密度函数 $f(n)$ ，即

$$P(y|x) = P(y-x) = P(n) \tag{1-3-55}$$

由连续信源的相对条件熵定义式（1-3-41）可得

$$
\begin{aligned}
H(Y|X) &= -\int_{-\infty}^{\infty} P(x)dx\int_{-\infty}^{\infty} P(y|x)\log_2 P(y|x)dy \\
&= -\int_{-\infty}^{\infty} P(x)dx\int_{-\infty}^{\infty} P(n)\log_2 P(n)dn \\
&= \int_{-\infty}^{\infty} P(n)\log_2 P(n)dn \\
&= H(N)
\end{aligned}
\tag{1-3-56}
$$

上式表明，条件熵 $H(Y|X)$ 就是噪声源的熵 $H(N)$ 。因此，平均互信息量为

$$I(X,Y) = H(Y) - H(Y|X) = H(Y) - H(N) \tag{1-3-57}$$

对于频带限于 B 的连续信号，可以用抽样定理将其变换为离散信号。理想情况下，最低抽样频率为 $2B$ ，因此有扰连续信道的信道容量为

$$C = \max[H(X) - H(X|Y)]\cdot 2B = \max[H(Y) - H(Y|X)]\cdot 2B \tag{1-3-58}$$

假设干扰为与信号独立的加性高斯白噪声（Additive White Gaussian Noise，AWGN），信号功率为 S ，噪声功率为 N 。在这种平均功率受限的条件下，由式（1-3-35）及式（1-3-37）可知， $H(X)$ 或 $H(Y)$ 达到最大熵的最佳概率密度函数为高斯（正态）分布，并且最大熵为

$$H(X) = \log_2\sqrt{2\pi eS} \tag{1-3-59}$$

$$H(Y) = \log_2\sqrt{2\pi e(S+N)} \tag{1-3-60}$$

此外有

$$H(Y/X) = H(N) = \log_2\sqrt{2\pi eN} \tag{1-3-61}$$

由式（1-3-58）、式（1-3-60）、式（1-3-61）可得**有扰连续信道的信道容量**为

$$C = B\log_2\left(1 + \frac{S}{N}\right) \tag{1-3-62}$$

上式就是香农信道容量公式，简称为香农公式。

由香农公式可得如下结论。

（1）提高信噪比 S/N 可以提升信道容量。

（2）由式（1-3-62）可得，当噪声功率 $N \to 0$ 时，信道容量 $C \to \infty$ ，即无干扰信道容量为无穷大。

（3）增加信道带宽（也就是信号带宽） B 并不能无限制地使信道容量增大。当噪声为高斯白噪声

时，随着 B 增大，噪声功率 $N=n_0B$（这里 n_0 为噪声的单边功率谱密度）也增大；在极限情况下，有

$$\lim_{B\to\infty}C=\lim_{B\to\infty}B\log_2\left(1+\frac{S}{n_0B}\right)=\frac{S}{n_0}\lim_{B\to\infty}\frac{n_0B}{S}\log_2\left(1+\frac{S}{n_0B}\right)=\frac{S}{n_0}\log_2\mathrm{e}=1.44\frac{S}{n_0} \tag{1-3-63}$$

由此可见，即使信道带宽无限增大，信道容量仍然是有限的。

（4）信道容量一定时，带宽 B 与信噪比 S/N 之间可以相互转换。

图 1-3-3 所示为归一化信道容量与信噪比的关系。该图横坐标为信噪比，以分贝（dB）为单位；纵坐标为 C/B，单位为（bit/s）/Hz，其物理意义为归一化信道容量，即单位频带的信息传输率。显然，C/B 越大，则频带利用率越高，即信道利用得越充分。曲线表示任何实际通信系统所能达到的频带利用率极限。曲线下部区域是实际通信系统所能达到的区域，而曲线上部区域则是不可能实现的。

若将纵坐标改为 B/C，单位为 Hz/（bit/s），则可得到另一条曲线，如图 1-3-4 所示，这条曲线表示归一化信道带宽与信噪比之间的关系，曲线上部区域为实际通信系统能达到的区域，曲线下部区域则为不可能实现的互换区域。

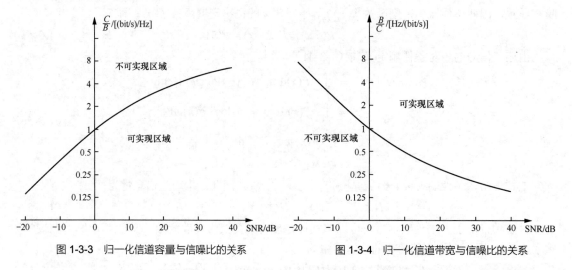

图 1-3-3　归一化信道容量与信噪比的关系　　　　图 1-3-4　归一化信道带宽与信噪比的关系

香农公式虽然给出了理论极限，但是对如何达到或接近这一理论极限并未给出具体的实现方案。这正是通信系统研究和设计者所面临的任务。自 1948 年香农公式提出以来，人们围绕这一目标，开展了大量的研究，并得到了各种数字信号表示方法和调制手段。这正是本书之后所要讨论的内容。

【例题 1-3-3】　已知黑白电视图像信号每帧有 30 万个像素，每个像素有 16 个亮度电平，各电平独立等概率出现，图像每秒发送 30 帧。若要求接收图像信噪比达到 30dB，试求所需传输带宽。

解：因为每个像素独立等概率出现，并有 16 个电平，故每个像素信息量为

$$I_P=-\log_2\frac{1}{16}=4（\mathrm{bit}/像素） \tag{1-3-64}$$

每帧像素信息量为

$$I_F=3\times10^5\times4=1.2\times10^6（\mathrm{bit}/帧） \tag{1-3-65}$$

每秒传输 30 帧图像，所以要求传输速率为

$$R=1.2\times10^6\times30=3.6\times10^7（\mathrm{bit/s}） \tag{1-3-66}$$

信道容量必须不小于传输速率，因此有

$$3.6 \times 10^7 \leqslant B \log_2(1+1000) \approx 9.97B \tag{1-3-67}$$

最后得出所需带宽 $B \approx 3.61(\text{MHz})$。

1.4 通信系统的主要性能指标

通信的任务是迅速而准确地传递消息。为评价通信系统的水平，我们引入通信系统的性能指标。通信系统的性能指标涉及有效性、可靠性、适应性、标准性、经济性及维护使用等，但从研究信息传输的角度来说，我们主要关注通信的有效性和可靠性这两个最重要的指标。有效性是指在给定信道中能以尽量高的速率有效地传输信息，可靠性则是指传递消息的准确程度。

前面已提到，根据传输信号的特征，通信系统可以分为模拟通信系统和数字通信系统。二者传输的信号类型不同，它们的指标要求内容也有很大差别。下面将分别加以说明。

1.4.1 模拟通信系统的性能指标

1．有效性

模拟通信系统的有效性可用传输带宽来度量。同样的消息用不同的调制方式传输时需要的频带宽度不同。显然，所需频带越窄，则效率越高，即有效性越好。

2．可靠性

模拟通信系统的可靠性可以用接收端解调后输出给信宿的消息信号的信噪比来度量。不同的接收方对信噪比要求不同，例如，电话通信时，耳朵要清晰地听到对方的声音，通常要求电话信号的信噪比为 20dB～30dB；然而，人的视觉对信号的分辨率要求很高，观看高质量广播电视时，则要求信噪比达 40dB 以上。调制信号在信道中传输时不可避免地会引入噪声和干扰，在本书后续章节中，我们将分析各种调制方式中接收端输入信噪比与解调后输出信噪比的关系。相同输入信噪比情况下，解调器输出信噪比越高，则抗干扰能力越强。例如，调频信号的抗干扰性能比调幅信号好，但调频信号所需传输带宽宽于调幅信号。

1.4.2 数字通信系统的性能指标

1．有效性

数字通信系统中的有效性用传输速率和单位频带可传输比特率来表示。

虽然传输频带也是度量有效性的一个指标，但人们更常采用数字信号的**传输速率**来衡量。**通常将数字系统每秒可传输的二进制脉冲数作为指标，其单位表示为 bit/s，称为比特率**。数字脉冲通常又简称码元或符号。如某通信系统每秒可传送 1000 个二进制码元，则称比特率为 1000bit/s。信道带宽给定时，各种调制方式可以传输的比特率不同，比特率愈高，系统的有效性就愈高。为了更准确地表达数字通信系统的有效性，可以采用**单位频带可传输的比特率**来表示，**即平均每赫兹每秒传输多少比特，单位为（bit/s）/Hz**。显然，单位频带可传输的比特率越大，则该数字通信系统的传输效率越高。

为了提高数字通信系统的有效性，可以采用多进制脉冲传输。此时码元幅度不是只有两个取值，而是有多个。每个码元幅度必须用两个以上的二进制数字表示，因此每个码元可携带的二进制信息大于 1bit。若码元速率为 R_s，二进制信息速率为 R_b，每个码元有 N 种取值，则它们之间的关系为

$$R_b = R_s \log_2 N \ (\text{bit/s}) \tag{1-4-1}$$

或

$$R_s = R_b / \log_2 N \text{（Baud）} \qquad (1\text{-}4\text{-}2)$$

这里，定义码元速率的单位为 Baud，因此称码元速率为波特率。

特别要注意的是，波特率的单位是不带秒的，而比特率的单位则是带秒的。系统的码元速率通常又称为符号率，符号率的单位则是每秒多少符号，表示为 symbol/s。例如，某系统每秒传送 1000 个码元，则称该系统的波特率为 1000Baud，或称系统的符号率为 1000 符号/秒，记作 1000symbol/s。当码元为二进制脉冲时，则该系统的比特率为 1000bit/s，符号率为 1000symbol/s；但若码元采用四进制脉冲，此时每个码元要用两个二进制表示，即可携带 2bit 信息，则系统传输的比特率可提高为 2000bit/s，而符号率不变。虽然采用多进制传输的通信系统能提高传输速率，但是，由于接收时需要判断的幅度数量增多，当传输信道和电路存在噪声时，其抗干扰能力必定低于二进制传输系统的抗干扰能力。

2．可靠性

数字通信系统的可靠性用**传输中的错误率**表示，即**误比特率**（Bit Error Probability，BER）**和误码元率**，分别定义为

误比特率 P_b =错误比特数/传输总比特数

误码元率 P_s =错误码元数/传输总码元数

误码元率又称误码率、误符号率（Symbol Error Probability，SER）。显然，采用二进制码元传输时，$P_b = P_s$；采用多进制码元传输时，P_b 与 P_s 通常不相同。例如，某系统传输速率为 3Mbit/s，采用八进制传输，若接收时平均每秒发生 3 个错误比特，则系统的误比特率为 10^{-6}。此系统的符号传输率为 1Msymbol/s，但 3 个错误比特可能发生在 3 个符号内，也可能发生在两个或一个符号内，此时误符号率显然不同于误比特率。

不同数字信息对传输错误率的要求不同，如传输数字电话时，有些中低速率语音编码允许误比特率可以高达 10^{-2}；而传输数据信息时，一般要求误比特率低于 10^{-6}；在空间遥控遥测等应用中，误比特率显然要求更低。需要低误比特率的数字通信系统中，通常都采用信道编码，以满足通信系统的误比特率指标。

1.5　本书的总体结构

本书采用线上与线下结合的模式，构建模拟通信与数字通信的基本技术体系，其主体内容是从信号与系统的角度，客观描述通信系统的逻辑构成、基本模块的输入与输出关系、模块间的关联关系，并给出信号时/频域分析方法与系统性能指标分析方法。本书整体结构如图 1-5-1 所示，以模拟信号的数字化传输过程为主线组织内容，前 3 章介绍通信原理相关基础知识，包括绪论、信号分析基础、信道与噪声，为后续通信系统原理介绍奠定基础。之后的 5 章详细介绍模拟通信系统与数字通信系统原理，这两大系统可归属于物理层（Physical Layer，PHY）点对点传输系统，其中模拟通信系统的逻辑主线较为简单，模拟信源通过模拟调制系统之后，到达频带信道并进行传输；数字通信系统的逻辑主线则较为复杂，模拟信源首先经过数字化处理变为数字信源，然后进行信道编码以及基带传输处理，之后，既可直接送达基带信道进行传输，也可经过频带传输处理后到达频带信道进行传输。本书最后一章从通信资源的细粒度高效利用角度，介绍复用与多址技术，这些技术可归属于媒体接入控制层（Media Access Control Layer，MAC Layer）传输系统。

各章节具体内容介绍如下。第 1 章绪论作为本书的开篇，首先介绍通信技术的整体发展情况；随后介绍几种典型的通信方式，并对通信的现状和未来发展进行分析；接着重点介绍通信系统的

组成和分类；然后从信息论的角度阐述信息的概念和度量；最后阐述通信系统的主要性能指标，旨在使读者了解衡量不同类型通信系统性能的方式。

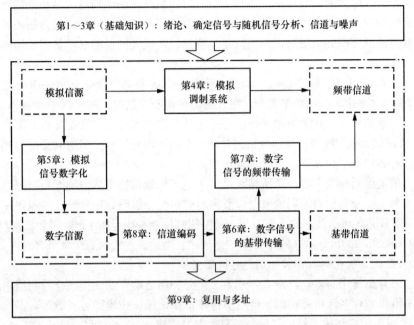

图 1-5-1 本书整体结构

第 2 章介绍本门课程需要的信号分析基础知识。在介绍确定信号与随机信号数学概念的基础上，给出两者的基本分析方法。对于确定信号，介绍其傅里叶变换、相关函数以及通过线性系统后的特性。对于随机信号，首先介绍随机过程的数字特征，并对几种典型的随机过程进行详细介绍，讨论平稳随机过程通过线性系统后的特性。除此之外，带通信号作为通信系统中常用的模型，其基本分析方法也将在第 2 章中介绍，包括希尔伯特变换、复包络以及 I/Q 正交调制等内容。这些内容将应用于后续分析各种调制方式对信号的变换过程中。

第 3 章介绍通信信道与噪声的相关内容。首先针对仅包含传输介质的狭义信道，将其分为有线信道与无线信道，并分别介绍两种信道的基本原理与特点。接着延伸出广义信道，给出其数学模型，并在此基础上分析信道特性对传输信号的影响。由于信道中的噪声是不可避免的，且在本书中是影响通信系统性能的主要因素，因此第 3 章还将介绍噪声的基本概念和模型，分析噪声对信号传输的影响，并重点讨论加性高斯白噪声的性质及相关结论。这一章的内容将为后续分析通信系统可靠性指标奠定基础。

第 4 章主要针对模拟调制进行介绍。首先介绍模拟幅度调制与模拟角度调制方法，包括调制/解调原理、信号时/频域分析等，并建立噪声分析模型，由此推导出各调制方法的抗噪声性能，予以对比分析。

第 5 章为模拟信号的数字化过程，详细分析采样、量化和编码 3 个步骤的数字化过程。采样部分主要介绍低通采样定理和带通采样定理，为采样信号的无失真恢复提供理论基础；量化部分着重推导均匀量化与非均匀量化的量化误差；编码部分介绍脉冲编码调制的原理及其抗噪声性能，并在此基础上，深入探究自适应差分脉冲编码调制（Adaptive Differential Pulse-Code Modulation，ADPCM）和自适应增量调制。模拟信号的数字化是模拟通信系统向数字通信系统过渡的"桥梁"，由此将会引出数字信号的基带和频带传输。

第 6 章介绍数字信号的基带传输。针对非带限信道的基带传输，线路上一般没有显著的码间串扰（Inter Symbol Interference，ISI），因此本章以介绍线路码型及频谱特性分析为重点。对带限信道的基带传输，本章将重点介绍如何消除码间串扰以及如何抵抗加性高斯白噪声的影响，其中会涉及波形设计、匹配滤波、最佳判决的介绍与分析，最终在奈奎斯特准则和最佳接收理论的框架下，得到简化的等效基带模型。为进一步评估和改善复杂信道环境下基带传输的性能，还将介绍眼图、均衡等概念与措施。最后，介绍扰码、解扰以及码元同步的其他基带传输的相关理论和技术。

第 7 章介绍数字信号的频带传输。本章从简单的二进制调制开始介绍，引出正交相移键控（Quadrature PSK，QPSK）与恒包络调制。在介绍每种调制方法时，从调制/解调原理、实现框图、信号表达式、功率谱密度、传输速率等角度进行展开。在此基础上，介绍几种低阶调制的误码性能分析方法。以低阶调制/解调与性能分析为基础，本章还将介绍典型多进制高阶调制与性能分析方法。最后，对各种数字调制方法进行综合比较。

第 8 章为信道编码相关内容，信道编码是为了进一步抵抗信道传输特性不理想以及加性噪声的影响。前 5 节主要介绍信道编码的概念以及常用的线性分组码、循环码、卷积码和复合编码的编译码方法。随着无线通信技术的不断发展，新型的高性能编码［如 Turbo 码和低密度校验（Low Density Parity Check，LDPC）码］逐渐得以广泛应用。因此，本章的后续章节将对网格编码调制、Turbo 码、LDPC 码、极化码等相关知识进行简单介绍。

第 9 章主要介绍复用与多址，两者都是为了充分利用信道资源、提高介质利用率所提出的。多路复用技术可以实现多路信号在同一信道中传输；多址通信技术则可以通过对不同用户赋予不同"地址"，实现多用户与中心站的通信。在复用部分，将依次介绍时分复用、频分复用、码分复用以及正交频分复用等多种典型复用技术，讨论正交码及伪随机码的原理、产生方法和主要特性，同时也会介绍帧同步的相关内容；在多址部分，将介绍时分多址、频分多址、码分多址、正交频分复用多址以及随机多址接入等多址技术的基本原理和主要优缺点。

为清晰反映通信系统各模块之间、各章节之间的关联关系，全书在符号表示方面尽量保持统一，并对模拟信号与数字信号、基带信号与频带信号、时域信号与频域信号在符号表示上进行了区分。本书在各章节的关键知识点处附有线上讲解视频的二维码；在各章最后附有"仿真与拓展"线上资源二维码，提供该章内容的在线仿真、素质教育案例及其他相关拓展知识。

习题

一、基础题

1-1　从日常生活中广泛使用的通信手段里，举出模拟通信系统和数字通信系统的例子各两个，并指出它们的使用频段、占用的带宽和传输速率。

1-2　与模拟通信系统相比，数字通信系统的主要优点是什么？

1-3　消息源以概率 $P_1 = \dfrac{1}{2}$、$P_2 = \dfrac{1}{4}$、$P_3 = \dfrac{1}{8}$、$P_4 = \dfrac{1}{16}$、$P_5 = \dfrac{1}{16}$，发送 5 种消息符号 m_1、m_2、m_3、m_4、m_5。若每个消息符号出现是相互独立的，求每个消息符号的信息量。

1-4　设有 4 个消息符号，其出现概率分别是 1/4、1/8、1/8、1/2，各消息符号出现是相互独立的。求该符号集的平均信息量。

1-5　一个离散信号源，每毫秒发出 4 种符号中的一个，各符号相互独立，出现的概率分别为 0.4、0.3、0.2、0.1。求该信号源的平均信息量和信息速率。

1-6　汉字电报中每位十进制数字代码的出现概率如题 1-6 表所示，求该离散信源的熵。

题 1-6 表

数字	0	1	2	3	4	5	6	7	8	9
概率	0.26	0.16	0.062	0.06	0.063	0.155	0.062	0.08	0.048	0.052

1-7   已知非对称二进制信道，输入符号的概率场为

$$\begin{bmatrix} X & Y \\ P_1 & P_2 \end{bmatrix} = \begin{bmatrix} 0 & 1 \\ \dfrac{1}{4} & \dfrac{3}{4} \end{bmatrix}$$

信道转移概率矩阵为

$$\begin{bmatrix} P(0/0) & P(1/0) \\ P(0/1) & P(1/1) \end{bmatrix} = \begin{bmatrix} 0.8 & 0.2 \\ 0.1 & 0.9 \end{bmatrix}$$

求：

（1）输出符号集 Y 的平均信息量 $H(Y)$；

（2）条件熵 $H(X|Y)$ 与 $H(Y|X)$；

（3）平均互信息量 $I(X,Y)$。

二、提高题

1-8   已知二进制对称信道中，误比特率为 P_b，求输入符号为 1 时，输出的互信息量 $I(X,Y)$，并绘出 P_b 分别为 0.1、0.2、0.3、0.4、0.5 的情况下，互信息量 $I(X,Y)$ 随 P_b 变化的曲线。若输入信道的符号速率 R=1000symbol/s，求信道容量 C。

1-9   已知二进制对称信道中，符号 $x_0 = 0$ 的出现概率为 P_0，符号 $x_1 = 1$ 的出现概率为 P_1，$P_1 = 1 - P_0$，信道传输误比特率为 P_b。求证：信道输入与输出之间的平均互信息量为

$$I(X,Y) = H(Y) - H(Y/X)$$

其中，

$$H(Y) = z \log_2 \frac{1}{z} + (1-z) \log_2 \frac{1}{1-z}$$

$$z = P_0 P_b + (1-P_0)(1-P_b)$$

$$H(Y/X) = P_b \log_2 \frac{1}{P_b} + (1-P_0) \log_2 \frac{1}{1-P_0}$$

1-10   求证题 1-7 中，信道容量为

$$C = 1 - H(X)$$

并证明 $P_1 = P_2 = \dfrac{1}{2}$ 时，互信息量 $I(X,Y)$ 取最大值。

1-11   已知连续随机变量 $Y = X + N$，其中 X 与 N 相互独立。证明：在给定 X 条件下 Y 的条件熵 $H(Y/X) = H(N)$，其中 $H(N)$ 是 N 的相对熵。

1-12   已知电话信道的带宽为 3.4kHz，试求：

（1）接收端信噪比 $S/N = 30$dB 时的信道容量；

（2）若要求该信道能传输 4800bit/s 的数据，则接收端要求最小信噪比 S/N 为多少 dB？

1-13   计算机终端通过电话信道传输计算机数据，电话信道带宽为 3.4kHz，信道输出的信噪比 $S/N = 30$dB。该终端输出 128 个符号，各符号相互统计独立、等概率出现。试求：

（1）信道容量；

（2）无误码传输的最高符号速率。

1-14   黑白电视图像每幅含有 3×10^5 个像素，每个像素有 16 个等概率出现的亮度等级。要求每秒传输 30 帧图像，若信道输出 $S/N = 30$dB，计算传输该黑白电视图像所要求信道的最小带宽。

第 2 章　确定信号与随机信号分析

通信系统把信息从一方传输到另一方，信息的载体是信号。通信中的信号可以分为两大类：确定信号和随机信号。在信号传输过程中，信号可能会产生失真，也会受到各种干扰和噪声的影响。这些干扰和噪声往往都是随机的，通常用随机函数描述。另外，随机信号本身通常是不确定的，也可以用随机函数描述。对于确定信号，可以直接对信号本身进行分析；对于随机信号，其取值是随机的，但在统计意义上往往服从某种分布规律，因此可以借助随机过程理论对其进行分析。

本章简介

本章主要介绍确定信号和随机信号的性质、数学表示式和通过电路系统（主要考虑线性系统）的分析方法。首先，2.1 节介绍确定信号与随机信号，并给出两种信号在时域和频域的分析方法。接着，2.2 节介绍确定信号分析基础知识，讨论确定信号的傅里叶变换及其性质，介绍相关函数，并给出确定信号通过线性系统的分析方法；然后，2.3 节介绍如何进行随机信号分析、引入随机过程描述随机信号、随机过程的数字特征以及几种常见的随机过程，并分析平稳随机过程以及窄带平稳随机过程通过线性时不变系统的输出过程统计特性；最后，2.4 节介绍如何进行带通信号分析、希尔伯特变换和复包络的定义，并在此基础上给出带通信号的表达方式。

2.1　确定信号与随机信号

确定信号是指取值在任何时间都是确定的且可预测的信号，且其在数学上可通过时间函数表示，如正弦波、各种形状的成形脉冲波形等。在通信中，这些信号可用作载荷，负责承载信息并在信道中进行传输（详细内容将在后续的模拟调制与数字调制章节中介绍）。除时域描述外，对确定信号还可进行频域描述，即进行傅里叶变换得到其频谱，表示其各个频率分量的分布。信号的频谱对信号占用频带宽度以及信号抗噪声性能的分析有重要作用。为了分析信号在不同取值时刻的相关程度，我们引入自相关函数的概念，该概念对分析确定信号的周期性具有重要作用。除此之外，在通信系统中，信号通过各类滤波器及信号处理单元可以等效为信号通过线性系统。当确定信号通过线性系统时，输入信号的时域波形与系统的时域特性卷积即可得到输出信号的时域波形；或利用卷积定理，将输入信号的频谱与系统的传递函数相乘，即可得到输出信号的频谱。得到输出信号的时域波形与频谱，即可进行后续性质的分析。

除确定信号外，通信中另一类重要的信号是**随机信号**。在通信系统中，发送信号承载的消息具有不确定性，发送信号均具有一定的随机性；另外，介入通信系统中的干扰与噪声、信道的起伏特性也是随机变化的。因此，通信系统中的噪声、接收信号等均为随机信号，需要采用随机过程进行建模分析。与确定信号相比，随机信号的时域特性无法采用确定的时间波形表示，而需要采用随机过程的数字特征及自相关函数描述。与确定信号类似，为了描述随机信号的频率特性，我们引入功率谱密度的概念。功率谱密度即为自相关函数的傅里叶变换，反映了各个频率分量的能量密度，可以用来分析随机信号占用的频带宽度及其抗噪声性能。当随机信号通过线性系统时，通过输入信号的自相关函数与系统自相关函数的卷积可以得到输出信号的自相关函数；或利用维纳-辛钦定理，同样可以在频域获得输出信号的功率谱密度。值得注意的是，随机信号经过线性系统后输出信号同样为随机信号，因此，输出信号同样需要采用随机过程理论进行分析。

2.2　确定信号分析基础知识

确定信号在数学上可以用一个时间函数表示。按照是否具有周期重复性，确定信号可以分为周期信号和非周期信号。在数学上，若信号 $s(t)$ 满足下述条件：

$$s(t) = s(t+T_0), \quad -\infty < t < \infty \tag{2-2-1}$$

式中 $T_0 > 0$ 且为一个常数，则称此信号为**周期信号**，否则为非周期信号。将满足式（2-2-1）的最小 T_0 称为此信号的周期，将 $1/T_0$ 称为基频 f_0。一个无限长的正弦波，例如，$s(t) = 8\sin(5t+1)(-\infty < t < \infty)$，就属于周期信号，其周期 $T_0 = 2\pi/5$。一个矩形脉冲就是非周期信号。

按照能量是否有限，确定信号可分为能量信号和功率信号两类。在通信理论中，如果没有特殊说明，通常把信号功率定义为电流在单位电阻（1Ω）上消耗的功率，即归一化功率 P。因此，功率在数值上就等于电流或电压的平方。

$$P = V^2 / R = I^2 R = V^2 = I^2 (\text{W}) \tag{2-2-2}$$

式中，V 为电压（V），I 为电流（A）。由此可以认为，信号电流 I 或电压 V 的平方都等于功率。若 $s(t)$ 代表信号电压或电流的时间波形，则信号能量 E 可以表示成信号瞬时功率的积分。

$$E = \int_{-\infty}^{\infty} s^2(t) dt \tag{2-2-3}$$

式中，E 的单位为焦耳（J）。

若信号的能量是一个正的有限值，即

$$0 < E = \int_{-\infty}^{\infty} s^2(t) dt < \infty \tag{2-2-4}$$

则称此信号为**能量信号**。将信号平均功率定义为

$$P = \lim_{T \to \infty} \frac{1}{T} \int_{-T/2}^{T/2} s^2(t) dt \tag{2-2-5}$$

由式（2-2-5）可以看出，能量信号的平均功率 $P = 0$，因为如果式（2-2-5）表示的信号能量有限，则在除以趋于无穷大的时间 T 后，所得平均功率趋近于 0。

在实际通信系统中，信号都具有有限的功率和有限的持续时间，因而具有有限的能量。但是，若信号的持续时间非常长，如广播信号，则可以近似认为它具有无限长的持续时间。此时，认为由式（2-2-5）定义的信号平均功率是一个有限的正值，但是其能量近似于无穷大。我们把这种信号称为**功率信号**。

对于能量信号，其能量等于一个有限正值，但平均功率为 0；对于功率信号，其平均功率等于一个有限正值，但能量为无穷大。能量信号和功率信号的分类方式对随机信号也适用。

确定信号在频域中的性质（即频率特性）由其各个频率分量的分布表示。它是信号的重要性质之一，与信号占用的频带宽度以及信号的抗噪声能力密切相关。信号的频率特性有 4 种，即功率信号的频谱、能量信号的频谱密度、能量信号的能量谱密度和功率信号的功率谱密度。下面分

别对其进行讨论。

2.2.1 功率信号的频谱

典型的功率信号一般为周期信号。对于周期性的功率信号，我们很容易计算其频谱。设一个周期性功率信号 $s(t)$ 的周期为 T_0，则将其**频谱**函数定义为下式积分变换。

功率信号频谱的
定义

$$S_n = \frac{1}{T_0} \int_{-T_0/2}^{T_0/2} s(t) \mathrm{e}^{-\mathrm{j}2\pi \frac{n}{T_0}t} \mathrm{d}t \qquad (2\text{-}2\text{-}6)$$

式中 $1/T_0 = f_0$，n 为整数，$-\infty < n < \infty$。

在数学上能将周期性函数展开成傅里叶级数的狄利克雷条件，一般信号都是能满足的。由傅里叶级数理论可知，式（2-2-6）就是周期性函数展开成傅里叶级数的系数，即周期性信号可以展开成如下的傅里叶级数。

$$s(t) = \sum_{n=-\infty}^{\infty} S_n \mathrm{e}^{\mathrm{j}2\pi \frac{n}{T_0}t} \qquad (2\text{-}2\text{-}7)$$

当 $n = 0$ 时，式（2-2-6）变成

$$S_0 = \frac{1}{T_0} \int_{-T_0/2}^{T_0/2} s(t) \mathrm{d}t \qquad (2\text{-}2\text{-}8)$$

它是信号 $s(t)$ 的时间平均值，即直流分量。

一般来说，式（2-2-6）中频谱函数 S_n 是一个复数，代表在频率 nf_0 上信号分量的复振幅，可以写作

$$S_n = |S_n| \mathrm{e}^{\mathrm{j}\theta_n} \qquad (2\text{-}2\text{-}9)$$

其中 $|S_n|$ 为频率 nf_0 的信号分量的振幅，θ_n 为频率 nf_0 的信号分量的相位。

式（2-2-9）表明，对周期性功率信号来说，其频谱函数 S_n 是离散的，只在 f_0 的整数倍上取值。由于 f_0 可取负值，因此在负频率上 S_n 也有值，故通常称 S_n 为双边（频）谱。双边谱中的负频谱仅在数学上有意义；在物理上，并不存在负频率。但是我们可以找到物理上实信号的频谱与数学上的频谱函数之间的关系。下面分析两者的关系。

对于物理上可实现的实信号，由式（2-2-6）有

$$S_{-n} = \frac{1}{T_0} \int_{-T_0/2}^{T_0/2} s(t) \mathrm{e}^{\mathrm{j}2\pi nf_0 t} \mathrm{d}t = \left[\frac{1}{T_0} \int_{-T_0/2}^{T_0/2} s(t) \mathrm{e}^{-\mathrm{j}2\pi nf_0 t} \mathrm{d}t \right]^* = S_n^* \qquad (2\text{-}2\text{-}10)$$

即频谱函数的正频率部分与负频率部分之间存在复数共轭对称关系。这就是说，负频谱和正频谱的模是偶对称的，相位是奇对称的，如图 2-2-1 所示。

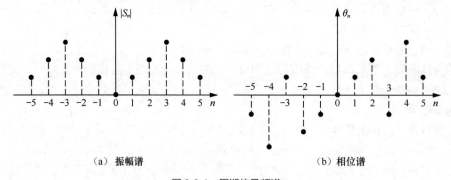

（a）振幅谱 　　　　　　　　　（b）相位谱

图 2-2-1 周期信号频谱

将式（2-2-10）代入式（2-2-7），并利用欧拉公式，得到

$$s(t) = S_0 + \sum_{n=1}^{\infty}\left[\sqrt{a_n^2 + b_n^2}\cos(2\pi nt / T_0 + \theta_n)\right] \qquad (2\text{-}2\text{-}11)$$

其中

$$\theta_n = -\arctan(b_n / a_n) \qquad (2\text{-}2\text{-}12)$$

$$S_n = \frac{1}{2}(a_n - \mathrm{j}b_n),\ S_{-n} = S_n^* = \frac{1}{2}(a_n + \mathrm{j}b_n),\ n \geqslant 1 \qquad (2\text{-}2\text{-}13)$$

式（2-2-11）表明，实信号 $s(t)$ 的各次谐波的振幅等于 $\sqrt{a_n^2 + b_n^2}$，但是仅有正频率分量。数学上频谱函数的各次谐波的振幅可由式（2-2-13）得到，且

$$|S_n| = \frac{1}{2}\sqrt{a_n^2 + b_n^2} \qquad (2\text{-}2\text{-}14)$$

它分布在全部正、负频率范围内，并且是实信号各次谐波振幅的一半。若将数学上频谱函数的负频率分量的模和正频率分量的模相加，就等于物理上实信号频谱的模。式（2-2-11）将实信号 $s(t)$ 展开的各频率分量的振幅为 $\sqrt{a_n^2 + b_n^2}$，相位为 θ。通常我们将数学上的频谱函数称为单边谱。在许多文献中，**将数学上的频谱函数称为双边谱，将实信号的频谱称为单边谱**。前者便于数学分析，后者便于实验测量，各有其适用的场所。

此外，若 $s(t)$ 不但是实信号，而且是偶信号，则由式（2-2-6）得

$$\begin{aligned}
S_n &= \frac{1}{T_0}\int_{-T_0/2}^{T_0/2} s(t)\mathrm{e}^{-\mathrm{j}2\pi\frac{n}{T_0}t}\,\mathrm{d}t \\
&= \frac{1}{T_0}\int_{T_0/2}^{-T_0/2} s(-t)\mathrm{e}^{-\mathrm{j}2\pi\frac{n}{T_0}(-t)}\,\mathrm{d}(-t) \\
&= \frac{1}{T_0}\int_{-T_0/2}^{T_0/2} s(t)\mathrm{e}^{\mathrm{j}2\pi\frac{n}{T_0}t}\,\mathrm{d}t \\
&= S_n^*
\end{aligned} \qquad (2\text{-}2\text{-}15)$$

从而可以证明此时 S_n 为实函数。

2.2.2　能量信号的频谱密度与能量谱密度

在讨论完周期性功率信号的频谱之后，接着来讨论能量信号的频谱。典型的能量信号为持续时间有限的非周期信号。对于非周期的能量信号，通过傅里叶变换可以得到其频谱密度。设一个能量信号为 $x(t)$，则将它的傅里叶变换 $X(f)$ 定义为其**频谱密度**，可得

$$X(f) = \int_{-\infty}^{\infty} x(t)\mathrm{e}^{-\mathrm{j}2\pi ft}\,\mathrm{d}t \qquad (2\text{-}2\text{-}16)$$

而 $X(f)$ 的逆傅里叶变换就是原信号，即

$$x(t) = \int_{-\infty}^{\infty} X(f)\mathrm{e}^{\mathrm{j}2\pi ft}\,\mathrm{d}f \qquad (2\text{-}2\text{-}17)$$

能量信号的频谱密度 $X(f)$ 和周期性功率信号的频谱 S_n 的主要区别有两点：第一，$X(f)$ 是连续谱，S_n 是离散谱；第二，$X(f)$ 的单位是伏/赫（V/Hz），而 S_n 的单位是伏（V）。能量信号的能量有限，并分布在连续频率轴上，所以在每个频率点 f_0 上信号的幅度是无穷小的；只有在一小段频率间隔 $\mathrm{d}f$ 上才有确定的非零振幅。功率信号的功率有限，但能量无限，它在无限多的离散频率点上有确定的非零振幅。在本书后面章节和其他书籍中，针对能量信号讨论问题时，**也常把频谱密度简称为频谱**，这时在概念上不要把它与周期信号的频谱相混淆。

实能量信号的频谱密度和实功率信号的频谱有一个共同的特性，即其负频谱和正频谱的模是偶对称的，相位是奇对称的。这一点可以从式（2-2-18）中看出。

$$\int_{-\infty}^{\infty} x(t) e^{-j2\pi ft} dt = \left[\int_{-\infty}^{\infty} x(t) e^{j2\pi ft} dt \right]^*, \quad X(f) = [X(-f)]^* \tag{2-2-18}$$

或者说，其频谱密度的正频率部分和负频率部分构成复数共轭关系。

在得到了能量信号的频谱后，接下来讨论能量信号的能量谱密度。设一个能量信号 $x(t)$ 的能量为 E，则此信号的能量为

$$E = \int_{-\infty}^{\infty} x^2(t) dt \tag{2-2-19}$$

若此信号的傅里叶变换（频谱密度）为 $X(f)$，则由帕塞瓦尔定理可知

$$E = \int_{-\infty}^{\infty} |X(f)|^2 df \tag{2-2-20}$$

式（2-2-20）表示 $|X(f)|^2$ 在频率轴 f 上的积分等于信号能量，所以以称 $|X(f)|^2$ 为**能量谱密度**。它表示在频率 f 处宽度为 df 频带内的信号能量，或者可以将其看作单位频带内的信号能量。

令

$$E_x(f) = |X(f)|^2 \ (\text{J/Hz}) \tag{2-2-21}$$

则 $E_x(f)$ 为能量谱密度。

由于信号 $x(t)$ 是一个实函数，因此 $|X(f)|$ 是一个偶函数。故式（2-2-20）可写为

$$E = 2 \int_0^{\infty} E_x(f) df \tag{2-2-22}$$

能量信号的频谱密度与能量谱密度的区别

2.2.3　功率信号的功率谱密度

由于功率信号具有无穷大的能量，式（2-2-19）的积分不存在，因此，不能按照式（2-2-19）计算功率信号的能量谱密度。不过，我们可以求出它的功率谱密度。为此，首先将信号 $s(t)$ 截短为长度等于 T 的一个截断信号 $s_T(t)$，$-T/2 < t < T/2$。这样，$s_T(t)$ 就成为一个能量信号了。对于这个能量信号，我们可以用傅里叶变换来求出其能量谱密度 $|S_T(f)|^2$，并由帕塞瓦尔定理，可得

$$E = \int_{-T/2}^{T/2} s_T^2(t) dt = \int_{-\infty}^{\infty} |S_T(f)|^2 df \tag{2-2-23}$$

于是，我们可以将

$$\lim_{T \to \infty} \frac{1}{T} |S_T(f)|^2 \tag{2-2-24}$$

定义为信号的**功率谱密度** $P(f)$，即

$$P(f) = \lim_{T \to \infty} \frac{1}{T} |S_T(f)|^2 \tag{2-2-25}$$

信号功率则为

$$P = \lim_{T \to \infty} \frac{1}{T} \int_{-\infty}^{\infty} |S_T(f)|^2 df = \int_{-\infty}^{\infty} P(f) df \tag{2-2-26}$$

若此功率信号具有周期性，则可以将 T 选作等于信号的周期 T_0，并且用傅里叶级数代替傅里叶变换，求出信号的频谱。这时，式（2-2-5）变成

$$P = \lim_{T \to \infty} \frac{1}{T} \int_{-T/2}^{T/2} s^2(t) dt = \frac{1}{T_0} \int_{-T_0/2}^{T_0/2} s^2(t) dt \tag{2-2-27}$$

由周期函数的帕塞瓦尔定理可知

$$P = \frac{1}{T_0} \int_{-T_0/2}^{T_0/2} s^2(t) dt = \sum_{n=-\infty}^{\infty} |S_n|^2 \tag{2-2-28}$$

其中 S_n 为此周期信号的傅里叶级数的系数。若 f_0 是此信号的基波频率，则 S_n 是此信号的第 n 次谐波（其频率为 nf_0）的振幅；$|S_n|^2$ 为第 n 次谐波的功率，可以称为信号的（离散）功率谱。

若我们仍希望用连续的功率谱密度表示此离散谱，则可以利用 δ 函数的特性

$$f(t_0) = \int_{-\infty}^{\infty} f(t)\delta(t-t_0)\,\mathrm{d}t \tag{2-2-29}$$

式中，$f(t)$ 表示任意一个函数。将式（2-2-28）表示为

$$P = \int_{-\infty}^{\infty} \sum_{n=-\infty}^{\infty} |S(f)|^2\,\delta(f-nf_0)\,\mathrm{d}f \tag{2-2-30}$$

式中

$$S(f) = \begin{cases} S_n, & f = nf_0 \\ 0, & \text{其他} \end{cases} \tag{2-2-31}$$

式（2-2-30）中的被积因子就是此信号的功率谱密度 $P(f)$，即

$$P(f) = \sum_{n=-\infty}^{\infty} |S(f)|^2\,\delta(f-nf_0) \tag{2-2-32}$$

而

$$\sum_{n=-\infty}^{\infty} |S(f)|^2\,\delta(f-nf_0)\,\mathrm{d}f = P(f)\mathrm{d}f \tag{2-2-33}$$

就是在频率间隔 $\mathrm{d}f$ 内信号的功率。

2.2.4　确定信号的相关函数

能量信号 $x(t)$ 的**自相关函数**的定义为

$$R(\tau) = \int_{-\infty}^{\infty} x(t)x(t+\tau)\,\mathrm{d}t, \quad -\infty < T < \infty \tag{2-2-34}$$

自相关函数反映了一个信号与延迟 τ 后的同一信号间的相关程度。自相关函数 $R(\tau)$ 与时间 t 无关，只与时间差 τ 有关。当 $\tau = 0$ 时，能量信号的自相关函数 $R(0)$ 等于信号的能量，即

$$R(0) = \int_{-\infty}^{\infty} x^2(t)\mathrm{d}t = E \tag{2-2-35}$$

式中，E 为能量信号的能量。

此外，$R(\tau)$ 是 τ 的偶函数，即

$$R(\tau) = R(-\tau) \tag{2-2-36}$$

能量信号的自相关函数与其能量谱密度之间有关系，下面就来具体分析。

对定义式（2-2-34）求傅里叶变换，有

$$\begin{aligned} \int_{-\infty}^{\infty} R(\tau)\mathrm{e}^{-\mathrm{j}2\pi f\tau}\mathrm{d}\tau &= \int_{-\infty}^{\infty}\int_{-\infty}^{\infty} x(t)x(t+\tau)\mathrm{e}^{-\mathrm{j}2\pi f\tau}\mathrm{d}t\mathrm{d}\tau \\ &= \int_{-\infty}^{\infty} x(t)\mathrm{d}t\left[\int_{-\infty}^{\infty} x(t+\tau)\mathrm{e}^{-\mathrm{j}2\pi f(t+\tau)}\mathrm{d}(t+\tau)\right]\mathrm{e}^{\mathrm{j}2\pi ft} \end{aligned} \tag{2-2-37}$$

令 $t' = t+\tau$，代入式（2-2-37），得

$$\begin{aligned} \int_{-\infty}^{\infty} R(\tau)\mathrm{e}^{-\mathrm{j}2\pi f\tau}\mathrm{d}\tau &= \int_{-\infty}^{\infty} x(t)\mathrm{d}t\left[\int_{-\infty}^{\infty} x(t')\mathrm{e}^{-\mathrm{j}2\pi ft'}\mathrm{d}t'\right]\mathrm{e}^{\mathrm{j}2\pi ft} \\ &= X(f)\int_{-\infty}^{\infty} x(t)\mathrm{e}^{\mathrm{j}2\pi ft}\mathrm{d}t = X(f)X(-f) \end{aligned} \tag{2-2-38}$$

式中，$X(f) = \int_{-\infty}^{\infty} x(t)\mathrm{e}^{-\mathrm{j}2\pi ft}\mathrm{d}t$，为能量信号 $x(t)$ 的频谱密度。

一般说来，$X(f)$ 是复函数，所以可以令

$$X(f) = A(f) + \mathrm{j}B(f) \tag{2-2-39}$$

式中 $A(f)$ 和 $B(f)$ 为实函数。对于实能量信号，其频谱密度的正频率部分与负频率部分存在复数共轭关系。这样，式（2-2-38）变为

$$\int_{-\infty}^{\infty} R(\tau) e^{-j2\pi f\tau} d\tau = X(f)X(-f) = [A(f) + jB(f)][A(f) - jB(f)] \tag{2-2-40}$$
$$= A^2(f) + B^2(f) = |X(f)|^2$$

将式（2-2-40）与式（2-2-20）比较，可以看出能量信号的自相关函数的傅里叶变换就是其能量谱密度。反之，能量信号的能量谱密度的逆傅里叶变换就是能量信号的自相关函数，即

$$R(\tau) = \int_{-\infty}^{\infty} |X(f)|^2 e^{j2\pi f\tau} df \tag{2-2-41}$$

周期性功率信号的自相关函数与其功率谱密度的关系推导

$R(\tau)$ 和 $|X(f)|^2$ 构成一对傅里叶变换。

功率信号 $s(t)$ 的自相关函数定义为

$$R(\tau) = \lim_{T\to\infty} \frac{1}{T} \int_{-T/2}^{T/2} s(t)s(t+\tau) dt, \quad -\infty < \tau < \infty \tag{2-2-42}$$

由定义式不难看出，当 $\tau = 0$ 时，功率信号的自相关函数 $R(0)$ 等于信号的平均功率，即

$$R(0) = \lim_{T\to\infty} \frac{1}{T} \int_{-T/2}^{T/2} s^2(t) dt = P \tag{2-2-43}$$

式中，P 为信号的功率。与能量信号的自相关函数类似，功率信号的自相关函数也是偶函数。

对于周期性功率信号，自相关函数的定义可以改写为

$$R(\tau) = \frac{1}{T_0} \int_{-T_0/2}^{T_0/2} s(t)s(t+\tau) dt, \quad -\infty < \tau < \infty \tag{2-2-44}$$

周期性功率信号的自相关函数与其功率谱密度之间也有关系，下面就来具体分析。

由式（2-2-44），有

$$R(\tau) = \frac{1}{T_0} \int_{-T_0/2}^{T_0/2} s(t)s(t+\tau) dt = \frac{1}{T_0} \int_{T_0/2}^{T_0/2} s(t) \left[\sum_{-\infty}^{\infty} S_n e^{j2\pi n(t+\tau)/T_0} \right] dt$$

$$= \left[S_n e^{j2\pi n\tau/T_0} \frac{1}{T_0} \int_{T_0/2}^{T_0/2} s(t) e^{j2\pi nt/T_0} \right] = \sum_{-\infty}^{\infty} \left[S_n S_n^* \right] e^{j2\pi n\tau/T_0} \tag{2-2-45}$$

$$= |S_n|^2 e^{j2\pi n\tau/T_0} = \int_{-\infty}^{\infty} \sum_{n=-\infty}^{\infty} |S(f)|^2 \delta(f - nf_0) e^{j2\pi f\tau} df$$

将式（2-2-32）代入式（2-2-45），得

$$R(\tau) = \int_{-\infty}^{\infty} P(f) e^{j2\pi f\tau} df \tag{2-2-46}$$

式（2-2-46）表明，周期性功率信号的自相关函数 $R(\tau)$ 与其功率谱密度 $P(f)$ 之间存在傅里叶变换关系，即 $P(f)$ 的逆傅里叶变换为 $R(\tau)$，$R(\tau)$ 的傅里叶变换是功率谱密度，即

$$P(f) = \int_{-\infty}^{\infty} R(\tau) e^{-j2\pi f\tau} d\tau \tag{2-2-47}$$

两个能量信号 $x_1(t)$ 和 $x_2(t)$ 的**互相关函数**定义为

$$R_{12}(\tau) = \int_{-\infty}^{\infty} x_1(t)x_2(t+\tau) dt, \quad -\infty < \tau < \infty \tag{2-2-48}$$

由式（2-2-48）看出，互相关函数反映了一个信号和延迟时间 τ 后的另一个信号间相关的程度。互相关函数 $R_{12}(\tau)$ 与时间 t 无关，只与时间差 τ 有关。需要注意的是，互相关函数与两个信号相乘的前后次序有关，即有

$$R_{21}(\tau) = R_{12}(-\tau) \tag{2-2-49}$$

下面来考虑互相关函数与信号能量谱密度的关系。

由定义式（2-2-48），有

$$R_{12}(\tau) = \int_{-\infty}^{\infty} x_1(t)x_2(t+\tau)\,\mathrm{d}t = \int_{-\infty}^{\infty} x_1(t)\,\mathrm{d}t \int_{-\infty}^{\infty} X_2(f)\mathrm{e}^{\mathrm{j}2\pi f(t+\tau)}\mathrm{d}f$$

$$= \int_{-\infty}^{\infty} X_2(f)\,\mathrm{d}f \int_{-\infty}^{\infty} x_1(t)\mathrm{e}^{\mathrm{j}2\pi(t+\tau)}\mathrm{d}t = \int_{-\infty}^{\infty} X_1^*(f)X_2(f)\mathrm{e}^{\mathrm{j}2\pi f\tau}\mathrm{d}f \qquad (2\text{-}2\text{-}50)$$

$$= \int_{-\infty}^{\infty} X_{12}(f)\mathrm{e}^{\mathrm{j}2\pi f\tau}\mathrm{d}f$$

式中，$X_{12}(f) = X_1^*(f)X_2(f)$，为**互能量谱密度**。式（2-2-50）表示，$R_{12}(\tau)$ 是 $X_{12}(f)$ 的逆傅里叶变换，故 $X_{12}(f)$ 是 $R_{12}(\tau)$ 的傅里叶变换，即

$$X_{12}(f) = \int_{-\infty}^{\infty} R_{12}(\tau)\mathrm{e}^{-\mathrm{j}2\pi f\tau}\mathrm{d}\tau \qquad (2\text{-}2\text{-}51)$$

因此，互相关函数和互能量谱密度也是一对傅里叶变换。

两个功率信号 $s_1(t)$ 和 $s_2(t)$ 的互相关函数的定义为

$$R_{12}(\tau) = \lim_{T\to\infty} \frac{1}{T}\int_{-T/2}^{T/2} s_1(t)s_2(t+\tau)\,\mathrm{d}t, \quad -\infty < \tau < \infty \qquad (2\text{-}2\text{-}52)$$

同样，功率信号的互相关函数 $R_{12}(\tau)$ 也与时间 t 无关，只与时间差 τ 有关，并且互相关函数与两个信号相乘的前后次序有关，这些方面与式（2-2-49）类似。

若两个周期性功率信号的周期相同，则其互相关函数的定义可以写为

$$R_{12}(\tau) = \frac{1}{T}\int_{-T/2}^{T/2} s_1(t)s_2(t+\tau)\,\mathrm{d}t, \quad -\infty < \tau < \infty \qquad (2\text{-}2\text{-}53)$$

式中，T 为信号周期。

在功率信号的互相关函数与其功率谱密度之间也有如下的傅里叶变换关系。

$$R_{12}(\tau) = \frac{1}{T}\int_{-T/2}^{T/2} s_1(t)s_2(t+\tau)\,\mathrm{d}t = \frac{1}{T}\int_{-T/2}^{T/2} s_1(t)\,\mathrm{d}t \sum_{n=-\infty}^{\infty}(S_n)_2 \mathrm{e}^{\mathrm{j}2\pi nf_0(t+\tau)}$$

$$= \sum_{n=-\infty}^{\infty}\left[(S_n)_2 \mathrm{e}^{\mathrm{j}2\pi nf_0\tau}\frac{1}{T}\int_{-T/2}^{T/2} s_1(t)\mathrm{e}^{\mathrm{j}2\pi nf_0 t}\mathrm{d}t\right] = \sum_{n=-\infty}^{\infty}\left[(S_n)_1^*(S_n)_2\right]\mathrm{e}^{\mathrm{j}2\pi nf_0\tau} \qquad (2\text{-}2\text{-}54)$$

$$= \sum_{n=-\infty}^{\infty}\left[S_{12}\right]\mathrm{e}^{\mathrm{j}2\pi nf_0\tau}$$

式中，$S_{12} = (S_n)_1^*(S_n)_2$，其被称为信号的**互功率谱密度**。式（2-2-54）表示，周期性功率信号的互功率谱密度 S_{12} 是其互相关函数 $R_{12}(\tau)$ 的傅里叶级数的系数。若用傅里叶变换表示，式（2-2-54）可以改写为

$$R_{12}(\tau) = \sum_{n=-\infty}^{\infty}\int_{-\infty}^{\infty} S_{12}(f)\delta(f-nf_0)\mathrm{e}^{\mathrm{j}2\pi nf_0\tau}\mathrm{d}f \qquad (2\text{-}2\text{-}55)$$

式中，$\int_{-\infty}^{\infty} S_{12}(f)\delta(f-nf_0)\,\mathrm{d}f = S_{12} = (S_n)_1^*(S_n)_2$。

2.2.5　确定信号通过线性系统

线性时不变系统是通信系统中一类典型的系统，也是通信系统中常被研究的一类系统。本小节将探讨确定信号经过线性系统后产生的输出信号，并详细阐述输出信号与输入信号在时域和频域特性上的关联。线性系统的输入 $x(t)$、输出 $y(t)$、单位冲激响应 $h(t)$ 之间存在卷积关系，有

$$y(t) = \int_{-\infty}^{\infty} x(u)h(t-u)\,\mathrm{d}u = \int_{-\infty}^{\infty} x(t-v)h(v)\,\mathrm{d}v \qquad (2\text{-}2\text{-}56)$$

由卷积定理可知，时域卷积对应频域乘积，有

$$Y(f) = H(f)X(f) \qquad (2\text{-}2\text{-}57)$$

式中，$X(f)$、$Y(f)$、$H(f)$ 分别是 $x(t)$、$y(t)$、$h(t)$ 的傅里叶变换，并称 $H(f)$ 为滤波器的传递函数。以下列举一些常见确定信号经过滤波器后的输出。

（1）频率为 v 的复单频信号 $\mathrm{e}^{\mathrm{j}2\pi vt}$ 的傅里叶变换为 $f-v$，通过传递函数为 $H(f)$ 的滤波器后的

频谱为 $H(f)\delta(f-v)=H(v)\delta(f-v)$，傅里叶反变换后得到时域表达式为 $H(v)\mathrm{e}^{\mathrm{j}2\pi vt}$。

（2）直流信号 $\mathrm{e}^{\mathrm{j}2\pi vt}$ 中的频率 $v=0$。幅度为 A 的直流信号通过滤波器后的输出为 $AH(0)$。

（3）周期信号 $s(t)=\sum_n S_n\mathrm{e}^{\mathrm{j}2\pi\frac{n}{T}t}$ 通过滤波器后的输出为 $s(t)=\sum_n S_n H\left(\dfrac{n}{T}\right)\mathrm{e}^{\mathrm{j}2\pi\frac{n}{T}t}$。

（4）任意周期信号 $s(t)=\sum_n g(t-nT)$ 可以看成周期冲激序列 $\sum_n \delta(t-nT)$ 通过一个冲激响应为 $g(t)$ 的滤波器之后的输出。$s(t)$ 通过冲激响应为 $h(t)$ 的滤波器相当于 $\sum_n \delta(t-nT)$ 通过了两个级联的滤波器 $g(t)$ 和 $h(t)$。令 $x(t)=g(t)h(t)$，则输出为 $\sum_{n=-\infty}^{\infty} x(t-nT)$。

设能量信号 $x(t)$ 的能量谱密度是 $E_x(f)=|X(f)|^2$，通过传递函数为 $H(f)$ 的滤波器之后的能量谱密度是 $E_y(f)=|Y(f)|^2=|H(f)X(f)|^2$，即

$$E_y(f)=E_x(f)|H(f)|^2 \tag{2-2-58}$$

这个结论也可以推广到功率信号。若 $x(t)$ 的功率谱密度是 $P_x(f)$，则通过传递函数为 $H(f)$ 的滤波器之后的功率谱密度为

$$P_y(f)=P_x(f)|H(f)|^2 \tag{2-2-59}$$

以下将分别介绍理想低通滤波器（Low Pass Filter，LPF）与理想带通滤波器（Band Pass Filter，BPF）的传递函数。带宽为 B 的理想低通滤波器的传递函数为

$$H(f)=\begin{cases}1, & |f|\leqslant B\\ 0, & |f|>B\end{cases} \tag{2-2-60}$$

带宽为 B 的理想带通滤波器的传递函数为

$$H(f)=\begin{cases}1, & f_\mathrm{L}\leqslant|f|\leqslant f_\mathrm{H}\\ 0, & 其他\end{cases} \tag{2-2-61}$$

式中，$f_\mathrm{L}>0$，$f_\mathrm{H}=f_\mathrm{L}+B$。

2.2.6　信号与系统的带宽

带宽是信号频谱的宽度，即信号能量或功率主要分布的频率范围。如果信号的能量或功率主要集中在零频（$f=0$）附近，则称此信号为**基带信号**。如果信号的能量或功率主要集中在某个载波频率 f_c 附近，则称此信号为频带信号或带通信号，之后本章中将其统一称为**带通信号**。带通信号是通信系统中十分常见的一类信号，将在本章 2.4 节中进行详细的介绍。

带宽的定义有很多种，下面以基带功率信号为例介绍几种常见的定义基带信号带宽的方法。注意对于实信号，带宽的定义只考虑正频率部分。

设 $x(t)$ 的功率谱密度为 $P_x(f)$，如果 $P_x(f)$ 在 $[-B,B]$ 之外确定为 0，在 $[-B,B]$ 之内基本不为 0，则其**绝对带宽**为 B。时间受限的信号一般频域无限，因此绝对带宽只对某些理想模型有意义。

设 $P_x(f)$ 的绝对带宽无限，若其存在一些零点（一般是周期性零点），并且功率大部分在第一个零点内，则这个第一零点 B 称为 $x(t)$ 的**主瓣带宽**（也称**谱零点带宽**），也即，对于 $-B\leqslant f\leqslant B$，有 $P_x(f)>0$；对于 $f<-B$ 或 $f>B$，有 $P_x(f)=0$。

很多基带信号的功率谱密度的最高点出现在 $f=0$ 处，即 $P_x(0)\geqslant P_x(f)$。功率谱密度相对于 $f=0$ 的功率谱密度下降一半的位置 B 称为 **3dB 带宽**（也称**半功率带宽**），即 $P_x(B)=\dfrac{1}{2}P_x(0)$。

若 $P_x(f)$ 的面积（即功率）与一个同高的矩形功率谱密度相同，则后者的带宽称为 $x(t)$ 的**等效矩形带宽**（也称**等效噪声带宽**），即

$$B = \frac{\int_{-\infty}^{\infty} P_x(f)\,\mathrm{d}f}{2P_x(0)} \qquad (2\text{-}2\text{-}62)$$

以单位矩形窗函数 rect(t) 为例，其功率谱如图 2-2-2 所示。从该图中能看出，不同定义下带宽大小并不相同。

实际中，还经常使用功率占某个比例（如 99%）的带宽，表达式为

$$\frac{\int_{-B}^{B} P_x(f)\,\mathrm{d}f}{\int_{-\infty}^{\infty} P_x(f)\,\mathrm{d}f} = 99\% \qquad (2\text{-}2\text{-}63)$$

其中的 99% 可以是其他比例（如 95%、90% 等）。

带宽的定义还有很多，此处不再赘述。以上给出了基带功率信号的带宽定义，基带能量信号的带宽定义可与此类似，只需要将功率谱密度替换为能量谱密度。带通信号的带宽定义也与此类似。

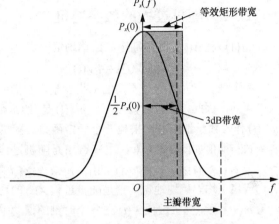

图 2-2-2　单位矩形窗函数功率谱图

2.3　随机信号分析基础知识

在每个时刻，随机信号的取值都是不可预测的。然而，从整体角度来看，其取值又展现出一定的统计规律。因此，我们需要借助随机过程这一工具来描述随机信号，并且对随机信号的统计特性进行分析。本节将对随机过程的一些基础知识进行介绍，着重介绍几类特殊的随机过程，并讨论它们的统计特性。

2.3.1　随机变量与随机过程

为了更深入地研究随机现象，我们需要把随机试验的结果数量化，也就是用一个变量来描述随机实验的结果。随机变量 X 在某一次随机实验中的具体结果称为该随机变量的一个实现或者一个样本。X 取值的出现规律体现在概率密度函数 $p_X(x)$ 中。

在许多实际场合中，一个随机试验的结果通常需要用两个或更多随机变量来完整描述。例如，接收机中频放大器的干扰电流就要用随机振幅和随机相位两个随机变量去描述。这种情况下，可以将实验结果建模为随机列向量 $\boldsymbol{x} = (X_1, X_2, \cdots, X_n)^{\mathrm{T}}$，其中 n 表示随机向量的维度。一个 n 维随机向量包含 n 个随机变量，其统计特性由这 n 个随机变量的联合概率分布给定。

当随机向量的维数为无穷大时就是随机序列，记为 $\{X_n, n = 0, \pm 1, \pm 2, \cdots\}$ 或简记为 $\{X_n\}$。随机序列包含无穷多个随机变量，若将 n 看作时间，则 $\{X_n\}$ 是沿时间排列的无数个随机变量。当随机变量的个数足够多，使若 X_a、X_b 表示任意两个时刻 a、b $(a < b)$ 处的随机变量，则在时刻 a、b 之间一定存在第 3 个随机变量 X_c $(a < c < b)$，那么这样的随机试验就是**随机过程**，可记为 $\{X_t, -\infty < t < \infty\}$，一般简记为 $X(t)$。当时刻 t 给定时，$X(t)$ 表示位于 t 时刻的单个随机变量 X_t，如 $X(3)$ 或 X_3 表示位于时刻 $t = 3$ 处的随机变量。如果不限定 t，则 $X(t)$ 表示时间轴上无数个随机变量的全体，即 $\{X_t, -\infty < t < \infty\}$。此时 $X(t)$ 的一次实现是无数个确定的实数，每个 $t \in (-\infty, \infty)$ 对应一个确定的实数，形成一个函数 $x(t)$，则称其为随机过程 $X(t)$ 的样本函数。

随机序列 $\{X_n\}$ 以及随机过程 $X(t)$ 包含无数个随机变量，如果无数个随机变量中任意 n 个随

机变量的联合概率分布都是给定的，则称此随机序列或者随机过程的统计特性已给定。

两个随机过程 $X(t)$、$Y(t)$ 中的全体随机变量集合为 $\{X_u, Y_v, u, v \in \mathbf{R}\}$，若此集合中任意 n 个随机变量的联合概率分布都是给定的，则称 $X(t)$、$Y(t)$ 的联合概率分布已给定。给定随机过程 $Z(t) = X(t) + \mathrm{j}Y(t)$，称 $Z(t)$ 为**复随机过程**，其样本函数是 t 的复函数。

2.3.2　随机过程的数字特征

随机过程 $X(t)$ 的**数学期望**（或称**均值**）定义为

$$E[X(t)] = m_X(t) \qquad (2\text{-}3\text{-}1)$$

在不同时刻，$X(t)$ 是不同的随机变量，它们的数学期望未必相同，因此，在一般情况下，$m_X(t)$ 是 t 的函数；此外，$m_X(t)$ 作为数学期望的结果是一个确定函数。随机过程的样本函数与均值如图 2-3-1 所示。$E[X(t)]$ 是随机过程 $X(t)$ 的所有样本函数在时刻 t 函数值的平均，通常称这种平均为统计平均或集平均。确切地说，它是随机过程 $X(t)$ 的均值函数。均值 $m_X(t)$ 表示随机过程 $X(t)$ 在各个时刻的摆动中心。

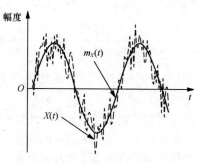

图 2-3-1　随机过程的样本函数与均值

任何随机过程都可以看成一个零均值随机过程和一个确定函数的和。我们用 $\tilde{X}(t) = X(t) - m_X(t)$ 表示零均值随机过程，则 $E[\tilde{X}(t)] = 0$，而

$$X(t) = \tilde{X}(t) + m_X(t) \qquad (2\text{-}3\text{-}2)$$

基于此，许多情况下可以只研究零均值随机过程。

随机过程 $X(t)$ 的**方差**定义为

$$\sigma_X^2(t) = E\{[X(t) - m_X(t)]^2\} \qquad (2\text{-}3\text{-}3)$$

它表示随机过程在时刻 t 相对于均值 $m_X(t)$ 的偏移程度。方差 $\sigma_X^2(t)$ 也可以表示为

$$
\begin{aligned}
\sigma_X^2(t) &= E\{[X(t) - m_X(t)]^2\} \\
&= E[X^2(t)] - 2m_X(t)E[X(t)] + m_X^2(t) \\
&= E[X^2(t)] - m_X^2(t)
\end{aligned}
\qquad (2\text{-}3\text{-}4)
$$

式（2-3-4）表明，方差等于均方值（即平均功率）与均值平方之差。

随机过程的**自相关函数**可以定义为

$$R_X(t_1, t_2) = E[X(t_1)X(t_2)] \qquad (2\text{-}3\text{-}5)$$

式中，t_1、t_2 为任意时刻，$X(t_1), X(t_2)$ 为对应时刻的随机变量。自相关函数反映了随机过程 $X(t)$ 在任意两个时刻所取值之间的相关性。类似地，还可以定义两个随机过程间的**互相关函数**为

$$R_{XY}(t_1, t_2) = E[X(t_1)Y(t_2)] \qquad (2\text{-}3\text{-}6)$$

式中，t_1、t_2 为任意时刻，$X(t_1)$、$Y(t_2)$ 为对应时刻的随机变量。

对任意时刻 t，若

$$E[X(t)Y(t)] = E[X(t)]E[Y(t)] \qquad (2\text{-}3\text{-}7)$$

则称 $X(t)$、$Y(t)$ 这两个随机过程在同一时刻不相关。对于两个任意时刻 t_1、t_2，若

$$E[X(t_1)Y(t_2)] = E[X(t_1)]E[Y(t_2)] \qquad (2\text{-}3\text{-}8)$$

则称 $X(t)$、$Y(t)$ 这两个随机过程互不相关。

设 $X(t)$、$Y(t)$ 中有一个是零均值随机过程，若对于任意的 t_1、t_2，总有 $R_{XY}(t_1, t_2) = 0$，则说明 $X(t)$、$Y(t)$ 不相关。特别地，零均值随机过程与任何确定信号均不相关。

一般情况而言，$x(t)$ 可能是能量信号，也可能是功率信号，这里我们默认 $x(t)$ 是功率信号。

定义 $x_T(t)$ 为样本函数 $X(t)$ 的截断函数，有

$$x_T(t) = \begin{cases} x(t), & |t| \leqslant T/2 \\ 0, & |t| > T/2 \end{cases} \tag{2-3-9}$$

则确定信号 $x(t)$ 的功率谱密度定义为

$$P_x(f) = \lim_{T \to \infty} \frac{|\mathcal{F}[x_T(t)]|^2}{T} \tag{2-3-10}$$

式中，$\mathcal{F}[x_T(t)]$ 为 $x_T(t)$ 的傅里叶变换。确定信号 $x(t)$ 的自相关函数和它的功率谱密度构成一对傅里叶变换对，即

$$R_x(\tau) \Leftrightarrow P_x(f) \tag{2-3-11}$$

随机过程 $X(t)$ 的不同样本函数可能有不同的功率谱密度及自相关函数，随机过程的平均功率谱密度定义为各样本函数功率谱密度的统计平均，平均自相关函数定义为各样本自相关函数的统计平均。

$$\overline{P_X}(f) = E[P_X(f)] \tag{2-3-12}$$

$$\overline{R_X}(\tau) = E\overline{[X(t)X(t+\tau)]} = \overline{E[X(t)X(t+\tau)]} = \overline{R_X(t, t+\tau)} \tag{2-3-13}$$

我们也可将 $X(t)$ 的平均功率谱密度记为 $P_X(f)$。以下我们将不加区分地使用记号 $\overline{P_X}(f)$ 和 $P_X(f)$。

对于平稳随机过程，其自相关函数和它的功率谱密度构成一对傅里叶变换对，即**维纳-辛钦定理**。

$$R_X(\tau) \Leftrightarrow P_X(f) \tag{2-3-14}$$

随机过程的功率谱密度具有如下性质。

（1）功率谱密度非负，$P_X(f) \geqslant 0$。

（2）对于实随机过程，$P_X(f)$ 是实偶函数。

（3）随机过程的平均功率为

$$\overline{R_X}(0) = \overline{E[X^2(t)]} = \int_{-\infty}^{\infty} P_X(f)\, \mathrm{d}f = P_X \tag{2-3-15}$$

（4）若零均值随机过程 $X(t)$、$Y(t)$ 不相关，则 $X(t) + Y(t)$ 的功率谱密度是各自功率谱密度之和，即 $P_X(f) + P_Y(f)$。

（5）若 $X(t)$ 是零均值随机过程，$m(t)$ 是功率谱密度为 $P_m(f)$ 的确定功率信号，则 $X(t) + m(t)$ 的功率谱密度是 $P_X(f) + P_m(f)$。

2.3.3　平稳随机过程

1．平稳随机过程定义

若一个随机过程 $X(t)$ 的统计特性与时间起点无关，即时间平移不影响其任何统计特性，则称该随机过程是在严格意义下的平稳随机过程，简称**严平稳随机过程**。严平稳随机过程 $X(t)$ 的任意有限维概率密度函数与时间起点无关，也就是说，对任意的正整数 n 和所有的实数 Δ 都有

$$f_n(x_1, x_2, \cdots, x_n; t_1, t_2, \cdots, t_n) = f_n(x_1, x_2, \cdots, x_n; t_1 + \Delta, t_2 + \Delta, \cdots, t_n + \Delta) \tag{2-3-16}$$

若随机过程 $X(t)$ 的数学期望 $E[X(t)] = m_X$，自相关函数 $E[X(t)X(t+\tau)] = R_X(\tau)$，两者都与 t 无关，则称 $X(t)$ 为**宽平稳随机过程**或称其为**广义平稳随机过程**。显然，严平稳随机过程必然是广义平稳的，反之则不一定成立。在通信系统中所遇到的信号以及噪声，大多数可视为平稳的随机过程。本书以后若无特殊说明，平稳随机过程均指宽平稳随机过程。

值得注意的是，平稳随机过程 $X(t)$ 的自相关函数与 t 无关，因此 $X(t)$ 的平均自相关函数 $\overline{R_X}(\tau) = R_X(\tau)$，平均功率谱密度直接就是 $R_X(\tau)$ 的傅里叶变换，无须再进行时间平均，参见式（2-3-14）。

严平稳随机过程
和宽平稳随机
过程的区别

2. 各态历经性（遍历性）

各态历经性（即遍历性）是指所有的样本函数具有某些相同的特性。设 $X(t)$ 是平稳随机过程，其均值为 m_X、自相关函数为 $R_X(\tau)$。一般而言，任意随机过程 $X(t)$ 的不同样本函数可能有不同的时间均值、不同的自相关函数。式（2-3-17）和式（2-3-18）中，$\overline{x(t)}$、$\overline{x(t)x(t+\tau)}$ 都是随机变量。

$$\overline{x(t)} = \lim_{T \to \infty} \frac{1}{2T} \int_{-T}^{T} x(t)\,\mathrm{d}t \qquad (2\text{-}3\text{-}17)$$

$$\overline{x(t)x(t+\tau)} = \lim_{T \to \infty} \frac{1}{2T} \int_{-T}^{T} x(t)x(t+\tau)\,\mathrm{d}t \qquad (2\text{-}3\text{-}18)$$

若随机变量 $\overline{x(t)}$ 依概率 1 等于 m_X，则称 $X(t)$ 为均值遍历过程。

对于任意给定的 τ 值，若随机变量 $\overline{x(t)x(t+\tau)}$ 依概率 1 等于定值 $R_X(\tau)$，则称 $X(t)$ 为自相关遍历过程。若随机过程 $X(t)$ 既是均值遍历过程，又是自相关遍历过程，则称 $X(t)$ 是各态历经过程，或者说 $X(t)$ 具有各态历经性。各态历经过程的所有样本函数具有相同的自相关函数和功率谱密度。任意一个样本函数的功率谱密度就是该随机过程的功率谱密度。

【例题 2-3-1】 设随机初相位正弦过程 $X(t) = A\cos(2\pi f_0 t + \theta)$，其中 A 和 f_0 是常数，θ 是 $[0, 2\pi]$ 上均匀分布的随机变量，请证明它是各态历经的平稳随机过程。

证明：$X(t)$ 的均值为

$$\begin{aligned}
E[X(t)] &= E\left[A\cos(2\pi f_0 t + \theta)\right] \\
&= \int_0^{2\pi} \frac{1}{2\pi} A\cos(2\pi f_0 t + \theta)\,\mathrm{d}\theta \qquad (2\text{-}3\text{-}19) \\
&= 0
\end{aligned}$$

$X(t)$ 的自相关函数为

$$\begin{aligned}
E[X(t)X(t+\tau)] &= E\left[A\cos(2\pi f_0 t + \theta)A\cos(2\pi f_0 t + 2\pi f_0 \tau + \theta)\right] \\
&= \frac{A^2}{2} E\left[\cos(2\pi f_0 \tau) + \cos(4\pi f_0 t + 2\pi f_0 \tau + 2\theta)\right] \\
&= \frac{A^2}{2}\cos(2\pi f_0 \tau) + \frac{A^2}{2} E\left[\cos(4\pi f_0 t + 2\pi f_0 \tau + 2\theta)\right] \qquad (2\text{-}3\text{-}20) \\
&= \frac{A^2}{2}\cos(2\pi f_0 \tau)
\end{aligned}$$

即 $X(t)$ 的均值和自相关函数都与 t 无关，故 $X(t)$ 是平稳随机过程。

$X(t)$ 的时间均值为

$$\begin{aligned}
\overline{x(t)} &= \lim_{T \to \infty} \frac{1}{2T} \int_{-T}^{T} A\cos(2\pi f_0 t + \theta)\,\mathrm{d}t \\
&= \lim_{T \to \infty} \frac{1}{2T} \cdot \frac{A}{2\pi f_0}\left[\sin(2\pi f_0 t + \theta) - \sin(-2\pi f_0 t + \theta)\right] \qquad (2\text{-}3\text{-}21) \\
&= 0
\end{aligned}$$

$X(t)$ 的时间平均自相关函数为

$$\begin{aligned}
\overline{x(t)x(t+\tau)} &= \lim_{T \to \infty} \frac{A^2}{2T} \int_{-T}^{T} \cos(2\pi f_0 t + \theta)\cos\left[2\pi f_0(t+\tau) + \theta\right]\mathrm{d}t \\
&= \lim_{T \to \infty} \frac{A^2}{4T}\left[\int_{-T}^{T} \cos(2\pi f_0 \tau)\mathrm{d}t + \int_{-T}^{T} \cos(4\pi f_0 t + 2\pi f_0 \tau + 2\theta)\mathrm{d}t\right] \qquad (2\text{-}3\text{-}22) \\
&= \frac{A^2}{2}\cos(2\pi f_0 \tau)
\end{aligned}$$

比较统计平均和时间平均，$\overline{x(t)} = m_X$ 且 $\overline{x(t)x(t+\tau)} = R_X(\tau)$。因此，平稳随机过程 $X(t)$ 是各

态历经的。

3．联合平稳

若 $X(t)$、$Y(t)$ 是平稳随机过程，互相关函数 $E[X(t)Y(t+\tau)] = R_{XY}(\tau)$ 且与 t 无关，则称 $X(t)$、$Y(t)$ 联合平稳。

4．复平稳随机过程

设 $X(t)$、$Y(t)$ 联合平稳，则称复随机过程 $Z(t) = X(t) + \mathrm{j}Y(t)$ 为复平稳随机过程。复平稳随机过程的自相关函数为

$$R_Z(\tau) = E[Z^*(t)Z(t+\tau)] \tag{2-3-23}$$

其功率谱密度是 $R_Z(\tau)$ 的傅里叶变换。注意 $R_Z(\tau)$ 可能是一个复值函数，但式（2-3-23）说明 $R_Z(\tau)$ 满足共轭对称性 $R_Z(\tau) = R_Z^*(-\tau)$，这一点在频域对应着功率谱密度 $P_Z(f)$，它是实函数。若复随机过程 $Z(t)$ 的自相关函数 $E[Z^*(t)Z(t+\tau)]$、共轭相关函数 $E[Z(t)Z(t+\tau)]$ 都与 t 无关，则其实部 $X(t)$ 和虚部 $Y(t)$ 联合平稳。

2.3.4　高斯随机过程

1．一维高斯分布

均值为 a、方差为 σ^2 的高斯随机变量 X 的概率密度函数为

$$p_X(x) = \frac{1}{\sqrt{2\pi\sigma^2}} \mathrm{e}^{-\frac{(x-a)^2}{2\sigma^2}} \tag{2-3-24}$$

事件 $x_1 < X < x_2$ 的概率为

$$P(x_1 < X < x_2) = \int_{x_1}^{x_2} p_X(x)\mathrm{d}x \tag{2-3-25}$$

高斯分布的一个重要性质是高斯随机变量的线性组合仍为高斯随机变量。

若 X 服从标准正态分布（即均值为 0、方差为 1 的高斯分布），则 $X > x$ 的概率由高斯 Q 函数给出。

$$P(X > x) = \int_x^{\infty} \frac{1}{\sqrt{2\pi}} \mathrm{e}^{-\frac{u^2}{2}}\mathrm{d}u = Q(x) \tag{2-3-26}$$

2．联合高斯分布

设 $z = (Z_1, Z_2, \cdots, Z_n)^{\mathrm{T}}$ 是一个随机列向量，其中，$Z_1, Z_2, \cdots, Z_n$ 是独立同分布的标准正态随机变量。设 A 是任意的 $k \times n$ 矩阵，令 $x = (X_1, X_2, \cdots, X_k)^{\mathrm{T}}$，若 x 满足

$$x = Az + b \tag{2-3-27}$$

其中 b 是确定的实向量，则称 $X_1, X_2, \cdots, X_k$ 服从联合高斯分布。换句话说，一组随机变量联合高斯分布是指它们是一组独立标准正态随机变量的线性组合。由上述定义可以看出，若 $X_1, X_2, \cdots, X_k$ 是联合高斯分布，$m_1, m_2, \cdots, m_k$ 是一组确定的实数，则 $m_1 X_1, m_2 X_2, \cdots, m_k X_k$ 也是联合高斯分布。

3．高斯过程

对随机过程 $X(t)$ 在 $t_1, t_2, \cdots, t_n$ 时刻采样，将得到 n 个随机变量 $X(t_1), X(t_2), \cdots, X(t_n)$。若任意的 $t_1, t_2, \cdots, t_n$ 时刻，$X(t_1), X(t_2), \cdots, X(t_n)$ 联合高斯分布，则称 $X(t)$ 是高斯过程。概率密度函数为

$$f_n(x_1, x_2, \cdots, x_n; t_1, t_2, \cdots, t_n) = \frac{1}{(2\pi)^{n/2} |C|^{1/2}} \exp\left\{ -\frac{1}{2}(x-m)^{\mathrm{T}} C^{-1}(x-m) \right\} \tag{2-3-28}$$

式中，C 是方差矩阵，$|C|$ 是矩阵 C 的行列式。

$$C = (c_{ij})_{n\times n}, \quad c_{ij} = E[(x(t_i) - m_i)(x(t_j) - m_j)] \tag{2-3-29}$$

$$x = (x_1, x_2, \cdots, x_n)^{\mathrm{T}}, \quad m = (m_1, m_2, \cdots, m_n)^{\mathrm{T}}, \quad m_i = E[x(t_i)] \tag{2-3-30}$$

由于高斯过程的概率密度函数仅与各随机变量均值、方差和二阶矩有关，因此，如果高斯过

程是广义平稳的，则它必定是严平稳的。对于**高斯白噪声**，各时刻的随机变量都不相关，即 $c_{ij} = 0 (i \neq j)$。这时，有

$$C = \begin{pmatrix} \sigma_1^2 & 0 & \cdots & 0 \\ 0 & \sigma_2^2 & \cdots & 0 \\ \vdots & \vdots & \ddots & \vdots \\ 0 & 0 & \cdots & \sigma_n^2 \end{pmatrix} \tag{2-3-31}$$

因此

$$f_n(x_1, x_2, \cdots, x_n; t_1, t_2, \cdots, t_n) = f_1(x_1; t_1) f_1(x_2; t_2) \cdots f_1(x_n; t_n) \tag{2-3-32}$$

式中

$$f_1(x_j; t_j) = \frac{1}{\sqrt{2\pi \sigma_j^2}} e^{-\frac{(x - m_j)^2}{2\sigma_j^2}} \tag{2-3-33}$$

根据定义可知，高斯过程与确定信号的卷积是高斯过程。这是因为卷积积分是一种线性变换，根据这个性质可知，零均值平稳高斯过程通过滤波器后的输出仍然是零均值平稳高斯过程。

4．高斯白噪声

下面我们介绍一类特殊的高斯随机过程，主要内容涉及高斯白噪声的定义和统计特性。

令 $n_B(t)$ 为一个零均值平稳高斯过程，其功率谱密度满足

$$P_{n_B}(f) = \begin{cases} \dfrac{n_0}{2}, & |f| \leqslant B \\ 0, & |f| > B \end{cases} \tag{2-3-34}$$

高斯白噪声 $n_W(t)$ 定义为如下极限。

$$n_W(t) = \lim_{B \to \infty} n_B(t) \tag{2-3-35}$$

其功率谱密度和自相关函数分别为

$$P_{n_W}(f) = \frac{n_0}{2}, \quad -\infty < f < \infty \tag{2-3-36}$$

$$P_{n_W}(\tau) = \frac{n_0}{2} \delta(\tau) \tag{2-3-37}$$

需要注意的是，高斯白噪声的均值是 0，功率（方差）是无限大。

2.3.5 循环平稳随机过程

平稳随机过程的均值、自相关函数都与 t 无关，如果有关，就是非平稳随机过程。若随机过程 $X(t)$ 的均值、自相关函数虽然与 t 有关，但是均值和自相关函数都是 t 的周期函数，则称为**周期平稳随机过程或循环平稳随机过程**。这种信号过程往往是由一个平稳随机过程受到某种人为的周期性操作或运算后所得到的。例如，对平稳随机过程进行采样、调制、扫描、复用等操作，均会使原来平稳随机过程的统计特性产生周期性的变化。此外，对循环平稳随机过程按周期等间隔采样，所得到的随机序列是平稳随机序列。

对于周期为 T 的广义循环平稳随机过程，它的均值和自相关函数均是 t 的周期函数，即

$$m_X(t) \triangleq E[X(t)] = m_X(t + T) \tag{2-3-38}$$

$$R_X(t + \tau, t) \triangleq E[X(t + \tau)X(t)] = R_X(t + T + \tau, t + T) \tag{2-3-39}$$

【例题 2-3-2】 设 $X(t)$ 是零均值平稳过程，$E[X(t)] = 0$，$E[X(t)X(t + \tau)] = R_X(\tau)$。令 $s(t) = X(t)\cos(2\pi f_0 t)$，请证明 $s(t)$ 为循环平稳随机过程。

证明：
$$E[s(t)] = E[X(t)\cos(2\pi f_0 t)] = E[X(t)]\cos(2\pi f_0 t) = 0 \tag{2-3-40}$$

$$
\begin{aligned}
E[s(t)s(t+\tau)] &= E[X(t)\cos(2\pi f_0 t)X(t+\tau)\cos(2\pi f_0 t + 2\pi f_0 \tau)] \\
&= E[X(t)X(t+\tau)]\cos(2\pi f_0 t)\cos(2\pi f_0 t + 2\pi f_0 \tau) \\
&= R_X(\tau)\cdot\frac{1}{2}\big[\cos(2\pi f_0 \tau) + \cos(4\pi f_0 t + 2\pi f_0 \tau)\big]
\end{aligned}
\tag{2-3-41}
$$

式（2-3-41）是 t 的周期函数，故 $s(t)$ 是循环平稳随机过程。

2.3.6 平稳随机过程通过线性系统

在 2.2.5 小节中，我们已经给出了确定信号通过线性系统后输出信号的表达式。对于平稳随机过程通过线性系统，我们可以根据随机过程与其样本函数之间的关系，给出输出随机过程的表达式，并对输出过程的统计特性进行讨论。

设 $X(t)$ 为一个平稳随机过程，它通过一个脉冲响应为 $h(t)$ 的线性系统后，输出随机过程 $Y(t)$，如图 2-3-2 所示。

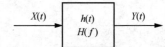

图 2-3-2　平稳随机过程通过线性系统示意图

设 $x(t)$ 为 $X(t)$ 的一个样本函数，$x(t)$ 通过该线性系统后的输出为：

$$y(t) = \int_{-\infty}^{\infty} h(\tau)x(t-\tau)\,\mathrm{d}\tau \tag{2-3-42}$$

$y(t)$ 可看成输出过程

$$Y(t) = \int_{-\infty}^{\infty} h(\tau)X(t-\tau)\,\mathrm{d}\tau \tag{2-3-43}$$

的一个样本函数。

1．输出过程的均值

输出过程的均值为

$$
\begin{aligned}
E[Y(t)] &= E\left[\int_{-\infty}^{\infty} h(\tau)X(t-\tau)\,\mathrm{d}\tau\right] \\
&= \int_{-\infty}^{\infty} h(\tau)E[X(t-\tau)]\,\mathrm{d}\tau \\
&= E[X(t-\tau)]\int_{-\infty}^{\infty} h(\tau)\,\mathrm{d}\tau \\
&= E[X(t)]H(0)
\end{aligned}
\tag{2-3-44}
$$

上式表明随机过程通过线性系统后，输出过程的均值为常数。其中，$H(0)$ 为 $h(t)$ 傅里叶变换在 0 处的值。

2．输出过程的自相关函数

输出过程的自相关函数为

$$
\begin{aligned}
R_Y(t,t+\tau) &= E[Y(t)Y(t+\tau)] \\
&= E\left[\int_{-\infty}^{\infty} h(\alpha)X(t-\alpha)\mathrm{d}\alpha \int_{-\infty}^{\infty} h(\beta)X(t+\tau-\beta)\mathrm{d}\beta\right] \\
&= \int_{-\infty}^{\infty}\int_{-\infty}^{\infty} h(\alpha)h(\beta)R_X(\tau+\alpha-\beta)\mathrm{d}\alpha\mathrm{d}\beta \\
&= R_X(\tau)h(\tau)h(-\tau)
\end{aligned}
\tag{2-3-45}
$$

因此，输出过程 $Y(t)$ 的均值为常数，它的自相关函数仅与时间差有关。若输入过程 $X(t)$ 是平稳的，则其线性滤波器的输出过程也是平稳的。

3．输出过程的功率谱密度

输出过程的功率谱密度为

$$P_Y(f) = \int_{-\infty}^{\infty} R_Y(\tau) e^{-j2\pi f\tau} d\tau$$
$$= P_X(f)H(f)H^*(f) \tag{2-3-46}$$
$$= P_X(f)|H(f)|^2$$

4. 线性系统的等效噪声带宽

设输入过程是功率谱密度为 $P_X(f) = n_0/2$ 的白噪声，则通过滤波器 $H(f)$ 后，输出噪声的功率谱密度为

$$P_Y(f) = P_X(f)|H(f)|^2 = \frac{n_0}{2}|H(f)|^2 \tag{2-3-47}$$

滤波器的等效噪声带宽为

$$B_{neq} = \frac{\int_{-\infty}^{\infty}|H(f)|^2 df}{2H_{max}^2} \tag{2-3-48}$$

输出噪声总功率为

$$P_Y = \frac{n_0}{2}\int_{-\infty}^{\infty}|H(f)|^2 df = n_0 B_{neq} H_{max}^2 \tag{2-3-49}$$

滤波器的等效噪声带宽如图 2-3-3 所示。

5. 输入与输出过程的互相关函数

随机过程 $X(t)$ 与 $Y(t)$ 之间的互相关函数为 $R_{XY}(t_1,t_2) = E[X(t_1)Y(t_2)]$ （$Y(t_2)$ 用卷积公式 $\int_{-\infty}^{\infty} X(s)h(t_2-s)ds$ 进行了替代），对于线性系统的输入 $X(t)$ 和输出 $Y(t)$，由于 $Y(t) = X(t)h(t)$（对应 $h(t_2-s)$），则

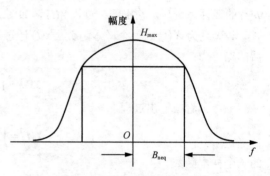

图 2-3-3　滤波器的等效噪声带宽

$$R_{XY}(t_1,t_2) = E[X(t_1)Y(t_2)]$$
$$= E\left[X(t_1)\int_{-\infty}^{\infty} X(s)h(t_2-s)ds\right] \tag{2-3-50}$$
$$= \int_{-\infty}^{\infty} R_X(t_1-s)h(t_2-s)ds$$

进行变量代换 $u = s - t_2$ （s、u 均为临时变量，用来表示卷积过程），得

$$R_{XY}(t_1,t_2) = \int_{-\infty}^{\infty} R_X(t_1-t_2-u)h(-u)du$$
$$= \int_{-\infty}^{\infty} R_X(\tau-u)h(-u)du \tag{2-3-51}$$
$$= R_X(\tau)h(-\tau)$$

其中 $\tau = t_1 - t_2$。

2.3.7　窄带平稳随机过程

若随机过程 $X(t)$ 的谱密度集中在中心频率 f_c 附近相对窄的频带范围内，且 f_c 远离零频率，则称 $X(t)$ 为**窄带随机过程**。其满足

$$P_X(f) = 0,\ |f - f_c| \geq W,\ W \ll f_c \tag{2-3-52}$$

实际中，大多数通信系统都是窄带的，通过窄带系统的信号或噪声必然是窄带随机过程。图 2-3-4 所示即为一个窄带随机过程的功率谱。

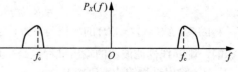

图 2-3-4　窄带随机过程的功率谱

令 $X(t)$ 通过脉冲响应为 $h(t) = \dfrac{1}{\pi t}$ 的希尔伯特滤波器，输出过程为 $\hat{X}(t)$，此过程又称为希尔伯特变换，即 $\hat{X}(t) = \mathcal{H}[X(t)]$。我们将在 2.4.2 小节中对希尔伯特变换进行详细介绍，这里仅仅是利用希尔伯特变换推导窄带平稳随机过程的性质。对于输入与输出过程的互相关函数，有

$$R_{X\hat{X}}(\tau) = R_X(\tau)h(-\tau) = -\hat{R}_X(\tau) \tag{2-3-53}$$

$$\begin{aligned} R_{\hat{X}}(\tau) &= R_X(\tau)h(\tau)h(-\tau) \\ &= -\hat{R}_X(\tau)h(\tau) \\ &= -\hat{\hat{R}}_X(\tau) \\ &= R_X(\tau) \end{aligned} \tag{2-3-54}$$

我们定义两个新的过程 $X_c(t)$ 和 $X_s(t)$，则 $X(t)$ 为

$$X_c(t) = X(t)\cos(2\pi f_c t) + \hat{X}(t)\sin(2\pi f_c t) \tag{2-3-55}$$

$$X_s(t) = \hat{X}(t)\cos(2\pi f_c t) - X(t)\sin(2\pi f_c t) \tag{2-3-56}$$

$$X(t) = X_c(t)\cos(2\pi f_c t) - X_s(t)\sin(2\pi f_c t) \tag{2-3-57}$$

其中，$X_c(t)$ 和 $X_s(t)$ 分别称为随机过程 $X(t)$ 的低通同相分量和低通正交分量。$X_c(t)$ 和 $X_s(t)$ 是低通过程，即 $X_c(t)$ 和 $X_s(t)$ 的功率谱密度在 $|f| > B$ 时为 0。对式（2-3-57）求数学期望为

$$E[X(t)] = E[X_c(t)]\cos(2\pi f_c t) - E[X_s(t)]\sin(2\pi f_c t) \tag{2-3-58}$$

若 $X(t)$ 平稳且均值为 0，那么对任意的时间 t，都有 $E[X(t)] = 0$，所以由上式得

$$E[X_c(t)] = 0, \quad E[X_s(t)] = 0 \tag{2-3-59}$$

由于 $X(t)$ 的自相关函数为

$$\begin{aligned} R_X(t, t+\tau) &= E[X(t)X(t+\tau)] \\ &= R_c(t, t+\tau)\cos(\omega_c t)\cos[\omega_c(t+\tau)] - R_{cs}(t, t+\tau)\cos(\omega_c t)\sin[\omega_c(t+\tau)] - \\ &\quad R_{sc}(t, t+\tau)\sin(\omega_c t)\cos[\omega_c(t+\tau)] + R_s(t, t+\tau)\sin(\omega_c t)\sin[\omega_c(t+\tau)] \end{aligned} \tag{2-3-60}$$

由于 $X(t)$ 是平稳的，即 $R_X(t, t+\tau) = R_X(\tau)$，这就要求式（2-3-60）右侧与时间 t 无关，而仅与 τ 有关，因此，有

$$R_X(\tau) = R_c(\tau)\cos(\omega_c \tau) - R_{cs}(\tau)\sin(\omega_c \tau) \tag{2-3-61}$$

或者

$$R_X(\tau) = R_s(\tau)\cos(\omega_c \tau) + R_{sc}(\tau)\sin(\omega_c \tau) \tag{2-3-62}$$

由上述分析可知，若窄带随机过程 $X(t)$ 是平稳的，则 $X_c(t)$ 和 $X_s(t)$ 也必然是平稳的。

进一步分析，由式（2-3-61）、式（2-3-62），可得

$$R_c(\tau) = R_s(\tau) \tag{2-3-63}$$

$$R_{cs}(\tau) = -R_{sc}(\tau) \tag{2-3-64}$$

由式（2-3-63）和互相关函数的性质，应有

$$R_{cs}(\tau) = R_{sc}(-\tau) \tag{2-3-65}$$

代入式（2-3-64），可得

$$R_{sc}(\tau) = -R_{sc}(-\tau) \tag{2-3-66}$$

由式（2-3-66）可知，$R_{sc}(\tau)$ 是 τ 的奇函数，所以

$$R_{sc}(0) = R_{cs}(0) = 0 \tag{2-3-67}$$

代入式（2-3-61）、式（2-3-62），可得

$$R_X(0) = R_c(0) = R_s(0) \tag{2-3-68}$$

即

$$\sigma_X^2 = \sigma_c^2 = \sigma_s^2 \tag{2-3-69}$$

这表明 $X(t)$、$X_c(t)$ 和 $X_s(t)$ 有相同的平均功率或方差（因为均值为 0）。

若 $X(t)$ 是高斯过程，则 $X_c(t)$ 和 $X_s(t)$ 也是高斯过程。由式（2-3-67）可知，$X_c(t)$ 和 $X_s(t)$ 在 $\tau = 0$ 处互不相关，又由于它们是高斯型的，因此 $X_c(t)$ 和 $X_s(t)$ 统计独立。

综上所述，我们得到一个重要结论：一个均值为 0 的窄带平稳高斯过程，它的同相分量 $X_c(t)$ 和正交分量 $X_s(t)$ 同样也是平稳高斯过程，且均值为 0、方差也相同。此外，在同一时刻上得到的 X_c 和 X_s 是互不相关的或统计独立的。

噪声通过窄带系统

2.4　带通信号分析基础知识

在无线通信系统中，往往需要通过调制将基带信号调制到高频，方便天线发送信号。调制后的高频信号，频率集中在载频附近，因此往往是带通信号。由于带通信号分析中的关键概念是复包络，本节通过希尔伯特变换和解析信号给出复包络的定义，在此基础上给出带通信号的表示方法，以作为学习后续部分的基础。

2.4.1　带通信号

带通信号是指频谱集中在某个载频 f_c 附近的信号。本章提到的带通信号如无特别说明，一般指实信号，且其频谱满足共轭对称性：$X(f) = X^*(f)$。在许多实际系统，特别是无线通信系统中，载频 f_c 一般远大于信号带宽 B，此时的带通信号又称为窄带信号。图 2-4-1 是带通信号的时域波形示例。

与载波 $A\cos[2\pi f_c t + \phi]$ 相比，任意带通信号的幅度 A 和相位 ϕ 都有可能随时间变化，故任意带通信号的一般表达式为

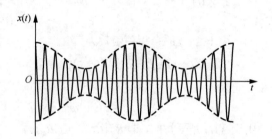

图 2-4-1　带通信号的时域波形示例

$$x(t) = A(t)\cos[2\pi f_c t + \phi(t)] \tag{2-4-1}$$

与带通信号的概念类似，带通系统是指通频带集中在载频 f_c 附近的带通滤波器，带通系统的单位冲激响应 $h(t)$ 是一个带通信号。本章后续内容把单位冲激响应简称为**冲激响应**。

带通信号 $x(t)$ 通过带通系统的响应 $y(t)$ 也是带通信号，两者在时域、频域上的关系分别是

$$y(t) = x(t)h(t) \tag{2-4-2}$$
$$Y(f) = X(f)H(f) \tag{2-4-3}$$

其中，$X(f)$、$Y(f)$、$H(f)$ 分别是 $x(t)$、$y(t)$、$h(t)$ 的傅里叶变换。

设 $x(t)$、$y(t)$、$h(t)$ 的复包络分别为 $x_L(t)$、$y_L(t)$、$h_L(t)$，复包络的傅里叶变换分别为 $X_L(f)$、$Y_L(f)$、$H_L(f)$，则有如下关系。

$$
\begin{aligned}
X(f) &= \frac{1}{2}X_L(f - f_c) \\
Y(f) &= \frac{1}{2}Y_L(f - f_c) \qquad f > 0 \\
H(f) &= \frac{1}{2}H_L(f - f_c)
\end{aligned}
\tag{2-4-4}
$$

代入式（2-4-3），并令

$$H_e(f) = \frac{1}{2}H_L(f)$$

$$h_e(t) = \frac{1}{2}h_L(t) \tag{2-4-5}$$

整理后可得

$$Y_L(f) = X_L(f)H_e(f)$$

$$y_L(t) = x_L(t)h_e(t) \tag{2-4-6}$$

这说明带通信号通过带通系统等效于复包络通过一个等效的基带系统，如图 2-4-2 所示。

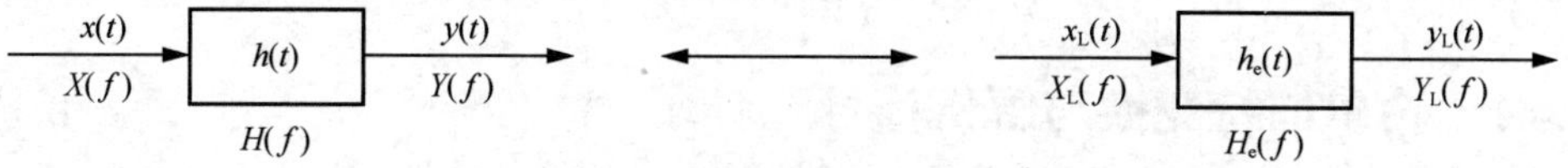

图 2-4-2　等效基带系统分析

【例题 2-4-1】　某带通滤波器的冲激响应为

$$h(t) = \text{rect}\left(\frac{t}{T} - \frac{1}{2}\right)\cos(2\pi f_c t) \tag{2-4-7}$$

其中，函数 rect 定义为

$$\text{rect}(t) = \begin{cases} 1, & |t| \leqslant \dfrac{1}{2} \\ 0, & |t| > \dfrac{1}{2} \end{cases} \tag{2-4-8}$$

它表示一个宽度为 1、面积为 1、中心在原点的矩形。$\text{rect}\left(\dfrac{t}{T} - \dfrac{1}{2}\right)$ 是持续时间在 $[0,T]$ 的矩形脉冲。若此带通系统的输入信号是 $x(t) = m(t)\cos(2\pi f_c t)$，其中，$m(t)$ 是带宽为 B 的基带信号，求滤波器输出信号 $y(t)$。假设 f_c 远大于 B 及 $\dfrac{1}{T}$。

解：滤波器输出是输入与冲激响应的卷积

$$\begin{aligned} y(t) &= \int_{-\infty}^{\infty} x(t-\tau)h(\tau)\mathrm{d}\tau \\ &= \int_{-\infty}^{\infty} x(t-\tau)\,\text{rect}\left(\frac{\tau}{T} - \frac{1}{2}\right)\cos(2\pi f_c \tau)\mathrm{d}\tau \\ &= \int_0^T m(t-\tau)\cos[2\pi f_c(t-\tau)]\cos(2\pi f_c \tau)\mathrm{d}\tau \end{aligned} \tag{2-4-9}$$

利用三角函数的积化和差公式可得

$$\begin{aligned} y(t) &= \int_0^T m(t-\tau)\cdot\frac{1}{2}\left[\cos(2\pi f_c t) + \cos(2\pi f_c t - 4\pi f_c \tau)\right]\mathrm{d}\tau \\ &= \frac{1}{2}\cos(2\pi f_c t)\underbrace{\int_0^T m(t-\tau)\,\mathrm{d}\tau}_{I_1} + \frac{1}{2}\underbrace{\int_0^T m(t-\tau)\cos(2\pi f_c t - 4\pi f_c \tau)\mathrm{d}\tau}_{I_2} \end{aligned} \tag{2-4-10}$$

且

$$I_1 = \int_{t-T}^{t} m(\tau)\,\mathrm{d}\tau \tag{2-4-11}$$

$$I_2 = \int_{-\infty}^{\infty} \underbrace{\text{rect}\left(\frac{\tau}{T} - \frac{1}{2}\right)m(t-\tau)\cos(4\pi f_c \tau - 2\pi f_c t)}_{z(\tau)}\mathrm{d}\tau \tag{2-4-12}$$

$$= \left[\int_{-\infty}^{\infty} z(\tau) e^{-j2\pi f \tau} d\tau\right]_{f=0}$$

$$= \left[Z(f)\right]_{f=0}$$

$$= Z(0)$$

式中，$Z(f)$ 是 $z(\tau)$ 的傅里叶变换。对任意固定的 t，$z(\tau)$ 是一个以 τ 为时间变量的信号。由式（2-4-12）可知，$z(\tau)$ 是基带信号 $\text{rect}\left(\dfrac{\tau}{T} - \dfrac{1}{2}\right) m(t-\tau)$ 与正弦波 $\cos(4\pi f_c \tau - 2\pi f_c t)$ 的乘积，因此它是一个带通信号。作为带通信号，其频谱在 $f = 0$ 处近似为 0，因此 I_2 近似为 0。故滤波器输出的信号为

$$y(t) = \frac{1}{2}\cos(2\pi f_c t)\int_{t-T}^{t} m(\tau)\, d\tau \tag{2-4-13}$$

2.4.2　希尔伯特变换与解析信号

实信号 $s(t)$ 的**希尔伯特变换**（Hilbert Transform）定义为

$$\hat{s}(t) = \frac{1}{\pi}\int_{-\infty}^{\infty} \frac{s(\tau)}{t-\tau}\, d\tau \tag{2-4-14}$$

它是 $s(t)$ 与如下冲激响应 $h(t)$ 的卷积。

$$h(t) = \frac{1}{\pi t} \tag{2-4-15}$$

时域卷积在频域体现为乘积，式（2-4-15）所对应的频域传输函数为

$$H(f) = -j \cdot \text{sgn}(f) = \begin{cases} -j, & f > 0 \\ j, & f < 0 \end{cases} \tag{2-4-16}$$

若 $s(t)$ 的傅里叶变换为 $S(f)$，则 $\hat{s}(t)$ 的傅里叶变换为 $-j \cdot \text{sgn}(f) S(f)$。

对信号 $s(t)$ 进行希尔伯特变换等同于将 $s(t)$ 通过一个传输函数为式（2-4-16）的线性时不变滤波器，如图 2-4-3 所示。

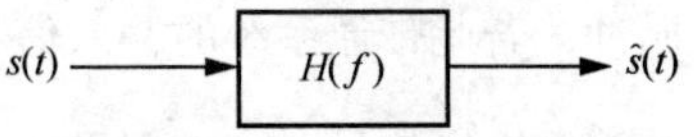

称式（2-4-16）表示的滤波器为希尔伯特滤波器或希尔伯特变换器。希尔伯特变换器是一个 90° 移相器，它把输入实信号中的每一个实频率分量都移相 $-\pi/2$。或者说，希尔伯特变换是把输入信号中的每一个频率分量按照各自的周期延迟 1/4 周期。然而，实际电路只能实现有限的延迟。对于极低的频率，1/4 周期将会非常长，因此可以认为，希尔伯特变换对极低频率的信号是不可实现的。

图 2-4-3　希尔伯特变换示意图

信号通过线性时不变系统后，输出信号的功率（能量）谱密度是输入信号的功率（能量）谱密度乘以传输函数的模平方。希尔伯特变换的传输函数模平方是 $|H(f)|^2 = 1$，所以信号经过希尔伯特变换后功率（能量）谱密度不变，功率（能量）不变。功率（能量）谱密度是自相关函数的傅里叶变换，因此，信号通过希尔伯特变换后自相关函数不变。

对任意实信号 $s(t)$，称如下复信号为**解析信号**

$$z(t) = s(t) + j\hat{s}(t) \tag{2-4-17}$$

结合图 2-4-3，我们可以将解析信号 $z(t)$ 看成 $s(t)$ 通过一个线性时不变系统后的输出。解析信号的形成过程如图 2-4-4 所示。

图 2-4-4 中从 A 点到 B 点的传输函数为

$$H_{AB}(f) = 1 + j[-j \cdot \text{sgn}(f)] = \begin{cases} 2, & f > 0 \\ 0, & f < 0 \end{cases} \tag{2-4-18}$$

若 $s(t)$ 的傅里叶变换为 $S(f)$，则 $z(t)$ 的傅里叶变换为

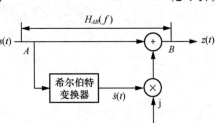

图 2-4-4　解析信号的形成过程

$$Z(f) = \begin{cases} 2S(f), & f > 0 \\ 0, & f < 0 \end{cases} \tag{2-4-19}$$

式（2-4-19）说明解析信号只有正频率分量，其频谱是实信号 $s(t)$ 的正频率部分乘以 2。解析信号的频谱如图 2-4-5 所示。

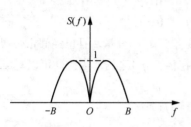 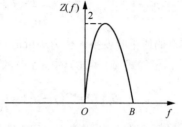 

希尔伯特变换

图 2-4-5　解析信号的频谱

【案例 2-4-1】　设 $f_c > 0$，复信号 $e^{j(2\pi f_c t + \theta)}$ 的傅里叶变换是 $e^{j\theta}\delta(f - f_c)$，由于只有正频率分量，因此该信号是解析信号。信号 $e^{j(2\pi f_c t + \theta)}$ 的功率是 1，全部功率在频域都集中在频率轴 $f = f_c$ 这一点上，其功率谱密度是 $\delta(f - f_c)$。

将 $e^{j(2\pi f_c t + \theta)}$ 展开为 $e^{j(2\pi f_c t + \theta)} = \cos(2\pi f_c t + \theta) + j\sin(2\pi f_c t + \theta)$，其虚部 $\sin(2\pi f_c t + \theta)$ 是其实部 $\cos(2\pi f_c t + \theta)$ 的希尔伯特变换，故与 $\cos(2\pi f_c t + \theta) = \mathrm{Re}\{e^{j(2\pi f_c t + \theta)}\}$ 对应的解析信号为 $e^{j(2\pi f_c t + \theta)}$。

根据图 2-4-5 可知，$z(t)$ 与 $s(t)$ 的功率谱密度关系为

$$P_z(f) = P_s(f)|H_{AB}(f)|^2 = \begin{cases} 4P_s(f), & f > 0 \\ 0, & f < 0 \end{cases} \tag{2-4-20}$$

已知 $P_z(f)$ 时，根据上式可以写出 $s(t)$ 功率谱密度的正频率部分为

$$P_s(f) = \frac{1}{4}P_z(f), \ f > 0 \tag{2-4-21}$$

实信号的功率谱密度关于 f 偶对称，因此 $s(t)$ 的功率谱密度在负频率部分为 $\frac{1}{4}P_z(-f)$，$f < 0$。故正、负频率的功率谱密度表达式为

$$P_s(f) = \frac{1}{4}P_z(f) + \frac{1}{4}P_z(-f) \tag{2-4-22}$$

2.4.3　复包络

设 f_c 是任意一个落在实带通信号 $s(t)$ 频带内或者附近的频率值（参考图 2-3-4），假设 $s(t)$ 的最高频率不超过 $2f_c$，也就是说，$s(t)$ 的傅里叶变换 $S(f)$ 在 $f < -2f_c$ 以及 $f > 2f_c$ 处为 0。带通信号 $s(t)$ 的**复包络**定义为

$$s_L(t) = \left[s(t) + j\hat{s}(t)\right]e^{-j2\pi f_c t} \tag{2-4-23}$$

其中，$s(t) + j\hat{s}(t) = z(t)$ 是与 $s(t)$ 对应的解析信号。可以看出，$s(t)$ 是 $s_L(t)e^{j2\pi f_c t}$ 的实部，则

$$s(t) = \mathrm{Re}\{s_L(t)e^{j2\pi f_c t}\} \tag{2-4-24}$$

因此，复包络的另一个等价定义是：若存在复基带信号 $s_L(t)$ 能使式（2-4-24）成立，则称 $s_L(t)$ 为带通信号 $s(t)$ 的复包络。

复包络和解析信号一样是复信号。除了解析信号、复包络以及其他另有说明的情形之外，本章以后提到的"信号"一律默认为实信号。实信号的频谱满足共轭对称性；解析信号的频谱只有正频率部分，不满足共轭对称性；复包络的频谱则是 f 的任意复值函数，可以满足共轭对称性（此时复包络是实信

号），也可以不满足（此时复包络是复信号），并且可以只有正频率、只有负频率或者正、负频率都有。

已知带通信号的频谱时，我们可以给出复包络的频谱 $S_L(f)$，对 $z(t)$ 的频谱 $Z(f)$ 进行搬移。

$$S_L(f) = Z(f + f_c) \tag{2-4-25}$$

根据式（2-4-19）以及傅里叶变换的性质可得到复包络的傅里叶变换，即

$$S_L(f) = \begin{cases} 2S(f + f_c), & f + f_c > 0 \\ 0, & f + f_c < 0 \end{cases} \tag{2-4-26}$$

$Z(f)$ 是解析信号 $z(t)$ 的傅里叶变换。作为解析信号，$Z(f)$ 只有正频率分量，且已经假定带通信号最高频率小于 $2f_c$，可知式（2-4-26）中 $S_L(f)$ 的频谱范围在 $[-f_c, f_c]$ 之内。因此，可以写成

$$S_L(f) = Z(f + f_c) = \begin{cases} 2S(f + f_c), & |f| \leqslant f_c \\ 0, & |f| > f_c \end{cases} \tag{2-4-27}$$

$S_L(f)$ 是 $s(t)$ 的频谱 $S(f)$ 的正频率部分向下搬移 f_c（将 $f = f_c$ 移到 $f = 0$ 处），再乘以 2。

已知复包络的频谱时，可以给出带通信号的频谱。从式（2-4-27）可知

$$Z(f) = S_L(f - f_c) \tag{2-4-28}$$

$S(f)$ 的正频率部分为

$$S(f) = \frac{1}{2} Z(f) = \frac{1}{2} S_L(f - f_c), \quad f > 0 \tag{2-4-29}$$

根据实信号的共轭对称性，$S(f)$ 的负频率部分为

$$S(f) = S^*(-f) = \frac{1}{2} S_L^*(-f - f_c), \quad f < 0 \tag{2-4-30}$$

即

$$S(f) = \begin{cases} \dfrac{1}{2} S_L(f - f_c), & f > 0 \\ \dfrac{1}{2} S_L^*(-f - f_c), & f < 0 \end{cases} \tag{2-4-31}$$

$$= \frac{1}{2}[S_L(f - f_c) + S_L^*(-f - f_c)]$$

图 2-4-6 给出了带通信号与复包络的频谱关系。

带通信号 $s(t)$ 与其复包络 $s_L(t)$ 的功率谱密度关系为

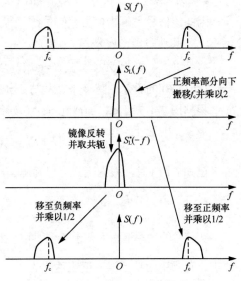

图 2-4-6　带通信号与复包络的频谱关系

$$P_{s_L}(f) = P_z(f + f_c) = \begin{cases} 4P_s(f + f_c), & |f| \leqslant f_c \\ 0, & |f| > f_c \end{cases} \tag{2-4-32}$$

$$P_s(f) = \frac{1}{4} P_z(f) + \frac{1}{4} P_z(-f) = \frac{1}{4} P_{s_L}(f - f_c) + \frac{1}{4} P_{s_L}(-f - f_c) \tag{2-4-33}$$

2.4.4　带通信号的表示

设有带通信号 $s(t)$，其复包络为 $s_L(t)$。令

$$s_I(t) = \mathrm{Re}\{s_L(t)\} = \frac{s_L(t) + s_L^*(t)}{2} \tag{2-4-34}$$

$$s_Q(t) = \mathrm{Im}\{s_L(t)\} = \frac{s_L(t) - s_L^*(t)}{2\mathrm{j}} \tag{2-4-35}$$

则

$$s_L(t) = s_I(t) + \mathrm{j} s_Q(t) \tag{2-4-36}$$

于是可将 $s(t)$ 表示为

$$s(t) = \mathrm{Re}\{s_L(t)e^{j(2\pi f_c t + \phi)}\}$$
$$= \mathrm{Re}\{[s_I(t) + js_Q(t)]e^{j(2\pi f_c t + \phi)}\} \quad (2\text{-}4\text{-}37)$$
$$= s_I(t)\cos(2\pi f_c t + \phi) - s_Q(t)\sin(2\pi f_c t + \phi)$$

在任意时刻 t，复包络 $s_L(t)$ 是一个复数，将此复数以极坐标方式表示为

$$s_L(t) = s_I(t) + js_Q(t) = A(t)e^{j\varphi(t)} \quad (2\text{-}4\text{-}38)$$

其中

$$A(t) = |s_L(t)| = \sqrt{s_I^2(t) + s_Q^2(t)} \quad (2\text{-}4\text{-}39)$$

$$\varphi(t) = \angle s_L(t) = \arctan\left[\frac{s_Q(t)}{s_I(t)}\right] \quad (2\text{-}4\text{-}40)$$

将式（2-4-38）代入式（2-4-37）后得到

$$s(t) = \mathrm{Re}\{A(t)e^{j\varphi(t)}e^{j(2\pi f_c t + \phi)}\} = A(t)\cos\left[2\pi f_c t + \phi + \varphi(t)\right] \quad (2\text{-}4\text{-}41)$$

综上所述，任意带通信号 $s(t)$ 有以下 3 种等价的表达形式。

$$s(t) = \mathrm{Re}\{s_L(t)e^{j(2\pi f_c t + \phi)}\}$$
$$= A(t)\cos\left[2\pi f_c t + \phi + \varphi(t)\right] \quad (2\text{-}4\text{-}42)$$
$$= s_I(t)\cos(2\pi f_c t + \phi) - s_Q(t)\sin(2\pi f_c t + \phi)$$

其中，$s_L(t)$ 是复包络，$s_I(t)$ 称为同相（In-phase）分量，$s_Q(t)$ 称为正交（Quadrature-phase）分量，$A(t)$ 称为包络，$\varphi(t)$ 称为相位。

给定参考载波 $\cos(2\pi f_c t + \phi)$ 时，从带通信号 $s(t)$ 能唯一确定复包络 $s_L(t)$，从复包络 $s_L(t)$ 也能唯一确定带通信号 $s(t)$。带通信号由复包络和参考载波共同决定，参考载波决定带通信号的频谱位置，带通信号的其余信息都包含在复包络中。复包络是一个基带信号，便于进行数学分析以及计算机仿真。

【例题 2-4-2】　某带通信号的表达式为 $s(t) = m_1(t)\cos(2\pi f_c t + \phi) + m_2(t)\sin(2\pi f_c t + \phi)$。

（1）若以 $\cos(2\pi f_c t + \phi)$ 为参考载波，求 $s(t)$ 的复包络。

（2）若以 $\cos(2\pi f_c t + \theta)$ 为参考载波，求 $s(t)$ 的复包络。

解：（1）将 $s(t)$ 与式（2-4-42）比照，可知复包络为 $s_L(t) = m_1(t) - jm_2(t)$。

（2）记本题条件下的复包络为 $v(t)$。根据复包络的定义式（2-4-24）有

$$s(t) = \mathrm{Re}\{v(t)e^{j(2\pi f_c t + \theta)}\} \quad (2\text{-}4\text{-}43)$$

从（1）小题的结果可知

$$s(t) = \mathrm{Re}\{[m_1(t) - jm_2(t)]e^{j(2\pi f_c t + \phi)}\}$$
$$= \mathrm{Re}\{[m_1(t) - jm_2(t)]e^{j(2\pi f_c t + \theta - \theta + \phi)}\} \quad (2\text{-}4\text{-}44)$$
$$= \mathrm{Re}\{[m_1(t) - jm_2(t)]e^{j(\phi - \theta)}e^{j(2\pi f_c t + \theta)}\}$$

因此，$v(t) = \left[m_1(t) - jm_2(t)\right]e^{j(\phi - \theta)}$。

2.4.5　I/Q 调制与解调

给定复包络 $s_L(t) = s_I(t) + js_Q(t)$ 时，可以按式（2-4-37）产生出带通信号。图 2-4-7 是其相应的原理框图。它被称为 I/Q 调制器，又称正交调制器。

反之，如果给定带通信号 $s(t)$，也

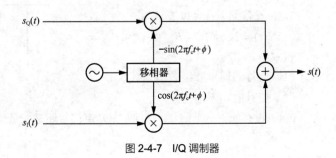

图 2-4-7　I/Q 调制器

可以提取出复包络，其原理框图如图 2-4-8 所示。它被称为 I/Q 解调器，又称正交解调器。I/Q 解调器的两路输出分别是带通信号的同相分量和正交分量。

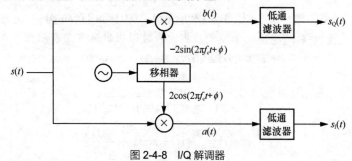

图 2-4-8　I/Q 解调器

I/Q 调制器的原理如下。

图 2-4-7 中，下支路（I 路）低通滤波器的输入为

$$a(t) = [s_I(t)\cos(2\pi f_c t + \phi) - s_Q(t)\sin(2\pi f_c t + \phi)] \cdot 2\cos(2\pi f_c t + \phi) \qquad (2\text{-}4\text{-}45)$$

利用三角公式可得到

$$a(t) = s_I(t) + s_I(t)\cos(4\pi f_c t + 2\phi) - s_Q(t)\sin(4\pi f_c t + 2\phi) \qquad (2\text{-}4\text{-}46)$$

式（2-4-46）中等号右边第一项 $s_I(t)$ 是基带信号，后两项是以 $2f_c$ 为载频的带通信号。适当设计 LPF 的截止频率可以滤除后两项，使输出为同相分量 $s_I(t)$。同理可知图 2-4-8 中上支路的输出是正交分量 $s_Q(t)$。

图 2-4-7 和图 2-4-8 使复包络这个概念有了明确的物理意义。正如复数 $x + jy$ 代表一对实数一样，复包络代表一对实函数，两个实基带信号。这两个实信号就是图 2-4-7 的两个输入信号或图 2-4-8 的两个输出信号，它们是带通信号的同相分量和正交分量。

习题

一、基础题

2-1　试判断下列信号是周期信号还是非周期信号，是能量信号还是功率信号。

（1）$s_1(t) = e^{-t}u(t)$。

（2）$s_2(t) = \sin(6\pi t) + 2\cos(10\pi t)$。

（3）$s_3(t) = e^{-2t}$。

2-2　试证明题 2-2 图中周期性信号可展开为

$$s(t) = \frac{4}{\pi}\sum_{n=0}^{\infty}\frac{(-1)^n}{2n+1}\cos[(2n+1)\pi t]$$

2-3　设信号 $s(t)$ 可以表示为

$$s(t) = 2\cos(2\pi t + \theta), \quad -\infty < t < \infty$$

试求：

（1）信号的傅里叶级数的系数 S_n；

（2）信号的功率谱密度。

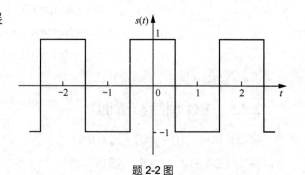

题 2-2 图

2-4　设有如下一个信号，试问它是功率信号还是能量信号，并求出其功率谱密度或能量谱密度。

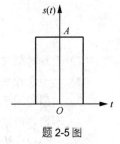

题 2-5 图

$$x(t) = \begin{cases} 2e^{-t}, & t \geq 0 \\ 0, & t < 0 \end{cases}$$

2-5 求题 2-5 图所示的单个矩形脉冲（门函数）的频谱（密度）、能量谱密度、自相关函数及其波形、信号能量。

2-6 设信号 $s(t)$ 的傅里叶变换为 $S(f) = \sin \pi f / \pi f$，试求此信号的自相关函数 $R(\tau)$。

2-7 已知信号 $s(t)$ 的自相关函数为

$$R_s(\tau) = \frac{k}{2} e^{-k|\tau|}, \text{ 其中} k \text{为常数}$$

（1）试求其功率谱密度 $P_s(f)$ 和功率 P。

（2）试画出 $R_s(\tau)$ 和 $P_s(f)$ 的曲线。

2-8 已知信号 $s(t)$ 的自相关函数 $R(\tau)$ 是周期 $T = 2$ 的周期性函数，其在区间 $(-1, 1)$ 上的截断函数为

$$R_T(\tau) = 1 - |\tau|, \quad -1 \leq T < 1$$

试求 $s(t)$ 的功率谱密度 $P(f)$ 并画出其曲线。

2-9 试求下列两种信号的频谱（密度）。

（1）求正弦信号 $s(t) = \sin \omega_0 t$ 的频谱（密度）。

（2）已知 $s(t) \Leftrightarrow S(\omega)$，试求 $x(t) = s(t) \sin \omega_0 t$ 的频谱（密度）。

2-10 设随机过程 $X(t) = A \sin(2\pi f_0 t + \varphi)$，试证明：

（1）若 f_0、φ 为常数，A 是 $[0,1]$ 上服从均匀分布的随机变量，证明 $X(t)$ 非平稳；

（2）若 A、φ 为常数，f_0 是 $[0,W]$ 上服从均匀分布的随机变量，证明 $X(t)$ 非平稳。

2-11 已知随机过程 $Z(t) = m(t) \cos(\omega_0 t + \theta)$，其中 $m(t)$ 是广义随机过程，且其自相关函数为

$$R_m(\tau) = \begin{cases} 1+\tau, & -1 < \tau < 0 \\ 1-\tau, & 0 \leq \tau < 1 \\ 1+\tau, & \text{其他} \end{cases}$$

随机变量 θ 在 $[0, 2\pi]$ 上服从均匀分布，它与 $m(t)$ 彼此统计独立。

（1）证明 $Z(t)$ 是广义平稳随机过程。

（2）求自相关函数 $R_Z(\tau)$，并画出波形。

（3）求功率谱密度 $P_Z(f)$ 及功率 P。

2-12 设 $X(t)$ 是白噪声通过升余弦滤波器的输出，白噪声的均值为 0，双边功率谱密度为 $\frac{n_0}{2}$，升余弦滤波器的传递函数为

$$H(f) = \begin{cases} \dfrac{T_s}{2}\left[1 + \cos\left(\dfrac{2\pi f T_s}{2}\right)\right], & |f| \leq \dfrac{1}{T_s} \\ 0, & |f| > \dfrac{1}{T_s} \end{cases}$$

求 $X(t)$ 的双边功率谱密度函数及平均功率。

二、提高题

2-13 题 2-13 图中为时延随机过程的方波，记为随机过程 $X(t)$。其幅度为常数 A，周期为 T，时延 t_d 为随机变量，其概率密度函数为

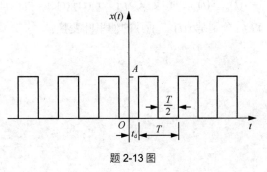

题 2-13 图

$$f_{T_d}(t_d) = \begin{cases} \dfrac{1}{T}, & |t| \leqslant \dfrac{T}{2} \\ 0, & \text{其他} \end{cases}$$

（1）求 t_k 时刻对应的随机变量 $X(t_k)$ 的概率密度函数。

（2）利用统计平均求随机过程 $X(t)$ 的均值和自相关函数。

（3）利用时间平均求随机过程 $X(t)$ 的均值和自相关函数。

（4）确定随机过程 $X(t)$ 的平稳性和各态历经性。

2-14　设 $Y(t)$ 是白噪声通过题 2-14 图所示电路的输出，求 $Y(t)$ 及其同向分量和正交分量的双边功率谱密度，并画出图形。

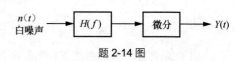

题 2-14 图

2-15　将一个均值为 0、功率谱密度为 $n_0/2$ 的高斯白噪声加入题 2-15 图所示低通滤波器的输入端，试求：

（1）输出噪声的自相关函数；

（2）输出噪声的方差。

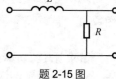

2-16　已知平稳随机过程 $X(t)$ 的自相关函数 $R_X(\tau)$ 是周期 $T=2$ 的周期性函数，其在区间 $(-1,1)$ 上的截断函数表达式为

题 2-15 图

$$R_T(\tau) = \begin{cases} 1-|\tau|, & -1 < \tau < 1 \\ 0, & \text{其他} \end{cases}$$

试求 $X(t)$ 的功率谱密度 $P_X(\omega)$，并用图形表示。

2-17　设 $\xi_1 = \int_0^T n(t)\varphi_1(t)\mathrm{d}t$，$\xi_2 = \int_0^T n(t)\varphi_2(t)\mathrm{d}t$，其中，$n(t)$ 为高斯白噪声，$\varphi_1(t)$ 和 $\varphi_2(t)$ 为确定函数。求 $E(\xi_1\xi_2)$，并说明 ξ_1 与 ξ_2 统计独立的条件。

2-18　设 $y(t) = \mathrm{d}n(t)/\mathrm{d}t$，$n(t)$ 是白噪声的样本函数，其均值是 0，双边功率谱密度 $n_0/2 = 10^{-6}\,\mathrm{W/Hz}$，另有一理想滤波器，其单边带宽 $B = 10\mathrm{Hz}$。

（1）写出 $y(t)$ 的双边功率谱密度表达式。

（2）计算 $y(t)$ 通过低通滤波器后的输出信号 $y_0(t)$ 的平均功率值。

2-19　令 $\hat{m}(t)$ 表示 $m(t)$ 的希尔伯特变换，$M(f)$ 表示 $m(t)$ 的傅里叶变换，$\hat{M}(f)$ 表示 $\hat{m}(t)$ 的傅里叶变换。证明：

（1）$\displaystyle\int_{-\infty}^{\infty} M(f)\hat{M}^*(f)\mathrm{d}f = 0$；

（2）$\displaystyle\int_{-\infty}^{\infty} m(t)\hat{m}(t)\mathrm{d}t = 0$。

提示：第（2）小题的证明方法之一是利用时域内积等于频域内积这一性质。对于任意复信号 $x(t)$、$y(t)$，内积定义为 $\displaystyle\int_{-\infty}^{\infty} x^*(t)y(t)\mathrm{d}t$，可以证明 $\displaystyle\int_{-\infty}^{\infty} x^*(t)y(t)\mathrm{d}t = \int_{-\infty}^{\infty} X^*(f)Y(f)\mathrm{d}f$，其中 $X(f)$、$Y(f)$ 分别是 $x(t)$、$y(t)$ 的傅里叶变换。

第 3 章　信道与噪声

在通信系统中，信道是指在信源与信宿之间传输信息的通道，它在逻辑上连接了通信系统的发送端与接收端。信道在实际系统中往往与物理传播介质对应，如在固定电话网中，电话线是语音信号的物理传播介质；在移动通信网络中，电磁波在自由空间中传播，自由空间就是移动通信的物理传播介质。由于信道本身往往决定了通信系统的调制/解调、编码/译码方式，因此可以说信道是通信系统构成中最为根本和重要的一部分。

无论是人造的信道还是自然的信道，其中均存在许多不可控的因素，导致信号在信道传输过程中会受到衰减、时延以及各种失真的影响；信道中还存在噪声和干扰，这些都会降低通信系统的可靠性。信道与噪声对信号的损伤机理，以及如何克服信道损伤与噪声影响以获得可靠传输质量，是通信原理的重要研究内容。信道与噪声模型可以很好地反映出其对信号的损伤机理，对信道与噪声模型的理解可以为后续章节中克服信道损伤与噪声影响等相关内容的学习奠定基础。

本章简介

本章主要介绍通信系统中的信道与噪声模型。本章首先介绍信道特性及其对信号的影响。在 3.2 节与 3.3 节中，基于狭义信道，即传播介质，将信道分为有线信道与无线信道，并分别介绍其特性及原理；在 3.4 节中，将狭义信道拓展至包括天线、放大器、馈线等设备的广义信道，并将其分为调制信道与编码信道（其中，调制信道为连续信道，而编码信道为离散信道），基于这两种信道给出其数学模型以及信道特性的表示方法；在 3.5 节中，在所建立的数学模型的基础上，基于信道特性是否时变，将其分为恒参信道（时不变信道）和随参信道（时变信道），并分别分析两者对信号传输的影响，以及信号在传输过程中产生失真的机理。除了信道特性，信道中的噪声同样会造成信号失真，因此在 3.6 节中将热噪声建模为高斯白噪声，并分析其通过低通、带通滤波器后的特性；除此之外，信道中一些常见的干扰也将在 3.6 节中介绍；最后，在 3.7 节中介绍信号经过高斯白噪声信道后的特性。

3.1　信道与噪声简介

信号由发送器到达接收器的过程需要经过信道。信道的种类很多，且均具有不同的特性。由于信道是建立在传播介质之上的，因此传播介质在一定程度上决定了信道的特性。按照传播介质的不同，信道可以分为**无线信道**与**有线信道**两大类。无线信道利用电磁波在空间中的传播来传输信号。在无障碍物的环境中，电磁波通常从发送端直达接收端，信号主要受到路径损耗的影响，信道的传输特性可以采用自由空间传播模型进行描述。在具有障碍物的环境中，电磁波在传播过程中会发生反射、散射与绕射的现象。其中，**反射**是指当电磁波从一种介质传播到另一种介质时，部分能量被界面吸收，而另一部分能量以相同的角度反射回原来的介质的现象；**散射**是指传播介质的不均匀性使电磁波的传播产生向许多方向折射的现象，电磁波经过散射后，其能量会分散于许多其他方向，造成损耗；**绕射**则是指有障碍物遮挡的情况下，电磁波绕过障碍物进行传播的现象，电磁波绕射的过程同样会造成损耗，其损耗与电磁波频率、与障碍物距离有关，而且频率越高，波长越短，绕射能力越弱。因此，在电磁波传播过程中应考虑阴影衰落、多径效应等；除此以外，电磁波传播过程中还会受到大气吸收的影响，在海平面上则会受到海浪变化以及洋流的影响。正是这些因素使无线信道十分复杂。

相比于无线信道，有线信道则比较简单。这是由于在有线信道中信号沿导线传输，能量相对集中在导线附近，因此传输环境相对稳定，传输效率更高。明线、对称电缆、同轴电缆以及光导纤维等均属于有线信道。但是有线信道也存在建设费用大、用户通信网络建成后不易更改、光导纤维等有线信道中因发生色散现象而最终导致信号失真等问题。

由以上介绍可知，信道的特性将会使传输的信号发生失真，降低通信系统的可靠性，因此需要建立相应的数学模型以描述信道的特性。按照信道特性随时间变化的快慢，信道可分为**恒参信道（也称时不变信道）与随参信道（也称时变信道）**。其中，恒参信道是指信道特性基本不随时间变化的信道，可以采用对于线性时不变系统的分析方法进行分析，其对信号传输的影响可以采用传递函数及幅频特性与相频特性表征；随参信道则是指信道特性随时随机变化的信道，其与恒参信道的可预测性有很大不同，随参信道是非常复杂且随机的，难以进行精确的理论分析，因此随参信道的特性多采用其统计特性，从概率论的角度进行分析。关于两者数学模型及对信号传输的影响等相关内容，将在 3.4 节和 3.5 节进行介绍。

除了信道本身特性对信号造成的干扰，信号在传输过程中还会叠加各种各样的噪声，使传输波形发生失真，其中最为重要的是**热噪声**。热噪声是由接收器内部电子的热运动产生的。由于其频带较宽、功率谱密度呈均匀分布且其幅度服从高斯分布，因此通常将其建模为**高斯白噪声**。分析热噪声的影响时，需要对其通过各类滤波器后的性质进行研究，模拟真实信道中热噪声通过各类信号处理单元后的特性；并且建立高斯白噪声信道模型，即输入信号经过无失真的恒参信道后再叠加窄带高斯白噪声，研究热噪声对输入信号的影响。

3.2　有线信道

有线信道是指传输介质为明线、对称电缆、同轴电缆与光纤等人造电/光导线的信道。其中明线是指平行架设在电线杆上的导电裸线或带绝缘层的导线。明线的传输损耗低，但由于是架空的线路，因此更容易受到恶劣天气与环境的影响，并且对外界噪声比较敏感，目前已逐渐被电缆所代替。对称电缆由若干对叫作芯线的双导线放在一根保护套内构成。每一对双导线都呈扭绞状，因此也称为双绞线，如图 3-2-1 所示。这一设计是为了减小各对导线之间的干扰。对称电缆的芯线细于明线，其损耗比明线大，但是性能更加稳定，一般用于点对点的通信服务，如电话等。同轴电缆由内导体和外导体构成。内导体多为实心导线，外导体则是一根空心导电管或金属编织网，内、外导体间可以填充实心介质材料或以空气作为介质，以实现绝缘的目的，如图 3-2-2 所示。由于外导体经常接地，具有很好的电磁屏蔽作用，因此相比于对称电缆，同轴电缆有更好的抗电磁干扰性能，目前主要应用于有线电视广播网。

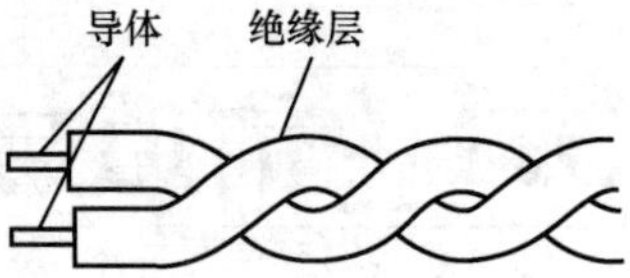

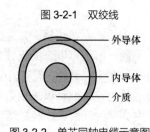

图 3-2-1　双绞线

图 3-2-2　单芯同轴电缆示意图

有线信道除了可以传输电信号，还可以传输光信号，这种传输介质是光导纤维，简称光纤。光纤分为内层与外层，内层被称为纤芯，由一种导光介质制成；外层被称为包层，由另一种折射率不同的介质制成，且光线被限定在纤芯中传播。光纤可以分为两种，即跃迁型光纤和梯度型光纤。对于跃迁型光纤，纤芯与包层的折射率是均匀不变的，而且

由于纤芯的折射率 n_1 比包层的折射率 n_2 大，光波会在两种介质的边界处发生反射，经过多次反射即可实现光波的远距离传输，如图 3-2-3（a）所示；对于梯度型光纤，其纤芯的折射率沿半径增大方向逐渐减小，光波的传输路径因折射率逐渐增大而逐渐弯曲，如图 3-2-3（b）所示。

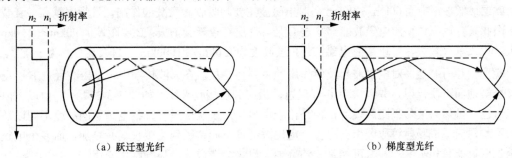

（a）跃迁型光纤　　　　　　　　　　　（b）梯度型光纤

图 3-2-3　多模光纤

在上述两种光纤中，光线可以有多条传播路径。一般也将光的传播路径称为光的传播模式，因此称上述两种光纤为多模光纤。由于多模光纤直径较粗，因此光波入射角不同会导致传播路径不同，进而导致各路径的传播时延不同，并且包含多种频率成分的光波在传输过程中的色散现象会导致信号波形失真，从而限制了传输带宽。色散现象的产生原因有以下 3 种。

（1）材料色散：材料对不同频率的光的折射率不同，导致多种频率成分的光入射时发生色散。

（2）模式色散：由于不同模式光波的轴向速度不同、光程不同而导致。

（3）波导色散：由于不同频率分量光波的群速不同而导致。

在梯度型光纤中，可以通过控制折射率的分布以均衡色散，因此其色散比跃迁型光纤的色散要小。

单模光纤可以有效减小色散，增大传输带宽。其直径较小，并采用激光器作为光源以产生单一频率的光波，且在光纤内只有一种传播模式，可有效增大传输带宽。然而，其直径较小，两段光纤相接时不易对准，且造价较高，这些都限制了单模光纤的应用。

多模光纤和单模光纤各有优缺点，但总体上由于光纤具有极宽的潜在带宽、很低的传输损耗、不受电磁干扰影响且原材料丰富等优点，所以它们均得到了广泛的应用。

3.3　无线信道

无线信道中利用电磁波在空间中的传播来实现信号的传输。理论上，任何频率的电磁波均可以产生及传输信号。但是电磁波频率越高，传输过程中衰减就越大；频率过低，收/发天线的长度将会过长，而天线尺寸一般需要达到电磁波波长的 1/10 才能保证较好的辐射性能。考虑到无线信道多用于移动通信，对天线尺寸有严格的限制，因此通常用于无线通信的电磁波频率均较高。

无线信道中电磁波的传播环境较为复杂，种类较多。在大气层内，电磁波的传播均会受到地面和大气层的复杂影响。因此，根据通信距离、频率和位置的不同，电磁波的传播主要可以分为地波传播、天波传播和视线传播 3 种方式。

频率较低（约 2MHz 以下）的电磁波具有一定的绕射能力，会形成一种沿着地球表面传播的方式，这种传播方式称为**地波传播**，如图 3-3-1 所示。地波在低频与甚低频段上的传播距离能够达到数千千米。

频率在 2MHz ～ 30MHz 间的电磁波一方面可以采用地波传播的方式沿地球表面传播，但是相比于低频电磁波，传播距离较短，仅为几十千米；另一方面可以通过被电离层反射的方式传播数千千米甚至数万千米，称为**天波传播**。电离层是太阳的紫外线和宇宙射线辐射使大气层电离而形成的，位于地面上 60km ～ 1000km。紫外线使大气层电离形成 D、E、F_1、F_2 等多个电离层，其中，D 层最低，距地面 60km ～ 90km，对电磁波主要起吸收和衰减的作用，且频率越高，衰减越小，因此只有较高频率的电磁波能够穿过 D 层，D 层在夜晚会消失；E 层距地面 90km ～ 150km，白天其电离浓度较大，可以反射电磁波；F 层高度为 150km ～ 1000km，白天其分离为 F_1 层与 F_2 层，晚上合并为 F 层。对电磁波起反射作用的主要为 F 层。在天波传播中，电磁波经过 F 层反射后又会被地面再次反射，并再次由 F 层反射，最终到达接收天线，如图 3-3-2 所示。由以上内容可以看出，虽然天波传播距离较远，但是由于电离层的多次反射，且各电离层的高度不同以及电离层不均匀而造成漫射等原因，会有多个电磁波经过不同路径到达接收端并叠加，而多个电磁波的叠加既可能是相干叠加，也可能是相消叠加，最终会造成信号强度起伏变化。

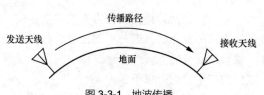

图 3-3-1　地波传播

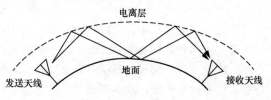

图 3-3-2　天波传播

当电磁波频率高于 30MHz 时，其将穿透电离层而无法被反射回来，而且其绕射能力较弱，无法沿着地面进行地波传播，因此只能进行视线传播。为了增大其传播距离，我们可以提升天线高度以增大视线距离。设收/发天线高度相等，均为 h，如图 3-3-3 所示，则由几何关系可知以下公式成立。

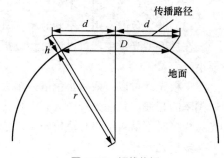

图 3-3-3　视线传播

$$d^2 + r^2 = (h + r)^2 \qquad (3\text{-}3\text{-}1)$$

式中，r 为地球半径，天线高度与之相比很小。于是可以求得

$$d = \sqrt{h^2 + 2rh} \approx \sqrt{2rh} \qquad (3\text{-}3\text{-}2)$$

设 D 为两天线间的距离，则有

$$D^2 = (2d)^2 = 8rh \qquad (3\text{-}3\text{-}3)$$

最终根据要求的视线传播距离 D 可以得到收/发天线所需的高度为

$$h = \frac{D^2}{8r} \qquad (3\text{-}3\text{-}4)$$

图 3-3-4　无线电中继

由式（3-3-4）可知，若要增加视线传播距离，则需要增加天线高度，但天线高度会随着所要求传播距离的平方而快速增加，过高的天线无法实现。因此，为了达到远距离通信的目的，一方面可以采用无线电中继的办法，如图 3-3-4 所示；另一方面可以利用人造卫星作为基站，如位于赤道平面上的静止卫星，利用 3 颗静止卫星即可覆盖全球，如图 3-3-5 所示。然而由于卫星距地面很远，所以，采用此方法对发送功率有更高的要求，且具

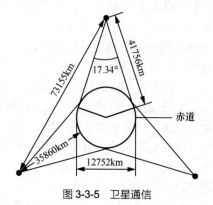

图 3-3-5　卫星通信

有较高的传输时延。为了解决同步卫星通信中的上述问题，近几年来还存在对平流层通信的研究，利用位于平流层的充氦飞艇、气球或飞机等高空平台代替卫星作为基站，平台距地面 $17\mathrm{km} \sim 22\mathrm{km}$，因此与卫星通信相比，其所需发送功率小、时延小、费用低廉。

在上述几种无线信道中，随着电磁波的传播，其强度必然随着扩散而不断衰弱，因此无线信道中需要建立相应的信道模型以描述电磁波的衰减现象。一种最简单的情况是电磁波在自由空间传播，这种情况中没有吸收、反射、散射与绕射等现象的发生。在天线架设很高、天线方向性很强以及卫星通信和卫星间通信中，电磁波的传播可以等效为自由空间中传播。在自由空间传播中，假设天线是全方向性的，即发送的电磁波均匀分布在球面上，如图 3-3-6 所示，则在与发送天线距离为 d 时接收到的功率密度为

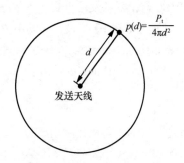

图 3-3-6　功率密度随发送天线距离变化

$$p(d) = \frac{P_t}{4\pi d^2} \tag{3-3-5}$$

式中，$4\pi d^2$ 为球面的面积，P_t 为发送功率。接收天线有效面积为 A_r 时，可以求得接收天线上的接收功率为

$$P_r = p(d)A_r = \frac{P_t A_r}{4\pi d^2} \tag{3-3-6}$$

当天线不再是全向天线时，其最大发送功率密度常常指向接收方向，因此我们可以将发送天线增益定义为最大发送功率密度 $P_{\max}$ 与平均功率密度 P_{ave} 的比值

$$G_t = \frac{P_{\max}}{P_{\mathrm{ave}}} \tag{3-3-7}$$

式中，$P_{\max}$ 为定向性天线在最大辐射方向上的发送功率密度；P_{ave} 为全向天线的发送功率密度。在接收端，接收天线增益 G_r 与有效接收面积 A_r 有关，可得

$$G_r = \frac{4\pi A_r}{\lambda^2} \tag{3-3-8}$$

式中，λ 为电磁波的波长。将式（3-3-7）与式（3-3-8）代入式（3-3-6），可以得到电磁波在自由空间传播后接收功率表达式为

$$P_r = \frac{\lambda^2 P_t G_t G_r}{16\pi^2 d^2} \tag{3-3-9}$$

值得注意的是，式（3-3-9）只计算了电磁波在介质中的损耗，忽略了天线馈线的损耗以及馈线不匹配的损耗。

将发送功率与接收功率之比定义为路径损耗，则由式（3-3-9）可得自由空间中路径损耗为

$$L = \frac{P_t}{P_r} = \frac{16\pi^2 d^2}{\lambda^2 G_t G_r} \tag{3-3-10}$$

路径损耗通常采用分贝为单位表示，即

$$L_{\mathrm{dB}} = 10\log_{10}\frac{P_t}{P_r} = -10\log_{10}\frac{\lambda^2 G_t G_r}{16\pi^2 d^2} \tag{3-3-11}$$

实际应用中，有时不会直接使用公式（3-3-10），而是在某个固定的 d_0 处测量接收到的信号功率 $P_{r,0}$，因此由式（3-3-9）可得

$$\frac{P_r}{P_{r,0}} = \left(\frac{d_0}{d}\right)^2, \ d \geqslant d_0 \tag{3-3-12}$$

结合路径损耗式（3-3-11），可以得到

$$L_{dB} = L_{dB,0} + 20\log_{10}\frac{d}{d_0} \tag{3-3-13}$$

式中，$L_{dB,0}$ 表示发送机到 d_0 处的路径损耗。

【例题 3-3-1】　设发送功率 $P_t = 5W$，发送天线增益 $G_t = 200$，接收天线增益 $G_r = 20$，传播距离为 50km，电磁波频率为 800MHz，试求接收功率和传播损耗。

解：此时电磁波波长为

$$\lambda = \frac{3\times10^8}{800\times10^6} = 0.375\,(m) \tag{3-3-14}$$

由式（3-3-9）得出接收功率为

$$P_r = \frac{\lambda^2 P_t G_t G_r}{16\pi^2 d^2} = \frac{(0.375)^2\times5\times200\times20}{16\pi^2\times(50\times1000)^2} = 7120\,(pW) \tag{3-3-15}$$

传播损耗为

$$L = \frac{16\pi^2 d^2}{\lambda^2 G_t G_r} = \frac{16\pi^2\times(50\times1000)^2}{(0.375)^2\times200\times20} \approx 7\times10^8 \approx 88.5\,(dB) \tag{3-3-16}$$

很多信道不一定满足自由空间传播的条件，可以对式（3-3-13）进行修正，即

$$L_{dB} = L_{dB,0} + 10\alpha\log_{10}\frac{d}{d_0} + X_\sigma \tag{3-3-17}$$

式中，α 为路径损耗指数，取决于传播环境，如表 3-3-1 所示；X_σ 表示由建筑物以及其他障碍物对于电磁波的阻挡或屏蔽引起的衰落，称为**阴影效应**，通常认为其与构成信号的频率成分无关，并且假设其数值服从正态分布。由于以上介绍的路径损耗与阴影衰落均在相对较大的距离上引起功率变化，所以称其为**大尺度衰落**。

表 3-3-1　不同环境下的路径损耗指数

环境类型	路径损耗指数 α 取值
自由空间	2
城区蜂窝系统	2.7～3.5
阴影城区蜂窝系统	3～5
室内直射传播	1.6～1.8
室内遮挡环境	4～6
厂区遮挡环境	2～3

除了大尺度衰落外，电磁波在传播过程中还会遇到障碍物而发生反射、散射与绕射等现象，由此造成的多径信号的叠加同样会造成接收信号功率的变化，但是这种变化一般发生在波长的数量级上，距离较短，因此称其为**小尺度衰落**。关于多径效应的影响，我们将在 3.5 节进行介绍。综合大尺度衰落与小尺度衰落的影响，接收信号功率随距离的变化如图 3-3-7 所示。

除了上述提到的地波、天波与视线传播外，电磁波还可以通过散射传播。散射传播可以分为电离层散射、对流层散射与流星余迹散射 3 种。频段为 30MHz～60MHz 的电磁波由于电离层具有不均匀性而会产生电离层散射，其

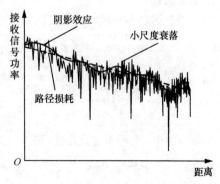

图 3-3-7　衰落信号的路径损耗、阴影效应与小尺度衰落

散射信号的强度远小于 30MHz 以下电离层反射信号的强度，但是仍可用于通信。

对流层散射是由于对流层中的大气存在强烈的上下对流现象，使大气中形成不均匀的湍流而产生的，这种不均匀性也可以对电磁波产生散射，主要发生在频段为 100MHz～4000MHz 的电磁波上。对流层散射通信如图 3-3-8 所示，发送波束与接收波束相交于对流层上空，两波束相交的区域即为有效散射区域。按照对流层高度估算，对流层散射最大可达到约 600km 的有效传播距离。

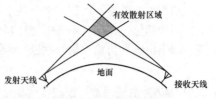

图 3-3-8　对流层散射通信

流星余迹散射是由于流星经过大气层时会产生很强的电离余迹而使电磁波发生散射。流星余迹高度约为 80km～120km，长度约为 15km～40km。流星余迹散射主要发生在频段为 30MHz～100MHz 的电磁波上，传播距离可达 1000km 以上。一条流星余迹的留存时间在十分之几秒到几分钟之间，但是空中随时都有流星余迹的存在，可以保证信号断续传输。

3.4　信道的数学模型

以上从传播介质的角度对狭义信道的分类及性质进行了介绍。但是为了能更好地了解通信系统的性能，我们也可以将相关设备（如放大器、馈线、天线等）纳入广义信道。在这里，我们主要对广义信道进行介绍。

广义信道（见图 3-4-1）可以分为**调制信道**与**编码信道**。其中，调制信道主要在研究各种调制技术性能时采用，包含发送端调制器输出到接收端解调器输入的部分，除了传播介质，还包括放大器、天线等；编码信道则是在研究信道编码时采用，包括了调制信道与调制/解调器。

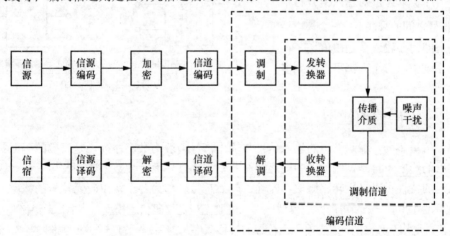

图 3-4-1　广义信道

3.4.1　调制信道模型

调制信道的输入信号与输出信号一般构成电压的波形，且为连续函数。从信号与系统的角度来看，我们一般可将调制信道建模为一个线性系统。该系统从信号层面刻画了电磁波从发送机前端到复杂的传播环境，再到接收机前端的整个过程的等效响应。我们在这里展示一对输入端与一对输出端的线性调制信道模型，如图 3-4-2（a）所示，其输出信号 $r(t)$ 与输入信号 $s(t)$ 的关系可以表示为

$$r(t) = f[s(t)] \tag{3-4-1}$$

式中，$f[s(t)]$ 表示输出信号与输入信号之间的函数关系，也就是输入信号 $s(t)$ 经过一个系统后的响应。

值得说明的是，信道模型取决于收发机前端器件的响应函数、环境的复杂程度以及信号的带宽。不同的信道模型有不同的描述和建模方式。为便于读者理解，我们首先考虑一种**窄带信道模型**，即输出信号为输入信号乘以一个系数 $k(t)$，此时有

$$r(t) = k(t)s(t) \tag{3-4-2}$$

式中，$k(t)$ 为信道系数，反映了信道的时变特性。当 $k(t)$ 与时间有关时，称此时信道为时变信道。另外，也可以将 $k(t)$ 视作一种与输入信号相乘的干扰，一般称其为**乘性干扰**。乘性干扰只会在信道有信号输入时存在，且会引起信号的失真，如线性失真、非线性失真、信号延迟与衰减等。有些信道的乘性干扰不随时间变化，则称此类信道为**恒参信道**。微波视距信道与卫星中继信道就是恒参信道。无线电波在这些信道中是直射的，其传播环境基本不会发生变化。除此之外，在 3.2 节介绍的有线信道也为恒参信道。除恒参信道外，若信道的乘性干扰随机变化，则称此时信道为**随参信道**。无线通信中电波的传播容易受到介质、反射与散射的影响，故其信道参量呈现随机性，因此无线通信中的信道多为随参信道，如移动通信信道、电离层反射信道与散射信道。

对于调制信道，其模型也可以有多对输入与多对输出，如图 3-4-2（b）所示。对于线性调制信道，其满足叠加原理，第 n 对输出信号 $r_n(t)$ 与输入信号 $s_1(t), s_2(t), \cdots, s_M(t)$ 的关系可以表示为

$$r_n(t) = f[s_1(t), s_2(t), \cdots, s_M(t)], \; n = 1, 2, \cdots, N \tag{3-4-3}$$

将其写成具有乘性干扰的形式，有

$$r_n(t) = \sum_{m=1}^{M} k_{m,n}(t) s_m(t), \tag{3-4-4}$$
$$m = 1, 2, \cdots, M, \; n = 1, 2, \cdots, N$$

式中，$k_{m,n}(t)$ 表示第 m 对输入信号与第 n 对输出信号之间的乘性干扰。会议电话系统的信道即为多输入多输出信道。在会议电话系统中，每个人都可以听到多个人的讲话。

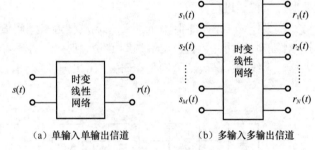

（a）单输入单输出信道　　　　（b）多输入多输出信道

图 3-4-2　调制信道

3.4.2　编码信道模型

与调制信道不同，编码信道的输入信号与输出信号一般为数字序列，是离散的码元符号。该信道对信号的影响不再是调制信道中的连续波形发生失真，而是使数字序列发生变化。因此，描述编码信道的特性可以采用**转移概率**，即输入码元符号转移为各个输出码元符号的概率。

在这里，将展示一个简单的信道模型——二进制无记忆编码信道模型。其中，无记忆是指前后码元符号的转移是相互独立的，即当前码元符号的转移概率与前后码元符号无关。如图 3-4-3（a）所示，在此二进制系统中，假设有两种码元符号 "a_0" 与 "a_1"，$p(a_0|a_0)$ 与 $p(a_1|a_1)$ 表示输出的码元符号与输入的码元符号相同的概率，即正确译码的概率；$p(a_1|a_0)$ 与 $p(a_0|a_1)$ 则表示错误译码的概率。同样，我们可以画出不止有两种码元符号的无记忆编码信道的转移概率线图，如图 3-4-3（b）所示。

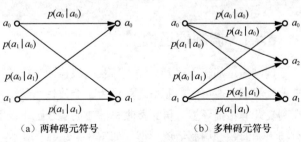

（a）两种码元符号　　　　　（b）多种码元符号

图 3-4-3　无记忆编码信道的转移概率线图

值得注意的是，由图 3-4-1 可知，编码信道包含了调制信道，这说明编码信道的特性依赖于调制信道，即编码信道的转移概率与错误传输正是由调制信道受到的各种干扰造成的。

3.5 信道对信号传输的影响

信道对信号传输
的影响

在 3.4 节中已经介绍，信道可以依据其乘性干扰是否恒定分为恒参信道与随参信道。当信道的乘性干扰不同时，信道的特性也会不同，进而对输入信号的影响也不尽相同。因此，在本节中，将分别介绍这两种信道对信号的影响。

3.5.1 恒参信道对信号传输的影响

恒参信道的特性变化很小、很慢，可以视作一个非时变线性网络，我们可利用对线性系统的分析方法分析恒参信道对信号传输的影响。因此，我们可以采用传递函数的幅频特性与相频特性描述恒参信道。由信号与系统相关内容可知，恒参信道若进行无失真传输，首先需要满足其幅频特性为常数，与频率无关，还需要满足其相频特性是一条过原点的直线，群延迟与频率无关，即

$$|H(f)| = C \quad (f \text{ 在某一给定频率范围内}) \tag{3-5-1}$$

$$\varphi(f) = -2\pi f t_0 \tag{3-5-2}$$

$$\tau = -\frac{\mathrm{d}\varphi}{\mathrm{d}f} = 2\pi t_0 \tag{3-5-3}$$

一般而言，当信道带宽较窄（即给定的频率范围较窄）时，上述条件可视为近似满足，此即**窄带信道**。然而，当信道带宽较宽（**宽带信道**）时，难以满足以上两点要求，因此输入信号经过信道后会发生失真。图 3-5-1 为电话信道的幅频特性与群延迟特性，并不满足无失真传输的条件。

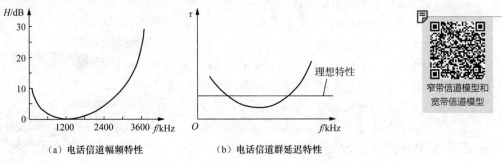

（a）电话信道幅频特性　　　　　　（b）电话信道群延迟特性

图 3-5-1　电话信道的幅频特性与群延迟特性

窄带信道模型和
宽带信道模型

信道的幅频特性不理想造成的失真称为**频率失真**。频率失真会使信号的波形发生畸变，而在数字传输中，信号波形的畸变会使相邻码元波形之间发生重叠，从而造成**码间串扰**。例如，直方脉冲信号频域内占用的带宽是无限的，信号经过带限的信道则相当于经过低通滤波器，使其频谱变窄，最终导致时域波形展宽。图 3-5-2 展示了一个矩形脉冲信号经过理想低通滤波器后输出波形，其中输出波形已不再是矩形脉冲，且在时域也有一定的展宽。

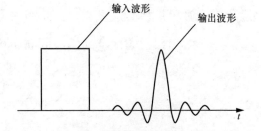

图 3-5-2　矩形脉冲信号经过理想低通滤波器后输出波形

信号的相频特性不理想造成的失真称为**相位失真**。因为人耳对相位失真不敏感，所以相位失真在模拟语音信道中影响不大。但是在数字传输中，相位失真同样会使信号波形发生畸变，从而引起码间串扰，影响传输质量。图 3-5-3 展示了

一个矩形脉冲信号经过全通系统（幅频特性为常数）后输出波形，其中输出信号近似为矩形脉冲，但是在信号的顶点处则由于相位失真变得更加圆滑，且在时域有轻微的展宽。

以上介绍的两种失真不会产生新的谐波分量，为**线性失真**，所以均可以采用线性网络进行补偿。除此之外，信道中元器件特性不理想也会造成输出信号与输入信号振幅不再是直线关系，使信号产生新的谐波分量，从而造成**非线性失真**。如图 3-5-4 所示，调制/解调过程中振荡器的频率误差会使信号的频率偏移，而且振荡器的频率不稳定会造成相位抖动。相比于线性失真，上述因素引起的失真更加难以消除。

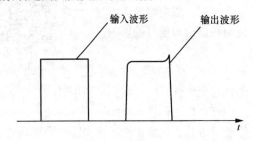

图 3-5-3　矩形脉冲信号经过全通系统后输出波形

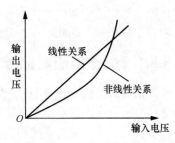

图 3-5-4　非线性失真

3.5.2　随参信道对信号传输的影响

相比于恒参信道，有些信道的环境较为复杂，其特性是随时随机变化的，如电离层反射信道中，电离层的高度与浓度会随时间不断变化，信道特性也随之变化；散射信道中，大气层随天气变化，信道特性同样会发生改变；移动通信信道则会由于收发端的移动，障碍物的遮挡以及传播过程中的反射、折射与散射使信道特性发生改变。但是，随参信道的信道特性有以下一些共同点：

（1）信号的传输衰减随时间变化；

（2）信号的传输时延随时间变化；

（3）信号在传输过程中会经过多条传输衰减与时延均不同的路径到达接收端，造成多径传输。

我们将多径传输对信号的影响称为多径效应。经过多径传输的信号到达同一接收端，一方面信号间会相互叠加，最终导致接收信号幅度起伏变化；另一方面会造成码间串扰，使误码率升高。综上所述，多径效应对信号传输有较大影响，接下来将对其进行专门的讨论。

假设发送端发送一个单频信号 $s(t) = A\cos(2\pi f_c t)$，经过多径传输后，在接收端相互叠加，此时信号为

$$r(t) = \sum_{i=1}^{N} a_i(t)x[t - \tau_i(t)] = \sum_{i=1}^{N} a_i(t)\cos[2\pi f_c t + \varphi_i(t)] \quad (3\text{-}5\text{-}4)$$

式中，$a_i(t)$ 与 $\tau_i(t)$ 分别表示第 i 条路径到达信号的幅度与时延，且 $\varphi_i(t) = -2\pi f_c \tau_i(t)$，当收发端、散射体移动时，三者均为随机变化。再利用三角公式，可以得到

$$r(t) = \sum_{i=1}^{N} a_i(t)\cos(2\pi f_c t)\cos[\varphi_i(t)] - \sum_{i=1}^{N} a_i(t)\sin(2\pi f_c t)\sin[\varphi_i(t)] \quad (3\text{-}5\text{-}5)$$

令

$$s_c(t) = \sum_{i=1}^{N} a_i(t)\cos[\varphi_i(t)] = \sum_{i=1}^{N} a_i(t)\cos[2\pi f_c \tau_i(t)] \quad (3\text{-}5\text{-}6)$$

$$s_s(t) = \sum_{i=1}^{N} a_i(t)\sin[\varphi_i(t)] = -\sum_{i=1}^{N} a_i(t)\sin[2\pi f_c \tau_i(t)] \quad (3\text{-}5\text{-}7)$$

将式（3-5-6）与式（3-5-7）代入式（3-5-5），得到接收信号表达式为

$$r(t) = s_c(t)\cos(2\pi f_c t) - s_s(t)\sin(2\pi f_c t) = v(t)\cos\left[2\pi f_c t + \varphi(t)\right] \tag{3-5-8}$$

式中，$v(t) = \sqrt{s_c(t)^2 + s_s(t)^2}$ 与 $\varphi(t) = \arctan[s_s(t)/s_c(t)]$ 分别表示接收信号 $r(t)$ 的包络与相位，且两者是随机变化的。由此可见，幅度恒定的单频信号经过多径信道的传输后，包络有了起伏，频率也不再是单一频率，而是成为了窄带信号，如图 3-5-5 所示。将信号包络因传输而有起伏的现象称为**衰落**。其中，由多径效应引起的衰落也称为**快衰落**，这是由于 f_c 通常非常高（从 900MHz 到几十 GHz），多径中一个很小的时延（或者收发端很小的相对位移）便会造成相位很大的改变，因此 $v(t)$ 与 $\varphi(t)$ 变化是很快的。当多径数量 N 很大时，由于 $s_c(t)$ 与 $s_s(t)$ 均为许多小量的和，因此由中心极限定理可知，$s_c(t)$ 与 $s_s(t)$ 均趋于高斯分布，故 $v(t)$ 是一个满足瑞利分布的随机变量，$\varphi(t)$ 是一个满足均匀分布的随机变量；当多径数量 N 较小时，若 $a_i(t)$ 服从瑞利分布，$\varphi_i(t)$ 服从均匀分布，同样可以认为 $s_c(t)$ 与 $s_s(t)$ 服从高斯分布，这是由于此时第 n 条路径的分量包含了来自同一反射体簇的大量不可分辨多径。瑞利分布的概率密度函数为

$$f(v) = \frac{v}{\sigma^2} e^{-\frac{v^2}{2\sigma^2}}, \ v \geqslant 0 \tag{3-5-9}$$

式中，σ^2 为标准差。瑞利分布如图 3-5-6 所示。

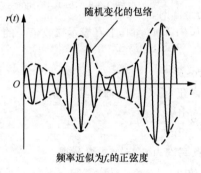

图 3-5-5　窄带信号波形

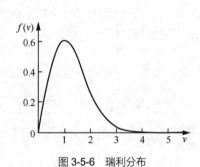

图 3-5-6　瑞利分布

接下来，我们将在频域对快衰落现象进行进一步讨论。设输入信号为 $s(t)$，其频谱为 $P_s(f)$。输入信号经过两条具有相同衰减幅度的路径到达接收端，接收信号分别为 $As(t-\tau_0)$ 与 $As(t-\tau_0-\tau)$，其频谱分别为 $AP_s(f)e^{-j2\pi f\tau_0}$ 与 $AP_s(f)e^{-j2\pi f(\tau_0+\tau)}$。由此可以求得信道的传递函数为

$$H(f) = \frac{AP_s(f)e^{-j2\pi f\tau_0} + AP_s(f)e^{-j2\pi f(\tau_0+\tau)}}{P_s(f)} = Ae^{-j2\pi f\tau_0}(1 + e^{-j2\pi f\tau}) \tag{3-5-10}$$

其模值为

$$|H(f)| = |Ae^{-j2\pi f\tau_0}| \cdot |(1 + e^{-j2\pi f\tau})| = 2A|\cos(\pi f\tau)| \tag{3-5-11}$$

依据式（3-5-11）画出信道传递函数幅度的曲线，如图 3-5-7（a）所示。可以看出，时域上的多径信道会造成信道的传播衰减随频率变化，称其为**频率选择性信道**。实际信号通常不是单频信号，而是有一定的带宽，不同频率分量的幅度经过频率选择性信道后衰减程度不同。当信号带宽大于 $1/\tau$ 时，不同频率分量的幅度之间会出现较大的差异，因此将 $1/\tau$ 定义为信道的**相干带宽**。实际信道中不止两条路径，且每条路径的衰落幅度各不相同，呈现的信道传递函数各不相同，图 3-5-7（b）展示了具有 6 条路径的信道传递函数幅度曲线。此时定义信道的相干带宽为 $1/\tau_m$，其中 τ_m 表示最大时延。

除了多径效应引起的快衰落外，当只有一条路径传播信号时，信道的传播介质也会因为时间、温度、季节等因素发生改变而最终导致信号的衰减。这种衰落的周期通常较长，因此称其为**慢衰落**。

在移动通信中，收发端移动还会带来多普勒频移。当发送一个单频信号 $s(t) = A\cos(2\pi f_c t)$ 时，假设接收端移动，如图 3-5-8 所示，接收端信号为

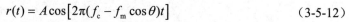

$$r(t) = A\cos\left[2\pi(f_c - f_m\cos\theta)t\right] \tag{3-5-12}$$

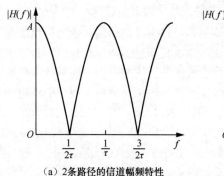
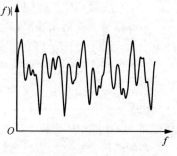

（a）2条路径的信道幅频特性 　　　　（b）6条路径的信道幅频特性

图 3-5-7　信道幅频特性

式中，θ 表示来波方向与运动方向夹角；$f_m = f_c v / c$ 表示多普勒
频移最大值，其中 v 表示接收端移动速度，c 表示光速。

在多径信道中，假设传播过程中散射体充分多，此时可以认
为各个方向的入射波均存在，且等可能。当接收天线为全向时，

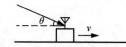

图 3-5-8　接收端移动的多普勒频移

接收信号中入射角在 $(\theta, \theta + \mathrm{d}\theta)$ 范围中的信号功率为 $P_a(\mathrm{d}\theta)/(2\pi)$，其中 P_a 表示接收信号的平均功
率。此时，接收信号的频率为

$$f = f_c + f_m\cos\theta \tag{3-5-13}$$

设 $P_d(f)$ 表示多普勒功率谱密度，可以得到接收信号频率在 $(f, f + \mathrm{d}f)$ 内的功率为

$$P_d(f)\,|\,\mathrm{d}f\,| = 2P_a\frac{\mathrm{d}\theta}{2\pi} \tag{3-5-14}$$

式中，乘以 2 是由于到达角为 θ 与 $-\theta$ 时，接收信号的频率均为 f。对 f 求微分得

$$\mathrm{d}f = -f_m\sin\theta\mathrm{d}\theta \tag{3-5-15}$$

且由式（3-5-13）得

$$\sin\theta = \sqrt{1-\cos^2\theta} = \sqrt{1-\left(\frac{f-f_c}{f_m}\right)^2} \tag{3-5-16}$$

因此可以得到多普勒功率谱密度表达式为

$$P_d(f) = \frac{P_a}{\pi f_m}\frac{1}{\sqrt{1-\left(\dfrac{f-f_c}{f_m}\right)^2}} \tag{3-5-17}$$

画出多普勒功率谱密度曲线，如图 3-5-9 所示。

综上，可以求得一个单频信号 $s(t) = A\cos(2\pi f_c t)$ 经过多径信
道，且在接收端移动的条件下，接收信号为

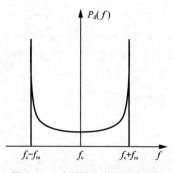

图 3-5-9　多普勒功率谱密度曲线

$$r(t) = \sum_{i=1}^{N} a_i(t)\cos\left\{2\pi(f_c + f_m\cos\theta_i)[t - \tau_i(t)]\right\}$$
$$= v(t)\cos\left[2\pi f_c t + \varphi(t)\right] \tag{3-5-18}$$

其中，

$$v(t) = \sqrt{\left\{\sum_{i=1}^{N} a_i(t)\cos[\psi_i(t)]\right\}^2 + \left\{\sum_{i=1}^{N} a_i(t)\sin[\psi_i(t)]\right\}^2} \tag{3-5-19}$$

$$\varphi(t) = \arctan\left\{ \frac{A\sum_{i=1}^{N} a_i(t)\sin[\psi_i(t)]}{A\sum_{i=1}^{N} a_i(t)\cos[\psi_i(t)]} \right\} \tag{3-5-20}$$

$$\psi_i(t) = 2\pi f_{\mathrm{m}}\cos[\theta_i(t - \tau_i(t))] - 2\pi f_{\mathrm{c}}\tau_i(t) \tag{3-5-21}$$

3.6 噪声和干扰

3.6.1 高斯白噪声

噪声一般是指信号在传输过程中引入的无用信号的统称。噪声的存在会使模拟信号发生失真，也会使数字信号发生误码，且影响信号的传输。通信系统中的噪声一般是叠加在信号上的加性干扰，即使没有传输信号，也会有加性噪声。

噪声可以根据其来源分为人为噪声和自然噪声。其中，人为噪声由人类的活动引起，如汽车点火系统产生的电火花等；自然噪声则是自然界中存在的各种电磁波辐射，如闪电、大气噪声等。自然噪声中最常见的是**热噪声**。只要设备不处于绝对零度，电子的热运动就会产生热噪声，因此热噪声不可避免地存在于一切电子设备中。其频率范围很广，从接近 0Hz 开始，直到 10^{12}Hz，且在范围内均匀分布。其产生原因为电阻性元器件中电子的运动会产生一个交流电分量，这个交流电分量即为热噪声。设有一个电阻器，阻值为 R，在频带宽度为 W 的范围内产生的热噪声电压有效值为

$$V = \sqrt{4kTRW} \tag{3-6-1}$$

式中，$k = 1.38 \times 10^{-23}$（J/K）为玻尔兹曼常数，T 为热力学温度。由于热噪声的频谱分布范围很广，且在范围内几乎是均匀分布的，类似于白光的光谱，因此热噪声又称为**白噪声**；而且，由于热噪声是由大量自由电子随机运动产生的，由中心极限定理可知，其统计特性服从高斯分布，因此热噪声又称为**高斯白噪声**。在 3.7 节中，我们将对信号经过高斯白噪声信道后的特性进行进一步的介绍。

噪声还可以根据其性质分为脉冲噪声、窄带噪声和起伏噪声。脉冲噪声是突发性地产生的，具有变化幅度很大、持续时间很短的特点，因此其频谱较宽，可以从低频持续到甚高频。脉冲噪声不是持续存在的，因此对于语音通信影响较小，但是对于数字通信可能有较大影响。窄带噪声是一种非所需的已调正弦波，通常是相邻电子设备的干扰，只存在于特定的频率、特定的时间，并且其频率通常是已知的或可以测得的，因此其对通信系统影响比较小。通常，我们也可以将脉冲噪声与窄带噪声称为干扰。与前两者相比，起伏噪声作为一种随机噪声，在时域和频域上都广泛分布。如上述的热噪声、电子管内产生的散弹噪声等都属于起伏噪声。起伏噪声无处不在，而且对通信系统的影响较大，因此讨论噪声对通信系统的影响时，我们主要考虑起伏噪声，特别是热噪声的影响。

接下来主要对热噪声进行介绍。如前所述，热噪声是随机的，因此噪声 $n(t)$ 可以采用随机过程表示；并且热噪声在频谱内均匀分布，因此假设噪声 $n(t)$ 双边功率谱密度 $P_n(f)$ 在所有频率上均为非零常数，即

$$P_n(f) = \frac{n_0}{2}, \; -\infty < f < \infty \tag{3-6-2}$$

式中，n_0 为常数。此时噪声的功率谱密度类似于白噪声的功率谱密度，如图 3-6-1（a）所示，可见白噪声的功率谱密度为无限大。当白噪声 $n(t)$ 服从高斯分布时，称其为高斯白噪声。由此可以将热噪声建模为高斯白噪声。

由维纳-辛钦定理，可以得到白噪声 $n(t)$ 的自相关函数为

$$R_n(\tau) = \frac{n_0}{2}\delta(\tau) \tag{3-6-3}$$

其自相关函数如图 3-6-1（b）所示。可以看出，其自相关函数只有 $\tau = 0$ 时不为 0；其他任意 $\tau \neq 0$ 时刻均为 0，这说明白噪声在任意两个时刻都是不相关的。在分析通信系统的抗噪性能时，我们常采用高斯白噪声作为信道的噪声模型。

然而实际系统中，白噪声并不存在，因为实际的噪声功率不可能为无限大，而且实际随机信号的自相关函数不可能为冲激函数的形式。但是只要实际的噪声功率谱密度均匀分布的范围远大于通信系统工作的频带，即可将其视为白噪声。

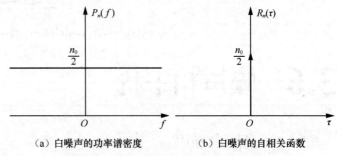

（a）白噪声的功率谱密度 （b）白噪声的自相关函数

图 3-6-1 白噪声的功率谱密度及自相关函数

3.6.2 窄带高斯噪声

在实际的应用系统中，热噪声在接收端会通过多种信号处理单元，我们可以将此等效为高斯白噪声通过各种滤波器，使其呈现不同的特性。接下来将对高斯白噪声通过滤波器的过程进行介绍。设有滤波器冲激响应为 $h(t)$，传递函数为 $H(f)$，冲激响应能量为 E_b，则由帕塞瓦尔定理，可得

$$E_b = \int_{-\infty}^{\infty} h^2(t)\mathrm{d}t = \int_{-\infty}^{\infty} |H(f)|^2 \, \mathrm{d}f \tag{3-6-4}$$

高斯白噪声 $n(t)$ 经该滤波器后输出为

$$n_o(t) = \int_{-\infty}^{\infty} n(t)h(t-\tau)\mathrm{d}\tau \tag{3-6-5}$$

其功率谱密度为

$$P_{n_o}(f) = \frac{n_0}{2}|H(f)|^2 \tag{3-6-6}$$

从而算出其功率为

$$P_{n_o} = \int_{-\infty}^{\infty} P_{n_o}(f)\mathrm{d}f = \frac{n_0}{2}E_b \tag{3-6-7}$$

当高斯白噪声 $n(t)$ 通过一个带宽为 B、增益为 1 的低通滤波器时，其功率谱密度为

$$P_{n_o}(f) = \begin{cases} \dfrac{n_0}{2}, & |f| \leqslant B \\ 0, & |f| > B \end{cases} \tag{3-6-8}$$

其功率谱密度如图 3-6-2（a）所示，称此时的噪声为**低通高斯白噪声**。依据维纳-辛钦定理计算其自相关函数为

$$\begin{aligned} R_{n_o}(\tau) &= \int_{-B}^{B} \frac{n_0}{2} \mathrm{e}^{\mathrm{j}2\pi f\tau}\mathrm{d}f \\ &= n_0 B \frac{\sin(2\pi B\tau)}{2\pi B\tau} \end{aligned} \tag{3-6-9}$$

其自相关函数如图 3-6-2（b）所示。在这里，自相关函数在 $\tau = 0$ 时取到最大值 $n_0 B$；在 $\tau = \pm\dfrac{k}{2B}$ 且 $k = 1,2,\cdots$ 时取

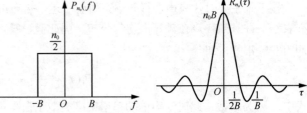

（a）低通高斯白噪声的功率谱密度 （b）低通高斯白噪声的自相关函数

图 3-6-2 低通高斯白噪声的功率谱密度与自相关函数

值为 0，说明时间间隔为 $\dfrac{1}{2B}$ 的噪声输出是不相关的。

当噪声通过一个带通滤波器后，其输出信号 $n_o(t)$ 的功率谱密度如图 3-6-3 中实线所示，其中 $2B$ 为带宽，f_c 为中心频率。若 $B \ll f_c$，则称其为**窄带噪声**。若窄带噪声 $n_o(t)$ 是高斯过程，则称为**窄带高斯噪声**；若此时功率谱密度为 $P_{n_o}(f)$，则可以计算出此时噪声功率为

$$P_{n_o} = \int_{-\infty}^{\infty} P_{n_o}(f)\mathrm{d}f \tag{3-6-10}$$

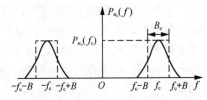

为了更好地描述窄带噪声的带宽，这里引入噪声等效带宽的概念。保持噪声功率不变，将噪声功率谱密度的形状变成矩形，令此矩形的高度等于原噪声功率谱密度的最大值 $P_{n_o}(f)$，如图 3-6-3 中虚线所示，可以得到噪声等效带宽为

$$B_e = \frac{\int_{-\infty}^{\infty} P_{n_o}(f)\mathrm{d}f}{2P_{n_o}(f_c)} = \frac{\int_{0}^{\infty} P_{n_o}(f)\mathrm{d}f}{P_{n_o}(f_c)} \tag{3-6-11}$$

图 3-6-3　窄带高斯噪声及其等效带宽

当噪声通过一个理想带通滤波器时，其带宽为 $2B$，且中心频率为 f_c，则输出噪声功率谱密度为

$$P_{n_o}(f) = \begin{cases} \dfrac{n_0}{2}, & f_c - B \leqslant |f| \leqslant f_c + B \\ 0, & \text{其他} \end{cases} \tag{3-6-12}$$

其功率谱密度如图 3-6-4（a）所示。此时窄带高斯噪声的功率谱密度在通带范围内仍具有白噪声的特性，则称其为**窄带高斯白噪声**。计算其自相关函数为

$$R_{n_o}(\tau) = \int_{-f_c-B}^{-f_c+B} \frac{n_0}{2} \mathrm{e}^{\mathrm{j}2\pi f \tau}\mathrm{d}f + \int_{f_c-B}^{f_c+B} \frac{n_0}{2} \mathrm{e}^{\mathrm{j}2\pi f t}\mathrm{d}f = n_0 B \frac{\sin(2\pi B\tau)}{2\pi B\tau}\cos(2\pi f_c t) \tag{3-6-13}$$

其自相关函数如图 3-6-4（b）所示。

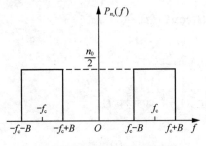

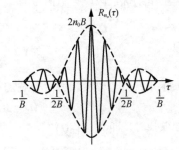

（a）窄带高斯白噪声的功率谱密度　　　　　　　（b）窄带高斯白噪声的自相关函数

图 3-6-4　窄带高斯白噪声的功率谱密度与自相关函数

3.6.3　干扰

在通信系统中，热噪声会以加性干扰的方式叠加在接收信号上，使其波形发生失真，且会影响到数字通信系统的采样判决，从而导致误码率增加，通信系统性能下降。在实际通信系统中，除了加性干扰以及乘性干扰，还会包含其他多种干扰，这些干扰同样易导致通信系统性能及通信质量下降。下面将介绍通信系统中包含的其他干扰。

1．同频干扰

同频干扰指的是无用信号的载频与有用信号的载频相同，从而对有用信号的接收机造成的干扰。例如，蜂窝通信中，不同的小区可以使用相同的频率，导致小区边缘的用户会受到相邻小区发送信号的干扰，称为小区间干扰。除此之外，无线局域网使用的 2.4GHz 频段与 5GHz 频段属

于非授权频段的范畴。实际应用中，这两个主要频段会被划分为若干个子频段，子频段间几乎都有重叠，同样会导致无线局域网中存在严重的同频干扰。

为了抑制同频干扰，首先，增加同频小区之间的间隔。但为了增大系统可容纳用户数量，还必须尽可能多地增加信道复用次数；其次，采用定向天线可以将 360° 全向天线的范围分成多个扇区，使接收端只会收到来自同一扇区的同频干扰；除此之外，采用天线阵列产生高增益的窄波束对准期望用户，同时在干扰方向上产生零陷，以抑制其他方向的同频干扰。

2. 邻频干扰

为充分利用频谱资源，我们常把信道间的频率间隔设计得较小。当干扰信号与有用信号位于相邻频带时，干扰信号的频谱泄漏到有用信号的频带内所造成的干扰，称为邻频干扰。与抑制同频干扰的方法相同，抑制邻频干扰的方法是利用定向天线的空间隔离，在干扰方向上产生零陷。除此之外，还可以在有用信号与干扰信号的发送端均安装带通滤波器，进一步减小泄漏到频带外的能量。

3. 交调干扰

当一个干扰信号与有用信号同时作用于接收机时，放大器或混频器的非线性作用会将干扰信号转移到有用信号的载波上，形成交叉调制并产生各种谐波与新的频率成分。这些频率成分落在有用信号的频带内时，则会产生交调干扰。例如，毫米波全双工频分多路通信系统中，发送信号频率泄漏会通过毫米波通道进入接收端，与接收频率在混频器中产生各种交调成分，影响接收。为抑制交调干扰，则需要降低干扰信号的幅度，如在接收端采用带通滤波器。对于上述提到的全双工系统，则可以通过增加收发隔离滤波器的方式来降低干扰信号的幅度。

4. 阻塞干扰

当干扰信号很强时，即使不与有用信号产生同频干扰、邻频干扰或交调干扰，但其作用于接收机后，接收机的非线性特征仍会造成接收机对有用信号的增益降低，使接收机灵敏度降低，这种干扰称为阻塞干扰。假设有用信号为

$$r_{\mathrm{c}}(t) = s(t)\cos(2\pi f_{\mathrm{c}}t) \tag{3-6-14}$$

干扰信号为

$$r_{\mathrm{n}}(t) = A_{\mathrm{n}}\cos(2\pi f_{\mathrm{c}}t) \tag{3-6-15}$$

其中，A_{n} 表示干扰信号幅度。将两者叠加在一起

$$r(t) = s(t)\cos(2\pi f_{\mathrm{c}}t) + A_{\mathrm{n}}\cos(2\pi f_{\mathrm{c}}t) \tag{3-6-16}$$

当干扰信号很强时，即 $A_{\mathrm{n}} \gg |s(t)|$

$$r(t) = A_{\mathrm{n}}\left\{1 + \frac{s(t)}{A_{\mathrm{n}}}\cos[2\pi(f_{\mathrm{c}}-f_{\mathrm{n}})t]\right\}\cos\left\{\omega_{\mathrm{n}}t + \frac{s(t)}{A_{\mathrm{n}}}\sin[2\pi(f_{\mathrm{c}}-f_{\mathrm{n}})t]\right\} \tag{3-6-17}$$

由式（3-6-17）可见，当强干扰信号与有用信号叠加后，合成的波形是以载频为中心频率的调幅、调相信号，其幅度为有用信号的包络。当其进入接收机后，由于放大器进入非线性区，合成信号的包络被削掉，因此只保留了调相部分。但是由于 $A_{\mathrm{n}} \gg |s(t)|$，故接收机对有用信号的增益会降低，且干扰信号幅度 A_{n} 越大，阻塞越严重。

3.7　加性高斯白噪声信道

在实际通信系统中，加性高斯白噪声信道是一种较为常见且简单的信道模型，输入信号经过信道后会叠加高斯白噪声而引起波形的失真。接下来，我们将以输入信号为正弦波为例，介绍加

性高斯白噪声信道对信号的影响。当一个正弦信号 $s(t) = A\cos(2\pi f_c t)$ 经过无失真的恒参信道到达接收端时，其上会叠加高斯白噪声，则有

$$r(t) = A\cos\left(2\pi f_c t\right) + n(t) \qquad (3\text{-}7\text{-}1)$$

式中，$r(t)$ 与 $n(t)$ 均为随机过程。$n(t)$ 为窄带高斯白噪声，这是由于在通信系统接收端对信号解调时会经过接收机带通滤波器的过滤，使其带宽受到限制，同时使高斯白噪声变成窄带高斯噪声。窄带高斯噪声 $n(t)$ 的中心频率为 f，根据带通信号相关理论，窄带高斯噪声可以分解为同相分量与正交分量。

$$n(t) = n_I(t)\cos\left(2\pi f_c t\right) - n_Q(t)\sin\left(2\pi f_c t\right) \qquad (3\text{-}7\text{-}2)$$

式中，$n_I(t)$ 与 $n_Q(t)$ 具有以下性质：

（1）$n_I(t)$ 与 $n_Q(t)$ 均为低通高斯过程，且在同一时刻相互统计独立；

（2）$n_I(t)$ 与 $n_Q(t)$ 均值均为 0；

（3）$n_I(t)$ 与 $n_Q(t)$ 方差均为 σ^2。

将式（3-7-2）代入式（3-7-1），可得

$$n(t) = n_I'(t)\cos(2\pi f_c t) - n_Q(t)\sin(2\pi f_c t) \qquad (3\text{-}7\text{-}3)$$

式中，$n_I'(t) = n_I(t) + A$。在时刻 t 时，$n_I'(t)$ 与 $n_Q(t)$ 对应的随机变量分别为 N_I' 与 N_Q，从而可以求得 N_I' 与 N_Q 的联合概率密度函数为

$$f_{N_I', N_Q}\left(n_I', n_Q\right) = \frac{1}{2\pi\sigma^2}\mathrm{e}^{-\frac{(n_I' - A)^2 + n_Q^2}{2\sigma^2}} \qquad (3\text{-}7\text{-}4)$$

设接收信号 $r(t)$ 的包络和相位分别为 $v(t)$ 和 $\varphi(t)$，则有

$$v(t) = \sqrt{n_I'(t)^2 + n_Q(t)^2} \qquad (3\text{-}7\text{-}5)$$

$$\varphi(t) = \arctan\left[\frac{n_Q(t)}{n_I'(t)}\right] \qquad (3\text{-}7\text{-}6)$$

在时刻 t 时，$v(t)$ 与 $\varphi(t)$ 对应的随机变量分别为 V 与 ϕ，则由式（3-7-4），可以得到 V 与 ϕ 的联合概率密度函数为

$$f_{V,\phi}(v,\varphi) = \frac{v}{2\pi\sigma^2}\mathrm{e}^{-\frac{v^2 + A^2 - 2Av\cos\varphi}{2\sigma^2}} \qquad (3\text{-}7\text{-}7)$$

由式（3-7-7）可知，当输入正弦信号 $s(t)$ 的幅值 A 不为 0 时，V 与 ϕ 是相关的。

在式（3-7-7）中对 φ 进行积分，可以得到时刻 t 时包络 v 的概率密度函数为

$$
\begin{aligned}
f_V(v) &= \int_0^{2\pi} f_{V,\phi}(v,\varphi)\,\mathrm{d}\varphi \\
&= \frac{v}{2\pi\sigma^2}\mathrm{e}^{-\frac{v^2 + A^2}{2\sigma^2}}\int_0^{2\pi}\mathrm{e}^{\frac{vA\cos\varphi}{\sigma^2}}\,\mathrm{d}\varphi \qquad (3\text{-}7\text{-}8) \\
&= \frac{v}{\sigma^2}\mathrm{e}^{-\frac{v^2 + A^2}{2\sigma^2}}I_0\left(\frac{VA}{\sigma^2}\right)
\end{aligned}
$$

式中，$I_0(\cdot)$ 表示第一类零阶修正贝塞尔函数。由式（3-7-8）可知，输出信号的包络 $v(t)$ 服从赖斯分布，且当 $A = 0$ 时，其包络服从瑞利分布。

赖斯分布如图 3-7-1 所示。

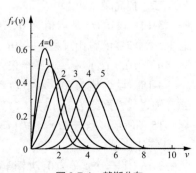

图 3-7-1　赖斯分布

习题

一、基础题

3-1 设一条无线链路采用视线传播方式通信，其收发天线高度均为 40m，若不考虑大气折射率的影响，试求其最远通信距离。

3-2 设一条天波无线电信道用高度等于 400km 的 F_2 层电离层反射电磁波，地球的等效半径等于(6370×4/3)km，收/发天线均架设在地平面，试计算其通信距离大约可以达到多少 km。

3-3 若有一平流层平台距地面 20km，试按题 3-2 给定的条件计算其覆盖地面的半径等于多少 km。

3-4 设发送天线增益为 100，接收天线增益为 10，传播距离等于 50km，电磁波频率为 1800MHz，若允许最小接收功率等于 4000pW，试求所需最小发送功率。（注：$1pW=10^{-12}W$。）

3-5 设线性时不变信道的冲激响应为 $h(t) = \delta(t) + 5\delta(t-1)$，试分析该信道的幅频特性、相频特性和群延迟特性。

3-6 设某恒参信道的幅频特性为 $H(f) = [1+\cos(2\pi T_0 f)]e^{-j2\pi f t_d}$，其中 t_d 为常数。试确定信号 $x(t)$ 通过该信道后的输出信号表达式。

3-7 设某恒参信道的等效模型如题 3-7 图所示。试求其传递函数 $H(f)$，并分析信号通过此信道传输时会产生哪些失真。

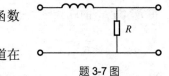

题 3-7 图

3-8 设某随参信道有两条径，且时延差 τ 为 1ms，试求：该信道在哪些频率上传输衰耗最大？选用哪些频率传输信号最有利？

3-9 设某随参信道的最大多径时延 τ_m 为 3ms，为了避免发生频率选择性衰落，试估算在该信道上传输的数字信号的码元脉冲宽度。

3-10 某时不变室内无线信道中直射分量时延是 23ns，第一个多径分量的时延是 48ns，第二个多径分量的时延是 67ns。针对解调器同步于直射分量或第一个多径分量这两种情形，分别求出相应的时延扩展。

3-11 设 X 与 Y 是两个相互独立的零均值高斯随机变量，方差同为 σ^2，证明 $Z = \sqrt{X^2 + Y^2}$ 服从瑞利分布，Z^2 服从指数分布。

3-12 设一个接收机输入电路的等效电阻等于 600Ω，输入电路的带宽等于 6MHz，环境温度为 27℃，试求该电路产生的热噪声电压有效值。

3-13 若两个电阻阻值都是 1000Ω，它们的噪声温度分别为 300K 和 400K，试求这两个电阻串联后两端的噪声功率谱密度。

二、提高题

3-14 设 $n_o(t)$ 是均值为 0、双边功率谱密度为 $n_0/2$ 的高斯白噪声通过截止频率为 B 的理想低通滤波器的输出过程，以 $2B$ 速率对 $n_o(t)$ 采样，得到采样值 $n_o(t_0), n_o(t_1), n_o(t_2), \cdots$，求 n 个采样值的联合概率密度。

3-15 设均值为 0、双边功率谱密度为 $n_0/2$ 的高斯白噪声 $n(t)$ 通过线性网络 $H_1(f)$ 与 $H_2(f)$ 后输出分别为 $n_1(t)$ 与 $n_2(t)$，如题 3-15 图所示。当 $H_1(f)$ 与 $H_2(f)$ 满足什么条件时可保证 $n_1(t)$ 与 $n_2(t)$ 统计独立？

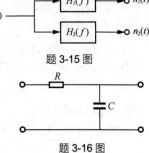

题 3-15 图

3-16 设一个均值为 0、功率谱密度为 $n_0/2$ 的高斯白噪声通过题 3-16 图所示的 RC 低通滤波器，试求输出噪声的功率谱密度和自相关函数。

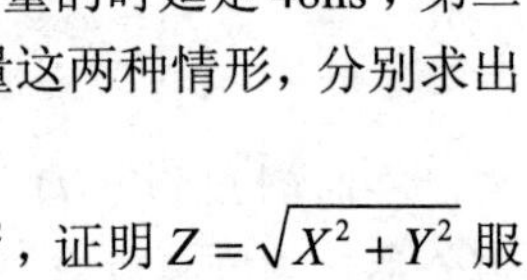

题 3-16 图

第 4 章 模拟调制系统

在实际通信系统中，模拟信源输出的消息信号一般为低通模拟信号，但实际的传输信道大多具有带通或频带特性，只允许带通信号或频带信号通过。因此，模拟调制系统的发送端需要将低通模拟基带信号通过频谱搬移变换成适应通信信道特性的信号，以便在信道中传输，这一过程被称为调制；相应地，接收端需要从收到的带通或频带信号中恢复出低通模拟信号，这一过程被称为解调。用基带信号对连续波（正弦波）进行调制的过程被称为连续波调制或正弦调制。当使用模拟基带信号进行连续波调制时，通常是将模拟基带信号加载到正弦载波的某个物理量上，如幅度、角度等，分别形成模拟调幅和模拟调角。

本章简介

本章将分别在 4.1 节与 4.2 节中介绍一些典型的模拟幅度调制（AM、DSB-SC、SSB、VSB）及模拟角度调制（FM、PM）。对于每种调制方式，其内容主要包括调制/解调原理、时域/频域特性及抗噪声性能分析等。由于信道中噪声的影响，接收端解调输出的信号中不可避免地包含噪声分量，因此我们可以采用信噪比衡量解调输出信号的质量。本章 4.3 节与 4.4 节将分析不同调制方式的输出信噪比，4.5 节将对各种调制技术的性能进行归纳与比较。

模拟幅度调制的
概念

4.1 模拟幅度调制

在模拟调制中，调制器用消息信号 $m(t)$ 对载频为 f_c、幅度为 A、初相为 ϕ 的正弦载波 $A\cos(2\pi f_c t + \phi)$ 进行调制，得到带通信号 $s(t)$，其中 $m(t)$ 称为**调制信号**，$s(t)$ 称为**已调信号**。消息信号 $m(t)$ 是一个模拟基带信号，其带宽为 B，频谱 $M(f)$ 集中在 $[-B, B]$ 内。本章除另有说明外，默认 $m(t)$ 不包含直流分量，即 $m(t)$ 的均值为 0，在频域体现为 $m(t)$ 的频谱中不存在冲激信号 $\sigma(f)$。进行这样的设定除了便于分析之外，另一个原因是直流分量通常不包含有用信息，在通信系统中会通过隔直电路滤除。

如果正弦载波的幅度受调制信号 $m(t)$ 的控制，则称该调制为模拟幅度调制。此时，$s(t)$ 与 $m(t)$ 的频谱/功率谱之间存在平移及线性变换关系，因此，**模拟幅度调制也称为模拟线性调制**。主要的模拟幅度调制方法包括常规调幅（AM）、双边带抑制载波（DSB-SC）调制、单边带（SSB）调制、残留边带（VSB）调制等。

4.1.1 常规调幅

若已调信号具有如下形式：

$$s_{AM}(t) = [A_0 + m(t)]\cos(2\pi f_c t + \phi) \tag{4-1-1}$$

就是**常规调幅**，也称为标准调幅。普通收音机中的 AM 广播采用的就是这种调制方式。

设 $m(t)$ 的取值范围为 $[-A_m, +A_m]$，则 AM 的**调制指数**或**调幅系数**定义为

$$\beta_{AM}=\frac{A_{m}}{A_{0}} \tag{4-1-2}$$

【**案例 4-1-1**】　调制信号 $m(t)=\cos(960\pi t)$，载波为 $\cos(2400\pi t)$，令 AM 已调信号为 $s(t)=[1+\beta_{AM}m(t)]\cos(2400\pi t)$，则不同调幅系数下的 AM 信号波形如图 4-1-1 所示。调幅系数反映调制的深浅。当 $\beta_{AM}=0$ 时，AM 已调信号中的调制信号消失，但载波仍然存在。随着调制系数增加，AM 已调信号的包络起伏也在增大。

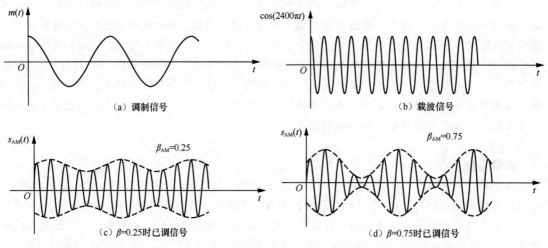

图 4-1-1　不同调幅系数下的 AM 信号波形

AM 信号的复包络（参考 2.4 节相关介绍）没有正交分量，只有同相分量，则有

$$s_{L}(t)=A_{0}+m(t) \tag{4-1-3}$$

若 $m(t)$ 的傅里叶变换为 $M(f)$，则 AM 信号复包络的傅里叶变换为

$$S_{L}(f)=A_{0}\delta(f)+M(f) \tag{4-1-4}$$

AM 信号的傅里叶变换为

$$
\begin{aligned}
S_{AM}(f)=&\frac{A_{0}\mathrm{e}^{\mathrm{j}\phi}}{2}\delta(f-f_{c})+\frac{\mathrm{e}^{\mathrm{j}\phi}}{2}M(f-f_{c})+\\
&\frac{A_{0}\mathrm{e}^{-\mathrm{j}\phi}}{2}\delta(f+f_{c})+\frac{\mathrm{e}^{-\mathrm{j}\phi}}{2}M(f+f_{c})
\end{aligned} \tag{4-1-5}
$$

式（4-1-5）表明，AM 信号的频谱是对基带信号 $m(t)$ 的频谱进行搬移，并叠加载频分量，如图 4-1-2 所示。从图 4-1-2（b）中可以看出，已调信号 $s(t)$ 的带宽是基带信号带宽的两倍，即 $W=2B$。

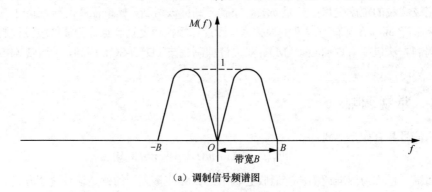

（a）调制信号频谱图

图 4-1-2　AM 信号的频谱

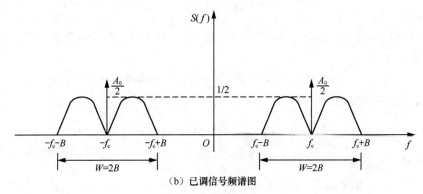

（b）已调信号频谱图

图 4-1-2 AM 信号的频谱（续）

实信号 $m(t)$ 的频谱关于零频处的纵轴对称。这一点在 AM 已调信号的频谱中体现为正频率部分的频谱关于 f_c 对称，负频率部分的频谱关于 $-f_c$ 对称。已调信号频谱中载频两侧的这两个对称部分称为两个边带，频率高于载频（即 $|f| > f_c$）的叫**上边带**（Upper Side Band，USB），低于载频的叫**下边带**（Lower Side Band，LSB）。由于已调信号的频谱在载频两边有两个对称的边带，故称为**双边带调幅**。

若 $m(t)$ 的功率是 P_m，则根据已调信号 $s(t)$ 的表达式，AM 信号的功率为

$$P_s = E[s_{AM}^2(t)] = \frac{A_0^2}{2} + \frac{P_m}{2} \tag{4-1-6}$$

式中，$A_0^2 / 2$ 表示载频的功率；$P_m / 2$ 表示边带的功率。

式（4-1-6）中这一关系也可以从带通信号的功率谱密度角度进行推导。若 $m(t)$ 的功率谱密度为 $P_m(f)$，AM 信号的功率谱密度为

$$P_{AM}(f) = \frac{A_0^2}{4}[\delta(f - f_c) + \delta(f + f_c)] + \frac{1}{4}[P_m(f - f_c) + P_m(f + f_c)] \tag{4-1-7}$$

功率谱密度的积分值是功率。$m(t)$ 的功率是 $P_m = \int_{-B}^{B} P_m(f)\mathrm{d}f$，AM 信号的功率是式（4-1-7）的积分，可得

$$P_s = \int_{-\infty}^{\infty} P_{AM}(f)\mathrm{d}f = \frac{A_0^2}{2} + \frac{P_m}{2} \tag{4-1-8}$$

消息信号 $m(t)$ 的信息完全包含在边带中。边带功率占总功率的比例定义为 AM 的**调制效率或调幅效率**，可得

$$\eta_{AM} = \frac{P_m / 2}{P_s} = \frac{P_m}{A_0^2 + P_m} \tag{4-1-9}$$

若定义 $m(t)$ 的峰值功率与平均功率之比（即峰均功率比，简称**峰均比**）为

$$C_m = \frac{A_m^2}{P_m} \tag{4-1-10}$$

则式（4-1-9）右边可以整理为

$$\eta_{AM} = \frac{1}{1 + C_m / \beta_{AM}^2} \tag{4-1-11}$$

式中，β_{AM} 为调制指数。给定消息信号 $m(t)$ 后，调制指数 β_{AM} 越大，调幅效率越高。峰均比 C_m 取决于消息信号的特性。给定调制指数时，不同的消息信号 $m(t)$ 有不同的峰均比，峰均比越大，则调幅效率越低。正弦波的峰均比为 2，因此，单音调幅（即调制信号为单频正弦波）时，若要求 $0 < \beta_{AM} \leqslant 1$，则调幅效率最高为 1/3。即便是对于峰均比最小的方波信号，调幅效率最高也只能

到 1/2。

【案例 4-1-2】　调制信号 $m(t) = \sin(100\pi t)$ 对载频 $\cos(600\pi t)$ 进行调制指数为 $\beta_{AM} = 0.5$ 的 AM 调制，已调信号为

$$s(t) = \left[A_0 + m(t)\right]\cos(600\pi t) = \left[2 + \sin(100\pi t)\right]\cos(600\pi t) \tag{4-1-12}$$

$m(t) = \sin(100\pi t)$ 的傅里叶变换为

$$M(f) = \frac{1}{2j}\delta(f-50) - \frac{1}{2j}\delta(f+50) \tag{4-1-13}$$

$s(t)$ 的傅里叶变换为

$$\begin{aligned} S(f) = {} & \delta(f-300) + \delta(f+300) + \\ & \frac{1}{4j}\left[\delta(f-350) - \delta(f-250) + \delta(f+250) - \delta(f+350)\right] \end{aligned} \tag{4-1-14}$$

$m(t)$ 的功率谱密度为

$$P_m(f) = \frac{1}{4}\delta(f-50) + \frac{1}{4}\delta(f+50) \tag{4-1-15}$$

$s(t)$ 的功率谱密度为

$$\begin{aligned} P_s(f) = {} & \delta(f-300) + \delta(f+300) + \\ & \frac{1}{16}\left[\delta(f-350) + \delta(f-250) + \delta(f+350) + \delta(f+250)\right] \end{aligned} \tag{4-1-16}$$

图 4-1-3 给出了本例中调制信号 $m(t) = \sin(100\pi t)$ 和已调信号 $s(t) = \left[2 + \sin(100\pi t)\right]\cos(600\pi t)$ 的功率谱图。单位冲激的面积是 1，故从图 4-1-3 中可以算出，$m(t)$ 的功率为 0.5，载频功率为 2，边带功率为 1/4，AM 信号的总功率为 9/4，调制效率为 $(1/4)/(9/4) = 1/9$。

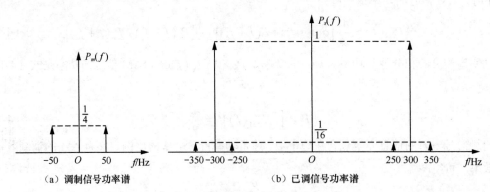

（a）调制信号功率谱　　　　　　　　（b）已调信号功率谱

图 4-1-3　调制信号和已调信号的功率谱图

根据 AM 信号表达式（4-1-1）可直接得到图 4-1-4 所示的 AM 调制器框图。

AM 调制器是一般 I/Q 调制器的简化，我们可以用 I/Q 解调器对其信号进行解调。由于 AM 信号的复包络只有同相分量，没有正交分量，故 I/Q 解调器只需要保留 I 路，如图 4-1-5 所示。图 4-1-5 中低通滤波器的输出是 $A_0 + m(t)$，"隔直流"单元负责去除直流分量 A_0。图 4-1-5 所示的相干解调器需要一个"载波恢复"单元来建立与发送端同步的载波。

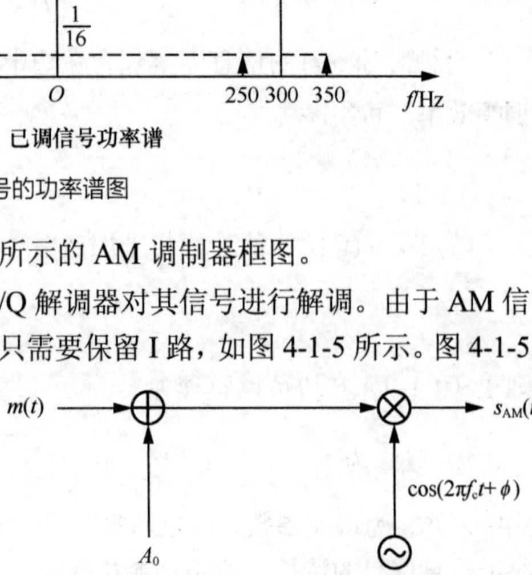

大多数 AM 收音机采用成本低廉的包络检波器，属于非相干解调，如图 4-1-6 所示。

图 4-1-4　AM 调制器框图

包络检波器的功能是提取输入带通信号的包络 $A(t)$，也就是复包络的模。AM 信号的包络是 $A(t) = |A_0 + m(t)|$。如果 AM 调制指数满足

$0 < \beta_{AM} \leqslant 1$，则 $A_0 + m(t) \geqslant 0$，$A(t) = |A_0 + m(t)| = A_0 + m(t)$，图 4-1-6 能正常解调出 $m(t)$。如果调幅系数 $\beta_{AM} > 1$，则 $A_m > A_0$，此时 $m(t)$ 的取值可以比 $-A_0$ 更小，造成在某些时刻会有 $A_0 + m(t) < 0$，使包络检波器的输出成为 $A(t) = |A_0 + m(t)| = -A_0 - m(t)$。这种情况下，包络检波器不能正常解调出 $m(t)$，称此情形为发生了**过调制**。由此可见，当 AM 采用包络检波器的方法进行解调时，调制指数不能超过 1。

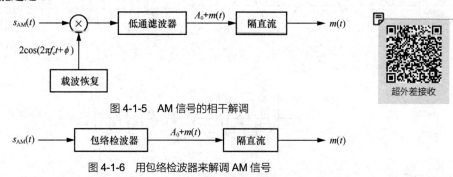

图 4-1-5 AM 信号的相干解调

图 4-1-6 用包络检波器来解调 AM 信号

【案例 4-1-3】 调制信号 $m(t) = \sin(100\pi t)$ 对载频 $\cos(600\pi t)$ 进行调制指数为 $\beta_{AM} = 1.5$ 的 AM 调制，已调信号 $s(t) = 2[1 + 1.5\sin(100\pi t)]\cos(600\pi t)$，其复包络为 $2[1 + 1.5\sin(100\pi t)]$，包络为 $2|1 + 1.5\sin(100\pi t)|$。过调制的调幅波形、复包络波形及包络波形如图 4-1-7 所示，此包络减去直流 A_0 等于 2 之后不能得到无失真的 $m(t)$。

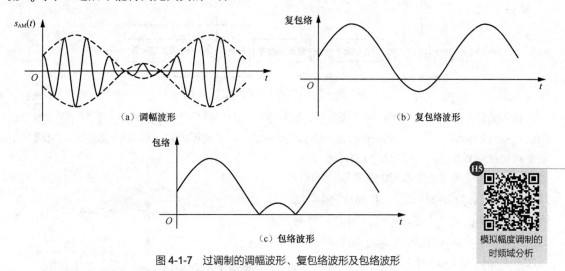

（a）调幅波形　　　　　　　　　　　　　（b）复包络波形

（c）包络波形

图 4-1-7 过调制的调幅波形、复包络波形及包络波形

4.1.2 双边带抑制载波调制

AM 调制信号中包含的载波分量不含有用信息，浪费通信系统的功率，因此，我们可在 AM 信号中取 $A_0 = 0$。此时，所得到的信号被称为**双边带抑制载波**信号。

$$s_{DSB\text{-}SC}(t) = m(t)\cos\left(2\pi f_c t + \phi\right) \tag{4-1-17}$$

其复包络为

$$s_L(t) = m(t) \tag{4-1-18}$$

频谱为

$$S_{DSB\text{-}SC}(f) = \frac{e^{j\phi}}{2}M(f - f_c) + \frac{e^{-j\phi}}{2}M(f + f_c) \tag{4-1-19}$$

【案例 4-1-4】　调制信号 $m(t) = \sin(100\pi t)$ 对载频 $\cos(600\pi t)$ 进行 DSB-SC 调制，得到已调信号 $s(t) = \sin(100\pi t) \cdot \cos(600\pi t)$，波形如图 4-1-8 所示。

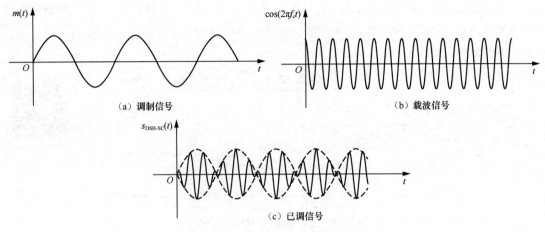

（a）调制信号　　　　　　　　　　　　　　（b）载波信号

（c）已调信号

图 4-1-8　DSB-SC 调制及其波形

DSB-SC 系统框图如图 4-1-9 所示。其中，带通滤波器可以滤除带外噪声。注意在 AM 中，若调幅指数不超过 1，则包络 $A(t) = A_0 + m(t)$，得到包络就能得到 $m(t)$。但 DSB-SC 的包络是 $A(t) = |s_L(t)| = |m(t)|$，不能从包络得到 $m(t)$，因此无法用包络检波器来解调 DSB-SC 信号。

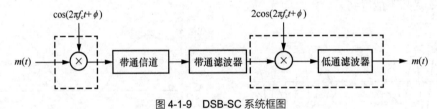

图 4-1-9　DSB-SC 系统框图

抑制载波是指已调信号中没有载频分量，即频谱中没有冲激分量 $\delta(f - f_c)$ 与 $\delta(f + f_c)$。如果基带信号 $m(t)$ 的均值不为 0，$m(t)\cos(2\pi f_c t + \phi)$ 的频谱形式上仍然可用式（4-1-19）表示，此时信号是一个双边带（DSB）信号，但 $M(f)$ 有冲激分量，故不能称该信号为双边带抑制载波信号。若 $m(t)$ 均值为 0，才是 DSB-SC 信号。若 $m(t)$ 的均值足够大，能使 $m(t) \geqslant 0$，包络 $|m(t)| = m(t)$，就是常规调幅。本章默认消息信号 $m(t)$ 的均值为 0，因此 $m(t)\cos(2\pi f_c t + \phi)$ 是双边带抑制载波信号。

4.1.3　单边带调制

由于消息信号的频谱 $M(f)$ 关于 $f = 0$ 对称，因此 DSB 信号的频谱在载频 f_c 左、右有对称的边带。只取其中一个边带所形成的信号叫**单边带**信号，如图 4-1-10 所示。

根据上、下边带的不同，单边带信号分为**上边带**信号和**下边带**信号。SSB 信号的带宽只有双边带信号的一半，即 $W = B$。传输同样的消息信号时，SSB 信号比双边带信号少用了一

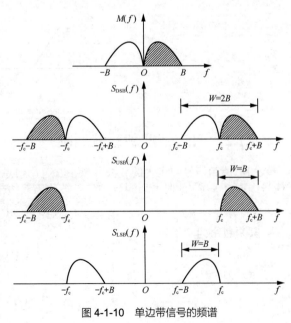

图 4-1-10　单边带信号的频谱

半带宽，频谱效率提高了一倍。由于其具备这一优点，因此模拟短波电台、模拟多路复用等系统一般采用 SSB 调制。

单边带调制在航空通信中的应用

下面推导 SSB 信号的时域表达式。以 LSB 信号为例，定义一个传递函数为

$$\mathrm{sgn}(\omega)=\begin{cases}1, & \omega>0\\ 0, & \omega=0\\ -1, & \omega<0\end{cases} \tag{4-1-20}$$

即数学上的符号函数。下边带信号可由 DSB-SC 信号通过一个理想低通滤波器得到，这个滤波器的传递函数可以写成 $H(f)=\dfrac{1}{2}[\mathrm{sgn}(f+f_c)-\mathrm{sgn}(f-f_c)]$。因此，LSB 信号的频谱（假设 DSB-SC 信号载波初始相位 $\phi=0$）为

$$\begin{aligned}S_{\mathrm{LSB}}(f)&=\frac{1}{2}[M(f+f_c)+M(f-f_c)]\cdot\frac{1}{2}[\mathrm{sgn}(f+f_c)-\mathrm{sgn}(f-f_c)]\\ &=\frac{1}{4}[M(f+f_c)+M(f-f_c)]+\\ &\quad \frac{1}{4}[M(f+f_c)\mathrm{sgn}(f+f_c)-M(f-f_c)\mathrm{sgn}(f-f_c)]\end{aligned} \tag{4-1-21}$$

式（4-1-21）第一部分的傅里叶逆变换是 $\dfrac{1}{2}m(t)\cos(2\pi f_c t)$，第二部分可以写成 $\dfrac{1}{4}M(f)\mathrm{sgn}(f)\cdot$ $[\delta(f+f_c)-\delta(f-f_c)]$。希尔伯特变换的频域传输函数为 $H(f)=-\mathrm{j}\mathrm{sgn}(f)$，因此，式（4-1-21）第二部分的傅里叶逆变换是 $\dfrac{1}{2}\hat{m}(t)\sin(2\pi f_c t)$，其中 $\hat{m}(t)$ 是 $m(t)$ 的希尔伯特变换。故 LSB 信号的时域表达式为 $s_{\mathrm{LSB}}(t)=\dfrac{1}{2}m(t)\cos(2\pi f_c t)+\dfrac{1}{2}\hat{m}(t)\sin(2\pi f_c t)$。

根据上面的推导，考虑载波初相为 ϕ，可以写出 SSB 信号表达式为

$$\begin{cases}s_{\mathrm{USB}}(t)=\dfrac{1}{2}m(t)\cos(2\pi f_c t+\phi)-\dfrac{1}{2}\hat{m}(t)\sin(2\pi f_c t+\phi)\\[2mm] s_{\mathrm{LSB}}(t)=\dfrac{1}{2}m(t)\cos(2\pi f_c t+\phi)+\dfrac{1}{2}\hat{m}(t)\sin(2\pi f_c t+\phi)\end{cases} \tag{4-1-22}$$

USB 信号表达式的推导过程与 LSB 表达式的推导过程类似。式（4-1-22）中 $\dfrac{1}{2}m(t)\cos(2\pi f_c t+\phi)=s_1(t)$ 是以 $m(t)$ 为调制信号、以 $\cos(2\pi f_c t+\phi)$ 为载波的 DSB 信号。设 $m(t)$ 的傅里叶变换为 $M(f)$，则可根据式（4-1-19）得到 $s_1(t)$ 的频谱为

$$S_1(f)=\begin{cases}\dfrac{\mathrm{e}^{\mathrm{j}\phi}}{4}M(f-f_c), & f>0\\[2mm] \dfrac{\mathrm{e}^{-\mathrm{j}\phi}}{4}M(f+f_c), & f<0\end{cases} \tag{4-1-23}$$

式（4-1-22）中的后一项 $\dfrac{1}{2}\hat{m}(t)\sin(2\pi f_c t+\phi)=s_2(t)$ 是以 $\hat{m}(t)$ 为调制信号、以 $\sin(2\pi f_c t+\phi)=\cos\left(2\pi f_c t+\phi-\dfrac{\pi}{2}\right)$ 为载波的 DSB 信号。$\hat{m}(t)$ 的频谱为

$$\hat{M}(f)=-\mathrm{j}\cdot\mathrm{sgn}(f)M(f)=\begin{cases}-\mathrm{j}M(f), & f>0\\ \mathrm{j}M(f), & f<0\end{cases} \tag{4-1-24}$$

故结合式（4-1-19）可得 $s_2(t)$ 的频谱为

$$S_2(f) = \begin{cases} \dfrac{e^{j\left(\phi-\frac{\pi}{2}\right)}}{4}\hat{M}(f-f_c), & f>0 \\[3mm] \dfrac{e^{-j\left(\phi-\frac{\pi}{2}\right)}}{4}\hat{M}(f+f_c), & f<0 \end{cases}$$

$$= \begin{cases} -j\dfrac{e^{j\phi}}{4}\hat{M}(f-f_c), & f>0 \\[3mm] j\dfrac{e^{-j\phi}}{4}\hat{M}(f+f_c), & f<0 \end{cases} \qquad\text{（4-1-25）}$$

$$= \begin{cases} -\dfrac{e^{j\phi}}{4}M(f-f_c), & f>f_c \\[3mm] \dfrac{e^{j\phi}}{4}M(f-f_c), & 0<f<f_c \\[3mm] \dfrac{e^{-j\phi}}{4}M(f+f_c), & -f_c<f<0 \\[3mm] -\dfrac{e^{-j\phi}}{4}M(f+f_c), & f<-f_c \end{cases}$$

比较 $S_1(f)$ 和 $S_2(f)$ 可知，这两个 DSB 信号的下边带（$|f|<f_c$）相同，上边带（$|f|>f_c$）反极性，如图 4-1-11 所示。SSB 信号是这两个 DSB 信号的叠加，我们可以理解为：一个 DSB 信号用来携带消息信号 $m(t)$，另一个 DSB 信号用来抵消前一 DSB 信号的一个边带。图 4-1-11 中的两个频谱相加可以消掉上边带，相减可以消掉下边带。

从图 4-1-10 可以看出，实现 SSB 信号调制的一种方法是让 DSB 信号通过一个截止频率为 f_c 的理想滤波器滤除一个边带，如图 4-1-12（a）所示，这种方法叫**滤波法**。取 $H(f)$ 为高通或低通滤波器，将分别得到 USB 信号和 LSB 信号。

另外，根据式（4-1-22）或图 4-1-11 可以得到图 4-1-12（b）所示的调制方法，称为**移相法**。图 4-1-12（b）中除了产生正交载波（cos 与 sin）的移相器之外，希尔伯特变换也是移相：它对 $m(t)$ 中的每个频率分量各自移相 90°。

SSB 信号的解调器需要从输入的 SSB 信号中提取出 $m(t)$，$m(t)$ 是 SSB 信号复包络的实部，故可用图 2-4-8 所示的 I/Q 解调器提取复包络，然后得到 $m(t)$。SSB 信号解调只需要输出 $m(t)$，故 I/Q 解调器只需要保留 I 路，如图 4-1-13 所示。

图 4-1-11　两个 DSB 信号的频谱关系（$\phi=0$）

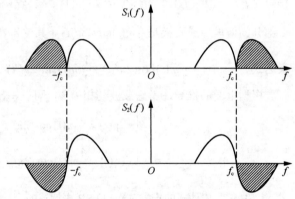

（a）滤波法

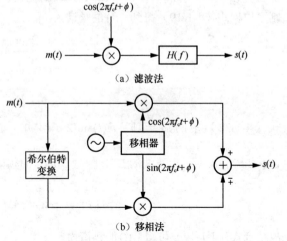

（b）移相法

图 4-1-12　SSB 信号调制方法

实现 SSB 信号调制有一个限制条件，即要求 $m(t)$ 的频谱 $M(f)$ 在 $f = 0$ 附近基本为 0。接下来，以 LSB 信号为例来说明这一点。设有两个消息信号 $m_1(t)$、$m_2(t)$，其频谱 $M_1(f)$、$M_2(f)$ 如图 4-1-14 所示。图 4-1-14 中的 $S_1(f)$ 和 $S_2(f)$ 分别是 $m_1(t)$ 和 $m_2(t)$ 的 DSB 频谱。由于频

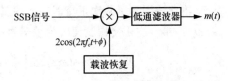

图 4-1-13 SSB 信号解调

谱对称，故为了简单起见，图 4-1-14 中除了 $M_1(f)$、$M_2(f)$ 之外，其余的频谱图省略了负频率部分。图 4-1-14 中，$H_1(f)$ 和 $H_2(f)$ 是图 4-1-12（a）中 $H(f)$ 的两个具体例了。$H_1(f)$ 是理想低通滤波器，其特点为从通带（$H(f) = 1$）到阻带（$H(f) = 0$）的变化是锐降的，过渡带为 0。实际滤波器一般类似于 $H_2(f)$，从通带到阻带是滚降的，有一个非零的过渡带 Δ_2。

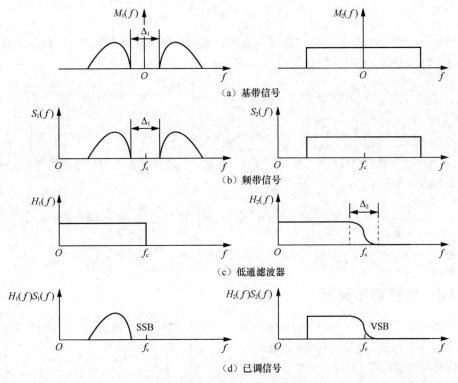

图 4-1-14 单边带调制与残留边带调制对比

由于 $M_1(f)$ 在 $f = 0$ 附近是 0，因此 $S_1(f)$ 在 $f = f_c$ 附近区间 Δ_1 内为 0。假设 $\Delta_1 \geqslant \Delta_2$，则无论图 4-1-12（a）中 $H(f)$ 是设计为 $H_1(f)$ 还是设计为 $H_2(f)$，都能完全滤除上边带，得到 LSB 信号。但对于 $M_2(f)$ 来说，当图 4-1-12（a）中的滤波器是实际滤波器 $H_2(f)$ 时，不能完全滤除上边带，会有所残留，此时滤波器输出的信号不是 LSB 信号。

获取 USB 信号时的情形与此类似。由此可见，采用滤波法实现 SSB 信号调制时，考虑到带通滤波器的过渡带问题，消息信号的频谱在 $f = 0$ 附近应当是 0 或近似是 0。

采用图 4-1-12（b）的移相法也有相同的限制，因为希尔伯特变换是对 $m(t)$ 的各个频率分量按各自的周期延迟 1/4 周期，所以对极低频率的信号来说，希尔伯特变换是不可实现的。因此，按图 4-1-12（b）的移相法实现时，也要求消息信号的频谱在 $f = 0$ 附近应当是 0 或近似是 0。

实际工程应用中常采用维弗法，该方法既有移相法的优点，不需要具有陡峭特性的滤波器，又避免要求对调制信号的所有频率分量均精确延迟 1/4 周期。此时只需要对载波移相，易于用实际电路来实现。

维弗法用到了两次正交调制。如图 4-1-15 所示，假设调制信号 $m(t) = A_0 \cos \omega_0 t$ 的最高频率为 ω_m，第一次正交调制使用角频率为 $\omega_m / 2$ 的载波，调制后得到 X_{11} 和 X_{21}。

$$X_{11} = A_0 \cos(\omega_0 t) \cos\left(\frac{\omega_m}{2}t\right) = \frac{1}{2}A_0 \cos\left[\left(\frac{\omega_m}{2} + \omega_0\right)t\right] + \frac{1}{2}A_0 \cos\left[\left(\frac{\omega_m}{2} - \omega_0\right)t\right] \tag{4-1-26}$$

$$X_{21} = A_0 \cos(\omega_0 t) \sin\left(\frac{\omega_m}{2}t\right) = \frac{1}{2}A_0 \sin\left[\left(\frac{\omega_m}{2} + \omega_0\right)t\right] + \frac{1}{2}A_0 \sin\left[\left(\frac{\omega_m}{2} - \omega_0\right)t\right] \tag{4-1-27}$$

使用带宽 $B \geqslant \omega_m / 2$ 的低通滤波器进行滤波，滤波后得到 X_{12} 和 X_{22}。

$$X_{12} = \frac{1}{2}A_0 \cos\left[\left(\frac{\omega_m}{2} - \omega_0\right)t\right] \tag{4-1-28}$$

$$X_{22} = \frac{1}{2}A_0 \sin\left[\left(\frac{\omega_m}{2} - \omega_0\right)t\right] \tag{4-1-29}$$

然后用另一对频率为 $\omega_c \pm \omega_m / 2$ 的正交载波把频谱搬移到合适的位置，得到两路信号 X_{13} 和 X_{23}，将它们相加减便可得到 SSB 信号。

$$X_{13} = X_{12} \cos\left[\left(\omega_c \pm \frac{\omega_m}{2}\right)t\right] = \frac{1}{2}A_0 \cos\left[\left(\frac{\omega_m}{2} - \omega_0\right)t\right]\cos\left[\left(\omega_c \pm \frac{\omega_m}{2}\right)t\right] \tag{4-1-30}$$

$$X_{23} = X_{22} \sin\left[\left(\omega_c \pm \frac{\omega_m}{2}\right)t\right] = \frac{1}{2}A_0 \sin\left[\left(\frac{\omega_m}{2} - \omega_0\right)t\right]\sin\left[\left(\omega_c \pm \frac{\omega_m}{2}\right)t\right] \tag{4-1-31}$$

其中，ω_c 为单边带调制的载波频率。X_{13} 和 X_{23} 叠加时，载波频率取加号即可得到 $S_{USB}(t)$，载波频率取减号即可得到 $S_{LSB}(t)$。

$$S_{USB}(t) = X_{12} \cos\left[\left(\omega_c + \frac{\omega_m}{2}\right)t\right] + X_{22} \sin\left[\left(\omega_c + \frac{\omega_m}{2}\right)t\right] = \frac{1}{2}A_0 \cos[(\omega_c + \omega_0)t] \tag{4-1-32}$$

$$S_{LSB}(t) = X_{12} \cos\left[\left(\omega_c - \frac{\omega_m}{2}\right)t\right] - X_{22} \sin\left[\left(\omega_c - \frac{\omega_m}{2}\right)t\right] = \frac{1}{2}A_0 \cos[(\omega_c - \omega_0)t] \tag{4-1-33}$$

4.1.4　残留边带调制

如果图 4-1-12（a）中的滤波器 $H(f)$ 不能完全去除另一个边带，而是有所残留，此时所形成的信号叫**残留边带**（VSB）信号。VSB 信号调制是介于 SSB 信号调制与 DSB 信号调制之间的一种折中调制方法。在图 4-1-14 中，$H_2(f)S_2(f)$ 就是 $m_2(t)$ 的 VSB 信号频谱。由于另一个边带有所残留，因此 VSB 已调信号的带宽比 DSB 的带宽小，且比 SSB 的带宽大。

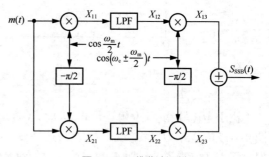

图 4-1-15　维弗法调制

VSB 信号解调仍然采用图 4-1-13 所示的系统。VSB 信号调制相当于先进行 DSB 信号调制，再通过一个具有互补对称特性的滤波器 $H(f)$。图 4-1-16（a）为调制信号 $m(t)$ 的 DSB 信号频谱。

$$S_m(f) = \frac{1}{2}[M(f - f_c) + M(f + f_c)] \tag{4-1-34}$$

图 4-1-16（b）为滤波法产生 VSB 信号的滤波器示意图，图 4-1-16（c）为 DSB 信号通过滤波器后产生的 VSB 信号频谱。

$$S_{VSB}(f) = S_m(f)H(f)$$
$$= \frac{1}{2}[M(f - f_c) + M(f + f_c)]H(f) \tag{4-1-35}$$

下变频后得到的信号为

$$U(f) = \frac{1}{2}\left[S_{\text{VSB}}(f+f_c) + S_{\text{VSB}}(f-f_c)\right]$$

$$= \frac{1}{4}\left[M(f) + M(f+2f_c)\right]H(f+f_c) + \frac{1}{4}\left[M(f-2f_c) + M(f)\right]H(f-f_c) \tag{4-1-36}$$

接收端恢复的信号 $M_o(f)$ 如图 4-1-16（d）所示。$M_o(f)$ 为 $U(f)$ 低通滤波后的结果。

$$M_o(f) = \frac{1}{4}M(f)H(f+f_c) + \frac{1}{4}M(f)H(f-f_c)$$

$$= \frac{1}{4}M(f)\left[H(f+f_c) + H(f-f_c)\right] \tag{4-1-37}$$

由式（4-1-37）可知，为了使 $M_o(f)$ 无失真，$H(f)$ 需要满足以下条件。

$$H(f+f_c) + H(f-f_c) = C \tag{4-1-38}$$

其中 C 为常数，也就是要求 $H(f)$ 关于 f_c 有**互补对称特性**。此时

$$M_o(f) = \frac{C}{4}M(f) \tag{4-1-39}$$

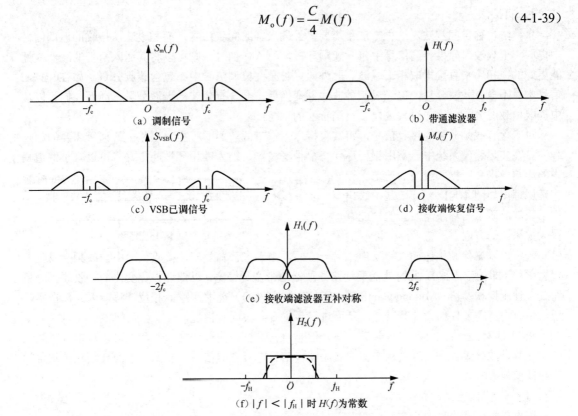

图 4-1-16　VSB 调制与解调过程

正如单边带有上边带和下边带之分，残留边带也可以有两种选择：主要传上边带，残留部分下边带；或者主要传下边带，残留部分上边带。图 4-1-14 中的 $H_2(f)S_2(f)$ 残留了部分上边带的频谱。

模拟电视广播系统采用了 VSB 信号调制。这是因为视频信号的频带很宽，使用 DSB 信号调制会占用很多频带。另外，视频信号有丰富的低频分量，难以采用单边带调制。

VSB 信号调制也存在与图 4-1-12（b）中对应的实现方法，如图 4-1-17 所示。若设计 $H_v(f)=0$，则调制器的输出是 DSB 信号；若设计 $H_v(f)=\mp j\operatorname{sgn}(f)$，即希尔伯特变换，则调制器的输出就是 SSB 信号；其他 $H_v(f)$ 设计输出的就是 VSB 信号。从这个角度来说，VSB 信号调制是模拟线性

调制的一般形式，DSB（含常规调幅 AM）信号调制和 SSB 信号调制是 VSB 信号调制的特例。从图 4-1-12（a）也能看出这一点：如果 $H(f)$ 是全通滤波器，输出就是 DSB 信号；如果 $H(f)$ 是截止频率为 f_c 的理想低通或高通滤波器，输出就是 SSB 信号；其他 $H(f)$ 设计输出的就是 VSB 信号。

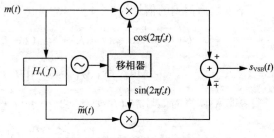

图 4-1-17　VSB 信号的正交调制

4.1.5　载波同步

以上几种调制方法的解调均可以通过相干解调实现。相干解调需要获得与接收信号中的载波同频同相的本地振荡信号，这个本地相干载波的提取过程称为载波同步。载波同步是实现相干解调的前提条件。提取相干波的方法有两种：**直接法和插入导频法**。下面将对这两种方法分别进行介绍。

1．直接法

直接法也称**自同步法**，这种方法不需要另外插入辅助同步信号，而是设法从接收的已调信号中提取相干载波。如果已调信号中包含载频分量，如 AM 信号，则可以将其送入窄带滤波器或性能更好的锁相环来直接提取相干载波。此外，尽管某些已调信号中不包含载频分量，如 DSB-SC 信号本身不含有载波分量，但经过某种非线性变换后，会含有载波的谐波分量，因而我们可以从中提取出载波分量，这一过程也属于自同步法的范畴。

对于含有载频分量的接收信号，将其直接送入窄带滤波器即可提取出相干解调所需的相干载波。在实际通信系统中，常用**锁相环**代替窄带滤波器，因为锁相环性能更好，可以减小信道噪声的影响、提高所提取载波的质量。锁相环原理图如图 4-1-18 所示。其中输出相干载波的质量与环路滤波器的性能有很大关系：一方面，希望环路滤波器的

输入信号　⊗　→ 环路滤波器 → 压控振荡器 → 输出相干载波

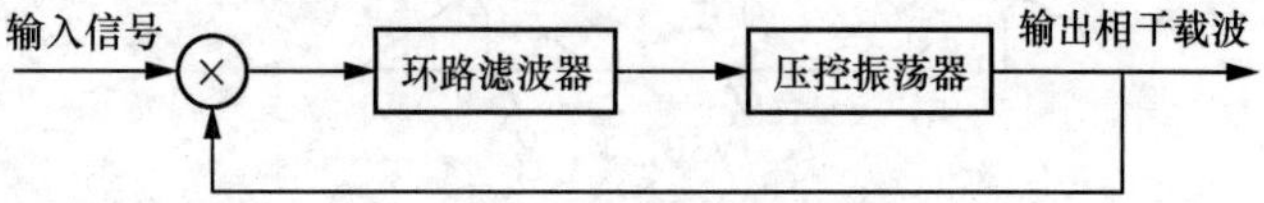

图 4-1-18　锁相环原理图

带宽较窄，以滤除锁相环输入的噪声；另一方面，由于多普勒效应，接收信号中的载频会发生多普勒频移（即相位漂移），此时就需要环路滤波器的带宽足够宽，以保证相位变化的接收载频分量通过，使压控振荡器（Voltage Controlled Oscillator，VCO）能够跟踪此相位漂移，因此，在实际通信系统中，需要仔细设计其带宽，从而进一步提升载波同步性能。

某些接收信号中虽然不包含载频分量，但是对其进行非线性变换后，我们可以从中获得载频分量或其谐波分量，进而直接从中提取载波同步信号，节省通信系统资源。下面介绍几种常用的非线性变换方法。

（1）平方环

假设接收信号为

$$s(t) = m(t)\cos(2\pi f_c t + \theta) \tag{4-1-40}$$

接收端将该信号经过非线性变换——平方律器件后得到

$$s^2(t) = m^2(t)\cos^2(2\pi f_c t + \theta) = \frac{1}{2}m^2(t) + \frac{1}{2}m^2(t)\cos\left[2(2\pi f_c t + \theta)\right] \tag{4-1-41}$$

式中第一项为低频信号，第二项包含载波的 2 倍载频 $2f_c$。当 $m^2(t)$ 为常量时，用一个窄带滤波器将该 $2f_c$ 分量滤出，再进行二分频，即可获得所需的相干载波。这种提取相干载波的方法称为平方变换法。

在实际应用中，用锁相环代替窄带滤波器所构成的载波同步电路即为平方环，其原理图如

图 4-1-19 所示。

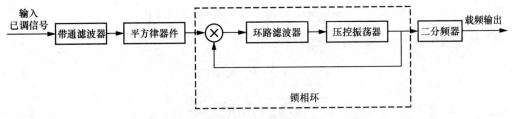

图 4-1-19　平方环原理图

如果 $m(t) = \pm 1$（即调制信号为二进制数字相位信号），则 DSB-SC 信号就成了将在第 7 章介绍的二进制相移键控（Binary Phase Shift Keying，BPSK）信号。这时平方后的信号为

$$s^2(t) = m^2(t)\cos^2(2\pi f_c t + \theta) = \frac{1}{2}\{1 + \cos[2(2\pi f_c t + \theta)]\} \qquad (4\text{-}1\text{-}42)$$

同样可以通过图 4-1-19 所示的平方环提取载波。

值得注意的是，在此方案中采用了二分频器。二分频器的输出信号相对于接收信号的相位有同相和 180° 反相的两种可能，输出信号的相位具体取哪一种取决于分频器的随机初始状态。这样就导致分频得出的载频存在 180° 的相位模糊（Phase Ambiguity），且这种相位模糊是无法克服的。如果提取的载波与接收载波反相，相干解调器输出也将反相为 $-m(t)$。对于某些模拟消息信号，如音频信号，相位模糊对其影响人耳是无法察觉的。但对于有些消息信号，如视频或数字信号，相位模糊的影响就不容忽视了。此时，可以利用检测前后信号相位差异的方法来克服相位模糊问题，如第 5 章和第 7 章中介绍的差分编码。在采用非线性变换法时，还可能发生错误锁定的情况。这是由于在接收信号的非线性变换后有可能存在其他离散频率分量，致使锁相环锁定在错误的频率上。解决这个问题的办法是降低环路滤波器的带宽。

（2）科斯塔斯环

平方环提取载波时，对接收信号进行了平方导致频率倍增，因此后面锁相环工作频率加倍，实现难度增大。科斯塔斯环（又称同相-正交环）则是将接收信号分别与同相载波和正交载波相乘后经过低通滤波器，再将两路滤波后的输出相乘，以取代平方律器件对接收信号与同相载波之间的相位差进行鉴相，不需要对接收信号进行平方运算即可获得载频输出，同时在同相支路滤波后可以直接得到解调输出的基带信号，其原理图如图 4-1-20 所示。我们可以将图 4-1-20 中除了环路滤波器和压控振荡器之外的部分看成一个等效的鉴相器（Phase Detector，PD）。

图 4-1-20 中 a 点压控振荡器输出信号即为提取的同相载波（相干载波）。

$$v_a = \cos(2\pi f_c t + \varphi) \qquad (4\text{-}1\text{-}43)$$

b 点信号为 a 点信号经过 90° 相移所获得的正交相移载波。

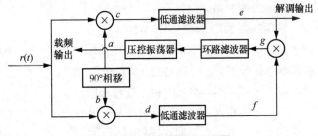

图 4-1-20　科斯塔斯环原理图

$$v_b = \sin(2\pi f_c t + \varphi) \qquad (4\text{-}1\text{-}44)$$

分别与接收信号相乘后，得到 c 点和 d 点信号为

$$\begin{aligned} v_c &= m(t)\cos(2\pi f_c t + \theta)\cos(2\pi f_c t + \varphi) \\ &= \frac{1}{2}m(t)\big[\cos(\varphi - \theta) + \cos(4\pi f_c t + \varphi + \theta)\big] \end{aligned} \qquad (4\text{-}1\text{-}45)$$

$$v_d = m(t)\cos(2\pi f_c t + \theta)\sin(2\pi f_c t + \varphi)$$
$$= \frac{1}{2}m(t)\left[\sin(\varphi - \theta) + \sin(4\pi f_c t + \varphi + \theta)\right] \tag{4-1-46}$$

将其通过低通滤波器，滤除 2 倍频项后变为

$$v_e = \frac{1}{2}m(t)\cos(\varphi - \theta) \tag{4-1-47}$$

$$v_f = \frac{1}{2}m(t)\sin(\varphi - \theta) \tag{4-1-48}$$

将式（4-1-47）与式（4-1-48）相乘，即可得到 g 点的鉴相器输出为

$$v_g = v_e v_f = \frac{1}{8}m^2(t)\sin[2(\varphi - \theta)] \tag{4-1-49}$$

其中，$\varphi - \theta$ 表示压控振荡器输出信号与科斯塔斯环接收信号载波相位之差，当环路稳态跟踪（即锁定）接收信号时其值很小，满足 $\sin(\varphi - \theta) \approx \varphi - \theta$。

当 $m(t)$ 为矩形脉冲的双极性数字基带信号时，$m^2(t) = 1$。即使 $m(t)$ 不为矩形脉冲信号，式（4-1-49）中的 $m^2(t)$ 也可分解为直流分量和交流分量。由于环路滤波器带宽通常很窄，可以认为只有 $m^2(t)$ 中的直流分量能通过。因此鉴相器输出近似为

$$v_g \approx \frac{1}{4}(\varphi - \theta) \tag{4-1-50}$$

接着，鉴相器输出电压 v_g 通过环路窄带低通滤波器。此窄带低通滤波器的截止频率很低，只允许电压 v_g 中近似直流的电压分量通过。此电压控制压控振荡器的输出信号相位，使 $\varphi - \theta$ 尽可能小，当 $\varphi = \theta$ 时，v_g=0。压控振荡器的输出信号 v_a 就是科斯塔斯环提取出的相干载波，它可以作为相干解调的载波。此外，当 $\varphi - \theta$ 很小时，由式（4-1-47）可知，$v_e \approx \frac{1}{2}m(t)$，它即为解调输出的基带信号。因此，科斯塔斯环同时具有相干解调的功能。

为了使科斯塔斯环性能更好，要求同相和正交两路低通滤波器的性能完全相同；采用数字滤波器则不难实现。此外，科斯塔斯环在稳态跟踪时的稳定点（锁定点）有两个，分别在 $\varphi - \theta = 0$ 和 $\varphi - \theta = \pi$ 处，因此，科斯塔斯环法提取出的载波也存在相位模糊特性。

（3）再调制器

再调制器的原理图如图 4-1-21 所示。图 4-1-21 中的输入接收信号 $r(t)$ 与两路压控振荡器电压 v_a 和 v_b 分别与式（4-1-40）、式（4-1-43）和式（4-1-44）中相应信号相同。

与平方环相同，接收信号 $r(t)$ 与 v_a 相乘后得到的 c 点电压 v_c，同式（4-1-45）。经过低通滤波后，d 点电压为

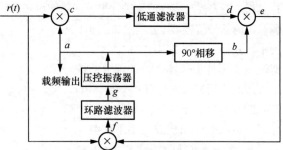

图 4-1-21　再调制器的原理图

$$v_d = \frac{1}{2}m(t)\cos(\varphi - \theta) \tag{4-1-51}$$

将式（4-1-51）与 b 点的振荡电压在相乘器中再调制，可以得到 e 点电压为

$$v_e = \frac{1}{2}m(t)\cos(\varphi - \theta)\sin(2\pi f_c t + \varphi) = \frac{1}{4}m(t)\left[\sin(2\pi f_c t + \theta) + \sin(2\pi f_c t + 2\varphi - \theta)\right] \tag{4-1-52}$$

将式（4-1-52）与接收信号 $r(t)$ 相乘，得到 f 点电压为

$$v_f = \frac{1}{4} m^2(t) \cos(2\pi f_c t + \theta) \left[\sin(2\pi f_c t + \theta) + \sin(2\pi f_c t + 2\varphi - \theta) \right]$$

$$= \frac{1}{4} m^2(t) \left[\cos(2\pi f_c t + \theta)\sin(2\pi f_c t + \theta) + \cos(2\pi f_c t + \theta)\sin(2\pi f_c t + 2\varphi - \theta) \right] \quad (4\text{-}1\text{-}53)$$

$$= \frac{1}{8} m^2(t) \{ \sin[2(2\pi f_c t + \theta)] + \sin[2(\varphi - \theta)] + \sin[2(2\pi f_c t + \varphi)] \}$$

式（4-1-53）经过窄带低通滤波后，得到压控振荡器的控制电压为

$$v_g = \frac{1}{8} m^2(t) \sin[2(\varphi - \theta)] \quad (4\text{-}1\text{-}54)$$

值得注意的是，式（4-1-54）与式（4-1-49）相同，即与科斯塔斯环中输入压控振荡器的控制电压相同。

（4）多进制调制信号的载波恢复

上述载波同步方法对二进制相位调制信号适用。对于多进制相位调制信号，则需要将上述方法拓展到多进制调制。一般来说，对于多进制相位调制信号，要经过 M 次幂的非线性运算后才能产生载波频率的 M 次谐波分量，然后可用锁相环提取谐波分量，然后经过 M 次分频获得所需的相干载频。M 次方环原理图如图 4-1-22 所示。

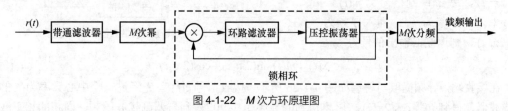

图 4-1-22　M 次方环原理图

同样地，我们可以把科斯塔斯环推广到 M 相科斯塔斯环，如图 4-1-23 所示，用来提取多进制信号的相干载频。值得说明的是，科斯塔斯环经过设计，还可用于多进制幅度调制，因此该方法成为目前数字通信系统中应用极为广泛的载波同步方法之一。

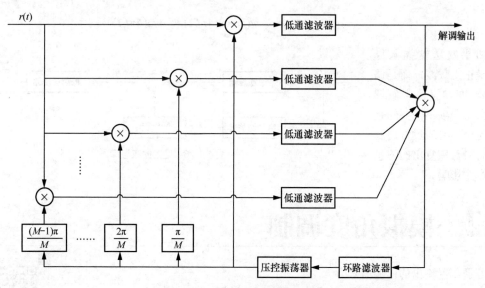

图 4-1-23　M 相科斯塔斯环原理图

2．插入导频法

对于难以实现自同步的已调信号，如 SSB 信号，既没有载波分量又无法经非线性变换后直接

提取载波，此时只能用插入导频法（**外同步法**）进行载波同步，即在时域或频域插入专门的同步信号（导频分量），使接收端可以从中提取同步载波。这种方法一般建立同步时间快，但是额外占用了通信系统的频率资源和功率资源。

为了节约功率资源，插入的导频是一个低功率的谱线，此谱线对应的单频正弦波称为导频信号，其频率应当是载频或与载频有关的频率。如图 4-1-24 所示，利用插入导频法进行载波同步时，一方面要求在插入导频附近的信号频谱分量尽量小，这样有助于在接收端把导频分离出来；另一方面可以使插入导频的相位与原调制载波的相位正交，目的在于使接收端解调输出中不产生新的直流分量。

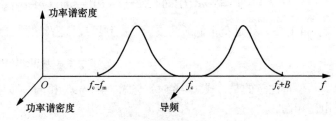

图 4-1-24　辅助导频位置与相位

插入导频进行载波同步的原理图如图 4-1-25 所示。设被调制的载波为 $\sin(2\pi f_c t)$，基带调制信号为 $m(t)$，$m(t)$ 中最高频率为 f_m，插入导频为 $\cos(2\pi f_c t)$，则调制器输出信号为

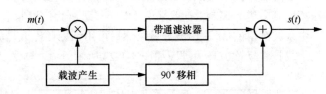

图 4-1-25　插入导频进行载波同步的原理图

$$s(t) = m(t)\sin(2\pi f_c t) + \cos(2\pi f_c t) \qquad (4\text{-}1\text{-}55)$$

在接收端，导频提取与解调如图 4-1-26 所示。接收信号 $r(t)$ 首先经过一个中心频率为 f_c 的窄带滤波器，得到导频 $\cos(2\pi f_c t)$。再将得到的导频相移 90° 得到与调制载波同频、同相的相干载波 $\sin(2\pi f_c t)$。最后，将其与接收信号相乘，并经过低通滤波器，即可得到解调后的信号。

$$\begin{aligned}
v(t) &= r(t)\sin(2\pi f_c t) \\
&= m(t)\sin^2(2\pi f_c t) + \cos(2\pi f_c t)\sin(2\pi f_c t) \\
&= \frac{1}{2}m(t) - \frac{1}{2}m(t)\cos(4\pi f_c t) + \frac{1}{2}\sin(4\pi f_c t)
\end{aligned} \qquad (4\text{-}1\text{-}56)$$

如果发送端插入导频不是正交载波，而是调制载波 $\sin(2\pi f_c t)$，则解调输出会有一项不需要的直流。这个直流通过低通滤波器时会对恢复出的消息信号产生影响。

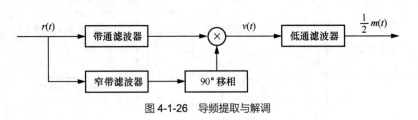

图 4-1-26　导频提取与解调

4.2　模拟角度调制

若调制器输出的已调信号为

$$s(t) = A\cos\left[2\pi f_c t + \phi(t)\right] \qquad (4\text{-}2\text{-}1)$$

式中，$\phi(t)$ 随调制信号 $m(t)$ 变化，就是角度调制。与幅度调制不同，角度调制中调制信号与已调信号频谱之间不存在线性对应关系，而是产生频谱搬移之外的新

模拟角度调制的概念

的频率分量，呈现出非线性过程的特征，故其又称为非线性调制。

使 $\phi(t)$ 随 $m(t)$ 变化的方法有很多，本节介绍线性调相和线性调频，分别简称为**调相**（Phase Modulation，PM）和**调频**（Frequency Modulation，FM）。

4.2.1 调相与调频

在线性调相中，已调信号 $s(t)$ 的相位 $\phi(t)$ 与 $m(t)$ 成正比，有

$$\phi(t) = K_{\mathrm{PM}}m(t) \tag{4-2-2}$$

式中，K_{PM} 称为相位偏移常数或调相灵敏度，单位是 rad/V，相应的已调信号称为调相信号。

在线性调频中，$\phi(t)$ 的导数与 $m(t)$ 成正比，有

$$\frac{\mathrm{d}\phi(t)}{\mathrm{d}t} = K_{\mathrm{FM}}m(t) \tag{4-2-3}$$

式中，K_{FM} 称为频率偏移常数或调频灵敏度，单位是 rad/s/V，相应的已调信号称为调频信号。

根据以上定义，PM 和 FM 的信号表达式可以写成

$$s_{\mathrm{PM}}(t) = A\cos\left[2\pi f_c t + K_{\mathrm{PM}}m(t)\right] \tag{4-2-4}$$

$$s_{\mathrm{FM}}(t) = A\cos\left[2\pi f_c t + K_{\mathrm{FM}}\int_{-\infty}^{t}m(\tau)\mathrm{d}\tau\right] \tag{4-2-5}$$

无论是 PM 还是 FM，已调信号的角度 $2\pi f_c t + \phi(t)$ 及其一阶导数都是随 $m(t)$ 变化的，PM 和 FM 已调信号的瞬时相位以 $2\pi f_c t$ 为中心变化，瞬时频率以 f_c 为中心变化，瞬时频率偏离 f_c 的最大值称为最大频偏，其表达式为

$$\Delta f_{\max} = \frac{1}{2\pi}\left|\frac{\mathrm{d}\phi(t)}{\mathrm{d}t}\right|_{\max} = \frac{1}{2\pi}K_{\mathrm{FM}}A_{\mathrm{m}} \tag{4-2-6}$$

式中，A_{m} 是调制信号 $m(t)$ 的最大幅度。最大频偏按调制信号的基带带宽 B 归一化的值叫**调频指数**，其表达式为

$$\beta_{\mathrm{FM}} = \frac{\Delta f_{\max}}{B} = \frac{K_{\mathrm{FM}}A_{\mathrm{m}}}{2\pi B} \tag{4-2-7}$$

由于瞬时角频率与瞬时相位之间互为微分或者积分的关系，结合 PM 以及 FM 的定义可以看出，二者之间存在内在的联系，我们可以认为 PM 和 FM 的差别只是更换了调制信号。如果将 FM 调制器的调制信号从 $m(t)$ 更换为 $\dfrac{\mathrm{d}m(t)}{\mathrm{d}t}$，所得到的已调信号对于 $m(t)$ 而言就是 PM 信号，称为**间接调相法**；同理，将 PM 调制器的调制信号从 $m(t)$ 更换为 $\displaystyle\int_{-\infty}^{t}m(\tau)\mathrm{d}\tau$，所得到的已调信号对 $m(t)$ 而言就是 FM 信号，称为**间接调频法**。调频与调相之间的关系如图 4-2-1 所示。

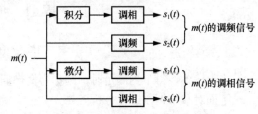

图 4-2-1 调频与调相之间的关系

以调制信号为单频余弦信号进行说明，调制信号为

$$m(t) = A_{\mathrm{m}}\cos(2\pi f_{\mathrm{m}}t) = A_{\mathrm{m}}\cos(2\pi f_{\mathrm{m}}t) \tag{4-2-8}$$

其中，f_{m} 为调制信号频率。对调制信号 $m(t)$ 分别进行相位调制和频率调制，可得调相信号和调频信号为

$$s_{\mathrm{PM}}(t) = A\cos[2\pi f_c t + K_{\mathrm{PM}}A_{\mathrm{m}}\cos(2\pi f_{\mathrm{m}}t)] \tag{4-2-9}$$

$$s_{\mathrm{FM}}(t) = A\cos[2\pi f_c t + K_{\mathrm{FM}}A_{\mathrm{m}}\int_{-\infty}^{t}\cos(2\pi f_{\mathrm{m}}\tau)\mathrm{d}\tau] \tag{4-2-10}$$

若对调制信号 $m(t)$ 分别进行先微分后调频，先积分后调相，所得信号为

$$s_1(t) = A\cos[2\pi f_c t - K_{FM}A_m 2\pi f_m \int_{-\infty}^{t} \sin(2\pi f_m \tau)\mathrm{d}\tau]$$

$$= A\cos[2\pi f_c t + K_{FM}A_m\cos(2\pi f_m t)]$$

(4-2-11)

$$s_2(t) = A\cos[2\pi f_c t + K_{PM}A_m \int_{-\infty}^{t}\cos(2\pi f_m \tau)\mathrm{d}\tau]$$

(4-2-12)

由式（4-2-9）～式（4-2-12）可知，直接调频与间接调频所得信号相同，直接调相与间接调相所得信号相同。鉴于频率调制与相位调制之间存在内在联系，并且频率调制得到了广泛的实际应用，所以本章主要讨论频率调制。图 4-2-2 给出了 FM 中调制信号、载波信号、已调信号的波形。

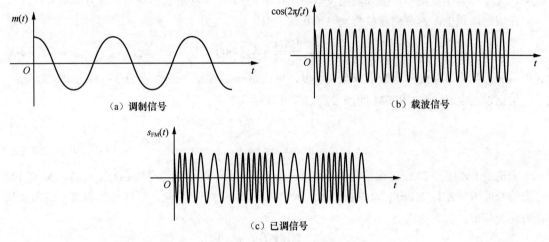

(a) 调制信号 (b) 载波信号

(c) 已调信号

图 4-2-2　频率调制的波形

由于实际相位调制器的调节范围不可能超出 $(-\pi,\pi)$，因此直接调相和间接调频的方法仅适用于相位偏移和频率偏移不大的窄调制情形，直接调频和间接调相则常用于宽带调制情形。

4.2.2　角度调制信号的带宽

根据调制后载波瞬时相位偏移的大小，角度调制可以分为宽带调制与窄带调制两种。宽带调制与窄带调制的区分并无严格的界限，但通常将由调频或调相所引起的最大瞬时相位偏移远小于30°时，称为**窄带调频**或**窄带调相**。即

$$\left|K_{FM}\int_{-\infty}^{t}m(t)\mathrm{d}t\right|_{\max} \ll \frac{\pi}{6} \quad（调频）$$

(4-2-13)

$$\left|K_{PM}m(t)\right|_{\max} \ll \frac{\pi}{6} \quad（调相）$$

(4-2-14)

当上述条件得不到满足时，则称为**宽带调频**或**宽带调相**。

下面对窄带调制进行分析。

对于窄带调频，可进行近似，则有

$$S_{FM}(t) = A\cos\left[2\pi f_c t + K_{FM}\int_{-\infty}^{t}m(\tau)\mathrm{d}\tau\right]$$

$$= A\cos(2\pi f_c t)\cos\left[K_{FM}\int_{-\infty}^{t}m(\tau)\mathrm{d}\tau\right] - A\sin(2\pi f_c t)\sin\left[K_{FM}\int_{-\infty}^{t}m(\tau)\mathrm{d}\tau\right]$$

(4-2-15)

$$\approx A\cos(2\pi f_c t) - \left[AK_{FM}\int_{-\infty}^{t}m(\tau)\mathrm{d}\tau\right]\sin(2\pi f_c t)$$

若调制信号 $m(t)$ 的频谱为 $M(f)$，且假设 $m(t)$ 的平均值为 0，即 $M(0)=0$，则

$$\mathcal{F}\left[\int_{-\infty}^{t}m(\tau)\mathrm{d}\tau\right]=\frac{M(f)}{\mathrm{j}2\pi f}+\pi M(0)\delta(0)=\frac{M(f)}{\mathrm{j}2\pi f} \tag{4-2-16}$$

$$\mathcal{F}\left\{\left[\int_{-\infty}^{t}m(\tau)\mathrm{d}\tau\right]\sin(2\pi f_{\mathrm{c}}t)\right\}=\frac{1}{4\pi}\left[\frac{M(f-f_{\mathrm{c}})}{f-f_{\mathrm{c}}}-\frac{M(f+f_{\mathrm{c}})}{f+f_{\mathrm{c}}}\right] \tag{4-2-17}$$

可得窄带调频信号的频域表达式为

$$S_{\mathrm{NBFM}}(f)=\frac{A}{2}\left[\delta(f-f_{\mathrm{c}})+\delta(f+f_{\mathrm{c}})\right]-\frac{AK_{\mathrm{FM}}}{4\pi}\left[\frac{M(f-f_{\mathrm{c}})}{f-f_{\mathrm{c}}}-\frac{M(f+f_{\mathrm{c}})}{f+f_{\mathrm{c}}}\right] \tag{4-2-18}$$

式（4-2-18）表明，窄带调频信号的频谱表达式与常规调幅相类似，都是由载波分量和围绕载频的两个边带组成，且带宽均为调制信号 $m(t)$ 的最高频率分量 f_{m} 的两倍。与常规调幅不同的是，窄带调频时，正、负频率分量分别乘上因式 $\dfrac{1}{f-f_{\mathrm{c}}}$ 和 $\dfrac{1}{f+f_{\mathrm{c}}}$，且负频率分量与正频率分量相差 180°。

对于窄带调相，则可以近似为

$$\begin{aligned}s_{\mathrm{PM}}(t)&=A\cos\left[2\pi f_{\mathrm{c}}t+K_{\mathrm{PM}}m(t)\right]\\&=A\cos(2\pi f_{\mathrm{c}}t)\cos\left[K_{\mathrm{PM}}m(t)\right]-A\sin(2\pi f_{\mathrm{c}}t)\sin\left[K_{\mathrm{PM}}m(t)\right]\\&\approx A\cos(2\pi f_{\mathrm{c}}t)-A\left[K_{\mathrm{PM}}m(t)\right]\sin(2\pi f_{\mathrm{c}}t)\end{aligned} \tag{4-2-19}$$

窄带调相信号的频谱表达式为

$$S_{\mathrm{NBPM}}(f)=\frac{A}{2}\left[\delta(f-f_{\mathrm{c}})+\delta(f+f_{\mathrm{c}})\right]+\frac{\mathrm{j}AK_{\mathrm{PM}}}{2}\left[M(f-f_{\mathrm{c}})-M(f+f_{\mathrm{c}})\right] \tag{4-2-20}$$

式（4-2-20）表明，窄带调相信号的频谱表达式也与常规调幅相类似，都是由载波分量和围绕载频的两个边带组成，且带宽均为调制信号 $m(t)$ 的最高频率分量的两倍。但窄带调相时搬移到 f_{c} 位置的 $M(f-f_{\mathrm{c}})$ 要相移 90°，而搬移到 $-f_{\mathrm{c}}$ 位置的 $M(f-f_{\mathrm{c}})$ 要相移 $-90°$。调制信号、常规调幅和窄带调频的频谱如图 4-2-3 所示。

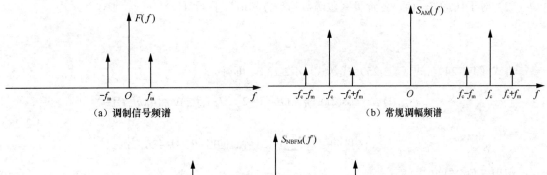

（a）调制信号频谱　　　　　　　（b）常规调幅频谱

（c）窄带调频频谱

图 4-2-3　调制信号、常规调幅和窄带调频的频谱

对于宽带调频和宽带调相，则不能进行式（4-2-15）、式（4-2-19）的近似。以式（4-2-8）中的单频余弦信号作为调制信号进行说明，对于宽带调频，则有

$$s_{FM}(t) = A\cos\left[2\pi f_c t + \frac{K_{FM}A_m}{2\pi f_m}\sin(2\pi f_m t)\right] \tag{4-2-21}$$

$$= A\cos\left[2\pi f_c t + \beta_{FM}\sin(2\pi f_m t)\right]$$

式中

$$\beta_{FM} = \frac{K_{FM}A_m}{2\pi f_m} = \frac{\Delta f_{max}}{f_m} \tag{4-2-22}$$

为式（4-2-7）定义的调频指数，式（4-2-21）可进一步展开为

$$s_{FM}(t) = A\cos(2\pi f_c t)\cos[\beta_{FM}\sin(2\pi f_m t)] - A\sin(2\pi f_c t)\sin[\beta_{FM}\sin(2\pi f_m t)] \tag{4-2-23}$$

式中，$\cos[\beta_{FM}\sin(2\pi f_m t)]$ 和 $\sin[\beta_{FM}\sin(2\pi f_m t)]$ 可以进一步展开成以贝塞尔函数为系数的三角级数，即

$$\cos[\beta_{FM}\sin(2\pi f_m t)] = J_0(\beta_{FM}) + 2\sum_{n=1}^{\infty}J_{2n}(\beta_{FM})\cos(4\pi n f_m t) \tag{4-2-24}$$

$$\sin[\beta_{FM}\sin(2\pi f_m t)] = 2\sum_{n=1}^{\infty}J_{2n-1}(\beta_{FM})\sin[(2n-1)\cdot 2\pi f_m t] \tag{4-2-25}$$

以上两式中，$J_n(\beta_{FM})$ 称为第一类 n 阶贝塞尔函数，它是 n 和 β_{FM} 的函数，其值可用无穷级数进行计算。

$$J_n(\beta_{FM}) = \sum_{m=0}^{\infty}\frac{(-1)^m\left(\frac{1}{2}\beta_{FM}\right)^{n+2m}}{m!(n+m)!} \tag{4-2-26}$$

贝塞尔函数具有如下性质。

（1）$J_{-n}(\beta_{FM}) = (-1)^n J_n(\beta_{FM})$，当 n 为奇数时，$J_{-n}(\beta_{FM}) = -J_n(\beta_{FM})$；当 n 为偶数时，$J_{-n}(\beta_{FM}) = J_n(\beta_{FM})$。

（2）当调频指数 β_{FM} 很小时，有 $J_0(\beta_{FM}) \approx 1$，$J_1(\beta_{FM}) \approx \frac{\beta_{FM}}{2}$，$J_n(\beta_{FM}) \approx 0$，$n > 1$。

（3）对于任意 β_{FM} 值，各阶贝塞尔函数的平方和恒等于 1，即

$$\sum_{n=-\infty}^{\infty}J_n^2(\beta_{FM}) = 1 \tag{4-2-27}$$

将式（4-2-24）、式（4-2-25）代入式（4-2-23），可得

$$s_{FM}(t) = A\cos(2\pi f_c t)[J_0(\beta_{FM}) + 2\sum_{n=1}^{\infty}J_{2n}(\beta_{FM})\cos(4\pi n f_m t)] -$$

$$A\sin(2\pi f_c t)\left\{2\sum_{n=1}^{\infty}J_{2n-1}(\beta_{FM})\sin[(2n-1)\cdot 2\pi f_m t]\right\} \tag{4-2-28}$$

利用三角公式

$$\cos x\cos y = \frac{1}{2}\cos(x-y) + \frac{1}{2}\cos(x+y) \tag{4-2-29}$$

$$\sin x\sin y = \frac{1}{2}\cos(x-y) - \frac{1}{2}\cos(x+y) \tag{4-2-30}$$

及贝塞尔函数的性质（1），可以得到调频信号的级数展开式为

$$s_{FM}(t) = A\sum_{n=-\infty}^{\infty}J_n(\beta_{FM})\cos[(2\pi f_c + 2\pi n f_m)t] \tag{4-2-31}$$

则调频信号的频谱为

$$S_{\mathrm{FM}}(f) = \pi A \sum_{n=-\infty}^{\infty} J_n(\beta_{\mathrm{FM}})[\delta(f - f_\mathrm{c} - nf_\mathrm{m}) + \delta(f + f_\mathrm{c} + nf_\mathrm{m})] \tag{4-2-32}$$

由式（4-2-32）可知，调频信号的频谱中含有无穷多个频率分量，其载频分量幅度正比于 $J_0(\beta_{\mathrm{FM}})$，而围绕着的各次边频分量幅度则正比于 $J_n(\beta_{\mathrm{FM}})$。

调频信号频谱包含无穷多个频率分量，因此理论上频带宽度为无限宽。不过，实际上能量主要集中在 f_c 附近的一个频带范围内，而各次幅度（正比于 $J_n(\beta_{\mathrm{FM}})$）随着 n 增大而下降，高次边频分量可略去不计，因而调频信号可近似认为具有有限频谱。一般情况下，调频信号的频谱有如下特点：（1）绝对带宽是无穷大；（2）大部分功率集中在载频附近的一个频带范围内，其频带宽度大致可以用**卡森公式**来估计。

$$W \approx 2(\Delta f_{\max} + f_\mathrm{m}) = 2(\beta_{\mathrm{FM}} + 1)f_\mathrm{m} \tag{4-2-33}$$

式中，f_m 为基带信号调制信号的最高频率，$\Delta f_{\max}$ 为最大频偏，β_{FM} 为调频指数。

【例题 4-2-1】　已知某单频调频波的幅度为 10V，瞬时频率为

$$f(t) = 10^6 + 10^4 \cos(2\pi \times 10^3 t)\,(\mathrm{Hz}) \tag{4-2-34}$$

试求：

（1）此调频波的表达式；

（2）此调频波的最大频率偏移、调频指数和频带宽度；

（3）若调频信号频率调高到 $2 \times 10^3\,\mathrm{Hz}$，则调频波的频偏、调频指数和频带宽度如何变化？

（4）若峰值频偏加倍，调制信号的幅度怎么变化？

解：（1）该调频波的瞬时角频率为

$$\omega(t) = 2\pi f(t) = 2\pi \times 10^6 + 2\pi \times 10^4 \cos(2\pi \times 10^3 t) \tag{4-2-35}$$

总相位为

$$\theta(t) = \int_{-\infty}^{t} \omega(\tau)\,\mathrm{d}\tau = 2\pi \times 10^6 + 10\sin(2\pi \times 10^3) \tag{4-2-36}$$

因此，调频波的时域表达式为

$$S_{\mathrm{FM}}(t) = A\cos\theta(t) = 10\cos(2\pi \times 10^6 t) + 10\sin(2\pi \times 10^3 t) \tag{4-2-37}$$

（2）最大频率偏移为

$$\Delta f = |10^4 \cos(2\pi \times 10^3 t)|_{\max} = 10\,(\mathrm{kHz}) \tag{4-2-38}$$

调频指数为

$$\beta_{\mathrm{FM}} = \frac{\Delta f}{f_\mathrm{m}} = \frac{10^4}{10^3} = 10 \tag{4-2-39}$$

调频波的带宽为

$$W \approx 2(\Delta f + f_\mathrm{m}) = 2(10 + 1) = 22\,(\mathrm{kHz}) \tag{4-2-40}$$

（3）调制信号频率 f_m 由 $10^3\,\mathrm{Hz}$ 提高到 $2 \times 10^3\,\mathrm{Hz}$ 时，因调频信号的频率偏移与调制信号频率无关，所以这时调频信号的频率偏移仍然为

$$\Delta f = 10\,(\mathrm{kHz}) \tag{4-2-41}$$

而这时的调频指数变为

$$\beta_{\mathrm{FM}} = \frac{\Delta f}{f_\mathrm{m}} = \frac{10^4}{2 \times 10^3} = 5 \tag{4-2-42}$$

调频信号的带宽变为

$$W \approx 2(\Delta f + f_\mathrm{m}) = 2(10 + 2) = 24\,(\mathrm{kHz}) \tag{4-2-43}$$

可见，由于

$$\Delta f \gg f_{\mathrm{m}} \qquad\qquad (4\text{-}2\text{-}44)$$

因此，虽然调制信号频率 f_{m} 增加了一倍，但调频信号的带宽 W 变化很小。

（4）由于频偏加倍，故调制信号的幅度应为原来的两倍。

调频立体声广播

4.2.3　FM 调制与解调

FM 调制器也叫调频器，解调器也叫鉴频器。调频器输出信号的相位满足式（4-2-3），鉴频器的输出是输入带通信号相位的一阶导数，如图 4-2-4 所示。本小节将介绍一些基本的调频器和鉴频器实现方法。

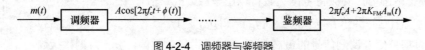

图 4-2-4　调频器与鉴频器

1．调频器

产生调频信号的方法有两类：VCO 调频与间接调频。

（1）VCO 调频

产生 FM 信号最直接的方法是采用压控振荡器（VCO），如图 4-2-5 所示。利用 VCO 调频的方法也称为**直接法**。当 VCO 的输入电压 $m(t)=0$ 时，其输出的是频率为 f_{c} 的正弦波 $A\cos(2\pi f_{\mathrm{c}}t)$，改变输入电压可改变振荡频率，输出信号的频率偏离 f_{c} 的值与 $m(t)$ 成正比，从而形成调频信号。

直接法调频的优点是可以得到很大的频偏，其主要缺点是载频会发生漂移，因而需要附加稳频电路。

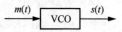

图 4-2-5　将 VCO 用作调频器

（2）间接调频

将 VCO 用作调制器难以保证中心频率足够稳定。间接调频则首先用类似于线性调制的方法产生窄带调频信号，然后用倍频的方法将其变换为宽带调频信号，就能够保证中心频率的稳定。间接调频原理图如图 4-2-6 所示，该方法也称为**倍频法**。

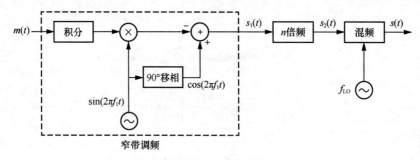

图 4-2-6　间接调频原理图

图 4-2-6 中的 $s_1(t)$ 是线性调制，其载频 f_1 可以做到非常稳定，$s_1(t)$ 的表达式为

$$s_1(t)=\cos(2\pi f_1 t)-\left[a\int_{-\infty}^{t}m(\tau)\mathrm{d}\tau\right]\sin(2\pi f_{\mathrm{c}}t) \qquad (4\text{-}2\text{-}45)$$

式中 a 是积分器的增益系数，要求 $0<a\ll 1$，利用如下近似式

$$\mathrm{e}^{\mathrm{j}x}\approx 1+\mathrm{j}x,\quad |x|\ll 1 \qquad\qquad (4\text{-}2\text{-}46)$$

可将 $s_1(t)$ 的复包络近似为

$$s_{1,\mathrm{L}}(t)=1+\mathrm{j}\left[a\int_{-\infty}^{t}m(\tau)\mathrm{d}\tau\right]\approx \mathrm{e}^{\mathrm{j}\left[a\int_{-\infty}^{t}m(\tau)\mathrm{d}\tau\right]} \qquad (4\text{-}2\text{-}47)$$

即

$$s_1(t) \approx \cos\left[2\pi f_1 t + a \int_{-\infty}^{t} m(\tau)\mathrm{d}\tau\right] \tag{4-2-48}$$

该信号是一个 FM 信号，其最大频偏为 $\Delta f_{max} = \dfrac{aA_m}{2\pi}$，其中 $A_m = \max(|m(t)|)$。由于 $a \ll 1$，故此 FM 信号的最大频偏非常小，即为窄带调频。

倍频器将 $s_1(t)$ 的相角放大 n 倍，可得

$$\begin{aligned}
s_2(t) &= \cos\left[2\pi n f_1 t + an\int_{-\infty}^{t} m(\tau)\mathrm{d}\tau\right] \\
&= \cos\left[2\pi f_2 t + K_{FM}\int_{-\infty}^{t} m(\tau)\mathrm{d}\tau\right]
\end{aligned} \tag{4-2-49}$$

式中，$f_2 = nf_1$，$K_{FM} = na$。倍频器可以用非线性器件实现，再用带通滤波器滤去不需要的频率分量。以理想平方律器件为例，其输入/输出特性的表达式为

$$s_o(t) = as_i^2(t) \tag{4-2-50}$$

当输入信号 $s_i(t)$ 为调频信号时，有

$$s_i(t) = A\cos\left[2\pi f_c t + \phi(t)\right] \tag{4-2-51}$$

$$s_o(t) = \frac{1}{2}aA^2\left\{1 + \cos\left[4\pi f_c t + 2\phi(t)\right]\right\} \tag{4-2-52}$$

滤除直流成分后可得到一个新的调频信号，其载频和相位偏移均增为 2 倍。由于相位偏移增为 2 倍，因而调频指数也必然增为 2 倍。同理，经 n 次倍频后调频信号的载频和调频指数增为 n 倍。

混频器将 $s_2(t)$ 的中心频率变成 $f_c = f_2 - f_{LO}$（也可设计为 $f_c = f_2 + f_{LO}$），从而输出信号为

$$s(t) = \cos\left[2\pi f_c t + K_{FM}\int_{-\infty}^{t} m(\tau)\mathrm{d}\tau\right] \tag{4-2-53}$$

适当设计 a、f_1、n、f_{LO} 可以使发送信号的频偏达到要求，同时能工作在预设的载波频率上。

2. 鉴频器

（1）微分-包络检波

鉴频器需要输出 FM 信号相位的一阶导数。为此，我们可以考虑对 FM 信号求导，可得

$$\begin{aligned}
v(t) &= \frac{\mathrm{d}s_{FM}(t)}{\mathrm{d}t} \\
&= -A\left[2\pi f_c + 2\pi K_{FM}m(t)\right]\sin\left[2\pi f_c t + K_{FM}\int_{-\infty}^{t} m(\tau)\mathrm{d}\tau\right]
\end{aligned} \tag{4-2-54}$$

FM 系统的 f_c 一般远大于最大频偏 $\Delta f_{max} = \dfrac{K_{FM}\max[|m(t)|]}{2\pi}$，故 $v(t)$ 的包络是 $2\pi f_c A + K_{FM}Am(t)$。因此，我们可以用图 4-2-7 所示方法解调出 $m(t)$，此方法称为**微分-包络检波法**。

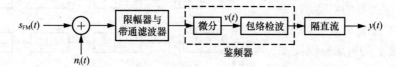

图 4-2-7 微分-包络检波法

（2）锁相鉴频

锁相环也可以作为解调器解调 FM 信号，如图 4-2-8 所示。假设图 4-2-8 中两个压控振荡器的特性完全一致，当锁相环锁定时，$\theta(t) \approx \phi(t)$，因此有 $y(t) \approx m(t)$。

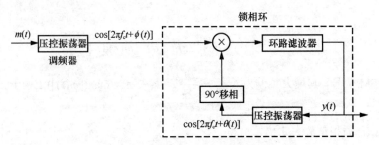

图 4-2-8 将锁相环用作调频解调器

（3）相干解调

窄带调频信号可分解成同相分量和正交分量之和，因此，我们可以采用相干解调的方法进行解调。窄带调频信号的相干解调如图 4-2-9 所示。

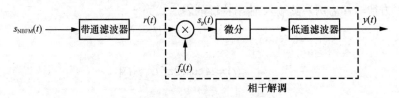

图 4-2-9 窄带调频信号的相干解调

图 4-2-9 中，带通滤波器用来限制信道所引入的噪声，但调频信号能正常通过。设经过带通滤波器后的接收信号为

$$r(t) = A\cos(\omega_c t) - A_c \left[\frac{K_{FM}}{2\pi} \int_{-\infty}^{t} m(\tau) d\tau \right] \sin(\omega_c t) \tag{4-2-55}$$

相干载波为

$$f_c(t) = -\sin(2\pi f_c t) \tag{4-2-56}$$

则相乘器的输出为

$$s_p(t) = -\frac{A}{2}\sin(4\pi f_c t) + \left[\frac{A_c K_{FM}}{4\pi} \int_{-\infty}^{t} m(\tau) d\tau \right] \cdot [1 - \cos(4\pi f_c t)] \tag{4-2-57}$$

经过微分及低通滤波器后可得

$$y(t) = \frac{A K_{FM}}{4\pi} m(t) \tag{4-2-58}$$

因此，图 4-2-9 所示相干解调器的输出正比于调制信号 $m(t)$。需要注意的是，相干解调法只适用于窄带调频。

3．调频与鉴频的数字化实现

以上介绍的调频和鉴频方法都是基于模拟元件的实现方法。如果采用数字化的实现方法，则调频与鉴频的数字化实现原理图如图 4-2-10 所示。

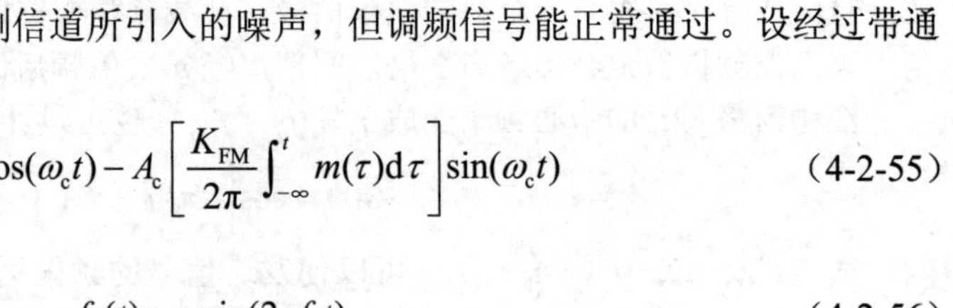

图 4-2-10 中的 DAC 和 ADC 分

图 4-2-10 调频与鉴频的数字化实现原理图

别表示数模变换、模数变换，并且该图左侧部分可以采用软件或数字集成电路实现。调频时，先对 $m(t)$ 积分得到相位 $\phi(t) = K_{FM} \int_{-\infty}^{t} m(t) dt$，然后进行指数运算得到复包络 $s_L(t) = e^{j\phi(t)}$，再将复包络的实部和虚部分别变成模拟信号后送到 I/Q 调制器。鉴频时，先用 I/Q 解调器取出复包络，将

实部和虚部分别数字化，然后通过软件或数字电路实现算法取出复包络的相位，再进行微分。

4.3　幅度调制系统的抗噪声性能

模拟角度调制的
时频域分析

在无噪声的情况下，前面所介绍的各种模拟调制方法均能在接收端无失真地再现消息信号 $m(t)$。但是在实际通信系统中，接收机的热噪声、信道中的噪声干扰总是不可避免的，导致解调输出也包含一些噪声。模拟通信系统一般用**输出信噪比**来衡量信号传输质量。本节分析典型幅度调制系统的信噪比。

4.3.1　系统模型

假设信道是无失真的理想信道，并忽略信道的功率增益、时延和相移。考虑加性高斯白噪声，其双边功率谱密度为 $n_0/2$。假设理想带通滤波器（BPF）带宽为 W，其带宽正好等于 $s(t)$ 的带宽。图 4-3-1 中 $r(t)=s(t)+n(t)$ 为解调器的输入信号，$n(t)$ 为 BPF 输出的噪声，其功率为 n_0W。

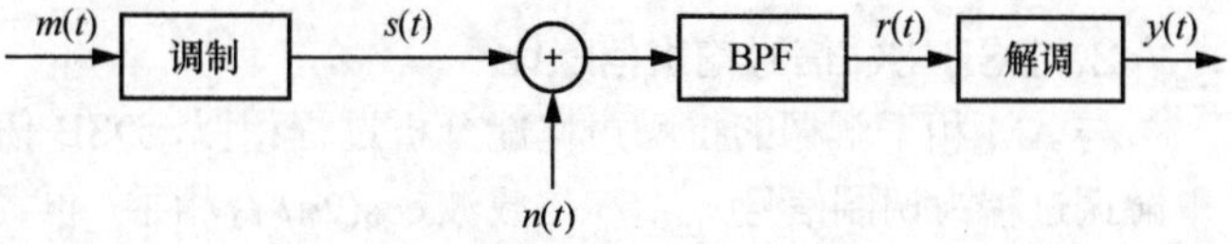

BPF 输出的噪声是窄带噪声，$n(t)$ 可表示为

图 4-3-1　分析抗噪声性能的等效系统模型

$$n(t) = n_1(t)\cos(2\pi f_o t) - n_Q(t)\sin(2\pi f_o t) \tag{4-3-1}$$

式中，$n_1(t)$、$n_Q(t)$ 为基带窄带高斯白噪声（其功率谱密度在基带频率范围内是常数），f_o 为带通滤波器的中心频率，$n_1(t)$、$n_Q(t)$ 的功率等于 $n(t)$ 的功率，均为 n_0W。

由于噪声的存在，因此解调输出不再只是有用信号，而是变成

$$y(t) = m_o(t) + n_o(t) \tag{4-3-2}$$

式中，$m_o(t)$ 为解调器输出中的有用信号分量，其与调制方法有关，$n_o(t)$ 为噪声分量。

解调输出信噪比定义为有用信号 $m_o(t)$ 的平均功率 P_{m_o} 与输出噪声 $n_o(t)$ 的平均功率 P_{n_o} 之比。

$$\mathrm{SNR_o} = \frac{P_{m_o}}{P_{n_o}} \tag{4-3-3}$$

与此对应，**解调输入信噪比**定义为解调器输入端有用信号 $s(t)$ 的功率与噪声 $n(t)$ 的功率之比。

$$\mathrm{SNR_i} = \frac{P_s}{n_0 W} \tag{4-3-4}$$

输出信噪比与输入信噪比的比值称为**解调增益**或**信噪比增益**，即

$$G = \frac{\mathrm{SNR_o}}{\mathrm{SNR_i}} \tag{4-3-5}$$

4.3.2　相干解调的抗噪声性能

本小节对 AM、DSB-SC、SSB 信号相干解调的信噪比进行分析。假设消息信号 $m(t)$ 的基带带宽为 B，平均功率为 P_m，已调信号 $s(t)$ 的功率为 P_s，噪声双边功率谱密度为 $n_0/2$，AM 和 DSB-SC 信号的带宽为 $2B$，SSB 信号的带宽为 B。根据式（4-3-4），结合式（4-1-1）、式（4-1-17）和式（4-1-22）可知，输入信噪比分别为

$$\text{AM：} \qquad \mathrm{SNR_i} = \frac{P_s}{2n_0 B} = \frac{(A_0^2 + P_m)/2}{2n_0 B}$$

$$\text{DSB-SC：}\quad \text{SNR}_\text{i} = \frac{P_s}{2n_0B} = \frac{P_m/2}{2n_0B} \tag{4-3-6}$$

$$\text{SSB：}\qquad \text{SNR}_\text{i} = \frac{P_s}{n_0B} = \frac{P_m/4}{n_0B}$$

1．AM 信号输出信噪比

AM 已调信号表达式为 $s_\text{AM}(t) = [A_0 + m(t)]\cos(2\pi f_c t)$，相干解调即调制信号 $s_\text{AM}(t)$ 与载波 $\cos(2\pi f_c t)$ 相乘并经过低通滤波器、隔直流，解调输出中的有用信号为 $m_\text{o}(t) = \frac{1}{2}m(t)$。根据式（4-3-1），$f_\text{o} = f_\text{c}$，$n(t)$ 通过 AM 信号相干解调器后的输出为 $n_\text{o}(t) = \frac{1}{2}n_\text{I}(t)$。故 $P_{m_\text{o}} = \frac{1}{4}P_m$，$P_{n_\text{o}} = \frac{1}{4}\cdot 2n_0B$，解调输出信噪比 $\text{SNR}_\text{o} = \frac{P_m}{2n_0B}$。若已知 AM 信号的**调制效率**为 η_AM，$\eta_\text{AM} = \frac{P_m}{A_0^2 + P_m}$（见式（4-1-9）），因此 AM 信号的输出信噪比也可以表示成 $\text{SNR}_\text{o} = \frac{P_s}{n_0B}\eta_\text{AM}$。

2．DSB-SC 信号输出信噪比

与 AM 相干解调的抗噪声性能分析过程相似，DSB 信号表达式为 $s_\text{DSB}(t) = m(t)\cos(2\pi f_c t)$，相干解调过程为调制信号 $s_\text{DSB}(t)$ 与载波 $\cos(2\pi f_c t)$ 相乘，再经过低通滤波器，解调输出中的有用信号分量为 $m_\text{o}(t) = \frac{1}{2}m(t)$，噪声分量为 $n_\text{o}(t) = \frac{1}{2}n_\text{I}(t)$，解调输出信噪比 $\text{SNR}_\text{o} = \frac{P_m}{2n_0B} = \frac{P_s}{n_0B}$。

3．SSB 信号输入信噪比的进一步推导及其输出信噪比

以上边带 SSB 信号为例，$s_\text{USB}(t) = \frac{1}{2}m(t)\cos(2\pi f_c t) - \frac{1}{2}\hat{m}(t)\sin(2\pi f_c t)$，其中 $\hat{m}(t)$ 是 $m(t)$ 的希尔伯特变换。由于希尔伯特变换前后信号平均功率相同，即 $E[m^2(t)] = E[\hat{m}^2(t)]$，因此已调信号功率 $P_s = \frac{1}{4}P_m$，输入信噪比 $\text{SNR}_\text{i} = \frac{P_s}{n_0B} = \frac{P_m/4}{n_0B}$。

SSB 信号相干解调过程与 DSB-SC 信号相干解调过程相同，解调输出的有用信号为 $m_\text{o}(t) = \frac{1}{4}m(t)$，$P_{m_\text{o}} = \frac{1}{16}P_m$。对于噪声分量，$n_\text{o}(t) = \frac{1}{2}n_\text{I}(t)\cos(2\pi\Delta ft) - \frac{1}{2}n_\text{Q}(t)\sin(2\pi\Delta ft)$，其中 $\Delta f = |f_\text{c} - f_\text{o}| = \frac{B}{2}$，因此 $P_{n_\text{o}} = E[n_\text{o}^2(t)] = \frac{1}{4}E[n^2(t)] = \frac{1}{4}n_0B$。SSB 信号解调输出信噪比 $\text{SNR}_\text{o} = \frac{P_m}{4n_0B} = \frac{P_s}{n_0B}$。

根据式（4-3-5）可算出信噪比增益分别为

$$\text{AM：}\qquad G = 2\eta_\text{AM}$$

$$\text{DSB-SC：}\qquad G = 2 \tag{4-3-7}$$

$$\text{SSB：}\qquad G = 1$$

从信噪比分析结果可以看出，AM 信号的输入信噪比与 DSB-SC 信号的输入信噪比相同，SSB 信号的输入信噪比要比前两者的输入信噪比大一倍。这是因为 SSB 信号所在系统的带通滤波器带宽比前两者的小一半，使解调器输入的噪声功率少了一半。

SSB 信号是在 DSB-SC 信号 $m(t)\cos(2\pi f_c t + \phi)$ 的基础上叠加了 $\hat{m}(t)\sin(2\pi f_c t + \phi)$。所叠加的 $\hat{m}(t)\sin(2\pi f_c t + \phi)$ 对解调输出没有贡献，但在总发送功率固定为 P_s 的条件下，其占用比例为一半的功率，使 $m(t)\cos(2\pi f_c t + \phi)$ 部分的功率变为 $P_s/2$，这个损失抵消了输入信噪比的一倍增益，所以

SSB 信号的输出信噪比与 DSB-SC 信号的输出信噪比相同。总的来说，与 DSB-SC 信号相比，SSB 信号只占用一半带宽，而抗噪声能力没有损失。

AM 信号是在 DSB-SC 信号 $m(t)\cos(2\pi f_c t+\phi)$ 的基础上叠加了 $A_0\cos(2\pi f_c t+\phi)$。所叠加的 $A_0\cos(2\pi f_c t+\phi)$ 对解调输出没有贡献，但在总发送功率固定为 P_s 的条件下，其占用比例为 $1-\eta_{\mathrm{AM}}$ 的功率，使 $m(t)\cos(2\pi f_c t+\phi)$ 部分的功率变为 $\eta_{\mathrm{AM}}P_s$。而 AM 信号的输入信噪比与 DSB-SC 信号的输入信噪比相同（因为噪声功率相同），所以 AM 信号的输出信噪比是 DSB-SC 信号信噪比的 η_{AM} 倍。也就是说，AM 信号比 DSB-SC 信号的抗噪声能力差。从相干解调的角度来说，AM 信号中的 $A_0\cos(2\pi f_c t+\phi)$ 是没有必要存在的。但 AM 的价值在于可以支持包络检波器，从而使接收机的成本降低，同时其功率效率低是为此付出的代价。

【例题 4-3-1】　对双边带抑制载波信号进行相干解调前，设解调器输入信号功率为 2mW，载波为 100kHz，并将调制信号 $m(t)$ 的频带限制在 4kHz，信道噪声双边功率谱密度 $P_n(f)=2\times10^{-9}\,\mathrm{W/Hz}$。试求：

（1）接收机中理想带通滤波器的传输特性 $H(\omega)$；

（2）解调器输入端的信噪功率比；

（3）解调器输出端的信噪功率比；

（4）解调器输出端的噪声功率谱密度。

解：（1）为了保证信号顺利通过和尽可能地滤除噪声，带通滤波器的带宽应等于已调信号带宽，即 $W=2f_{\mathrm{m}}=2\times4=8\mathrm{kHz}$，其中心频率为 100kHz，故有

$$H(f)=\begin{cases}K(\text{常数}), & 96\mathrm{kHz}\leqslant|f|\leqslant104\mathrm{kHz}\\0, & \text{其他}\end{cases}\tag{4-3-8}$$

（2）已知解调器的输入信号功率 $S_{\mathrm{i}}=2\mathrm{mW}=2\times10^3\,\mathrm{W}$，输入噪声功率为

$$N_{\mathrm{i}}=2P_n(f)W=2\times2\times10^{-3}\times10^{-6}\times8\times10^3=32\times10^{-6}(\mathrm{W})\tag{4-3-9}$$

所以输入信噪比为

$$\frac{S_{\mathrm{i}}}{N_{\mathrm{i}}}=62.5\tag{4-3-10}$$

（3）DSB 信号调制增益 $G_{\mathrm{DSB}}=2$，因此解调器的输出信噪比为

$$\frac{S_{\mathrm{o}}}{N_{\mathrm{o}}}=2\frac{S_{\mathrm{i}}}{N_{\mathrm{i}}}=125\tag{4-3-11}$$

（4）根据相干解调器的输出噪声与输入噪声之间的功率关系

$$N_{\mathrm{o}}=\frac{1}{4}N_{\mathrm{i}}=8\times10^{-6}\,\mathrm{W}\tag{4-3-12}$$

可得输出噪声的功率谱密度为

$$P_{n_{\mathrm{o}}}(f)=\frac{N_{\mathrm{o}}}{2f_{\mathrm{m}}}=\frac{8\times10^{-6}}{8\times10^3}=10^{-9}(\mathrm{W/Hz}),\ |f|\leqslant4\mathrm{kHz}\tag{4-3-13}$$

【例题 4-3-2】　某调制系统采用 DSB 信号调制方法传输消息信号 $m(t)$，设接收机输入端的噪声是均值为 0、双边功率谱密度为 $n_0/2$ 的高斯白噪声，$m(t)$ 的功率谱密度为

$$P_m(f)=\begin{cases}\alpha\dfrac{|f|}{f_{\mathrm{m}}}, & |f|\leqslant f_{\mathrm{m}}\\0, & |f|>f_{\mathrm{m}}\end{cases}\tag{4-3-14}$$

式中，α 为常数，f_{m} 为 $m(t)$ 的最高频率。试求：

（1）接收机的输入信号功率；

（2）接收机的输出信号功率；

（3）接收机的输出信噪比。

解：（1）设 DSB 信号为 $s_m(t) = m(t)\cos(\omega_c t)$，则接收机的输入信号功率为

$$S_i = \overline{S_m^2(t)} = \frac{1}{2}\overline{m^2(t)} = \frac{1}{2}\int_{-f_m}^{f_m} P_m(f)\mathrm{d}f = \frac{1}{2}\left[2\int_0^{f_m}\frac{\alpha}{f_m}f\mathrm{d}f\right] = \frac{\alpha}{2}f_m \tag{4-3-15}$$

（2）DSB 信号采用相干解调的输出为 $m_o(t) = \frac{1}{2}m(t)$，故输出信号功率为

$$S_o = \overline{m_o^2(t)} = \frac{1}{4}\overline{m^2(t)} = \frac{\alpha}{4}f_m \tag{4-3-16}$$

（3）解调器的输入噪声功率 $N_i = n_0 B = 2n_0 f_m$，对于相干解调方法，解调器的输出噪声功率为

$$N_o = \frac{1}{4}N_i = \frac{1}{2}n_0 f_m \tag{4-3-17}$$

因此，输出信噪比为

$$\frac{S_o}{N_o} = \frac{\alpha}{2n_0} \tag{4-3-18}$$

4.3.3　AM 信号包络检波的抗噪声性能

理想包络检波器的输出是输入信号的包络，根据 $s_{AM}(t)$ 和 $n(t)$ 的表达式，$s_{AM}(t) + n(t) = [A_0 + m(t) + n_I(t)]\cos(\omega_c t) - n_Q(t)\sin(\omega_c t)$，故 AM 信号包络检波器的输出为

$$y(t) = \sqrt{[A_0 + m(t) + n_I(t)]^2 + n_Q^2(t)} \tag{4-3-19}$$

在 AM 信号接收机典型的工作条件下，$A_0 + m(t)$ 一般远大于噪声 $n_I(t)$ 和 $n_Q(t)$，因而有

$$y(t) \approx A_0 + m(t) + n_I(t) \tag{4-3-20}$$

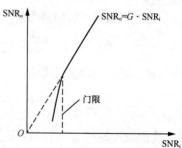

非相干解调的
门限效应

于是，隔直流后的输出也近似与相干解调的输出 $\frac{1}{2}m(t)$ 仅差一个倍数。因此，在大信噪比条件（即接收机输入端的噪声显著小于输入的已调信号）下，AM 信号包络检波的抗噪声性能近似与相干解调时相同。

但是在小信噪比条件（即有用信号不满足远大于噪声）下，由于在包络检波器的输出端没有单独的信号项，因此有用信号会被扰乱。当包络检波器的输入信噪比下降到某个特定的数值（即门限值）时，因为大信噪比近似条件不再成立，故式（4-3-20）也不再成立，此时输出信噪比会急剧恶化，这一现象叫门限效应，如图 4-3-2 所示。

与包络检波不同，用相干解调的方法解调各种线性调制信号时，由于解调过程可以视为信号与噪声分别解调，故解调器输出端总是单独存在有用信号项，因此相干解调不存在门限效应。

图 4-3-2　AM 信号包络检波的门限效应

4.4　角度调制系统的抗噪声性能

与幅度调制系统类似，由于在实际通信系统中，接收机的热噪声、信道中的噪声干扰总是不

可避免的，因此角度调制系统的解调输出也会包含一些噪声。角度调制系统采用相位变化来传递信息，因此角度调制抗噪声性能直接影响通信质量。本节分析典型角度调制系统的抗噪声性能。

4.4.1 非相干解调的抗噪声性能

1．信噪比分析

调频系统抗噪声性能分析模型如图 4-4-1 所示。

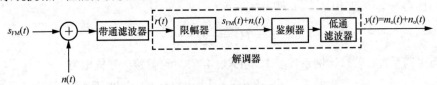

图 4-4-1 调频系统抗噪声性能分析模型

与幅度调制系统不同，FM 信号系统中的调制器和鉴频器都是非线性系统。总体上看，图 4-4-1 中是一个二入一出的非线性系统。与对线性系统的分析相比，对非线性系统的分析一般比较复杂。但 FM 信号系统在大信噪比条件下，可近似为线性系统。以下按线性系统假设进行抗噪声性能分析。

当输入调频信号表达式为式（4-2-5）时，输入信号功率为

$$P_s = \frac{A^2}{2} \tag{4-4-1}$$

则 FM 信号解调器的输入信噪比为

$$\mathrm{SNR_i} = \frac{P_s}{n_0 B_{\mathrm{FM}}} = \frac{A^2}{2 n_0 B_{\mathrm{FM}}} \tag{4-4-2}$$

解调器的输入端加入的信号是调频信号与窄带高斯噪声的叠加信号，即

$$s_{\mathrm{FM}}(t) + n_i(t) = A\cos\left[2\pi f_c t + \phi(t)\right] + v(t)\cos\left[2\pi f_c t + \theta(t)\right] \tag{4-4-3}$$

式中，$\phi(t)$ 为调频信号的瞬时相位，$v(t)$ 为窄带高斯噪声的瞬时幅度，$\theta(t)$ 为窄带高斯噪声的瞬时相位。式（4-4-3）中两个同频余弦波可以合成为一个余弦波，即

$$s_{\mathrm{FM}}(t) + n_i(t) = u(t)\cos\left[2\pi f_c t + \psi(t)\right] \tag{4-4-4}$$

由于鉴频器只对瞬时频率的变化有反应，因此我们所关心的只是 $\psi(t)$。

接下来，分别考虑大信噪比和小信噪比两种情况。

当信噪比较大时，令

$$A\cos\left[2\pi f_c t + \varphi(t)\right] = a_1 \cos\phi_1$$
$$v(t)\cos\left[2\pi f_c t + \theta(t)\right] = a_2 \cos\phi_2 \tag{4-4-5}$$
$$u(t)\cos\left[2\pi f_c t + \psi(t)\right] = a \cos\phi$$

此时，可以用矢量图（见图 4-4-2）来求合成余弦波，即在一个较大的信号矢量上叠加一个较小的噪声矢量。

由图 4-4-2 可知

$$\phi = \phi_1 + \arctan\left[\frac{a_2 \sin(\phi_2 - \phi_1)}{a_1 + a_2 \cos(\phi_2 - \phi_1)}\right] \tag{4-4-6}$$

由此可得

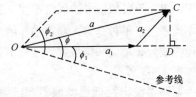

图 4-4-2 信噪比较大时用矢量图来求合成余弦波

$$\psi(t) = \varphi(t) + \arctan\left\{\frac{v(t)\sin\left[\theta(t) - \varphi(t)\right]}{A + v(t)\cos\left[\theta(t) - \varphi(t)\right]}\right\} \tag{4-4-7}$$

在大信噪比的情况下，$A \gg v(t)$，式（4-4-7）可以近似为

$$\psi(t) \approx \varphi(t) + \arctan\left[\frac{v(t)}{A}\right] \sin\left[\theta(t) - \varphi(t)\right]$$

$$\approx \varphi(t) + \frac{v(t)}{A} \sin\left[\theta(t) - \varphi(t)\right]$$

（4-4-8）

假设 FM 信号解调器是理想鉴频器，其输出信号与输入信号的瞬时频偏成正比，即解调器的输入信号 $r(t)$ 的复包络为 $A(t)\mathrm{e}^{\mathrm{j}\Phi(t)}$，则其输出为

$$f(t) = \frac{K}{2\pi} \cdot \frac{\mathrm{d}\psi(t)}{\mathrm{d}t}$$

（4-4-9）

式中，K 为比例系数。若该比例系数取 1，由式（4-4-8）可得鉴频器输出为

$$v_{\mathrm{o}}(t) = \frac{1}{2\pi} \cdot \frac{\mathrm{d}\psi(t)}{\mathrm{d}t} = \frac{1}{2\pi} \cdot \frac{\mathrm{d}\varphi(t)}{\mathrm{d}t} + \frac{1}{2\pi A} \cdot \frac{\mathrm{d}n_{\mathrm{d}}(t)}{\mathrm{d}t}$$

（4-4-10）

其中

$$n_{\mathrm{d}}(t) = v(t)\sin\left[\theta(t) - \varphi(t)\right]$$

（4-4-11）

式（4-4-10）中的第一项对应有用信号 $m_{\mathrm{o}}(t)$，第二项对应噪声信号 $n_{\mathrm{o}}(t)$，有

$$m_{\mathrm{o}}(t) = \frac{1}{2\pi} K_{\mathrm{FM}} m(t)$$

（4-4-12）

$$n_{\mathrm{o}}(t) = \frac{1}{2\pi A} \cdot \frac{\mathrm{d}n_{\mathrm{d}}(t)}{\mathrm{d}t} = \frac{1}{2\pi A} \cdot \frac{\mathrm{d}v(t)}{\mathrm{d}t} \sin\left[\theta(t) - \varphi(t)\right]$$

（4-4-13）

由此可以计算输出信号的功率为

$$P_{\mathrm{o}} = \frac{K_{\mathrm{FM}}^2}{4\pi^2} E[m^2(t)] = \frac{K_{\mathrm{FM}}^2}{4\pi^2} P_m$$

（4-4-14）

对于解调器的输出噪声功率，由于窄带高斯噪声的瞬时相位在 $(-\pi, \pi)$ 内均匀分布，因而我们可以认为 $\theta(t) - \varphi(t)$ 也在 $(-\pi, \pi)$ 内均匀分布；当信噪比很大时，这一假设是合理的。故式（4-4-11）可简化为

$$n_{\mathrm{d}}(t) = v(t)\sin\theta(t)$$

（4-4-15）

其正是载频为 0 时窄带高斯噪声的正交分量，因此，它具有与 $n_{\mathrm{i}}(t)$ 相同的功率谱密度 $\frac{n_0}{2}$。鉴频器输出噪声与 $n_{\mathrm{d}}(t)$ 的微分成正比，理想微分网络的功率传递函数为

$$|H(f)|^2 = (2\pi f)^2$$

（4-4-16）

因此，解调器输出噪声的功率谱密度为

$$P_{n_{\mathrm{o}}}(f) = \begin{cases} \dfrac{|H(f)|^2 \, n_0}{(2\pi A)^2} = \dfrac{n_0 f^2}{A^2}, & |f| \ll \dfrac{B_{\mathrm{FM}}}{2} \\ 0, & \text{其他} \end{cases}$$

（4-4-17）

式中，B_{FM} 为调频信号的频带带宽。鉴频器输出噪声功率谱密度已不再是输入噪声那样的均匀分布，而变为抛物线分布。调频信号解调过程中的噪声功率谱密度如图 4-4-3 所示。

鉴频器输出经低通滤波器滤除调制信号频带以外的频率分量，因而输出噪声功率应为图 4-4-3 中 $[-f_m, f_m]$ 之间的面积，此处的 f_m 为调制信号 $m(t)$ 的截止频率，即

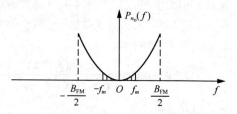

图 4-4-3　调频信号解调过程中的噪声功率谱密度

$$P_{n_o} = \int_{-f_m}^{f_m} \frac{n_0 f^2}{A^2} \mathrm{d}f = \frac{2n_0 f_m^3}{3A^2} \tag{4-4-18}$$

由式（4-4-14）及式（4-4-18）得到调频信号鉴频器解调的输出信噪比为

$$\frac{P_o}{P_{n_o}} = K_{FM}^2 P_m / \frac{2n_0 f_m^3}{3A^2} = \frac{3A^2 K_{FM}^2 P_m}{8\pi^2 n_0 f_m^3} \tag{4-4-19}$$

由于频偏 $\Delta f_{max} = \frac{1}{2\pi} K_{FM} |m(t)|_{max}$，故式（4-4-19）可改写为

$$\frac{P_o}{P_{n_o}} = \frac{3A^2 K_{FM}^2 P_m}{8\pi^2 n_0 f_m^3} = 3\beta_{FM}^2 \cdot \frac{P_m}{A_m^2} \cdot \frac{A^2}{2n_0 f_m} \tag{4-4-20}$$

可求得信噪比增益为

$$G_{FM} = \frac{P_o / P_{n_o}}{P_s / P_{n_i}} = 3\beta_{FM}^2 \cdot \frac{P_m}{A_m^2} \cdot \frac{A^2}{2n_0 f_m} \cdot \frac{2n_0 B_{FM}}{A^2} = 6\beta_{FM}^2 (\beta_{FM} + 1) \frac{P_m}{A_m^2} \tag{4-4-21}$$

在 $m(t)$ 为单频余弦信号时，有

$$G_{FM} = 3\beta_{FM}^2 (\beta_{FM} + 1) \tag{4-4-22}$$

由式（4-4-22）可知，大信噪比时宽带调频系统的解调信噪比增益很大，且与调频指数的立方成正比。在调频指数较高时，调频信号解调后输出信噪比远高于调幅信号。换言之，当二者信道噪声功率谱密度相同、输出信噪比相同时，调频信号的发送功率远小于调幅信号。应当注意的是，调频信号这一优越性是以增加传输频带而获得的。

【例题 4-4-1】 试比较调频系统与常规调幅系统的发送功率及带宽，要求输出信噪比均为 60dB。已知调制信号为视频信号，$|m(t)|_{max} = A_m$，$E[m^2(t)] = \frac{A_m^2}{2}$，$f_m = 8\mathrm{MHz}$，并假设已调信号经过信道传输时衰减了 60dB，信道噪声的单边功率谱密度 $n_0 = 0.5 \times 10^{-14} \mathrm{W/Hz}$，常规调幅系统的调制效率为 1/3，调频系统的 $\beta_{FM} = 5$。

解：调频系统的带宽应为

$$B_{FM} = 2(\beta_{FM} + 1)f_m = 96 (\mathrm{MHz}) \tag{4-4-23}$$

由式（4-4-21）可得

$$(P_o / P_{n_o})_{FM} = (P_i / P_{n_i})_{FM} G_{FM} = \frac{A_m / 2}{0.5 \times 10^{-14} \times 8 \times 10^6} \times \left(6 \times 5^2 \times 6 \times \frac{1}{2}\right) \tag{4-4-24}$$

发送功率应等于接收功率乘以传输中的损耗，故

$$P_{FM} = A_m / 2 \times 10^6 = 88.9 (\mathrm{W}) \tag{4-4-25}$$

常规调幅系统的带宽为

$$B_{AM} = 2f_m = 16 (\mathrm{MHz}) \tag{4-4-26}$$

可得输出信噪比为

$$(P_o / P_{n_o})_{AM} = 10^6 = \frac{P_s}{n_0 B} \cdot \eta_{AM} \tag{4-4-27}$$

常规调幅的发送功率为

$$P_s = \frac{(P_o / P_{n_o})_{AM} n_0 B_{AM}}{\eta_{AM}} = 120 (\mathrm{kW}) \tag{4-4-28}$$

2. 门限效应

应当指出，以上推导都是在大信噪比条件（即 $\mathrm{SNR_i}$ 足够大）下进行的。对小信噪比条件下的情况，仍旧用图 4-4-2 的矢量图进行分析。对于 $v(t) \gg A$，有

$$\psi(t) \approx \theta(t) + \arctan\left[\frac{A}{v(t)}\right]\sin[\varphi(t) - \theta(t)] \tag{4-4-29}$$

此时解调器输出中已经不存在单独的有用信号，信号完全被噪声淹没，因而输出信噪比急剧下降。给定噪声功率谱密度 $\frac{n_0}{2}$ 和调制信号 $m(t)$ 的带宽，当调制信号 $m(t)$ 的功率 P_m 较大（即 SNR_i 较大）时，输出信噪比近似为式（4-4-20），可知 SNR_o 与 $\frac{A^2}{2}$ 成正比，即与 P_s 成正比，二者是线性关系。随着 P_s 的下降，输出信噪比呈线性下降，但当 P_s 下降到某一门限值时，SNR_i 不满足大信噪比条件，此时输出信噪比迅速下降，这种情况与常规调幅包络检波类似，我们也将此称为**门限效应**。

出现门限效应时输出信噪比的计算比较复杂，此处不做详细讨论，但理论分析和实验结果均表明，发生门限效应的转折点与调频指数 β_{FM} 有关。β_{FM} 越高，发生门限效应的转折点也越高，即在较大输入信噪比时产生门限效应，但在转折点以上时输出信噪比的改善越明显。因此，在大输入信噪比时的输出信噪比改善与小输入信噪比时的门限效应是互相矛盾的。我们可以采用比鉴频器优异的一些解调方法改善门限效应。

3．预加重和去加重

FM 信号解调过程所涉及的微分使调频输出噪声的功率谱密度呈现为抛物线特性，如图 4-4-3 所示。输出噪声功率是功率谱密度的积分，抛物线在高频部分快速上升，使得输出噪声功率显著提高。为了改善这种情况，我们可以在解调输出端加一个滤波器，使其高频端具有积分特性以抵消鉴频器内在的微分作用。与此同时，为了保持消息信号不失真，发送端先对 $m(t)$ 进行相反的滤波，再进行 FM 信号调制，如图 4-4-4 所示。

预加重与去加重

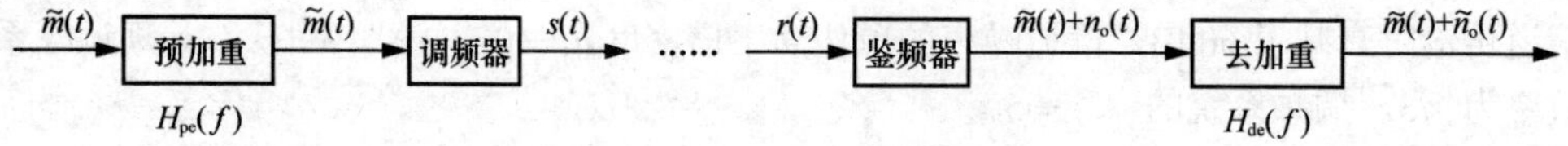

图 $\tilde{m}(t)$ → [预加重 $H_{pe}(f)$] → $\tilde{m}(t)$ → [调频器] → $s(t)$ → …… → $r(t)$ → [鉴频器] → $\tilde{m}(t)+n_o(t)$ → [去加重 $H_{de}(f)$] → $\tilde{m}(t)+\tilde{n}_o(t)$

图 4-4-4　预加重与去加重示意图

总体而言，我们在发送端进行调制之前，提升输入信号的高频分量，在接收端解调之后做反变换，压低高频分量；使信号频谱恢复原始形状，这样就能减小在提升信号高频分量后所引入的噪声功率，因为在解调后压低信号高频分量的同时高频噪声功率也受到了抑制。发送端的滤波叫**预加重**，接收端的滤波叫**去加重**，其传输函数分别为

$$H_{pe}(t) = 1 + j2\pi f \tau_e \tag{4-4-30}$$

$$H_{de}(t) = \frac{1}{1 + j2\pi f \tau_e} \tag{4-4-31}$$

式中，τ_e 为预加重时间常数，我国音频 FM 广播规定 $\tau_e = 50\mu s$。

消息信号 $m(t)$ 通过预加重变成 $\tilde{m}(t)$ 后通过 FM 信号系统传输。接收端鉴频输出为 $\tilde{m}(t) + n_o(t)$，其中噪声 $n_o(t)$ 的功率谱密度呈现为抛物线形状。经过去加重滤波器后，$\tilde{m}(t)$ 还原为 $m(t)$，噪声功率谱密度的高频端被拉平。

当 f 较大时，式（4-4-30）中 $H_{pe}(f) \approx j2\pi f$ 近似是一个微分器，此时图 4-4-4 对 $m(t)$ 来说相当于是 PM 信号系统。加入预加重和去加重后，对解调输出信噪比必有改善，计算噪声功率的减小量即可算出信噪比改善值。

由式（4-4-17）可知，解调器输出噪声功率谱密度为

$$P_{n_o}(f) = \frac{2n_0}{A^2} \tag{4-4-32}$$

故去加重后噪声功率为

$$P_{n_o'} = \int_{-f_m}^{f_m} P_{n_o}(f) \, |H(f)|^2 \, \mathrm{d}f = \frac{2n_0}{A^2} \int_0^{f_m} \frac{f^2}{1 + (2\pi f \tau_e)^2} \mathrm{d}f \tag{4-4-33}$$

此处的 f_m 为信号的最高频率。

不用预加重、去加重时，噪声功率为

$$P_{n_o} = \frac{2n_0}{A^2} \int_0^{f_m} f^2 \mathrm{d}f \tag{4-4-34}$$

因此，当不发生信号失真时，信噪比的改善值为

$$\Gamma = \frac{P_{n_o}}{P_{n_o'}} = \frac{1}{3} \cdot \frac{(2\pi f_m \tau_e)^3}{(2\pi f_m \tau_e) - \arctan(2\pi f_m \tau_e)} \tag{4-4-35}$$

4.4.2 相干解调的抗噪声性能

对于窄带调频信号的相干解调，本小节采用图 4-4-5 所示的模型分析其抗噪声性能。

图 4-4-5 中信号与噪声相加，经带通滤波器后，可得

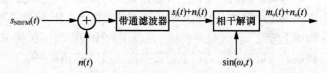

图 4-4-5 窄带调频信号的相干解调模型

$$\begin{aligned} s_i(t) + n_i(t) &= s_{\mathrm{NBFM}}(t) + n_I \cos(\omega_c t) - n_Q \sin(\omega_c t) \\ &= [A + n_I(t)]\cos(2\pi f_c t) - \left[AK_{\mathrm{FM}} \int m(t)\mathrm{d}t + n_Q(t)\right]\sin(2\pi f_c t) \end{aligned} \tag{4-4-36}$$

经过相干解调后，得到输出信号为

$$m_o(t) + n_o(t) = \frac{1}{2} A K_{\mathrm{FM}} m(t) + \frac{1}{2} \cdot \frac{\mathrm{d}n_Q(t)}{\mathrm{d}t} \tag{4-4-37}$$

式中，第一项为有用信号，第二项为噪声信号。又已知 $n_Q(t)$ 的功率谱密度与 $n(t)$ 的功率谱密度相同，则解调后输出噪声的功率谱密度为

$$P_{n_o}(f) = n_0 \pi^2 f^2 \tag{4-4-38}$$

可计算输出信噪比为

$$\frac{P_o}{P_{n_o}} = \frac{\pi^2 A^2 K_{\mathrm{FM}}^2 E[m^2(t)]}{\int_{-f_m}^{f_m} P_{n_o}(f) \mathrm{d}f} = \frac{3A^2 K_{\mathrm{FM}}^2 P_m}{8\pi^2 n_0 f_m^2} \tag{4-4-39}$$

式中，f_m 为调制信号的截止频率，同时也为低通滤波器的截止频率。

窄带调频相干解调器的输入信噪比为

$$\frac{P_s}{P_{n_i}} = \frac{A^2/2}{n_0 B_{\mathrm{NBFM}}} = \frac{A^2}{4n_0 f_m} \tag{4-4-40}$$

故解调增益为

$$G_{\mathrm{NBFM}} = \frac{P_o / P_{n_o}}{P_s / P_{n_i}} = \frac{3K_{\mathrm{FM}}^2 E[m^2(t)]}{2\pi^2 f_m^2} \tag{4-4-41}$$

由于最大频偏为

$$\Delta f_{\max} = \frac{1}{2\pi} K_{\mathrm{FM}} \, |m(t)|_{\max} \tag{4-4-42}$$

故有

$$G_{\mathrm{NBFM}} = 6 \cdot \frac{\Delta f_{\max}^2}{f_m^2} \cdot \frac{E[m^2(t)]}{|m(t)|_{\max}^2} \tag{4-4-43}$$

若调制信号为单频余弦信号，则

$$\frac{E[f^2(t)]}{|f(t)|^2_{\max}} = \frac{1}{2}, \quad \Delta f_{\max} = f_m \tag{4-4-44}$$

此时

$$G_{\text{NBFM}} = 3 \tag{4-4-45}$$

可以看出，窄带调频的信噪比增益远小于较大调制指数时的宽带调频，同时稍大于相同带宽的调幅系统。需要指出的是，窄带调频信号采用相干解调时不存在门限效应。

4.5 模拟调制系统的性能比较

H5
模拟调制的
抗噪声性能分析

本节对前面所讲的几种模拟调制方法进行总结与比较。由于 VSB 信号调制可以认为是针对 $m(t)$ 低频成分丰富的情形而对 SSB 信号调制的改进，PM 信号调制在实质上等同于 FM 信号调制，故以下的比较中将不包括 VSB 信号调制和 PM 信号调制。为简单起见，以下假设参考载波的初相 $\phi = 0$。

模拟调制可分为线性调制和非线性调制两类。线性是指满足叠加性，即若 $s_1(t)$、$s_2(t)$ 分别是由基带信号 $m_1(t)$、$m_2(t)$ 形成的已调信号，则 $s(t) = s_1(t) + s_2(t)$ 将是由 $m(t) = m_1(t) + m_2(t)$ 形成的同类调制。这种叠加性对 AM、DSB-SC、SSB 以及 VSB 信号调制都是成立的，但对角度调制不成立。例如，若 $s_1(t) = A_1 \cos[2\pi f_c t + K_{\text{PM}_1} m_1(t)]$、$s_2(t) = A_2 \cos[2\pi f_c t + K_{\text{PM}_2} m_2(t)]$ 是两个 PM 信号，$s_1(t) + s_2(t)$ 一般不能整理成 $A\cos[2\pi f_c t + K_{\text{PM}} m(t)]$ 的形式，所以角度调制属于非线性调制。

表 4-5-1 列出了 AM、DSB-SC、SSB 和 FM 已调信号的表达式及其带宽，其中 FM 信号的带宽是卡森公式给出的近似带宽。

表 4-5-1 各已调信号的表达式及其带宽

已调信号	已调信号的表达式	已调信号的带宽
AM	$[A_0 + m(t)]\cos(2\pi f_c t)$	$2B$
DSB-SC	$m(t)\cos(2\pi f_c t)$	$2B$
SSB	$m(t)\cos(2\pi f_c t) \mp \hat{m}(t)\sin(2\pi f_c t)$	B
FM	$A\cos\left[2\pi f_c t + K_{\text{FM}}\int_{-\infty}^{t} m(\tau)\mathrm{d}\tau\right]$	约为 $2(\beta_{\text{FM}} + 1)B$

表 4-5-2 所示为信噪比的比较。在给定发送功率 P_s、噪声功率谱密度 $n_0/2$、基带信号带宽 B 的条件下，SSB 信号调制的抗噪声性能与 DSB-SC 信号调制一样。AM 信号调制比 DSB-SC 信号调制差，因为 AM 信号所包含的 DSB-SC 信号部分的功率只占总发送功率的一部分。在大信噪比条件下，FM 信号的输出信噪比是 DSB-SC 信号的 $3\beta_{\text{FM}}^2/C_m$ 倍，其中 C_m 是 $m(t)$ 的峰均比。输出信噪比随输入信噪比的下降而线性下降，但对于 AM 信号包络检波和 FM 信号，当输入信噪比降到某个门限值时，输出信噪比会急剧下降。

表 4-5-2 信噪比的比较

调制方法	输入信噪比	输出信噪比	信噪比增益
AM 信号 相干解调	$\dfrac{P_s}{2n_0 B}$	$\dfrac{P_s}{n_0 B}\eta_{\text{AM}}$	$2\eta_{\text{AM}}$

续表

调制方法	输入信噪比	输出信噪比	信噪比增益
AM 信号 包络检波	$\dfrac{P_s}{2n_0B}$	大信噪比条件下 约为 $\dfrac{P_s}{n_0B}\eta_{\mathrm{AM}}$	约为 $2\eta_{\mathrm{AM}}$
DSB-SC	$\dfrac{P_s}{2n_0B}$	$\dfrac{P_s}{n_0B}$	2
SSB	$\dfrac{P_s}{n_0B}$	$\dfrac{P_s}{n_0B}$	1
FM	$\dfrac{P_s}{2(\beta_{\mathrm{FM}}+1)n_0B}$	大信噪比条件下 约为 $\dfrac{3\beta_{\mathrm{FM}}^2}{C_m}\cdot\dfrac{P_s}{n_0B}$	约为 $\dfrac{6\beta_{\mathrm{FM}}^2(\beta_{\mathrm{FM}}+1)}{C_m}$

习题

一、基础题

4-1　令 $\hat{m}(t)$ 表示 $m(t)$ 的希尔伯特变换，$M(f)$ 表示 $m(t)$ 的傅里叶变换，$\hat{M}(f)$ 表示 $\hat{m}(t)$ 的傅里叶变换。证明：

（1）$\displaystyle\int_{-\infty}^{\infty}M(f)\hat{M}^*(f)\mathrm{d}f=0$；

（2）$\displaystyle\int_{-\infty}^{\infty}m(t)\hat{m}(t)\mathrm{d}t=0$。

（提示：第（2）小题的证明方法之一是利用时域内积等于频域内积这一性质。对于任意复信号 $x(t)$、$y(t)$，内积定义为 $\displaystyle\int_{-\infty}^{\infty}x^*(t)y(t)\mathrm{d}t$，我们可以证明 $\displaystyle\int_{-\infty}^{\infty}x^*(t)y(t)\mathrm{d}t=\int_{-\infty}^{\infty}X^*(f)Y(f)\mathrm{d}f$，其中 $X(f)$、$Y(f)$ 分别是 $x(t)$、$y(t)$ 的傅里叶变换。）

4-2　零均值模拟基带信号 $m(t)$ 对载波 $c(t)$ 作 AM 信号调制后得到已调信号为

$$s(t)=2\cos(2000\pi t)+8\cos(2200\pi t)+2\cos(2400\pi t)$$

（1）求 $s(t)$ 的复包络 $s_\mathrm{L}(t)$。

（2）求 $s_\mathrm{L}(t)$ 的傅里叶变换 $S_\mathrm{L}(f)$。

（3）求此 AM 信号的调幅指数和调制效率。

4-3　设 AM 信号为 $s(t)=\mathrm{Re}\left\{[A+m(t)]\mathrm{e}^{j\left(2\pi f_c t+\frac{\pi}{3}\right)}\right\}$，已知 $\left.|m(t)|\right|_{\max}=A/2$，$m(t)$ 的功率为 $A^2/8$。

（1）写出 $s(t)$ 的功率、调幅指数以及调制效率。

（2）若用 $2\cos(2\pi f_c t)$ 为接收端载波来对 $s(t)$ 进行相干解调，求解调输出。

4-4　若 2MHz 载波受 10kHz 单频正弦调频，峰值频偏为 10kHz，试求：

（1）调频信号的带宽；

（2）调制信号幅度加倍时，调频信号的带宽；

（3）调制信号频率加倍时，调频信号的带宽；

（4）若峰值频偏减为 1kHz，重新计算第（1）～（3）小题。

4-5　用基带信号 $m(t)=A_\mathrm{m}\cos(2\pi f_\mathrm{m}t+\theta)$ 对载波进行调相，得到已调信号为

$$s(t)=10\cos[2\pi f_c t+5\cos(200\pi t)]$$

（1）求已调信号的最大频偏及带宽。

（2）固定 K_{PM} 及 f_m，将 A_m 提高一倍，求已调信号的最大频偏及带宽。

（3）固定 K_PM 及 A_m，将 f_m 提高一倍，求已调信号的最大频偏及带宽。

4-6　已知调频信号 $s_\mathrm{FM}(t)=10\cos[10^6\pi t+8\cos(10^3\pi t)]$，调制器的频偏常数 $K_\mathrm{FM}=2\mathrm{rad/s/V}$，试求：（1）载频 f_c；（2）调频指数；（3）最大频偏；（4）调制信号 $m(t)$。

4-7　用基带信号 $m(t)=A_\mathrm{m}\cos(2\pi f_\mathrm{m}t+\theta)$ 对载波进行调频，得到已调信号为

$$s(t)=10\cos[2\pi f_\mathrm{c}t+10\sin(400\pi t)]$$

（1）求已调信号的最大频偏、调频指数及带宽。

（2）固定 K_FM 及 f_m，将 A_m 提高一倍，求已调信号的最大频偏、调频指数及带宽。

（3）固定 K_FM 及 A_m，将 f_m 提高一倍，求已调信号的最大频偏、调频指数及带宽。

二、提高题

4-8　已知调制信号为 $m(t)=2\cos(200\pi t+\pi/3)$，载波为 $c(t)=\cos(2000\pi t)$，试写出 AM（调幅指数为 0.5）、DSB-SC、上边带 SSB、下边带 SSB 信号的复包络表达式及信号表达式，并画出已调信号的振幅频谱。

4-9　在题 4-9 图中，已知消息信号频带为 300Hz～3400Hz，用滤波法实现单边带调制，载频为 40MHz。假设带通滤波器过渡带只能做到中心频率的 1%，画出单边带调制系统的方框图，并画出各点频谱。

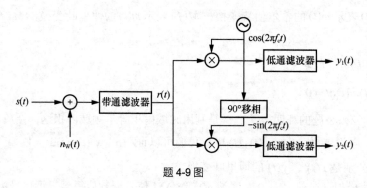

题 4-9 图

4-10　两个不包含直流分量的模拟基带信号 $m_1(t)$、$m_2(t)$ 用同一射频信号调制后同时发送，发送信号为

$$s(t)=m_1(t)\cos(2\pi f_\mathrm{c}t)-m_2(t)\sin(2\pi f_\mathrm{c}t)+K\cos(2\pi f_\mathrm{c}t)$$

其中 K 是常数。已知 $m_1(t)$、$m_2(t)$ 的频谱分别为 $M_1(f)$、$M_2(f)$，带宽分别为 5kHz、10kHz。

（1）计算 $s(t)$ 的带宽。

（2）画出从 $s(t)$ 得到 $m_1(t)$ 及 $m_2(t)$ 的解调框图。

4-11　采用包络检波的 AM 信号系统中，已知噪声功率谱密度为 $5\times10^{-2}\mathrm{W/Hz}$，单频正弦波调制时载波功率为 100kW，边带功率为每边带 10kW，带通滤波器带宽为 4kHz，试求：

（1）解调输出信噪比；

（2）若采用双边带抑制载波系统，其性能优于常规调幅多少 dB。

4-12　双边带抑制载波调制和单边带调制中，已知消息信号均为 3kHz 带限低频信号，载频为 1MHz，接收信号功率为 1mW，加性高斯白噪声双边功率谱密度为 $10^{-3}\mu\mathrm{W/Hz}$。接收信号经带通滤波器后，进行相干解调。

（1）比较两种调制方法的解调器输入信噪比。

（2）比较两种调制方法的解调器输出信噪比。

4-13　在题 4-9 图中，已调信号 $s(t)=s_\mathrm{I}(t)\cos(2\pi f_\mathrm{c}t)-s_\mathrm{Q}(t)\sin(2\pi f_\mathrm{c}t)$，其中 $s_\mathrm{I}(t)$、$s_\mathrm{Q}(t)$ 是两个带宽为 B 的基带信号，功率分别是 P_I、P_Q。$n_\mathrm{w}(t)$ 是功率谱密度为 $n_0/2$ 的加性高斯白噪声。BPF

是中心频率为 f_c、带宽为 $2B$ 的理想带通滤波器，LPF 是截止频率为 B 的理想低通滤波器。

（1）写出 $r(t)$ 的复包络 $r_L(t)$ 的表达式。

（2）证明：

$$y_1(t) = \frac{1}{2}\text{Re}\{r_L(t)\}$$

$$y_2(t) = \frac{1}{2}\text{Im}\{r_L(t)\}$$

（3）求 BPF 输出端的信噪比。

（4）求两路 LPF 输出端的信噪比。

4-14 用频率为 f_c 的正弦波同时作 AM 信号和 FM 信号调制，设未调制时载波功率相等，FM 调制信号的带宽是 AM 调制信号带宽的 6 倍，AM 已调信号的功率是 FM 已调信号功率的 1.32 倍。求 FM 信号的调频指数以及 AM 信号的调幅指数。

4-15 已知窄带调频信号为

$$s(t) = A\cos(2\pi f_c t) - \beta_{FM} A_c \sin(2\pi f_c t)\cdot \sin(2\pi ft)$$

试求：

（1）$s(t)$ 的瞬时包络最大幅度与最小幅度之比；

（2）$s(t)$ 的平均功率与未调制时载波功率之比；

（3）$s(t)$ 的瞬时频率。

4-16 用 $m(t) = 10\cos(2000\pi t)$ 对载波 $c(t) = \cos(2\pi \times 10^5 t)$ 进行调频，得到已调信号 $s(t)$。已知 $s(t)$ 的带宽为 12kHz，试求 $s(t)$ 表达式。

4-17 对正弦信号 $f(t) = 10\cos(500\pi t)$（V）进行调频，已知调频指数为 5，50Ω电阻上未调制时载波功率为 10W，试求：

（1）频偏常数；

（2）已调信号的载波功率；

（3）一次与二次边频分量所占总功率的百分比；

（4）如输入正弦信号幅度降为 5V，带宽有何变化。

4-18 已知一调频发送机用单频调制，未调制时输出功率为 100W（负载电阻50Ω），然后由 0 开始逐渐加大发送机频偏，直到输出中第一边频幅度为 0，试求：

（1）载频功率；

（2）所有边频分量功率；

（3）调频波幅度。

4-19 设模拟基带信号 $m(t)$ 的带宽为 $B = 10$kHz，峰均比为 $C_m = 5$。发送端到接收端的路径损耗为 60dB，接收端热噪声的功率谱密度为 $n_0/2 = 0.5 \times 10^{-14}$ W/Hz。若要求解调输出信噪比为 40dB，求下列调制方法所需的发送功率：

（1）常规调幅，$\beta_{AM} = 0.8$；

（2）调频，$\beta_{FM} = 8$。

4-20 设信道引入的加性高斯白噪声双边功率谱密度为 $n_0/2 = 0.25 \times 10^{-14}$ W/Hz，路径衰耗为 100dB，输入调制信号为 10kHz 单频正弦。若要求解调输出信噪比为 40dB，求下列情况发送端最小载波功率：

（1）常规调幅，包络检波，$\beta_{AM} = 0.707$；

（2）调频，鉴频器解调，最大频偏 $\Delta f = 10$kHz；

（3）调相，最大相位偏移 $\Delta \theta = 180°$；

（4）单边带调幅，相干解调。

4-21 如题 4-21 图中（a）所示，$m_1(t)$、$m_2(t)$、$m_3(t)$ 是三路特性相同的语音信号，其功率谱密度如题 4-21 图中（b）所示。3 个下边带（LSB）调制器的载波分别是 $c_i(t) = A_i \cos(8000i\pi t)$，$i = 1,2,3$。接收端的 3 个 LPF 的通带是 0～4kHz，其增益能使输出信号正好是 $m_i(t) + n_i(t)$，$i = 1,2,3$，其中 $n_i(t)$ 是噪声分量。

（1）若 $A_1 = A_2 = A_3 = 1$，画出 FM 信号调制器输入信号 $x(t)$ 的功率谱密度。

（2）如欲使 $n_1(t)$、$n_2(t)$、$n_3(t)$ 有相同的功率，求 A_1、A_2、A_3 的关系。

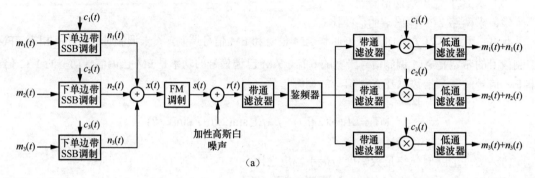

（a）

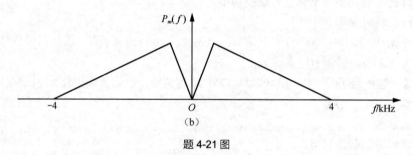

（b）

题 4-21 图

4-22 用单频 13kHz 正弦信号进行调频，若信道引入加性白噪声，要求解调器输出信噪比为 20dB，试求：

（1）不采用预加重/去加重时，要求多大峰值频偏；

（2）采用预加重/去加重时，要求多大峰值频偏。

第 5 章　模拟信号数字化

通信系统可以根据传输的信号类别分成两大类：模拟通信系统和数字通信系统。数字通信系统具有抗干扰能力强、易于集成化、便于加密和灵活处理等优点，是现代通信的主要发展方向。然而从自然界中获取信息时，许多消息信号经各种传感器感知后都是模拟量，如语音、图像、视频等，其信源输出的信号均为在时间和幅度上连续取值的模拟信号。若想要利用数字通信系统传输模拟信号，一般需要经过模数转换、数字传输与数模转换 3 个步骤。其中模数转换即为本章要讨论的模拟信号数字化，它包括采样、量化和编码 3 步。从广义上讲，模拟信号数字化就是对模拟信源的编码过程。

在日常生活中，电话业务在通信中占据重要地位，因此本章以语音编码为例来介绍模拟信号数字化的相关理论和技术。语音模拟信号数字化的编码方法大致可划分为波形编码和参量编码两类。波形编码是直接将时间域信号变换为数字代码，使重构的语音波形尽可能地与原始语音信号的波形在形状上保持一致，比特率通常在 16kbit/s ～ 64kbit/s 范围内，接收端重建（恢复）信号的质量好。目前使用最普遍的波形编码方法有脉冲编码调制和增量调制。参量编码是利用信号处理技术将信源信号在频率域或其他正交变换域提取特征参量，并将其变换成数字代码，如声码器即属于此类语声分析与合成技术；其特点是可以大大压缩数据速率（比特率在 16kbit/s 以下），但接收端重建信号的质量不如波形编码质量好。

本章简介

本章首先概述信源编码与香农信源编码定理，然后在介绍采样定理的基础上，重点讨论模拟信号数字化中脉冲编码调制和增量调制的原理及性能；同时，本章还将简要介绍它们的改进型——差分脉冲编码调制、自适应差分脉冲编码调制和自适应增量调制的原理。

5.1　信源编码简介

通信系统一般由信源、信道、信宿、干扰源组成。信息由信源产生，送往信道并传送至信宿。信号在信道中传送时，受到干扰源干扰，导致信宿收到的信号较信源输出的信号有所偏差，因而产生错误。信源作为通信系统的重要组成部分，决定整个通信系统发送信息的具体内容，故对信源的分析研究是通信系统研究中的重要一环。

从信息论的角度看，实际信源不经处理的输出存在大量的冗余成分；这些冗余成分在具体信息传输中是不必要的，且可以在接收端通过信源输出的统计分布恢复出来。因此，我们需要引入信源编码处理过程以减少信源输出信息中的冗余成分，从而提高通信系统的信息传输有效性。

信源编码讨论的问题主要分为两种：无失真信源编码与限失真信源编码。无失真信源编码考虑的问题是在不考虑信道干扰源时，要求完全准确且尽可能有效地将信源的输出传送给信宿。限失真信源编码考虑的问题是在有限失真的条件下将信源的输出压缩，使之尽可能有效地传送给信宿。信息论中的无失真信源编码定理（香农第一定理）描述前者，后者由信息论中的限失真信源编码定理（香农第三定理）描述。

可见，无论是无失真信源编码问题还是限失真信源编码问题，始终围绕的是如何在规定条件下尽可能有效地表示信源的输出，也即信源输出表示的有效性问题。在通信系统性能的度量问题上（即有效性问题与可靠性问题上），信源编码很大程度影响通信系统的信息传输有效性，故具有很高的研究价值。

本节简要介绍信源编码的基本概念及无失真条件下的香农信源编码定理。

5.1.1　信源编码的基本概念

通信的根本问题就是将信源的输出在接收端尽可能无失真地恢复出来，为此需要讨论信源类别及如何描述信源的输出。信源是信息的源头，信源可以是人、动物或其他事物等，而信源的输出形式可以是文字、电报、语音、图像及其他各种形式。其中文字、电报等属于离散信源，未经数字化的语音、图像则属于连续信源。对信源模型的分析与研究是信源编码处理过程的重要基础。

由于通信系统接收到消息之前，对信源发出消息的具体内容是不确定的，因此我们可以用随机变量或随机过程来描述信源发出的消息。下面介绍几个基本的离散信源数学模型及相关概念。

1．单符号（消息）离散信源

单符号（消息）离散信源是最简单、最基本的信源模型。该类信源每次输出一个符号（消息），且信源的输出符号可以用一维随机变量进行描述。单符号（消息）离散信源如图 5-1-1 所示。其数学模型为

$$\begin{bmatrix} X \\ p(x) \end{bmatrix} = \begin{bmatrix} x_1 & x_2 & \cdots & x_n \\ p(x_1) & p(x_2) & \cdots & p(x_n) \end{bmatrix} \quad (5\text{-}1\text{-}1)$$

图 5-1-1　单符号（消息）离散信源

式中，$0 \leqslant p(x_i) \leqslant 1,\ i = 1, \cdots, n,\ 且 \sum_{i=1}^{n} p(x_i) = 1$。

2．离散无记忆序列信源

实际情况中，信源的输出往往是时间或空间上一系列符号（消息）的集合，这些符号又取自同一个取值集合，因此离散序列信源更符合对实际情况的描述。离散序列信源中最简单的一类是离散无记忆序列信源。

离散无记忆序列信源的输出是一串符号（消息）序列而非单个符号（消息），序列中的符号取自同一取值集合，且序列中各个符号彼此无关。离散无记忆序列信源如图 5-1-2 所示。

图 5-1-2　离散无记忆序列信源

其数学模型为

$$\begin{bmatrix} X^L \\ p(x) \end{bmatrix} = \begin{bmatrix} a_1 & a_2 & \cdots & a_k & \cdots & a_{n^L} \\ p(a_1) & p(a_2) & \cdots & p(a_k) & \cdots & p(a_{n^L}) \end{bmatrix} \quad (5\text{-}1\text{-}2)$$

式中，离散符号（消息）序列长度为 L，而序列中的符号取自具有 n 种可能取值的集合，因此整个序列总共有 n^L 种取值，对应某个信源输出的序列有 $a_k = (x_{k_1}, x_{k_2}, \cdots, x_{k_i}, \cdots, x_{k_L})$。又由于符号之间彼此无关，则有

$$p(a_k) = p(x_{k_1} x_{k_2} \cdots x_{k_L}) = \prod_{l=1}^{L} p(x_{k_l}) \quad (5\text{-}1\text{-}3)$$

需要特别注意的是，离散无记忆序列信源与单符号（消息）信源的区别及联系：离散无记忆序列信源单次输出为符号（消息）序列，而单符号（消息）信源单次输出单个符号；多个单符号（消息）信源构成的彼此无关的信源整体可以看成一个离散无记忆序列信源；若将一个单符号（消息）信源的多次输出视为一次输出的信源，则该单符号（消息）信源同样可视作离散无记忆序列信源，这种"视作"称为无记忆扩展。可见，离散无记忆序列信源可由单符号（消息）信源多次无记忆扩展得来。

3．离散有记忆序列信源

一般来讲，离散信源产生的符号（消息）序列都是有记忆的，即序列中的符号之间存在相关性，不满足统计独立的条件，此种信源称为离散有记忆序列信源。

对离散有记忆序列信源的描述是较为困难的，但在实际处理中往往可以对这种信源进行进一步简化。例如，借助有限状态马尔可夫链的相关概念，可以在消息序列中的任一符号仅与前面若干个符号组成的前一消息状态有关时，将这种信源归于一阶马尔可夫链信源。进一步，若此类一阶马尔可夫链信源又满足时间齐次和遍历的条件时，这种齐次、遍历的一阶马尔可夫链信源的表述与分析可以进行更进一步简化。这里的时间齐次是指状态间的条件转移概率随着时间推移而不变，即与所在时间、位置无关；遍历是指当转移步数足够大时，序列的联合概率分布基本上与起始状态概率分布无关。

4．编码器模型

建立信源的数学模型后，即可通过编码器对某一信源进行编码处理，此时信源编码器输出的结果中冗余成分显著减少，大大提高信息传输的有效性。图 5-1-3 给出了一般的信源编码器模型。

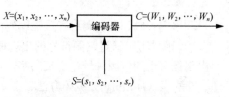

图 5-1-3　一般的信源编码器模型

图 5-1-3 中编码器输入 $X = (x_1, x_2, \cdots, x_n)$ 是信源符号集（信源符号取值空间），共有 n 个信源符号，同时存在码符号集 $S = (s_1, s_2, \cdots, s_r)$ ，共有 r 个码符号。例如，表 5-1-1 给出了两种代码组，其中的信源符号集为 $X = (x_1, x_2, x_3, x_4)$ ，信源符号个数 $n = 4$ ，码符号集为 $S = (0,1)$ ，码符号个数 $r = 2$ 。

表 5-1-1　两种代码组

信源符号 x_i	C_1	C_2
x_1	0	0
x_2	1	1
x_3	0	10
x_4	10	11

编码器的作用就是将信源输出（编码器输入）的信源符号 x_i 变换为由码符号 $s_j (j = 1, 2, \cdots, r)$ 构成的长度为 l_i 且与 x_i 一一对应的输出符号序列 $W_i = (s_{i_1}, s_{i_2}, \cdots, s_{i_{l_i}})$ $(i = 1, 2, \cdots, n)$ 。输出序列符号 W_i 又称码字，由码字构成的集合称为代码组 C 。

（1）分组码

信源编码过程可以视为一种映射，即将编码器的输入（信源的输出符号）$x_i (i = 1, 2, \cdots, n)$ 映射成长度为 l_i 的固定码字 W_i ，这样的码称为分组码。显然，一般的分组码不一定可以有效、正确地在接收端解码。因此，分组码需要具备某些属性，才能保证在接收端能够被正确地译出。

（2）奇异性、唯一可译性、即时性

若码组中的所有信源符号分配到的码字互不相同，则称这种码为非奇异码，反之称为奇异码。例如表 5-1-1 中的 C_1 ，x_1 与 x_3 所分配的码字均是 0，因此 C_1 为奇异码。若对码组进行任意有限整数次的扩展，扩展后的码均为非奇异码，则这种码称为唯一可译码，即任意消息序列所构成的编码在接收端仍能正确译码。显然，码组的非奇异性是其唯一可译的必要条件。例如表 5-1-1 所示的码 C_1 和 C_2 ，当接收端收到 0001000 时，由于译码规则具有歧义，不一定能正确解码出信源发出的信息，因此码 C_1 和 C_2 不是唯一可译码。若码组在进行传输时不需要知道后续码字符号即可完成对当前码字的译码，则这种唯一可译码称为即时码（具有即时性），反之称为非即时码。

（3）定长码、变长码、平均码字长度

在进行无失真编码时，通常可使用定长码与变长码两种编码方式。

定长码是指所有信源符号所分配的码字长度均相同的码组。此外，为了保证定长码的唯一可译性，信源 X 存在唯一可译定长码的条件为

$$n \leqslant r^l \tag{5-1-4}$$

其中，n 为信源 X 符号可能的取值个数，r 为码符号的取值个数，l 为定长码码长。

变长码是指所有信源符号所分配的码字长度存在不同的码组。变长码往往在码符号序列长度不大时就能编出编码效率很高的无失真信源编码码组。为了确保在接收端能够无失真地恢复信源的输出符号，变长码也应满足唯一可译码的条件。同时，为了能够使所编变长码能够即时可译，变长码还需要是即时码。变长码的平均码字长度是衡量其编码效率的重要数学描述，其表达式为

$$\overline{l} = \sum_{i=1}^{n} p(x_i) l_i \tag{5-1-5}$$

利用定长码、变长码进行压缩编码的主要方法如下。

熵编码方法：通过信源符号的出现概率分配码字长度，为出现概率大的信源符号赋予短码字，为出现概率小的信源符号赋予长码字，从而达到利用概率分布压缩编码的目的。例如香农编码方法、霍夫曼（Huffman）编码方法、费诺（Fano）编码方法等。

预测编码方法：通过信源的前一输出符号预测下一输出符号的出现情况，从而仅对变化的信息进行编码，实现编码信息量的减小；在接收端，同样通过基于前一符号对后一符号的预测和接收到的对变化信息进行的编码来恢复出完整信源符号信息。例如差分编码方法等。

变换编码方法：通过对信源输出信息进行变换，将信源符号从一种信号空间变换至另一种信号空间，然后针对变换的结果进行编码，从而达到压缩的目的。例如常见的 JPEG 图像编码方法，就利用了离散余弦变换（Discrete Cosine Transform，DCT）对图像进行压缩，再进行编码处理。

5.1.2 香农信源编码定理

显然，无论选择何种编码方法都不可能在无失真的前提下使平均码字长度无限减小，因此，对离散无记忆序列信源进行编码时平均码字长度的理论下界就显得十分重要了。香农信源编码定理正是在讨论这一理论下界。具体而言，香农信源编码定理又分为定长信源编码定理和变长信源编码定理。

1. 香农信源编码定理的分类

定长信源编码定理：对于信息熵为 $H(X)$ 的单符号（消息）信源模型 $X = (x_1, x_2, \cdots, x_n)$，对其进行 L 次无记忆扩展以获得离散无记忆序列信源，并用码符号集 $S = (s_1, s_2, \cdots, s_r)$ 对扩展结果进行定长编码，当 $\forall \varepsilon > 0$，$\sigma > 0$ 时，只要满足

$$\frac{l}{L} \log_2 r \geqslant H(X) + \varepsilon \tag{5-1-6}$$

则当 L 足够大时，必可使译码错误概率小于 σ。其中 l 为定长码码长，L 是原单符号信源无记忆扩展次数或离散无记忆序列信源的输出序列长度，r 为码符号种类数。

反之，若

$$\frac{l}{L} \log_2 r \leqslant H(X) - 2\varepsilon \tag{5-1-7}$$

则当 L 足够大时，译码错误概率趋于 1。

前者称为定长编码正定理，后者称为定长编码定理的逆定理。不等号左侧 $\frac{l}{L} \log_2 r$ 可以认为是编码器输出的单符号所携带的最大信息熵。因此，该定理说明：当编码器输出的单符号所携带的最大平均自信息量大于或等于原单符号信源的平均自信息量 $H(X) + \varepsilon$ 时，译码错误概率随着 L

增加而将小于 σ。

变长信源编码定理（香农第一定理）：利用与定长编码定理相同的信源模型，即信息熵为 $H(X)$ 的单符号（消息）信源模型 $X = (x_1, x_2, \cdots, x_n)$，对其进行 L 次无记忆扩展以获得离散无记忆序列信源，并用码符号集 $S = (s_1, s_2, \cdots, s_r)$ 对扩展结果进行变长编码。此时，总可以找到一种编码方法构成唯一可译码，使信源 X 中的每个信源符号所需的平均码字长度满足

$$\frac{H(X)}{\log_2 r} + \frac{1}{L} > \frac{\bar{l}}{L} \geqslant \frac{H(X)}{\log_2 r} \tag{5-1-8}$$

当 $L \to \infty$ 时，则有

$$\lim_{L \to \infty} \frac{\bar{l}}{L} = \frac{H(X)}{\log_2 r} \tag{5-1-9}$$

式中，$\bar{l}$ 是 L 次无记忆扩展以获得离散无记忆序列信源的信源符号 a_k 所对应的平均码字长度。变长信源编码定理是香农信息论的主要定理之一。

2. 编码效率

为了衡量不同编码的编码能力，引入编码效率。其表达式为

$$\eta = \frac{LH(X)}{\bar{l} \log_2 r} = \frac{H(X)}{R} \tag{5-1-10}$$

式中，R 定义为码组的编码速率，$R \triangleq \dfrac{\bar{l}}{L} \log_2 r$。

3. 编码的应用举例

许多常见的信息，尤其是数字信息，基本都需要进行编码处理，如音频/语音、图像、视频的压缩或非压缩编码广泛应用于各个领域。

音频 WAV 编码格式是一种对音频信号进行无失真编码的常见格式，其由两部分组成：第一部分为 WAV 头文件；第二部分为 PCM 编码的音频数据部分。其头文件部分通过固定的长度对音频文件的整体信息如声道数、采样率等文件参数进行编码，PCM 部分由不同声道的 8 位或 16 位 PCM 编码组成，从而构成整体的 WAV 音频编码文件。WAV 格式是一种标准数字音频文件，该文件能记录各种单声道或立体声道的声音信息，并能保证声音不失真，因此在各类信息平台上具有广泛的应用。图像 JPEG 压缩编码标准利用了离散余弦变换对原数字图像（Digital Image）分块进行处理，在变换域中低频使用较小的量化区间，而高频使用较大的量化区间甚至直接忽略。然后在量化结果中对直流系数（Direct Current，DC）进行 DPCM 差分编码，而交流系数（Alternating Current，AC）被映射至游程级进行压缩编码，二者均使用变长码进行编码，从而实现了图像的压缩编码处理。在视频数据压缩方面，常用的视频压缩编码格式有 h.264、h.265、MPEG-2、AC-1 等，这些编码格式在各类信息平台均有广泛应用。

5.2　采样

信源编码的对象是离散信源产生的离散消息，然而实际的通信系统中信源往往是连续的，这样就要求先将连续消息转换为离散消息。采样就是把时间上连续的模拟信号变成一系列时间上离散采样值的过程。在接收端则需要利用采样值无失真重建连续信号，而能否利用采样值序列来重建原信号是采样定理要回答的问题。采样定理是任何模拟信号（图像、语音等）数字化的理论基础。

采样定理指出，如果对一个**频带有限**、时间连续的模拟信号采样，当采样速率达到一定数值时，那么根据它的采样值序列就能无失真重建原信号。这样就为利用数字通信系统传输模拟信号

提供了基础。若想要传输模拟信号，不一定要传输模拟信号本身，而是仅须传输按采样定理得到的采样值序列即可。因此，采样定理是模拟信号数字化的理论依据。

根据信号是低通型的还是带通型的，采样定理可分为**低通采样定理**和**带通采样定理**；根据用来采样的脉冲序列是等间隔的还是非等间隔的，采样又可以分为均匀采样和非均匀采样；根据采样的脉冲序列是冲激序列还是非冲激序列，采样又可以分为理想采样和实际采样。

5.2.1　低通采样定理

对于一个时间连续信号 $m(t)$，其频带宽度限制在 $(0, f_H)$ 内，对其进行等间隔（均匀）采样，采样周期为 $T_s \leqslant \dfrac{1}{2f_H}$，则 $m(t)$ 可以被所得到的采样序列完全确定，即可由得到的采样值序列来恢复原信号 $m(t)$。

由低通采样定理可知，若 $m(t)$ 的频谱在某一频率 f_H 往上均为 0，则 $m(t)$ 的所有信息都被包含在其间隔不大于 $\dfrac{1}{2f_H}$ 的均匀采样序列中。因此，在该信号最高频率分量的每一个周期内最少要采样两次；或者说，对信号 $m(t)$ 的采样速率 f_s（每秒内的采样点数）应该不小于 $2f_H$，否则，恢复原信号会产生失真，这种失真叫**混叠失真**。

下面从频域角度来进行证明。

设采样脉冲序列为一个周期性的冲激序列，因此该序列可以表示为

$$\delta_T(t) = \sum_{n=-\infty}^{\infty} \delta(t - nT_s) \tag{5-2-1}$$

由于 $\delta_T(t)$ 具有周期性，其频谱 $\delta_T(\omega)$ 必然是离散的，对 $\delta_T(t)$ 求傅里叶变换，可以得到

$$\delta_T(\omega) = \frac{2\pi}{T_s} \sum_{n=-\infty}^{\infty} \delta(\omega - n\omega_s), \quad \omega_s = 2\pi f_s = \frac{2\pi}{T_s} \tag{5-2-2}$$

采样过程可以看作 $m(t)$ 与 $\delta_T(t)$ 的乘积，即采样得到的信号 $m_s(t)$ 可以表示为

$$m_s(t) = m(t)\delta_T(t) \tag{5-2-3}$$

根据冲激函数的性质，$m(t)$ 与 $\delta_T(t)$ 相乘得到的 $m_s(t)$ 同样也是一个冲激序列，其冲激的强度等于 $m(t)$ 在相应采样时刻的取值，即 $m(nT_s)$。由此可知，采样后的信号可以表示为

$$m_s(t) = \sum_{n=-\infty}^{\infty} m(nT_s)\delta(t - nT_s) \tag{5-2-4}$$

上述关系的时间波形如图 5-2-1（a）、图 5-2-1（c）、图 5-2-1（e）所示。

根据频域卷积定理可知，式（5-2-3）所表示的采样后信号 $m_s(t)$ 的频谱 $M_s(\omega)$ 为

$$M_s(\omega) = \frac{1}{2\pi}[M(\omega)\delta_T(\omega)] \tag{5-2-5}$$

式中，$M(\omega)$ 为低通信号 $m(t)$ 的频谱，其最高频率为 ω_H，如图 5-2-1（b）所示。将式（5-2-2）代入式（5-2-5）中可得

$$M_s(\omega) = \frac{1}{T_s}\left[M(\omega)\sum_{n=-\infty}^{\infty}\delta(\omega - n\omega_s)\right] \tag{5-2-6}$$

由冲激卷积性质，式（5-2-6）可化简为

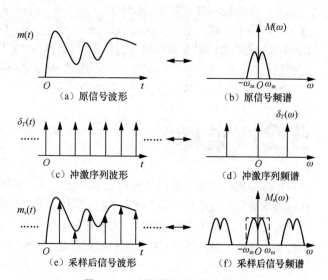

图 5-2-1　采样过程中的波形与频谱

$$M_s(\omega)=\frac{1}{T_s}\sum_{n=-\infty}^{\infty}M(\omega-n\omega_s) \tag{5-2-7}$$

图 5-2-1（f）所示采样后信号频谱 $M_s(\omega)$ 由无限多个间隔为 ω_s（采样率）的 $M(\omega)$ 互相叠加而成，所以可知采样后的信号 $m_s(t)$ 包含原信号 $m(t)$ 的所有信息。因此，当 $\omega_s\geqslant2\omega_H$ 时，即采样间隔

$$T_s\leqslant\frac{1}{2f_H} \tag{5-2-8}$$

则在相邻的 $M(\omega)$ 之间没有混叠，此时位于 $n=0$ 处的频谱就是信号频谱 $M(\omega)$ 本身。因此，在接收端仅须采用一个低通滤波器，即可从 $M_s(\omega)$ 中得到 $M(\omega)$，从而实现由 $M(\omega)$ 无失真地恢复原信号。

如果 $\omega_s<2\omega_H$，则采样间隔 $T_s>\frac{1}{2f_H}$，此时无法由采样后的信号无失真恢复原信号，这是由于采样后信号的频谱在相邻周期内会发生混叠现象，如图 5-2-2 所示。因此，为了从 $m_s(t)$ 中无失真地恢复 $m(t)$，必须要求采样间隔 $T_s\leqslant\frac{1}{2f_H}$，由此可以证明低通采样定理。由不等式可知，

$T_s=\frac{1}{2f_H}$ 是允许的最大采样间隔，也被称为**奈奎斯特（Nyquist）间隔**；相对应的最低采样速率 $f_s=2f_H$ 称为**奈奎斯特速率**。

下面从时域角度证明低通采样定理，重点是找出 $m(t)$ 与各采样值之间的关系。如果 $m(t)$ 任一时刻的取值都能表示成各采样值的函数，则意味着 $m(t)$ 可以由采样值唯一确定。

理想采样与信号恢复的系统框图如图 5-2-3 所示。

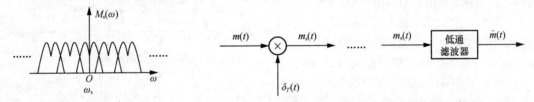

图 5-2-2　混叠现象频谱　　　　图 5-2-3　理想采样与信号恢复的系统框图

从频域证明中可知，将 $M_s(\omega)$ 通过截止频率为 ω_H 的低通滤波器就可以得到原信号的频谱 $M(\omega)$。显然，低通滤波器的作用等效于用一个门函数 $D_{\omega_H}(\omega)$ 乘以 $M_s(\omega)$，门函数即对应图 5-2-1（f）中的虚线矩形框。因此，由式（5-2-7）可得

$$M_s(\omega)D_{\omega_H}(\omega)=\frac{1}{T_s}\sum_{n=-\infty}^{\infty}M(\omega-n\omega_s)D_{\omega_H}(\omega)=\frac{1}{T_s}M(\omega) \tag{5-2-9}$$

故

$$M(\omega)=T_s[M_s(\omega)D_{\omega_H}(\omega)] \tag{5-2-10}$$

将时域卷积定理用于式（5-2-10），可以得到

$$m(t)=T_s\left[m_s(t)\frac{\omega_H}{\pi}\mathrm{Sa}(\omega_Ht)\right]=m_s(t)\mathrm{Sa}(\omega_Ht) \tag{5-2-11}$$

式中，$\mathrm{Sa}(\omega_Ht)=\frac{\sin(\omega_Ht)}{\omega_Ht}$，也称采样函数。由式（5-2-4）可知采样信号为

$$m_s(t)=\sum_{n=-\infty}^{\infty}m(nT_s)\delta(t-nT_s) \tag{5-2-12}$$

所以可得

$$m(t) = \sum_{n=-\infty}^{\infty} m(nT_s)\delta(t-nT_s)\mathrm{Sa}(\omega_H t) = \sum_{n=-\infty}^{\infty} m(nT_s)\mathrm{Sa}[\omega_H(t-nT_s)]$$

$$= \sum_{n=-\infty}^{\infty} m(nT_s)\frac{\sin[\omega_H(t-nT_s)]}{\omega_H(t-nT_s)}$$

（5-2-13）

式中，$m(nT_s)$ 为 $m(t)$ 在 $t = nT_s (n = 0,\pm1,\pm2,\cdots)$ 时刻的采样值。

式（5-2-13）是重建信号的时域表达式，被称为内插公式。它说明通过奈奎斯特速率采样的带限信号可以利用内插公式由其采样值重建。这一重建过程相当于将采样后的信号通过一个具有冲激响应 $\mathrm{Sa}(\omega_H t)$ 的理想低通滤波器，从而重建出 $m(t)$。图 5-2-4 描述了由式（5-2-13）重建信号的过程。

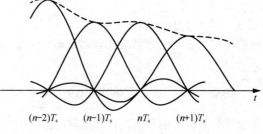

图 5-2-4　信号重建过程

由图 5-2-4 可见，以每个样值为峰值画一个 $\mathrm{Sa}(\omega_H t)$ 函数的波形，则合成的波形就是 $m(t)$。也可以说，连续信号 $m(t)$ 可以展开成 $\mathrm{Sa}(\omega_H t)$ 函数的无穷级数，级数的系数等于抽样值 $m(nT_s)$，其中 $\mathrm{Sa}(\omega_H t)$ 函数又称为采样函数。

带通信号采样

5.2.2　带通采样定理

在 5.2.1 小节中我们讨论并证明了低通采样定理。但是在实际应用中，许多信号都是带通信号，如频分多路复用 60 路超群载波电话信号，其频率范围为 312kHz～552kHz，带宽 $B = f_H - f_L = 552 - 312 = 240\mathrm{kHz}$。对于一个频谱如图 5-2-5（a）所示的带通信号，若利用低通采样定理（即采样速率 $f_s \geq 2f_H$）对其采样，则肯定可以满足频谱不混叠的要求。但这样会带来一个问题，选择的采样速率 f_s 过高，导致所需要的 ADC 采样率及后续数字信号处理速率过高，极大地提高了器件成本和功耗。为了降低器件成本和功耗，同时保证采样后的信号频谱不发生混叠，故这里需要使用带通采样定理。

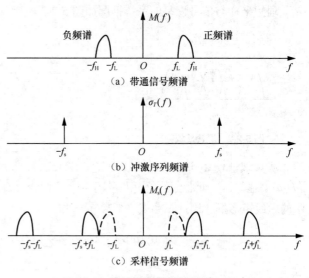

图 5-2-5　带通信号的采样频谱（$f_s=2f_H$）

带通采样定理：一个带通信号 $m(t)$，其频率范围在 f_L 与 f_H 之间，带宽为 $B = f_H - f_L$，若最小（均匀）采样速率 $f_s = \dfrac{2f_H}{m}$，m 是一个不超过 $\dfrac{f_H}{B}$ 的最大整数，那么 $m(t)$ 可完全由其采样值确定。下面分两种情况进行说明。

（1）若最高频率 f_H 为带宽的整数倍，即 $f_H = nB$，n 为整数，则 $m = n$，采样速率 $f_s = \dfrac{2f_H}{m} = 2B$。图 5-2-6 为 $f_H = 5B$ 时带通信号的采样频谱。从图 5-2-6 中可知，采样后的信号频谱 $M_s(\omega)$ 既没有混叠也没有产生空隙，同时包含原信号的频谱 $M(\omega)$。此时利用带通滤波器就可以无失真地恢复原信号，且此时采样速率为 $2B$，远低于按照低通采样定理时 $f_s = 10B$ 的要求。由图 5-2-6 可知，

若 f_s 再减小，则必然会发生混叠，产生混叠失真。由此可知，当 $f_H = nB$ 时，重建原信号 $m(t)$ 的最小采样频率为

$$f_s = 2B \qquad (5-2-14)$$

（2）若最高频率 f_H 不为带宽的整数倍，即

$$f_H = nB + kB, \ 0 < k < 1 \quad (5-2-15)$$

式（5-2-15）可化为 $\dfrac{f_H}{B} = n + k$，则可知 m 是不超过 $n+k$ 的最大整数，显然 $m = n$。此时能恢复出原信号的最小采样速率为

$$f_s = \frac{2f_H}{m} = \frac{2(nB + kB)}{n}$$
$$= 2B\left(1 + \frac{k}{n}\right) \qquad (5-2-16)$$

式（5-2-16）中 n 是一个不超过 $\dfrac{f_H}{B}$ 的最大整数，且 $0 < k < 1$。

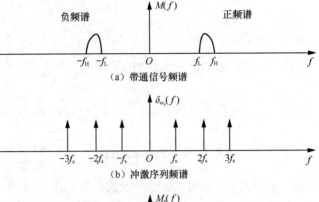

（a）带通信号频谱

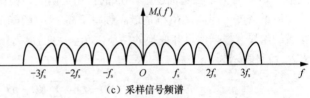

（b）冲激序列频谱

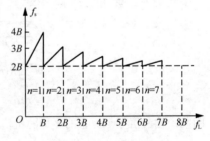

（c）采样信号频谱

图 5-2-6　$f_H=5B$ 时带通信号的采样频谱

由式（5-2-16）和关系 $f_H = B + f_L$ 画出的 f_s 与 f_L 之间的关系如图 5-2-7 所示。由图 5-2-7 可知，f_s 在 $2B \sim 4B$ 范围内取值，当 $f_L \gg B$ 时，f_s 将会趋近于 $2B$。从式（5-2-16）中也可以得到此结论，当 $f_L \gg B$ 时，n 很大，则 $\dfrac{k}{n}$ 趋近于 0，所以此时不论 f_H 是否为带宽的整数倍，式（5-2-16）可化为

$$f_s \approx 2B \qquad (5-2-17)$$

实际应用中，高频信号就符合这种情况，这是因为 f_H 大而 B 小，f_L 当然也大，很容易满足 $f_L \gg B$。在软件无线电技术中，对中频信号的 A/D 转换就是根据带通采样定理实现的。为保证采样后的信号不发生混叠失真，则采样速率应该满足

$$\frac{2f_H}{N} \leqslant f_s \leqslant \frac{2f_L}{N-1} \qquad (5-2-18)$$

其中 N 为正整数且满足 $2 \leqslant N \leqslant \dfrac{f_H}{B}$。

图 5-2-7　f_s 与 f_L 之间的关系

对于一个携带信息的基带信号，我们可以将其视为**随机基带信号**。若该随机基带信号是平稳随机过程，则可以证明一个宽平稳的随机信号，当其功率谱密度函数限于 f_H 以内时，若以不大于 $\dfrac{1}{2f_H}$ 的间隔进行均匀采样，则可得到一个随机样值序列。若让该随机样值序列通过一个截止频率为 f_H 的低通滤波器，则其输出信号与原来的平稳随机信号的均方差在统计平均意义下为 0。下面对上述宽平稳随机过程的采样定理进行证明。

根据低通采样定理，对随机过程 $X(t)$ 以 T_s 为时间间隔进行低通采样并进行重建，重建后得到的输出信号为

$$X_o(t) = \sum_n X(nT_s)\mathrm{Sa}\left(\frac{t}{T_s} - n\right) \qquad (5-2-19)$$

则平稳随机信号和输出信号的误差信号为

$$e(t) = X(t) - X_o(t)$$

$$= X(t) - \sum_n X(nT_s)\mathrm{Sa}\left(\frac{t}{T_s} - n\right) \tag{5-2-20}$$

该误差信号的均方值为

$$E[\,|e(t)|^2\,] = E[X(t)^2] - 2E\left[X(t)\sum_n X(nT_s)\mathrm{Sa}\left(\frac{t}{T_s} - n\right)\right] +$$

$$E\left[\sum_m X(mT_s)\mathrm{Sa}\left(\frac{t}{T_s} - m\right)\sum_n X(nT_s)\mathrm{Sa}\left(\frac{t}{T_s} - n\right)\right] \tag{5-2-21}$$

$$= R(0) - 2\sum_n R(t - nT_s)\mathrm{Sa}\left(\frac{t}{T_s} - n\right) + \sum_m\sum_n R(mT_s - nT_s)\mathrm{Sa}\left(\frac{t}{T_s} - m\right)\mathrm{Sa}\left(\frac{t}{T_s} - n\right)$$

式中，$R(\tau)$ 为宽平稳随机过程 $X(t)$ 的自相关函数，根据维纳-辛钦定理，其傅里叶变换即为 $X(t)$ 的功率谱密度。因此，$R(\tau)$ 是最高频率不高于 f_H 的确定函数，而 $R(t - \tau)$ 是对 $R(\tau)$ 进行反褶、时移后的结果。根据傅里叶变换的性质，$R(t - \tau)$ 的最高频率同样不高于 f_H。故根据低通采样定理，$R(t - \tau)$ 可表示为

$$R(t - \tau) = \sum_n R(t - nT_s)\,\mathrm{Sa}\left(\frac{\tau}{T_s} - n\right) \tag{5-2-22}$$

于是可以得到

$$\sum_n R(t - nT_s)\,\mathrm{Sa}\left(\frac{t}{T_s} - n\right) = R(t - t) = R(0) \tag{5-2-23}$$

同理，有

$$\sum_m\sum_n R(mT_s - nT_s)\,\mathrm{Sa}\left(\frac{t}{T_s} - m\right)\mathrm{Sa}\left(\frac{t}{T_s} - n\right)$$

$$= \sum_n\left[\sum_m R(mT_s - nT_s)\,\mathrm{Sa}\left(\frac{t}{T_s} - m\right)\right]\mathrm{Sa}\left(\frac{t}{T_s} - n\right) \tag{5-2-24}$$

$$= \sum_n R(t - nT_s)\,\mathrm{Sa}\left(\frac{t}{T_s} - n\right)$$

$$= R(0)$$

因此，输出信号与原来的平稳随机信号的均方差为

$$E[\,|e(t)|^2\,] = R(0) - 2\sum_n R(t - nT_s)\,\mathrm{Sa}\left(\frac{t}{T_s} - n\right) + \sum_m\sum_n R(mT_s - nT_s)\,\mathrm{Sa}\left(\frac{t}{T_s} - m\right)\mathrm{Sa}\left(\frac{t}{T_s} - n\right)$$

$$= R(0) - 2R(0) + R(0) \tag{5-2-25}$$

$$= 0$$

这样就证明了平稳随机过程的采样定理。上述证明说明从统计观点来看，对频带受限的宽平稳随机信号进行采样，同样服从采样定理。

采样定理不仅为模拟信号数字化奠定了理论基础，同样还是时分复用、信号分析、信号处理的理论依据，这一点将在以后有关章节中介绍。

5.2.3　实际采样

在前文中，我们讨论的连续波调制基本都是以连续振荡的正弦波信号作为载波。但是正弦信号并非是唯一的载波形式，在时间上离散的脉冲序列同样可以作为载波使用。脉冲模拟调制就是用时间上离散的脉冲串来作为载波，用模拟基带信号 $m(t)$ 去控制脉冲串的某些参数，使其按照基

带信号的变化来进行调制的方式。根据基带信号改变脉冲序列的不同参数，调制可划分为不同的调制方式。通过改变脉冲序列的幅值 A 进行的调制，称为**脉冲振幅调制**（Pulse Amplitude Modulation，PAM），简称**脉幅调制**；通过改变脉冲序列的宽度 τ 进行的调制，称为**脉冲宽度调制**（Pulse Duration Modulation，PDM），简称**脉宽调制**；通过改变脉冲序列的位置 P 进行的调制，称为**脉冲位置调制**（Pulse Position Modulation，PPM），简称**脉位调制**。

脉冲振幅调制是指脉冲序列宽度 τ 和位置 P 保持不变的情况下，脉冲序列的幅度 A 随着模拟基带信号 $m(t)$ 线性变化的调制方式。同理，脉冲宽度调制是指脉冲序列幅值 A 和位置 P 保持不变的情况下，脉冲序列的宽度 τ 随着模拟基带信号 $m(t)$ 线性变化的调制方式；脉冲位置调制是指脉冲序列幅值 A 和宽度 τ 保持不变的情况下，脉冲序列的位置 P 随着模拟基带信号 $m(t)$ 线性变化的调制方式。3 种脉冲调制的波形如图 5-2-8 所示。这 3 种信号在时间上离散，但是受调变量的变化是连续的。

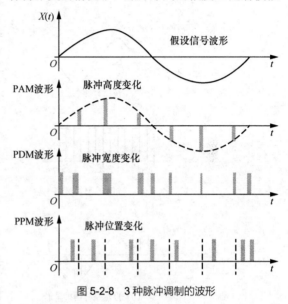

图 5-2-8　3 种脉冲调制的波形

脉冲振幅调制是脉冲载波的幅度随基带信号线性变化的一种调制方式。若脉冲载波是**冲激脉冲序列**，则前文讨论的采样定理就是脉冲振幅调制的原理，即按照采样定理进行采样得到的信号 $m_s(t)$ 就是一个 PAM 信号。

采样定理中用冲激脉冲序列 $\sigma_T(t)$ 进行采样称为**理想采样**，但是在实际应用中，冲激脉冲无法实现。即使可以获得冲激脉冲，由其采样后得到的信号频谱是无限宽、幅度是无穷大的，对有限带宽的信道和有限精度的电子器件而言是无法进行传输和处理的。因此，在实际应用中通常采用脉冲宽度相对于采样周期很窄的窄脉冲序列来代替冲激脉冲序列，从而实现对模拟基带信号的采样。下面将介绍自然采样和平顶采样这两种利用窄脉冲序列进行采样的方式。

1．自然采样

自然采样又被称为**曲顶采样**，是指采样后的脉冲幅度随被采样信号 $m(t)$ 变化，其原理图如图 5-2-9 所示。

设模拟基带信号 $m(t)$ 的波形和频谱如图 5-2-10（a）和图 5-2-10（b）所示，

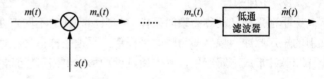

图 5-2-9　自然采样的脉冲调幅原理图

脉冲序列以 $s(t)$ 表示，它是宽度为 τ、周期为 T_s 的矩形窄脉冲序列，其中 T_s 是由采样定理确定的；为方便计算，这里取 $T_s = \dfrac{1}{2f_H}$。$s(t)$ 的波形和频谱如图 5-2-10（c）和图 5-2-10（d）所示，则自然采样信号 $m_n(t)$ 为 $m(t)$ 与 $s(t)$ 的乘积，即

$$m_n(t) = m(t)s(t) \tag{5-2-26}$$

$m_n(t)$ 的波形如图 5-2-10（e）所示。$s(t)$ 的频谱表达式为

$$S(\omega) = \frac{2\pi\tau}{T_s} \sum_{n=-\infty}^{\infty} \mathrm{Sa}(n\tau\omega_H)\delta(\omega - 2n\omega_H) \tag{5-2-27}$$

由频域卷积定理可知 $m_n(t)$ 的频谱为

$$M_n(\omega) = \frac{1}{2\pi}[M(\omega)S(\omega)] = \frac{A\tau}{T_s}\sum_{n=-\infty}^{\infty}\text{Sa}(n\tau\omega_H)M(\omega - 2n\omega_H) \qquad (5\text{-}2\text{-}28)$$

其频谱如图 5-2-10（f）所示。与理想采样的频谱相似，$m_n(t)$ 的频谱也是由无限多个间隔为 $\omega_S = 2\omega_H$ 的 $M(\omega)$ 频谱之和组成的，其中 $n = 0$ 的成分就是 $\frac{\tau}{T_s}M(\omega)$，与原信号频谱相差一个比例常数 $\frac{\tau}{T_s}$，因此我们可以利用低通滤波器从 $M_n(\omega)$ 中提取原信号频谱 $M(\omega)$，从而恢复出原信号 $m(t)$。

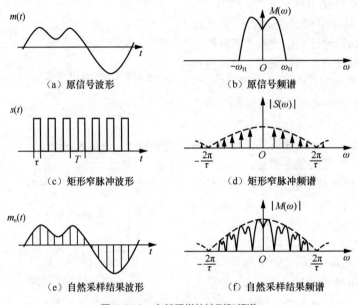

（a）原信号波形　　　　　　　　（b）原信号频谱

（c）矩形窄脉冲波形　　　　　　（d）矩形窄脉冲频谱

（e）自然采样结果波形　　　　　（f）自然采样结果频谱

图 5-2-10　自然采样的波形和频谱

比较式（5-2-6）和式（5-2-28），可以发现这两式的区别在于：理想采样的频谱被常数 $\frac{1}{T_s}$ 加权，所以信号带宽为无穷大；自然采样频谱的包络按照 Sa 函数随频率增高而下降，带宽与脉冲宽度 τ 有关。τ 的大小要兼顾带宽和复用路数的要求。

2．平顶采样

平顶采样又被称为**瞬时采样**。与自然采样的不同点在于，其采样后信号中的脉冲均是顶部平坦的矩形脉冲，幅度即为瞬时采样值。平顶采样信号在原理（见图 5-2-11（a））上可以由理想采样和脉冲形成电路产生，其中通过脉冲形成电路可以把冲激脉冲变为矩形脉冲。

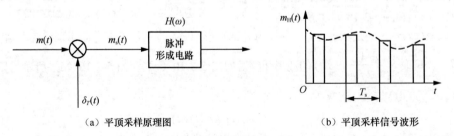

（a）平顶采样原理图　　　　　　（b）平顶采样信号波形

图 5-2-11　平顶采样原理图及平顶采样信号波形

设基带信号为 $m(t)$，其经过理想采样后得到的信号 $m_s(t)$ 可以用式（5-2-4）表示，即

$$m_s(t) = \sum_{n=-\infty}^{\infty} m(nT_s)\delta(t - nT_s) \qquad (5\text{-}2\text{-}29)$$

由式（5-2-29）可知，$m_s(t)$ 是由一系列被 $m(nT_s)$ 加权的冲激序列组成的，而 $m(nT_s)$ 就是第 n 个采样值的幅度。然后经过矩形脉冲 $h(t)$ 的形成电路，当输入一个冲激信号时，其输出端便会产生一个幅度为 $m(nT_s)$ 的矩形脉冲 $h(t-nT_s)$，因此在 $m_s(t)$ 的作用下，输出一系列被 $m(nT_s)$ 加权的矩形脉冲序列，该序列就是平顶采样信号 $m_H(t)$，其表示为

$$m_H(t) = \sum_{n=-\infty}^{\infty} m(nT_s)h(t-nT_s) \tag{5-2-30}$$

其波形如图 5-2-11（b）所示。

设脉冲形成电路的冲激响应为 $h(t)$，传输函数为 $H(\omega)$，则输出的平顶采样信号 $m_H(t)$ 的频谱 $M_H(\omega)$ 为

$$M_H(\omega) = M_s(\omega)H(\omega) \tag{5-2-31}$$

利用式（5-2-6）的结果，可以将式（5-2-31）变为

$$M_H(\omega) = \frac{1}{T_s}H(\omega)\sum_{n=-\infty}^{\infty} M(\omega-2n\omega_H) = \frac{1}{T_s}\sum_{n=-\infty}^{\infty} H(\omega)M(\omega-2n\omega_H) \tag{5-2-32}$$

由式（5-2-32）可知，平顶采样的 PAM 信号频谱 $M_H(\omega)$ 是由 $H(\omega)$ 加权后周期性重复的 $M(\omega)$ 所组成的。但是由于 $H(\omega)$ 是 ω 的函数，如果直接用低通滤波器进行恢复，得到的是 $\dfrac{M(\omega)H(\omega)}{T_s}$，必然会存在频率失真，这种失真通常被称为**孔径失真**。

为了从 $m_H(t)$ 中恢复原信号 $m(t)$，我们可以采用图 5-2-12 所示的平顶采样信号的恢复原理。由图 5-2-12 可知，在低通滤波器之前先用特性为 $\dfrac{1}{H(\omega)}$ 的频谱校正网络以进行信号修正，再经过低通滤波器就可以无失真地恢复原基带信号 $m(t)$。

在实际应用中，平顶采样信号通过利用采样保持电路来实现，得到的脉冲为矩形脉冲。在 5.4 节中讨论 PCM 系统编码时，编码器的输入就是经过采样保持电路得到的平顶采样脉冲。

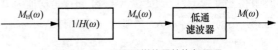

图 5-2-12　平顶采样信号的恢复原理

由于用于恢复信号的低通滤波器不可能是理想的，并考虑到实际滤波器可能实现的特性，因此采样速率 f_s 要选得比 $2f_H$ 大一些。例如，语音信号频率一般为 300Hz～3400Hz，采样速率 f_s 一般取 8000Hz。

以上按自然采样和平顶采样均可以构成 PAM 信号。虽然在信道中可以直接传输此 PAM 信号，但由于此类信号抗干扰能力差，因此目前已经很少应用。它已被性能良好的脉冲编码调制所取代。

5.3　量化

从数学上来看，量化过程就是把一个连续幅度值的无限数集合映射成一个离散幅度值的有限数集合。经过采样的模拟信号在时间上是离散的，而在取值上仍是连续的。显然，这种连续的值同样无法被数字系统所存储、处理、传输。因此，为了实现模拟信号的数字化，还需要对采样后的信号进行采样值的离散化处理，这一处理过程就是**量化**。

5.3.1　量化的基本原理

用预先规定的、离散的、有限个电平表示模拟信号的采样值的过程称为量化。在常见的数字系统中，经常使用二进制符号对模拟信号的采样结果进行量化处理。如果用 N 位二进制序列对离

散的模拟信号进行量化，则最多可量化出 $M = 2^N$ 个量化结果，这些结果电平称为**量化电平**。量化的过程就是将模拟信号的采样值与这 M 个量化电平进行对应。此过程中的信号幅值由无穷多个取值变为了仅有 M 个取值，显然会与原本采样值之间产生误差，此种误差称为**量化误差**。量化的物理过程如图 5-3-1 所示。

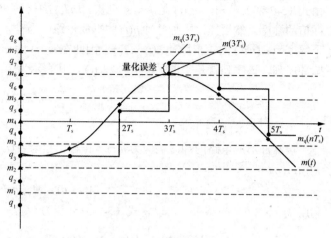

图 5-3-1 中 $m(t)$ 为模拟信号，$m(nT_s)$ 为 $m(t)$ 的第 n 个采样值，$m_q(t)$ 表示整个折线信号（量化后的信号）。$q_1 \sim q_M$ 为规定的量化电平，这里 $M = 8$；m_i 为第 i 个量化区间的**分层电平**，分层电平之间的间隔 $\Delta V_i = m_i - m_{i-1}$，称为**量化间隔**。因此从图 5-3-1 中可以看出，量化过程就是将模拟信号的采样值 $m(nT_s)$ 转换为 M 个规定的量化电平 $q_1 \sim q_M$ 之一，用公式表示为

$$m(nT_s) = q_i, \ m_{i-1} \leqslant m(nT_s) \leqslant m_i \qquad (5\text{-}3\text{-}1)$$

从图 5-3-1 中还可以看出，量化信号为原模拟信号抽样值的近似，因此存在与原样值的偏差，也即量化误差。对于一般的随机信号，量化误差也是随机的。同时，量化误差的大小也将影响信号的通信质量，因此也称量化误差为**量化噪声**，常用其均方误差度量。为方便起见，假设 $m(t)$ 是均值为 0、概率密度为 $f(x)$ 的平稳随机过程，并用简化符号 m 表示模拟信号的抽样结果 $m(nT_s)$，用 m_q 表示量化信号，则量化噪声的均方误差为

量化噪声

$$P_{N_q} = E[(m - m_q)^2] = \int_{-\infty}^{\infty} (x - m_q)^2 f(x) \mathrm{d}x \qquad (5\text{-}3\text{-}2)$$

式中，E 表示随机变量的期望，即统计平均。在信源统计分布已知的情况下 $f(x)$ 已知，因此，量化误差的均方误差（平均功率）与量化间隔的分割有关。在一定约束条件下使量化噪声平均功率最小的量化过程，称为**最优量化**。显然，最优量化与信源的情况有关。常见的约束条件主要有电平数一定情况下的最优量化器和熵约束下的最佳量化器。

5.3.2　均匀量化

均匀量化是指将输入信号进行等间隔量化的量化过程。均匀量化过程中量化区间的量化电平定于该量化区间的中点。其量化间隔的大小 ΔV 取决于量化电平数和输入信号的动态变化范围，即最大值 b 和最小值 a 之间。当量化电平数为 M 时，均匀量化的量化间隔为

$$\Delta V = \frac{b - a}{M} \qquad (5\text{-}3\text{-}3)$$

量化区间终点可以写为

$$m_i = a + i\Delta V, \ i = 0, 1, 2, \cdots, M \qquad (5\text{-}3\text{-}4)$$

第 i 个量化区间的量化电平 q_i 取量化区间的中点，即

$$q_i = \frac{m_i + m_{i-1}}{2}, \ i = 1, 2, \cdots, M \qquad (5\text{-}3\text{-}5)$$

对于不同的输入信号，在量化范围 (a, b) 内信号量化所产生量化误差的绝对值为 $|e_q| \leqslant \dfrac{\Delta V}{2}$；当输入信

号的幅度超出量化范围 (a,b) 时，绝对量化误差为 $|e_q| > \dfrac{\Delta V}{2}$，此时称为**过载**或**饱和**。由过载产生的误差称为**过载噪声**，过载区的误差特性是线性增长的，过载噪声对重建信号的影响更为严重。因此，在设计量化器时，应综合考虑量化范围和过载噪声。在电平数一定的条件下，增大量化范围虽然可以有效地减小信号的过载可能性，但是增加了在量化范围内的量化噪声。量化范围过小则会有较大的可能性出现信号过载，从而导致过载噪声的出现。因此设计量化器时，应确保信号量化范围和输入信号范围大小适当。

图 5-3-2 为中升均匀量化器的量化特性，中升均匀量化器即在 0 电平输入时映射为其他量化电平，0 为一分层电平。其中图 5-3-2（a）量化器的输入与输出关系曲线，图 5-3-2（b）为输入与量化噪声的关系曲线。此外还有中平均匀量化器，即在 0 电平输入时量化为 0 电平，0 不为分层电平。

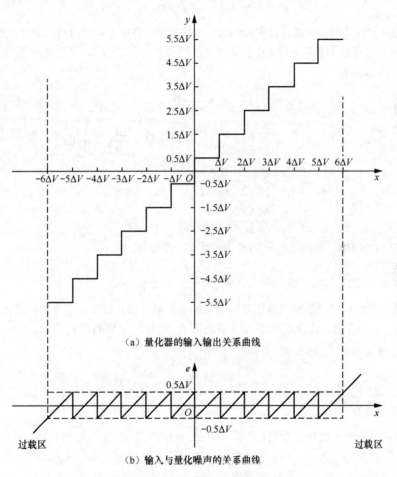

（a）量化器的输入输出关系曲线

（b）输入与量化噪声的关系曲线

图 5-3-2　中升均匀量化器的量化特性

在衡量量化器的量化性能时，单看绝对误差大小是不全面的，因为在信号本身的功率不同时，绝对误差的影响是不同的。例如，在绝对误差大小一定的情况下，大信号受影响较小，而小信号受影响较大。因此，在衡量系统性能时，常用**量化信噪比**来衡量量化器的性能。量化信噪比定义为信号功率与量化噪声功率之比，即

$$\frac{P_s}{P_{N_q}} = \frac{E[m^2]}{E[(m - m_q)^2]} \tag{5-3-6}$$

式中，P_s 为信号功率，P_{N_q} 为量化噪声功率。显然，在此种归一化衡量下，量化信噪比越大越好。下面分析均匀量化的量化信噪比。

由式（5-3-2）可得量化噪声功率 P_{N_q} 为

$$P_{N_q} = E[(m - m_q)^2] = \int_{-\infty}^{\infty} (x - m_q)^2 f(x) \mathrm{d}x = \int_a^b (x - m_q)^2 f(x) \mathrm{d}x \tag{5-3-7}$$

将积分区间依 M 个量化间隔分割，则有

$$P_{N_q} = \sum_{i=1}^{M} \int_{m_{i-1}}^{m_i} (x - q_i)^2 f(x) \mathrm{d}x \tag{5-3-8}$$

式中，分层电平 $m_i = a + i\Delta V$，$i = 0, 1, 2, \cdots, M$；量化电平 $q_i = a + i\Delta V - \dfrac{\Delta V}{2}$，$i = 1, 2, \cdots, M$。

输入信号的平均功率为

$$P_s = E[m^2] = \int_{-\infty}^{\infty} x^2 f(x) \mathrm{d}x = \int_a^b x^2 f(x) \mathrm{d}x \tag{5-3-9}$$

若给出输入信号的概率分布特性和量化器的量化电平、分层电平等信息，即可计算量化信噪比。

若输入信号是在区间 $[-V, V]$ 均匀分布的随机信号，对其进行 M 个量化电平的均匀量化，则此时的量化噪声功率为

$$
\begin{aligned}
P_{N_q} &= \int_{-V}^{+V} (x - m_q)^2 \frac{1}{2V} \mathrm{d}x \\
&= \sum_{i=1}^{M} \int_{-V+(i-1)\Delta V}^{-V+i\Delta V} \left(x + V - i\Delta V + \frac{\Delta V}{2} \right)^2 \frac{1}{2V} \mathrm{d}x \\
&= \sum_{i=1}^{M} \left(\frac{1}{2V} \right) \left(\frac{\Delta V^3}{12} \right) \\
&= \frac{M\Delta V^3}{24V}
\end{aligned}
\tag{5-3-10}
$$

注意到 $M\Delta V = 2V$，则此条件下的噪声功率 P_{N_q} 可写为

$$P_{N_q} = \frac{\Delta V^2}{12} = \frac{V^2}{3M^2} \tag{5-3-11}$$

该式可推广至分层电平很密且各层之间的量化噪声相互独立的情况，也即在量化区间 $(m_{i-1}, m_i]$ 内 $f(x) \approx f(q_i)$ 为一常量。在此条件下，噪声功率 P_{N_q} 与输入信号的形式无关。

而输入信号功率由式（5-3-9）可得信号功率 P_s 为

$$P_s = \int_{-V}^{+V} x^2 \frac{1}{2V} \mathrm{d}x = \frac{\Delta V^2}{12} \cdot M^2 \tag{5-3-12}$$

因此，量化信噪比为

$$\frac{P_s}{P_{N_q}} = M^2 \tag{5-3-13}$$

或

$$\frac{P_s}{P_{N_q}} = 20 \lg M \text{（dB）} \tag{5-3-14}$$

由式（5-3-14）可知，增加量化电平数 M 即可增加量化信噪比。

通常，量化电平数应综合实际需求设定。若量化电平数过高，则量化编码后所需的符号序列过长，则相同采样速率下通信系统所需带宽越大。若量化电平数 M 过小，则会导致量化信噪比过小，信号质量变差。因此，综合考虑系统带宽、所需信号质量是设计均匀量化器的重点。

【例题 5-3-1】 设输入量化器信号的概率密度函数图如图 5-3-3 所示，量化电平为 $(1,3,5,7)$，计算量化器输出的均方误差畸变，以及

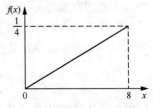

图 5-3-3 输入量化器信号的概率密度分布函数图

输出信号量化信噪比。

解：设该量化器均匀量化，则量化器输出的均方误差畸变为

$$N_q = \int_0^2 (x-1)^2 f(x)dx + \int_2^4 (x-3)^2 f(x)dx + \int_4^6 (x-5)^2 f(x)dx + \int_6^8 (x-7)^2 f(x)dx = \frac{1}{3} \quad (5\text{-}3\text{-}15)$$

输出信号功率为

$$S_q = \int_0^8 x^2 f(x)dx = 32 \quad (5\text{-}3\text{-}16)$$

输出信号量化信噪比为

$$SNR_o = 10\lg\frac{S_q}{N_q} = 10\lg 96 = 19.82\,(dB) \quad (5\text{-}3\text{-}17)$$

下面讨论常见的正弦信号和语音信号。

对于输入不过载的正弦信号记为 $m(t)$，设信号幅度为 A_m，则其功率 $P_s = \frac{A_m^2}{2}$。而由式（5-3-11）可知量化噪声功率为 $P_{N_q} = \frac{\Delta V^2}{12} = \frac{V^2}{3M^2}$，则量化信噪比可写为

$$SNR = \frac{P_s}{P_{N_q}} = \frac{A_m^2/2}{\Delta V^2/12} = \frac{A_m^2/2}{V^2/(3M^2)} = \frac{3A_m^2 M^2}{2V^2} = 3\left(\frac{A_m}{\sqrt{2}V}\right)^2 M^2 \quad (5\text{-}3\text{-}18)$$

定义**归一化幅值** $D = \frac{A_m}{\sqrt{2}V}$，则上式可写为

$$SNR = 3D^2 M^2 \quad (5\text{-}3\text{-}19)$$

转换为 dB 形式为

$$SNR_{dB} = 10\lg 3 + 20\lg D + 20\lg M = 10\lg 3 + 20\lg D + 20N\lg 2 \quad (5\text{-}3\text{-}20)$$

其中 $20\lg 2 \approx 6.02\,(dB)$。当 $A_m = V$ 时，也即 $D = \frac{1}{\sqrt{2}}$，则满载正弦波的信噪比为

$$SNR_{dB} \approx 6.02N + 1.76 \quad (5\text{-}3\text{-}21)$$

即量化位数 N 增加 1 位，量化信噪比增加 6.02dB 。由式（5-3-21）确定的正弦信号的 SNR 曲线如图 5-3-4 所示。

对于实际的语音信号 $m(t)$，其由于使用环境本身不可避免地可能存在过载情况，且其概率密度函数可近似通过拉普拉斯分布进行描述，即

$$p_x(x) = \frac{1}{\sigma_x\sqrt{2}}e^{-\frac{\sqrt{2}|x|}{\sigma_x}} \quad (5\text{-}3\text{-}22)$$

式中，σ_x 为信号 x 的均方根。通过积分即可计算得出过载噪声的平均功率为

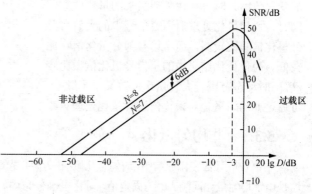

图 5-3-4 正弦信号的 SNR 曲线

$$P_{N_{qo}} = 2\int_V^\infty (x-V)^2 \frac{1}{\sigma_x\sqrt{2}}e^{-\frac{\sqrt{2}|x|}{\sigma_x}}dx = \sigma_x^2 e^{-\frac{\sqrt{2}V}{\sigma_x}} \quad (5\text{-}3\text{-}23)$$

通常情况下，语音信号出现过载的概率很小，则总体上依旧满足式（5-3-11）。因此，语音信号非过载部分的噪声功率同样可认为是 $\frac{\Delta V^2}{12}$，则总量化噪声功率为

$$P_{N_{qs}} = P_{N_q} + P_{N_{qo}} = \frac{\Delta V^2}{12} + \sigma_x^2 \mathrm{e}^{-\frac{\sqrt{2}V}{\sigma_x}} = \frac{V^2}{3M^2} + \sigma_x^2 \mathrm{e}^{-\frac{\sqrt{2}V}{\sigma_x}} \tag{5-3-24}$$

语音信号的平均功率为

$$P_s = \int_{-\infty}^{\infty} x^2 f(x) \mathrm{d}x = \int_{-\infty}^{\infty} x^2 \frac{1}{\sigma_x \sqrt{2}} \mathrm{e}^{-\frac{\sqrt{2}|x|}{\sigma_x}} \mathrm{d}x = \sigma_x^2 \tag{5-3-25}$$

此种情况下令归一化幅值为 $D = \dfrac{\sigma_x}{V}$，则语音信号的量化信噪比为

$$\mathrm{SNR} = \frac{P_s}{P_{N_{qs}}} = \left(\frac{1}{3D^2 M^2} + \mathrm{e}^{-\frac{\sqrt{2}V}{\sigma_x}} \right)^{-1} \tag{5-3-26}$$

或

$$\mathrm{SNR_{dB}} = \frac{P_s}{P_{N_{qs}}} = -10\lg\left(\frac{1}{3D^2 M^2} + \mathrm{e}^{-\frac{\sqrt{2}V}{\sigma_x}} \right) \tag{5-3-27}$$

当 $D < 0.2$ 时，有

$$\mathrm{SNR_{dB}} = \frac{P_s}{P_{N_{qs}}} = -10\lg\left(\frac{1}{3D^2 M^2} \right) \approx 6.02N + 4.77 + 20\lg D \tag{5-3-28}$$

可以看出，语音信号和正弦信号的均匀量化过程具有相同的一点，即量化位数增加 1 位，量化信噪比提升 $6.02\mathrm{dB}$。

当输入语音信号的有效值较大时，过载噪声将起主导作用，量化信噪比为

$$\mathrm{SNR_{dB}} = \frac{P_s}{P_{N_{qs}}} \approx 10\lg \mathrm{e}^{\frac{\sqrt{2}}{D}} \approx \frac{6.1}{D} \tag{5-3-29}$$

图 5-3-5 为语音信号均匀量化信噪比曲线。

从图 5-3-5 可以看出，在要求通信质量较高以及动态范围较大（满足信噪比要求时信号的变化范围）时，往往需要很大的量化位数。同时，均匀量化处理后语音信号中的大信号部分量化信噪比较高，而小信号部分量化信噪比较低。为使量化结果中的小信号量化信噪比较高，同时动态范围较大且量化位数又不至过多，可通过非均匀量化对采样值进行量化处理。

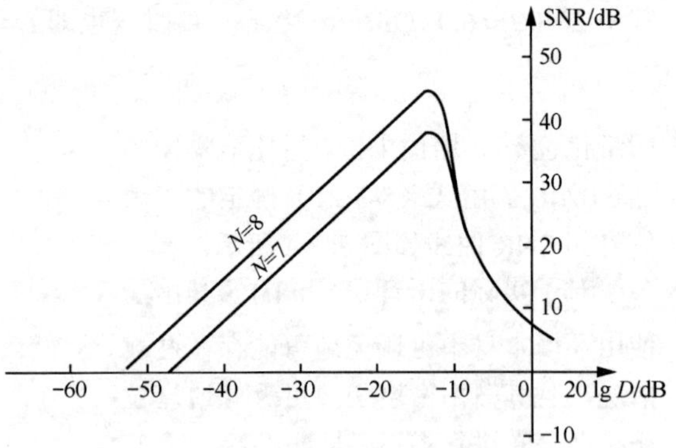

图 5-3-5 语音信号均匀量化信噪比曲线

5.3.3 非均匀量化

在语音信号数字化通信中，均匀量化则有一个明显的不足：量化信噪比随信号电平的减小而下降。这是由于均匀量化间隔 ΔV 为固定值，量化电平分布均匀，这样使得量化噪声功率不会随信号大小的变化而改变，进而使得小信号量化信噪比较差。通常，把满足信噪比要求的输入信号的取值范围定义为**动态范围**。因此，均匀量化时输入信号的动态范围将受到较大的限制。为克服均匀量化缺点，实际中往往采用**非均匀量化**。

非线性量化

在非均匀量化时，量化间隔是随信号抽样值的不同而变化的。信号抽样值小时，量化间隔 ΔV 也小；信号抽样值大时，量化间隔 ΔV 也变大。非均匀量化能够在改善小信号量化信噪比的同时，不影响大信号的量化信噪比。实际中，非均匀量化的实现方法通常是在进行量化之前，先将信号抽样值**压缩**，再进行均匀量化。这里的压缩是用一个非线性电路将输入电压 x 变换成输出电压 y。

$$y = f(x) \tag{5-3-30}$$

与之相对应，接收端接收到电压 y 后，需要采用一个与压缩特性相反的**扩张器**（$x = f^{-1}(y)$）来恢复电压 x。图 5-3-6 为压扩特性（该图中仅画出了曲线的正半部分，在第三象限没有画出奇对称的负半部分），采用压缩方法实现的非均匀量化，输出量化电平 y 仍旧是等间隔的，但输入电压 x 不是等间隔的。输入电压 x 越小，量化间隔就越小。也就是说，小信号的量化误差也小，从而能够改善均匀量化时小信号量化信噪比低的问题。图 5-3-6 中 $\Delta V_y = \dfrac{2V}{L}$，其中 V 为量化电平的最大值，L 为量化间隔。

当量化电平数 $L \gg 1$ 时，在每一个量化区间内，我们可近似认为概率密度函数 $p_x(x)$ 为常量，则有

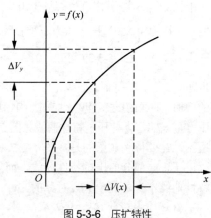

图 5-3-6　压扩特性

$$
\begin{aligned}
P_{N_q} &= \sum_{k=1}^{L} \int_{x_k}^{x_{k+1}} (x - y_k)^2 p_x(x)\mathrm{d}x \\
&= \sum_{k=1}^{L} p_x(y_k) \int_{x_k}^{x_{k+1}} (x - y_k)^2 \mathrm{d}x \\
&= \sum_{k=1}^{L} p_x(y_k) \frac{\Delta V(x)^3}{12} = \frac{1}{12} \sum_{k=1}^{L} P_k \Delta V(x)^2 \quad (5\text{-}3\text{-}31) \\
&= \frac{1}{12} \sum_{k=1}^{L} \int_{x_k}^{x_{k+1}} p_x(x) \Delta V(x)^2 \mathrm{d}x \\
&= \frac{1}{12} \int_{-V}^{V} \big[\Delta V(x)\big]^2 p_x(x)\mathrm{d}x
\end{aligned}
$$

式中，$p_x(x)$ 为 x 在区间 $[x_k, x_{k+1}]$ 内的概率密度函数，y_k 为量化输出结果。

压缩特性见式（5-3-30），且 $\Delta V_y = \dfrac{2V}{L}$，则

$$\frac{\Delta V_y}{\Delta V(x)} = \frac{\mathrm{d}y}{\mathrm{d}x} = f'(x) \tag{5-3-32}$$

进而得到量化误差为

$$
\begin{aligned}
P_{N_q} &= \frac{1}{12} \big[\Delta V(x)\big]^2 p_x(x)\mathrm{d}x \\
&= \frac{1}{12} \int_{-V}^{V} \frac{\Delta V_y^2}{[f'(x)]^2} p_x(x)\mathrm{d}x \tag{5-3-33} \\
&= \frac{2V^2}{3L^2} \int_{0}^{V} [f'(x)]^{-2} p_x(x)\mathrm{d}x
\end{aligned}
$$

按照在动态范围内量化信噪比尽可能保持平稳的要求来设计的量化器具有对数量化特性，称为对数量化器。设 $f(x) = \dfrac{1}{B}\ln x$，则 $f'(x) = \dfrac{1}{Bx}$，代入式（5-3-33）可以得到量化噪声为

$$P_{N_q} = \frac{2V^2}{3L^2} \int_{0}^{V} \left[\frac{1}{Bx}\right]^{-2} p_x(x)\mathrm{d}x = \frac{2B^2 V^2}{3L^2} \int_{0}^{V} x^2 p_x(x)\mathrm{d}x \tag{5-3-34}$$

信号功率为

$$P_s = 2\int_{0}^{V} x^2 p_x(x)\mathrm{d}x \tag{5-3-35}$$

进而得到量化信噪比为

$$\frac{P_s}{P_{N_q}} = \frac{3L^2}{B^2 V^2} \tag{5-3-36}$$

但是，具有对数特性的量化器由于当 $x \to 0$ 时，$f(x) \to \infty$，因此理想的对数量化器物理上无法实现。在国际的常见通信系统中，广泛采用 A 律和 μ 律进行非均匀量化。北美、日本采用 μ 律**压扩**（压缩与扩张），我国和欧洲各国采用 A 律压扩。下面分别讨论其压扩原理。

A 律压扩特性表达式为

$$y = \begin{cases} \dfrac{Ax}{1+\ln A}, & 0 \leqslant x \leqslant \dfrac{1}{A} \\ \dfrac{1+\ln Ax}{1+\ln A}, & \dfrac{1}{A} \leqslant x \leqslant 1 \end{cases} \qquad (5\text{-}3\text{-}37)$$

式中，x、y 分别为经过信号最大电压进行归一化后的输入、输出。A 为压扩参数，表征压缩程度。由式 5-3-37 可知，$0 \leqslant \dfrac{1}{A} \leqslant 1$，也即 $A \geqslant 1$。$A=1$ 时，曲线无压扩，随着 A 的增加，曲线的压扩程度也增加。国际标准中 A 取 87.6，A 律压扩特性曲线如图 5-3-7 所示。需要特别注意的是，图 5-3-7 中仅画出了正向部分的压扩特性曲线，而压扩特性曲线本身是关于原点对称的。

μ 律压扩特性表达式为

$$y = \frac{\ln(1+\mu x)}{\ln(1+\mu)}, \quad 0 \leqslant x \leqslant 1 \qquad (5\text{-}3\text{-}38)$$

式中，x、y 同样分别为经过信号最大电压进行归一化后的输入、输出。μ 为压扩参

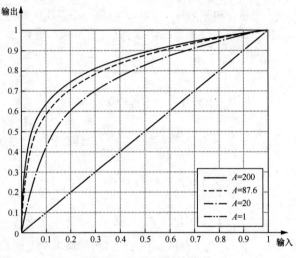

图 5-3-7　A 律压扩特性曲线

数，表征压缩程度。图 5-3-8 所示为不同的压扩参数 μ 情况下的 μ 律压扩特性曲线。由图 5-3-8 可知，$\mu=0$ 时，压扩特性曲线是一条通过原点的直线，无压扩特性。随着 μ 增加，曲线的压扩程度愈加明显，国际标准中常取 $\mu=255$。另外，μ 律压扩特性曲线也是关于原点对称的，图 5-3-8 中仅画出了正向部分。

【**例题 5-3-2**】　对于一个 A 律压扩器，其 $A=90$，以输入电压的大小为变量，绘出输出电压。假如压扩器的输入电压为 0.5V，则输出电压为多少？假如输入电压为 0.05V，则输出电压为多少？（设压扩器最大输入为 1V。）

解：由 A 律压扩特性函数可知，当 $x=0.1\text{V}$ 时，输出电压为

$$y = \frac{1+\ln(90 \times 0.5)}{1+\ln 90} \approx 0.874\,(\text{V}) \qquad (5\text{-}3\text{-}39)$$

当 $x=0.01\text{V}$ 时，输出电压为

$$y = \frac{90 \times 0.05}{1+\ln 90} \approx 0.818\,(\text{V}) \qquad (5\text{-}3\text{-}40)$$

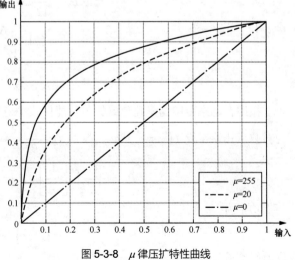

图 5-3-8　μ 律压扩特性曲线

下面讨论 A 律压扩对大信号和小信号的量化信噪比改善量。当量化级数较多时，在每一级量化区间内，压扩特性曲线均可看为直线，因此有

$$\frac{\Delta y}{\Delta x} = \frac{dy}{dx} = y' \tag{5-3-41}$$

对式（5-3-37）和式（5-3-38）进行求导，可得

$$y' = \begin{cases} \dfrac{A}{1 + \ln A}, & 0 \leqslant x \leqslant \dfrac{1}{A} \\ \dfrac{1}{1 + \ln A} \cdot \dfrac{1}{x}, & \dfrac{1}{A} \leqslant x \leqslant 1 \end{cases} \tag{5-3-42}$$

对式（5-3-42）进行变形，有

$$\Delta x = \frac{1}{y'} \Delta y \tag{5-3-43}$$

量化误差为量化间隔的一半，则有

$$\frac{\Delta x}{2} = \frac{1}{y'} \cdot \frac{\Delta y}{2} \tag{5-3-44}$$

因此，$\dfrac{\Delta y}{\Delta x}$ 的比值大小反映非均匀量化与均匀量化间的量化误差比值，故可用来衡量非均匀量化对量化信噪比的提升。在这里，用符号 Q 表示量化信噪比的提升量。

$$Q = 20\lg\left(\frac{\Delta y}{\Delta x}\right) = 20\lg\left(\frac{dy}{dx}\right) \tag{5-3-45}$$

当 $A = 87.6$ 时，对于小信号 $x \to 0$，有

$$\left(\frac{dy}{dx}\right)_{x \to 0} = \frac{A}{1 + \ln A} = 16.006 \tag{5-3-46}$$

则

$$Q = 20\lg\left(\frac{dy}{dx}\right) = 24.086\text{dB} \tag{5-3-47}$$

当 $A = 87.6$ 时，对于大信号 $x \to 1$，有

$$\left(\frac{dy}{dx}\right)_{x \to 1} = \frac{1}{1 + \ln A} = 0.18272 \tag{5-3-48}$$

则

$$Q = 20\lg\left(\frac{dy}{dx}\right) = -14.7643\text{dB} \tag{5-3-49}$$

可以看出，进行非均匀量化后，大信号的量化信噪比显著下降，小信号的量化信噪比有显著提升，从而达成了提升小信号量化质量的目的。图 5-3-9 为 A 律有无压扩的信噪比对比曲线，其中 $A = 1$（无压扩）时的曲线为均匀分布的随机信号输入 $M = 7$ 的均匀量化器所获得的信噪比曲线，允许输入信号最大值为 0dB。

为了便于 A 律和 μ 律进行非均匀量化的工程实现、避免使用过于复杂的非线性模拟电路，随着工程实际的发展（尤其是数字电路和大规模集成电路的发展），**数字压扩技术**获得广泛应用。数字压扩技术是通过使用数字电路对

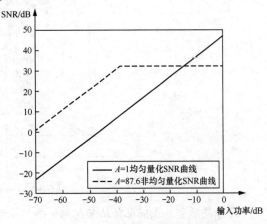

图 5-3-9 A 律有无压扩的信噪比对比曲线

A 律和 μ 律非均匀量化器进行**折线化**，利用折线逼近 A 律和 μ 律的压扩特性曲线。全球范围内有各种折线近似标准，美国、加拿大、日本主要是用 μ 律 15 折线近似标准，欧洲各国和我国主要采用 A 律 13 折线近似标准。下面重点介绍 A 律 13 折线近似标准。

　　A 律 13 折线近似标准是利用折线近似 A 律量化器的一种标准化手段。在正向部分，对于输入 x 的变化范围，A 律 13 折线法以对其进行逐次二分的形式，将输入信号（x 轴）在 $0\sim1$ 的范围内划分为 8 段，也即沿横轴正方向看，区间长度分别为 $\frac{1}{128}$、$\frac{1}{128}$、$\frac{1}{64}$、$\frac{1}{32}$、$\frac{1}{16}$、$\frac{1}{8}$、$\frac{1}{4}$、$\frac{1}{2}$。在正向部分，将输出信号在 $0\sim1$ 的范围内均匀划分为 8 段，区间长度为 $\frac{1}{8}$，将对应各区间的点相连构成 8 段折线线段。图 5-3-10 给出了 A 律 13 折线的正向部分，由于语音信号是双极性信号，因此在负方向也有与正方向对称的一组折线。完整的 A 律 13 折线如图 5-3-11 所示。

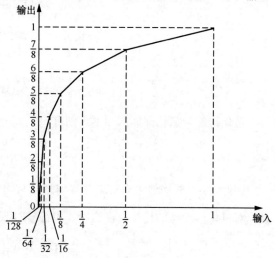

图 5-3-10　A 律 13 折线的正向部分

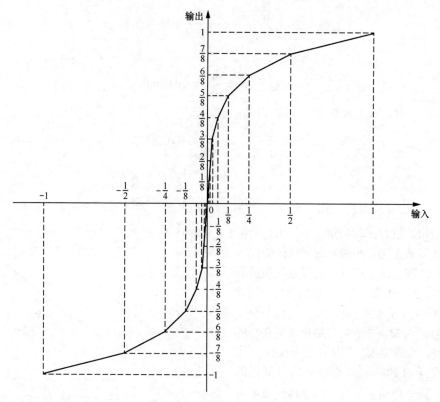

图 5-3-11　完整的 A 律 13 折线

　　可以注意到，正向部分从左起第一条与第二条线段的斜率相同，斜率均等于 16。A 律 13 折线关于原点对称，正、负向各有 8 段折线，靠近原点的 4 段折线斜率均为 16，可视为 1 段，因此共有 13 段折线线段对 A 律进行近似，故称 A 律 13 折线近似标准。

A 律 13 折线中的正向部分左起第一条线段斜率为 16，将其代入式（5-3-37）。

$$\left(\frac{\mathrm{d}y}{\mathrm{d}x}\right)_1 = \frac{A}{1+\ln A} = 16 \qquad (5\text{-}3\text{-}50)$$

解得 $A \approx 87.6$。

下面以均匀量化的输出量 y 作为参考，计算模拟 A 律与 A 律 13 折线在各折线线段区域内的具体偏差。

由于 $A = 87.6$，有

$$y = \frac{Ax}{1+\ln A} = \frac{A \cdot \frac{1}{A}}{1+\ln A} = \frac{1}{1+\ln 87.6} \approx 0.1827 \qquad (5\text{-}3\text{-}51)$$

当 $y < 0.183$ 时，模拟 A 律满足式（5-3-37）的关系也即

$$y = \frac{Ax}{1+\ln A} = \frac{87.6x}{1+\ln 87.6} \approx 16x \qquad (5\text{-}3\text{-}52)$$

而 A 律 13 折线中，正向部分左起第一段与第二段折线线段斜率相同，可计算出该段折线满足

$$y = 16x \qquad (5\text{-}3\text{-}53)$$

当 $y > 0.183$ 时，模拟 A 律满足式（5-3-38）的关系也即

$$y = \frac{1+\ln Ax}{1+\ln A} = \frac{1+\ln A+\ln x}{1+\ln A} \qquad (5\text{-}3\text{-}54)$$

$$y-1 = \frac{\ln x}{1+\ln A} = \frac{\ln x}{\ln \mathrm{e}A} \qquad (5\text{-}3\text{-}55)$$

$$x = \frac{1}{(\mathrm{e}A)^{1-y}} \qquad (5\text{-}3\text{-}56)$$

则将 $A = 87.6$ 和各段 y 的值代入式（5-3-56）可计算得出模拟 A 律 x 的变化范围。同时，计算 A 律 13 折线中其余部分 x 的变化范围与模拟 A 律进行对比，并列于表 5-3-1 之中。

表 5-3-1　模拟 A 律与 A 律 13 折线的各段压扩特性对比

折线线段	1	2	3	4
y	$0 \sim \frac{1}{8}$	$\frac{1}{8} \sim \frac{2}{8}$	$\frac{2}{8} \sim \frac{3}{8}$	$\frac{3}{8} \sim \frac{4}{8}$
模拟 A 律 x	$0 \sim \frac{1}{128}$	$\frac{1}{128} \sim \frac{1}{60.6}$	$\frac{1}{60.6} \sim \frac{1}{30.6}$	$\frac{1}{30.6} \sim \frac{1}{15.4}$
A 律 13 折线 x	$0 \sim \frac{1}{128}$	$\frac{1}{128} \sim \frac{1}{64}$	$\frac{1}{64} \sim \frac{1}{32}$	$\frac{1}{32} \sim \frac{1}{16}$
斜率	16	16	8	4
折线线段	5	6	7	8
y	$\frac{4}{8} \sim \frac{5}{8}$	$\frac{5}{8} \sim \frac{6}{8}$	$\frac{6}{8} \sim \frac{7}{8}$	$\frac{7}{8} \sim 1$
模拟 A 律 x	$\frac{1}{15.4} \sim \frac{1}{7.79}$	$\frac{1}{7.79} \sim \frac{1}{3.93}$	$\frac{1}{3.93} \sim \frac{1}{1.98}$	$\frac{1}{1.98} \sim 1$
A 律 13 折线 x	$\frac{1}{16} \sim \frac{1}{8}$	$\frac{1}{8} \sim \frac{1}{4}$	$\frac{1}{4} \sim \frac{1}{2}$	$\frac{1}{2} \sim 1$
斜率	2	1	$\frac{1}{2}$	$\frac{1}{4}$

可以看出，A 律 13 折线各段斜率和输入、输出的变化范围十分接近模拟 A 律各段。因此可以说，A 律 13 折线很好地逼近了模拟 A 律的压扩特性，并在现代数字通信系统中得到了广泛应用。

5.4　脉冲编码调制

脉冲编码调制（PCM），简称脉码调制，是一种在对信号进行抽样和量化时，将所得量化值序列进行编码，变换为数字信号的调制方式。由于这种方式具有较强的抗干扰能力，因此在各种通信系统中得到了广泛应用，例如数字程控电话交换机系统、光纤通信系统、数字微波通信系统和卫星通信系统等。

PCM 系统将模拟信号数字化为**数字信号**，其系统原理图如图 5-4-1 所示。首先，PCM 系统将模拟基带信号转换为二进制码组，这一步主要包括采样、量化和编码 3 个过程。接下来，将经过编码的二进制码组进行传输。在接收端，二进制码组经过译码恢复为量化后的样值脉冲序列。然后，该序列通过低通滤波器滤除高频分量，从而获得重建信号 $\hat{m}(t)$。

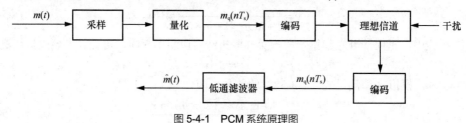

图 5-4-1　PCM 系统原理图

采样是按照采样定理将时间上连续的模拟信号转换为时间上离散的采样信号；量化则是用 M 个规定的电平近似表示采样信号，实现对采样信号的幅度离散化；编码则是用二进制码组表示量化后的 M 个电平的样值脉冲。前文已经讲述采样和量化的原理，这里主要介绍 PCM 的编码过程。

PCM 系统中的编码只进行码字映射，不进行压缩处理，所以得到的信息流传输速率快，这一点不同于一般的信源编码。同时 PCM 系统是一种模拟信号数字化方式，有时候也被广泛说成语音编码方式。PCM 系统可以看作是对模拟语音信号进行 PAM 及编码处理，因此 PCM 系统中的调制可以理解为"脉冲调制"，应与本书介绍的"模拟调制"和"数字调制"中的连续波（余弦波）调制区分开来。

5.4.1　常用二进制码

在介绍 PCM 编码前，先介绍 PCM 编码中常用的二进制码。PCM 系统采用二进制码组实现是由于二进制码组具有抗干扰能力强、易于产生、方便传输等优点。对于 M 个电平的采样值，可以用 $N = \log_2 M$ 位二进制码组进行唯一表示。其中每一个 N 位二进制码组称为一个码字，一个码字对应一个量化电平（区间）。为保证通信质量，国际上多采用 8 位编码的 PCM 系统。

码型指的是代码的编码规律。把量化后的所有量化级按照量化电平的大小次序排列起来，并列出各对应的码字，这种对应关系的整体就称为码型。自然二进制码、折叠二进制码和格雷二进制码是 PCM 中常用的二进制码型。表 5-4-1 列出了用 4 位码表示 16 个量化级时的这 3 种码型。

表 5-4-1　常用二进制码型

样值脉冲极性	自然二进制码	折叠二进制码	格雷二进制码	量化级序号
正极性部分	1111	1111	1000	15
	1110	1110	1001	14
	1101	1101	1011	13
	1100	1100	1010	12
	1011	1011	1110	11
	1010	1010	1111	10
	1001	1001	1101	9
	1000	1000	1100	8

续表

样值脉冲极性	自然二进制码	折叠二进制码	格雷二进制码	量化级序号
负极性部分	0 1 1 1	0 0 0 0	0 1 0 0	7
	0 1 1 0	0 0 0 1	0 1 0 1	6
	0 1 0 1	0 0 1 0	0 1 1 1	5
	0 1 0 0	0 0 1 1	0 1 1 0	4
	0 0 1 1	0 1 0 0	0 0 1 0	3
	0 0 1 0	0 1 0 1	0 0 1 1	2
	0 0 0 1	0 1 1 0	0 0 0 1	1
	0 0 0 0	0 1 1 1	0 0 0 0	0

　　自然二进制码（简称自然码）就是一般十进制正整数的二进制表示。该表示方式编码简单，方便记忆，而且译码可以逐比特地独立进行。把自然二进制码从低位到高位依次给以 2 倍的加权，就可以变换为十进制数。设二进制码为 $a_{n-1}, a_{n-2}, \cdots, a_1, a_0$，则 $D = a_{n-1} 2^{n-1} + a_{n-2} 2^{n-2} + \cdots + a_1 2^1 + a_0 2^0$，$D$ 便是二进制码组对应的十进制数。这种可加性可以简化译码器的结构。

　　折叠二进制码（简称折叠码）是一种符号幅度码。左边第一位表示信号的极性，1 表示信号为正，0 表示信号为负；信号的幅度由第二位到最后一位表示。由于正、负数绝对值相同时，该编码的上半部分与下半部分相对零电平折叠对称，因此称其为折叠。其幅度码从小到大按照自然二进制编码规则进行编码。我们可以将其简单记忆为除首位之外，其他位相对于零电平对称折叠，即第 n 级与第 $2^N - 1 - n$ 级后与 $N - 1$ 位完全相同。

　　相比自然码，折叠码的优势在于，对于双极性信号（如语音），只需要考虑信号的绝对值，采用单极性编码方式，这样可以大大简化编码过程。另外，在采用折叠码的传输过程中，小信号受到误码的影响较小。例如由大信号的 1111 误为 0111，从表 5-4-1 中可知，自然码由 15 错到 7，误差为 8 个量化级，而对于折叠码，误差为 15 个量化级，因此大信号时误码对折叠码影响很大。但是如果误码发生在由小信号的 1000 误为 0000 时，对于自然码的误差仍然是 8 个量化级，但对于折叠码的误差却只有 1 个量化级。这一特性非常有利于语音信号传输，这是由于语音信号小幅度出现的概率比大幅度出现的概率大。故折叠码在语音信号传输上比自然码更具优势。

　　格雷二进制码（简称格雷码）的特点是任何相邻电平的码组，只有一位码位发生变化，即相邻码字的距离恒为 1。格雷码属于可靠性编码，是一种错误最小化的编码方式。因为虽然自然码可以直接由数/模转换器转换成模拟信号，但在某些情况下，例如从十进制的 3 转换为 4 时，二进制码的每一位都要改变，这样使数字电路产生很大的尖峰电流脉冲；若不同位的改变速度不同，还会产生许多不应存在的中间状态。格雷码没有这一缺点，它在相邻级间转换时，只有一位变化，极大减少了由一个状态到下一个状态时逻辑的混淆。译码时，若传输或者判决有误，量化电平的误差小。另外，这种码除了极性码之外，当正、负极性信号的绝对值相等时，幅度码相同。但是要注意的是，这种码是不可加的，不能逐比特地独立进行译码。我们需要将其先转换为自然二进制码后再进行译码，不便于计算。因此，实际应用中一般采用折叠码和自然码。

5.4.2　PCM 编码与译码

　　5.4.1 小节中介绍了常用的二进制码型，编码则是将采样量化后的信号电平值变换成二进制码组的过程，其逆过程称为译码或解码。通过 5.4.1 小节中 3 种码型的介绍和对比，在 PCM 编码中，折叠码要比格雷码和自然码优越，是 A 律 13 折线 PCM 30/32 路基群设备中采用的码型。

量化噪声与各种
量化器性能对比

　　模拟信号 $m(t)$ 经过采样和量化后得到的输出脉冲序列是一个 M 进制的多电平数字信号，如果直接进行传输，其抗噪声性能很差，会产生错误，不适合通信，因此需要将其经过编码器转换成二进制数字信号后，再经过数字信道传输。在接收端，接收到的二进制码组经过译码器还原为 M

进制的量化信号，再经过低通滤波器进行恢复，得到模拟基带信号 $\hat{m}(t)$，这一系列过程即为脉冲编码调制系统。下面主要介绍编码器、译码器的工作原理。

1．码位数的选择

码位数的选择对通信质量的好坏以及设备的复杂程度都有影响。码位数的多少决定了量化分层的多少。反之，若量化分层数确定，则编码位数也被确定。在信号变化范围固定的情况下，使用更多的码位数会出现更精细的量化分层，进而减小量化误差，提高通信质量。然而，增加码位数会使设备更加复杂，并且会增加总码率，从而需要更大的传输带宽。从语音信号的可懂度角度来看，通常采用 3～4 位的非线性编码即可满足要求。当增加到 7～8 位时，通信质量可达到比较理想的状态。

在 A 律 13 折线编码中，采用 8 位二进制码，对应有 $M = 2^8 = 256$ 个量化级，即正、负输入幅度范围内各有 128 个量化级，这时需要将 A 律 13 折线中的每个折线再均匀划为 16 个量化级。由于每个段落长度不均匀，因此正或负输入的 8 个段落被划分成 $8 \times 16 = 128$ 个不均匀的量化级。按照折叠码的码型，这 8 位码的安排如下：

极性码	段落码	段内码
C_1	$C_2C_3C_4$	$C_5C_6C_7C_8$

其中第一位码 C_1 称为极性码，其利用数值 1 或 0 分别表示信号的正极性和负极性。对于正负对称的双极性信号，在极性判决后被整流（相当于取绝对值），然后按照信号的绝对值进行编码，因此只需要考虑 A 律 13 折线中正极性的 8 段折线。这 8 段折线包括 128 个量化级，正好可以用剩下的 7 位幅度码 $C_2C_3C_4C_5C_6C_7C_8$ 进行表示。

第二位至第四位码 $C_2C_3C_4$ 为段落码，表示信号的绝对值处在哪个段落内。3 位码的 8 种可能状态分别代表 8 个段落的起始电平。然而，需要强调的是，段落码的每一位并不直接表示特定的电平值，而是通过不同的排列组合来表示各个段的起始电平。段落码与 8 个段落之间的关系如表 5-4-2 所示。

表 5-4-2　段落码与 8 个段落之间的关系

段落编号	段落码		
	C_2	C_3C_3	C_4
8	1	1	1
7	1	1	0
6	1	0	1
5	1	0	0
4	0	1	1
3	0	1	0
2	0	0	1
1	0	0	0

第五位至第八位码 $C_5C_6C_7C_8$ 为段内码，这 4 位码的 16 种可能状态用来分别代表每一段落内的 16 个均匀划分的量化级。段内码与 16 个量化级之间的关系如表 5-4-3 所示。

表 5-4-3　段内码与 16 个量化级之间的关系

电平序号	段内码				电平序号	段内码			
	C_5	C_6	C_7	C_8		C_5	C_6	C_7	C_8C_8
15	1	1	1	1	7	0	1	1	1
14	1	1	1	0	6	0	1	1	0
13	1	1	0	1	5	0	1	0	1
12	1	1	0	0	4	0	1	0	0
11	1	0	1	1	3	0	0	1	1
10	1	0	1	0	2	0	0	1	0
9	1	0	0	1	1	0	0	0	1
8	1	0	0	0	0	0	0	0	0

在 A 律 13 折线编码方式中，虽然各段内的 16 个量化级是均匀的，但是由于段落长度不等，因此不同段落间的量化级是不均匀的。小信号时，段落短，量化间隔小；大信号时，量化间隔大。A 律 13 折线的第一段和第二段最短，只有归一化的 $\frac{1}{128}$，再将其均分为 16 小段，则每一段长度为 $\frac{1}{128} \times \frac{1}{16} = \frac{1}{2048}$，这就是最小的量化间隔，仅有输入信号归一化值的 $\frac{1}{2048}$，记为 Δ，代表一个量化单位；第八段则是最长，为信号归一化值的 $\frac{1}{2}$，将其均分为 16 小段后，每一小段的归一化长度为 $\frac{1}{32}$，包含 64 个最小量化间隔，记为 64Δ。如果用非均匀量化时的最小量化间隔 $\frac{1}{2048}$ 作为输入 x 轴的单位，则各段落起始电平分别为 0、16、32、64、128、256、512、1024 个量化单位。表 5-4-4 列出了 A 律 13 折线幅度码及其对应电平等。

表 5-4-4 A 律 13 折线幅度码及其对应电平等

量化段序号 $i=1\sim8$	电平范围/Δ	段落码			段落起始电平 I_i/Δ	量化间隔 $\Delta V_i/\Delta$	段内码对应权值/Δ			
		C_2	C_3	C_4			C_5	C_6	C_7	C_8
8	1024~2048	1	1	1	1024	64	512	256	128	64
7	512~1024	1	1	0	512	32	256	128	64	32
6	256~512	1	0	1	256	16	128	64	32	16
5	128~256	1	0	0	128	8	64	32	16	8
4	64~128	0	1	1	64	4	32	16	8	4
3	32~64	0	1	0	32	2	16	8	4	2
2	16~32	0	0	1	16	1	8	4	2	1
1	0~16	0	0	0	0	1	8	4	2	1

由表 5-5-4 可知，第 i 段的段内码 $C_5C_6C_7C_8$ 的权值分别为

C_5 的权值：$8\Delta V_i$　　　　　　　　　　C_6 的权值：$4\Delta V_i$

C_7 的权值：$2\Delta V_i$　　　　　　　　　　C_8 的权值：ΔV_i

由此可知，段内码的权值是符合二进制数成二倍的规律的，但是段内码的权值却并不是固定不变的。由表 5-4-4 可知，段内码的权值是随着 ΔV_i 值变化的，这是非均匀量化的结果。

将非均匀量化与均匀量化进行比较。假设用非均匀量化时的最小量化间隔 $\frac{1}{2048}$ 作为均匀量化的量化间隔，那么从 A 律 13 折线第一段到第八段的各段所包含的均匀量化级数分别为 16、16、32、64、128、256、512、1024，一共有 2048 个均匀量化级，而非均匀量化却只有 128 个量化级。按照二进制编码位数 N 与量化级数 M 的关系：$M = 2^N$，均匀量化需要编码 11 位，而非均匀量化只需要编码 7 位即可。通常我们把按照非均匀量化特性的编码称为非线性编码；按照均匀量化特性的编码称为线性编码。

在保证小信号时量化间隔相同的条件下，7 位非线性编码与 11 位线性编码等效。但是由于非线性编码的码位数少，因此其所需的传输系统带宽小，便于传输。

2．编码器原理

在此部分，我们以常用的**逐次比较型编码器**为例。使用编码器是为了将输入的样值脉冲编出相对应的 8 位二进制码。除了第一位极性码外，其余 7 位二进制码是通过逐次比较来确定的，这种编码器就是 PCM 通信中常用的逐次比较型编码器。

逐次比较型编码的原理和天平称重的方法类似。样值脉冲信号相当于被测物，标准电平相当于天平的砝码。预先规定好一些作为比较标准的电流（或电压），用符号 $d_q(k)$ 表示，称为权值电

流。I_w 的个数与编码位数有关。当样值脉冲 I_s 到来时，采用逐步逼近的方法用各标准电流 I_w 去与样值脉冲进行比较，每比较一次输出一位码，当 $I_s > I_w$ 时，输出 1 码；反之输出 0 码，直到 I_w 和采样值 I_s 逼近为止，完成对输入样值的非线性量化和编码。具有 A 律 13 折线压扩特性的逐次比较型编码器的原理图如图 5-4-2 所示，该编码器由极性判决电路、整流器、保持电路、比较器和本地译码器等构成。

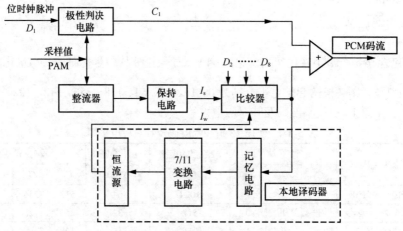

图 5-4-2　逐次比较型编码器的原理图

接下来介绍图 5-4-2 中各模块的作用。

极性判决电路用来确定信号的极性。输入的 PAM 信号是双极性信号，当其样值为正时，脉冲到来时刻输出 1 码；当其样值为负时，输出 0 码。同时将该信号经过全波整流变为单极性信号。

比较器是编码器的核心。其作用是通过比较样值电流 I_s 和标准电流 I_w，从而对输入信号的采样值实现非线性量化和编码。每比较一次，输出一位二进制码，且当 $I_s > I_w$ 时，输出 1 码；反之输出 0 码。由于在 A 律 13 折线法中用 7 位二进制码来代表段落码和段内码，因此对一个输入信号的采样值需要进行 7 次比较。每次所需的标准电流 I_w 均由本地译码器提供。

本地译码器包括记忆电路、7/11 变换电路和恒流源。记忆电路用来寄存二进制码，因此除了第一次比较外，其余各次比较都要依据前几次比较的结果来确定标准电流 I_w 值。故 7 位码组中的前 6 位状态均应由记忆电路寄存下来。

恒流源也称为 11 位线性解码电路或电阻网络，其作用是产生各种标准电流 I_w。在恒流源中有数个基本的权值电流支路，其个数与量化级数有关。按 A 律 13 折线编出的 7 位码需要 11 个基本的权值电流支路，每个支路都有一个控制开关。每次应该接通哪个开关以形成比较用的标准电流 I_w，由前面的比较结果经变换后得到的控制信号来进行控制。

7/11 变换电路相当于非均匀量化中的数字压缩器。由于 A 律 13 折线只编 7 位码，且记忆电路的码也只有 7 位，而线性解码电路（恒流源）需要 11 个基本的权值电流支路，即要求有 11 个控制脉冲对其控制，因此，需通过 7/11 变换电路将 7 位非线性码转换成 11 位线性码（线性码即采用均匀量化的编码）。其实质就是完成非线性与线性之间的变换。

保持电路的作用是在整个比较过程中保持输入信号的幅度不变。由于逐次比较型编码器编 7 位码（极性码除外）需要在一个采样周期 T_s 以内完成 I_s 与 I_w 的 7 次比较，在整个比较过程中都应保持输入信号的幅度不变，因此要求将样值脉冲展宽并保持。这一操作在实际中要用平顶采样，通常由采样保持电路实现。

虽然原理上讲模拟信号数字化的过程是采样、量化以后才进行编码，但实际上量化是在编码这一步中完成的，即编码器本身包含量化和编码两个功能。下面通过例子来说明编码过程。

【案例 5-4-1】　　设输入信号采样值 $I_s = -1275\Delta$ （其中 Δ 为一个量化单位），采用逐次比较型编码器，按照 A 律 13 折线编成 8 位码 $C_1C_2C_3C_4C_5C_6C_7C_8$。

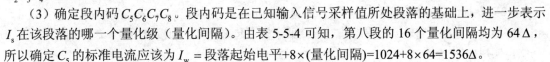

解：编码过程如下。

（1）确定极性码 C_1，由于输入信号采样值 I_s 为负，因此极性码 $C_1 = 0$。

（2）确定段落码 $C_2C_3C_4$。由表 5-4-4 可知，采样值 I_s 位于第八段，所以段落码 $C_2C_3C_4$ 应该为 111。

（3）确定段内码 $C_5C_6C_7C_8$。段内码是在已知输入信号采样值所处段落的基础上，进一步表示 I_s 在该段落的哪一个量化级（量化间隔）。由表 5-5-4 可知，第八段的 16 个量化间隔均为 64Δ，所以确定 C_5 的标准电流应该为 $I_w =$ 段起始电平$+8\times$(量化间隔)$=1024+8\times64=1536\Delta$。

比较结果为 $I_s < I_w$，故 $C_5 = 0$。同理，确定 C_6 的标准电流为 $I_w = 1024+4\times64=1280\Delta$。

比较结果为 $I_s < I_w$，故 $C_6 = 0$。确定 C_7 的标准电流为 $I_w = 1024+2\times64=1152\Delta$。

比较结果为 $I_s > I_w$，故 $C_7 = 1$。确定 C_8 的标准电流为 $I_w = 1024+3\times64=1216\Delta$。

比较结果为 $I_s > I_w$，故 $C_8 = 1$。

由以上过程可知，非均量化和编码实际上是通过非线性编码一次实现的。经过以上比较，对于采样值 $I_s = 1275\Delta$，其编码得到的二进制码组为 01110011。因为其量化电平为 1216Δ，所以量化误差为 59Δ。

如果使非线性码和线性码的码字电平相等，即可以得到非线性码与线性码间的关系。编码时，非线性码与线性码间的关系是 7/11 变换关系，如上例中除了极性码外的 7 位非线性码为 1110011，相对应的 11 位线性码为 10011000000。

【例题 5-4-1】　　采用 A 律 13 折线编码，设最小量化间隔为 1 个量化单位，采样值为 87 个量化单位，试问答以下问题。

（1）求此时编码器输出码组，并计算量化误差（段内码用自然二进制码）。

（2）写出对应于该 7 位码（不包括极性码）的均匀量化 11 位码。

解：由题可知，采样值为 $I_s = 87\Delta$。

确定极性码 C_1。由于采样值为正，因此极性码 C_1 为 1。

确定段落码 $C_2C_3C_4$。由于 $64 < 87 < 128$，采样幅值位于第四段，因此段落码 $C_2C_3C_4$ 为 011，段内量化间隔为 4 个量化单位。

确定段内码 $C_5C_6C_7C_8$。由于 $\dfrac{87-64}{4} = 5.75$，因此采样值属于第四段落内的第六段，段内码 $C_5C_6C_7C_8$ 为 0101。

最终编码器输出码组为 $C_1C_2C_3C_4C_5C_6C_7C_8 = 10110101$。

对应量化电平数为 $I_q = [64+(5+0.5)\times4] = 86\Delta$，量化误差为 $I_e = I_s - I_q = 1\Delta$。

94 对应的 11 位均匀量化编码为 $C_1C_2C_3C_4C_5C_6C_7C_8 = 10001010111$。

3．译码器原理

译码器进行数/模转换时，将收到的 PCM 信号还原成相应的 PAM 样值信号。

A 律 13 折线译码器原理图如图 5-4-3 所示。该译码器基本与逐次比较型编码器中的本地译码器相同，区别在于增加了极性控制部分和带有寄存读出的 7/12（位码）变换电路。下面介绍该译码器各部分的作用。

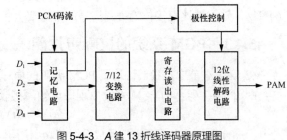

图 5-4-3　A 律 13 折线译码器原理图

记忆电路的作用是将串行的 PCM 码变为并行码并记忆下来，其与编码器中本地译码器的记忆作用基本相同。

极性控制部分的作用是根据收到的极性码 C_1 是 1 还是 0 来控制译码后 PAM 信号的极性，恢复原信号极性。

7/12 变换电路的作用是将 7 位非线性码转换为 12 位线性码。在编码器的本地译码器中采用 7/11（位码）变换电路，使得量化误差有可能大于本段落量化间隔的一半；A 律 13 折线译码器中采用 7/12 变换电路是为了增加一个 $\Delta_i/2$ 恒流电流，人为补上半个量化级，使最大量化误差不超过 $\Delta_i/2$，从而改善量化信噪比。

寄存读出电路是将输入的串行码在存储器中寄存起来，待全部接收后再一起读出，送入解码网络，实现串/并变换。

12 位线性解码电路主要是由恒流源和电阻网络组成。与编码器中解码网络相似，是在寄存读出电路的控制下，输出相应的 PAM 信号。

4．PCM 信号的码元速率和带宽

由于 PCM 系统要用 N 位二进制码表示一个采样值，即一个采样周期 T_s 内要编 N 位码，因此每个码元宽度为 $\dfrac{T_s}{N}$，码位越多，码元宽度越小，占用的带宽越大。显然，传输 PCM 信号所需要的带宽要比模拟基带信号 $m(t)$ 的带宽要大得多。

（1）码元速率

设 $m(t)$ 为模拟基带低通信号，最高频率为 f_H，由低通采样定理得出的采样速率为 $f_s \geqslant 2f_H$，如果量化电平数为 M，则采用二进制码后的码元速率为

$$R_b = R_s \log_2 M = NR_s = \frac{N}{T_s} \tag{5-4-1}$$

式中，N 为二进制编码位数。

（2）传输 PCM 信号所需要的最小带宽

采样速率的最小值为 $f_s = 2f_H$，此时的码元传输速率为 $R_b = 2Nf_H$。由后续数字基带传输系统中分析的结论可知，在无码间串扰和采用理想低通传输特性的情况下，所需最小传输带宽（即奈奎斯特带宽）为

$$B = \frac{R_b}{2} = \frac{N}{2T_s} = \frac{Nf_s}{2} = Nf_H \tag{5-4-2}$$

在实际应用中，常用滚降系数为 1 的升余弦传输特性，此时的带宽为

$$B = R_b = \frac{N}{T_s} = Nf_s \tag{5-4-3}$$

以电话语音传输系统为例，一路模拟语音信号 $m(t)$ 的带宽为 300Hz～3400Hz，采样速率取为 $f_s = 8\text{kHz}$。如果按照 A 律 13 折线进行编码，则需 $N = 8$ 位码，所以需要的传输带宽为 $B = Nf_s = 64\text{kHz}$。这显然比直接传输语音信号的带宽要大得多。

5.4.3　PCM 系统的抗噪声性能

在 5.4.1 小节中，我们讨论了 PCM 编码的原理。下面分析 PCM 系统的抗噪声性能。

由图 5-4-1 所示的 PCM 系统原理图可知，接收端低通滤波器的输出为

$$\hat{m}(t) = m(t) + n_q(t) + n_e(t) \tag{5-4-4}$$

式中，$m(t)$ 表示输出端所需信号成分，其功率用 P_m 表示；$n_q(t)$ 表示由量化噪声引起的输出噪声，其功率用 P_{N_q} 表示；$n_e(t)$ 表示由信道加性噪声引起的输出噪声，其功率用 P_{N_e} 表示。

为了衡量 PCM 系统的抗噪声性能，定义系统总的输出信噪比为

$$\frac{P_{\mathrm{m}}}{P_{N_{\mathrm{o}}}} = \frac{E[m^2(t)]}{E[n_{\mathrm{q}}^2(t)] + E[n_{\mathrm{e}}^2(t)]} = \frac{P_{\mathrm{s}}}{P_{N_{\mathrm{q}}} + P_{N_{\mathrm{e}}}} \tag{5-4-5}$$

由此可知分析 PCM 系统的抗噪声性能时将涉及两种噪声：量化噪声和信道加性噪声。我们可以认为这两种噪声是相互独立的，这是由于其产生机理不同。下面先分析它们单独存在时的系统性能，再分析它们共同存在时的系统性能。

1. 抗量化噪声性能

在 5.3.2 小节中已经给出了量化信噪比的一般计算公式，以及特殊条件下的计算结果。例如，假设输入信号 $m(t)$ 在区间 $[-a,a]$ 具有均匀分布的概率密度，并对 $m(t)$ 进行均匀量化，其量化级数为 M，则在不考虑信道噪声的条件下，其量化信噪比为

$$\frac{P_{\mathrm{m}}}{P_{N_{\mathrm{q}}}} = \frac{E[m^2(t)]}{E[n_{\mathrm{q}}^2(t)]} = M^2 = 2^{2N} \tag{5-4-6}$$

式中，二进制码位数 N 与量化级数 M 的关系为 $M = 2^N$。

由式 5-4-6 可知，PCM 系统输出端的量化信噪比将依赖于每一个编码组的位数 N，并随 N 按指数增加。若根据式（5-4-2）表示的 PCM 系统最小带宽 $B = Nf_{\mathrm{H}}$，式（5-4-6）又可以表示为

$$\frac{P_{\mathrm{m}}}{P_{N_{\mathrm{q}}}} = 2^{2B/f_{\mathrm{H}}} \tag{5-4-7}$$

该式表明，PCM 系统输出端的量化信噪比与系统带宽 B 呈指数关系，体现了带宽与信噪比的互换关系。

2. 抗信道加性噪声性能

前文讨论了量化噪声的影响，接下来讨论信道加性噪声的影响。信道噪声对 PCM 系统性能的影响体现在接收端的误码判决上。在 PCM 信号中，每一码组代表一定的量化采样值。当出现误码时，恢复的量化采样值与发送端的原始采样值会存在误差，从而导致信号恢复不准确。具体来说，二进制 1 码可能会被误判为 0 码，而 0 码也可能会被误判为 1 码。这种误判会导致信号质量的下降和通信可靠性的降低。

在假设加性噪声为高斯白噪声的情况下，每一码组中出现的误码可以认为是彼此独立的，并设每个码元的误码率为 P_{e}。另外，考虑到实际中 PCM 的每个码组中出现多于 1 位误码的概率很低，所以通常只需要考虑仅有 1 位误码的码组错误。例如，若 $P_{\mathrm{e}} = 10^{-4}$，在 8 位长码组中有 1 位误码的码组错误概率为 $P_1 = 8P_{\mathrm{e}} = \dfrac{1}{1250}$，表示平均每发送 1250 个码组就有一个码组发生错误；而有 2 位误码的码组错误概率为 $P_2 = C_8^2 P_{\mathrm{e}}^2 = 2.8 \times 10^{-7}$。显然 $P_2 \ll P_1$，因此只需要考虑 1 位误码引起的码组错误就可以了。

由于码组中各位码的权值不同，因此误差的大小取决于误码发生在码组的哪一位上，并且与码型也有关。

【案例 5-4-2】对于 N 位自然二进制码，自最低位到最高位的加权值分别为 $2^0, 2^1, \cdots, 2^{i-1}, \cdots,$ 2^{N-1}。若量化间隔为 ΔV，则发生在第 i 位上的误码所造成的误差为 $\pm(2^{i-1}\Delta V)$，其所产生的噪声功率为 $(2^{i-1}\Delta V)^2$。显然，发生误码的位置越高，造成的误差越大。由于已经假设每位码元所产生的误码率 P_{e} 是相同的，因此一个码组中如有 1 位误码产生的平均功率为

$$P_{N_{\mathrm{e}}} = E[n_{\mathrm{e}}^2(t)] = P_{\mathrm{e}} \sum_{i=1}^{N} (2^{i-1}\Delta V)^2 = \Delta V^2 P_{\mathrm{e}} \cdot \frac{2^{2N}-1}{3} \approx \Delta V^2 P_{\mathrm{e}} \cdot \frac{2^{2N}}{3} \tag{5-4-8}$$

假设信号 $m(t)$ 在区间 $[-a,a]$ 内为均匀分布，则输出信号功率为

$$P_{\mathrm{m}} = E[m^2(t)] = \int_{-a}^{a} x^2 \cdot \frac{1}{2a}\mathrm{d}x = \frac{\Delta V^2}{12} \cdot M^2 = \frac{\Delta V^2}{12} \cdot 2^{2N} \tag{5-4-9}$$

由式（5-4-8）与式（5-4-9），可以得到仅考虑信道加性噪声时，PCM 系统输出信噪比为

$$\frac{P_{\mathrm{m}}}{P_{N_e}} = \frac{1}{4P_e} \tag{5-4-10}$$

在上面分析的基础上，同时考虑量化噪声和信道加性噪声时，PCM 系统输出端的总信噪功率比为

$$\frac{P_{\mathrm{m}}}{P_{N_o}} = \frac{E[m^2(t)]}{E[n_q^2(t)] + E[n_e^2(t)]} = \frac{2^{2N}}{1 + 4P_e 2^{2N}} \tag{5-4-11}$$

由式 5-4-11 可知，在接收端输入大信噪比的条件下，即 $4P_e 2^{2N} \ll 1$ 时，P_e 很小，可以忽略误码带来的影响，这时只需要考虑量化噪声的影响。在小信噪比的条件下，即 $4P_e 2^{2N} \gg 1$ 时，P_e 很大，误码噪声起主要作用，总信噪比与 P_e 成反比。

需要注意的是，以上公式是在自然码、均匀量化和输入信号均匀分布的前提下得到的。

5.4.4　差分脉冲编码调制

在 PCM 中，每一个样值都是独立进行编码的，这意味着整个幅值的编码需要较多的位数，从而导致较高的比特率，进而导致数字化的信号带宽显著增加。然而，许多以奈奎斯特或更高速率采样的信源信号在相邻采样值之间表现出强烈的相关性，即存在大量的冗余信息。利用这种信源的相关性可以减少所需的编码位数。一种简单的方法是对相邻样值的差值而不是对样值本身进行编码，这样可以更有效地利用信息，降低编码位数和比特率，从而减小数字化的信号带宽。由于相邻样值差值的动态范围比样值本身的动态范围小，因此在量化间隔不变的情况下（即量化噪声不变），编码位数可以显著减少，从而达到降低编码的比特率、压缩信号带宽的目的。这种将语音信号相邻样值的差值进行量化编码的方法称为差分 PCM（Differential PCM，DPCM）。如果将样值之差仍用 N 位编码进行传输，则 DPCM 的量化信噪比要显然优于 PCM 系统。

实现差分编码的一个方法是根据前面 N 个样值预测当前时刻的样值。编码信号只是当前样值与预测值之间差值的量化编码。下面介绍 DPCM 的基本原理。

DPCM 系统原理图如图 5-4-4 所示。其中，$m(k)$ 是编码器输入采样值信号；$m_e(k)$ 是对重建信号 $m_r(k)$ 的线性预测值，是前 N 个样值的加权线性组合，其定义为

$$m_e(k) = \sum_{i=1}^{N} a_i m_r(k-i) \tag{5-4-12}$$

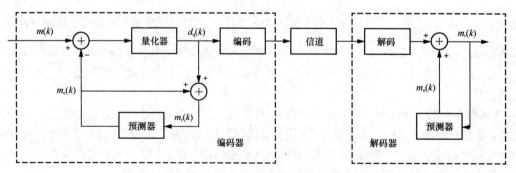

图 5-4-4　DPCM 系统原理图

式中，$\{a_i\}$ 是预测系数。当前样值与预测值之间的误差为

$$d(k) = m(k) - m_e(k) = m(k) - \sum_{i=1}^{N} a_i m_r(k-i) \tag{5-4-13}$$

我们把 $d(k)$ 称为差值。若忽略量化误差，则图 5-4-4 所示 DPCM 系统中的预测误差滤波器的传输函数为

$$D(z) = D_q(z)/M_r(z) = 1 - \sum_{i=1}^{N} a_i z^{-i} \tag{5-4-14}$$

重建信号 $M_r(z)$ 为

$$M_r(z) = D_q(z)/D(z) = D_q(z)H(z) \tag{5-4-15}$$

式中，$H(z)$ 称为重建滤波器的传输函数。由于

$$H(z) = \frac{1}{D(z)} = \frac{1}{1 - \sum\limits_{i=1}^{N} a_i z^{-i}} \tag{5-4-16}$$

只有极点，因此称为全极点预测器。

最佳线性预测器是具有最小均方预测误差的预测器，也就是要在最小 $E[d^2(k)]$ 的条件下，确定一组最佳预测系数 $\{a_{oi}\}$。只要差值 $d(k)$ 足够小，重建信号 $s_r(k)$ 就与输入采样值信号 $s(k)$ 足够接近，此时就可以用重建信号近似代替输入信号。

对于全极点预测器的 DPCM，忽略量化误差，则

$$E[d^2(k)] = E\{[m(k) - m_e(k)]^2\} = E\left\{\left[m(k) - \sum_{i=1}^{N} a_i m_r(k-i)\right]^2\right\} \tag{5-4-17}$$

令

$$\frac{\partial E[d^2(k)]}{\partial a_i} = 0, \quad i = 1, 2, \cdots, N \tag{5-4-18}$$

由式（5-4-18）的 N 个线性方程可以求出 N 个最佳预测系数 $a_{o1}, a_{o2}, \cdots, a_{oN}$，从而使预测误差达到最小。

在图 5-4-4 中，DPCM 编码器是对差值 $d(k)$ 进行量化编码。$d(k)$ 经过量化后输出 $d_q(k)$，编码器将量化后的每个预测误差 $d_q(k)$ 进行编码，输出二进制数字序列 $I(k)$。

编码器输出的二进制数字序列 $I(k)$ 通过数字信道传输到接收端，若传输过程中不出现误码，则解码器输入二进制数字序列 $I'(k) = I(k)$。在解码器中，$I'(k)$ 经过解码输出预测误差 $d_q(k)$，$d_q(k)$ 加上本地预测值 $m_e(k)$，从而得到解码器输出重建信号 $m_r(k)$，即

$$m_r(k) = m_e(k) + d_q(k) \tag{5-4-19}$$

接收端的解码器装有与发送端的编码器相同的预测器，信号 $m_r(k)$ 既是所要求预测器的激励信号，也是所要求解码器输出的重建信号。在传输无误码的条件下，解码器输出的重建信号 $m_r(k)$ 与编码器中的重建信号相同。

DPCM 系统的总量化误差 $n_q(k)$ 定义为编码器输入信号样值 $m(k)$ 与重建信号 $m_r(k)$ 之差，即

$$\begin{aligned} n_q(k) &= m(k) - m_r(k) = [m_e(k) + d(k)] - [m_e(k) + d_q(k)] \\ &= d(k) - d_q(k) \end{aligned} \tag{5-4-20}$$

由式 5-4-20 可知，DPCM 系统的总量化误差 $n_q(k)$ 仅仅与差值信号 $d(k)$ 的量化误差有关。$n_q(k)$ 与 $m(k)$ 均为随机量，因此 DPCM 系统总的量化信噪比为

$$\mathrm{SNR}_{\mathrm{DPCM}} = \frac{E[m^2(k)]}{E[n_q^2(k)]} = \frac{E[m^2(k)]}{E[d^2(k)]} \cdot \frac{E[d^2(k)]}{E[n_q^2(k)]} = G_p \mathrm{SNR}_q \tag{5-4-21}$$

式中，$\mathrm{SNR}_q = \dfrac{E[d^2(k)]}{E[n_q^2(k)]}$ 是把差值序列作为信号时量化器的量化信噪比，与 PCM 系统考虑量化误差时所计算的信噪比相当。$G_p = \dfrac{E[m^2(k)]}{E[d^2(k)]}$ 为 DPCM 系统相对于 PCM 系统而言的信噪比增益，被称

为预测增益。如果能够选择合理的预测规律，差值功率 $E[d^2(k)]$ 就可以远小于信号功率 $E[m^2(k)]$，G_p 就会大于 1，该系统就可以获得增益。对 DPCM 系统的研究就是围绕如何使 G_p 和 SNR_q 这两个参数取最大值而逐步完善起来的，通常 G_p 为 6dB～12dB。

由式（5-4-21）可知，DPCM 系统总的量化信噪比远大于量化器的信噪比。因此，若要求 DPCM 系统达到与 PCM 系统相同的信噪比，则可以降低对量化器信噪比的要求，即减小量化级数，从而降低码位数、比特率，减小传输带宽。

5.4.5 自适应差分脉冲编码调制

根据 5.4.4 小节的内容可知，DPCM 系统性能的改善是以最佳预测和量化为前提的。然而，由于语音信号会在较大的动态范围内变化，因此对语音信号进行预测和量化是一个复杂的技术问题。为此，我们可以在 DPCM 基础上引入自适应系统，称为**自适应差分脉冲编码调制**。

ADPCM 的主要特点是用适应量化取代固定量化，用自适应预测取代固定预测。一方面，量化间隔随信号的变化而变化以减小量化误差；另一方面，ADPCM 可以随信号的统计特性而进行自适应调整。自适应预测是指预测器系数 $\{a_i\}$，提高了预测信号的精度，从而得到高预测增益。这两点改进可以大大提高输出信噪比和编码动态范围。

实际语音信号是一个非平稳随机过程，其统计特性随时间的变化而不断变化，但在短时间间隔内，我们可以将其近似看成平稳随机过程。因此，我们可以利用类似式（5-4-17）、式（5-4-18）的方法，按照短时统计相关特性，求出短时最佳预测系数 $\{a_{oi}(k)\}$。

ADPCM 编码器的原理图如图 5-4-5 所示。在编码器中，为了便于电路进行算术运算，要将 A 律或 μ 律 8 位非线性 PCM 码转换为 12 位线性码。输入信号 $m(k)$ 减去预测信号 $m_e(k)$，便得到差值信号 $d(k)$。4 比特自适应量化器将差值信号自适应量化为 15 个电平，用 4 位二进制码表示。这 4 位二进制码表示一个差值信号样点，即为 ADPCM 编码器输出 $I(k)$，其传输速率为 32kbit/s。同时，这 4 位二进制码被送入自适应逆量化器，并产生一个量化差值信号 $d_q(k)$，再与预测信号 $m_e(k)$ 相加产生重建信号 $m_r(k)$。重建信号和量化差值信号经过自适应预测器运算，产生输入预测信号 $m_e(k)$，从而完成反馈。

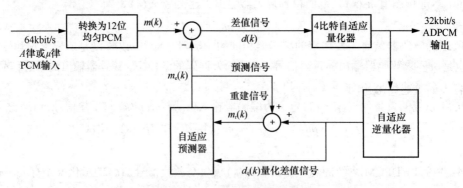

图 5-4-5　ADPCM 编码器的原理图

ADPCM 解码器的原理图如图 5-4-6 所示。解码器是编码器的逆变换过程，包括一个与编码器反馈部分相同的结构以及线性 PCM 码到 A 律或 μ 律的转换器和同步编码调整单元。同步编码调整单元解决在某些情况下同步级联编码中所发生的累计失真。

自适应预测和自适应量化都可改善信噪比，一般 ADPCM 相比 PCM 可改善 20dB 左右，相当于编码位数可以减小 3～4 位。因此，在维持相同的语音质量下，ADPCM 允许用 32kbit/s 比特码速率传输，这是标准 64kbit/s PCM 的一半。降低传输速率、压缩传输频带是数字通信领域的一个重要研究课题。ADPCM 是实现这一目标的一种有效途径。与 64kbit/s PCM 方式相比，在相同信道条件下，32kbit/s 的 ADPCM 方式能使传输的话路加倍。相应地，国际电话电报咨询委员会（International Telegraph and Telephone Consultative Committee，CCITT）也形成了关于 ADPCM 系统的规范建议 G.721、G.726 等。ADPCM 除了用于语音信号压缩编码外，还可以用于图像信号压缩编码，也可以得到较高质量、较低码率的数字图像信号。

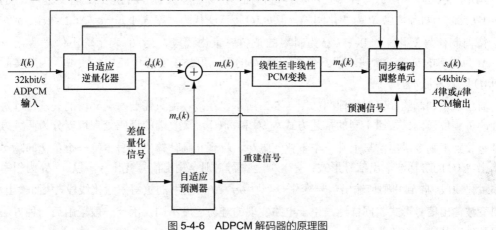

图 5-4-6　ADPCM 解码器的原理图

5.5　增量调制

增量调制是继 PCM 后出现的又一种模拟信号数字化方法。增量调制是最早于 1946 年由法国工程师德洛兰（De Loraine）提出的，其目的在于简化模拟信号数字化的方法。DM 方法只用一位编码表示相邻采样值的相对大小，从而反映波形的变化趋势，而与采样值大小无关。该方法在被提出后的 30 年内有着飞速发展，在军事通信和卫星通信中广泛使用。近年来，DM 在高速超大规模集成电路中用作 A/D 转换器。

增量调制在低比特速率时，量化信噪比高于 PCM；增量调制的抗误码性能好，能工作在误比特率为 $10^{-2} \sim 10^{-3}$ 的信道，而 PCM 则要求误比特率为 $10^{-4} \sim 10^{-6}$；增量调制的编/译码器比 PCM 简单。本节将详细阐述增量调制的原理。

5.5.1　简单增量调制

在通常的语音信号中，若采样速率很大（远高于奈奎斯特采样速率）、采样间隔很小，那么相邻采样点之间的幅度变化就很小，相邻采样值的相对大小（差值）同样能反映模拟信号的变化规律。因此，只需要对相邻采样点的差值进行描述，即可在接收端恢复出原本信号的全部信息。这种方法可以提高通信系统的信息传输有效性，而这种利用差值编码进行通信的方法也称"增量调制"。

简单增量调制的原理图如图 5-5-1 所示。该图中 $m(t)$ 代表输入模拟信号，我们可以看

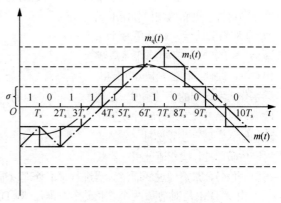

图 5-5-1　简单增量调制的原理图

出，当采样时间足够短时，模拟信号可以通过相邻间隔为 Δt、增长幅度为 $\pm\sigma$ 的阶梯波形来近似表示 $m(t)$。只要采样间隔足够小，便可以通过阶梯波形 $m_q(t)$ 表示 $m(t)$。可以注意到，$m_q(t)$ 有如下特点：以 Δt 为变化间隔，每次变化大小为 $\pm\sigma$。因此，我们可以利用一连串的"0"和"1"对 $m_q(t)$ 进行描述，用 0 表示下降一个量化间隔，用 1 表示上升一个量化间隔，从而表征原本的模拟信号 $m(t)$。

此外，还可以利用另一种形式对 $m(t)$ 进行描述，即斜变波 $m_1(t)$ 的形式。斜变波 $m_1(t)$ 的特性与 $m_q(t)$ 类似，两者均以 Δt 为变化间隔，但 $m_1(t)$ 每次变化为斜率大小是 $\pm\sigma/\Delta t$ 的线段。通常用 1 表示待调制信号变化一个以 $\sigma/\Delta t$ 为斜率的正斜率量化线段，用 0 表示输出信号变化一个以 $-\sigma/\Delta t$ 为斜率的负斜率量化线段。斜变波 $m_1(t)$ 的形式更易于实际电路中的实现，因此实际中常用 $m_1(t)$ 近似表征 $m(t)$。

简单增量调制的译码器原理图如图 5-5-2 所示。在接收端只需要对编码器的处理过程进行逆处理即可实现译码。按照不同的描述方式 $m_q(t)$ 和 $m_1(t)$，接收端的译码处理可以分为两种方式：一种是收到 1 则令输出信号上升一个量化间隔 σ，收到 0 则使输出信号下降一个量化间隔 σ，从而输出 $m_q(t)$ 的阶梯波输出信号形式；另一种是收到 1 则令输出信号变化一个以 $\sigma/\Delta t$ 为斜率的正斜率量化线段，收到 0 则使输出信号变化一个以 $-\sigma/\Delta t$ 为斜率的负斜率量化线段，从而输出 $m_1(t)$ 的斜变波输出信号形式。同样地，由于电路实现的难易程度不同，因此一般采用后一种方法进行译码处理。其实现电路为积分电路。

下面分析简单增量调制的实现方法与系统框图。从简单增量调制的思路出发，系统框图中的主要组成有：相减器、比较判决器、积分器、脉冲发生器，四者构成负反馈系统。

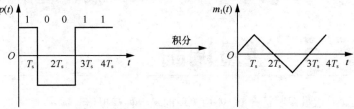

图 5-5-2 简单增量调制的译码器原理图

简单增量调制系统框图如图 5-5-3 所示。其中比较判别器的判别条件如下。

若

$$e(t) = m(t) - m_1(t) > 0 \qquad (5\text{-}5\text{-}1)$$

则输出符号 1。

若

$$e(t) = m(t) - m_1(t) < 0 \qquad (5\text{-}5\text{-}2)$$

则输出符号 0。

图 5-5-3 中平滑电路由积分器和低通滤波器共同组成。脉冲发生器输入 1 时产生正脉冲，输入 0 时产生负脉冲，进而通过积分器形成 $m_1(t)$ 的斜变信号，斜变信号于相减器中与输入信号 $m(t)$ 作差后输出 $e(t)$。此外，比较判决器的输出码字作为发送端的信号输出。在接收端，对输入码字进行脉冲发生处理，输入 1 时产生正脉冲，输入 0 时产生负脉冲，接着通过积分器获得斜变信号，最后通过低通滤波器进行平滑处理以输出译码结果。

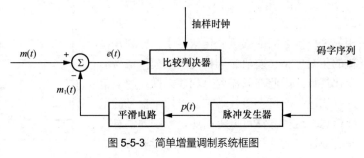

图 5-5-3 简单增量调制系统框图

由于 DM 是对前后两个差值进行编码，则 DM 实际上是 DPCM 的一种特殊形式，即预测值为前一个样值。

5.5.2 DM 的过载特性与动态范围

1．DM 的过载特性

与 PCM 系统类似，DM 系统也会由于量化间隔的有限精度性而产生量化噪声。DM 系统中的量化噪声有两种形式：过载量化噪声和一般量化噪声。如图 5-5-4（b）所示，当模拟信号 $m(t)$ 在某些区间内斜率较大时，接收端产生的阶梯波 $m_q(t)$ 跟不上模拟信号 $m(t)$ 的变化，$m_q(t)$ 相对于 $m(t)$ 的误差明显增大，导致接收端恢复出的信号出现严重失真，这种现象称为过载现象；噪声 $e_q(t) = m(t) - m_q(t)$ 即为过载量化噪声，这种噪声是 DM 系统为了正常工作而应避免的噪声。在不出现过载现象的条件下，由于用阶梯波或斜变波近似表示模拟信号，$m_q(t)$ 相对于 $m(t)$ 仍有一定的误差，接收端恢复出的信号仍出现一定失真，如图 5-5-4（a）所示；这时噪声 $e_q(t) = m(t) - m_q(t)$ 称为一般量化噪声。不难看出，一般量化噪声的变化范围限制在区间 $[-\sigma, \sigma]$ 内。

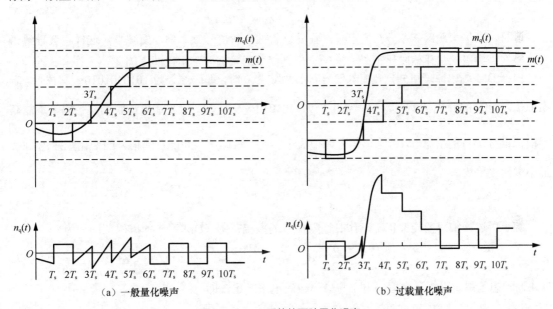

（a）一般量化噪声 （b）过载量化噪声

图 5-5-4 DM 系统的两种量化噪声

因此在 DM 系统的实际设计中，应避免发生过载。可以推断，对于斜率为正的模拟信号 $m(t)$，若阶梯波中每个量化间隔上升得足够高或每个量化间隔上升得足够快，则阶梯波 $m_q(t)$ 就能跟上模拟信号 $m(t)$ 的变化。这一点体现在量化间隔 σ 和采样间隔 Δt（或采样速率 f_s）上。在此定义最大跟踪斜率 k 表示接收端恢复出的阶梯波中，每个阶梯的上升（或下降）程度。

$$k = \frac{\sigma}{\Delta t} = \sigma f_s \tag{5-5-3}$$

当最大跟踪斜率大于或等于模拟信号 $m(t)$ 的最大变化斜率时，即

$$\left| \frac{\mathrm{d}m(t)}{\mathrm{d}t} \right|_{\max} \leqslant \sigma f_s \tag{5-5-4}$$

此时 $m_q(t)$ 就能跟上模拟信号 $m(t)$ 的变化，不会出现过载现象，因而不会形成很大的失真。式（5-5-4）即为不发生过载现象的条件。

因此，是否出现过载现象取决于量化间隔 σ 和采样速率 f_s 的选择。若 σ 取值较大，有利于减小过载量化噪声，但一般量化噪声的变化范围也随之增大；若 σ 取值较小，有利于减小一般量化噪声，但也更容易出现过载现象，因此一般会对简单增量调制的量化间隔 σ 加以限制。采样速率

f_s 增大，则既可以避免过载现象的出现或尽可能减小过载噪声，也有利于减小一般量化噪声（详细分析见 5.5.3 小节）。对于语音信号，DM 系统的采样速率一般大于 PCM 系统的采样速率，DM 系统的采样速率典型值为 16kHz 或 32kHz。

2．DM 的动态范围

在给定量化间隔 σ 和采样速率 f_s 的条件下，对过载现象的避免实际上是对输入信号的一种限制，这种限制体现在 DM 系统的编码范围上。DM 系统的编码范围是指编码器能够正常工作的输入信号的振幅范围，即最小编码电平 A_{min} 到最大编码电平 A_{max}。

最大编码电平也称为临界过载振幅。为便于分析，我们以角频率为 ω_k 的正弦信号 $m(t) = A\sin(\omega_k t)$ 为例，则变化率为 $\dfrac{\mathrm{d}m(t)}{\mathrm{d}t} = A\omega_k \cos(\omega_k t)$。

由不发生过载现象的条件可得最大编码电平（正弦信号的幅值）为

$$A_{max} = \frac{\sigma f_s}{\omega_k} = \frac{\sigma f_s}{2\pi f_k} \tag{5-5-5}$$

可见，当最大跟踪斜率 σf_s 一定时，临界过载振幅随信号频率增加而减小，这样将会导致语音信号在高频段的量化信噪比下降。这一点也是简单增量调制不实用的原因之一。

根据 DM 编码原理可知，当输入信号 $m(t)$ 恒定为 0 时，编码结果为 1010101010… 交替码。若模拟信号 $m(t)$ 的峰值小于 $\dfrac{\sigma}{2}$，编码结果仍为 101010… 交替码。接收端只能收到交替码，不能获得模拟信号 $m(t)$ 的信息。只有当该信号峰值大于 $\dfrac{\sigma}{2}$ 时，编码序列才能反映信号的变化规律。因此，最小编码电平为

$$A_{min} = \frac{\sigma}{2} \tag{5-5-6}$$

综上所述，编码器能够正常工作时输入信号的振幅范围（DM 系统的编码范围）为

$$\frac{\sigma}{2} = A_{min} \leqslant A \leqslant A_{max} = \frac{\sigma f_s}{\omega_k} \tag{5-5-7}$$

DM 的动态范围定义为最大编码电平与最小编码电平之比，即

$$D_c = 20\lg \frac{A_{max}}{A_{min}} (\mathrm{dB}) \tag{5-5-8}$$

将式（5-5-5）和式（5-5-6）代入式（5-5-8）可得

$$D_c = 20\lg\left[\frac{\sigma f_s}{\omega_k} \Big/ \frac{\sigma}{2}\right] = 20\lg\left(\frac{2f_s}{\omega_k}\right) = 20\lg\left(\frac{f_s}{\pi f_k}\right) \tag{5-5-9}$$

若采用 $f_k = 1\,\mathrm{kHz}$ 的正弦信号测试，则

$$D_c = 20\lg\left(\frac{f_s}{1000\pi}\right) \tag{5-5-10}$$

对不同的采样速率 f_s，简单增量调制的动态范围 D_c 的计算结果如表 5-5-1 所示。

表 5-5-1　采样速率与简单增量调制的动态范围

采样速率 f_s/kHz	10	20	30	40	80	100
简单增量调制的动态范围 D_c/dB	10.06	16.08	19.60	22.10	28.12	30.06

由表 5-5-1 可知，简单增量调制的动态范围较小，而通常语音信号对动态范围的要求为 40dB～50dB，因此在实际工程中常用 DM 的改进型，如增量总和（$\Delta - \Sigma$）调制、压扩式自适应增量调制等。

5.5.3　DM 系统的抗噪声性能

与分析 PCM 系统的抗噪声性能相同，同样可用输出信噪比表征 DM 系统的抗噪声性能。

$$\frac{P_\text{m}}{P_{N_\text{o}}} = \frac{P_\text{m}}{P_{N_\text{q}} + P_{N_\text{e}}} = \frac{E[m^2(t)]}{E[n_\text{q}^2(t)] + E[n_\text{e}^2(t)]} \tag{5-5-11}$$

式中，$P_\text{m} = E[m^2(t)]$ 为信号功率，N_o 为总噪声功率，同样其可以表示为量化噪声功率 $P_{N_\text{q}} = E[n_\text{q}^2(t)]$ 和信道加性噪声功率 $P_{N_\text{e}} = E[n_\text{e}^2(t)]$ 两部分之和。由于量化噪声 n_q 和信道加性噪声 n_e 的产生机理不同，我们可以认为这两种噪声是互相独立的，因此可以先逐项分析每种噪声独自存在时，DM 系统的抗噪声性能，再分析它们共同存在时，该系统的抗噪声性能。

1．抗量化噪声性能

由 5.5.2 小节的分析可知，DM 系统中的量化噪声可分为过载量化噪声和一般量化噪声。考虑到实际 DM 系统应避免过载量化噪声的出现，以及分析结果的一般性，在此仅考虑一般量化噪声存在时，DM 系统的抗量化噪声性能。

假定 DM 系统不发生过载现象，则量化误差 n_q 仅在 $-\sigma$ 到 σ 范围内变化。假定 n_q 在 $(-\sigma, \sigma)$ 内均匀分布，则量化误差的平均功率为

$$E[n_\text{q}^2(t)] = \int_{-\sigma}^{\sigma} n_\text{q}^2 p(n_\text{q}) \text{d}e = \int_{-\sigma}^{\sigma} \frac{n_\text{q}^2}{2\sigma} \text{d}n_\text{q} = \frac{\sigma^2}{3} \tag{5-5-12}$$

考虑到 n_q 理论上的最小周期应为采样频率 f_s 的倒数 T_s，且大于 T_s 的所有值都是 n_q 可能的周期，为便于分析，假定量化噪声功率谱密度在 $(0, f_\text{s})$ 内均匀分布，则量化噪声的单边功率谱密度为

$$P_{N_\text{q}}(f) \approx \frac{E[n_\text{q}^2(t)]}{f_\text{s}} = \frac{\sigma^2}{3f_\text{s}} \tag{5-5-13}$$

设接收端低通滤波器的截止频率为 f_m，则经低通滤波器后输出的量化噪声功率为

$$P_{N_\text{q}} = P_{N_\text{q}}(f) f_\text{m} = \frac{\sigma^2 f_\text{m}}{3 f_\text{s}} \tag{5-5-14}$$

可见，在满足以上假设的情况下，DM 系统的量化噪声功率与量化间隔 σ、采样频率 f_s 及低通滤波器截止频率 f_m 有关，而与信号幅度无关。

对于频率为 f_k、振幅为临界过载振幅 $A_{\max}$ 的正弦信号，其信号功率为

$$P_\text{m} = \frac{A_{\max}^2}{2} = \frac{\sigma^2 f_\text{s}^2}{8\pi^2 f_\text{k}^2} \tag{5-5-15}$$

这里用到了 5.5.2 小节的式（5-5-5），即

$$A_{\max} = \frac{\sigma f_\text{s}}{2\pi f_\text{k}} \tag{5-5-16}$$

因此，对于正弦信号，振幅越大，信号功率越大，信噪比越大。故仅考虑量化噪声时，DM 系统的输出功率比为

$$\frac{P_\text{m}}{P_{N_\text{q}}} = \frac{3}{8\pi^2} \cdot \frac{f_\text{s}^3}{f_\text{k}^2 f_\text{H}} \approx \frac{0.04 f_\text{s}^3}{f_\text{k}^2 f_\text{m}} \tag{5-5-17}$$

用分贝表示为

$$\frac{P_\text{m}}{P_{N_\text{q}}} = 10\lg\left(\frac{0.04 f_\text{s}^3}{f_\text{k}^2 f_\text{m}}\right) = 30\lg f_\text{s} - 20\lg f_\text{k} - 10\lg f_\text{m} - 14 \, (\text{dB}) \tag{5-5-18}$$

式（5-5-18）表明以下几点。

（1）仅考虑量化噪声时，DM 系统的输出功率比与采样速率 f_s 的立方成正比，即 f_s 每提高一倍，输出功率比提高 9dB。因此，DM 系统的采样速率至少在 16kHz 以上，才能使量化信噪比达到 15dB 以上。采样速率在 32kHz 时，量化信噪比约为 26dB，只能满足一般通信质量的要求。

（2）仅考虑量化噪声时，DM 系统的输出功率比与正弦信号频率 f_k 的平方成反比，即 f_k 每提高一倍，输出功率比降低 6dB。因此，对于高频段的信号，DM 系统的抗噪声性能会下降。

2．抗加性噪声性能

信道的加性噪声会使接收端的二进制符号序列发生误码（1 码错译为 0 码或 0 码错译为 1 码），进而使脉冲发生器输出序列发生从 $-\sigma$ 到 σ 或从 σ 到 $-\sigma$ 的变化。对于一般信号，接收端由于误码而造成的误码噪声功率为

$$P_{N_e} = \frac{2\sigma^2 f_s P_e}{\pi^2 f_L} \tag{5-5-19}$$

式中，P_e 为系统误码率，f_L 为信号频谱的下截止频率。

结合式（5-5-19）可得，对于频率为 f_k、振幅为临界过载振幅 A_{max} 的正弦信号，此时有 $f_L = f_k$。仅考虑信道加性噪声时，DM 系统的输出功率比为

$$\frac{P_m}{P_{N_e}} = \frac{f_s}{16 P_e f_k} \tag{5-5-20}$$

可见，在已知采样频率为 f_s、正弦信号频率为 f_k 的情况下，DM 系统的输出功率比 S_o / N_e 与系统误码率 P_e 成反比。

综上，由 P_{N_q} 和 P_{N_e} 可以得到，在满足以上假设的情况下，对于振幅为临界过载振幅的正弦信号，其总输出信噪比为

$$\frac{P_m}{P_{N_o}} = \frac{P_m}{P_{N_q} + P_{N_e}} = \frac{3 f_s^3}{8\pi^2 f_k^2 f_m + 48 f_s^2 f_k P_e} \tag{5-5-21}$$

5.5.4　PCM 与 DM 系统的比较

PCM 系统和 DM 系统的共同点在于，它们都是模拟信号数字化的基本方法。从编码结果来看，DM 可以看作 DPCM 的一种特例，即 DPCM 的量化电平数为 2 的情况，因此有时也可以将 PCM 和 DM 统称为脉冲编码。但需要注意的是，从编码原理来看，无论是 PCM 还是 DPCM，它们的编码结果都是对模拟信号值的表征，DM 的编码结果是对模拟信号变化趋势的表征。这一点是 PCM 与 DM 的本质区别。

除了编码原理不同之外，由于 DM 系统对避免发生过载现象有一定要求，因此 PCM 与 DM 的一些通信系统性能指标存在差异，分析方法也有一定的不同。下面从采样速率、信道带宽、量化信噪比、信道误码的影响、设备复杂度等（5 个）方面对两个系统进行比较。

1．采样速率

对于 PCM 系统，采样速率由信号频谱决定。根据采样定理，若信号的最高频率为 f_H，则最低采样速率 $f_s = 2 f_H$。对于语音信号，一般取 $f_s = 8kHz$。

对于 DM 系统，采样速率与斜率不发生过载的条件（见式（5-5-4））和输出信噪比（见式（5-5-20））有关。一般情况下，为保证不发生过载并维持一定的 DM 动态范围，在达到与 PCM 系统相同的输出信噪比时，DM 系统的采样速率要远高于 PCM 系统的采样速率。

2．信道带宽

对于 DM 系统，比特速率 $R_b = f_s N$，其中 f_s 为采样速率，N 为对某一个样值的编码位数。根据奈奎斯特第一准则（详细分析见 6.3.2 小节），在码元速率等于比特速率的情况下，信道的最小带宽应为比特速率的一半。

因此对于 PCM 系统，一般取 $N=8$，比特速率 $R_b=64\text{kHz}$，因此要求最小信道带宽为 32kHz。对于 DM 系统，$N=1$，比特速率等于采样速率，如采样速率为 100kHz 时，要求信道最小带宽为 50kHz。

3．量化信噪比

在仅考虑量化噪声的情况下，由式（5-4-6）可知，PCM 的量化信噪比为

$$\text{SNR}_{\text{PCM}} = \frac{P_m}{P_{N_q}} \approx 10\lg 2^{2N} \approx 6N\ (\text{dB}) \qquad (5\text{-}5\text{-}22)$$

PCM 的量化信噪比与编码位数 N 呈线性关系。

在相同的信道带宽（相同的比特速率 R_b）下，DM 的采样速率 f_s 满足 $f_s=2Nf_H$，代入式（5-5-16）可得 DM 的量化信噪比为

$$\text{SNR}_{\text{DM}} = \frac{P_m}{P_{N_q}} \approx 10\lg\left[0.32N^3\left(\frac{f_H}{f_k}\right)^2\right](\text{dB}) \qquad (5\text{-}5\text{-}23)$$

它与 N 呈对数关系，且与 f_H/f_k 有关。取 $f_H/f_k=3$ 时，不同 N 值的 PCM 和 DM 的量化信噪比曲线如图 5-5-5 所示。

比较两条曲线可以看出，在相同的信道带宽（相同的比特速率 R_b）下，PCM 系统的编码位数较低时（即比特速率较低时）DM 的量化信噪比要高于 PCM，而 PCM 系统的编码位数较高时（即比特速率较高时）PCM 的量化信噪比要高于 DM。

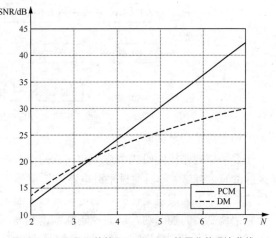

图 5-5-5　不同 N 值的 PCM 和 DM 的量化信噪比曲线

4．信道误码的影响

对于 DM 系统，由于每一个误码带来的误差仅为量化间隔的 2 倍，因此 DM 系统对误码相对不敏感，对误码率的要求相对较低，一般为 $10^{-3}\sim10^{-4}$。对于 PCM 系统，每一个误码有可能会造成许多量化间隔的误差，尤其是在误码出现在高位码的情况下。因此 PCM 系统对误码相对敏感，误码对 PCM 系统带来的影响要比 DM 系统更加严重，且对误码率的要求相对较高，一般为 $10^{-5}\sim10^{-6}$。因此相对于 PCM 系统，DM 系统更适用于误码率较高的信道条件。

5．设备复杂度

PCM 系统的特点是对多路信号统一编码，一般采用 8 位编码，编码设备较为复杂。PCM 一般应用于大规模大容量的干线通信。

DM 系统的特点是单路信号仅独用一套编码器，编码设备较为简单，并且单路应用时不需要收发设备的同步。但若对多路信号，每路信号独用一套编码器和译码器，编码设备会成倍增加。DM 一般应用于小规模的支线通信。

目前随着集成电路的发展，DM 设备简单的优点已经不再那么显著。在传输语音信号时，采用 DM 系统的清晰度和自然度都不如采用 PCM 系统，因此在通用的多路通信系统中很少使用 DM 系统。DM 系统一般用于通信容量小和质量要求不高的场合，以及军事通信和一些特殊通信中。

5.5.5　自适应增量调制

在简单增量调制中，量化间隔 σ 是固定不变的。这种方式虽较为简单，但显然在量化小信号时存在着与均匀量化处理小信号相同的问题，即对小信号的量化误差较大，导致小信号量化信噪比较低。为

改善这一问题，利用非均匀量化器和对数量化器的思路，可以通过改变量化间隔 σ 的大小使之随输入信号的统计特性进行跟踪变化，从而在输入信号较小时利用较小的量化间隔获得较高的量化信噪比。可以看出，这种增量调制是随着输入信号变化而变化的，也称自适应增量调制（Adaptive DM，ADM）。

自适应增量调制根据量化间隔 σ 的变化速度主要可以分为两种。若量化间隔 σ 的变化速率与输入信号速率相等，则称为瞬时压扩；若量化间隔 σ 的变化速率以音节为单位，则称为音节压扩。其中瞬时压扩的量化间隔 σ 的变化速率与输入信号速率相等，也即 σ 的变化周期是 Δt，这种压扩方式是较难实现的。通过大量统计，语音信号中的音节周期约为 10ms。因此，对语音信号采用音节压扩的方式进行增量调制所获得的量化结果品质更好。由于这种方法中采用数字检测器检测码流中连 1 和连 0 的个数、音节压扩方式进行增量调制，因此又称为数字检测、音节压扩的自适应增量调制（简称为数字音节压扩增量调制）。图 5-5-6 为数字音节压扩增量调制的原理图。

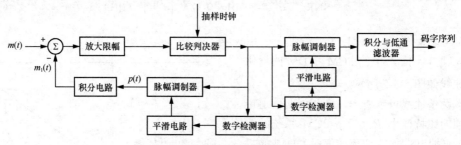

图 5-5-6　数字音节压扩增量调制的原理图

相比简单增量调制，数字音节压扩增量调制增加了数字检测器、平滑电路和脉幅调制器。

数字检测器检测码流中连 1 和连 0 的个数，将个数反映于其输出的脉冲宽度，信号斜率越大则脉冲宽度越宽。随后通过平滑电路进行积分平滑处理（其时间常数与音节长度相近），将迅速变化的脉冲平滑为缓慢变化的控制电压，该控制电压与信号音节内的平均斜率成正比。控制信号加于脉幅调制器的控制端，从而控制脉幅调制器的增益，使脉幅调制器输出不同大小脉冲，进而使发送端输出的量化间隔 σ 跟踪输入信号大小改变，又称连续可变斜率增量调制（Continuously Variable Slope Delta Modulation，CVSD）。

连续可变斜率增量调制是一种使用较多的音节压扩自适应增量调制方式。我国早已将这种方式定为通用的增量调制数字电话制式，在美国和西方欧洲各国的军事通信网络中也常采用 16kbit/s 和 32kbit/s 的数字音节压扩增量调制方式，其广泛应用于既需要保证通信质量又需要保证通信安全性的场合。

习题

一、基础题

5-1　设一信源由 6 个不同的独立符号组成，如题 5-1 表所示。

题 5-1 表

X_i	x_1	x_2	x_3	x_4	x_5	x_6
P_i	$\dfrac{1}{2}$	$\dfrac{1}{4}$	$\dfrac{1}{32}$	$\dfrac{1}{8}$	$\dfrac{1}{32}$	$\dfrac{1}{16}$

试求：

（1）信源符号熵 $H(X)$；

（2）若信源每秒发送 1 000 个符号，求信源每秒传送的信息量；

（3）若信源各符号等概率出现，求信源最大熵 $H_{\max}(X)$。

5-2　已知一低通信号 $m(t)$ 的频谱为

$$M(f) = \begin{cases} 1 - \dfrac{|f|}{200}, & |f| < 200 \\ 0, & \text{其他} \end{cases}$$

试求：

（1）若采样速率 $f_s = 300\text{Hz}$，画出对 $m(t)$ 进行理想采样时，在 $|f| < 200\,\text{Hz}$ 范围内已采样信号 $m_s(t)$ 的频谱；

（2）用 $f_s = 400\,\text{Hz}$ 的速率采样，重做第（1）小题。

5-3　已知一基带信号 $m(t) = \cos(2\pi t) + 2\cos(4\pi t)$，对其进行理想采样。

（1）为了能够在接收端不失真地从已采样信号 $m_s(t)$ 中恢复 $m(t)$，采样间隔应如何选择？

（2）当采样间隔取为 0.2s 时，画出已采样信号的频谱图。

5-4　已知信号 $m(t) = 10\cos(20\pi t)\cos(200\pi t)$，对其进行等间隔采样，采样速率 $f_s = 250\,\text{Hz}$。

（1）求已采样信号 $m_s(t)$ 的频谱并画出。

（2）若要求无失真恢复 $m(t)$，试着求出对 $m_s(t)$ 采用低通滤波器的截止频率。

（3）试求出无失真恢复 $m(t)$ 时的最小采用频率。

5-5　12 路载波电话信号占有频率范围为 60kHz～108kHz，求出最低抽样频率，并画出理想抽样后的信号频谱。

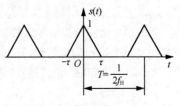

5-6　已知信号 $m(t)$ 的最高频率为 f_H，若用题 5-6 图所示的 $s(t)$ 对 $m(t)$ 进行自然采样，试确定已采样信号以及其频谱表示式，并画出其示意图。（注：$m(t)$ 的频谱形状可以自行假设。）

题 5-6 图

5-7　已知信号 $m(t)$ 的最高频率为 f_H，若用题 5-6 图所示 $s(t)$ 的单个脉冲对 $m(t)$ 进行瞬时采样，试确定已采样信号以及其频谱表示式。

5-8　设信号 $m(t) = 9 + A\cos(\omega t)$，其中，$A \leqslant 10\text{V}$。若 $m(t)$ 被均匀量化为 40 个电平，试确定所需的二进制码组的位数 N 和量化间隔 ΔV。

5-9　正弦信号均匀量化编码时，如果信号动态范围为 40dB，要求在整个动态范围内量化信噪比不低于 30dB，最少需要几位编码？

5-10　已知正弦信号幅度为 $3.25\,\Delta V$，该信号被输入到一个中升型 $L = 8$ 电平的均匀量化器，$\Delta V = 1\text{V}$，其量化特性如题 5-10 图所示。假设 $f_s = 8\text{kHz}$，正弦信号频率 $f = 800\text{Hz}$，试画出输入为正弦波时的输出波形。

5-11　正弦信号输入时，若信号幅度不超过 A 律压缩特性的直线线段，求信噪比 SNR 的表示式。

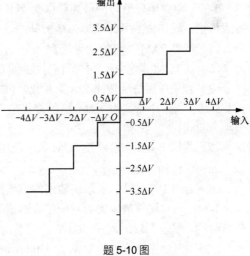

题 5-10 图

5-12　对于一个 A 律压扩器，其 $A = 90$，以输入电压的大小为变量，绘出输出电压。加入用于压扩器的输入电压为 0.1V，则输出电压为多少？加入输入电压为 0.01V，则输出电压为多少？（假设压扩器最大输入电压为 1V。）

5-13　采用 A 律 13 折线编码，设最小量化级为 1 个单位，采样脉冲值为 635 个单位。

（1）试求此时编码器的输出码组，并计算量化误差。

（2）写出对应于该 7 位码（不包括极性码）的均匀量化 11 位码。

5-14　采用 A 律 13 折线编码，设接收端收到的码组为"01010011"，最小量化间隔为 1 个量化单位，段内码为折叠二进制码。

（1）译码器输出为多少个量化单位？

（2）写出对应于该 7 位码（不包括极性码）的均匀量化 11 位码。

5-15　采用 A 律 13 折线编码，设最小量化级为 1 个单位，采样脉冲值为 -195 个单位。

（1）试求此时编码器的输出码组，并计算量化误差。

（2）写出对应于该 7 位码（不包括极性码）的均匀量化 11 位码。

5-16　已知语音信号的最高频率 $f_H = 3400$ Hz，用 PCM 系统进行传输，要求量化信噪比不低于 30dB。试求此 PCM 系统所需要的最小带宽。

5-17　试说明在 PCM 电话信号中为什么常用折叠码进行编码，PCM 系统中的量化信噪比和信号带宽有什么关系？

二、提高题

5-18　已知信号 $m(t)$ 的最高频率为 f_H，若用矩形脉冲对 $m(t)$ 进行瞬时采样，矩形脉冲宽度为 2τ，幅度为 1，试确定已采样信号以及其频谱表示式。

5-19　已知信号 $m(t)$ 的最高频率为 f_H，若用矩形脉冲对 $m(t)$ 进行平顶采样，矩形脉冲宽度为 τ，幅度为 A，采样频率为 $f_s = 2.5f_H$，试求已采样信号的时间表达式和频谱表达式。

5-20　已知模拟信号采样值的概率密度 $f(x)$ 如题 5-20 图所示，若按 4 电平进行均匀量化，试计算信号量化噪声信噪比。

5-21　已知输入语音信号的概率密度为拉普拉斯分布，其表达式为

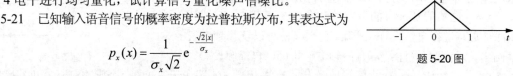

题 5-20 图

$$p_x(x) = \frac{1}{\sigma_x \sqrt{2}} e^{-\frac{\sqrt{2}|x|}{\sigma_x}}$$

其中 σ_x 为信号 x 的均方根。求具有最小量化噪声功率的非线性压缩特性。

5-22　单路语音信号的最高频率为 4kHz，采样速率为 8kHz，将所得到的脉冲用 PAM 或 PCM 方式传输。设传输信号的波形为矩形脉冲，其宽度为 τ，且占空比为 1。

（1）计算 PAM 系统的最小带宽。

（2）在 PCM 系统中，采样后信号按照 8 级量化，求 PCM 系统的最小带宽，并与（1）结果比较。

（3）若采样后信号按照 128 级量化，PCM 系统的最小带宽为多少？

5-23　将一个带宽为 4.2MHz 的模拟信号用 PCM 系统传输，要求接收机输出端的量化信噪比至少为 40dB。

（1）若设 $P_e = 0$，求线性 PCM 码字所需的二进制编码位数 N 和量化器所需的量化电平数。

（2）求传输的比特率。

（3）若设 $P_e = 10^{-4}$，求系统输出的信噪比。

5-24　已知简单增量调制系统接收端输入二进制序列 $c(t) = 011000111100110$，译码器采用积分器结构，$f_s = 32$kHz，$\sigma = 10$mV，试画出译码器输出波形 $m_o(t)$。

5-25　已知正弦信号的频率 $f_c = 4$kHz，试分别设计一个 PCM 系统和一个 DM 系统，使两个系统的输出量化信噪比都满足 30dB 的要求，比较这两个系统的信息速率。

5-26　简单增量调制系统中，已知输入信号 $m(t) = 5\sin(2000\pi t)$，采样速率 $f_s = 48$kHz，译码器中低通滤波器的频率范围为 200Hz～3400Hz，系统误码率 P_e 分别为 10^{-1}、10^{-2}、10^{-3}。

（1）计算在临界过载条件下 3 种误码率情况的最大信噪比。

（2）将其结果与 64 电平均匀量化 PCM 系统进行比较。

第6章 数字信号的基带传输

现代通信的根本任务之一是实现信息的准确传递，而如何有效、可靠地传输数字信息是数字通信的一个核心问题。数字通信系统中传输的数字信息是承载在"时间离散、幅度离散"的数字信号上的。这些信号可以是来自计算机等（数据终端设备）离散信源的电脉冲信号，也可以是来自电话等的模拟信号经数字化处理后的脉冲编码信号。携带原始信息的数字信号没有经过载波调制时频率较低，信号频谱从零频附近开始，具有低通形式，通常被称为数字基带信号。在传输距离较近的情况下，数字基带信号可以直接在某些具有低通特性的双绞线、电缆或其他**有线信道**中传输，我们将这类系统称为**数字基带传输系统**；在大多数信道（如无线信道、光信道等）中，数字基带信号必须通过载波调制将频谱搬移到高频处后才能传输，我们将这类系统称为**数字频带（通带）传输系统**。

尽管数字基带传输相对于数字频带传输的应用受限，但如果把载波调制和传输看作广义信道的一部分，则数字频带传输系统可以等效为数字基带传输系统来进行研究。因此，数字基带传输理论是数字频带传输系统设计与分析的基础，在现代通信理论中占有极其重要的位置。

本章简介

本章先讨论数字信号的基带传输，下一章再介绍数字信号的频带传输。具体来说，6.1 节介绍典型数字基带传输模型，阐述从二进制比特序列到物理波形的映射过程；6.2 节介绍线路编码（Line Coding）基本原则和几种常用基带码型及通信波形功率谱计算方法；6.3 节介绍带宽受限信道下如何设计基带传输波形以消除码间串扰；6.4 节介绍如何设计数字信号的接收机、最小化信道噪声影响以提升系统抗噪声性能，6.3 节和 6.4 节是本章的重点；基于以上内容，6.5 节介绍等效基带模型以简化基带传输系统的分析、建模；6.6 节介绍数字基带传输最佳判决准则及差错分析方法；6.7 节介绍一种利用实验手段直观评估系统性能的方法——眼图；6.8 节介绍改善数字基带传输性能的措施——均衡；6.9 节、6.10 节分别介绍加扰与解扰、码元同步原理。

6.1 数字基带传输模型

图 6-1-1 是一个典型数字基带传输系统的基本结构图。输入的二进制比特流必须先转换成实际的波形信号才能在物理信道上传输，我们称该过程为**符号映射**。

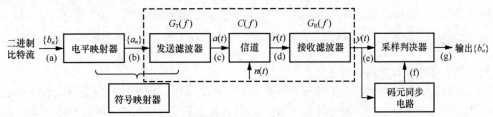

图 6-1-1 典型数字基带传输系统的基本结构图

具体数学描述如下。一个待传输的二进制比特流为 $\{b_n\}$，$n = 1, 2, \cdots, N$，符号映射器中的可用

波形集合为 $\{a_m g_m(t, f_m, \varphi_m)\}$，$m=1,2,\cdots,M$，其中，$t$ 表示连续时间，a_m 表示波形集合中第 m 个波形的幅度，$g_m(\cdot)$ 代表第 m 个波形的形状，f_m 和 φ_m 分别表示第 m 个波形的频率和相位。符号映射指的是将二进制比特流中的每个比特对应为波形集合中的某一个特定波形 $a_m g_m(t, f_m, \varphi_m)$，进而将二进制比特流 $\{b_n\}$，$n=1,2,\cdots,N$ 映射为一个连续的实际物理波形 $a(t)$，以便在信道中传输。在实际的通信系统中，为降低系统实现复杂度，符号映射器往往只采用一种具有特定形状的波形，如矩形波形、正弦波形等，即符号集合退化为 $\{a_m g(t, f, \varphi)\}$，$m=1,2,\cdots,M$。此时，我们也往往将 a_m 称为**符号**或**码元**。

如图 6-1-1 所示，只采用一种特定波形的基带传输系统主要由电平映射（也称码型变换或线路编码）器、发送滤波器、信道、接收滤波器、采样判决器和码元同步（也称位同步）电路组成。

该系统各组成部分的主要功能及信号传输的物理过程简述如下。

（1）电平映射器：将原始二进制比特映射为适合在信道中传输的各种码型，也就是用不同的脉冲电平变化规则表示不同的二进制比特序列。若在整个符号（又称码元）周期内，电平保持恒定，则称为非归零码；若在符号周期内表示符号的电平只持续一段时间后回到零电平，则称为归零码。关于电平映射，我们将在 6.2 节对其进行详细介绍。

（2）发送滤波器：电平映射器输出的各种码元是以矩形脉冲为基础的，不满足带限特性，不利于在信道中传输。发送滤波器（也称为**脉冲成形**）的作用就是将其变换成适宜在带限信道上传输的基带信号波形，如根升余弦波形等，这样利于压缩频带、便于在特定的信道和再生判决方法下无失真传输。关于发送滤波器，我们将在 6.3 节对其进行详细介绍。

（3）信道：允许基带信号通过的介质。它可以是有线信道，如双绞线、同轴电缆等，也可以是将载波调制和解调归入的广义信道。信道的传输特性通常不满足无失真传输条件，甚至是随机变化的。另外，信道还会引入噪声 $n(t)$，通常被假设成均值为 0 的加性高斯白噪声。

（4）接收滤波器：滤除带外噪声及其他干扰，对信道特性进行均衡，使输出的基带波形有利于采样判决。理想情况下，接收滤波器时域响应与发送滤波器时域响应对称，这样可以获得最大输出信噪比，这类滤波器被称为匹配滤波器（Matched Filter）。关于匹配滤波器，我们将在 6.4 节对其进行详细介绍。

（5）采样判决器：在传输特性不理想及噪声背景下，在规定时刻（由位定时脉冲控制）对接收滤波器的输出波形进行采样判决，以恢复或再生基带信号。

（6）码元同步电路：用来采样的码元定时脉冲（或位定时脉冲）依靠码元同步电路从接收信号中提取，位定时的准确性将直接影响判决结果。关于这一点，我们将在 6.10 节中对其进行讨论。

图 6-1-2 给出了数字基带传输系统各点波形示意图。其中，图 6-1-2（a）为输入的二进制比特流；图 6-1-2（b）为进行电平映射后的波形；图 6-1-2（c）对图 6-1-2（a）进行了码型及波形的变换，是一种适合在信道中传输的波形；图 6-1-2（d）为信道输出信号，显然由于信道传输特性不理想及噪声的影响，波形产生了失真；图 6-1-2（e）为接收滤波器输出波形，它与图 6-1-2（d）相比，失真和噪声减弱；图 6-1-2（f）为位定时同步脉冲（其纵轴为 $\sum\limits_{n=1}^{N} \delta(t - nT_s - t_0)$）；图 6-1-2（g）为恢复的信息，其中第 4 个码元发生误码。

误码是由接收端采样判决器的错误判决造成的，而造成错误判决的原因是信道加性噪声以及码间串扰。码间串扰是系统传输总特性（包括收/发滤波器和信道的特性）不理想而导致码元波形产生畸变并展宽，如前面码元波形出现拖尾，蔓延到当前码元的采样时刻上，从而对当前码元的判决造成干扰，如图 6-1-3 所示。码间串扰严重时，会造成错误判决。

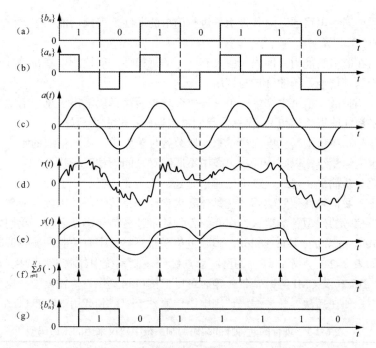

图 6-1-2　数字基带传输系统各点波形示意图

因此，实际采样判决值不仅有本码元的值，还有其他码元在该码元采样时刻的串扰值及噪声。显然，接收端能否正确恢复信息，关键在于能否有效地抑制噪声和减小码间串扰。

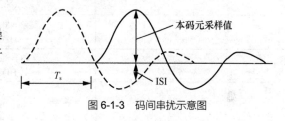

图 6-1-3　码间串扰示意图

6.2　线路编码

在实际的基带传输系统中，并不是所有的数字基带信号码型都适合在给定的信道中传输，例如，含有直流和丰富低频分量的单极性码信号就不适宜在低频传输特性差的信道中传输，通常需要对待传的二进制比特流进行预处理或者预编码，使数字基带信号具有适合于给定信道传输特性的频谱结构。因此，本节介绍几种在线路传输工程设计中常用的线路编码。

6.2.1　线路编码基本原则

数字基带信号是数字信息的脉冲表示，我们把数字信息在有线信道中传输的电脉冲表示过程称为**线路编码**，也称为**电平映射**或**码型变换**。线路码型的结构需要根据实际信道特性和系统工作条件进行合理设计。在设计数字基带信号时，一般遵循以下原则。

（1）线路码型的频谱中应避免直流分量，并且尽量减少低频分量。

（2）码型变换过程应与信源的统计特性无关（这里的信源统计特性是指信源产生各种数字信息的概率分布），即码型变换过程应对任何信源具有透明性，能够适应信源发送的各种消息类型。码型变换过程的透明性通常不难做到。但我们应注意线路码型的频谱与信源的统计特性有关，6.2.5小节中将要介绍的功率谱计算方法可以帮助我们分析码型的功率谱。

（3）应含有丰富的定时信息，以便在接收端通过同步电路提取位定时信息。在某些情况下，位定时信息可以使用单独的信道与基带信号同时传输，但在远距离传输系统中，这样常常是不经济的。此时就需要同步电路通过对基带信号进行简单的非线性变换后能产生出位定时线谱，具体线谱的概念见 6.2.5 小节。

（4）具备内在的检错能力，即码型应具有一定的规律性，能检测出基带信号码流中错误的信号状态，有利于基带传输系统的维护与使用。

（5）减少误码扩散。信道中产生的单个误码会导致后续译码输出信息中出现多个错误，这种现象称为**误码扩散**（或误码增殖）。显然，我们希望误码扩散愈少好。

（6）基带信号功率谱主瓣宽度应尽量窄，以节省传输频带，提高信道的频谱利用率。基带信号的高频分量也应尽量小，以减少同一电缆中不同线对之间的相互干扰。

（7）编译码设备简单、可靠，以降低通信时延、成本和功耗。

通常情况下，我们往往依照实际系统具体要求设计基带传输码型以满足或部分满足上述各项原则。数字基带信号的码型种类繁多，在介绍各种数字基带信号码型之前，我们先了解一下 ITU（International Telecommunication Union，国际电信联盟）建议中有关脉冲编码调制系统的线路接口码型内容。如表 6-2-1 所示，现存的两种脉冲编码调制系统中建议采用的接口码型有 AMI、HDB3、B3ZS、B6ZS 及 CMI 等。基带传输时可以把接口码型作为传输码型，也可以根据信道情况设计其他码型，如在高次群脉冲编码调制电缆传输系统中得到应用的 4B3T、6B4T 等码型。

表 6-2-1　现存的两种脉冲编码调制系统中建议采用的接口码型

群路等级	接口码型	
	欧洲系列	北美系列
一次群（基群）	2048kbit/s HDB3	1544kbit/s 随机化+AMI 二次群
二次群	8448kbit/s HDB3	6312kbit/s B6ZS 或随机化+AMI 二次群
三次群	34368kbit/s HDB3	32064kbit/s 随机化+AMI 44736kbit/s B3ZS 四次群
四次群	139264kbit/s CMI	未定
STM-1	155.52Mbit/s CMI	155.52Mbit/s CMI

根据各种数字基带信号中每个码元的幅度取值不同，码型可以分为**二元码**、**三元码**和**多元码**。下面分别加以介绍。

6.2.2　二元码

二元码的幅度取值只有两种电平，且基带信号的波形为矩形。常用的二元码有如下几种，它们的波形如图 6-2-1 所示。

1．单极性非归零码

在单极性非归零码（见图 6-2-1（a））中，用高电平（+A）表示二进制码元 1，用零电平表示二进制码元 0，并在整个码元期间电平保持不变。其常记作 NRZ-L（Non-Return-to-Zero Level）。

2．双极性非归零码

在双极性非归零码（见图 6-2-1（b））中，用正电平（+A）表示二进制码元 1，用负电平（−A）表示二进制码元 0。与单极性非归零码相同的是整个码元期间电平保持不变，在这种码型中不存在零电平。

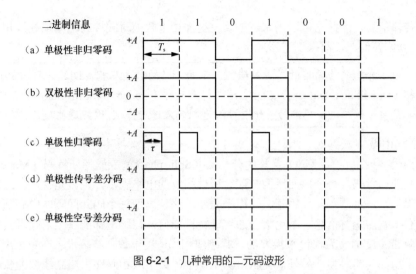

图 6-2-1　几种常用的二元码波形

3．单极性归零码

与单极性非归零码不同，**单极性归零码**（见图 6-2-1（c））传送 1 时发送一个宽度为 τ（小于码元周期 T_s）的归零脉冲，传送 0 时不发送脉冲，占空比可计算为 τ/T_s。其常记作 RZ-L（Return-to-Zero Level）。单极性归零码的主要优点是可以提取码元同步信号。当不能直接提取同步信号的码型时，我们在接收端可先将其变换为单极性归零码，再提取码元同步信号。

我们不难想到，还存在一种双极性归零码。在这种码型中，二进制码元 1 和 0 分别用正、负电平表示，且相邻脉冲间有零电平存在。它兼有双极性和归零的特点，但由于它的幅度取值存在 3 种电平，因此我们将它归为三元码。

上述 3 种最简单二元码的功率谱中有丰富的低频乃至直流分量，如图 6-2-2 所示（关于功率谱的计算和分析方法，将在本章稍后的内容中给出），这对大多数采用交流耦合的有线信道来说是不允许的。此外，当信息中包含多个连续 0 或 1 时，非归零码的电平固定不变，接收端无法提取定时信息。单极性归零码在传送多个连续 0 时，存在同样的问题。在上述二元码信息中，每个码元 1 与 0 分别独立地对应于某个传输电平，相邻信号之间不存在任何约束，因此这些基带信号不具有检测错误的能力。经具有噪声干扰的信道传

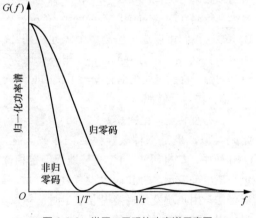

图 6-2-2　常用二元码的功率谱示意图

输后，基带信号波形会产生畸变，从而导致接收端有可能错误地恢复原始信息。因此，上述几种二元码通常只适用于机内或很近距离（如计算机中央处理机与外设之间的连接）的信息传递。

4．差分码

差分码（见图 6-2-1（d）和图 6-2-1（e））是一种相对码，利用前、后码元电平的相对极性变化来传送信息。换言之，1、0 分别用电平跳变或不变来表示。若用电平跳变来表示 1，则称为**传号差分码**（在电报通信中常把 1 称为传号 MARK，把 0 称为空号 SPACE）。若用电平跳变来表示 0，则称为**空号差分码**。图 6-2-1（d）和图 6-2-1（e）中分别画出了单极性传号差分码和单极性空号差分码，它们通常分别记作 NRZ-M 和 NRZ-S。

差分码的功率谱仍具有丰富的直流与低频分量，会出现不利于定时恢复的连续固定电平，且不具备检错能力。但由于它的电平与二进制码元 1、0 之间不存在绝对的对应关系，而是用电平的

相对变化来传输信息，因此它可以用来解决相位键控相干解调时因接收端本地载波相位倒置而引起的信息 1、0 倒换问题，故得到广泛应用。

 以上介绍的为简单的二进制码型。下面介绍的数字双相（Digital Biphase）码、条件双相（Conditional Diphase，CDP）码、传号反转（Coded Mark Inversion，CMI）码、密勒码都是将 1 位二进制码编为一组 2 位二进制码来进行传输，因此这些码又被称为 1B2B 码。

5．数字双相码

数字双相码（见图 6-2-3（a））又称为分相码（Split-phase）或曼彻斯特码（Manchester），它是一种双极性非归零码。每个码元用两个连续极性相反的电平表示，也就是说，二进制码元 1 用负、正电平表示，二进制码元 0 用正、负电平表示。这种码型每个码元间隔的中心部分都存在电平跳变，含有丰富的定时信息。不论信号的统计特性如何，该码型都能完全消除直流分量。但上述优点是以频带宽度加倍为代价来换取的。数字双相码适用于数据终端设备在短距离上的传输，是局域网中常用的线路码型。另外，在 RFID 系统中，数字双相码在采用副载波的负载调制时，经常用于从应答器到阅读器的数据传输。

为了解决因极性反转而引起的译码错误，我们可以采用差分码的概念，将数字双相码中用绝对电平表示的波形改为用电平的相对变化来表示。相邻周期的方波如果同相则代表 0，如果反相则代表 1（二进制信息位开始时不改变电平极性的，即代表 1；二进制信息位开始时改变电平极性的，即代表 0）。这种码型称为**条件双相码**（见图 6-2-3（b）），又称为差分曼彻斯特码（Differential Manchester Code，DMC）。我们可以通过检测每个码元周期开始处有无跳变来区分 0 和 1。检测跳变通常更加可靠，特别是线路上有噪声干扰的时候。

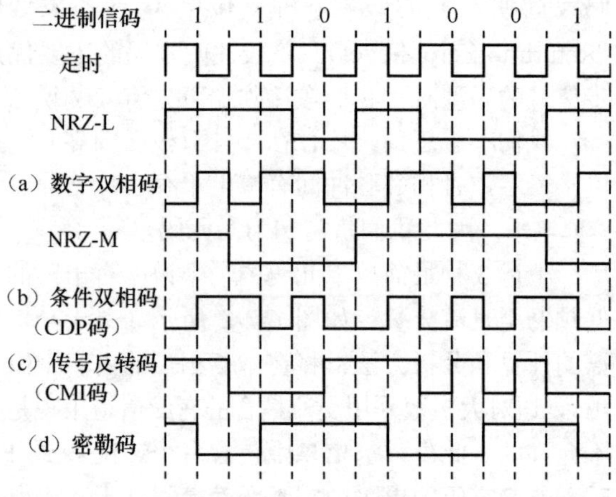

6．传号反转码

传号反转码（见图 6-2-3（c））与数字双相码类似，也是一种双极性非归零码。在

图 6-2-3　1B2B 码波形

CMI 码中，信息码元"1"交替地用确定相位的一个周期的电平来表示，信息码元"0"固定地用负、正电平表示。CMI 码也没有直流分量，却有频繁出现的波形跳变，便于恢复定时信号。由波形可知，用负跳变可直接提取位定时信号，不会产生相位不确定问题。相比之下，在数字双相码中采用一种跳变（正或负）提取的定时信号，其相位是不确定的。但若采用两种跳变提取定时信号，则其频率是位定时频率的两倍；由它分频得到位定时信号时，也必定存在相位不确定问题。

传号反转码的另一个特点是，它有检测错误的能力。在正常情况下，一个码元周期内不会出现正、负电平组合，因此不会出现 3 位以上电平连续不变的情况。这种相关性可以用来检测因信道而产生的部分错误。

CMI 码易于实现且具有上述特点，已被 CCITT 推荐为脉冲编码调制四次群的接口码型，也在速率低于 8448kbit/s 的光纤数字传输系统中被推荐为线路码型。

7．密勒码

密勒码（见图 6-2-3（d））是数字双相码的一种变型，因其编码与前一位有关，故又称为延迟调制码。在密勒码中，二进制码元"1"用码元周期中点处出现跳变来表示。而对于二进制码元"0"则有两种情况：当出现单个 0 时，在码元周期内不出现跳变；但若遇到连 0 时，则在前一个 0 结束（也就是后一个 0 开始）时出现电平跳变。由上述编码规则可知，当两个 1 之间有一个 0 时，则在第一个 1 的码元周期中点与第二个 1 的码元周期中点之间无电平跳变，此时密勒码中出现最大宽度，即两个码元周期。

密勒码实际上是数字双相码经过一级触发器后得到的波形，如图 6-2-3（d）所示。因此，密勒码是数字双相码的差分形式，它能克服数字双相码中存在的相位不确定问题。功率谱分析表明，密勒码的信号能量主要集中在 1/2 码速以下的频率范围内，直流分量很小，频带宽度约为数字双相码的一半。密勒码和数字双相码的功率谱示意图如图 6-2-4 所示。利用密勒码最大宽度为两个码元周期而最小宽度为一个码元周期这一特点，可以检测传输误码或线路故障。密勒码最初用于气象卫星及磁带记录，现已用于传递低速数据的基带数传机。

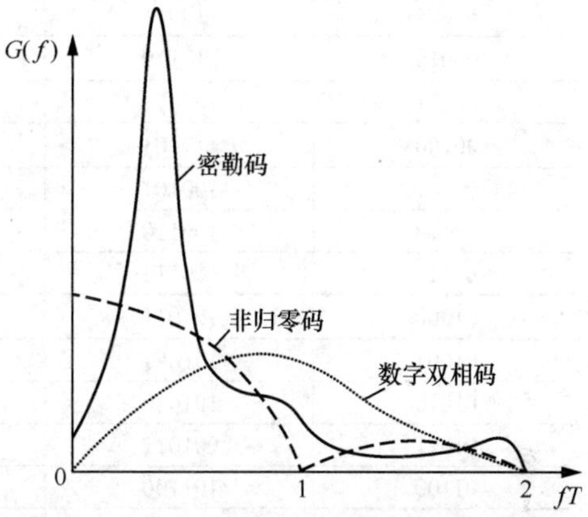

在 RFID 系统中，常使用一种变形的密勒码，如图 6-2-5 所示。在传统密勒码基础上，变形的密勒码将其每一边沿都用一"负"脉冲所取代。变形的密勒码在电感耦合方式 RFID 系统中用于从阅读器到应答器的数据传输，它可以在数据传输过程中保证从阅读器的高频场中连续供给应答器能量。

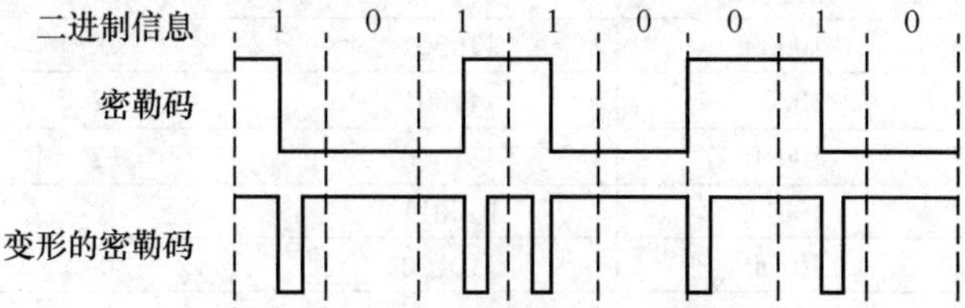

图 6-2-4　密勒码和数字双相码的功率谱示意图

图 6-2-5　传统密勒码与变形的密勒码

8．5B6B 码

5B6B 码是用作三次群和四次群以上的高速光纤数字传输系统中的线路码型。当码速低于 200Mbit/s 时，二元码具有理想的性能。但在三次群或四次群以上速率时，1B2B 码频带利用率较低，已不再适用。5B6B 码综合考虑了频带利用率和设备复杂性，增加了 20%码速，却具有便于提取定时、低频分量小、可实时监测、迅速同步等优点。

在 5B6B 码型中，每 5 位二进制信息码被编码成一组 6 位二进制新码组。由于 5 位二元码组只有 2^5 种组合，而 6 位二元码组有 2^6 种组合，因此我们可以充分利用这种冗余度来选择有利码组作为许用码组，其余作为禁用码组，以获得好的编码性能。在 2^6 种可能的输出码组中含有 3 个 1 和 3 个 0 的平衡码组共 20 种，在 64 种不平衡码组中含有 4 个 1 和 2 个 0 的码组有 15 种、含 4 个 0 和 2 个 1 的码组也有 15 种，其他 14 种不平衡码组由于 1、0 个数相差过于悬殊而不予考虑。

用这些码组可以构成一种双模式的码型。为减小低频分量，我们应使编码后输出码组中 1、0 等概率出现。将输出码组中的 1、0 分别赋以代数值+1、−1，然后将各位码元按代数值相加，由此得到的代数和称为输出码组的数字和（Digit Sum, DS）。它可以用来度量 1、0 的平衡性。按各码组数字和的正、负，码组可分成正模式码组和负模式码组。对于含有 3 个 1 与 3 个 0 的平衡码组来说，数字和为 0，正、负模式码组具有相同的形式。除了保证数字和应具有相反符号之外，在选择成对正、负模式码组时还应考虑到使连 0、连 1 及误码增殖越少越好。由于可利用的码组共有 20 个平衡码组和 15 对不平衡码组，而实际上只需要 32 种。为了实现同步，从不平衡码组中删除 110000、000011、001111 以及 111100，从平衡码组中删除 000111 和 111000，这样，最终得到表 6-2-2 所示的 5B6B 编码转换表。

表 6-2-2　5B6B 编码转换表

输入二元码组	输出二元码组			
	正模式	数字和	负模式	数字和
00000	110010	0	110010	0
00001	110011	+2	100001	−2
00010	110110	+2	100010	−2
00011	100011	0	100011	0
00100	110101	+2	100100	−2
00101	100101	0	100101	0
00110	100110	0	100110	0
00111	100111	+2	000111	0
01000	101011	+2	101000	−2
01001	101001	0	101001	0
01010	101010	0	101010	0
01011	001011	0	001011	0
01100	101100	0	101100	0
01101	101101	+2	000101	−2
01110	101110	+2	000110	−2
01111	001110	0	001110	0
10000	110001	0	110001	0
10001	111001	+2	010001	−2
10010	111010	+2	010010	−2
10011	010011	0	010011	0
10100	110100	0	110100	0
10101	010101	0	010101	0
10110	010110	0	010110	0
10111	010111	+2	010100	−2
11000	111000	0	011000	−2
11001	011001	0	011001	0
11010	011010	0	011010	0
11011	011011	+2	001010	−2
11100	011100	0	011100	0
11101	011101	+2	001001	−2
11110	011110	+2	001100	−2
11111	001101	0	001101	0

按表 6-2-2 所得的 5B6B 码，有如下特点：最大连 0 或连 1 长度为 5，相邻码元由 1 变 0 或由 0 变 1 的转移概率为 0.5915。误码增殖系数（单个传输误码在接收端译码后所产生的误码数）最大值为 5，平均值为 1.281。累计数字和在−3～+3 范围内变化，即数字和的变差值为 6，利用这一点可以在正常工作状态下进行误码监测。在每个输出码组结束时，累计数字和不可能为+1 或−1，这一特性可以用来建立分组同步。若分组同步没有正确地实现，使输出码组被错误地划分，则每个输出码组结束时的累计数字和不可能出现+1 和−1。多次出现错误的数字和时，分组同步位置移动一位，以搜索新的位置。平均来说，经过 3 次移位即可建立正确的分组同步。

6.2.3　三元码

在三元码数字基带信号中，信号幅度取值有 3 个：+1、0、−1。由于实现时并不是将二进制数变为三进制数，而是某种特定取代，因此三元码又称为准三元码或伪三元码。三元码种类很多，并被广泛地用作脉冲编码调制的线路码型。

1. 传号交替反转码

传号交替反转码（见图 6-2-6（a））
常记作 AMI（Alternate Mark Inversion）
码。AMI 码将二进制信息"1"交替地
变换成对应"+1"和"−1"的半占空归
零码，将二进制信息"0"对应零电平。

理论分析表明，AMI 码的功率谱示
意图如图 6-2-7 所示，该图上还画出二
元双极性非归零码的功率谱。AMI 码的
功率谱中无直流分量，低频分量较小，

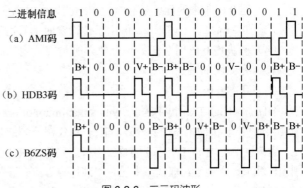

图 6-2-6　三元码波形

能量集中在频率为 1/2 码速率处。码元定时频率（即码速频率）分量虽然为 0，但只要将基带信
号经全波整流变为单极性归零码，即可得到位定时信号。AMI 码具有检错能力，如在传输过程中
因传号极性交替规律受到破坏而出现误码，则在接收端很容易发现这种错误。例如：

二进制信息　　1　　1　　0　　0　　0　　0　　1　　0　　0　　1

发送 AMI 码　+1　−1　0　　0　　0　　0　　+1　0　　0　　−1

接收 AMI 码　+1　−1　0　　+1　0　　0　　+1　0　　0　　−1

AMI 码的主要缺点是它的性能与信源统计特性有密切关系。它的功率谱形状随信息中传号率
（即出现 1 的概率）而变化，图 6-2-8 中画出了不同传号率时 AMI 码的功率谱示意图。更要注意
的是，当信息中出现连 0 码时，由于 AMI 码中长时间不出现电平跳变，因而定时提取会遇到困难。
通常多路脉冲编码调制 PCM 传输线路中不允许连 0 码超过 15 个，否则位定时就要遭到破坏，信
号不能正常再生。

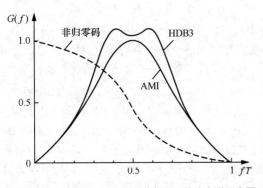

图 6-2-7　AMI 码、HDB3 码和非归零码的功率谱示意图

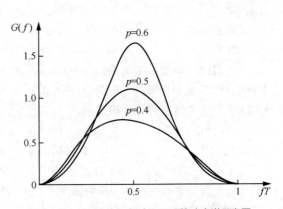

图 6-2-8　不同传号率时 AMI 码的功率谱示意图

为了在采用 AMI 码的情况下保证位定时恢复的质量，我们可以采用如下 4 种方法。

（1）在 A 律非线性脉冲编码复用设备中将 8 位码组中的偶位码元取反码（称为 ADI 变换），
其目的是将不通话时的信码 10000000 或 0000000 改变为 11010101 或 01010101，然后将其转换为
AMI 码，从而减少信源中出现连 0 的情况。然而，ADI 变换并不能从根本上消除连 0 码，而且这
种措施仅限于信源为 A 律非线性脉冲编码复用设备。

（2）将二进制码序列先经过一扰码器（参考 6.9 节），将输入的二进制码序列按一定规律扰乱，
使得输出的序列为伪随机序列，不再出现长串连 0 或连 1 等现象，然后进行 AMI 编码，在接收端
通过解扰器恢复原始的发送码序列。这样，AMI 码功率谱形状不受信源中传号率的影响。扰码处理

带来的弊端是会产生误码扩散，增加误码率变差。这种方法适合任意类型信源，已得到广泛应用。

（3）连 0 码带来的问题是影响位定时的提取，因此 CCITT 规定在使用 AMI 码的同时加传定时信号，这样就解决了上述矛盾。但由于传输定时信号占用了通信资源，故其使用条件受到较大限制。

（4）解决连 0 码问题的另一有效方法是用特定的码组来取代固定长度的连 0 码，由此得到其他各种广为应用的三元码型。

2．HDBn 码

HDBn（High-Density Bipolar with a maximum of n zeros，n 阶高密度双极性）码中信息 1 也交替地变换成 +1 与 –1 的半占空归零码，但与 AMI 码不同的是：HDBn 码中的连 0 数被限制为小于或等于 n。当信息中出现 $n+1$ 个连 0 码时就用特定码组来取代，这种特定码组称为取代节。为了在接收端识别出取代节，人为地在取代节中设置"破坏点"，在这些"破坏点"处传号极性交替规律受到破坏。

HDBn 码是一种模态取代码，它有以下两种取代节。

B　0 … 0V 和 0　0 … 0V

$n+1$ 位　　　　　　$n+1$ 位

其中 B 表示符合极性交替规律的传号，V 表示破坏极性交替规律的传号，V 就是破坏点。这两种取代节的选取原则是：使任意两个相邻 V 脉冲间的 B 脉冲数量为奇数。这样，相邻 V 脉冲的极性也满足交替规律，因而整个信号仍保持无直流分量。

HDBn 码中应用最广泛的是 3 阶高密度双极性码，即 HDB3 码。在 HDB3 中每当出现 4 个连 0 码时用取代节 B00V 或 000V 代替。根据上述替代原则，可得到以下结果。

前一破坏点极性	+	−	+	−
4 连 0 码前一脉冲的极性	+	−	−	+
取代节码组	−00−	+00+	000−	000+
	B00V		000V	

例如：

二进制信息	1	0	0	0	0	1	1	0	0	0	0	0	0	0	1	1
HDB3 码	B+	0	0	0	V+	B−	B+	B−	0	0	V−	0	0	B+	B−	

上述 HDB3 码波形如图 6-2-6（b）所示。它是在信息序列前一破坏点为 V−，且它至第一个 4 连 0 码前有奇数个 B 情况下得到的。但若前一破坏点为 V+，且它至第一个 4 连 0 码前有偶数个 B，则 HDB3 码变为以下另一种形式。

二进制信息	1	0	0	0	0	1	1	0	0	0	0	0	0	0	1	1
HDB3 码	B+	B−	0	0	V−	B+	B−	B+	0	0	V+	0	0	B−	B+	

以上两种 HDB3 码中 B+、B−分别表示符合极性交替规律的正脉冲和负脉冲。V+、V−分别表示破坏极性交替规律的正脉冲和负脉冲。由此可知，HDB3 码的波形不是唯一的，它与出现 4 连 0 码之前的状态有关。

HDB3 码的解码器相对比较简单。每一个破坏点 V 总是与前一非 0 脉冲同极性。因此，从收到的序列中可以很容易地找到破坏点 V，从而确定该 V 码及其前面的 3 个码必为连 0 码，以此恢复 4 个连 0 码，再将其他所有的正、负脉冲确定为 1 码，将零脉冲确定为 0 码。

HDB3 码具有检错能力，当传输过程中出现单个误码时，破坏点序列的极性交替规律将受到破坏，此时可以在使用过程中用 HDB3 监测传输质量。但单个误码有时会在接收端译码后产生多个误码。HDB3 码的平均误码增殖系数在 1.1～1.7 之间，有时高达 2，这取决于译码方案。

3．BNZS 码

与 HDBn 码相类似，BNZS（Bipolar with N Zero Substitution，N 连 0 取代双极性）码也是一

AMI 码与
HDB3 码

种变形的 AMI 码。当连 0 数小于 N 时，遵循传号极性交替规律，但当连 0 数为 N 或超过 N 时，则用带有破坏点的取代节来替代。

美国 T2 传输系统中采用 B6ZS 码作为线路传输码，CCITT 则建议二次群（6312kbit/s）时以 B6ZS 码作为线路接口码型。B6ZS 码中，每遇 6 个连 0 便用取代节 0VB0VB 来代替。与 HDBn 码不同，B6ZS 码是非模态取代码，它的取代节只有一种形式。例如：

二进制信息	1	0	0	0	0	0	1	1	0	0	0	0	0	0	1	1
D6ZS 码	B+	0	0	0	0	B–	B+	0	V+	B–	0	V–	B+	B–	B+

此例波形如图 6-2-6（c）所示。

由于 B6ZS 的取代节中始终含有相反极性的两个破坏点，因此它的功率谱仍然保留了 AMI 码的基本特点，即无直流分量且低频分量较小。利用破坏点成对出现这一特点，还可实现误码检测。

B6ZS 码中不可能出现大于 6 的连 0，因此最小传号率为 1/6。这样对定时恢复自然是有利的。

前述几种三元码中每位二进制信码变换为 1 位三元码，通常称这类三元码为 **1B1T 码**。编码后的数字基带信号所包含的信息量没有改变，但实际上三元码理论信息容量超过二元码。在这种情况下，编码效率会降低，这是由于编码后各码元间存在相关性而造成的。

我们将编码效率定义为输入二进制信码的信息量与三元码理论信息容量之比值，即

$$\eta = C_\text{b} / C_\text{s} \tag{6-2-1}$$

式中，η 为编码效率，C_b 为二进制信码的信息容量，C_s 为传输码型的最大可能信息容量。

若输入二进制信码的码速为 R_b，每位码出现 1、0 相互统计独立，概率分别为 p_1、p_2，则由信息论基本概念可知

$$C_\text{b} = R_\text{b} \sum_{i=1}^{2} p_i \log_2 (1/p_i) \, (\text{bit/s}) \tag{6-2-2}$$

类似地，有

$$C_\text{s} = R_\text{s} \sum_{i=1}^{2} q_i \log_2 (1/q_i) \, (\text{bit/s}) \tag{6-2-3}$$

式中，R_s 为编码后信号的码元速率，q_i 为出现第 i 种信息符号的概率。

1B1T 码中，若输入的二进制信息中 1、0 等概率出现，则由式（6-2-2）可得

$$C_\text{b} = R_\text{b} (\text{bit/s}) \tag{6-2-4}$$

编码后 1B1T 码的幅度取值有 3 种，即 0、+1 和 –1，而码元速率不变（$R_\text{s} = R_\text{b}$）。对三元码来说，如果 0、+1 和 –1 这 3 种符号的出现统计独立且等概率，则它的信息容量达到最大值。此时有

$$C_\text{s} = R_\text{s} \log_2 3 = R_\text{b} \log_2 3 \, (\text{bit/s}) \tag{6-2-5}$$

将式（6-2-4）、式（6-2-5）代入式（6-2-1）可得编码效率为

$$\eta = \frac{1}{\log_2 3} \approx 63.09\% \tag{6-2-6}$$

1B2B 码中，由于 1 位二进制信息码编为一组 2 位二进制码，码速率加倍，信息容量不变，可得编码效率为 50%。

为了降低编码后码元的传输速率，从而提高编码效率，通常情况下我们可以采用分组编码的方法，将输入的二进制信息码分成若干位为一组，然后采用较少位数的三元码来表示。例如 4B3T 码，它把 4 个二进制信息变换为 3 个三元码，因而有

$$R_\text{s} = \frac{3}{4} R_\text{b} \tag{6-2-7}$$

此时的编码效率为

$$\eta = \frac{4}{3\log_2 3} \approx 84.12\% \qquad\qquad (6\text{-}2\text{-}8)$$

可以发现，编码效率得到提高。

4．4B3T 码

如前所述，4B3T 码把 4 个二进制码组变换成 3 个三元码。4 个二进制信息码共有 $2^4=16$ 种组合，而 3 个三元码则有 $3^3=27$ 种组合。与 5B6B 码类似，4B3T 码也是一种双模式的码型。我们从 27 种三元码组中选用 6 个数字和为 0 的平衡码组以及 10 个数字和分别为 +1 和 –1 的成对不平衡码组，构成一个 4B3T 编码转换表，如表 6-2-3 所示。按三元码组数字和是大于或等于 0 还是小于或等于 0，这里将它们分成正模式和负模式两类。采用双模式的目的是消除直流分量并减少低频分量。

表 6-2-3　4B3T 编码转换表

输入二元码组	输出三元码组			
	正模式	数字和	负模式	数字和
0000	0–+	0	0–+	0
0001	–+0	0	–+0	0
0010	–0+	0	–0+	0
1000	0+–	0	0+–	0
1001	+–0	0	+–0	0
1010	+0–	0	+0–	0
0011	+–+	+1	–+–	–1
1011	+00	+1	–00	–1
0101	0+0	+1	0–0	–1
0110	00+	+1	00–	–1
0111	–++	+1	+––	–1
1110	++–	+1	––+	–1
1100	+0+	+2	–0–	–2
1101	++0	+2	––0	–2
0100	0++	+2	0––	–2
1111	+++	+3	–––	–3

由表 6-2-3 可知，不平衡码组的数字和有 6 种可能：+3、+2、+1、–1、–2、–3。对应于这 6 种不平衡性，人为地规定了 6 种字尾状态（即每个三元码组结束时的状态），但不规定与数字和为 0 相对应的字尾状态。这样规定的目的是便于用字尾状态来明确地选择下一个码组的正、负模式，即字尾状态为正时选负模式，字尾状态为负时选正模式。图 6-2-9 所示为 4B3T 码状态转移图，该图中圆圈内数字为字尾状态，各状态间的连接线画出了转移方向，还标注出下一码组的数字和。

图 6-2-10 给出 4B3T 编译码的一个具体例子。其中，图 6-2-10（a）为二进制信息码组；图 6-2-10（b）为编码后的三元码组；图 6-2-10（c）为各码组的数字和；图 6-2-10（d）为字尾状态。假设起始字尾状态为 +2，根据编码表和状态转移图，不难得到编码后信号。以第三个二进制码组 0110 为例，由于前一个码组的字尾状态为

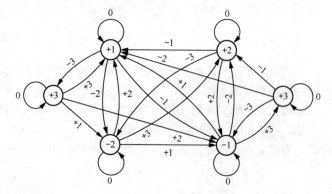

图 6-2-9　4B3T 码状态转移图

+2，因此必须选取负模式三元码组 00–，并得到新的字尾状态+1。又如第四个二进制码组 0111，由于前一个码组的字尾状态为+1，因此必须选取负模式码组+––（见图 6-2-10）。

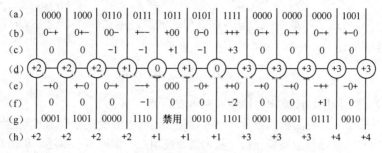

图 6-2-10　4B3T 编译码举例

不难看出，4B3T 码累计数字和必定在–3～+3 范围内。但若在传输过程中三元码产生错误，则累计数字和会渐渐地超出这个范围。此时必须对数字和计数器置 0。

此外，如果接收端错误地建立了分组同步，则也会造成累计数字和超出–3～+3 的范围，而且在没有建立正确的分组同步之前会不断地产生这种现象。为了说明这个问题，我们在图 6-2-10 中画出了分组同步错 1 位的情形。图 6-2-10（e）为图 6-2-11（b）错误划分的结果；图 6-2-10（f）为各码组数字和；图 6-2-10（g）为译码器的输出码组；图 6-2-10（h）为累计数字和。由图 6-2-10 可知，输出码组是错误的，与原始二进制信息不符，累计数字和中出现+4，而且三元码组中出现编码表中禁止使用的码组 000。

事实上，正是利用上述失同步情况下出现禁用码组以及累计数字和超出正常范围的特点来确定分组同步是否已正确建立。如果多次出现异常现象，则可将分组同步移一个码位，再进行观察，直到正确建立分组同步为止。然而，上述 4B3T 码中失同步信息的出现概率很小，因此同步时间较长。

6.2.4　多元码

为了进一步提高频带利用率，我们可以采用信号幅度具有更多取值的数字基带信号，即**多元码**。在多元码中，每个符号可以用来表示一个二进制码组，因而成倍地提高了频带利用率。对于 n 位二进制码组来说，可以用 $M = 2^n$ 元码来传输。与二元码传输相比，相同信息速率下，M 元码传输时所需的信道频带可降为 $1/n$，即频带利用率提高为 n 倍。

由于频带利用率高，多元码在频带受限的高速数字传输系统中得到广泛应用。在综合业务数字网中，以电话线为传输介质的数字用户环的基本传输速率为 144kbit/s。在这种频带受限的基带传输系统中，线路码型的选择是一个重要问题，CCITT 已将一种四元码 2B1Q 列为建议标准。

2B1Q 中，2 个二进制码组用 1 个四元码表示，如图 6-2-11 所示。为了减小在接收时因错误判定幅度电平而引起的误比特率，通常采用格雷码表示，此时相邻幅度电平所对应的码组之间只发生 1 个比特错误。

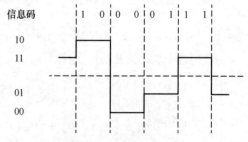

图 6-2-11　2B1Q 基带信号

6.2.5　数字基带信号的功率谱

根据 6.1 节数字基带传输模型以及以上线路编码过程，不难看出在典型情况下，即不同符号在波形相同、幅度相异的情况下，数字基带信号 $a(t)$ 由两个部分组成：一部分是码元 a_n，它由输入的随机二进制序列映射而成，因此取值随机；另一部分是确定的符号波形 $g(t)$。为推导数字基带通信波形的功率谱，我们采用如下方法来建模数字基带信号 $a(t)$。

使用冲激信号发生器，将码元序列 a_n 转换成强度为 a_n 的冲激信号序列 $A(t) = \sum_{n=-\infty}^{\infty} a_n \delta(t-nT_s)$，随后冲激信号序列通过了冲激响应为 $g(t)$ 的成形滤波器，由线性时不变系统的卷积定理可以得知，输出的信号为

$$a(t) = \sum_{n=-\infty}^{\infty} a_n g(t-nT_s) \tag{6-2-9}$$

式中，T_s 约定为码元周期，注意它与比特周期 T_b 的区别。

由于数字基带信号具有随机的部分，不能直接使用傅里叶变换来表示其频谱特征，因此根据随机过程理论中对随机过程的频域分析，我们需要使用功率谱密度来描述随机的数字基带信号。

可以发现冲激信号序列 $A(t)$ 也是一个随机过程，而冲激响应 $g(t)$ 的成形滤波器是一个线性时不变系统，因此 $a(t)$ 可被看作一个随机过程 $A(t)$ 通过线性时不变系统 $g(t)$ 的模型。因此输出的基带信号功率谱可以写为 $P_a(f) = P_A(f)|G(f)|^2$，其中，$P_A(f)$ 为冲激信号序列的功率谱密度。那么，现在问题的核心是如何求解出冲激信号序列 $A(t)$ 的功率谱密度。

首先我们定义一个新的随机过程：

$$b(t) = \sum_{k=-\infty}^{\infty} a_k U(t-kT_s) \tag{6-2-10}$$

我们发现，$A(t)$ 是 $b(t)$ 的时域微分，因此根据随机过程的自相关函数，可以得知

$$R_A(t_1,t_2) = \frac{\partial^2 R_b(t_1,t_2)}{\partial t_1 \partial t_2} \tag{6-2-11}$$

我们假定 $A(t)$ 是一个循环平稳的随机过程，那么 $R_A(t_1,t_2) = R_A(t_2-t_1) = R_A(\tau)$，那么利用式（6-2-11）可以求解得到

$$R_A(t+\tau,t) = \sum_{n=-\infty}^{\infty} R_a[n] \sum_{r=-\infty}^{\infty} \delta(t+\tau-(n+r)T_s)\delta(t-rT_s) \tag{6-2-12}$$

对于循环平稳的随机过程，我们可以求出

$$\overline{R_A(\tau)} = \frac{1}{T_s}\int_0^{T_s} R_A(t+\tau,t)\mathrm{d}t = \frac{1}{T_s}\sum_{n=-\infty}^{\infty} R_a[n]\delta(t-nT_s) \tag{6-2-13}$$

对式（6-2-13）进行一次傅里叶变换，根据维纳—辛钦定理，可以得知 $A(t)$ 的功率谱密度为

$$P_A(f) = \frac{1}{T_s}\sum_{n=-\infty}^{\infty} R_a[n]\mathrm{e}^{-\mathrm{j}2\pi fnT_s} \tag{6-2-14}$$

那么，输入信号经过 $G(f)$ 作用后，输出信号的功率谱密度为

$$P_a(f) = P_A(f)|G(f)|^2 = \frac{1}{T_s}|G(f)|^2 \sum_{n=-\infty}^{\infty} R_a[n]\mathrm{e}^{-\mathrm{j}2\pi fnT_s} \tag{6-2-15}$$

我们进一步计算 $R_a[n]$，当符号间统计独立时，可以得到：

$$R_a[n] = E[a_k a_{k+n}] = \begin{cases} \sigma_a^2 + m_a^2, & n=0 \\ m_a^2, & n\neq 0 \end{cases} \tag{6-2-16}$$

式中，符号均值 $m_a = E[a_k]$，$\sigma_a^2 = E[a_k^2] - m_a^2$。将式（6-2-16）代入式（6-2-15）可以得到：

$$P_a(f) = \frac{1}{T_s}|G(f)|^2\left(\sigma_a^2 + m_a^2 \sum_{n=-\infty}^{\infty} \mathrm{e}^{-\mathrm{j}2\pi fnT_s}\right) \tag{6-2-17}$$

注意到式（6-2-17）中求和的部分其实可以理解为一个周期为 T_s 信号的傅里叶级数形式，因此最终我们可以得到功率谱密度为

$$P_a(f) = \frac{\sigma_a^2}{T_s}|G(f)|^2 + \frac{m_a^2}{T_s}\sum_{n=-\infty}^{\infty}\left|G\left(\frac{n}{T_s}\right)\right|^2\delta\left(f-\frac{n}{T_s}\right) \qquad (6\text{-}2\text{-}18)$$

从上述的推导中我们发现：数字基带信号确定和随机的两个部分都在功率谱中有所体现。确定的成形滤波器部分直接用 $G(f)$ 表示，而随机的部分则利用了码元的方差 σ_a^2 和平均值 m_a 这两个数字特征来表示。因此，这个表达式体现了数字基带波形随机—确定的交汇。

我们可以看到功率谱分为两个部分，首先是式（6-2-18）中等号右边的第一项：这是一个连续谱，并且形状和成形滤波器的功率谱密度相同，决定数字基带通信波形的带宽；后面一项是线谱，冲激强度与当前频点的成形滤波器功率谱密度有关。值得注意的是，在一个特定的频点，由于连续谱的幅值是有限的，因此在特定频点的功率为 0；线谱因为是一个狄拉克函数，在频点 n/T_s 的功率并不为 0。

如果基带信号的码元幅度平均值 m_a 不是 0，那么生成的基带信号功率谱必然会含有线谱，这对于电路稳定性是极为不利的。实际系统中，往往会对待传输比特流进行加扰处理（参考 6.9 节），从而使得码元幅度均值为 0，避免线谱。另外，即使我们避免了线谱，从图 6-2-12 中可以看出，如果采用矩形成形脉冲，基带信号的功率谱密度的带宽是无穷大的，无法在带宽有限的信道上传输。考虑到很多情况下传输介质带宽有限，我们有必要针对带限信道进行专门的波形成形设计。

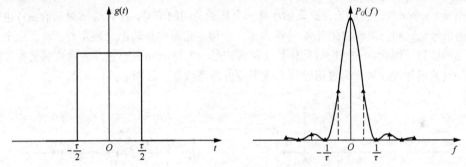

图 6-2-12　矩形成形脉冲的时域波形和功率谱密度

下面我们以简单的单极性二元码为例，介绍功率谱密度的计算过程。

【例题 6-2-1】 单极性二元码的功率谱密度计算。

解：假设单极性二元码中对应输入信息码元 0、1 的幅度取值分别为 0、$+A$，输入码元为各态历经随机序列，0、1 的出现统计独立且等概率，即

$$a_n = \begin{cases} 0, & \text{出现概率}=\dfrac{1}{2} \\[2mm] +A, & \text{出现概率}=\dfrac{1}{2} \end{cases}$$

此时有

$$m_a = E[a_n] = \bar{a}_n = \frac{A}{2}$$

$$R_a[0] = E[a_n^2] = \frac{A^2}{2}$$

$$R_a[n] = E[a_k a_{k+n}] = \frac{A}{2}\cdot\frac{A}{2} = \frac{A^2}{4}\ (n\neq 0)$$

即 $m_a = A/2$，$\sigma_a^2 = A^2/4$。将其代入式（6-2-18）可得单极性二元码的功率谱密度为

$$P_a(f) = \frac{A^2}{4T_s}|G(f)|^2 + \frac{A^2}{4T_s}\sum_{n=-\infty}^{\infty}\left|G\left(\frac{n}{T_s}\right)\right|^2\delta\left(f-\frac{n}{T_s}\right) \qquad (6\text{-}2\text{-}19)$$

通过观察式（6-2-19）可知，单极性二元码功率谱中离散线谱是否存在取决于单极性基带信号矩形脉冲的占空比。对于非归零信号来说，脉冲宽度等于码元周期，$n \neq 0$ 时 $G(n/T_s)$ 恒等于 0，因此除了直流分量外，不存在离散线谱。对于占空比为 50% 的归零信号，脉冲宽度为码元周期的一半，此时，当 n 为奇数时存在离散线谱，当 n 为偶数时不存在离散线谱。

6.3　波形设计

6.3.1　波形设计模型

在带限信道中，由于信道的带宽有限，无法无失真地传输上述非带限信号，因此我们需要设计在带限信道中传输的波形信号来传输数字信号。为保持连贯性与便利性，我们沿用 6.2.5 小节所得到的基带通信波形。

$$a(t) = \sum_{n=-\infty}^{\infty} a_n g(t - nT_s) \tag{6-3-1}$$

根据 6.2.5 小节的分析结论，如果 $g(t)$ 是一个低通带限的信号，那么最终得到的 $a(t)$ 也会是一个带限的信号，这样一来就将码元 a_n 转换为了一个可在信道中传输的带限信号 $a(t)$。这个信号承载了码元的信息。因此，$g(t)$ 也被称作数字基带波形，而冲激响应为 $g(t)$ 的滤波器又称作**成形滤波器**，$g(t)$ 的设计过程被称为**波形设计**。成形滤波器系统框图如图 6-3-1 所示。

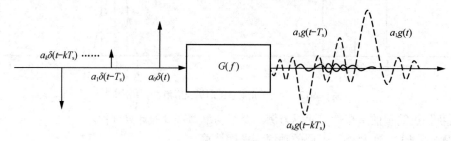

图 6-3-1　成形滤波器系统框图

在数字通信系统中，码元 a_n 是随机的，它由信源所决定，是信息的承载者；$g(t)$ 是确定的，它由发送系统所确定，因此 $g(t)$ 是基带调制系统的核心所在。

针对式（6-3-1），我们进一步来解释这个式子的含义。

（1）从频域上来说，$a(t)$ 是 $g(t)$ 的时域平移求和形式，因此 $a(t)$ 应该与 $g(t)$ 有相同的频带宽度。如果我们希望带宽限制在 B 内，那么直接限制 $g(t)$ 的带宽在 B 内就可以达到要求。

（2）从时域上来说，这样的实现方式是具有实时性的。从物理上看，它是一系列冲激信号通过线性时不变滤波器，得到的响应显然是实时的。从数学上看，对于在 nT_s 时刻出现的符号 a_n，我们可以通过平移 $g(t)$ 并求和来获得 $a(t)$，输出的基带信号是可随着输入的码元实时输出的。

6.3.2　奈奎斯特第一准则

码间串扰是影响数字通信系统性能的主要因素之一。为了降低系统误码率、提高通信系统的可靠性，需要消除码间串扰，这时就需要对 $g(t)$ 的波形提出要求。

在 6.2 节中，二进制信息序列被映射为了连续的数字基带信号，但是接收端如何从数字基带信号中恢复出原来的二进制信息序列呢？我们假定在 $t = nT_s$ 的时刻对基带信号进行采样得到第 n 个符号的幅度。需要说明的是，这个采样时刻是理想的，实际

奈奎斯特
第一准则

系统可能会有任意的相对时延，但码元同步或符号同步电路可以消除相对时延，以保证系统始终在最佳时刻采样。如果相邻码元的前一个码元波形到达后一个码元的采样时刻已经衰减到 0，就能满足无码间串扰对于 $g(t)$ 的要求。这样的波形频带带宽过宽，实际中 $g(t)$ 一般会有很长的"拖尾"。也正是因为每个码元的"拖尾"造成了码间串扰，但我们只要让"拖尾"在采样时刻正好为0，就能消除码间串扰。因此，我们希望在 $t = nT_s$ 采样得到的幅度恰好为 a_n，即

$$a(nT_s) = a_n \tag{6-3-2}$$

为了能够实现这样的目标，我们需要对成形滤波器的冲激响应函数 $g(t)$ 提出更多的约束条件，即"**采样点无失真**"条件。由"采样点无失真"条件可以推导出在频域的基带传输系统中传输函数所满足的充分必要条件，即**奈奎斯特准则**，或称**奈奎斯特第一准则**。此外，还有奈奎斯特第二、第三准则，读者有兴趣可参考其他资料。

【**定理**】奈奎斯特准则：如果数字基带信号满足采样点无失真 $a(nT_s) = a_n$，当且仅当成形滤波器的传输函数满足

$$\sum_{n=-\infty}^{\infty} G\left(f - \frac{n}{T_s}\right) = T_s \tag{6-3-3}$$

证明：假定使用周期冲激序列 $\sum_{n=-\infty}^{\infty} \delta(t - nT_s)$ 对信号 $a(t)$ 进行冲激采样（相乘），可以将采样点无失真的约束转换为

$$\sum_{n=-\infty}^{\infty} a_n g(t - nT_s) \sum_{k=-\infty}^{\infty} \delta(t - kT_s) = \sum_{k=-\infty}^{\infty} a_k \delta(t - kT_s) \tag{6-3-4}$$

对两边同时进行傅里叶变换，得

$$G(f)\mathcal{F}\left\{\sum_{n=-\infty}^{\infty} a_n \delta(t - nT_s)\right\} \cdot \frac{1}{T_s} \sum_{k=-\infty}^{\infty} \delta\left(f - \frac{k}{T_s}\right) = \mathcal{F}\left\{\sum_{k=-\infty}^{\infty} a_k \delta\left(f - \frac{k}{T_s}\right)\right\} \tag{6-3-5}$$

$$G(f) \sum_{n=-\infty}^{\infty} a_n \mathcal{F}\left\{\delta(t - nT_s)\right\} \cdot \frac{1}{T_s} \sum_{k=-\infty}^{\infty} \delta\left(f - \frac{k}{T_s}\right) = \mathcal{F}\left\{\sum_{n=-\infty}^{\infty} a_n \delta\left(f - \frac{k}{T_s}\right)\right\} \tag{6-3-6}$$

由傅里叶变换的时域平移性质，我们知道 $\mathcal{F}\{\delta(t - T)\} = \mathrm{e}^{-\mathrm{j}2\pi fT}$，因此式（6-3-6）可以转换为

$$\sum_{n=-\infty}^{\infty} a_n G(f)\mathrm{e}^{-\mathrm{j}2\pi fnT_s} \cdot \frac{1}{T_s} \sum_{k=-\infty}^{\infty} \delta\left(f - \frac{k}{T_s}\right) = \sum_{n=-\infty}^{\infty} a_n \mathrm{e}^{-\mathrm{j}2\pi fnT_s} \tag{6-3-7}$$

根据冲激函数卷积特性，有

$$\frac{1}{T_s} \sum_{n=-\infty}^{\infty} \sum_{k=-\infty}^{\infty} a_n G\left(f - \frac{k}{T_s}\right)\mathrm{e}^{-\mathrm{j}2\pi\left(f - \frac{k}{T_s}\right)nT_s} = \sum_{n=-\infty}^{\infty} a_n \mathrm{e}^{-\mathrm{j}2\pi fnT_s} \tag{6-3-8}$$

即

$$\frac{1}{T_s} \sum_{k=-\infty}^{\infty} G\left(f - \frac{k}{T_s}\right) \sum_{n=-\infty}^{\infty} a_n \mathrm{e}^{-\mathrm{j}2\pi fnT_s} = \sum_{n=-\infty}^{\infty} a_n \mathrm{e}^{-\mathrm{j}2\pi fnT_s} \tag{6-3-9}$$

由于各 $\mathrm{e}^{-\mathrm{j}2\pi fnT_s}$ 项系数相等，因此

$$\frac{1}{T_s} \sum_{k=-\infty}^{\infty} G\left(f - \frac{k}{T_s}\right) = 1 \tag{6-3-10}$$

即

$$\sum_{n=-\infty}^{\infty} G\left(f - \frac{n}{T_s}\right) = T_s \tag{6-3-11}$$

至此，奈奎斯特准则证明完成。

在这里，我们的证明思路是直接从理想冲激采样的过程中来分析奈奎斯特采样定理，利用周期冲激序列对式（6-3-1）的信号进行采样（相乘），并且添加了约束——采样后的结果必须是与码元生成的冲激序列函数强度相同的，将这个约束转换到频域中求解，即得到了奈奎斯特第一准则，最终得到奈奎斯特波形的时域特征如图 6-3-2 所示。

事实上，如果利用好成形滤波器 $g(t)$ 的线性时不变性，我们可以进一步地将"采样点无失真"的条件转换为

$$g(nT_s) = \begin{cases} C, & n = 0 \\ 0, & n \neq 0 \end{cases} (n \in \mathbf{N}) \tag{6-3-12}$$

式（6-3-12）显然是采样点无失真的时域充分条件，它表示 $g(t)$ 在各个采样点上，只有在 $n = 0$ 这个采样点才有一个常数值的结果，在其他的采样点上则为 0，这样各个码元冲激生成的响应相互叠加，可以满足"采样点无失真"的条件，如图 6-3-3 所示。事实上，式（6-3-12）也是采样点无失真的时域必要条件，有兴趣的读者可以深入思考该问题。

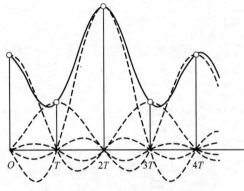

图 6-3-2 奈奎斯特波形时域特征

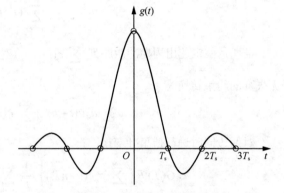

图 6-3-3 $g(t)$ 在非 0 时刻采样值为 0

对于式（6-3-12）和图 6-3-3，值得注意的是，奈奎斯特第一准则所要求的成形脉冲 $g(t)$ 在"各个非 0 采样时刻的采样值为 0"，并不是要求"在 0 采样时刻之外处处为 0"，因此在 $g(0.8T_s)$ 等并不是采样时刻的函数值是可以不为 0 的。

下面根据式（6-3-12）对 $g(t)$ 约束条件，推导出奈奎斯特第一准则。

将 $g(t)$ 的约束条件两边转换为冲激采样的形式，即

$$g(t) \sum_{n=-\infty}^{\infty} \delta(t + nT_s) = C\delta(t) \tag{6-3-13}$$

随后对两边进行傅里叶变换，得

$$G(f)\frac{1}{T_s} \sum_{n=-\infty}^{\infty} \delta\left(f + \frac{n}{T_s}\right) = C \tag{6-3-14}$$

$$\sum_{n=-\infty}^{\infty} G\left(f + \frac{n}{T_s}\right) = CT_s \tag{6-3-15}$$

由此，我们得到了奈奎斯特准则的相同形式。

接下来，我们进一步讨论奈奎斯特第一准则及其证明。在 6.3.1 小节介绍的波形设计模型中我们提到了 $g(t)$ 是数字通信基带调制系统设计的核心，而本小节中的奈奎斯特第一准则从码元"采样点无失真"条件出发，通过冲激采样和无失真的约束，得到了对 $g(t)$ 频域上的约束。通过奈奎斯特第一准则，我们可以得知，只要能设计一个频域响应满足"平移后叠加为常数"的滤波器，时域上的码元"采样点无失真"条件就可以得到满足。这是一种非常难得而有意义的性质。

6.3.3　符号速率与频谱效率

通信系统最重要的两个指标是有效性和可靠性。在模拟调制中，有效性用模拟已调信号的带宽来衡量，可靠性用接收机输出信噪比来衡量。在数字通信中，有效性则分别用**比特速率和频谱效率**（或**频带利用率**）来衡量。

在实际的数字通信系统中，如果输入的码元符号 a_n 是二元的，那么码元符号和信息比特的速率在数值上保持一致，否则它们应当有如下的转换关系。

$$R_b = R_s \log_2 M \qquad (6\text{-}3\text{-}16)$$

其中，$R_s = \dfrac{1}{T_s}$ 代表码元符号速率，$R_b = \dfrac{1}{T_b}$ 代表比特速率，M 代表码元符号 a_n 的进制数。

比特速率是一个抽象的概念，实际影响到基带调制和成形滤波器设计的是符号速率 R_s；但是在分析数字通信系统的性能时，由于人们最终关心的是信息（比特流）的传输，因此比特速率是最终衡量数字通信系统有效性的重要指标。

另一个关心的指标是频谱效率，它表示为"传输速率和频带占用宽度的比值"，其物理意义是单位带宽上承载的传输速率。在带限数字基带信号传输中，我们令成形滤波器的带宽为 B，那么可以得到

$$\eta_s = \frac{R_s}{B} (\text{Baud/Hz}) \qquad (6\text{-}3\text{-}17)$$

$$\eta_b = \frac{R_b}{B} [(\text{bit/s})/\text{Hz}] \qquad (6\text{-}3\text{-}18)$$

其中，η_s 表示基于符号速率的频谱效率，η_b 表示基于比特速率的频谱效率。与符号速率和比特速率一样，在实际数字通信系统中有物理意义的是 η_s，而人们最终关心的是 η_b。通过分析符号速率与比特速率的关系，我们可以推知 η_s 和 η_b 也具有类似的关系。

奈奎斯特准则对于现代数字通信系统设计的指导意义是它给出了数字通信中无失真传输的符号速率上界。若基带信号通信波形的带宽不超过 B，则符号周期满足如下约束。

$$B \geqslant \frac{1}{2T_s} \qquad (6\text{-}3\text{-}19)$$

同时，因为 $R_s = 1/T_s$，所以符号速率满足

$$R_s \leqslant 2B \qquad (6\text{-}3\text{-}20)$$

下面来证明这一结论。

利用图 6-3-4 可以直观地证明这一结论。根据奈奎斯特准则的几何意义，若 $R_s > 2B$，则区间 $[kR_s + B, (k+1)R_s - B]$ 和 $[-(k+1)R_s + B, -kR_s - B]$（$k \geqslant 0$）中叠加结果一定为 0，无法满足奈奎斯特准则。

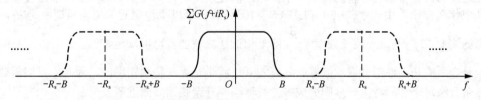

图 6-3-4　$R_s > 2B$ 时 $G(f)$ 的形状示意图

同时，根据奈奎斯特准则的几何意义还可以进一步讨论 $G(f)$ 的形状。若 $R_s = 2B$，则 $G(f)$ 必须在 $[-B, B]$ 内平坦，也就是说此时 $G(f)$ 必须是一个理想低通滤波器，如图 6-3-5 所示，才能满足奈奎斯特准则。

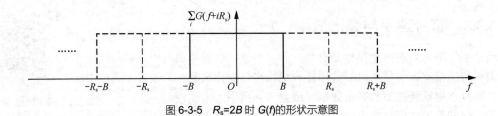

图 6-3-5　$R_s = 2B$ 时 $G(f)$ 的形状示意图

若 $R_s < 2B$，$G(f)$ 在区间 $[(k+1)R_s - B, kR_s + B]$ 和 $[-kR_s - B, -(k+1)R_s + B]$（$k \geqslant 0$）中，必须满足残留对称条件，即

$$G(f) + G(f - R_s) = T_s, \; f > 0 \tag{6-3-21}$$

或者

$$G(f) + G(f + R_s) = T_s, \; f < 0 \tag{6-3-22}$$

如果将 $f - R_s$ 用 f 替换，式（6-3-21）即为式（6-3-22），也就是说上述两式本质上是等效的，因此残留对称条件仅须满足其一即可。

此时，满足奈奎斯特准则的波形直观地表示为图 6-3-6 所示的形式。

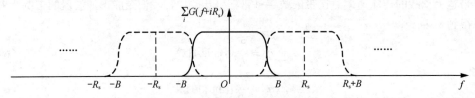

图 6-3-6　$R_s < 2B$ 时 $G(f)$ 的形状示意图

根据式（6-3-17）和式（6-3-20）可以得到满足奈奎斯特准则下基于码元速率表示的频谱效率。

$$\eta_s = \frac{R_s}{B} \leqslant 2 \, (\text{Baud/Hz}) \tag{6-3-23}$$

所以用波特表示的频谱效率上限为 2Baud/Hz。此时，基带信号带宽 B 满足

$$B = \frac{R_s}{2} = \frac{1}{2T_s} \tag{6-3-24}$$

该带宽称为**奈奎斯特带宽**，是码元周期为 T_s 的数字基带传输系统所需要的最小基带带宽。

进一步，根据式（6-3-16）和式（6-3-18）可以得到基于比特速率表示的频谱效率。

$$\eta_b \leqslant 2 \log_2 M \, [(\text{bit/s})/\text{Hz}] \tag{6-3-25}$$

6.3.4　升余弦波形

在之前的讨论中我们一直忽视了一个问题：满足奈奎斯特第一准则的波形成形滤波器到底应该设计成什么样子？由式（6-3-3）和式（6-3-20），我们可以很快想到如果码元速率是 R_s，那么令成形滤波器 $G(f)$ 是一个截止频率为 $\dfrac{R_s}{2}$ 的理想低通滤波器就可以满足条件了。

但是众所周知，理想低通滤波器所具有的 0 过渡带是无法物理实现的。因此，我们需要设计有过渡带且满足奈奎斯特第一准则的成形滤波器——**升余弦滚降滤波器**。

升余弦滚降滤波器的具体表达式比较复杂，我们先从图 6-3-7 的图像上感知一下。首先从理想低通滤波器出发，构造一个形状为半余弦形的过渡带，过渡带的宽度由滚降参数 α 决定，$\alpha \in [0,1]$。这个过渡带从余弦波形的最大值开始下降，在原来理想低通滤波器的截止频率上达到余弦波形的中点，最后达到余弦波形的最小值截止，具体不同滚降系数下升余弦滚降滤波器的频率响应如图 6-3-7 所示。

升余弦滚降滤波器的频率响应数学表达式为

$$G(f) = \begin{cases} T_\mathrm{s}, & 0 \leqslant |f| < \dfrac{1-\alpha}{2T_\mathrm{s}} \\[2mm] \dfrac{T_\mathrm{s}}{2}\left\{1+\cos\left[\dfrac{\pi T_\mathrm{s}}{\alpha}\left(|f|-\dfrac{1-\alpha}{2T_\mathrm{s}}\right)\right]\right\}, & \dfrac{1-\alpha}{2T_\mathrm{s}} \leqslant |f| \leqslant \dfrac{1+\alpha}{2T_\mathrm{s}} \\[2mm] 0, & |f| > \dfrac{1+\alpha}{2T_\mathrm{s}} \end{cases} \quad (6\text{-}3\text{-}26)$$

在升余弦滚降滤波器中参数 α 决定了过渡带的宽度，当 $\alpha = 0$ 时，升余弦滤波器直接退化为一个理想低通滤波器；当 $\alpha = 1$ 时，升余弦滤波器退化为一个余弦的半个周期。一般来说，$G(f)$ 的频带宽度 $B = (1+\alpha)\dfrac{R_\mathrm{s}}{2}$。

接下来，我们讨论升余弦滚降滤波器基于符号的频谱效率。由滤波器的带宽 $B = (1+\alpha)\dfrac{R_\mathrm{s}}{2}$，码元速率 R_s，可以得到频谱效率为

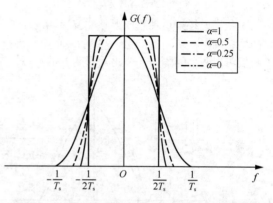

图 6-3-7　不同滚降系数下升余弦滚降滤波器的频率响应

$$\eta_\mathrm{s} = \frac{R_\mathrm{s}}{B} = \frac{2}{1+\alpha}(\mathrm{Baud/Hz}) \quad (6\text{-}3\text{-}27)$$

$$\eta_\mathrm{b} = \frac{R_\mathrm{s}}{B}\log_2 M\,[(\mathrm{bit/s})/\mathrm{Hz}] \quad (6\text{-}3\text{-}28)$$

α 参数决定了频谱效率。α 越小，频谱效率越高：当 $\alpha = 1$ 时，基于比特速率的频谱效率 $\eta_\mathrm{b} = \log_2 M$；当 $\alpha = 0$ 时，频谱效率 $\eta_\mathrm{b} = 2\log_2 M$。但 α 并不是可以任意小的。首先，上面提到过窄的过渡带会难以实现；此外，我们如果画出升余弦成形滤波器的时域冲激响应 $g(t)$ 的图像（见图 6-3-8），会发现随着 α 的变小，$g(t)$ 过零点处的导数会变大。如果在定时上出现了一定的误差，那么在 α 比较小的情况下，会导致比较大的采样误差。故一般在设计成形滤波器的时候，我们需要综合考虑。

最后我们给出升余弦滚降滤波器的时域冲激响应数学表达式为

$$g(t) = \mathrm{sinc}\left(\frac{\pi t}{T_\mathrm{s}}\right)\frac{\cos(\alpha\pi t/T_\mathrm{s})}{1-4(\alpha t/T_\mathrm{s})^2} \quad (6\text{-}3\text{-}29)$$

其中，$\mathrm{sinc}(x) = \dfrac{\sin(\pi x)}{\pi x}$ 为归一化辛格函数。将采样点 $t = nT_\mathrm{s}$ 代入 $g(t)$ 中，发现采样点无失真的条件是满足的，由此进一步验证了奈奎斯特第一准则充要条件的正确性。

6.3.5　部分响应系统

根据前面的讨论，理想低通特性和升余弦滚降特

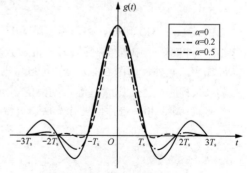

图 6-3-8　升余弦函数的时域图像

性的成形滤波器都满足奈奎斯特第一准则，具有理想低通特性的成形滤波器频谱效率可以达到数字基带传输系统的理论极限值 2Baud/Hz，但它不可物理实现，且时域冲激响应波形 $\sin x / x$ 的拖尾振荡幅度大，收敛慢，从而对定时要求十分严格；升余弦滚降特性的成形滤波器虽然能解决理想低通系统存在的问题，但代价是所需频带加宽、频谱效率下降，因此不利于满足数据高速传输的发展需求。

　　为了找到频谱效率既高又使拖尾衰减大、收敛快的传输波形，我们可以考虑一种新的思路：人为地、有规律地在码元采样时刻引入码间串扰，并在接收端判决前加以消除，从而可以达到改善频谱特性，压缩传输频带，使频谱效率提高到理论上的最大值，并加速传输波形的拖尾衰减和降低对定时精度要求的目的。通常，我们把这种波形称为**部分响应波形**。利用部分响应波形传输的数字基带系统，称为**部分响应系统**。与奈奎斯特准则不同的是，部分响应系统并不是避免码间串扰，而是合理地利用码间串扰。

1．第Ⅰ类部分响应系统

　　我们已经知道理想成形脉冲波形 $\sin x / x$ 拖尾严重，但是相距一个码元周期的两个 $\sin x / x$ 波形的拖尾刚好正负相反，利用这样的波形组合肯定可以构成拖尾衰减很快的脉冲波形。根据这一思路，我们可用两个间隔为一个码元周期 T_s 的 $\sin x / x$ 的合成波形代替 $\sin x / x$，如图 6-3-9（a）所示。

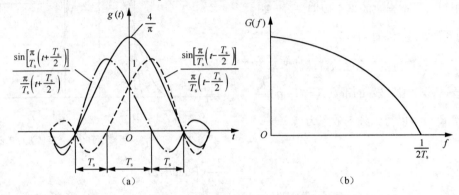

图 6-3-9　第Ⅰ类部分响应 $g(t)$ 及其频谱图

合成波形的时域数学表达式为

$$g(t) = \frac{\sin\left[\dfrac{\pi}{T_s}\left(t+\dfrac{T_s}{2}\right)\right]}{\dfrac{\pi}{T_s}\left(t+\dfrac{T_s}{2}\right)} + \frac{\sin\left[\dfrac{\pi}{T_s}\left(t-\dfrac{T_s}{2}\right)\right]}{\dfrac{\pi}{T_s}\left(t-\dfrac{T_s}{2}\right)} \tag{6-3-30}$$

经化简后得

$$g(t) = \frac{4}{\pi}\left[\frac{\cos(\pi t / T_s)}{1 - 4t^2 / T_s^2}\right] \tag{6-3-31}$$

　　由式（6-3-31）可知，$g(t)$ 的拖尾幅度约与 t^2 成反比，说明它比 $\sin x / x$ 波形收敛快，衰减大。这是因为相距一个码元间隔的两个 $\sin x / x$ 波形的拖尾正负相反而相互抵消，使得合成波形的衰减速度加快。此外，由图 6-3-9（a）可以看出，$g(t)$ 除了在相邻的采样时刻 $t = \pm T_s / 2$ 处，$g(t) = 1$，在其余采样时刻处，则具有等 T_s 间隔的零点。

　　对式（6-3-30）进行傅里叶变换，可得 $g(t)$ 的频率响应函数为

$$G(f) = \begin{cases} 2T_s \cos(\pi f T_s), & |f| \leqslant \dfrac{1}{2T_s} \\[2mm] 0, & |f| > \dfrac{1}{2T_s} \end{cases} \tag{6-3-32}$$

　　如图 6-3-9（b）所示（只画出了正频率部分），$g(t)$ 的频谱限制在 $[-1/2T_s, 1/2T_s]$，且呈余弦滤波特性。这种缓慢的滚降过渡特性是在理想矩形滤波器带宽（奈奎斯特带宽）范围内，所以其带宽为 $B = 1/2T_s$（Hz）；与理想滤波器相同，其频谱效率为 2Baud/Hz，达到了基带系统的理论极限值。

　　若用上述构造的部分响应波形 $g(t)$ 作为传送信号的波形，且发送码元间隔为 T_s，则在采样时

刻上仅受到前一码元对本码元采样值的串扰，而与其他码元不发生串扰。表面上看，由于前、后码元的串扰很大，似乎无法按照$1/T_s$的速率进行传送，但由于这种串扰是确定的，在接收端可以消除掉，故仍可按$1/T_s$传输速率传送码元。

当采用部分响应信号时，接收端需由接收到的抽样值序列进行简单的相关运算恢复出原二进制序列$\{a_n\}$。如果在传输的过程中某个抽样值因噪声影响而发生判决差错，则不但会造成当前恢复的a_n值出现错误，还会影响到以后恢复的信息序列。这种现象是"差错传播"现象。我们可以在发送端先对信号进行预编码，再进行部分响应信号的相关运算，以避免出现"差错传播"现象。

2．部分响应波形的一般形式

部分响应波形的一般形式可以是 N 个相继间隔 T_s 的 $\sin x / x$ 波形之和，其表达式为

$$g(t) = R_1 \frac{\sin\left(\dfrac{\pi}{T_s}t\right)}{\dfrac{\pi}{T_s}t} + R_2 \frac{\sin\left[\dfrac{\pi}{T_s}(t-T_s)\right]}{\dfrac{\pi}{T_s}(t-T_s)} + \cdots + R_N \frac{\sin\left\{\dfrac{\pi}{T_s}[t-(N-1)T_s]\right\}}{\dfrac{\pi}{T_s}[t-(N-1)T_s]} \quad (6\text{-}3\text{-}33)$$

式中，$R_1, R_2, \cdots, R_N$ 为加权系数，其值为正整数、负整数和零。例如，当 $R_1 = 1$，$R_2 = 1$，其余系数 $R_m = 0$ 时，就是前面所述的第 I 类部分响应波形。

由式（6-3-33）可得，$g(t)$ 的频率响应为

$$G(f) = \begin{cases} T_s \displaystyle\sum_{m=1}^{N} R_m \mathrm{e}^{-\mathrm{j}2\pi f(m-1)T_s}, & |f| \leqslant \dfrac{1}{2T_s} \\ 0, & |f| > \dfrac{1}{2T_s} \end{cases} \quad (6\text{-}3\text{-}34)$$

可见，$G(f)$ 仅在 $[-1/2T_s, 1/2T_s]$ 内存在。

显然，$R_m (m = 1, 2, \cdots, N)$ 不同，将有不同类别的部分响应信号。

综上所述，采用部分响应系统的优点是能实现 2Baud/Hz 的频谱效率，拖尾衰减大，收敛快。

6.4　最佳接收与匹配滤波

6.4.1　基带传输的噪声模型

在前面模拟通信的学习中我们知道，信号的传输过程中会在信道内引入噪声，而为了分析方便，我们认为引入的噪声都是**加性高斯白噪声**。同样地，在数字基带通信中，我们也要引入噪声来分析实际传输环境下的基带通信系统。

已知基带调制输入的信号为 $a(t)$，并令引入的噪声为 $n(t)$。$n(t)$ 就是一个加性高斯白噪声，因此最终在接收端输出的信号为

$$r(t) = a(t) + n(t) \quad （6\text{-}4\text{-}1）$$

基带调制输入/输出示意图如图 6-4-1 所示。

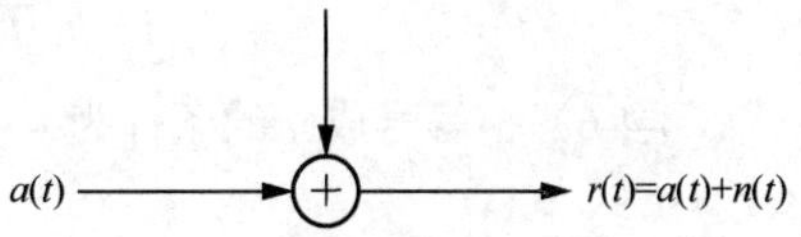

对于一个高斯白噪声，我们往往使用功率谱密度来描述这个随机过程，有

图 6-4-1　基带调制输入/输出示意图

$$P_n(f) = \frac{n_0}{2}, \quad f \in (-\infty, \infty) \quad （6\text{-}4\text{-}2）$$

式中，n_0 是单边的噪声功率谱密度，这里单边可理解为正半边或者负半边。在模拟通信部分，我们做过相关约定：信号的带宽 B 只观察正半边（或负半边），因此噪声的功率可计算为 $P_n = n_0 B$。

如果说我们在整个频域上观察，那么信号通频的带宽为 $2B$，对应使用双边带功率谱密度 $\frac{n_0}{2}$，最终得到的功率依然是 $P_n = 2B\frac{n_0}{2} = n_0 B$。这样就保证了之后讨论形式的统一性。

6.4.2 输出信噪比最大化

接收端获取信号之后，可以开始复原信号了。由于信号被噪声污染，因此我们希望能通过一个**线性处理**环节降低噪声对信号的干扰。为此，针对第 k 个符号的接收信号，我们引入一个基带接收前端互相关器，对接收到的信号进行相关运算，接收部分原理图如图 6-4-2 所示。

在图 6-4-2 中，我们发现最为重要的部分就是相关接收器的本地函数 $h_k(t)$。我们希望求得最优的本地函数 $h_k(t)$，使得接收信号在经过基带线性处理后信噪比可以达到最大。

根据式（6-3-1）可知，一个符号所产生的基带波形为 $a_k(t) = a_k g(t - kT_s) = a_k g_k(t)$。在 $r_k(t)$ 中，$a_k(t)$ 为确定信号，$n(t)$ 为随机过程。因此，针对第 k 个符号接收端的输出信噪比为

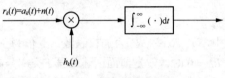

图 6-4-2　接收部分原理图

$$\mathrm{SNR}_k = \frac{S}{N} = \frac{\left[\int_{-\infty}^{\infty} h_k(t) a_k(t) \mathrm{d}t\right]^2}{E\left[\int_{-\infty}^{\infty} h_k(t) n(t) \mathrm{d}t\right]^2} \qquad (6\text{-}4\text{-}3)$$

式中，$E[\cdot]$ 表示取期望。当且仅当 $h_k(t) = \beta g_k(t)$ 时，信噪比 SNR_k 取最大值，最大值为 $\mathrm{SNR}_k = \frac{a_k^2}{n_0/2}\int_{-\infty}^{\infty} g_k^2(t)\mathrm{d}t$。下面来证明这一结果。

首先计算分母部分，噪声功率为

$$E\left[\int_{-\infty}^{\infty} h_k(t) n(t) \mathrm{d}t\right]^2 = \int_{-\infty}^{\infty}\int_{-\infty}^{\infty} E\big[n(t)n(\tau)\big] h_k(t) h_k(\tau) \mathrm{d}t \mathrm{d}\tau$$
$$= \int_{-\infty}^{\infty}\int_{-\infty}^{\infty} \frac{1}{2} n_0 \delta(t-\tau) h_k(t) h_k(\tau) \mathrm{d}t \mathrm{d}\tau = \frac{1}{2} n_0 \int_{-\infty}^{\infty} h_k^2(t) \mathrm{d}t \qquad (6\text{-}4\text{-}4)$$

可以看到，噪声功率仅与 $h_k(t)$ 的能量有关，与其具体形状无关。因此，我们可以在功率不变的前提下任意设计 $h_k(t)$ 的形状，使信号功率最大化。于是，有

$$\mathrm{SNR}_k = \frac{a_k^2}{n_0/2} \cdot \frac{\left[\int_{-\infty}^{\infty} h_k(t) g_k(t) \mathrm{d}t\right]^2}{\int_{-\infty}^{\infty} h_k^2(t) \mathrm{d}t} \qquad (6\text{-}4\text{-}5)$$

分子部分是信号功率的计算，较为复杂，$\int_{-\infty}^{\infty} h_k(t) g_k(t)\mathrm{d}t$ 是函数的内积运算。根据柯西-施瓦兹不等式，可得

$$\frac{\left[\int_{-\infty}^{\infty} h_k(t) g_k(t) \mathrm{d}t\right]^2}{\int_{-\infty}^{\infty} h_k^2(t) \mathrm{d}t} \leqslant \frac{\int_{-\infty}^{\infty} h_k^2(t) \mathrm{d}t \int_{-\infty}^{\infty} g_k^2(t) \mathrm{d}t}{\int_{-\infty}^{\infty} h_k^2(t) \mathrm{d}t} = \int_{-\infty}^{\infty} g_k^2(t) \mathrm{d}t \qquad (6\text{-}4\text{-}6)$$

式（6-4-6）中等号成立的条件为

$$h_k(t) = \beta g_k(t) = \beta g(t - kT_s) \qquad (6\text{-}4\text{-}7)$$

其中，β 为常数，此时信噪比达到的最大值为

$$\mathrm{SNR}_k = \frac{a_k^2}{n_0/2}\int_{-\infty}^{\infty} g_k^2(t)\mathrm{d}t = \frac{a_k^2}{n_0/2}\int_{-\infty}^{\infty} g^2(t - kT_s)\mathrm{d}t \qquad (6\text{-}4\text{-}8)$$

也就是说，接收到的数字基带信号在与成形滤波器冲激响应 $g(t)$ 进行内积之后即可得到最大的输出信噪比。这样，相关接收器中收集了 $g(t)$ 的全部能量，而采用其他波形无法收集全部能量。

相关接收是数字通信系统常用的一种接收方式。我们还可以将此相关接收等效成 $r_k(t)$ 通过一个线性系统，并对输出在 T_s 时刻进行采样。该过程可以描述为卷积的形式，也就是"匹配滤波器"形式。

6.4.3　匹配滤波器

为了能够串行且连续地处理输入的码元流，我们可以采用"滤波器＋采样"的形式，如图 6-4-3 所示。

接收信号 $r_k(t)$ 通过一个线性系统，并对其输出在 $t_k = t_0 + kT_s$ 时刻进行采样，得到第 k 个符号的接收采样值，其中 t_0 为接收系统相对时延，T_s 为符号周期。假设该线性系统的冲激响应为 $h(t)$，那么，一个接收信号经过滤波后再进行采样的结果为

$$\hat{a}_k = \int_{-\infty}^{\infty} r_k(t)h(t_k-t)\mathrm{d}t \qquad (6\text{-}4\text{-}9)$$

$$= \int_{-\infty}^{\infty} a_k(t)h(t_k-t)\mathrm{d}t + \int_{-\infty}^{\infty} n(t)h(t_k-t)\mathrm{d}t$$

图 6-4-3　匹配滤波器接收信号示意图

式中，等号右边第一项为信号项，第二项为噪声项。根据式（6-3-1）可知，$a_k(t) = a_k g(t-kT_s)$，由此，对于符号 a_k，输出信噪比为

$$\mathrm{SNR}_k = \frac{S}{N} = \frac{\left[\int_{-\infty}^{\infty} a_k(t)h(t_k-t)\mathrm{d}t\right]^2}{E\left[\int_{-\infty}^{\infty} h_k(t_k-t)n(t)\mathrm{d}t\right]^2} = \frac{a_k^2\left[\int_{-\infty}^{\infty} g(t-kT_s)h(t_k-t)\mathrm{d}t\right]^2}{\dfrac{n_0}{2}\int_{-\infty}^{\infty} h(t_k-t)^2\mathrm{d}t} \qquad (6\text{-}4\text{-}10)$$

对上面的公式同样采用柯西-施瓦兹不等式，仿照 6.4.2 小节中的推导方法进行推导可以得到

$$\mathrm{SNR}_k \leqslant \frac{a_k^2\int_{-\infty}^{\infty} g^2(t-kT_s)\mathrm{d}\tau\int_{-\infty}^{\infty} h^2(t_k-t)\mathrm{d}t}{\dfrac{n_0}{2}\int_{-\infty}^{\infty} h^2(t_k-t)\mathrm{d}t} = \frac{a_k^2}{n_0/2}\int_{-\infty}^{\infty} g^2(t)\mathrm{d}t \qquad (6\text{-}4\text{-}11)$$

这个式子取最大值的条件为 $h(t_k-t) = \beta g(t-kT_s)$，即

$$h(t) = \beta g(t_0-t) \qquad (6\text{-}4\text{-}12)$$

其中，β 为常数。在上述情况下的最大信噪比为

$$\mathrm{SNR}_k = \frac{a_k^2}{n_0/2}\int_{-\infty}^{\infty} g^2(t)\mathrm{d}t \qquad (6\text{-}4\text{-}13)$$

因此上述接收过程可以描述为：让输入的数字基带信号通过一个冲激函数为 $h(t) = \beta g(t_0-t)$ 的线性滤波器，随后在 $t = t_k$ 时刻进行采样，即可在采样时刻获得第 k 个符号的最大输出信噪比。由于滤波器的冲激响应 $h(t)$ 与发送波形成形滤波器的冲激响应 $g(t)$ 形状对称，因此又称这样的线性滤波器为**匹配滤波器**。

根据式（6-4-12），匹配滤波器的设计似乎与接收系统相对时延 t_0 有关，不同的收发信道相对时延 t_0 并不相同，但在设计匹配滤波器时并不知道。实际上匹配滤波器设计时可以取任意值，比如可以取 0 或者 T_s，关键是滤波器的波形形状需要与 $g(t)$ 对称。这样，对第 k 个符号的采样时刻会产生额外的未知相对时延，且这个额外的相对时延会被吸收到 t_0 中，总的相对时延将由码元同步或符号同步电路进行消除，如图 6-4-4 所示。

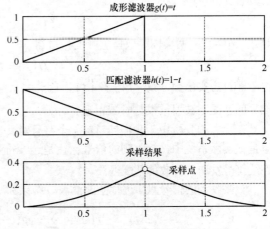

图 6-4-4　匹配滤波器和理想采样点 $t=1$

因此，码元同步或符号同步对于接收器的设计来说至关重要。我们将在 6.10 节具体介绍消除相对时延的方法。

匹配滤波器的特性还可以用其传输函数 $H(f)$ 来描述。设码元 $a_k(t)$ 的持续时间为 T_s，由 $a_k(t) = a_k g(t-kT_s)$ 可知，$a_k(t)$ 的频谱可表示为 $A_k(f) = a_k G(f) \mathrm{e}^{-\mathrm{j}2k\pi f T_s}$。输出信号的频谱函数为

$$S_o(f) = H(f)A_k(f) \tag{6-4-14}$$

进而得到输出信号时域表达式为

$$
\begin{aligned}
s_o(t) &= \int_{-\infty}^{\infty} H(f)A_k(f)\,\mathrm{e}^{\mathrm{j}2\pi ft}\,\mathrm{d}f \\
&= \int_{-\infty}^{\infty} H(f)a_k G(f)\mathrm{e}^{-\mathrm{j}2k\pi f T_s}\mathrm{e}^{\mathrm{j}2\pi ft}\mathrm{d}f
\end{aligned}
\tag{6-4-15}
$$

根据随机过程理论，一个随机过程通过线性系统时，其输出功率谱密度等于输入功率谱密度乘以系统传输函数 $H(f)$ 的模的平方，并且平稳随机过程的自相关函数与其功率谱密度之间是傅里叶变换的关系。所以这时输出噪声平均功率 N_0 可由输出噪声功率谱密度的傅里叶反变换在 $t=0$ 时刻求得

$$N_0 = E[n^2(t)] = R(0) = \int_{-\infty}^{\infty} |H(f)|^2 \frac{n_0}{2}\,\mathrm{d}f = \frac{n_0}{2}\int_{-\infty}^{\infty} |H(f)|^2 \mathrm{d}f \tag{6-4-16}$$

因此，在采样时刻 t_k 上，输出信号的瞬时功率与噪声平均功率之比为

$$\mathrm{SNR}_k = \frac{|s_o(t_k)|^2}{N_0} = \frac{\left| \int_{-\infty}^{\infty} H(f)a_k G(f)\mathrm{e}^{\mathrm{j}2\pi f(t_k - kT_s)}\mathrm{d}f \right|^2}{\dfrac{n_0}{2}\int_{-\infty}^{\infty}|H(f)|^2\mathrm{d}f} = \frac{a_k^2 \left| \int_{-\infty}^{\infty} H(f)G(f)\mathrm{e}^{\mathrm{j}2\pi ft_0}\mathrm{d}f \right|^2}{\dfrac{n_0}{2}\int_{-\infty}^{\infty}|H(f)|^2\mathrm{d}f} \tag{6-4-17}$$

利用柯西-施瓦兹不等式可知

$$\mathrm{SNR}_k \leqslant \frac{a_k^2 \int_{-\infty}^{\infty}|H(f)|^2\mathrm{d}f \int_{-\infty}^{\infty}|G(f)|^2\mathrm{d}f}{\dfrac{n_0}{2}\int_{-\infty}^{\infty}|H(f)|^2\mathrm{d}f} = \frac{a_k^2 \int_{-\infty}^{\infty}|G(f)|^2\mathrm{d}f}{\dfrac{n_0}{2}} \tag{6-4-18}$$

当且仅当

$$H(f) = \beta G^*(f)\mathrm{e}^{-\mathrm{j}2\pi ft_0} \tag{6-4-19}$$

时，式（6-4-18）中等号成立，其中 β 为常数。式（6-4-19）即为匹配滤波器的频域传输函数。

对于傅里叶变换，有如下性质。

$$\mathcal{F}[f(at+b)] = \frac{1}{|a|}F\left(\frac{f}{a}\right)\mathrm{e}^{\mathrm{j}2\pi f\frac{b}{a}} \tag{6-4-20}$$

所以有

$$\mathcal{F}[g(t_0-t)] = G(-f)\mathrm{e}^{-\mathrm{j}2\pi ft_0} \tag{6-4-21}$$

对式（6-4-12）两边同时取傅里叶变换可得

$$H(f) = \beta G(-f)\mathrm{e}^{-\mathrm{j}2\pi ft_0} \tag{6-4-22}$$

由于 $g(t)$ 为实函数，$G(-f) = G^*(f)$，因此式（6-4-19）与式（6-4-22）等价。由此可以说明频域推导的匹配滤波器结果与时域相同。

在上面的分析中，我们针对第 k 个符号对其进行匹配滤波，并计算匹配滤波的输出信噪比，但是在实际系统中，接收到的信号往往是连续符号的信号波形 $r(t)$ 而非单独的 $r_k(t)$。下面将讨论连续符号发送与接收的匹配滤波。

对接收到的信号 $r(t)$ 进行匹配滤波，结果为

$$r(t) = \left[\sum_{k=-\infty}^{\infty} a_k g(t-kT_s) + n(t) \right] \otimes h(t)$$

$$= \sum_{k=-\infty}^{\infty} a_k \delta(t-kT_s) \otimes g(t) \otimes h(t) + \hat{n}(t)$$

$$= \sum_{k=-\infty}^{\infty} a_k \delta(t-kT_s) \otimes \hat{g}(t) + \hat{n}(t) \qquad (6\text{-}4\text{-}23)$$

$$= \sum_{k=-\infty}^{\infty} a_k \hat{g}(t-kT_s) + \hat{n}(t)$$

对匹配滤波结果进行采样，若 $\hat{g}(t)$ 满足奈奎斯特第一准则（即无码间串扰），则可得到

$$r(kT_s) = a_k + \hat{n}(kT_s) \qquad (6\text{-}4\text{-}24)$$

式（6-4-24）的形式与相关接收相同，由此可得对连续符号序列的信号波形进行匹配滤波后的输出信噪比与相关接收的输出信噪比相同。

引力波信号探测
与匹配滤波

该结果有利于简化对系统的分析，我们只需要分析符号映射之前与再生采样之后的离散信号（可省去中间对复杂物理波形的分析）。

6.4.4　匹配滤波器的信噪比增益

之前，我们对匹配滤波器进行了大量的推导，同时也证明了它的优越性。接下来，讨论匹配滤波器带来的增益。若相对于原始信号模型 $r(t) = a(t) + n(t)$，则匹配滤波的增益为无穷大，这是因为在这个模型中加性高斯白噪声的功率为无穷大，而信号功率有限，故输入信噪比为 0。这一结论虽然正确，但没有实际意义，因为实际系统中引入的噪声都是滤波之后的，功率并不是无穷大。

为了能够客观衡量匹配滤波器的信噪比增益，我们可以将匹配滤波器等效为它本身与和它本身带宽相等的理想低通滤波器的串联系统，如图 6-4-5 所示。记匹配滤波器及其对应的脉冲成形滤波器的带宽为 B，则图 6-4-5 中理想低通滤波器的带宽也为 B。于是，我们可以利用带宽为 W 的理想低通滤波器作为基准，看待匹配滤波器带来的信噪比增益。

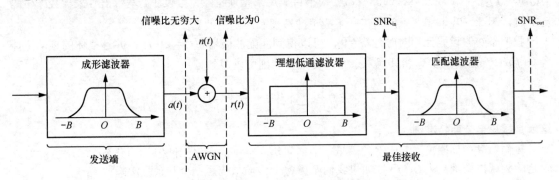

图 6-4-5　匹配滤波器的增益计算模型（以升余弦波形为模型）

如图 6-4-5 所示，$r(t)$ 通过带宽为 B 的理想低通滤波器后，噪声功率限制在 $n_0 B$，但是对通信信号的功率没有影响，注意到 $a_k^2 \int_{-\infty}^{\infty} g^2(t) \mathrm{d}t$ 只是一个符号的能量，而符号速率为 R_s，因此经过简单预处理后的信噪比为

$$\mathrm{SNR}_{\mathrm{in}} = \frac{R_s}{B} \cdot \frac{a_k^2}{n_0} \int_{-\infty}^{\infty} g^2(t)\mathrm{d}t \qquad (6\text{-}4\text{-}25)$$

我们把这个信噪比看作匹配滤波器的输入信号信噪比。显然，它是一个有限的数值，而不是之前对信号不加任何预处理计算得到的 0。预处理后的信号经过匹配滤波器，其输出信噪比为

$$\mathrm{SNR}_{\mathrm{out}} = \frac{a_k^2}{n_0/2} \int_{-\infty}^{\infty} g^2(t)\mathrm{d}t \qquad (6\text{-}4\text{-}26)$$

由此可以得到匹配滤波器的增益为

$$\lambda = \frac{\text{SNR}_{\text{out}}}{\text{SNR}_{\text{in}}} = \frac{2B}{R_{\text{s}}} \tag{6-4-27}$$

对于参数为 α 升余弦波形滤波器，它的基带频谱效率为 $\eta_{\text{s}} = \frac{R_{\text{s}}}{B} = \frac{2}{(1+\alpha)}$（Baud/Hz），因此信噪比增益为 $\lambda = (1+\alpha)$。

从式（6-4-27）中可以发现，α 越大，频谱效率越低，匹配滤波器的信噪比增益反而越高。但值得注意的是，并不是频谱效率越低，输出信噪比越高，更高的匹配滤波器增益只能抵消预处理滤波器开口变大引入的过多噪声；输出信噪比始终为式（6-4-26），与符号的波形能量相关，而与频谱效率或滚降系数无直接关系。

我们还可以从另一个角度理解匹配滤波器所带来的增益。模拟通信接收器直接用理想低通滤波器作为前端的滤波器，因为模拟信号是完全随机的；对于数字接收器接收，虽然此时传输的具体符号不知道，但是各个符号对应的波形是确定的，相当于已知信息。为了充分利用此已知信息，对滤波器波形有特殊的设计（与发送端波形有关，即为镜像关系）。此时再用理想低通滤波器（相当于没有用已知信息，采用与发送端成形滤波器相互独立的滤波器）则不一定是最优的，这也体现出充分利用先验信息的思想。

6.4.5　根号奈奎斯特准则与根号升余弦滤波器

目前我们学习了奈奎斯特第一准则以及匹配滤波器的最大信噪比输出原则，现在有一个新的问题摆在我们面前：如果说成形滤波器直接使用满足奈奎斯特第一准则的滤波器 $g(t)$，在接收端再增加一个匹配滤波器 $h(t) = g(t_0 - t)$，并假定信道的传输函数为常数，那么整个传输系统等效的成形滤波器相当于 $g(t)h(t)$，而它的频域特征通过傅里叶变换的性质可以求得 $G(f)H(f) = G(f)G^*(f)\mathrm{e}^{-\mathrm{j}2\pi f t_0}$，显然这样的滤波器已经不再满足奈奎斯特第一准则了，基带信号采样会产生码元失真。因此，我们需要重新修正一下成形滤波器和匹配滤波器。

我们不妨假设码元相对时延 $t_0 = 0$，可以得到匹配滤波器 $h(t) = g(-t)$，并且整体的频率特性为 $G(f)H(f) = |G(f)|^2$，将其代入奈奎斯特第一准则可以得到

$$\frac{1}{T_{\text{s}}} \sum_{n=-\infty}^{\infty} \left| G\left(f - \frac{n}{T_{\text{s}}}\right) \right|^2 = 1 \tag{6-4-28}$$

这就是**根号奈奎斯特准则**。

我们知道一种便于工程实现的满足奈奎斯特第一准则的成形滤波器——升余弦滚降滤波器，令它的频域传输函数为 $G_0(f)$。如果我们希望整个传输系统是一个升余弦滚降滤波器，那么成形滤波器的频域传输函数应该满足

$$|G(f)|^2 = G_0(f) \tag{6-4-29}$$

因此最终的成形滤波器 $G(f)$ 表示为

$$G(f) = \begin{cases} \sqrt{T_{\text{s}}}, & 0 \leqslant |f| < \dfrac{1-\alpha}{2T_{\text{s}}} \\[3mm] \sqrt{\dfrac{T_{\text{s}}}{2}\left\{1 + \cos\left[\dfrac{\pi T_{\text{s}}}{\alpha}\left(|f| - \dfrac{1-\alpha}{2T_{\text{s}}}\right)\right]\right\}}, & \dfrac{1-\alpha}{2T_{\text{s}}} \leqslant |f| \leqslant \dfrac{1+\alpha}{2T_{\text{s}}} \\[3mm] 0, & |f| > \dfrac{1+\alpha}{2T_{\text{s}}} \end{cases} \tag{6-4-30}$$

根升余弦波形

这样的滤波器也称作**根号升余弦滤波器**，其时域响应如图 6-4-6 所示。

可以看到根号升余弦滤波器的时域表现是不满足采样点无失真条件的，只有通过两个这样的根号升余弦滤波器才能实现采样无失真。

最后总结推导过程：首先我们通过采样码元无失真的条件得到了奈奎斯特第一准则，随后以接收输出信噪比最大化为目标，得到了匹配滤波器相关结论，最后将二者结合在一起，得到了根号奈奎斯特准则和根号升余弦滚降滤波器。

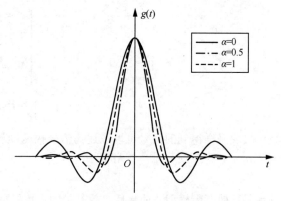

图 6-4-6　不同滚降系数的根升余弦滤波器时域响应

6.5　等效基带模型

通过 6.4 节的学习，我们了解到，对于符号 a_k 进行符合根号奈奎斯特准则的波形成形，并在接收端进行匹配滤波器处理后，那么，所得信号在 kT_s 时刻的采样值便可以表示为

$$y(kT_s) = a_k \int_{-\infty}^{\infty} g^2(t-kT_s)\mathrm{d}t + \int_{-\infty}^{\infty} g(t-kT_s)n(t)\mathrm{d}t$$
$$= a_k \int_{-\infty}^{\infty} g^2(t)\mathrm{d}t + \int_{-\infty}^{\infty} g(t)n(t+kT_s)\mathrm{d}t \qquad (6\text{-}5\text{-}1)$$

于是，输出信号的功率关系为

$$\begin{cases} y_k = a_k \int_{-\infty}^{\infty} g^2(t)\mathrm{d}t \\ S_k = a_k^2 \left| \int_{-\infty}^{\infty} g^2(t)\mathrm{d}t \right|^2 \\ N_k = \dfrac{n_0}{2} \int_{-\infty}^{\infty} g^2(t)\mathrm{d}t \\ \mathrm{SNR}_k = \dfrac{2a_k^2 \int_{-\infty}^{\infty} g^2(t)\mathrm{d}t}{n_0} \end{cases} \qquad (6\text{-}5\text{-}2)$$

$y(kT_s)$ 为采样得到的信号加噪声幅度值；y_k 为采样得到的信号幅度值，这个值对于之后使用高斯分布的特征来计算最佳判决准则和误码率至关重要。

但是这样的式子过于复杂。我们可以假定 $\int_{-\infty}^{\infty} g^2(\tau)\mathrm{d}\tau = 1$，这样的假定并不是随便做的。在实际的信号发送端，受到约束的往往是符号平均功率。

$$P_s = E_s R_s = E[a_k^2] \int_{-\infty}^{\infty} g^2(\tau)\mathrm{d}\tau \times R_s \qquad (6\text{-}5\text{-}3)$$

我们额外约束了 $\int_{-\infty}^{\infty} g^2(\tau)\mathrm{d}\tau = 1$，仍然可以通过调整 a_k 来使符号平均功率的约束得到满足。这样的操作可以认为是对 a_k 的归一化，使归一化后的 a_k^* 可以满足功率约束条件。

$$E_s = E[a_k^{*2}] \qquad (6\text{-}5\text{-}4)$$

式中，E_s 为每个符号的平均能量。

在接收端的运算中，我们都只是对其进行滤波、采样等运算，并没有引入新的约束。所以说使用归一化后的 a_k^* 是具有一般性的。在此基础上，我们给出输出信号的归一化功率关系为

$$\begin{cases} y_k = a_k^* \\ S_k = a_k^{*2} \\ N_k = \dfrac{n_0}{2} \\ \mathrm{SNR}_k = \dfrac{2a_k^{*2}}{n_0} \end{cases} \tag{6-5-5}$$

接收采样得到的信号可以描述为信号幅度+噪声幅度，因此我们可以直接将接收的结果写为 $y_k = a_k^* + n_k$。方便起见，省略星号，有

$$y_k = a_k + n_k \tag{6-5-6}$$

这就是**等效基带模型**。简化后等效基带的噪声模型如图 6-5-1 所示。

在等效基带模型中，我们将本来与成形滤波器 $\int_{-\infty}^{\infty} g^2(\tau)\mathrm{d}\tau$ 有关的接收幅度、接收信号功率、接收噪声功率等量全部使用 $\int_{-\infty}^{\infty} g^2(\tau)\mathrm{d}\tau = 1$ 的约束来归一化，极大地简化了接收信号的模型。此外，我们通过发送端符号平均功率的约束证明了这种归一化并不会对上述量的数值带来影响。

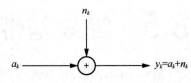

图 6-5-1　简化后等效基带的噪声模型

在前面我们引入了 E_s，这是数字信号特有的描述能量的方式。由于数字信号在时间上离散，因此对于每一个符号，我们都可以用一个明确的分割界限来描述它的能量特征。在后面的差错概率分析中我们会发现，使用 $\dfrac{E_s}{n_0}$ 来描述信噪比的关系会让结果变得非常简单。此外，为了对比不同符号集之间的能量关系，我们统一将符号能量划归到比特能量 E_b。

$$E_b = \frac{E_s}{\log_2 M} \tag{6-5-7}$$

不同符号集中每个符号承载的比特量并不相同。从通信系统传输比特信息这一最终目的来看，使用比特能量可以无视符号集的不同，直接从人们的最终目的来衡量传输信号的能量关系。

6.6　最佳判决与差错概率

6.5 节建立了基带传输的离散时间模型（等效基带传输模型），在收/发滤波器满足根号奈奎斯特准则的情况下，符号之间没有串扰，因此只需要考虑本时刻的一个符号，略去下标 k，使接收符号的表达式更简单。略去下标 k 后，式（6-5-6）的等效基带模型就可以写为

$$y = a + n \tag{6-6-1}$$

式中，噪声 n 服从均值为 0、方差为 $n_0/2$ 的正态分布。符号 a 满足 $E[a^2] = \sum_{m=1}^{M} p_m a_m^2 = E_s$，其中 a_m 表示符号集中的第 m 种取值，p_m 表示符号 a_m 出现的概率。一般来说，符号 a_m 等概率出现，即有 $\dfrac{1}{M}\sum_{m=1}^{M} a_m^2 = E_s$。同时，可以得到最大的信噪比为 $2E_s/n_0$，从而使噪声对信号的影响达到最小。

在本节中，从带有噪声的接收序列中恢复出原始的符号乃至比特，这一过程即为判决。所谓**符号判决**，指的是从接收的带噪声符号 y 到可能被发送的符号 a_m 的映射。其中，a_m 又称为许用符号。加性噪声的分布为整个实数域 $\mathbf{R}$，因此，被加性高斯噪声污染的符号分布也为整个实数域。

符号集可表示为 $\mathcal{A}$，因此符号判决的规范数学表达式为

$$\varphi : \mathbf{R} \mapsto \mathcal{A} \tag{6-6-2}$$

式（6-6-2）表示从实数域到符号集合的映射。可以看出，该判决过程是一个多对一的映射。这种直接给出对符号的判决，又称为**硬判决**。由于高斯白噪声的分布为整个实数域，判决结果必然存在差错，因此只能尽可能地恢复出原始符号，对差错产生的可能性进行优化和分析。

6.6.1　最佳判决若干准则

对于通信系统中最佳判决，最初始的目标是最小化误判概率，即选择合适的映射 $\varphi : \mathbf{R} \mapsto \mathcal{A}$，使得误码率 p_e 最小。误码率表示为

$$p_\mathrm{e} = \sum_{m=1}^{M} \Pr\{\varphi(y) \neq a_m, a = a_m\} = \sum_{m=1}^{M} p_m \Pr\{\varphi(y) \neq a_m \mid a = a_m\} \tag{6-6-3}$$

最大后验概率（Maximum a Posteriori Probability，MAP）**准则**的思想是，当观察到符号 y 时，a 是符号集中哪个许用符号的可能性最大。为此，我们可选用以下数学表达式表示。

$$\varphi(y) = \arg\max_{a_m \in \mathcal{A}} \Pr\{a = a_m \mid y\} \tag{6-6-4}$$

其物理含义是找到当前观测 y 的条件下最可能出现的许用符号 a_m，MAP 准则能够最小化（见式（6-6-3））。

最大似然（Maximum Likelihood，ML）**准则**可由 MAP 准则推导出来。根据贝叶斯公式，MAP 准则可以写为

$$\varphi(y) = \arg\max_{a_m \in \mathcal{A}} \frac{\Pr\{a = a_m, y\}}{p(y)} = \arg\max_{a_m \in \mathcal{A}} \Pr\{a = a_m, y\} = \arg\max_{a_m \in \mathcal{A}} \Pr\{y \mid a = a_m\} \Pr\{a = a_m\} \tag{6-6-5}$$

式中第二个等式中的 y 被看作常数，因此 $p(y)$ 可被视为一个非负系数，不影响最优函数的取值，故可以将其从表达式中省略。在数字通信系统中，各个符号的出现概率通常相同，即 $p_m = 1/M$，此时 MAP 准则退化为 ML 准则，有

$$\varphi(y) = \arg\max_{a_m \in \mathcal{A}} \Pr\{y \mid a = a_m\} \tag{6-6-6}$$

在通信中符号的先验概率是相同的，但我们不知道先验概率 p_m 时，往往采用 ML 准则，其物理含义是分别求 $\{a_m\}$ 的各个符号导致观测到 y 的概率，选择概率最大的符号。

我们可以基于通信信号的等效基带模型 $y = a + n$ 将 ML 准则进行化简。由于加性高斯噪声 n 服从均值为 0、方差为 n_0 的正态分布，因此条件正态分布为

$$\Pr\{y \mid a = a_m\} = \frac{1}{\sqrt{\pi n_0}} \exp\left[-\frac{(y - a_m)^2}{n_0} \right] \tag{6-6-7}$$

基于以上表达式，可以将 ML 准则化简为

$$\begin{aligned}
\varphi(y) &= \arg\max_{a_m \in \mathcal{A}} \Pr\{y \mid a = a_m\} \\
&= \arg\max_{a_m \in \mathcal{A}} \frac{1}{\sqrt{\pi n_0}} \exp\left[-\frac{(y - a_m)^2}{n_0} \right] \\
&= \arg\max_{a_m \in \mathcal{A}} \left[-(y - a_m)^2 \right] \\
&= \arg\min_{a_m \in \mathcal{A}} |y - a_m|
\end{aligned} \tag{6-6-8}$$

在上面的推导中，由于这个条件概率密度是 $|y - a_m|$ 的减函数，因此求最大值的问题转换成了求最小值的问题。式（6-6-8）所对应的准则称为**最小距离准则**，其物理含义为选择距离观测值

y 最近的许用符号 a_m，是数字通信中最为常用的低复杂度判决准则。

在一维的实数轴，我们总能对符号的大小进行排序。不失一般性，我们假设

$$a_1 < \cdots < a_m < a_{m+1} < \cdots < a_M \qquad (6\text{-}6\text{-}9)$$

如图 6-6-1 所示，将许用符号的中点定为

判决门限，即 $d_m = \dfrac{a_m + a_{m+1}}{2}$。

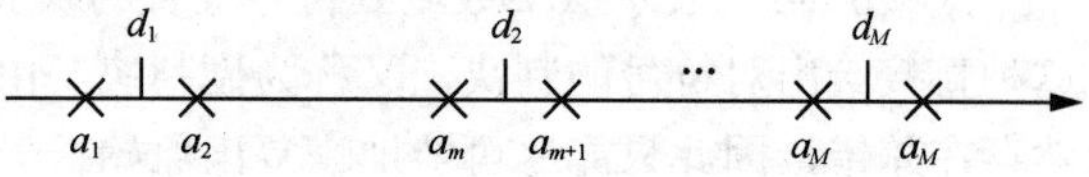

图 6-6-1　判决门限为两个符号的中点

则判决函数可以写为

$$\varphi(y) = \begin{cases} a_1, & y \in (-\infty, d_1] \\ a_m, & y \in (d_{m-1}, d_m] \\ a_M, & y \in (d_M, +\infty] \end{cases} \qquad (6\text{-}6\text{-}10)$$

区间 $\Gamma_1 = (-\infty, d_1]$、$\Gamma_m = (d_{m-1}, d_m]$、$\Gamma_M = (d_M, +\infty]$ 都是判决域。判决域的开闭区间并不重要，完全可以把落在判决门限的 y 判决成区间两端的任意一个符号 a_m 或者 a_{m+1}，并且无论判决为哪个符号，都不会影响系统的差错性能，其原因是 y 落在有限数量离散点上的概率为 0。

符号集合可以有很多种。对于实数轴上的符号集合，需要在一定范围内均匀分布；对于双极性码，符号可以有负有正；对于单极性码，符号只能是非负的。

若符号集合 $\mathcal{A}$ 是由高维空间中的点组成的，则上述最小距离准仍然适用。此时对应的等效基带模型可表示为 $\boldsymbol{y} = \boldsymbol{a} + \boldsymbol{n}$，其中 $E\left[\|\boldsymbol{a}\|_2^2\right] = E_s$，$\boldsymbol{n}$ 是均值为 0、方差矩阵为 $\dfrac{n_0}{2}\boldsymbol{I}$ 的高斯向量。最小距离准则为

$$\varphi(\boldsymbol{y}) = \arg\min_{a_m \in \mathcal{A}} \|\boldsymbol{y} - \boldsymbol{a}_m\|_2 \qquad (6\text{-}6\text{-}11)$$

式中的距离（即 $\|\ \|$ 部分）使用 2 范数定义。高维空间最小距离准则的最优性可由 MAP 准则推出。高维空间（特别是无穷维的 L_2 空间）中的最小距离准则蕴含着深刻的含义，对多元波形直接用上述准则可以直接导出理想判决准则蕴含匹配滤波原理。

6.6.2　脉幅调制

由于引入了等效基带模型，后面对不同基带传输方式的区分重点放在符号的许用集合上，因此需要研究具体的符号集合。符号集合 $\mathcal{A}$ 直观地被称作**星座图**，对其的设计在数字通信中又被称**为星座设计**。

一般而言，符号集合 $\mathcal{A}$ 可以用 **M 元脉幅调制**进行数学表述。PAM 是脉冲载波的幅度随基带信号变化的调制方式，脉冲的形状 $p(t)$ 是预先指定好的，脉冲序列的幅度携带着基带信息。PAM 信号 $s(t)$ 可以表示为

$$s(t) = \sum_k a_k p(t - kT) \qquad (6\text{-}6\text{-}12)$$

式中，a_k 为第 k 个脉冲的幅度，取值于许用符号集，$p(t)$ 为脉冲形状，T 为脉冲重复间隔。若脉冲载波 $p(t)$ 是冲激脉冲序列，则采样定理就是 PAM 的原理。但用冲激脉冲序列进行采样是一种理想采样情况，并且采样后的频谱无穷大，在有限带宽的信道中无法传递，因此这种情况是不可能实现的。在实际中，通常采用窄脉冲序列替代冲激脉冲序列，窄脉冲为脉冲宽度相对于采样周期很窄的序列，频带宽度正比于脉宽的倒数。根据脉冲幅度取值范围不同，PAM 可以分为单极性 PAM 和双极性 PAM，其示意图如图 6-6-2 所示。

调制脉冲（见图 6-6-2（a））为持续时间 Δ（$\leqslant T$）的方波，信号经采样后的窄带波形如图 6-6-2（b）所示。对应的单极性 PAM（见图 6-6-2（c））电平大小只能为非负值，因此 $t = 2T$ 时刻对应的电平为 0，而双极性 PAM（见图 6-6-2（d））电平大小可正、可负、可为零值，在 $t = 2T$ 时为 $-2A$。

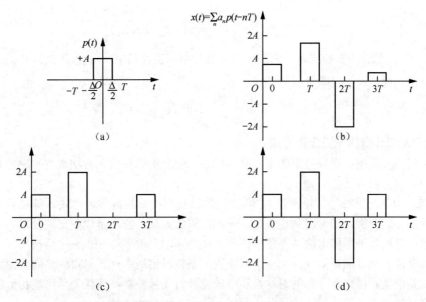

图 6-6-2　PAM 脉冲载波及已调信号

具体来说，在一维空间中，理想的 M 元（又称 M 阶）星座图满足 0 均值，且符号之间等间隔分布，一维的理想星座图可以表示为

$$\mathcal{A} = \{-(M-1)A, \cdots, -3A, -A, A, 3A, \cdots, (M-1)A\} \qquad (6\text{-}6\text{-}13)$$

其中符号的半间隔 A 为

$$A = \sqrt{\frac{3E_s}{M^2-1}} \qquad (6\text{-}6\text{-}14)$$

该符号集合对应为 M 元双极性 PAM 调制。可以看出，式（6-6-13）满足 0 均值及等间隔分布，且符号的大小取值有正有负。0 均值可以保证信号没有直流分量，避免功率的浪费；等间隔分布的原因是判决差错概率往往取决于符号之间的最小间隔。为了最小化平均差错概率，在功率约束下最大化最小的符号就形成了等间隔分布。式（6-6-13）的符号集中系数采用奇数，是因为在一维空间的理想星座图（见图 6-6-3）中，可以使判决门限和判决域的表达更方便。如图 6-6-3 所示，此时的判决门限为 $-(M-2)A, \cdots, -2A, 0, 2A, \cdots, (M-2)A$，此种设置规则可以使接收器的复杂度最低。

与 M 元双极性 PAM 相对应，M 元单极性 PAM 的符号集合为

$$\mathcal{A} = \{0, 2A, \cdots, 2(M-1)A\} \qquad (6\text{-}6\text{-}15)$$

其中符号的半间隔 A 为

$$A = \sqrt{\frac{3E_s}{2(M-1)(2M-1)}} \qquad (6\text{-}6\text{-}16)$$

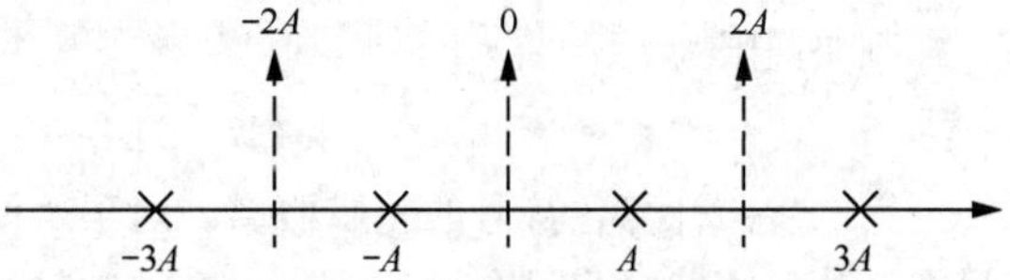

图 6-6-3　一维空间的理想星座图

其符号集合位于实数轴的非负半轴，因此存在直流分量。在符号能量相同的情况下，其符号间隔更小。但是，单极性 PAM 可以通过瞬时能量来区分符号，实现无须恢复载波的解调，即非相干解调。

6.6.3　差错概率分析

对最佳判决准则进行性能分析，首先需要对信噪比和判决差错概率的关系进行定量描述。符号判决的差错概率定义由式（6-6-3）给出，在各符号等概率的情况下，该式可化简为

数字传输的差错分析方法

$$p_e = \sum_{m=1}^{M} \frac{1}{M} \Pr\{\varphi(y) \neq a_m \mid a = a_m\} \tag{6-6-17}$$

式（6-6-17）中 p_e 简称为**误符号率**。为了区分误符号率和**误比特率**，用 p_s 表示 SER，而用 p_b 表示 BER。给定判决域，误符号率可以具体地表示为

$$p_s = \frac{1}{M} \sum_{m=1}^{M} \int_{y \notin \Gamma_m} \Pr\{y \mid a_m\} \mathrm{d}y \tag{6-6-18}$$

1. 数字基带传输的差错分析方法

对于不同的星座图，误符号率的形式是不同的，但分析的步骤和方法具有一定的共性。数字基带传输的差错分析方法总结如下。

第一步：明确许用符号（星座点）、判决门限以及判决域的数学表达式。符号设置和选取应便于后续的推导、分析，如常用物理量、符号到门限的距离，应尽量避免出现分数。

第二步：分析每个星座点的条件差错概率，在此基础上求平均 SER。主要技巧：一是利用星座点的对称性或判决域的相似性，用一个星座点的条件差错概率代表尽可能多的其他星座点的差错概率；二是学会利用高斯分布的对称性和缩放特性将条件差错概率化为尽可能相似的形式；三是学会舍弃高阶小量，简化表达式。此步骤的难点在于积分的计算。

第三步：根据第一步的符号距离 A，计算平均符号能量 E_s，并利用两者之间的关系进行参数替换，将 SER 表示为 $\dfrac{E_s}{n_0/2}$ 的形式。这一步的难点在于各类级数的平方求和，需要用到一些级数平方和的常用公式。

第四步：从 SER 求得 BER（根据需要进行）。一般来说，比特与符号之间的映射采用格雷码，因此在较高信噪比下，BER 与 SER 之间具有如下近似关系。

$$p_b = \frac{1}{\log_2 M} p_s \tag{6-6-19}$$

此关系只对二元码严格成立。此外，有时还需要将 $\dfrac{E_s}{n_0/2}$ 替换为 $\log_2 M \dfrac{E_b}{n_0/2}$。

2. 数字基带传输的差错分析举例应用

下面以 M 元双极性 PAM 为例，对上述差错分析的通用方法进行应用。

第一步：确定其星座点和判决门限，双极性 PAM 星座点为

$$\mathcal{A} = \{-(M-1)A, \cdots, -3A, -A, A, 3A, \cdots, (M-1)A\} \tag{6-6-20}$$

判决门限为

$$\{-(M-2)A, \cdots, -2A, 0, 2A, \cdots, (M-2)A\} \tag{6-6-21}$$

第二步：计算各符号的差错概率。对于"两边"的星座点 $-(M-1)A$ 和 $(M-1)A$，判决门限只在一边，因此噪声只会导致 y 在一个方向越过判决门限而出现差错。以发送 $-(M-1)A$ 为例，当噪声 $n > A$ 时，$y > -(M-2)A$，出现差错。发送 $-(M-1)A$ 时，判决出错的条件概率为

$$\int_{-(M-2)A}^{\infty} f\left(y \mid a = -(M-1)A\right)\mathrm{d}y$$

$$= \int_{-(M-2)A}^{\infty} \frac{1}{\sqrt{\pi n_0}} \exp\left\{-\frac{\left[y + (M-1)A\right]^2}{n_0}\right\}\mathrm{d}y \tag{6-6-22}$$

$$= \int_{A}^{\infty} \frac{1}{\sqrt{\pi n_0}} \exp\left(-\frac{x^2}{n_0}\right)\mathrm{d}x$$

对于式（6-6-22）的概率形式，我们需要将其化为 $\dfrac{A}{\sqrt{n_0/2}}$ 的函数。只有这样，才能最终将其

化为信噪比 $\dfrac{E_s}{n_0/2}$ 的形式。为此对式（6-6-22）进行缩放变化，得到

$$\int_A^\infty \frac{1}{\sqrt{\pi n_0}} \exp\left(-\frac{x^2}{n_0}\right)\mathrm{d}x = \int_{\frac{A}{\sqrt{n_0/2}}}^\infty \frac{1}{\sqrt{2\pi}} \exp\left(-\frac{z^2}{2}\right)\mathrm{d}z = Q\left(\frac{A}{\sqrt{n_0/2}}\right) \qquad (6\text{-}6\text{-}23)$$

式中，$Q(u) = \displaystyle\int_u^\infty \frac{1}{\sqrt{2\pi}} \exp\left(-\frac{x^2}{2}\right)\mathrm{d}x$ 为标准正态分布的右尾函数，简称 **Q 函数**。对于另一边的点

$(M-1)A$，当出现差错时，由正态分布的对称性可知，其条件差错概率仍为 $Q\left(\dfrac{A}{\sqrt{n_0/2}}\right)$。对于中

间 $M-2$ 个星座点，两边均有判决门限，由正态分布的对称性，可得到其条件差错概率为

$$\int_A^\infty \frac{1}{\sqrt{\pi n_0}} \exp\left(-\frac{x^2}{n_0}\right)\mathrm{d}x + \int_{-\infty}^{-A} \frac{1}{\sqrt{\pi n_0}} \exp\left(-\frac{x^2}{n_0}\right)\mathrm{d}x$$

$$= 2\int_A^\infty \frac{1}{\sqrt{\pi n_0}} \exp\left(-\frac{x^2}{n_0}\right)\mathrm{d}x = 2Q\left(\frac{A}{\sqrt{n_0/2}}\right) \qquad (6\text{-}6\text{-}24)$$

因此平均 SER 为

$$p_s = \frac{1}{M}\left[2Q\left(\frac{A}{\sqrt{n_0/2}}\right) + (M-2)2Q\left(\frac{A}{\sqrt{n_0/2}}\right)\right]$$

$$= \frac{2(M-1)}{M}Q\left(\frac{A}{\sqrt{n_0/2}}\right) \qquad (6\text{-}6\text{-}25)$$

第三步：根据符号距离 A，计算平均符号能量 E_s，可得

$$E_s = \frac{2}{M}[(A)^2 + (3A)^2 + \cdots + ((M-1)A)^2]$$

$$= \frac{2A^2}{M}[1^2 + 3^2 + \cdots + (M-1)^2]$$

$$= \frac{2A^2}{M} \cdot \frac{M}{6}(M^2-1) \qquad (6\text{-}6\text{-}26)$$

$$= \frac{M^2-1}{3}A^2$$

第三步的难点在于求等差数列的平方和，以下给出数字通信中常用的平方和公式。

$$1^2 + 3^2 + \cdots + (M-1)^2 = \frac{M}{6}(M^2-1)$$

$$1^2 + 2^2 + \cdots + (M-1)^2 = \frac{(M-1)M(2M-1)}{6} \qquad (6\text{-}6\text{-}27)$$

利用 A 与 E_s 的关系，可得

$$A = \sqrt{\frac{3E_s}{M^2-1}} \qquad (6\text{-}6\text{-}28)$$

代入式（6-6-25）后，可得

$$p_s = \frac{2(M-1)}{M}Q\left(\sqrt{\frac{6}{M^2-1} \cdot \frac{E_s}{n_0}}\right) \qquad (6\text{-}6\text{-}29)$$

第四步：计算 BER。利用格雷码的近似关系，可得 BER 表达式为

$$p_b \approx \frac{2(M-1)}{M \log_2 M} Q\left(\sqrt{\frac{6}{M^2-1} \cdot \frac{E_s}{n_0}}\right) \tag{6-6-30}$$

对于 $M=2$ 的情况，式（6-6-30）是严格成立的。若需要表示为 $\dfrac{E_b}{n_0}$ 的函数，利用 $E_s = E_b \log_2 M$ 的关系，可得 SER 和 BER 表达式为

$$p_s = \frac{2(M-1)}{M} Q\left(\sqrt{\frac{6 \log_2 M}{M^2-1} \cdot \frac{E_b}{n_0}}\right)$$
$$p_b \approx \frac{2(M-1)}{M \log_2 M} Q\left(\sqrt{\frac{6 \log_2 M}{M^2-1} \cdot \frac{E_b}{n_0}}\right) \tag{6-6-31}$$

上述星座图符号分布有负有正，称为**双极性星座图**。当一维分布的星座图所有许用符号为非负值时，称为**单极性星座图**。单极性 PAM 星座图的符号集合为 $\mathcal{A} = \{0, 2A, \cdots, 2(M-1)A\}$，其差错概率计算过程中只有第三步——$A$ 与 E_s 的关系不同。

$$\begin{aligned}
E_s &= \frac{1}{M}\left[0 + (2A)^2 + \cdots + (2(M-1)A)^2\right] \\
&= \frac{4A^2}{M}\left[1^2 + 2^2 + \cdots + (M-1)^2\right] \\
&= \frac{4A^2}{M} \frac{(M-1)M(2M-1)}{6} \\
&= \frac{2(M-1)(2M-1)}{3} A^2
\end{aligned} \tag{6-6-32}$$

于是有

$$p_s = \frac{2(M-1)}{M} Q\left(\sqrt{\frac{3}{(M-1)(2M-1)} \frac{E_s}{n_0}}\right) = \frac{2(M-1)}{M} Q\left(\sqrt{\frac{3 \log_2 M}{(M-1)(2M-1)} \frac{E_b}{n_0}}\right)$$
$$p_b \approx \frac{2(M-1)}{M \log_2 M} Q\left(\sqrt{\frac{3}{(M-1)(2M-1)} \frac{E_s}{n_0}}\right) = \frac{2(M-1)}{M \log_2 M} Q\left(\sqrt{\frac{3 \log_2 M}{(M-1)(2M-1)} \frac{E_b}{n_0}}\right) \tag{6-6-33}$$

当 M 较大时，若使单、双极性码达到相同的 SER，单极性星座图需要付出约 4 倍的功率，这是由于符号范围的限制使其损失了符号分布的"自由度"。一般来说，"自由度"越大，获得的通信性能越好。但单极性星座图也有其优势，它可以通过检测信号能量区分不同信号，因此接收器可以进行非相干解调。

对于一维分布的星座图，当 $M=2$ 时，每个符号承载 1bit，因此 $p_s = p_b$，$E_s = E_b$。

对于双极性星座图，有

$$p_s = p_b = Q\left(\sqrt{\frac{2E_b}{n_0}}\right) \tag{6-6-34}$$

式（6-6-34）就是第 7 章 BPSK 调制的误码率。

对于单极性星座图，有

$$p_s = p_b = Q\left(\sqrt{\frac{E_b}{n_0}}\right) \tag{6-6-35}$$

式（6-6-35）就是第 7 章 ASK 调制的误码率。

数字基带
传输的误码率
与误比特率

6.7　眼图

数字基带信号通过基带传输系统时，系统的传输特性不理想（包括收/发滤波器和信道特性），导致前后码元的波形畸变、展宽，延伸到其他码元的采样时刻上，从而对其他码元的判决造成干扰，我们将这种现象称为**码间串扰**，如图 6-7-1 所示。

数字基带信号的传输模型如图 6-7-2 所示。一般认为码型变换的输出为双极性码 $\{a_n\}$，其中：

$$a_n = \begin{cases} a, & \text{第}n\text{个码元为1} \\ -a, & \text{第}n\text{个码元为0} \end{cases} \tag{6-7-1}$$

接着对 $\{a_n\}$ 进行理想采样，变为二进制冲激脉冲序列 $a(t)$，然后输入发送滤波器以形成所需要的波形，即有

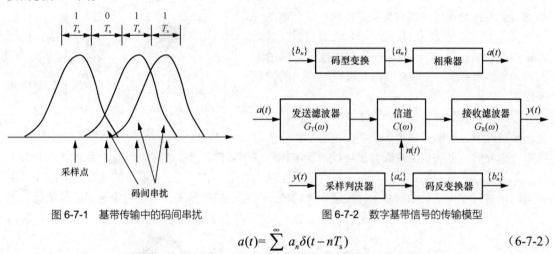

图 6-7-1　基带传输中的码间串扰　　　　图 6-7-2　数字基带信号的传输模型

$$a(t) = \sum_{n=-\infty}^{\infty} a_n \delta(t - nT_s) \tag{6-7-2}$$

设发送滤波器传输函数为 $G_T(\omega)$，信道的传输函数为 $C(\omega)$，接收滤波器的传输函数为 $G_R(\omega)$，则图 6-7-2 中的基带传输系统的总传输特性为

$$H(\omega) = G_T(\omega) G_R(\omega) C(\omega) \tag{6-7-3}$$

该系统对应的单位冲激响应为

$$h(t) = \frac{1}{2\pi} \int_{-\infty}^{\infty} H(\omega) e^{j\omega t} d\omega \tag{6-7-4}$$

则在 $h(t)$ 的作用下，接收滤波器输出信号 $y(t)$ 可表示为

$$y(t) = a(t) \otimes h(t) + n_R(t) = \sum_{n=-\infty}^{\infty} a_n h(t - nT_s) + n_R(t) \tag{6-7-5}$$

式中，$n_R(t)$ 是加性噪声 $n(t)$ 经过接收滤波器后输出的窄带噪声，采样判决器对 $y(t)$ 进行采样判决。设对第 k 个码元进行采样判决，采样判决的时刻应在收到第 k 个码元的最大值时刻，此时刻为 $kT_s + t_0$（t_0 是信道和接收滤波器所造成的延时），把 $kT_s + t_0$ 代入 $y(t)$，有

$$y(kT_s + t_0) = \sum_{n=-\infty}^{\infty} a_n h(kT_s + t_0 - nT_s) + n_R(kT_s + t_0)$$

$$= a_k h(t_0) + \sum_{\substack{n=-\infty \\ n \neq k}}^{\infty} a_n h(kT_s + t_0 - nT_s) + n_R(kT_s + t_0) \tag{6-7-6}$$

从上述采样结果可看出，第一部分为第 k 个码元本身产生的采样值，第二部分为除第 k 个码元外其他码元产生的串扰值，第三部分为第 k 个码元采样判决时刻噪声的瞬时值，它是一个随机变量，也影响第 k 个码元的正确判决。

实际工作中，我们可以通过眼图来判定码间串扰和噪声的影响。将接收波形输入示波器的垂直放大器，把产生的水平扫描锯齿波周期与码元定时同步，则在示波器屏幕上可以观察到类似人眼的图案，称之为"**眼图**"。

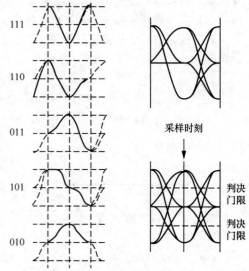

图 6-7-3 理想双极性三元码的波形及眼图

在二元码时，一个码元周期内只能观察到一只"眼睛"，三元码时能看到两只"眼睛"，对于 M 元码则有 $M-1$ 只"眼睛"。满足无串扰条件的基带信号由于相邻采样时刻的串扰恒为 0，因此可以得到轮廓非常清晰且在 M 个电平处汇聚为一个点的眼图。若不满足无串扰条件，则在采样时刻的 M 个电平处不可能聚为一点，而是呈发散状，从而"眼睛"中部的张开程度变小。"眼睛"张开程度可以作为基带传输系统性能的一种度量，不但可以反映串扰的大小，而且可以反映信道噪声的影响。图 6-7-3 表示理想双极性三元码的波形及眼图。图 6-7-4 表示有串扰双极性二元码的波形及眼图。

眼图为基带传输系统的性能提供了大量的信息。在一般情况下，眼图可以用图 6-7-5 来表示：（1）眼图张开部分的宽度决定了接收波形可以不受串扰影响而采样、再生的时间间隔，"眼睛"张开最大的时刻为最佳采样时刻；（2）"眼睛"在特定采样时刻的张开高度决定了系统的噪声容限；（3）"眼睛"的闭合斜率决定了系统对采样定时误差的敏感程度，斜率越大，系统对定时误差越敏感。

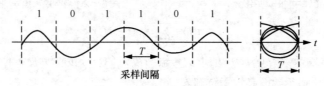

图 6-7-4 有串扰双极性二元码的波形及眼图

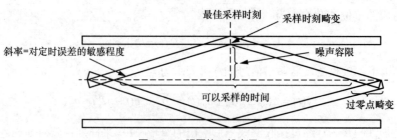

图 6-7-5 眼图的一般表示

眼图的"眼睛"张开大小反映着码间串扰的严重程度，"眼睛"张得越大，且眼图越端正，表明码间串扰越小，反之表明码间串扰越大。当存在噪声干扰时，噪声叠加在信号上，观察到眼图的线迹会变得模糊不清。

当码间串扰十分严重时，"眼睛"会完全闭合起来，系统不可能无误工作。此时，必须对码间串扰进行校正才能正常工作，故需要采用时域均衡或频域均衡。

6.8　均衡

由于信道特性（包括幅频特性和相频特性）不够理想且可能随时间变化，一个实际的数字通信系统不可能完全满足理想的波形传输无失真条件，因而码间串扰几乎是不可避免的。当串扰造成的影响不可忽略时，必须对整个系统的等效基带传递函数进行校正，使其接近无失真传输条件。这种校正可以采用串接一个滤波器（可串接在数字符号判决之前的广义传输信道的任一环节）的方法，以补偿整个系统总的幅频和相频特性，使这两种特性经补偿之后表现得尽量平坦。这种校正是在频域进行的，故称为**频域均衡**。如果校正是在时域进行的，即直接校正系统的冲激响应，使校正前的失真波形在校正后的判决时刻上能更有效地消除码间串扰，则称为**时域均衡**。由于频域传递函数与时域冲激响应之间存在对应关系，因此，实际上补偿频域特性必然相应地补偿了时域响应，反之亦然。

6.8.1　时域均衡

1．时域均衡原理

时域均衡最常用的方法是在基带信号接收滤波器之后插入一个**横向滤波器**（或称**横截滤波器**），它由一条带抽头的延时线构成。可以证明，该横向滤波器具有以下表达形式。

时域均衡原理

$$h_T(t) = \sum_{n=-\infty}^{\infty} C_n \delta(t - nT_s) \tag{6-8-1}$$

式中，T_s 为码元周期，C_n 为抽头系数，它完全依赖于数字基带传输系统的总特性 $H(\omega)$。若 C_n 与 $H(\omega)$ 满足

$$C_n = \frac{T_s}{2\pi} \int_{-\pi/T_s}^{\pi/T_s} \frac{T_s}{\sum_i H\left(\omega + \frac{2\pi i}{T_s}\right)} e^{jn\omega T_s} \, d\omega \tag{6-8-2}$$

则加入滤波器后的系统不存在码间串扰，即系统的频率特性满足奈奎斯特第一准则。

$$\sum_i H\left(\omega + \frac{2\pi i}{T_s}\right) T\left(\omega + \frac{2\pi i}{T_s}\right) = T_s, \ |\omega| \leqslant \frac{\pi}{T_s} \tag{6-8-3}$$

式中，$T(\omega)$ 为横向滤波器的频率特性。

如果 $T(\omega)$ 是以 $2\pi/T_s$ 为周期的周期函数，即 $T\left(\omega + \frac{2\pi i}{T_s}\right) = T(\omega)$，则 $T(\omega)$ 与 i 无关，我们可将其拿到 $\sum_i$ 外边，于是有

$$T(\omega) = \frac{T_s}{\sum_i H\left(\omega + \frac{2\pi i}{T_s}\right)}, \ |\omega| \leqslant \frac{\pi}{T_s} \tag{6-8-4}$$

既然 $T(\omega)$ 是按式（6-8-4）开拓的周期为 $2\pi/T_s$ 的周期函数，则 $T(\omega)$ 可用傅里叶级数来表示，即

$$T(\omega) = \sum_{n=-\infty}^{\infty} C_n e^{-jnT_s\omega} \tag{6-8-5}$$

式中，C_n 由式（6-8-2）给出。对式（6-8-5）求傅里叶反变换，则可求得其单位冲激响应为

$$h_T(t) = \mathcal{F}^{-1}\left[T(\omega)\right] = \sum_{n=-\infty}^{\infty} C_n \delta(t - nT_s) \tag{6-8-6}$$

这就是需要证明的式（6-8-1）。

由式（6-8-6）可以看出，$h_T(t)$ 由无限多个横向排列的延迟单元 T_s 和抽头加权系数 C_n 组成，其被称为横向滤波器。理论上该无限长的横向滤波器可以完全消除码间串扰，但是，实际上是无法实现的。这是因为不仅均衡器的长度受到限制，并且系数 C_n 的调整精度也受限。如果 C_n 的调整准确度得不到保证，即使增加长度也不会获得显著的效果。

实际中使用的有限长横向滤波器的结构如图 6-8-1 所示。它的功能是产生多个响应波形之和，将接收滤波器输出端采样时刻上有码间串扰的波形变换成采样时刻上无码间串扰的响应波形。由于横向滤波器的均衡原理是建立在时域响应波形上的，故把这种均衡称为时域均衡。该滤波器抽头间隔等于码元周期，每个抽头的延时信号经加权送到一个相加电路汇总后输出，其形式与有限冲激响应（Finite Impulse Response，FIR）滤波器相同。横向滤波器的相加输出经采样送往判决电路，每个抽头的加权系数是可调的，可设置为可消除码间串扰的数值。假设有 $2N+1$ 个抽头，加权系数分别为 $C_{-N},C_{-N+1},\cdots,C_N$，输入波形为 $x(t)$，在 $y=kT_s$ 采样得到的序列为 $\{x_k\}$，输出波形的采样值序列为 $\{y_k\}$，则有

$$y_k = \left[h_T(t) \otimes x(t)\right]\big|_{t=kT_s} \tag{6-8-7}$$

$$= \sum_{i=-N}^{N} C_i x\left[(k-i)T_s\right]$$

$$= \sum_{i=-N}^{N} C_i x_{k-i}, \quad k = -2N,\cdots,0,\cdots,+2N$$

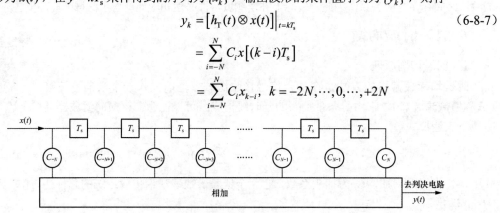

图 6-8-1 有限长横向滤波器

式（6-8-7）说明，均衡器在第 k 个采样时刻上得到的样值 y_k 将由 $2N+1$ 个 C_i 与 x_{k-i} 乘积之和来确定。显然，其中除了 y_0 以外，所有的 y_k 都属于波形失真引起的码间串扰。当输入波形 $x(t)$ 给定（即各种可能的 x_{k-i} 确定）时，要求通过调整 C_i，所有的 y_k（$k \neq 0$）都等于 0，这是一件很难的事。

输出序列可用矩阵进行计算，令

$$\boldsymbol{y}^T = \begin{bmatrix} y_{-2N} \cdots y_0 \cdots y_{2N} \end{bmatrix}$$

$$\boldsymbol{c}^T = \begin{bmatrix} C_{-N} \cdots C_0 \cdots C_N \end{bmatrix} \tag{6-8-8}$$

$$\boldsymbol{X} = \begin{bmatrix} x_{-N} & 0 & 0 & \cdots & 0 & 0 \\ x_{-N+1} & x_{-N} & 0 & \cdots & 0 & 0 \\ \vdots & \vdots & \vdots & & \vdots & \vdots \\ x_N & x_{N-1} & x_{N-2} & \cdots & x_{-N+1} & x_{-N} \\ \vdots & \vdots & \vdots & & \vdots & \vdots \\ 0 & 0 & 0 & \cdots & x_N & x_{N-1} \\ 0 & 0 & 0 & \cdots & 0 & x_N \end{bmatrix}$$

则式（6-8-7）可表示为

$$\boldsymbol{y} = \boldsymbol{X}\boldsymbol{c} \tag{6-8-9}$$

下面我们通过一个例子来说明。

【案例 6-8-1】 设一个三抽头的时域均衡器如图 6-8-2 所示，均衡前 $x(t)$ 在各抽样点的值依次为 $x_{-1} = \dfrac{1}{3}, x_0 = 1, x_1 = \dfrac{1}{4}$，其他抽样点均为 0，抽头系数为 $C_{-1} = -\dfrac{1}{3}, C_0 = 1, C_1 = -\dfrac{1}{4}$。由式（6-8-9）

可求得均衡器的输出序列为

$$y = Xc$$

$$
= \begin{bmatrix} \dfrac{1}{3} & 0 & 0 \\ 1 & \dfrac{1}{3} & 0 \\ \dfrac{1}{4} & 1 & \dfrac{1}{3} \\ 0 & \dfrac{1}{4} & 1 \\ 0 & 0 & \dfrac{1}{4} \end{bmatrix} \begin{bmatrix} -\dfrac{1}{3} \\ 1 \\ -\dfrac{1}{4} \end{bmatrix} \qquad (6\text{-}8\text{-}10)
$$

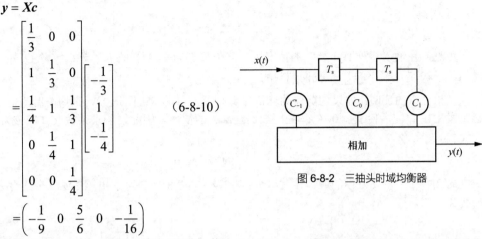

图 6-8-2　三抽头时域均衡器

$$
= \left(-\dfrac{1}{9} \quad 0 \quad \dfrac{5}{6} \quad 0 \quad -\dfrac{1}{16} \right)
$$

由上述结果可知，虽然邻近采样点的码间串扰已校正为 0，相隔稍远的采样时刻却出现了新的串扰。其原因是横向滤波器的抽头数太少。尽管一般来说一个有限抽头的横向滤波器不可能完全消除码间串扰，但当抽头数较多时可以将串扰减小到相当小的程度。

2．均衡准则与实现

横向滤波器的特性取决于各抽头系数，而抽头系数的确定则依据均衡的效果。为此，首先要建立度量均衡效果的标准。通常采用的度量标准为**峰值失真**和**均方失真**。

（1）最小峰值失真法——迫零调整法

峰值失真的定义为

$$D = \frac{1}{y_0} \sum_{\substack{k=-\infty \\ k \neq 0}}^{\infty} |y_k| \qquad (6\text{-}8\text{-}11)$$

其物理含义是冲激响应的所有采样时刻码间串扰绝对值之和与 $k=0$ 时刻采样值之比。码间串扰绝对值之和事实上反映了实际信息传输过程中某采样时刻所受前后码元干扰的最大可能值，即峰值。显然，对于无码间串扰的冲激响应来说，$D=0$。以峰值失真为准则时，选择抽头系数的原则应当是使均衡后冲激响应的 D 最小。

为方便分析，我们可归一化处理输入序列 $\{x_k\}$、输出序列 $\{y_k\}$，且令 $x_0=1, y_0=1$，则未均衡前的输入峰值失真可改写为

$$D_0 = \sum_{\substack{k=-\infty \\ k \neq 0}}^{\infty} |y_k| \qquad (6\text{-}8\text{-}12)$$

由式（6-8-7）可以得到

$$
\begin{aligned}
y_0 &= \sum_{i=-N}^{N} C_i x_{-i} \\
&= C_0 x_0 + \sum_{\substack{i=-N \\ i \neq 0}}^{N} C_i x_{-i} = 1
\end{aligned} \qquad (6\text{-}8\text{-}13)
$$

将式（6-8-13）代入式（6-8-7），可以得到

$$
\begin{aligned}
y_k &= C_0 x_k + \sum_{\substack{i=-N \\ i \neq 0}}^{N} C_i x_{k-i} \\
&= \sum_{\substack{i=-N \\ i \neq 0}}^{N} C_i (x_{k-i} - x_k x_{-i}) + x_k
\end{aligned} \qquad (6\text{-}8\text{-}14)
$$

再将式（6-8-14）代入式（6-8-11），则峰值失真为

$$D = \sum_{\substack{k=-\infty \\ k\neq 0}}^{\infty} \left| \sum_{\substack{i=-N \\ i\neq 0}}^{N} C_i(x_{k-i} - x_k x_{-i}) + x_k \right| \qquad (6\text{-}8\text{-}15)$$

可见，在输入序列 $\{x_k\}$ 给定的情况下，峰值失真 D 是一个抽头系数 C_i（除 C_0 外）的函数。显然，求解使 D 最小的 C_i 是我们期望的。

理论分析的证明：如果均衡前的峰值失真小于 1（即眼图不闭合），则均衡后的最小峰值失真必定发生在 y_0 前后使 $y_k = 0$（$k = \pm 1, \pm 2, \cdots, \pm N$）的情况。因此，所求系数 $\{C_i\}$ 应该为

$$y_k = \begin{cases} 0, & 1 \leqslant |k| \leqslant N \\ 1, & k = 0 \end{cases} \qquad (6\text{-}8\text{-}16)$$

成立时 $2N+1$ 个联立方程的解。由式（6-8-9）及式（6-8-16）可列出该 $2N+1$ 个线性方程的矩阵形式为

$$\begin{bmatrix} x_0 & x_{-1} & \cdots & x_{-2N} \\ \vdots & & & \vdots \\ x_N & x_{N-1} & \cdots & x_{-N} \\ \vdots & \vdots & & \vdots \\ x_{2N} & x_{2N-1} & \cdots & x_0 \end{bmatrix} \begin{bmatrix} C_{-N} \\ C_{-N+1} \\ \vdots \\ C_0 \\ \vdots \\ C_{N-1} \\ C_N \end{bmatrix} = \begin{bmatrix} 0 \\ \vdots \\ 0 \\ 1 \\ 0 \\ \vdots \\ 1 \end{bmatrix} \qquad (6\text{-}8\text{-}17)$$

这个联立方程解的物理含义：在输入序列 $\{x_k\}$ 给定时，如果按式（6-8-17）调整或设计各抽头系数 C_i，可迫使均衡器输出的各采样值 $y_k = 0$（$k = \pm 1, \pm 2, \cdots, \pm N$）。这种调整称为"**迫零**"调整，所设计的均衡器称为"**迫零**"均衡器。它能保证 $D_0 < 1$（这个条件等效于在均衡之前有一个睁开的眼图，即码间串扰不足以严重到闭合眼图）时，调整除 C_0 外的 $2N$ 个抽头增益，并迫使 y_0 前后各 N 个取样点上无码间串扰，此时 D 取最小值，均衡效果达到最佳。

迫零算法的具体实现方案可以有多种，一种最简单的方法是**预置式自动均衡**，其原理图如图 6-8-3 所示。在预置式自动均衡器中，它的输入端每隔一段时间送入一个来自发送端的测试单脉冲波形（此单脉冲波形是指基带系统在单个单位脉冲作用下，其接收滤波器的输出波形）。当该波形每隔 T_s 依次输入时，输出端就将获得各样值为 y_k（$k = \pm 1, \pm 2, \cdots, \pm N$）的波形。根据"迫零"调整原理，若得到的某一 y_k 为正极性时，相应的抽头增益 C_k 减小一个增量 Δ，反之则增加一个增量 Δ。为了实现这个调整，在输出端将每个 y_k 依次采样并进行极性判决；判决的两种可能结果以"极性脉冲"表示，并加到控制电路。控制电路将在某一规定时刻（如测试信号的终止时刻）将所有"极性脉冲"分别作用到相应的抽头上，让它们作增加 Δ 或下降 Δ 的改变。这样，经过多次调整，就能达到均衡的目的。这种自动均衡器的精度与增量 Δ 选择和允许调整时间有关，增量越小，精度越高，但收敛时间就越长。

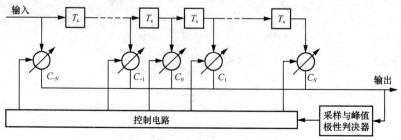

图 6-8-3 预置式自动均衡原理图

（2）最小均方失真法

度量均衡效果的另一标准为均方失真，它的定义表达式为

$$e^2 = \frac{1}{y_0^2} \sum_{\substack{k=-\infty \\ k \neq 0}}^{\infty} y_k^2 \tag{6-8-18}$$

式中，y_k 为均衡后冲激响应的采样值。按照最小峰值失真准则，设计的"迫零"均衡器必须限制初始失真 $D_0 < 1$。若用最小均方失真准则也可推导出抽头系数必须满足 $2N+1$ 个方程，从中可解得使均方失真最小的 $2N+1$ 个抽头系数。不过，这时不需要对初始失真 D_0 提出限制。下面介绍一种按最小均方误差准则来构成的**自适应均衡器**。

自适应均衡器与预置式自动均衡器一样，都是通过调整横向滤波器的抽头增益来实现均衡的。但自适应均衡器不再利用专门的测试单脉冲进行误差的调整，而是在传输数据期间借助信号本身来调整增益，从而达到自动均衡的目的。由于数字信号通常是一种随机信号，因此自适应均衡器的输出波形不再是单脉冲冲激响应，而是实际的数据信号。

设发送序列为 $\{a_k\}$，均衡器输入为 $x(t)$，均衡后输出的样值序列为 $\{y_k\}$，此时误差信号为

$$e_k = y_k - a_k \tag{6-8-19}$$

均方误差定义为

$$\overline{e^2} = E(y_k - a_k)^2 \tag{6-8-20}$$

当 $\{a_k\}$ 是随机数据序列时，上式最小化与均方失真最小化是一致的。根据式（6-8-7）可知

$$y_k = \sum_{i=-N}^{N} C_i x_{k-i} \tag{6-8-21}$$

将式（6-8-21）代入式（6-8-19），有

$$\overline{e^2} = E\left(\sum_{i=-N}^{N} C_i x_{k-i} - a_k \right)^2 \tag{6-8-22}$$

可见，均方误差 $\overline{e^2}$ 是各抽头增益的函数。我们期望对于任意的 k 都应使均方误差最小，故在式（6-8-22）中对 C_i 求偏导数，有

$$\frac{\partial \overline{e^2}}{\partial C_i} = 2 \sum_{k=-N}^{N} e_k x_{k-i} = 2E[e_k x_{k-i}], \quad i = \pm 1, \pm 2, \cdots, \pm N \tag{6-8-23}$$

其中

$$e_k = y_k - a_k = \sum_{i=-N}^{N} C_i x_{k-i} - a_k \tag{6-8-24}$$

表示误差值。这里误差的起因包括码间串扰和噪声，而不仅仅是波形失真。

由式（6-8-23）可知，要使 $\overline{e^2}$ 最小，应有 $\frac{\partial \overline{e^2}}{\partial C_i} = 0$，即 $E[e_k x_{k-i}] = 0$，这就要求误差信号 e_k 与输入采样值 x_{k-i}（$|i| \leq N$）应互不相关。与迫零算法时相同，在最小均方误差算法中抽头系数的调整过程也可以采用迭代的方法，在每个采样时刻抽头系数可以刷新一次，增或减一个步长，即抽头增益的调整可以借助对误差 e_k 和样值 x_{k-i} 乘积的统计平均值。若这个平均值不等于 0，则应通过增益调整使其向零值变化，直到其等于 0 为止。最小均方失真算法可以用于预置式自动均衡器，也可以用于自适应均衡器。

图 6-8-4 给出一个三抽头最小均方失真算法的自适应均衡器原理图。其中，统计平均器可以是一个求算术平均的部件。

由于自适应均衡器的各抽头系数可随信道特性的时变而自适应调节，故调整精度高，不需要

预调时间。在高速数据传输系统中，普遍采用自适应均衡器来克服码间串扰。理论分析和实验表明，最小均方误差算法比最小峰值失真算法（即迫零算法）的收敛性好，调整时间短。

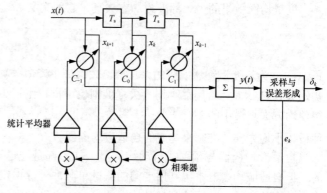

图 6-8-4　三抽头最小均方失真算法的自适应均衡器原理图

在实际系统中预置式自动均衡器常常与自适应均衡器混合使用。这是因为在上述自适应均衡器中误差信号是在有串扰和噪声情形下得到的，这样的信号在恶劣信道时会使收敛性变坏。一种解决办法是，先进行预置式自动均衡，再准入自适应均衡。预置式自动均衡可以采用已知的训练序列。带预置均衡的自适应均衡器原理图如图 6-8-5 所示。

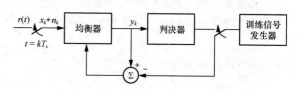

图 6-8-5　带预置均衡的自适应均衡器原理图

自适应均衡器技术是基于线性滤波器（横向滤波器）的，误差信号的估值用直接判决的方法得到。为了进一步改善性能，我们可以采用非线性滤波器技术，即**判决反馈均衡器**（Decision Feedback Equalization，DFE）。在图 6-8-6 的判决反馈均衡器中，一个横向滤波器用于线性的前向滤波处理，其判决结果反馈给另一个横向滤波器。如果前面的判决是正确的，则反馈均衡器就能消除由前面码元所

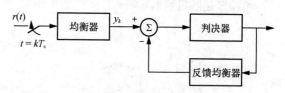

图 6-8-6　判决反馈均衡器

造成的串扰。反馈均衡器的抽头系数由前向均衡器造成的信道冲激响应拖尾所决定。不难理解，只要误码率小于 1/2，原则上就能保证收敛性。

本小节只介绍自适应均衡器的基本原理，有兴趣的读者可自行查阅相关文献。

6.8.2　频域均衡

频域均衡的基本思路是利用幅度均衡器和相位均衡器来补偿系统幅频和相频特性的不理想性，以达到所需要的理想波形，消除码间干扰。

理论上频域均衡可以对失配通道的幅频特性、相频特性失真进行高精度的校正。频域均衡是一种接近平摊的固定式均衡，对通道特性缓变的校正效果较好。频域均衡算法利用傅里叶变换将信号转换到频域，直接对均衡器的期望频率响应和实际频率响应做最小二乘拟合，进而求取均衡器权矢量，因而必须预先知道各通道的幅相特性，求解过程中会用到矩阵求逆计算，工程中不易实现。

数字基带信号的频域模型如图 6-8-7 所示。设发送滤波器的传输函数为 $C_T(f)$，无线信道的传输函数为 $C(f)$，接收滤波器的传输函数为 $C_R(f)$，则图 6-8-7 中基带传输系统的等效信道传输函数为

$$H_{eq}(f) = G_T(f)C(f)G_R(f) \tag{6-8-25}$$

图 6-8-7　数字基带信号的频域模型

由于多径信道 $H_{eq}(f)$ 中，接收信号存在码间串扰，故在 $H_{eq}(f)$ 之后插入一个均衡器，此时

的等效信道变为

$$H'(f) = H_{eq}(f)E(f) \qquad (6\text{-}8\text{-}26)$$

当 $H_{eq}(f)E(f) = 1$ 时，不存在码间串扰。

时域均衡器和频域均衡器均以保证形成波形不失真为出发点。时域均衡器是在时域内对信号进行处理，较之频域均衡器更加直观。频域均衡器实用、简单，更加便于硬件实现。其实，时域特性与频域特性本身是一对傅里叶变换，消除了采样点的码间干扰最终等效于使得均衡后的波形不失真。

6.9　加扰与解扰

为了减少线路码中的长连"0"和长连"1"，以便从线路信号中提取时钟信号，我们可以将二进制数字信息先进行"随机化"处理，变为伪随机序列。这种"随机化"处理常称为"**加扰**"。加扰需要用到扰码，扰码能使加扰后的信号频谱更适合基带传输，提高码元同步的性能，还能改善帧同步和自适应时域均衡等子系统的性能；另外，保密通信也需要扰码。

扰码虽然"扰乱"了数字信息原有的形式，但这种扰乱是人为、有规律的，因此也是可以解除的。在接收端解除这种"扰乱"的过程称为"**解扰**"。完成"加扰"和"解扰"的电路分别称为**扰码器**和**解扰器**。

m 序列是最常用的一种伪随机序列，是**最长线性反馈移位寄存器序列**的简称。具体来说，它是由 n 级反馈移位寄存器产生的、周期等于最大可能值（即 $2^n - 1$）的序列。

寄存器的工作特点是其输出值等于上一时刻的输入值，而时钟信号控制、协调着各寄存器间的运行。为带线性反馈逻辑的移位寄存器设置各级寄存器的初始状态后，在时钟触发下，每次移位后的各级寄存器状态会发生变化，通常最后一级寄存器的输出端用作整个多级反馈移位寄存器的伪随机码输出端。随着移位时钟节拍的推移，输出端会产生一个序列，称为移位寄存器序列。移位寄存器序列是一个周期序列，其周期不仅与移位寄存器的级数有关，还与线性反馈逻辑有关。此外，周期还与移位寄存器的初始状态有关。

以图 6-9-1 的 4 级反馈移位寄存器为例，线性反馈逻辑遵从以下递归关系式。

$$a_4 = a_1 \oplus a_0 \qquad (6\text{-}9\text{-}1)$$

即第 3 级及第 4 级输出的模二和运算结果反馈到第 1 级。

该 4 级反馈移位寄存器一共有 16（即 2^4）种状态，

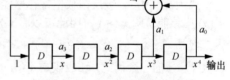

图 6-9-1　4 级反馈移位寄存器

其中当 4 级反馈移位寄存器的输出全部为 0 时的状态称为无效状态，这样还剩下 15 种有效状态。假设这个 4 级反馈移位寄存器的初始状态为 0001，即第 4 级为"1"，其余 3 级均为"0"状态。随着移位时钟节拍的变化，这个移位寄存器各级相继的状态如表 6-9-1 所示。

表 6-9-1　4 级反馈移位寄存器的状态转移举例

移位时钟节拍	0	1	2	3	4	5	…	13	14	15
a_0	1	0	0	0	1	0	…	1	1	1
a_1	0	0	0	1	0	0	…	1	1	0
a_2	0	0	1	0	0	1	…	1	0	0
a_3	0	1	0	0	1	1	…	0	0	0
a_4	1	0	0	1	1	0	…	0	0	1

一般情况下，n 级线性反馈移位寄存器如图 6-9-2 所示。图 6-9-2 中 $C_i(i=0,1,\cdots,n)$ 表示反馈线的连接状态，$C_i=1$ 表示连接线通，第 $n-i$ 级输出加入反馈中；$C_i=0$ 表示连接线断开，第 $n-i$ 级输出未加入反馈中。一般形式的线性反馈逻辑表达式为

$$a_n = C_1 a_{n-1} \oplus C_2 a_{n-2} \oplus C_3 a_{n-3} \oplus \cdots \oplus C_n a_0 \tag{6-9-2}$$

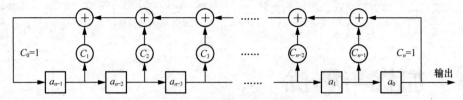

图 6-9-2　n 级线性反馈移位寄存器

将式（6-9-2）左边的 a_n 移到右边，并将 $a_n = C_0 a_n (C_0=1)$ 代入，则可将该式写为

$$0 = \sum_{i=0}^{n} C_i a_{n-i} \tag{6-9-3}$$

通常定义一个与式（6-9-3）对应的多项式为

$$F(x) = \sum_{i=0}^{n} C_i x^i \tag{6-9-4}$$

并称之为**线性反馈移位寄存器的特征多项式**。式中 x^i 存在，表明其系数 $C_i=1$，否则 $C_i=0$，x 本身的取值并无实际意义。$F(x)$ 为一个常数项为 1 的 n 次多项式，n 为移位寄存器的级数。一个 n 级线性反馈移位寄存器能产生 m 序列的充要条件是它的特征多项式必为一个 n 次的本原多项式。若一个 n 次多项式 $F(x)$ 满足以下条件：

（1）$F(x)$ 是既约的，即不能再分解因式；

（2）$F(x)$ 可整除 x^m+1，其中 $m=2^n-1$；

（3）$F(x)$ 不能整除 x^q+1，其中 $q<m$。

则称 $F(x)$ 为本原多项式。

以上提到由 4 级反馈移位寄存器能产生的 m 序列，其周期为 $m=2^4-1=15$，其特征多项式 $F(x)$ 应该能整除 $x^{15}+1$，因此可以将 $x^{15}+1$ 进行因式分解，从因式中找到特征多项式。$x^{15}+1$ 的因式包括 x^4+x+1、x^4+x^3+1、$x^4+x^3+x^2+x+1$、x^2+x+1、$x+1$。又由于特征多项式 $F(x)$ 不仅是 $x^{15}+1$ 的一个因式，还应该是 4（$n=4$）次本原多项式。x^4+x+1 和 x^4+x^3+1 是本原多项式，$x^4+x^3+x^2+x+1$ 不是本原多项式，因为它能整除 x^5+1。这两个本原多项式都可以作为特征多项式构成 4 级线性反馈移位寄存器，从而产生 m 序列。图 6-9-1 的移位寄存器就是用 x^4+x^3+1 作为特征多项式构成的。人们将本原多项式列成表，如表 6-9-2 所示，列出的本原多项式都是项数最少的，并常用八进制数字表示本原多项式的系数。例如，$n=4$ 时，本原多项式系数的八进制表示为 23，与其对应的二进制码为 010 和 011。因此，$C_0=C_1=C_4=1$，$C_2=C_3=C_5=0$，本原多项式为 x^4+x+1。又如 $n=9$ 时本原多项式系数的八进制表示为 "1021"，与其对应的二进制码为 $(001,000,010,001)$，因此本原多项式为 x^9+x^4+1。

表 6-9-2　部分本原多项式系数

最高幂次 n	本原多项式系数的八进制表示	代数式
2	7	x^2+x+1
3	13	x^3+x+1
4	23	x^4+x+1
5	45	x^5+x^2+1

最高幂次 n	本原多项式系数的八进制表示	代数式
6	103	$x^6 + x + 1$
7	211	$x^7 + x^3 + 1$
8	435	$x^8 + x^4 + x^3 + x^2 + 1$
9	1021	$x^9 + x^4 + 1$
10	2011	$x^{10} + x^3 + 1$
11	4005	$x^{11} + x^2 + 1$
12	10123	$x^{12} + x^6 + x^4 + x + 1$
13	20033	$x^{13} + x^4 + x^3 + x + 1$
14	42103	$x^{14} + x^{10} + x^6 + x + 1$
15	100003	$x^{15} + x + 1$
16	210013	$x^{16} + x^{12} + x^3 + x + 1$
17	400011	$x^{17} + x^3 + 1$
18	1000201	$x^{18} + x^7 + 1$
19	2000047	$x^{19} + x^5 + x^2 + x + 1$
20	4000011	$x^{20} + x^3 + 1$

m 序列有如下性质。

（1）由 n 级线性反馈移位寄存器产生的 m 序列，其周期为 $2^n - 1$。

（2）除全 0 状态外，n 级线性反馈移位寄存器可能出现的各种状态都在一个周期内出现且只出现一次。因此，m 序列中"1"和"0"出现的概率大致相同，"1"码只比"0"码多出现一个。

（3）通常将一个序列中连续出现的相同码称为**游程**。m 序列中共有 2^{n-1} 个游程，其中长度为 1 的游程占 $1/2$，长度为 2 的游程占 $1/4$，长度为 3 的游程占 $1/8$，以此类推，最后有一个长度为 n 的连"1"码游程和长度为 $n-1$ 的连"0"码游程。

以特征多项式为 $x^4 + x^3 + 1$ 的 m 序列为例，100010011011110 序列中共有 8 个游程，其中长度为 1 的有 4 个，即两个"1"和两个"0"；长度为 2 的有两个，即"11"和"00"；长度为 3 的连"0"游程有 1 个；长度为 4 的连"1"游程有 1 个。

（4）m 序列的自相关函数只有两种取值。当二进制序列中的"0""1"码分别取值为"−1""+1"时，其自相关函数如图 6-9-3 所示。m 序列无移位时相关值为 $2^n - 1$，而在其他非 0 移位时相关值恒为 −1。其相关函数定义为

$$\rho(i) = A - B \qquad (6\text{-}9\text{-}5)$$

式中，A 为序列与其 i 次移位序列在一个周期内逐位码元相同的数量，B 为序列与其 i 次移位序列在一个周期内逐位码元不同的数量。

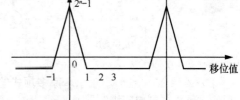

图 6-9-3　m 序列的自相关函数

以上介绍了 m 序列的产生及其性质。扰码的原理就是以线性反馈移位寄存器为基础，其产生类似于 m 序列的产生。如图 6-9-4 所示，在线性反馈移位寄存器的反馈逻辑输出与第一级寄存器输入之间，引入一个模二和相加电路，以输入数据序列作为模二和的另一输入，即可得到扰码器的一般形式。

采用符号"D"表示延时，用 $D^k S$ 表示将序列延时 k 位，可得到输出序列的表达式为

$$G = S \oplus \sum_{i=1}^{n} C_i D^i G \qquad (6\text{-}9\text{-}6)$$

式中，求和符号 Σ 是用来进行模二和运算的，C_i 为线性反馈移位寄存器的特征多项式系数。式（6-9-6）也可表达为

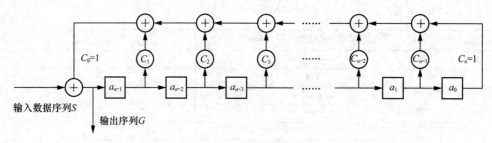

图 6-9-4　扰码器一般形式

$$G = \frac{S}{\sum_{i=0}^{n} C_i D^i G} \qquad (6\text{-}9\text{-}7)$$

【案例 6-9-1】　以 4 级反馈移位寄存器构成的扰码器为例，在图 6-9-1 的基础上得到图 6-9-5 所示的扰码器。设各级移位寄存器的初始状态为 0，输入序列为周期性的 101010…，则反馈抽头处的序列和输出序列如下所示。

输入序列 S　　　10101010101010

　　　 $D^3 S$　　　00010110111001

　　　 $D^4 S$　　　00001011011100

输出序列 G　　　10110111001111

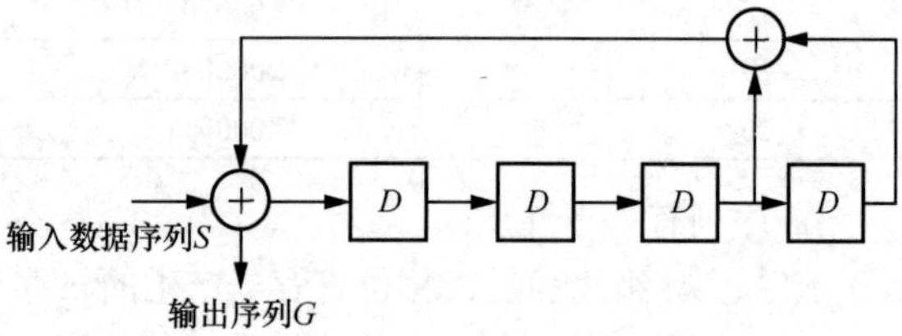

上述扰码器的输入为周期式序列，输出为伪随机序列。当输入为全 0、各移位寄存器的初始状态不全为 0 时，选择合适的反馈逻辑，扰码器产生的就是 m 序列伪随机码。

图 6-9-5　4 级反馈移位寄存器构成的扰码器

相应地，在接收端进行扰码的解扰，采用图 6-9-6 所示的解扰器。解扰器是一个前馈移位寄存器。采用这种结构可以自动地将扰码序列恢复为原始的数据序列，其输出序列表达式为

$$R = G \oplus \sum_{i=1}^{n} C_i D^i G \qquad (6\text{-}9\text{-}8)$$

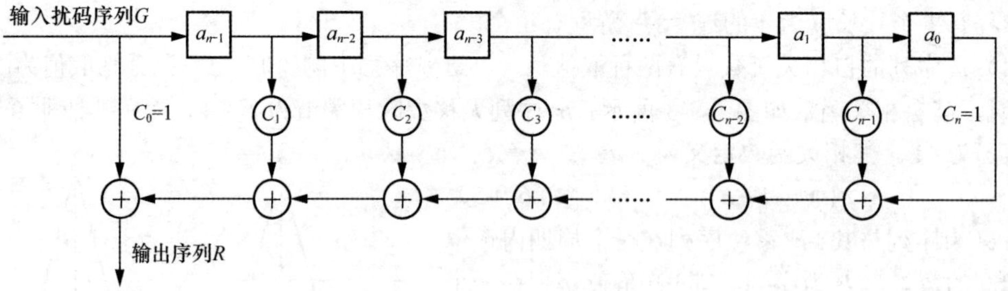

图 6-9-6　解扰器的相应形式

式（6-9-8）也可表达为

$$R = G \left(\sum_{i=0}^{n} C_i D^i G \right) \qquad (6\text{-}9\text{-}9)$$

式（6-9-8）与式（6-9-7）结合，可得

$$R = S \qquad (6\text{-}9\text{-}10)$$

因此可知解扰器的输出（原码）序列与扰码器的输入数据序列相同。

扰码方法的主要缺点：会对系统的误码性能有影响，即一旦传输扰码的过程产生一个误码，接收端解码器的输出端就会产生多个误码，这是因为解扰时会导致误码增殖。误码增殖系数与线性反馈移位寄存器的特征方程式的项数相等，如图 6-9-5 的 4 级反馈移位寄存器，单个扰码的误

码在解扰后会产生 3 个误码。扰码器的另一个缺点：当输入序列为某些伪随机码形式时，扰码器的输出端可能是全 0 或全 1 码（实际情况中出现这种码组的可能性很小，但也要引起注意）。

6.10　码元同步

在 6.4 节中，我们已经了解到采样时刻对于数字通信系统接收端的重要性，采样时刻中相对时延 t_0 的对于接收端匹配滤波器的设计至关重要，因此有必要寻找一种方法来消除相对时延 t_0 的影响。换句话说，在数字通信中，接收端接收到数字信号后，需要在准确的时刻对接收码元进行判决，并且为了对接收码元的能量正确积分，必须确定接收码元的起止时刻。为此需要获得接收码元起止时刻的信息，并根据该信息产生一个码元同步脉冲序列（或称定时脉冲序列）。这一技术就是**码元同步技术**。

码元同步可分为两大类：**外同步法**与**自同步法**。外同步法利用辅助信息实现同步，该方法需要在信号中另外加入包含码元起止时刻信息的导频或数据序列；自同步法则不需要额外的辅助同步信息，而是直接从信息码元中提取出码元定时信息，显然这就要求信息码元序列中应包含码元定时信息。下面将以二进制码元传输系统为背景介绍这两类同步技术。

6.10.1　外同步法

外同步法又称作辅助信息同步法，它是一种通过在发送码元序列中附加码元同步用的辅助信息，以实现在接收端提取同步信息，进而实现码元同步的方法。常用的外同步法是在发送信号中插入频率为码元速率 $1/T_s$ 或其倍数的同步信号，在接收端利用窄带滤波器将其分离出来，并形成码元定时脉冲。该方法实现起来较为简单，但需要占用一定的频带宽度和发送功率。由于在宽带传输系统（如多路电话系统）中，传输同步信息占用的频带和功率为各路信号所分担，每路信号的负担不大，因此该种方法是存在一定的实用空间的。

在发送端插入码元同步信息的方法有多种。从时域上考虑，可以连续插入码元同步信息，并使其随信息码元同时传输，也可以在每组信息码元之前增加一个"同步头"，由它在接收端建立码元同步，并用锁相环使同步状态在相邻的"同步头"之间得以保持；从频域上考虑，可以在信息码元的频谱之外选用一段频谱专用于传输同步信息，也可以利用信息码元频谱中的"空隙"（gap），以在其中插入同步信息。

6.10.2　自同步法

数字通信系统中外同步法的应用并不多，下面将着重介绍自同步法。

使用自同步法实现码元同步时不需要额外的同步信息，而是从信息序列中提取码元同步信息。自同步法包含**开环**（Open-loop）**同步法**和**闭环**（Closed-loop）**同步法**。由于只有二进制单极性归零码的频谱含有包含码元速率的离散谱分量，因此需要在接收时对码元序列进行某种非线性变换，才能使其频谱中含有离散的码元速率频谱分量，并提取码元定时信息。开环法中就是采用这种方法提取码元同步信息的；闭环法中则是将本地时钟周期与输入信号的码元周期进行比较，使本地时钟锁定在输入信号上。闭环法更准确，但实现也更复杂。

1．开环同步法

开环同步法又称非线性变换同步法。在这种方法中，先将解调后的基带码元通过某种非线性变换，再送入一个窄带滤波器电路，进而获得码元速率的离散频率分量。图 6-10-1 给出了两种具体的实现方案：**延迟相乘法**与**微分整流法**。延迟相乘法将码元序列延时一定时间后再与原始序列相乘，以实现非线性变换。由图 6-10-2 可以看出，延迟相乘后的序列在一个码元周期的后面部分永远是正值，前面部分则在输入状态有改变时为负值。这样，变换后的码元序列频谱中就产生了码元速率的分量。显然，当延迟时间为半个码元周期时，延时相乘后的波形在码元状态改变的周期内正值和负值各占一半长度，此时码元速率分量最强。

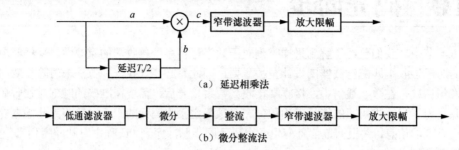

（a）延迟相乘法

（b）微分整流法

图 6-10-1 开环同步法的两种实现方案

在微分整流法中实现非线性变换的是一个微分电路。矩形码元脉冲的边沿经过微分电路后输出是正负窄脉冲，经整流后得到正脉冲序列，此序列的频谱中就包含码元速率分量。由于微分电路对宽带噪声十分敏感，因此我们需要在输入端加入一个低通滤波器。但低通滤波器会使矩形脉冲的边沿变缓，经微分后波形上升和下降也变慢，因此低通滤波器的截止频率应折中选取。

由于有随机噪声叠加在接收信号上，因此提取的码元同步信息也会产生误差。这个误差是一个随机量，若窄带滤波器的带宽为 $1/(KT_s)$，其中 K 为滤波器的参数，则提取同步的时间误差比例为

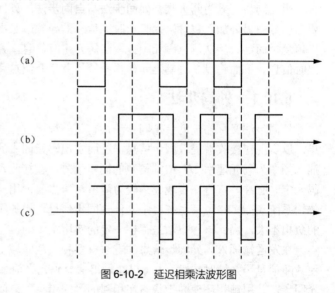

图 6-10-2 延迟相乘法波形图

$$\frac{|\overline{\varepsilon}|}{T_s} = \frac{0.33}{\sqrt{KE_b/n_0}}, \quad \frac{E_s}{n_0} > 5, \ K \geqslant 18 \qquad (6\text{-}10\text{-}1)$$

式中，$\overline{\varepsilon}$ 为同步误差时间的均值，T_s 为码元周期，E_s 为码元能量，n_0 为噪声功率单边谱密度。

显然，提高发送信号的信噪比或降低窄带滤波器的通带宽度以减少引入的噪声功率都有助于提高码元同步的准确性。

2. 闭环同步法

开环同步法的主要缺点是同步跟踪误差（Tracking Error）的平均值不为 0。由上节最后的论述可知，提高信噪比可以降低此跟踪误差，但因为同步信息是直接从接收信号波形中提取的，所以该误差永远不可能降为 0。闭环同步法则是将接收信号和本地产生的码元定时信号相比较，使本地定时信号和接收码元波形的转变点保持同步，类似于载波同步中的锁相环法。

一种广泛应用的闭环码元同步器称为**超前/滞后门同步器**。同步器有两个支路，每个支路都有一个与输入基带信号 $m(t)$ 相乘的门信号，分别为超前（Early）门和滞后（Late）门。

设输入信号为双极性非归零码，两路相乘后的信号分别进行积分。其中超前门一路的信号积分时间是从码元周期开始时间至 $T_s - d$，这里的码元周期开始时间实际上是环路对此时间的理想估值，

标称此时间为 0；通过滞后门的信号积分时间是从 d 开始，在码元周期的末尾结束，即标称时间 T_s。这两个积分器输出电压的绝对值之差 e 就代表接收端码元同步误差。它进一步通过环路滤波器反馈到压控振荡器去校正环路的定时误差。图 6-10-3 所示的即为超前/滞后门同步器结构图。

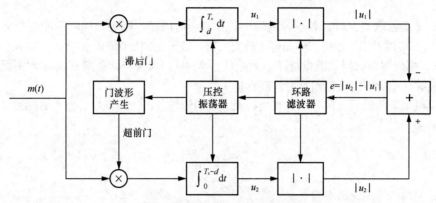

图 6-10-3　超前/滞后门同步器结构图

　　图 6-10-4 为超前/滞后门同步器波形图。在完全同步状态下，两个门的积分时间都被一个码元的持续时间完全包含，此时两个积分器对 $m(t)$ 的积分结果相等，其绝对值相减得到的误差信号 e 为 0。这样，同步器就稳定在此状态。若压控振荡器的输出超前于码元信号 Δ，则滞后门仍完全被一个码元持续时间包含，超前门的前 Δ 时间则落在前一码元内，这使得码元信号跳变前后 2Δ 时间内的积分为 0，于是误差信号 $e = -2\Delta$，它使压控振荡器的振荡频率减小，并使超前/滞后门受到延迟。同理，当压控振荡器的输出滞后于码元信号时，误差电压为正值，使压控振荡器频率升高，从而使输出提前。将两个门的积分区间设计为码元持续时间的一半能够给出最大的误差电压，即压控振荡器能得到最大的频率受控范围。

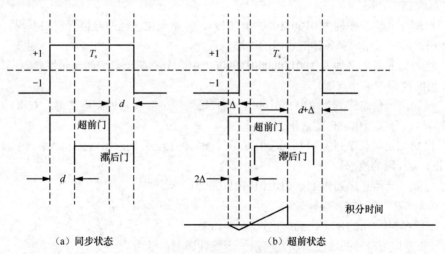

（a）同步状态　　　　　　　　（b）超前状态

图 6-10-4　超前/滞后门同步器波形图

　　上述讨论成立的前提条件是接收信号中的码元波形有边沿突跳。若它没有边沿突跳，则无论有无同步误差，超前门和滞后门的积分结果总相等，这样就不能使用此法得到同步信号。所有采用自同步法的码元同步器中都存在这一问题，应当加以考虑。此外，两个支路的积分器性能不可能做到完全一致，这样也将使本来应当等于 0 的误差值产生偏差。当接收码元中长时间没有边沿突跳时，该偏差将持续地加在压控振荡器上，使振荡频率持续偏移，进而失去同步。

为了避免码元序列中长时间没有边沿突跳的情况，我们可以在发送时对基带码元的传输码型进行某种变换，如改用 HDB3 码或用扰码技术，使发送码元序列不会长时间地没有边沿突跳。

6.10.3　码元同步误差对误码率的影响

匹配滤波器接收码元时，若积分区间比码元持续时间短，则码元能量不能完全被收集。由图 6-10-4（b）可以看出，在相邻码元有边沿突变时，若码元同步时间误差为 Δ，则积分时间相当于损失 2Δ，积分得到的码元能量将减小为 $E_s(1-2\Delta/T_s)$，而噪声功率谱密度 n_0 却不受影响；在相邻码元没有边沿突变时，则积分时间没有损失。

对于等概率的随机码元信号，有突变和无突变的情况各占一半。以等概率 BPSK 信号为例，其理想误码率为

$$P_e = Q\left(\sqrt{\frac{2E_s}{n_0}}\right) \tag{6-10-2}$$

故有相位误差时的平均误码率为

$$P_e = \frac{1}{2}Q\left(\sqrt{\frac{2E_s}{n_0}}\right) + \frac{1}{2}Q\left[\sqrt{\frac{2E_s}{n_0}\left(1-\frac{2\Delta}{T_s}\right)}\right] \tag{6-10-3}$$

式中，$Q(x) = \int_x^\infty \frac{1}{\sqrt{2\pi}}e^{-\frac{u^2}{2}}du$。

习题

一、基础题

6-1　已知二元信息序列为 01001100000100111，分别画出对应的双极性非归零码、传号差分码、CMI 码、数字双相码和条件双相码的波形。

6-2　已知二元信息序列为 10011000001100000101，分别画出对应的单极性归零码、AMI 码和 HDB3 码的波形。

6-3　已知二元信息序列为 101100100011，若采用四进制或八进制格雷码、双极性非归零码作为基带信号，分别画出它们的波形。

6-4　已知二元信息序列为 0110100001000110000000010，分别画出对应的 AMI 码、HDB3 码、B3ZS 码和 B6ZS 码的波形。

6-5　已知二元信息序列为 11000101011101100001。

（1）按表 6-2-2 求 5B6B 编码输出。

（2）按表 6-2-3 列出 4B3T 码的编码过程。

6-6　（非零均值符号的线性调制）已知一个线性调制信号为

$$s(t) = \sum_{-\infty}^{\infty} b[n]p(t-nT)$$

其中 $b[n]$ 为宽平稳随机变量序列，且均值 $\bar{b} = E[b[n]]$ 非零。

（1）证明 s 可表示为一个确定信号和一个零均值随机信号 $\bar{s}$ 的和。

$$s(t) = \bar{s}(t) + \tilde{s}(t)$$

其中

$$\overline{s}(t) = \sum_{-\infty}^{\infty} \overline{b}[n] p(t-nT)$$

且

$$\tilde{s}(t) = \sum_{-\infty}^{\infty} \tilde{b}[n] p(t-nT)$$

上式中，$\tilde{b}[n] = b[n] - \overline{b}[n]$ 为零均值，宽平稳随机变量。自相关函数 $R_{\tilde{b}}[k] = C_b[k]$，其中 $C_b[k]$ 为符号序列 $b[n]$ 的自协方差函数。

（2）试证明信号 $\overline{s}$ 和 $\tilde{s}$ 不相关，并由此证明 s 的功率谱密度可表示为 $\overline{s}$ 和 $\tilde{s}$ 的功率谱密度的和。

（3）求 $\tilde{s}$ 的功率谱密度。注意到 $\tilde{s}$ 是周期为 T 的周期信号，因此可进行傅里叶展开，得

$$\overline{s}(t) = \sum_k a[k] \mathrm{e}^{\mathrm{j}2\pi kt/T}$$

其中

$$a[n] = \frac{1}{T} \int_0^T \overline{s}(t) \, \mathrm{e}^{-\mathrm{j}2\pi nt/T} \mathrm{d}t$$

证明 $\overline{s}$ 的功率谱密度可表示为

$$S_s(f) = \sum_k |a[k]|^2 \delta\left(f - \frac{k}{T}\right)$$

（4）计算单极性非归零基带码的功率谱密度。

6-7　一个带限信号带宽为 B 且可表示为

$$x(t) = \sum_{-\infty}^{\infty} x_n \frac{\sin[2\pi B(t-n/2B)]}{2\pi B(t-n/2B)}$$

（1）对于如下两种情形，确定频谱 $X(f)$ 并画出 $|X(f)|$。

① $x_0 = 2, x_1 = 1, x_2 = -1, x_n = 0, n \neq 0,1,2$。

② $x_0 = -1, x_1 = 2, x_2 = -1, x_n = 0, n \neq -1,0,1$。

（2）画出两种情形下的 $x(t)$。

（3）如果将这些信号用于二进制信号传输，试确定采样序列 $\{x(n/2W)\}$ 可能的取值个数，并计算各个取值出现的概率。这里假设发送端所有二进制数等概率取值。

6-8　0、1 对应波形如题 6-8 图所示，其中 0 的概率为 2/5，1 的概率为 3/5。

（1）画出待传序列为 1001101 时的传输波形（大致）。

（2）画出功率谱的大致形状，标明关键的频率点。

（3）画出 1 波形相应的匹配滤波后的输出波形（大致）。

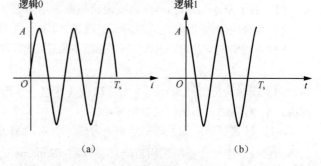

题 6-8 图

6-9　某信道的等效基带传输特性 $S(f)$ 由题 6-9 图（a）给出，将该信道用于二进制信号传输，

（1）当分别采用以下传输速率时，该信道输出端是否存在码间串扰？

（a）$2B$ bit/s。

（b）$(B+B')$ bit/s。

（2）若在该信道输出端串接一个传输特性 $H(f)$ 如题 6-9 图（b）所示的滤波器，在以上两种

传输速率下，滤波器输出端是否会存在码间串扰？

6-10 若要求基带传输系统的比特差错率为 10^{-6}，求采用下列基带信号时所需要的信噪比。

（1）单极性 NRZ 码。

（2）双极性 NRZ 码。

（3）采用格雷码的 8 电平 NRZ 码。

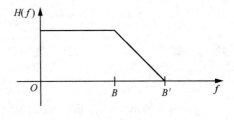

6-11 在某个连续相干解调的 BPSK 系统中，数据传输速率为 1000bit/s，单边噪声功率谱密度 $n_0 = 10^{-10}\,\mathrm{W/Hz}$，系统每天发生错误 100 次。

（1）如果系统是遍历的，求平均比特差错概率。

（2）假设接收信号的平均功率为 $10^{-6}\,\mathrm{W}$，此时系统能否保持第（1）小题中算得的差错概率？

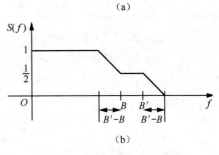

题 6-9 图

二、提高题

6-12 一个数字通信系统的接收信号可表示为

$$y(t) = \begin{cases} s(t) + n(t), & \text{若发送1} \\ n(t), & \text{若发送0} \end{cases}$$

其中 $n(t)$ 为加性高斯白噪声，功率谱密度 $\sigma^2 = n_0/2$，$s(t)$ 波形如题 6-12 图（a）所示。接收信号经过滤波器滤波后，对其采样，并对采样值进行最大似然判决。该系统模型如题 6-12 图（b）所示。

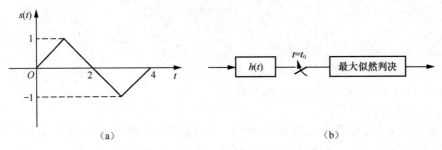

题 6-12 图

（1）对于 $h(t) = s(-t), t_0 = 1$，将差错概率表示为 E_b/n_0 的函数。

（2）能否通过选取其他采样时间 t_0 改进（1）小题中所求的错误概率。

（3）对于 $h(t) = I_{[0,2]}$，求最优（差错概率最低）的采样时间，以及相应的差错概率（表示为 E_b/n_0 的函数）。

（4）试讨论能否通过将两个采样值做线性组合（而不是单个采样值），然后对其做最大似然判决，来改进（3）小题中的差错概率。

6-13 （幅度出现偏差时的解调）考虑一个 4-PAM 通信系统，其星座点为 $\{\pm 1, \pm 3\}$，接收器可精确测出噪声电平。系统采用自动增益控制（Automatic Gain Control，AGC）电路来进行校准，使得当噪声不存在时，星座点属于 $\{\pm 1, \pm 3\}$。最大似然判决域由校准结果确定。

（1）假设 AGC 出故障，使实际星座点为 $\{\pm 0.9, \pm 2.7\}$。画出此时的星座点和判决域，并求平均符号差错概率，用 Q 函数和 E_b/n_0 表示。

（2）假设 AGC 校准的实际星座点为 $\{\pm 1.1, \pm 3.3\}$，重做第（1）小题。

（3）AGC 电路在输入信号功率发生变化时，能够保持输出信号功率不变，我们可将其看作对输入信号乘以一个比例因子，比例因子与输入信号功率的平方根成反比。在第（1）小题中，AGC

电路对输入信号功率的估计偏高还是偏低？

6-14　在曼彻斯特码中，二进制符号 1 由一个双重脉冲 $s(t)$ 表示，$s(t)$ 的波形如题 6-14 图所示，二进制符号 0 由 $-s(t)$ 表示。现将该信号用于 AWGN 信道通信，采用最大似然译码，请推导出符号差错概率的表达式。

6-15　如下信号通过一个加性高斯白噪声信道传输。该信号的波形可表示为

$$c(t) = \sum_{l=-\infty}^{\infty} a_l s(t-lT)$$

其中

$$a_l = \begin{cases} A, & \text{第}l\text{个数据比特为1} \\ -A, & \text{第}l\text{个数据比特为0} \end{cases}$$

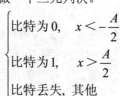

题 6-14 图

对匹配滤波器的输出进行采样，然后做一个三元判决。

$$\begin{cases} \text{比特为 0,} & x < -\dfrac{A}{2} \\ \text{比特为 1,} & x > \dfrac{A}{2} \\ \text{比特丢失,} & \text{其他} \end{cases}$$

（1）用 Q 函数来表示比特差错概率。

（2）用 Q 函数来表示比特丢失概率。

6-16　某数字通信系统中，加性噪声 n 的概率密度函数为 $f(n) = e^{|-n-4|}$，发送器发送 1（对应比特 0）的概率为 0.75，发送 3（对应比特 1）的概率为 0.25，请计算理想判决门限。

6-17　某 PAM 数字通信系统，发送星座图为 $\{-3,-1,1,3\}$，接收端信噪比为 10dB。然而，AGC 出现故障，导致接收端星座点实际被放大到了 $\{-3.45,-1.15,1.15,3.45\}$，试计算：

（1）系统的 BER；

（2）若载波同步又出现 0.1π 的相位误差，重做（1）小题。

6-18　一个 8-PAM 信号集合的星座图如题 6-18 图所示，信号的平均能量为 328.125mJ。

（1）画出调制器的框图。

（2）假设采用非归零码传输的比特序列为 100101110，画出相应的传输波形。

（3）若采用匹配滤波的方式进行检测，画出检测器的框图。

（4）若匹配滤波器输出序列为

$$x = \{+0.601, -0.101, +0.355, -0.777\}$$

试确定由此估计出的以下符号序列和相应的比特序列。

题 6-18 图

$$\hat{a} = \{\hat{a}(0), \hat{a}(1), \hat{a}(2), \hat{a}(3)\}$$

6-19　考虑一个扩频系统，其信号空间维度 $N = 2WT$（W 为信号带宽，T 为信号持续时间），调制时随机选择脉冲信号。该信号空间的一组正交基为 $\varphi_i(t)$，$1 \leqslant i \leqslant N$。令一个二进制信号（一维）为

$$\pm A(t) = \pm \sum_{i=1}^{N} S_i \varphi_i(t)$$

同时有一个干扰发生器生成类似信号为

$$J(t) = \sum_{i=1}^{N} J_i \varphi_i(t)$$

式中 S_i 和 J_i 为零均值随机变量且 S_i 与 J_i 互相独立。各信号分量 S_i 的方差 $E[S_k^2] = \sigma_k^2 / N$，其中 σ_k^2

211

为每比特的平均能量。干扰分量 J_i 满足

$$\sum_{i=1}^{N} E[J_i^2] = E_J$$

式中 E_J 为每个符号区间上的干扰信号能量。接收器知道 S_i，并对接收信号进行匹配滤波。

（1）求匹配滤波器的输出信号和输出噪声的随机变量。

（2）将匹配滤波器的输出 SNR 定义为信号的方差和噪声方差的比。证明该 SNR 的处理增益为 N，且与干扰发生器如何进行干扰分量的能量分配是独立的。（这个结果成立是因为信号为随机的，且干扰发生器不知道信号。）

6-20　单工信号（Simplex Signal）是一组满足如下条件的信号 $\{s_i(t)\}_{i=1}^{M}$，其任意两个信号间相关系数由下式给出。

$$p_{ij} = \begin{cases} 1, & i = j \\ \dfrac{-1}{M-1}, & i \neq j \end{cases}$$

构建单工信号的一种方法是：由 M 个能量为 E 且相互正交的信号作为初始值，做最小能量转移（Minimum Energy Transfer），即通过移动星座点，在满足最小间距约束的情况下，总能量达到最小。考虑一个星座图，其星座点为一个等边三角形的顶点，且各星座点等概率出现，试证明这 3 个符号组成了一个单工码。

6-21　在一个部分响应系统中，如题 6-21 图所示，某符号序列按一定方式生成。

假设输入比特流为独立同分布随机序列，每个比特中 0 和 1 等概率出现。

（1）请给出生成符号序列的功率谱 $S_A(\mathrm{e}^{\mathrm{j}\omega T})$，并画出波形。

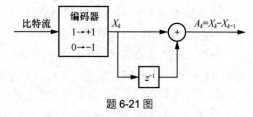

题 6-21 图

（2）假设传输脉冲 $g(t)$ 为理想低通脉冲，采用 PAM 调制，给出基带传输信号的功率谱。（只需要画出来并标明关键点。）

（3）求脉冲 $r(t)$，使传输波形为

$$S(t) = \sum_{m=-\infty}^{\infty} A_m g(t - mT)$$

可写为

$$S(t) = \sum_{m=-\infty}^{\infty} X_m r(t - mT)$$

假设 $g(t)$ 与第（2）小题中的相同，此时 $r(t)$ 是否满足奈奎斯特准则？假设信道为理想信道，即冲击响应 $h(t) = \delta(t)$，是否存在一个稳定的接收滤波器 $f(t)$ 使 $p(t) = r(t) \otimes h(t) \otimes f(t)$ 满足奈奎斯特准则？

6-22　某基带 PAM 系统按如下规则设计：复数脉冲信号 $p(t) = g(t) \otimes h(t) \otimes f(t)$ 的傅里叶变换呈题 6-22 图所示的形状。

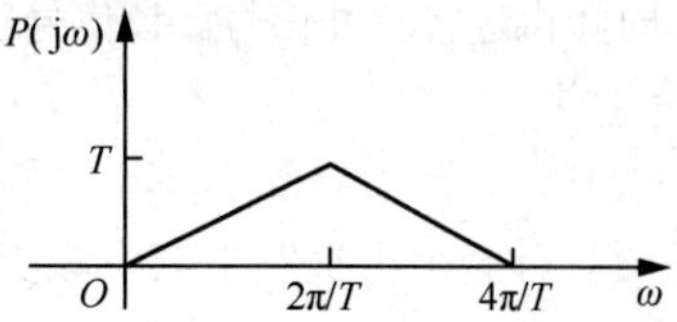

（1）脉冲 $p(t)$ 是否满足奈奎斯特准则？信号 $\mathrm{Re}\{p(t)\}$ 是否满足奈奎斯特准则？

（2）假设符号 A_k 之间不相关，使 $S_A(\mathrm{e}^{\mathrm{j}\omega T}) = \sigma_A^2$ 且信道无噪声，$n(t) = 0$。请给出采样器的输入功率谱，并画出波形。

（3）求 $p(t)$。

题 6-22 图

6-23　有一个三抽头时域均衡器，各抽头分别为 $-1/3$、1、$1/4$，若输入信号 $x(t)$ 的采样值

为 $x_{-2} = 1/8$、$x_{-1} = 1/3$、$x_0 = 1$、$x_1 = -1/4$、$x_2 = 1/16$，求均衡器输入及输出波形的峰值失真。

6-24 在无线传输系统中，经常存在多径效应，此时若已调信号为 $S(t)$，则接收信号为

$$x(t) = K_1 S(t - t_1) + K_2 S(t - t_2)$$

其中 K_1、K_2 为常数，t_1、t_2 表示传输延时。我们可以用三抽头横向滤波器来均衡因多径效应而产生的畸变，设抽头加权系数为 W_{-1}、W_0 和 W_1。

（1）计算横向滤波器的传输系数。

（2）假设 $K_2 \ll K_1, t_2 > t_1$，求 W_{-1}、W_0 和 W_1。

6-25 考虑一个 4 元 PAM 信号集合，其星座点如题 6-25 图所示，信号的平均能量为 4.5mJ。

（1）画出调制器的结构图。

（2）假设采用非归零码传输比特序列 10010110，画出相应的传输波形。

（3）若采用匹配滤波器的方式进行检测，画出检测器的结构图。

（4）若匹配滤波器输出序列为

$$x = \{ +0.071, +0.055, -0.032, -0.101 \}$$

试确定由此估计出的以下符号序列和相应的比特序列。

$$\hat{a} = \{ \hat{a}(0), \hat{a}(1), \hat{a}(2), \hat{a}(3) \}$$

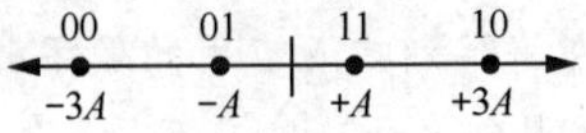

题 6-25 图

6-26 （回声消除）回声信道的冲激响应为

$$h(t) = g(t) + ag(t - \Delta)$$

其中 Δ 远大于波形

$$c(t) = \sum_{l=0}^{\infty} a_l s(t - lT)$$

的时长 T。请设计一个判决反馈的解调器来消除码间干扰。

第7章 数字信号的频带传输

数字信号的传输方式分为基带传输和频带传输。第 6 章已经详细介绍了数字信号的基带传输。由于数字基带信号往往具有丰富的低频分量，而实际中的大多数信道（包括无线信道和一些有线信道（如 DVB-C、ADSL、光纤等））是具有带通特性的，不能直接传送基带信号，因此，为了使数字信号在带通信道中传输，必须将数字基带信号调制到位于带通信道中心频点附近的载波上，使已调信号与信道的传输特性相匹配。这种在发送端使用数字基带信号控制载波的参量变化、把数字基带信号变换为数字带通信号（已调信号）的过程，称为**数字调制**。在接收端通过解调器把带通信号还原成数字基带信号的过程，称为**数字解调**。通常把包括数字调制和数字解调过程的数字传输系统称为数字频带（通带）传输系统。

本章简介

本章主要介绍在实际中已经或即将得到广泛应用的数字调制技术，包括典型数字调制和解调的基本原理、频谱特性和误码性能。具体来说，本章 7.1 节介绍数字调制基础；7.2 节介绍典型二进制数字调制的基本原理；7.3 节介绍最常用的四进制调制——正交相移键控；7.4 节介绍恒包络调制；7.5 节分析低阶调制的误码性能；7.6 节介绍常用的多进制数字调制基本原理；7.7 节总结并比较本章介绍的各种数字调制技术。

7.1 数字调制基础知识

我们首先借用前面已经学过的模拟调制概念来介绍数字调制。用数字基带信号 $a(t)$ 替代模拟调制器输入的调制信号 $m(t)$，控制载波（通常可用单频正弦波）$c(t)$ 的幅度 A、频率 f、相位 φ 等参量，就可以形成与带通信道特性相匹配的数字带通信号 $s(t)$。这一通过模拟调制器实现数字调制的原理图如图 7-1-1 所示。简言之，数字调制器由数字基带信号产生模块与模拟调制器级联而成。除另有说明外，本章默认图 7-1-1 中 A 点输入的比特序列是独立等概率的二进制数字信息 0、1 序列。假设数字信息比特序列以均匀的间隔 T_b 到达，比特速率为 $R_b = 1/T_b$。

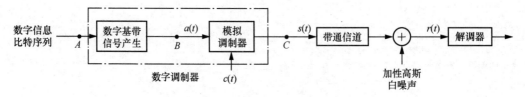

图 7-1-1 通过模拟调制器实现数字调制的原理图

到达数字调制器的数字信息比特序列首先经过电平映射和脉冲成形生成符号（即码元）脉冲的时间序列，即数字基带信号 $a(t)$，然后以 $a(t)$ 为基带调制信号对载波（一般为单频连续波）$c(t)$ 进行模拟调制。数字基带信号有许多种表示形式，这里 $a(t)$ 可以表示为如下一连串符号脉冲波形叠加的形式。

$$a(t) = \sum_{k=-\infty}^{\infty} a_k g(t - kT_s) \tag{7-1-1}$$

式（7-1-1）中求和号的第 k 项表示信号时间序列中的第 k 个符号，其包括幅度 a_k 与脉冲波形 $g(t)$。由于所有符号的脉冲波形都是 $g(t)$，因此通常可直接用脉冲幅度 a_k 表示第 k 个符号。这样，图 7-1-1 中 A 点的每 n 个比特就映射为式（7-1-1）中的一个符号 a_k，其有 $M = 2^n$ 种取值，符号周期或者符号间隔 $T_s = nT_b$，符号速率 $R_s = 1/T_s = R_b/n$。我们可以将 a_k 的可能取值集合映射到信号空间中的不同点，该点称为信号的一个**星座点**，对应着 M 个确定信号波形中的一个；这些点在信号空间中的分布称为**星座图**，对应于与信道特性相匹配的 M 个可选的信号波形。

式（7-1-1）中的 $g(t)$ 是基带成形脉冲，它可以是矩形脉冲或其他形式的脉冲。在信道带宽不受限的情况下，一般采用简单的矩形脉冲。然而，当信道带宽受限时，则需要采用升余弦滚降波形或其他方式来控制发送信号的频谱。

理论上，载波形式可以是任意的（如连续波、方波、三角波等），只要适合在带通信道中传输即可。然而，在实际通信中大多选用形式简单、便于产生和接收的单频正弦波作为被调制的载波。近年来，随着数字信号处理和软件无线电技术的发展，以单频正弦波以外的波形（如脉冲波形）为载波的调制方式也逐渐受到关注。

图 7-1-1 中，"模拟调制器"的作用是将数字基带信号 $a(t)$ 变换成数字带通信号 $s(t)$。原理上，数字调制和模拟调制都是让载波（单频连续波）的某些参量随着基带的调制信号的变化而变化，因此可以用模拟调制的方法来实现数字调制；但数字调制器的调制信号为数字基带信号，而已调信号载波参量的取值是有限的 M 个离散状态，在每个符号区间上具体取哪一个离散状态取决于基带符号对应的实数 a_k 的取值。因此，数字调制还可采用数字"键控"的方法来实现，即如同开关控制一样，在每一个符号区间上从 M 种参量取值的载波中选择对应于 a_k 的一个来输出。比如对于二进制数字信号，由于调制信号只有两个状态，因此调制后的载波参量也只有两种取值。其调制过程就**像用调制信号去控制一个开关**，从两个具有不同参量的载波中选择相应的载波输出，形成已调信号。键控就是这种数字调制方式的形象描述。

与模拟调制中的幅度调制、频率调制和相位调制相对应，数字调制也分为 3 种基本方式：幅移键控（ASK）、频移键控（FSK）和相移键控（PSK）；另外，还可以同时控制载波的某两个或某几个参量，派生出混合式的新型数字调制。不同的 $a(t)$ 设计、不同的载波参量控制方式设计组合在一起可以形成各种的数字调制。

传输相同信息速率 R_b 的数字信号，采用不同数字调制技术所形成的发送信号会有不同的带宽 W，因此频谱效率也不同。频谱效率也称为频带利用率，其定义为 R_b/W，其单位为（bit/s）/Hz。

图 7-1-1 中数字调制器输出的已调信号 $s(t)$ 通过带通信道传输。为简单起见，本章只考虑对已调信号 $s(t)$ 理想无失真的加性高斯白噪声（AWGN）信道，其模型如图 7-1-2 所示。但对于高速率传输的无线或有线信道，信道特性往往是不理想的，例如存在频率选择性失真或非线性失真，此时需要采用均衡技术或者扩频、预失真等技术来减轻失真的影响。

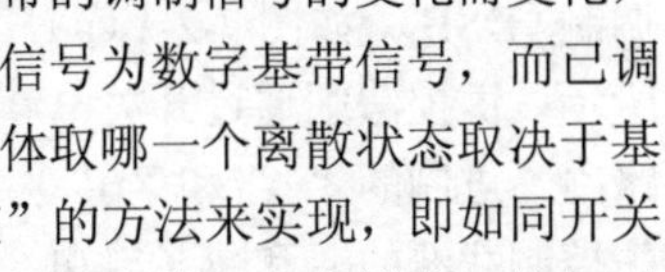

图 7-1-2　加性高斯白噪声信道模型

与模拟调制系统不同，在数字调制系统中，解调器的目的并不是恢复数字基带信号 $a(t)$ 的波形，而是要恢复 $a(t)$ 所携带的数字符号或比特。这种差别不仅引导了系统设计的不同，还致使对传输质量的评估指标不同：模拟通信系统的传输质量用接收端解调器输出信噪比来评价，而数字通信系统的传输质量用接收端判决恢复的数字信息序列或符号序列的**误比特率** P_b 或**误符号率** P_s 来评价。

接下来，我们将具体介绍典型的数字调制技术。

7.2 二进制调制

根据数字基带信号是二进制的还是多进制的，数字调制可以分为二进制调制和多进制调制。常见的二进制调制信号有二进制幅移键控（2ASK）、二进制相移键控（BPSK）、二进制频移键控（Binary Frequency Shift Keying，2FSK）和二进制差分相移键控（Binary Differential Phase Shift Keying，2DPSK）等。

7.2.1 二进制幅移键控

二进制幅移键控是载波的振幅随着二进制数字基带信号变化而变化的数字调制。

1. 2ASK 信号

如前所述，数字调制信号可以通过模拟调制法和键控法来产生。对于 2ASK 信号，模拟调制法是用单极性不归零码（NRZ）形式的二进制数字基带信号 $a(t)$ 对单频正弦载波 $A\cos(2\pi f_c t + \phi)$ 进行双边带调制（DSB），如图 7-2-1（a）所示；键控法则通过开关电路用二进制的"1"和"0"去控制载波的通和断（启和

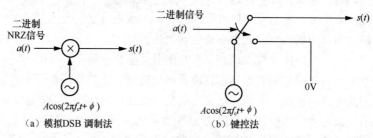

图 7-2-1 2ASK 信号的产生方式

闭），传数据"1"时发送载波，传数据"0"时关闭发送，如图 7-2-1（b）所示，因此又可以将 2ASK 称为**二进制启闭键控**（On/Off Keying，OOK）。

对于单极性 NRZ 码形式的二进制数字基带信号，式（7-1-1）中的 $a_k \in \{0,1\}$ 为所传输的二进制比特，基本脉冲波形 $g(t)$ 采用幅度为持续时间 $[0,T_b]$ 内的矩形脉冲。

$$g(t) = \text{rect}\left(\frac{t}{T_b} - \frac{1}{2}\right) = \begin{cases} 1, & 0 \le t \le T_b \\ 0, & \text{其他} \end{cases} \tag{7-2-1}$$

用 DSB 调制法产生的 2ASK 信号是单极性 NRZ 码形式的二进制基带信号 $a(t)$ 与载波 $c(t) = A\cos(2\pi f_c t + \phi)$ 的乘积。

$$s(t) = Aa(t)\cos(2\pi f_c t + \phi) = A\left[\sum_{k=-\infty}^{\infty} a_k g(t - kT_s)\right]\cos(2\pi f_c t + \phi) \tag{7-2-2}$$

已调信号 $s(t)$ 的波形如图 7-2-2 所示。已调信号既可看作在两种幅度（A 和 0）的正弦波之间切换，即幅移键控（2ASK），又可看作在载波启和闭之间切换，即启闭键控（OOK）。

类似于 DSB 调制，2ASK 信号的功率谱是将基带信号功率谱搬移到载频处。设 $a(t)$ 的功率谱密度为 $P_a(f)$，则调制后的功率谱密度为

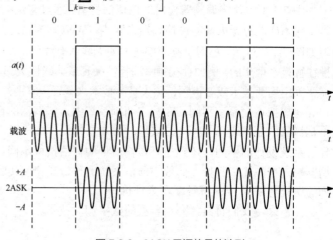

图 7-2-2 2ASK 已调信号的波形

$$P_s(f) = \frac{A^2}{4} \left[P_a(f+f_c) + P_a(f-f_c) \right] \tag{7-2-3}$$

假设基带数据 "1" 和 "0" 独立等概率出现，则 a_k 的均值为 $m_a = 1/2$、方差为 $\sigma_a^2 = 1/4$。根据第 6 章关于数字基带信号功率谱的公式，可得 $a(t)$ 的功率谱密度为

$$P_a(f) = \frac{1}{4T_b} |G(f)|^2 + \frac{1}{4T_b^2} \sum_{i=-\infty}^{\infty} \left| G\left(\frac{i}{T_b}\right) \right|^2 \delta\left(f - \frac{i}{T_b}\right) \tag{7-2-4}$$

式（7-2-4）中 $G(f)$ 为 $g(t)$ 的傅里叶变换。对于矩形脉冲 $g(t)$，有

$$G(f) = T_b \mathrm{sinc}(fT_b) \mathrm{e}^{-\mathrm{j}\pi f/T_b} \tag{7-2-5}$$

则 $a(t)$ 的功率谱密度为

$$P_a(f) = \frac{1}{4}\delta(f) + \frac{1}{4}T_b \mathrm{sinc}^2(fT_b) \tag{7-2-6}$$

2ASK 信号的功率谱密度为

$$P_s(f) = \frac{A^2 T_b}{16}\{\mathrm{sinc}^2[(f-f_c)T_b] + \mathrm{sinc}^2[(f+f_c)T_b]\} + $$
$$\frac{A^2}{16}[\delta(f-f_c) + \delta(f+f_c)] \tag{7-2-7}$$

根据式（7-2-7）可画出基带采用矩形脉冲时 2ASK 信号的功率谱密度如图 7-2-3 所示，其中图 7-2-3（a）所示的纵坐标采用线性刻度，而工程中多采用图 7-2-3（b）所示的对数刻度（分贝值）。该信号的功率谱密度由离散谱和连续谱两部分组成，离散谱由载波分量构成，类似于常规调幅（AM）有一个位于载频 f_c 的冲激；连续谱由基带脉冲波形确定，对于矩形脉冲，已调信号的主瓣带宽是基带带宽的两倍，即 $2R_b$。按主瓣带宽计算时，2ASK 的频谱效率是 $R_s/W = 0.5$ (bit/s)/Hz。

可见基带采用矩形脉冲的 2ASK 信号功率谱密度旁瓣较高，其第一旁瓣的高度仅比主瓣低 13.46dB。这样对许多频带受限和邻道干扰受限的应用来说是不能满足要求的。

根据第 6 章的分析，在带限场景下 $g(t)$ 的设计需要同时考虑符号间干扰（即码间串扰）以及收发匹配。一

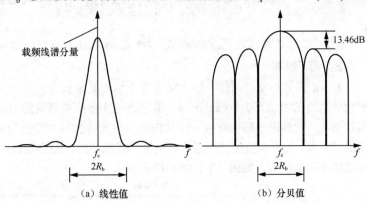

图 7-2-3　基带采用矩形脉冲时 2ASK 信号的功率谱密度

种常用的设计是将 $G(f)$ 设计为根号升余弦滚降频谱 $G_{\mathrm{rcos}}(f)$，此时 2ASK 信号的功率谱密度为

$$P_s(f) = \frac{A^2}{16T_b}[G_{\mathrm{rcos}}^2(f-f_c) + G_{\mathrm{rcos}}^2(f+f_c)] + \frac{A^2}{16}[\delta(f-f_c) + \delta(f+f_c)] \tag{7-2-8}$$

在数字通信中，使基带符号脉冲成为特定形状这一功能称为 **"脉冲成形"** 或 **"频谱成形"**。图 7-2-4 列出了两种常用的基带脉冲成形：矩形脉冲成形和根号升余弦频谱脉冲成形。图 7-2-4（b）中所示的是 $g(t)$ 截取了 $[-5T_b, 5T_b]$ 部分，然后延迟 $5T_b$ 所形成的持续时间有限的因果脉冲。

采用根号升余弦频谱脉冲成形后 2ASK 信号的功率谱密度如图 7-2-5 所示。其带宽为 $(1+\alpha)/T_b$，频谱效率为 $\dfrac{1}{1+\alpha}$ (bit/s)/Hz。对比可知，频带传输的奈奎斯特极限比基带传输小一半，这是因为

DSB 调制上变频使带宽增加了一倍。

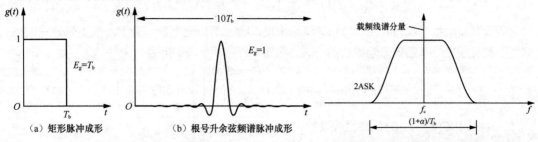

（a）矩形脉冲成形　　　（b）根号升余弦频谱脉冲成形

图 7-2-4　基带脉冲成形

图 7-2-5　采用根号升余弦频谱脉冲成形后
2ASK 信号的功率谱密度

图 7-2-6 列出了采用根号升余弦滚降频谱脉冲成形时的 2ASK 信号波形（$\alpha = 0.5$）。注意此时 2ASK 信号并不是在两种幅度的正弦波之间切换，故不能按图 7-2-1（b）所示的键控法来产生，只能按图 7-2-1（a）所示的模拟 DSB 调制法来产生。

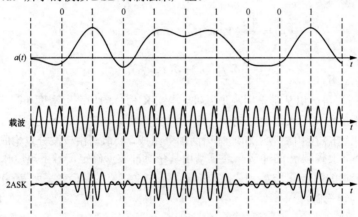

图 7-2-6　采用根号升余弦滚降频谱脉冲成形时的 2ASK 信号波形（$\alpha = 0.5$）

2．相干解调

2ASK 信号与模拟调制中的 AM 信号类似，其解调也能够采用相干解调和非相干解调。相干解调的原理图如图 7-2-7（a）所示，其思路是先按模拟解调的方式从接收的带通信号中解出数字基带信号，然后进行基带检测。其中 BPF 为带通滤波器且等效到基带是一个低通滤波器，LPF 为低通滤波器，MF 为匹配滤波器，且也是低通滤波器，因此我们可以将这 3 个滤波器合并为一个等效的基带滤波器，如图 7-2-7（b）所示。

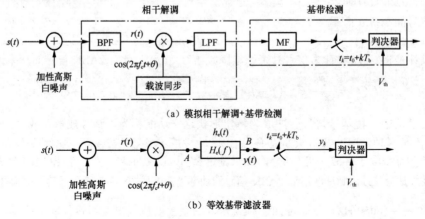

（a）模拟相干解调+基带检测

（b）等效基带滤波器

图 7-2-7　2ASK 相干解调原理图

图 7-2-7（b）中 A 点的噪声对于基带信号 $a(t)$ 的频带范围来说是白色的，此时等效基带滤波器 $H_e(f)$ 的理想设计应为匹配滤波器。接收器在 $t_k = t_0 + kT_b$ 时刻采样得到样值 y_k，并根据该样值对第 k 个符号进行判决，其中 t_0 为接收系统相对时延。如果没有噪声，y_k 只有两种可能取值，分别对应发送数据为 0 或 1。有噪声时，y_k 是一个包含噪声成分的连续型随机变量，其取值可以是 $(-\infty, \infty)$ 中的任何值。判决器比较 y_k 与判决门限 V_{th} 的大小。若 $y_k > V_{th}$，则判断发送的数据是 1，否则判断发送的数据是 0。我们可以以将这种判决规则写成如下的判决函数。

$$\varphi(y_k) = \begin{cases} 1, y_k > V_{th} \\ 0, y_k < V_{th} \end{cases} \tag{7-2-9}$$

在 AWGN 背景下，判决函数的定义域是 $(-\infty, \infty)$，值域是 $\{0, 1\}$。若自变量 y_k 落在判决域 $\Gamma_1 = (-\infty, V_{th})$，则函数值（判决结果）是 1；若 y_k 落在判决域 $\Gamma_2 = (V_{th}, \infty)$，函数值是 0。注意 y_k 是连续随机变量，恰好等于 V_{th} 的概率为 0，因此不用在意 $y_k = V_{th}$ 时的判决问题。$y_k = V_{th}$ 这个点可以随意归给 Γ_1 或 Γ_2。

根据图 7-2-7（b），样值 y_k 是 $r(t)\cos(2\pi f_c t + \theta)$ 与 $h_e(t)$ 的卷积在 $t_0 + kT_b$ 时刻的采样值，则

$$y_k = K \int_{-\infty}^{\infty} r(t)\cos(2\pi f_c t + \theta)g(t - kT_b)\mathrm{d}t \tag{7-2-10}$$

式（7-2-10）说明 2ASK 的解调也可以采用图 7-2-8 所示的相关解调器的形式。图 7-2-8 中积分器的积分范围是式（7-2-10）中的积分范围，也就是被积函数不为 0 的时间范围等于脉冲 $g(t - kT_b)$ 不为 0 的时间范围。注意图 7-2-8 所示只是针对单个符号 a_k 的接收。对于不同的 k，图 7-2-8 中第二个乘法器需要采用 $g(t)$ 的相应移位版本 $g(t - kT_b)$，积分范围也需要与之相适应；实际当中一般采用滑动相关器来实现，该相关器与前述的匹配滤波器在数学上是完全等效的。

图 7-2-7 及图 7-2-8 均要求接收器本地参考载波相位 θ 与所接收信号的载波相位 ϕ 同步，因此都属于相干解调。差别在于具体实现方式不同，前者用匹配滤波器，后者用相关器替代了匹配滤波器。

设 $g(t)$ 采用图 7-2-4（a）中的矩形脉冲，则将式（7-2-1）代入式（7-2-10）后得到图 7-2-8 中判决器的输入样值为

$$y_k = K \int_{kT_b}^{(k+1)T_b} r(t)\cos(2\pi f_c t + \theta)\mathrm{d}t \tag{7-2-11}$$

此时的接收器如图 7-2-9 所示。采样器在 $t = kT_b$ 时刻采样，随后将积分器置零以使积分器从 kT_b 时刻开始重新积分。在 $kT_b < t < (k+1)T_b$ 期间，积分器的输出为 $y(t) = K \int_{kT_b}^{t} x(\tau)\mathrm{d}\tau$。

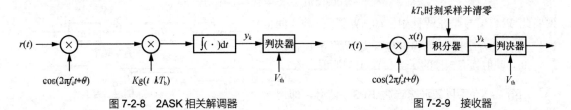

图 7-2-8　2ASK 相关解调器　　　　　　　　　　图 7-2-9　接收器

图 7-2-10 展示出了无噪声情况下积分器的输出波形。假设 $A = K = 1$，且 $\theta = \phi$，则积分器的输入为

$$\begin{aligned} x(t) &= r(t)\cos(2\pi f_c t + \phi) \\ &= \frac{1}{2}\left[a(t) + a(t)\cos(4\pi f_c t + 2\phi)\right] \end{aligned} \tag{7-2-12}$$

若 $f_c \gg 1/T_b$，式（7-2-12）中 $a(t)\cos(4\pi f_c t + 2\phi)$ 通过积分器后近似为 0，积分器输出近似等于对 $\frac{1}{2}a(t)$ 的积分。在每个比特周期 $[(k-1)T_b, kT_b]$ 的起点，积分器的输出被置为 0，在比特周期结束时刻

的输出是 $a(t)$ 在该比特周期内的积分值，即用于判决恢复 a_k 的样值 y_k。

3. 非相干解调

相干解调需要在接收端恢复同频同相（相干）的载波。在有些应用中，出于降低技术复杂性或接收器成本等原因，希望能有一种无须恢复载波的解调方案，即非相干解调。由图 7-2-2 可以看出，$g(t)$ 为矩形脉冲时的 2ASK 是一个调幅指

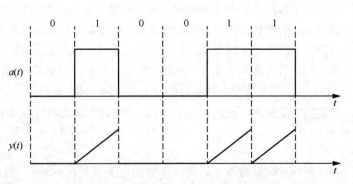

图 7-2-10　无噪声情况下积分器的输出波形

数为 100% 的 AM 调制，因此可以采用非相干的包络检波器来解调，如图 7-2-11 所示。

图 7-2-11　2ASK 的非相干解调

7.2.2　二进制相移键控

1. BPSK 信号

设 $b_k \in \{0,1\}$ 是待传输的二进制比特，$g(t)$ 是幅度为 1 的矩形脉冲。以单极性 NRZ 码作为基带调制信号 $\tilde{a}(t) = \sum_k b_k g(t - kT_s)$，并对载波 $c(t) = A\cos(2\pi f_c t)$ 进行相位调制（PM），得到已调信号为

$$s(t) = A\cos[2\pi f_c t + \pi\tilde{a}(t)] \qquad (7\text{-}2\text{-}13)$$

在第 k 个比特周期 $[kT_b, (k+1)T_b]$ 内，$\tilde{a}(t) = b_k$，可得

$$s(t) = A\cos[2\pi f_c t + b_k \pi]$$

$$= \begin{cases} A\cos(2\pi f_c t), & b_k = 0 \\ -A\cos(2\pi f_c t), & b_k = 1 \end{cases} \quad kT_s \leqslant t < (k+1)T_s \qquad (7\text{-}2\text{-}14)$$

说明此 PM 信号是在两种相位 $(0, \pi)$ 的正弦波之间切换，故称为**二进制相移键控**。如果将单极性的 $b_k \in \{0,1\}$ 映射为双极性的 $a_k \in \{+1,-1\}$，则可用 $a(t) = \sum_{k=-\infty}^{\infty} a_k g(t - kT_b)$ 乘以载波来产生 BPSK 信号，即用双极性 NRZ 码对载波进行 DSB 调制来实现 BPSK。

$$s(t) = Aa(t)\cos(2\pi f_c t) \qquad (7\text{-}2\text{-}15)$$

BPSK 信号产生主要有 3 种方式，如图 7-2-12 所示。

图 7-2-13 为 BPSK 信号波形。可以看出，BPSK 信号用与载波 $A\cos(2\pi f_c t)$ 同相或反相的波形来表示 "0" 或 "1"。

由于 BPSK 是 DSB 调制，因此 BPSK 的功率谱

BPSK 与 2DPSK

BPSK 调制的
时域波形与频谱

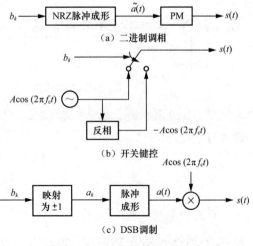

（a）二进制调相

（b）开关键控

（c）DSB 调制

图 7-2-12　BPSK 信号的产生方式

密度仍然同式（7-2-3）。当 $g(t)$ 是幅度为 1 的矩形
脉冲时，BPSK 信号的功率谱密度为

$$P_{\text{BPSK}}(f) = \frac{A^2 T_b}{4} \{\text{sinc}^2[(f - f_c)T_b] + \quad (7\text{-}2\text{-}16)$$
$$\text{sinc}^2[(f + f_c)T_b]\}$$

采用矩形脉冲的 BPSK 信号单边功率谱密度如
图 7-2-14（a）所示。与 2ASK 相比，BPSK 的功率
谱密度中没有冲激分量，只有连续谱部分。矩形
脉冲的 BPSK 功率谱密度和 2ASK 功率谱密度一样，

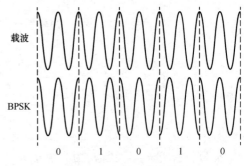

图 7-2-13　BPSK 信号波形

旁瓣较高，对邻道干扰较大。对于带宽受限的场合，可采用根号升余弦脉冲，相应的 BPSK 信号
功率谱密度如图 7-2-14（b）所示。

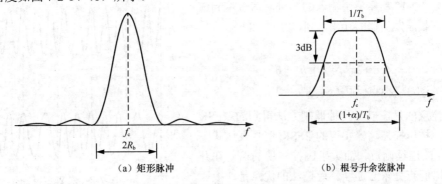

（a）矩形脉冲　　　　　　　　　　（b）根号升余弦脉冲

图 7-2-14　BPSK 信号的功率谱密度

2. 相干解调

BPSK 可看作抑制载波的 DSB 调制，因此 BPSK 的解调采用相干解调方案。其解调原理图与
图 7-2-7 中 2ASK 的相干解调类似。此处值得一提的是，由于 BPSK 信号的载波恢复过程中存在
着 180°的相位模糊，即恢复的本地载波与所需的相干载波可能同相，也可能反相，因此这种相位关
系的不确定性将会造成解调出的数字基带信号与发送的数字基带信号正好相反（即"1"变为"0"，
"0"变为"1"）。这种现象称为 BPSK 方式的"倒 π 现象"或"反相工作"。另外，在随机信号码元
序列中，信号波形有可能出现长时间连续的正弦波形，致使在接收端难以辨认信号码元的起止时刻。

为了解决上述问题，可以采用 7.2.4 小节中将要讨论的差分相移键控（DPSK）调制。

7.2.3　二进制频移键控

1. 2FSK 信号

2FSK 通过载波的频率变化来传递二进制数字信息。如图 7-2-15 所示，用模拟调频（FM）来
产生 2FSK 信号，基带的调制信号 $a(t)$ 为采用矩形脉冲的单极性或双极性 NRZ 码，VCO 为压控
振荡器，其振荡频率受输入电压控制，图中 VCO 输入
的电压只有两种取值，其振荡频率将在两种频率之间变
换，所形成的已调信号 $s(t)$ 称为**二进制频移键控**。

图 7-2-15 输出的 FM 信号表达式为（其中调频器灵
敏度 K_{FM} 的单位为 rad/s/V）

$$s(t) = A\cos\left[2\pi f_c t + K_{\text{FM}} \int_{-\infty}^{t} a(\tau)\mathrm{d}\tau\right] \quad (7\text{-}2\text{-}17)$$

设 $a(t) = \sum_k b_k g(t - kT_s)$ 是单极性 NRZ 码，则瞬时频率为

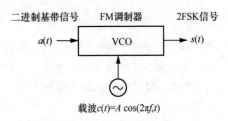

图 7-2-15　2FSK 调制原理

$$f(t) = \frac{1}{2\pi} \cdot \mathrm{d}\left[2\pi f_c t + K_{FM} \int_{-\infty}^{t} a(\tau)\mathrm{d}\tau\right] / \mathrm{d}t$$

$$= f_c + \frac{1}{2\pi} K_{FM} a(t) \tag{7-2-18}$$

$$= \begin{cases} f_1 = f_c, & b_k = 0 \\ f_2 = f_c + \frac{1}{2\pi} K_{FM}, & b_k = 1 \end{cases}$$

当 b_k 为 0 时，$f_1 = f_c$，而当 b_k 为 1 时，$f_2 = f_c + \frac{1}{2\pi} K_{FM}$，产生的 2FSK 波形如图 7-2-16 所示。

键控法能够更简单、直接地实现两个频率之间的切换，如图 7-2-17 所示，用输入的二进制信号控制选择两个独立载波发生器的输出，所产生的 2FSK 信号可以表示为

$$s(t) = \begin{cases} s_1(t) = A\cos(2\pi f_1 t + \phi_1), & b_k = 0 \\ s_2(t) = A\cos(2\pi f_2 t + \phi_2), & b_k = 1 \end{cases} \tag{7-2-19}$$

需要注意的是，以上两种调制方法得到的 2FSK 并不等价。按压控振荡器实现的 2FSK 信号表达式中的相位是 t 的连续函数，而数字键控实现的信号在开关切换的时间点处未必连续。键控法的优点是切换速度快、频率稳定度高，但若无特殊措施，每个符号波形的初相是随机的，相邻两波形之间相位无连续性，所产生的不连续 2FSK 波形如图 7-2-18 所示。

在实际应用中，2FSK 的设计一般要求两个频率正交（接收时互不干扰），即在每个符号周期 $[kT_b, (k+1)T_b]$ 内，$s_1(t)$ 和 $s_2(t)$ 满足

$$\int_{kT_b}^{(k+1)T_b} s_1(t)s_2(t)\mathrm{d}t = 0 \tag{7-2-20}$$

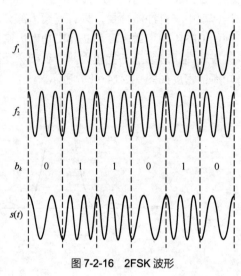

图 7-2-16　2FSK 波形

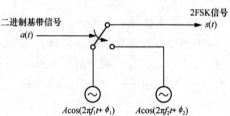

图 7-2-17　2FSK 调制器的键控法实现

将式（7-2-19）代入式（7-2-20），可得

$$\int_{kT_b}^{(k+1)T_b} s_1(t)s_2(t)\mathrm{d}t = A^2 \int_{kT_b}^{(k+1)T_b} \cos(2\pi f_1 t + \phi_1)\cos(2\pi f_2 t + \phi_2)\mathrm{d}t$$

$$= \underbrace{\frac{A^2}{2} \int_{kT_b}^{(k+1)T_b} \cos[2\pi(f_1 + f_2)t + \phi_1 + \phi_2]\mathrm{d}t}_{I_1} + \tag{7-2-21}$$

$$\underbrace{\frac{A^2}{2} \int_{kT_b}^{(k+1)T_b} \cos[2\pi(f_1 - f_2)t + \phi_1 - \phi_2]\mathrm{d}t}_{I_2}$$

式（7-2-21）中两个积分都是正弦波在区间 $[kT_b, (k+1)T_b]$ 内的面积。第一个积分中通常 $f_1 + f_2$ 远大于 $1/T_b$，积分近似为 0。欲使第二个积分对任意 ϕ_1、ϕ_2 都为 0，必须使积分区间包含被积函数的整数个周期，使其成立的最小频差为 $f_2 - f_1 = 1/T_b$；但对于 $\phi_1 = \phi_2 + n\pi$ 的情况，满足正交要求的最小频差是 $1/2T_b$。

2FSK 信号还可以表示成

$$s(t) = \underbrace{\overline{a}(t)A\cos(2\pi f_1 t + \phi_1)}_{s_{ASK1}(t)}$$

$$+ \underbrace{a(t)A\cos(2\pi f_2 t + \phi_2)}_{s_{ASK2}(t)} \qquad (7\text{-}2\text{-}22)$$

式中，$a(t) = \sum\limits_{k=-\infty}^{\infty} b_k g(t - kT_s)$ 是单极性 NRZ 码，

$\overline{a}(t) = \sum\limits_{k=-\infty}^{\infty} (1 - b_k)\, g(t - kT_s)$ 是数据相反的单极

性 NRZ 码。该式表明，2FSK 信号是两个 2ASK 信号之和。两个 2ASK 信号是两个随机过程，若 ϕ_1、ϕ_2 独立且在 $[0, 2\pi]$ 内均匀分布，则这两个随机过程不相关，此时 $s(t)$ 的功率谱密度是两个 2ASK 功率谱密度之和。

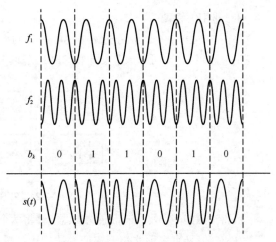

图 7-2-18　符号间相位不连续的 2FSK 波形

$$P_{2\mathrm{FSK}}(f) = \frac{A^2}{4}\left[P_{\overline{a}}(f + f_1) + P_{\overline{a}}(f - f_1) + P_a(f + f_2) + P_a(f - f_2)\right]$$

$$= \frac{A^2 T_b}{16}\left\{\mathrm{sinc}^2\left[(f - f_1)T_b\right] + \mathrm{sinc}^2\left[(f - f_2)T_b\right]\right\} + \frac{A^2}{16}\left\{\delta(f - f_1) + \delta(f - f_2)\right\} + \qquad (7\text{-}2\text{-}23)$$

$$\frac{A^2 T_b}{16}\left\{\mathrm{sinc}^2\left[(f + f_1)T_b\right] + \mathrm{sinc}^2\left[(f + f_2)T_b\right]\right\} + \frac{A^2}{16}\left\{\delta(f + f_1) + \delta(f + f_2)\right\}$$

图 7-2-19 列出了基带采用矩形脉冲时 2FSK 信号的功率谱密度图。2FSK 的主瓣带宽是 $W = 2R_b + |f_1 - f_2|$。作为两个 2ASK 的叠加，基带采用矩形脉冲时 2FSK 的功率谱密度旁瓣也比

较高。但不同于 2ASK 的是，一般不采用根号升余弦脉冲来改善旁瓣，这是因为基带采用矩形脉冲时 2FSK 信号具有恒定的包络，而根号升余弦脉冲成形后的信号包络不是常数（恒包络调制容易实现高发送功率）。为了在改善功率谱密度旁瓣的同时又保持恒包络特性，我们可以采用**连续相位恒包络调制**（CPCEM）。

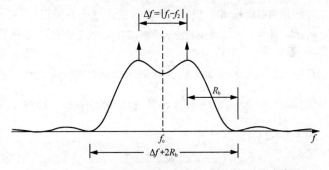

图 7-2-19　基带采用矩形脉冲时 2FSK 信号的功率谱密度图

2. 相干解调

2FSK 是两个载频不同、数据相反的 2ASK 叠加，所以解调器可以设计为对这两个 2ASK 分别进行相干或非相干解调，然后合并采样值，再进行判决。2FSK 的相干解调如图 7-2-20 所示，将 2FSK 分解为上、下两支路 2ASK 信号并分别进行相干解调；对上、下两支路的采样值进行比较，若上支路的采样值比下支路大则判决为 f_1 对应的二进制数据 0，反之则判为 1。（判决规则与调制规则一致即可）

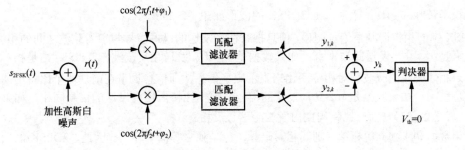

图 7-2-20　2FSK 的相干解调

3．非相干解调

将图 7-2-20 中上、下两支路 2ASK 信号的相干解调器换成非相干解调器（即带通滤波器后串接包络检波器），即可形成非相干的 2FSK 解调方案，如图 7-2-21 所示。

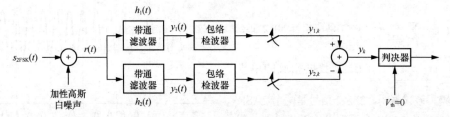

图 7-2-21　2FSK 的非相干解调

值得注意的是，要保证带通滤波器能够将两个 2ASK 信号分开，两载频须满足 $|f_2 - f_1| \geqslant 2/T_b$。

2FSK 信号有多种非相干解调方法，比如模拟鉴频法、过零检测法、差分检测法等，读者可以参考相关文献。

2FSK 信号在数字通信中应用较为广泛，国际电信联盟建议在数据传输速率低于 1200bit/s 时采用 2FSK。2FSK 可以采用简单的非相干接收方式，接收时不必利用信号的相位信息，因此特别适合应用于衰落信道/随参信道（如短波无线电信道）的场合，这些信道会引起信号的相位和振幅随机抖动和起伏。

7.2.4　二进制差分相移键控

1．2DPSK 信号

如前所述，BPSK 相干解调会出现"倒 π 现象"引起的"0""1"倒置，解决这一问题的有效方法是进行差分相移键控。将输入的比特序列先进行差分编码，然后进行 BPSK 调制，如图 7-2-22 所示，便形成了**二进制差分相移键控**。差分编码的输出是相对码（差分码）。

$$c_k = b_k \oplus c_{k-1} \tag{7-2-24}$$

其中，$\oplus$ 表示模 2 加。将 c_k 映射为双极性的 $a_k \in \{\pm 1\}$ 后进行脉冲成形，形成一个双极性数字基带信号 $a(t) = \sum\limits_{k=-\infty}^{\infty} a_k g(t - kT_b)$，再进行 DSB 调制，即可得到 2DPSK 信号。2DPSK 信号的表达式与式（7-2-2）相同。

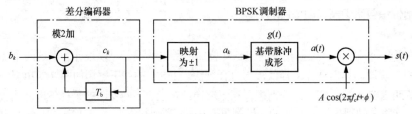

图 7-2-22　2DPSK 调制器

假设基带脉冲 $g(t)$ 是矩形，则 2DPSK 的波形如图 7-2-23 所示。

BPSK 中的相位调制是绝对调相，信息携带在所发送的已调信号与参考载波之间的相位差上：如果数据是 $b_k = 0$，发送载波本身；如果数据是 $b_k = 1$，发送相反载波。2DPSK 则是相对调相，利用前后相邻码元的载波相对相位变化来表示数字信息，即信息携带在前后两个比特周期的已调信号相位差上：如果数据是 $b_k = 0$，发送的信号与前一比特周期内发送的信号同相；如果数据是 $b_k = 1$，发送的信号与前一比特周期内发送的信号反相。

如果数据 $\{b_k\}$ 独立等概率，则其相对码 $\{c_k\}$ 也是独立等概率序列。因此，2DPSK 的功率谱密度与 BPSK 的相同。在信道带宽受限时，基带脉冲成形可采用根号升余弦脉冲。

2．相干解调

由于 2DPSK 是先对输入比特序列进行差分编码再进行 BPSK 调制，故其解调可以先当作 BPSK 信号进行相干解调，恢复出相对码，再进行差分译码（即码反变换），恢复出发送的二进制数字信息，如图 7-2-24 所示。这种 2DPSK 相干解调的方法又称为极性比较法。在解调过程中，即使在提取的本地载波中出现了 180°相位模糊，解调出的相对码是"0"与"1"倒置的，但经过差分译码后得到的绝对码是没有倒置的。

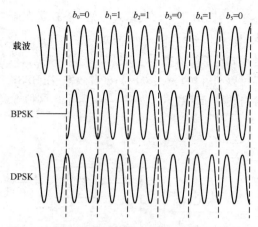

图 7-2-23　BPSK 绝对调相与 2DPSK 相对调相的波形

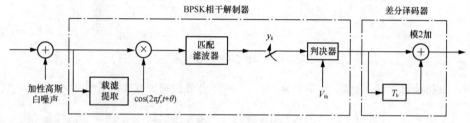

图 7-2-24　2DPSK 相干解调

3．非相干解调

2DPSK 的信息携带在前后两个比特的已调信号相位差上，因此其解调也可以直接检测该相位差，这种方法叫**差分相干解调**，又称相位比较解调，如图 7-2-25 所示。这种方法将所接收的已调信号与其延迟一个码元后的版本相乘之后通过低通滤波器，即可恢复出对应于前后码元相位差的绝对码信息，在解调的同时完成了差分译码。因为不需要提取专门的相干载波，故差分相干解调属于非相干解调。但是，这种方法需要精确延迟一个码元 T_b 的电路。

二进制调制信号的时域波形

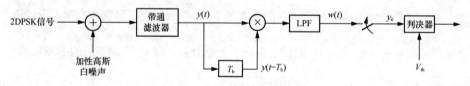

图 7-2-25　2DPSK 的差分相干解调

7.3　正交相移键控相关调制

与二进制相移键控不同，本节将介绍正交相移键控所引入的 4 个相位状态，且相邻的相位状态之间保持正交关系。每个相位状态对应的一个特定符号可以携带代表两位二进制比特的信息，从而实现更高的频谱效率。其在中小容量微波或卫星数字通信等实际通信系统中得到了广泛应用。

QPSK

7.3.1　正交相移键控

在模拟调制中，由于 DSB 上下边带对称，可以只传输一个边带来提高频谱效率，因而形成了

SSB。由 SSB 的时域表达式可见，SSB 是在原来的 DSB 信号 $m(t)\cos(2\pi f_c t + \phi)$ 的基础上叠加一个载波正交的 DSB 信号 $\hat{m}(t)\sin(2\pi f_c t + \phi)$，让 Q 路的 DSB 抵消掉 I 路 DSB 的一个边带，从而在发送相同消息的情况下，可以减少一半带宽，以使频谱效率加倍。借助于类似的思想，数字调制同样可以利用 I/Q 两路来提高频谱效率：在 BPSK 的基础上叠加另一个载波正交的 BPSK，两个 BPSK 各自传输一半数据，如图 7-3-1 所示，这种方式称为**正交相移键控**。

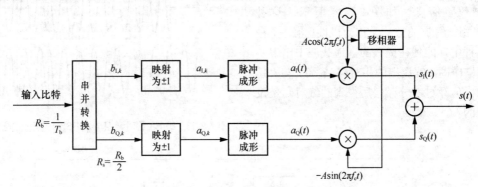

图 7-3-1　QPSK 正交调制器

输入二进制数据流 b_k 的比特速率为 $R_b = \dfrac{1}{T_b}$，经串并变换输出双比特符号（码元）$(b_{I,k}, b_{Q,k})$ 同时并行输出，其中一个比特 $b_{I,k}$ 直接加入 I 路（载波与参考振荡同相），而另一个比特 $b_{Q,k}$ 则加入 Q 路（载波与参考振荡正交）。每一路分别按 BPSK 传输，但每一路 BPSK 的信息速率减半为 $\dfrac{R_b}{2}$。它们称为 I 路和 Q 路所传输的一对比特，即图 7-3-1 中的 $(b_{I,k}, b_{Q,k})$，其为一个符号，符号间隔为 $T_s = 2T_b$，符号速率为 $R_s = \dfrac{1}{2}R_b$，符号速率的单位为 Baud。两个 BPSK 载频 f_c 相同，但载波相位正交。

假设采用滚降系数为 α 的根号升余弦滤波器实现脉冲成形。单纯用 BPSK 传输时，速率为 R_b 的基带信号带宽是 $(1+\alpha)\dfrac{R_b}{2}$，调制为 BPSK 信号后带宽是 $(1+\alpha)R_b$，频谱利用率是 $\dfrac{1}{1+\alpha}$。在图 7-3-1 中，数据被串并转换分为两路后每路数据的速率是 $R_s = \dfrac{R_b}{2}$。因为符号速率减半，所以图 7-3-1 中 I 路和 Q 路的基带信号 $a_I(t)$ 和 $a_Q(t)$ 的带宽也减半，是 $(1+\alpha)\dfrac{R_b}{4}$，经调制后的 BPSK 信号 $s_I(t)$ 和 $s_Q(t)$ 的频谱重叠、带宽是 $(1+\alpha)\dfrac{R_b}{2}$。因此 QPSK 信号 $s(t)$ 的带宽也是 $(1+\alpha)\dfrac{R_b}{2}$，频谱利用率是 $\dfrac{2}{1+\alpha}$，比单纯的 BPSK 提高了一倍。

【例题 7-3-1】　设 QPSK 系统的传输速率是 12Mbit/s，该系统采用了滚降系数为 1/3 的升余弦滤波器。I 路和 Q 路的 BPSK 系统的数据速率是 6Mbit/s，带宽是 $6 \times \left(1 + \dfrac{1}{3}\right) = 8\text{MHz}$，QPSK 信号的带宽也是 8MHz，频谱利用率是 $12/8 = 1.5$（(bit/s)/Hz）。此 QPSK 系统的符号速率是 6MBaud，符号间隔是 1/6μs。

设 QPSK 信号的功率 $P = 12\text{W}$。每秒发送了 12Mbit，因此平均每个比特的能量 $E_b = 1\mu\text{J}$；平均每个符号的能量为 2μJ。

【例题 7-3-2】　已知电话信道可用的信号传输频带为 600～3000Hz，取载频为 1800Hz，试说明采用 $\alpha = 1$ 升余弦滚降基带信号时，QPSK 调制可以传输 2400bit/s 数据。

解：该电话信道的可用带宽为

$$W = 3000 - 600 = 2400(\text{Hz}) \tag{7-3-1}$$

采用 $\alpha = 1$ 升余弦滚降基带信号时，QPSK 调制的频带利用率为

$$\eta_{\text{QPSK}} = \frac{1}{1+\alpha}\log_2 4 = 1[(\text{bit/s})/\text{Hz}] \tag{7-3-2}$$

信息传输速率 $R_b = 2400\text{bit/s}$ 所需的传输带宽为

$$B_{\text{QPSK}} = \frac{R_b}{\eta_{\text{QPSK}}} = \frac{2400}{1} = 2400(\text{Hz}) \tag{7-3-3}$$

则

$$W_{\text{QPSK}} = W \tag{7-3-4}$$

所以采用 $\alpha = 1$ 升余弦滚降基带信号时，QPSK 调制可以传输速率为 2400bit/s 的数据。

根据图 7-3-1，QPSK 发送单个符号 $(b_{\text{I},k}, b_{\text{Q},k})$ 时的发送信号为

$$\begin{aligned}
s(t) &= Aa_{\text{I},k}g(t-kT_s)\cos(2\pi f_c t + \phi) - Aa_{\text{Q},k}g(t-kT_s)\sin(2\pi f_c t + \phi)\\
&= Ag(t-kT_s)[a_{\text{I},k}\cos(2\pi f_c t + \phi) - a_{\text{Q},k}\sin(2\pi f_c t + \phi)]
\end{aligned} \tag{7-3-5}$$

式中，$a_{\text{I},k} = (-1)^{b_{\text{I},k}}$、$a_{\text{Q},k} = (-1)^{b_{\text{Q},k}}$ 表示取值为 ±1 的双极性码。利用三角公式可将式（7-3-5）整理为

$$s(t) = \sqrt{2}Ag(t-kT_s)\cos(2\pi f_c t + \phi + \theta_k) \tag{7-3-6}$$

式中，相位 θ_k 由 $b_{\text{I},k}$、$b_{\text{Q},k}$ 控制，如表 7-3-1 所示。$s(t)$ 一共有 4 种相位，故也称为四进制（绝对）相移键控或四相相移键控（4PSK）。注意 θ_k 从小到大变化时，对应的数据符号 $(b_{\text{I},k}, b_{\text{Q},k})$ 并不是按自然二进制顺序（00、01、10、11）变化，而是按格雷码映射的方式，相位相邻的符号只有 1 比特不同。

表 7-3-1　QPSK 信号相位与输入信息比特对应关系

输入符号		I/Q 幅度		相位
十进制序号 $z_k = 2b_{\text{Q},k} + (b_{\text{I},k} \oplus b_{\text{Q},k})$	二进制比特对 $(b_{\text{I},k}, b_{\text{Q},k})$	直角坐标表示 $(a_{\text{I},k}, a_{\text{Q},k})$	复数表示 $a_k = \sqrt{2}e^{j\left(\frac{\pi}{2}z_k+\frac{\pi}{4}\right)} = \sqrt{2}e^{j\theta_k}$	θ_k
0	(0, 0)	(+1, +1)	1+j	$\pi/4$
1	(1, 0)	(−1, +1)	−1+j	$3\pi/4$
2	(1, 1)	(−1, −1)	−1−j	$5\pi/4$
3	(0, 1)	(+1, −1)	1−j	$7\pi/4$

图 7-3-2 给出了 QPSK 的星座图，即 $(a_{\text{I},k}, a_{\text{Q},k})$ 或 $a_k = a_{\text{I},k} + ja_{\text{Q},k}$ 可能取值的集合 $\mathcal{A}$ 的图示。QPSK 星座图是 I 路 BPSK 星座图 $\{-1, +1\}$ 和 Q 路 BPSK 星座图 $\{-j, +j\}$ 的叠加。I 路和 Q 路同时变化且互不影响，便形成了 QPSK 的 4 个星座点 $-1-j$、$1+j$、$1-j$、$1+j$，分别代表二进制比特组 11、10、01、00。数字调制中星座图用于直观地表示信号的相位和幅度状态，每一个点代表一个状态。QPSK 中每个比特对（即四进制的一个符号）被映射到 $\pi/4$、$3\pi/4$、$5\pi/4$ 和 $7\pi/4$ 这 4 个不同的相位状态之一，其对应关系（见表 7-3-1 和图 7-3-2）是绝对的，故称绝对四相相移键控。

QPSK 信号的功率谱密度是 I、Q 两路 BPSK 信号 $s_{\text{I}}(t)$、$s_{\text{Q}}(t)$ 的功率谱密度之和。由于载波相位对功率谱密度无影响，因此 $s_{\text{I}}(t)$ 和 $s_{\text{Q}}(t)$ 的功率谱密度相同。又因为 I、Q 数据独立，所以 QPSK 的功率谱是 BPSK 功率谱的 2 倍。当 $g(t)$ 为矩形脉冲时，QPSK 的功率谱密度为

$$P_{\text{QPSK}}(f) = \frac{A^2 T_s}{4}\left\{\text{sinc}^2\left[(f-f_c)T_s\right] + \text{sinc}^2\left[(f+f_c)T_s\right]\right\} \tag{7-3-7}$$

当 $g(t)$ 为根号升余弦脉冲时，QPSK 的功率谱密度为

$$P_{\text{QPSK}}(f) = \frac{A^2}{4T_s} \left[H_{\text{rcos}}(f - f_c) + H_{\text{rcos}}(f + f_c) \right] \tag{7-3-8}$$

式中 $H_{\text{rcos}}(f)$ 是升余弦滚降传输函数。

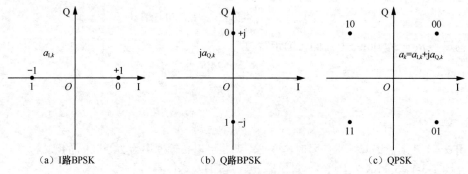

（a）I路BPSK　　　　　（b）Q路BPSK　　　　　（c）QPSK

图 7-3-2　QPSK 的星座图

QPSK 解调器如图 7-3-3 所示。可见，其中同样的信号被直接送入载波电路和 I、Q 两个 BPSK 解调器，载波提取电路恢复出的载波与接收信号的载波 $\cos(2\pi f_c t + \phi)$ 同频同相（相干）；两个解调器分别解出 $b_{\text{I},k}$、$b_{\text{Q},k}$，然后将它们合并为一路输出二进制串行数据。

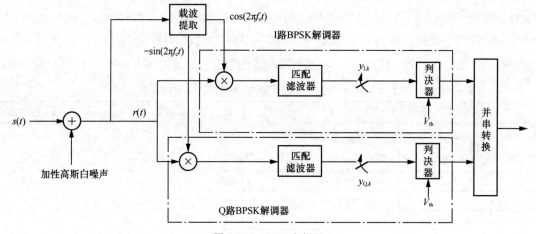

图 7-3-3　QPSK 解调器

7.3.2　偏移正交相移键控

数字调制信号发送时一般要经过功率放大器（简称功放）。为了提高其功率效率和降低成本，功放通常工作在非线性区，其输出与输入信号之间的关系是非线性的。非线性失真会导致信号在时域上波形失真、在频域上功率谱密度旁瓣升高，从而降低解调性能，增加出错概率，并干扰相邻信道的通信。非线性失真的影响与功放输入信号的包络起伏有关。包络起伏越小，非线性失真的影响越小。

带通信号的包络是复包络的模。图 7-3-1 中 QPSK 的复包络为

$$s_L(t) = A[a_I(t) + ja_Q(t)] \tag{7-3-9}$$

式中 $a_I(t)$、$a_Q(t)$ 分别是 I 路和 Q 路的基带信号。此外，包络为

$$A(t) = |s_L(t)| = A\sqrt{a_I^2(t) + a_Q^2(t)} \tag{7-3-10}$$

如果基带脉冲 $g(t)$ 采用幅度为 1 的矩形 NRZ 脉冲，那么 $a_I^2(t) = a_Q^2(t) = 1$，包络是常数，此时的 QPSK 属于恒包络调制，对非线性失真不敏感。然而，实际信道一般是带宽受限的，而限带

宽的 QPSK 信号已不能保持恒包络。例如，很多应用中基带成形脉冲采用频谱为根号升余弦的脉冲，以提高信号的抗干扰性能和频谱利用率。但是，这种脉冲形状会使 QPSK 调制的包络随时间起伏变化，这意味着 QPSK 信号对于一些特定的非线性失真效应可能会更加敏感。图 7-3-4（a）列出了滚降系数为 1 时，QPSK 的 I 路和 Q 路基带波形 $a_I(t)$、$a_Q(t)$ 以及包络 $A(t)$。可见包络起伏非常严重，在 I 路和 Q 路数据同时变化的时刻（即相位发生 180°跳变的时刻），包络最小值可以到 0，最大值与最小值的比值是有无穷个的。

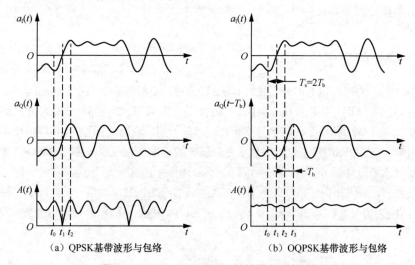

（a）QPSK基带波形与包络　　　　（b）OQPSK基带波形与包络

图 7-3-4　QPSK 及 OQPSK 的基带波形与包络

从图 7-3-4（a）中可以注意到，包络到 0 是因为 I 路和 Q 路波形的过零点在时间上是对齐的。例如，在图 7-3-4（a）中的 t_1 时刻，$a_I(t_1) = a_Q(t_1) = 0$，从而使 $A(t_1) = 0$。如果把 I 路和 Q 路信号在时间上错开，就能错开零点，从而降低包络的起伏程度，如图 7-3-4（b）所示。图 7-3-4（b）中将 Q 路信号延迟了半个符号周期 $T_b = T_s / 2$，I 路和 Q 路的过零点彼此错开，从而使包络起伏显著降低。这种设计称为**偏移正交相移键控**（Offset QPSK，OQPSK），又称偏移四相相移键控。OQPSK 系统如图 7-3-5 所示。OQPSK 与标准的 QPSK 相比，差别只在 Q 路：发送端需要将基带信号延迟 T_b，接收端的采样时刻也相应延后 T_b。

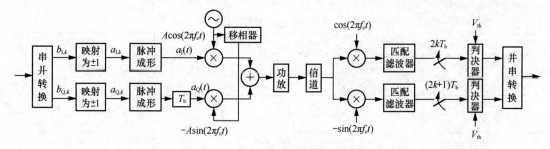

图 7-3-5　OQPSK 系统

图 7-3-6 展示了 QPSK 和 OQPSK 的星座点转移路径。定性来看，在 QPSK 的星座图中，从 t_1 时刻到 t_2 时刻，$a_I(t_1)$ 和 $a_Q(t_1)$ 同时从–1 向+1 移动，对应到图 7-3-6（a）中是从左下到右上沿对角线移动，中途在 t_1 时刻 $a_I(t) + ja_Q(t)$ 经过原点，使 $A(t_1) = 0$。OQPSK 的星座图中没有穿过原点的转移路径，从 t_0 时刻到 t_2 时刻，$a_I(t)$ 从–1 向+1 移动，在 t_1 时刻 $a_I(t_1) = 0$ 时，$a_Q(t_1)$ 开始从–1 向+1 移动，在 t_2 时刻 $a_I(t_1) = +1$ 时，$a_Q(t_1) = 0$，并且因为移动路径避开了原点，所以避免了 $A(t) = 0$ 的情况。图 7-3-6

给出了星座点转移路径的定性示意图，但未描述 $a_I(t) + ja_Q(t)$ 随 t 变化的真实轨迹。

与 QPSK 相比，OQPSK 只是将 Q 路信号进行了延迟。延迟既不改变功率谱密度，也不改变错误率，因此 OQPSK 的功率谱密度和误比特率都与 QPSK 相同。

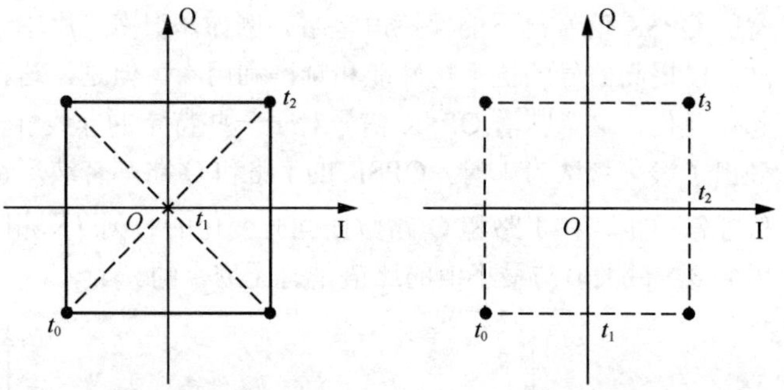

(a) QPSK 星座点转移路径　　(b) OQPSK 星座点转移路径

图 7-3-6　QPSK 和 OQPSK 的星座点转移路径

7.3.3　差分正交相移键控

与 2DPSK 类似，QPSK 也有差分形式的调制，即**差分正交相移键控**（Differential QPSK，DQPSK），其是为了解决 QPSK 解调时的相位模糊问题。QPSK 是绝对调相，2 比特信息携带在已调信号的当前相位中。DQPSK 是相对调相，2 比特信息携带在已调信号前、后两个符号的相位差中。图 7-3-7 中为 DQPSK 调制器，它在 QPSK 的基础上增加了差分编码的过程（相应地在接收端解调器数据判决后、串并变换前要加入差分译码），利用前、后码元之间的相对相位差来表示信息符号。因此，即使存在相位模糊，只要前、后码元相对相位关系不变，就能够准确地恢复原始信号。差分编码将输入的一对比特 $(b_{I,k}, b_{Q,k})$ 映射为复数符号 $a_k = a_{I,k} + ja_{Q,k} = \mathrm{e}^{j\theta_k}$。DQPSK 中的相位关系如表 7-3-2 所示。

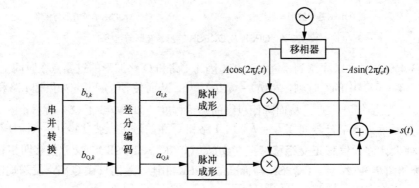

图 7-3-7　DQPSK 调制器

表 7-3-2　**DQPSK 中的相位关系**

输入		差分编码	相位差
十进制序号 $z_k = 2b_{Q,k} + (b_{I,k} \oplus b_{Q,k})$	二进制比特对 $(b_{I,k}, b_{Q,k})$	$a_k = a_{I,k} + ja_{Q,k}$ $= \sqrt{2}\mathrm{e}^{j\theta_k}$	$\theta_k - \theta_{k-1}$
0	$(0, 0)$		0
1	$(1, 0)$	$a_k = a_{k-1}\mathrm{j}^{z_k}$	$\pi/2$
2	$(1, 1)$		π
3	$(0, 1)$		$3\pi/2$

假设输入数据是独立等概率的二进制序列，则 DQPSK 差分编码后的复数序列 $\{a_k\}$ 与 QPSK 中的对应序列有完全相同的统计特性，因此 DQPSK 的功率谱密度与 QPSK 的功率谱密度相同。

类似于 DPSK，DQPSK 的解调可以采用相干解调或者非相干解调实现。相干解调是先按 QPSK 进行相干解调，然后进行差分译码。非相干解调是差分相干解调，即解调器不进行载波提取，而是直接检测前、后两个 DQPSK 符号的相位差，以得到发送的数据。

7.4　恒包络调制

如前文所述，为了降低非线性失真的影响，我们希望数字调制的输出信号有较低的包络起伏。OQPSK 通过将 QPSK 的 Q 路错开半个符号周期 T_b 使包络起伏显著减小。包络起伏最小的情况是无起伏，即已调信号的包络是常数，这种调制被称为**恒包络调制**。以单频正弦波为载波的数字调制信号作为一种带通信号，其包络是复包络的模，该复包络具有如下形式。

$$s_L(t) = A e^{j\varphi(t)} \tag{7-4-1}$$

显然，为了让该复包络的模为常数，变化的数字信息只能携带在相位 $\varphi(t)$ 中，即只能考虑角度调制。角度调制有 PM 和 FM 之分，但二者本质相同。因为频率和相位不是独立的，而是互相推导的，所以将调制信号微分后进行 FM 调制可以得到与直接进行 PM 调制相同的结果。不过，PM 中的 $\varphi(t)$ 与调制信号 $m(t)$ 成正比，FM 中的 $\varphi(t)$ 则与 $m(t)$ 的积分成正比，因此对于同样的调制信号，FM 中相位 $\varphi(t)$ 的连续性更好。根据信号理论，连续性好的信号功率谱密度旁瓣会更低。因此，关于恒包络调制，以下只考虑选用 FM 的情况。

7.4.1　最小频移键控

1. MSK 调制

用二进制双极性 NRZ 基带信号 $a(t) = \sum\limits_{i=-\infty}^{\infty} p_i g(t - iT_b)$（其中 $p_i \in \{-1, +1\}$，$g(t)$ 是持续时间为 $[0, T_b]$、高度为 1 的矩形脉冲）对载波 $c(t) = A\cos(2\pi f_c t)$ 进行 FM 调制，可得到连续相位的 2FSK 信号，如图 7-2-16 所示。若选取 FM 调制的调频灵敏度为 $K_{FM} = \dfrac{\pi}{2T_b}$，使 2FSK 信号的两个频率频差成为保持正交的最小间隔 $1/2T_b$，这样得到的连续相位 2FSK 信号就是**最小频移键控**（Minimum Shift Keying，MSK）。

MSK 信号的表达式可以由一般 FM 信号的表达式推得，有

$$
\begin{aligned}
s(t) &= \mathrm{Re}\left\{ s_L(t) e^{j2\pi f_c t} \right\} \\
&= A\cos\left[2\pi f_c t + \varphi(t) \right] \\
&= A\cos\left[2\pi f_c t + K_{FM} \int_{-\infty}^{t} a(\tau)\mathrm{d}\tau \right] \\
&= A\cos\left\{ 2\pi\left[f_c t + \frac{1}{4T_b} \int_{-\infty}^{t} \sum_{i=-\infty}^{\infty} p_i g(t - iT_b)\mathrm{d}\tau \right] \right\}
\end{aligned}
\tag{7-4-2}
$$

其相位的一阶导数与基带信号 $a(t)$ 成正比，有

$$\frac{\mathrm{d}\varphi(t)}{\mathrm{d}t} = \frac{\pi}{2T_b} a(t) = \frac{\pi}{2T_b} \sum_{i=-\infty}^{\infty} p_i g(t - iT_b) \tag{7-4-3}$$

在第 i 个比特间隔内的 MSK 信号可记为 $s(t)\big|_{iT_b \leqslant t \leqslant (i+1)T_b} = A\cos\left[2\pi\left(f_c + \dfrac{p_i}{4T_b} \right)t + \phi_i \right]$，其中 ϕ_i 为第 i 个比特间隔内的初相，其取值为 π 的整数倍（后续可证明）。

式（7-4-2）中的相位 $\varphi(t)$ 随时间的变化而受 p_i 的控制。在每一个比特间隔 T_b 内，相位 $\varphi(t)$ 都匀速变化（即 $p_i\pi/2$），变化方向由 p_i 的取值正、负决定，变化斜率为 $p_i\pi/2T_b$。假设 $t=0$ 时刻的初始相位为 0，则 MSK 相位变化的全部可能路径如图 7-4-1 所示。

【例题 7-4-1】 设初始相位为 0，传输的二进制信码为 0011101000，则 MSK 信号的相位路径如图 7-4-2 所示。

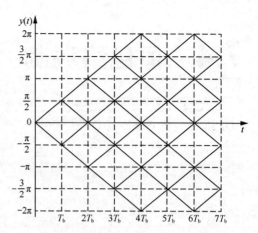

图 7-4-1　MSK 相位变化的全部可能路径

我们将在本小节的 3 部分中证明，如果 OQPSK 采用了特定的基带成形脉冲，就可以等价为一种带预编码的 MSK。等价的 OQPSK 与 MSK 的调制流程如图 7-4-3 所示，其中 OQPSK 应采用图 7-4-4 所示的特定基带成形脉冲，它是一个正弦波（其周期为 OQPSK 符号间隔的两倍 $2T_s=4T_b$）的半个周期，其表达式为

$$g_c(t) = \begin{cases} \sin\left(\dfrac{\pi t}{T_s}\right), & 0 \leqslant t \leqslant T_s \\ 0, & \text{其他} \end{cases} \quad (7\text{-}4\text{-}4)$$

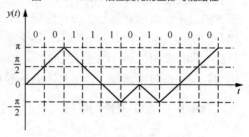

图 7-4-2　MSK 信号的相位路径

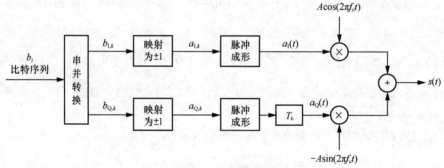

（a）采用特定基带成形脉冲的OQPSK

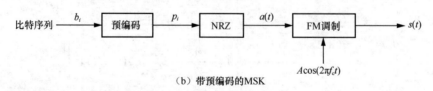

（b）带预编码的MSK

图 7-4-3　等价的 OQPSK 与 MSK 的调制流程

2．MSK 的功率谱密度

鉴于带预编码的 MSK 等价于采用了特定基带成形脉冲的 OQPSK，其功率谱密度可以从 OQPSK 得到。图 7-4-4 中特定基带成形脉冲 $g_c(t)$ 的傅里叶变换为

$$G_c(f) = \frac{4T_b}{\pi} \cdot \frac{\cos(2\pi f T_b)}{(4fT_b)^2 - 1} e^{-j2\pi f T_b} \quad (7\text{-}4\text{-}5)$$

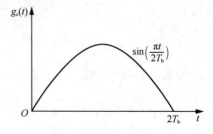

图 7-4-4　能使 OQPSK 等价于 MSK 的基带成形脉冲

图 7-4-3 中 $a_{\mathrm{I}}(t)$、$a_{\mathrm{Q}}(t)$ 的符号间隔为 $T_{\mathrm{s}}=2T_{\mathrm{b}}$，这两个随机过程的功率谱密度为 $\dfrac{1}{T_{\mathrm{s}}}\left|G_{\mathrm{c}}(f)\right|^2=\dfrac{1}{2T_{\mathrm{b}}}$

$\left|G_{\mathrm{c}}(f)\right|^2$。假设输入的二进制数据独立等概率出现，则图 7-4-3 中 OQPSK 中的 I 路和 Q 路的符号 $\{a_{\mathrm{I},k}\}$、$\{a_{\mathrm{Q},k}\}$ 是取值于 ±1 的独立等概率序列。因此 $a_{\mathrm{I}}(t)$ 与 $a_{\mathrm{Q}}(t)$ 是两个不相关的随机过程，故复包络的功率谱密度为两者之和，即为 $\dfrac{1}{T_{\mathrm{b}}}\left|G_{\mathrm{c}}(f)\right|^2$。已调带通信号的功率谱密度是复包络功率谱密度的频谱搬移，故 MSK 的功率谱密度为

$$P_{\mathrm{MSK}}(f)=\frac{4T_{\mathrm{b}}}{\pi^2}\left\{\frac{\cos^2\left[2\pi(f-f_{\mathrm{c}})T_{\mathrm{b}}\right]}{\left[1-16(f-f_{\mathrm{c}})^2T_{\mathrm{b}}^2\right]^2}+\frac{\cos^2\left[2\pi(f+f_{\mathrm{c}})T_{\mathrm{b}}\right]}{\left[1-16(f+f_{\mathrm{c}})^2T_{\mathrm{b}}^2\right]^2}\right\}\tag{7-4-6}$$

图 7-4-5 比较了 MSK 与采用矩形脉冲时 QPSK 的功率谱密度，QPSK 的功率谱密度见式（7-3-3）。这两种调制都是恒包络调制，MSK 的主瓣带宽为 $1.5/T_{\mathrm{b}}$，QPSK 的主瓣带宽为 $1/T_{\mathrm{b}}$。虽然 MSK 的主瓣带宽较宽，但其旁瓣比 QPSK 低很多。

3．MSK 与 OQPSK 的关系

在带限信道中 OQPSK 的包络起伏相比 QPSK 已大幅减小，若考虑让 OQPSK 的包络起伏进一步减小至 0，则 OQPSK 就演变为了一种恒包络调制。若将基带脉冲设计为矩形脉冲，则 QPSK 本身就是恒包络的，但功率谱密度的旁瓣太高，且所需传输带宽为无限宽。若将基带脉冲设计为根号升余弦脉冲，则可以使频带受限，降低旁瓣高度，却无法使 OQPSK 的包络起伏降低至 0。为此，考虑将 OQPSK 的基带成

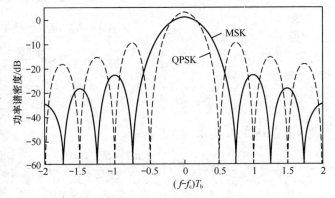

图 7-4-5　MSK 与 QPSK 的功率谱密度

形脉冲设计成图 7-4-4 所示的正弦脉冲 $g_{\mathrm{c}}(t)$。简单起见，以下假设载波幅度 $A=1$，则 OQPSK 复包络的实部和虚部分别为

$$a_{\mathrm{I}}(t)=\sum_{k=-\infty}^{\infty}a_{\mathrm{I},k}g_{\mathrm{c}}(t-2kT_{\mathrm{b}})$$
$$a_{\mathrm{Q}}(t)=\sum_{k=-\infty}^{\infty}a_{\mathrm{Q},k}g_{\mathrm{c}}(t-2kT_{\mathrm{b}}-T_{\mathrm{b}})\tag{7-4-7}$$

式中，$a_{\mathrm{I},k}$、$a_{\mathrm{Q},k}$ 取值为 ±1。I、Q 两路基带信号 $a_{\mathrm{I}}(t)$、$a_{\mathrm{Q}}(t)$ 的波形如图 7-4-6 所示。作为 OQPSK，I 路和 Q 路的符号周期 $T_{\mathrm{s}}=2T_{\mathrm{b}}$，同时 Q 路的信号要比 I 路偏移 T_{b} 时间。I 路的第 k 个符号 $a_{\mathrm{I},k}$ 在区间 $[2kT_{\mathrm{b}},(2k+2)T_{\mathrm{b}}]$ 内发送，Q 路的第 k 个符号 $a_{\mathrm{Q},k}$ 在区间 $[(2k+1)T_{\mathrm{b}},(2k+3)T_{\mathrm{b}}]$ 内发送。

在 $a_{\mathrm{I},k}$ 符号区间 $[2kT_{\mathrm{b}},(2k+2)T_{\mathrm{b}}]$ 内，I 路信号为

$$\begin{aligned}a_{\mathrm{I}}(t)&=a_{\mathrm{I},k}g_{\mathrm{c}}(t-2kT_{\mathrm{b}})\\&=a_{\mathrm{I},k}\sin\left[\frac{\pi(t-2kT_{\mathrm{b}})}{2T_{\mathrm{b}}}\right]\\&=a_{\mathrm{I},k}\cos\left[\frac{\pi(t-2kT_{\mathrm{b}}-T_{\mathrm{b}})}{2T_{\mathrm{b}}}\right]\end{aligned}\tag{7-4-8}$$

如图 7-4-6 所示，此区间内会遇到两个 Q 路符号 $a_{\mathrm{Q},k-1}$ 和 $a_{\mathrm{Q},k}$。

在 $a_{\mathrm{I},k}$ 符号区间的前一半区间 $[2kT_{\mathrm{b}},(2k+1)T_{\mathrm{b}}]$ 内，Q 路信号为

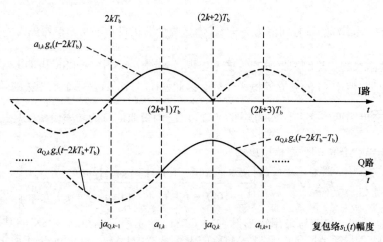

图 7-4-6　I、Q 两路基带信号波形

$$a_Q(t) = a_{Q,k-1}g_c(t-2kT_b+T_b)$$
$$= a_{Q,k-1}\sin\left[\frac{\pi(t-2kT_b+T_b)}{2T_b}\right] \quad (7\text{-}4\text{-}9)$$
$$= a_{Q,k-1}\cos\left[\frac{\pi(t-2kT_b)}{2T_b}\right]$$

此区间内 OQPSK 的复包络为

$$s_L(t) = a_{I,k}\sin\left[\frac{\pi(t-2kT_b)}{2T_b}\right] + ja_{Q,k-1}\cos\left[\frac{\pi(t-2kT_b)}{2T_b}\right]$$
$$= ja_{Q,k-1}\left\{\cos\left[\frac{\pi(t-2kT_b)}{2T_b}\right] - ja_{Q,k-1}a_{I,k}\left[\sin\frac{\pi(t-2kT_b)}{2T_b}\right]\right\}$$
$$= ja_{Q,k-1}\left\{\cos\left[a_{Q,k-1}a_{I,k}\frac{\pi(t-2kT_b)}{2T_b}\right] - j\sin\left[a_{Q,k-1}a_{I,k}\frac{\pi(t-2kT_b)}{2T_b}\right]\right\} \quad (7\text{-}4\text{-}10)$$
$$= ja_{Q,k-1}\exp\left(-j\pi a_{Q,k-1}a_{I,k}\frac{t-2kT_b}{2T_b}\right)$$

根据式（7-4-10）中的第一个等式可知，在区间 $[2kT_b,(2k+1)T_b]$ 的起点 $t=2kT_b$ 处，$s_L(2kT_b)=ja_{Q,k-1}$；在终点 $t=2kT_b+T_b$ 处，$s_L(2kT_b+T_b)=a_{I,k}$。在区间 $[2kT_b,(2k+1)T_b]$ 内，$s_L(t)$ 的幅度为 1，角度匀速变化，$s_L(t)$ 从 $ja_{Q,k-1}$ 移动到 $a_{I,k-1}$，幅度不变，相位旋转了 $\pm\pi/2$，对应频率为 $-a_{Q,k-1}a_{I,k}\frac{1}{4T_b}$。

同理可知，在 $a_{I,k}$ 符号区间的后一半区间 $[(2k+1)T_b,(2k+2)T_b]$ 内，Q 路的信号为

$$a_Q(t) = a_{Q,k}g_c(t-2kT_b-T_b) = a_{Q,k}\sin\left[\frac{\pi(t-2kT_b-T_b)}{2T_b}\right] \quad (7\text{-}4\text{-}11)$$

复包络为

$$s_L(t) = a_{I,k}\cos\left[\frac{\pi(t-2kT_b-T_b)}{2T_b}\right] + ja_{Q,k}\sin\left[\frac{\pi(t-2kT_b-T_b)}{2T_b}\right]$$
$$= a_{I,k}\left\{\cos\left[\frac{\pi(t-2kT_b-T_b)}{2T_b}\right] + ja_{Q,k}a_{I,k}\sin\left[\frac{\pi(t-2kT_b-T_b)}{2T_b}\right]\right\} \quad (7\text{-}4\text{-}12)$$

$$= a_{\mathrm{I},k} \exp\left(\mathrm{j}\pi a_{\mathrm{Q},k} a_{\mathrm{I},k} \frac{t - 2kT_{\mathrm{b}} - T_{\mathrm{b}}}{2T_{\mathrm{b}}} \right)$$

我们易知在区间的起点处 $s_{\mathrm{L}}(2kT_{\mathrm{b}} + T_{\mathrm{b}}) = a_{\mathrm{I},k}$，在区间的终点处 $s_{\mathrm{L}}(2kT_{\mathrm{b}} + 2T_{\mathrm{b}}) = \mathrm{j}a_{\mathrm{Q},k}$。在区间 $[(2k+1)T_{\mathrm{b}}, (2k+2)T_{\mathrm{b}}]$ 内，$s_{\mathrm{L}}(t)$ 的幅度为 1，角度匀速变化，$s_{\mathrm{L}}(t)$ 从 $a_{\mathrm{I},k}$ 移动到 $\mathrm{j}a_{\mathrm{Q},k}$，幅度不变，相位旋转了 $\pm\pi/2$，对应频率为 $a_{\mathrm{I},k} a_{\mathrm{Q},k} \dfrac{1}{4T_{\mathrm{b}}}$。

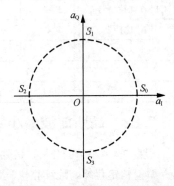

图 7-4-7　与 MSK 等效的 OQPSK 星座图

总之，对于任意 n，$s_{\mathrm{L}}(t)$ 的幅度始终为 1，角度则匀速变化；在 $t = nT_{\mathrm{b}}$ 时刻，$s_{\mathrm{L}}(nT_{\mathrm{b}})$ 位于 ±1 或 $\pm\mathrm{j}$。图 7-4-7 展示出了与 MSK 等效的 OQPSK 星座图。图 7-4-7 中星座点沿虚线圆旋转，在每个 T_{b} 时间内，旋转角度大小都是 $\pi/2$，旋转方向取决于输入的数据，例如，若输入的数据是 $b_0 b_1 b_2 b_3 = 1011$，映射到 ±1 后为 $(-1, +1, -1, -1)$，串并变换后 $a_{\mathrm{I},0} = -1$、$a_{\mathrm{Q},0} = +1$、$a_{\mathrm{I},1} = -1$、$a_{\mathrm{Q},1} = -1$，相应的星座点转移路径是 $S_2 \rightarrow S_1 \rightarrow S_2 \rightarrow S_3$（$-1 \rightarrow +\mathrm{j} \rightarrow -1 \rightarrow -\mathrm{j}$）。

由于 $s_{\mathrm{L}}(t)$ 在圆周上变化，故可以写成如下形式。

$$s_{\mathrm{L}}(t) = \mathrm{e}^{\mathrm{j}\varphi(t)} \tag{7-4-13}$$

式（7-4-13）说明此 OQPSK 信号实际是一个角度调制信号。根据前面的讨论，在每个比特周期内，相位 $\varphi(t)$ 匀速变化，其一阶导数只有 $\pm\pi/2T_{\mathrm{b}}$ 两种取值，因此一阶导数是一个双极性 NRZ 信号。

$$\frac{\mathrm{d}\varphi(t)}{\mathrm{d}t} = \frac{\pi}{2T_{\mathrm{b}}} \sum_{i=-\infty}^{\infty} p_i g(t - iT_{\mathrm{b}}) \tag{7-4-14}$$

式中，$g(t)$ 是持续时间为 $[0, T_{\mathrm{b}}]$、高度为 1 的矩形脉冲，$p_i \in \{\pm1\}$。

根据复包络，这里可以写出已调信号的表达式为

$$s(t) = \mathrm{Re}\left\{ s_{\mathrm{L}}(t) \mathrm{e}^{\mathrm{j}2\pi f_{\mathrm{c}} t} \right\} = \cos\left[2\pi f_{\mathrm{c}} t + \frac{\pi}{2T_{\mathrm{b}}} \int_{-\infty}^{t} \sum_{i=-\infty}^{\infty} p_i g(\tau - iT_{\mathrm{b}}) \mathrm{d}\tau \right] \tag{7-4-15}$$

这是一个以 $a(t) = \sum_i p_i g(t - iT_{\mathrm{b}})$ 为基带调制信号的 FM 信号。在 p_i 取值不同的区间内有不同的频率，$s(t)$ 可以表示为

$$s(t) = \begin{cases} s_1(t) = \cos\left[2\pi\left(f_{\mathrm{c}} - \dfrac{1}{4T_{\mathrm{b}}} \right)t + \phi_i \right], & p_i = -1 \\[4mm] s_2(t) = \cos\left[2\pi\left(f_{\mathrm{c}} + \dfrac{1}{4T_{\mathrm{b}}} \right)t + \phi_i \right], & p_i = +1 \end{cases} \tag{7-4-16}$$

式（7-4-16）说明此 OQPSK 是一个 2FSK 信号，且 $s_1(t)$ 和 $s_2(t)$ 的频差是 $1/2T_{\mathrm{b}}$，这个频差使 $s_1(t)$ 和 $s_2(t)$ 满足式（7-2-20）中的正交条件。由此可知，此 OQPSK 信号就是以 $\{p_i\}$ 为符号序列的 MSK 信号。

根据式（7-4-10）、式（7-4-12）可知，p_i 应为

$$\begin{cases} p_{2k} = -a_{\mathrm{Q},k-1} a_{\mathrm{I},k} \\ p_{2k+1} = a_{\mathrm{I},k} a_{\mathrm{Q},k} \end{cases} \tag{7-4-17}$$

式（7-4-17）就阐释图 7-4-3 中的预编码关系。

以上分析均说明 MSK 是一种采用了特定基带成形脉冲的 OQPSK，如图 7-4-3 所示。对于相同的二进制数据输入，如果图 7-4-3 中的预编码满足式（7-4-17），则图 7-4-3（a）和图 7-4-3（b）两个调制器所产生的已调信号是完全相同的。

【例题 7-4-2】　表 7-4-1 给出了一个 MSK 预编码示例。图 7-4-8 给出了与表 7-4-1 对应的 I 波形、Q 波形、已调信号波形以及相位路径。

表 7-4-1　MSK 预编码示例

MSK 比特序号 n	−2	−1	0	1	2	3	4	5	6	7	8	9
QPSK 比特序号 k	−1	0		1		2		3		4		5
输入比特 b_n	0	0	0	0	0	1	1	0	1	0	0	1
$a_{I,k}$		+1		+1		+1		−1		−1		+1
$a_{Q,k}$	+1		+1		+1		−1		−1		+1	
p_n	+1	−1	+1	−1	+1	+1	+1	+1	−1	+1	+1	+1

7.4.2　高斯滤波最小频移键控

　　根据 7.4.1 小节的分析，可知 MSK 已调信号是具有恒定包络、连续相位、最小频差的正交（调制指数为 1/2）2FSK，其功率谱比 QPSK 和 OQPSK 功率谱密度在主瓣以外衰减加快（衰减速度从 $1/f^2$ 加快到 $1/f^4$）。然而，MSK 的带外辐射仍难以满足许多移动通信和卫星通信系统的要求。追根溯源可以发现，这是因为 MSK 调制器输入的基带信号 $a(t)$ 为一个不连续的双极性 NRZ 信号，并且已调 MSK 信号的相位 $\varphi(t)$ 虽然是连续的，但在码元转换时刻有拐点，其导数不

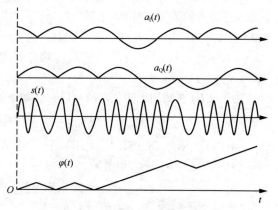

图 7-4-8　与表 7-4-1 对应的波形

连续。为进一步降低 MSK 的功率谱密度旁瓣，我们可在图 7-4-3（b）的 FM 调制之前加一个预调制滤波器来改造基带波形 $a(t)$，使其本身和尽可能高阶的导数都变成 t 的连续函数，从而得到更好的频谱特性。如图 7-4-9 所示，在 MSK 调制之前加入一个高斯滤波器得到的就是**高斯滤波最小频移键控**（Gaussian Filtered Minimum Shift Keying，GMSK）。

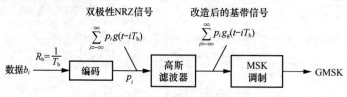

图 7-4-9　GMSK 调制

高斯低通滤波器的单位冲激响应和传输函数都具有高斯函数的形式，有

$$h(t) = \frac{\sqrt{\pi}}{\alpha} \exp\left(-\frac{\pi^2}{\alpha^2} t^2\right)$$
$$H(f) = \exp\left(-\alpha^2 f^2\right)$$

（7-4-18）

式中，参数 α 决定了高斯滤波器的 3dB 带宽 B，故 $\alpha B = \sqrt{\dfrac{\ln 2}{2}} \approx 0.5887$。对于给定的比特速率 $1/T_b$，当 $BT_b \to \infty$ 时，$H(f)$ 的 3dB 带宽趋于无穷，即 $H(f) \to 1$，而 $h(t) \to \delta(t)$，相当于去掉了图 7-4-9 中的高斯滤波器，因此 MSK 可被视为 GMSK 在 $BT_b \to \infty$ 时的特例。第二代移动通信系统 GSM 采用的是 $BT_b = 0.3$ 的 GMSK。

　　加入高斯滤波器后，MSK 调制器输入端基带信号的基本脉冲波形将由矩形脉冲变为高斯滤波

器对矩形脉冲的响应。

$$g_{\mathrm{g}}(t) = \int_{-\infty}^{\infty} \mathrm{rect}\left(\frac{\tau}{T_{\mathrm{b}}}\right) h(t-\tau)\mathrm{d}\tau$$

$$= \frac{1}{4T_{\mathrm{b}}}\left\{\mathrm{erfc}\left[B\pi\sqrt{\frac{2}{\ln 2}}\left(t-\frac{T_{\mathrm{b}}}{2}\right)\right] - \mathrm{erfc}\left[B\pi\sqrt{\frac{2}{\ln 2}}\left(t+\frac{T_{\mathrm{b}}}{2}\right)\right]\right\}$$

（7-4-19）

已调信号相位路径取决于其积分，则

$$q(t) = \int_{-\infty}^{t} g_{\mathrm{g}}(\tau)\mathrm{d}\tau \tag{7-4-20}$$

图 7-4-10 展示出了 $BT_{\mathrm{b}}=0.3$ 与 $BT_{\mathrm{b}}=\infty$ 时 $g_{\mathrm{g}}(t)$ 与 $q(t)$ 的波形。式（7-4-20）给出的 $q(t)$ 持续时间为无限且非因果，这一点在实际工作中是无法实现的，只能通过截短近似的方法来因果化。图 7-4-10（b）中截短在 $3T_{\mathrm{b}}$ 区间，其左侧纵坐标轴即为因果设计下的时间原点。

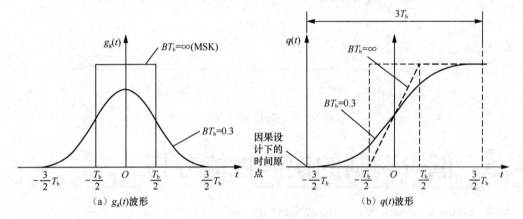

图 7-4-10　$g_{\mathrm{g}}(t)$ 与 $q(t)$ 的波形

高斯滤波器输出的基带信号 $a(t) = \sum\limits_{i=-\infty}^{\infty} p_i g_{\mathrm{g}}(t-iT_{\mathrm{b}})$ 经 MSK 调制后，得到 GMSK 信号。由于滤波后的脉冲波形 $g_{\mathrm{g}}(t)$ 既无跳变（不连续）也无拐点（不平滑），因此 GMSK 相位路径得以进一步平滑，功率谱密度旁瓣也得以显著降低。

作为角度调制信号，GMSK 信号表达式为

$$s(t) = \cos\left[2\pi f_{\mathrm{c}}t + \varphi(t)\right] = \cos[\varphi(t)]\cos(2\pi f_{\mathrm{c}}t) - \sin[\varphi(t)]\sin(2\pi f_{\mathrm{c}}t) \tag{7-4-21}$$

其中

$$\varphi(t) = \pi\int_{-\infty}^{t}\sum_{i=-\infty}^{\infty} p_i g_{\mathrm{g}}(\tau-iT_{\mathrm{b}})\mathrm{d}\tau = \pi\sum_{i=-\infty}^{\infty} p_i q(t-iT_{\mathrm{b}}) \tag{7-4-22}$$

由式（7-4-21）的 GMSK 信号正交形式及式（7-4-22）的相位表达式可以构成一种 GMSK 的数字化实现方式，其数字化实现示意图如图 7-4-11 所示。图 7-4-11 中的"计算相位"是根据式（7-4-22）进行计算而得到的。q 函数值和正弦、余弦值（通过查表来获取）都可以提前存储。这种 GMSK 调制器称为波形存储正交调制器，其好处是避免了复杂的滤波器实现且灵活性好。

7.4.1 小节指出带预编码的 MSK 等价于一个采用了特定成形脉冲的 OQPSK。

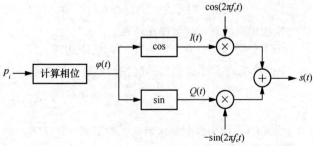

图 7-4-11　GMSK 的数字化实现示意图

对 $BT_b = 0.3$ 的 GMSK 来说，我们需要把 MSK 中的 $g_c(t) = \sin\left(\dfrac{\pi t}{2T_b}\right)\text{rect}\left(\dfrac{t-T_b}{2T_b}\right)$ 换成以下形式。

$$g_{cg}(t) = \sin[\psi(t)]\sin[\psi(t+T_b)]\sin[\psi(t+2T_b)] \qquad （7-4-23）$$

式中，$\psi(t)$ 是一个定义在 $[0,6T_b]$ 上的函数，其表达式为

$$\psi(t) = \begin{cases} \pi q(t), & t < 3T_b \\ \pi\left[\dfrac{1}{2} - q(t-3T_b)\right], & t \geqslant 3T_b \end{cases} \qquad （7-4-24）$$

图 7-4-12 展示出了 $g_{cg}(t)$ 和 $\psi(t)$ 的波形。

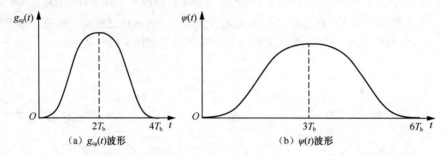

（a）$g_{cg}(t)$ 波形　　　　　　　　　　（b）$\psi(t)$ 波形

图 7-4-12　$g_{cg}(t)$ 与 $\psi(t)$ 的波形

7.5　低阶调制的误码性能分析

在数字通信中，调制阶数通常用来描述调制信号在一个符号周期内的波形状态个数。在本书中，我们将调制阶数为 4 及 4 以下的数字调制称为低阶调制，相应地将调制阶数为 4 以上的数字调制统称为高阶调制。在数字通信系统中，信道噪声有可能使传输码元产生错误，错误程度通常用误码率来衡量。在 7.2～7.4 节中，我们详细地讨论了低阶数字调制系统的原理。本节将讨论在无码间串扰的情况下，低阶调制系统中由信道噪声所引起的误码率。

7.5.1　2ASK 误码性能分析

由 7.2 节可知，2ASK 信号的解调方法有相干解调和非相干解调两种。下面将分别讨论这两种解调方法的误码率。

1．相干解调误码性能

接收器将判决器输入端的样值（判决量）y_k 与合适的门限值 V_{th} 进行比较以得到判决结果。由于实际信道中存在噪声，因此可能出现判决错误。当发送 1 时，有可能出现 $y_k < V_{th}$ 的情况，从而将 1 误判为 0；同样地，当发送 0 时，有可能出现 $y_k > V_{th}$ 的情况，从而将 0 误判为 1。这种判决错误出现的概率就是**误比特率**。

为了分析误比特率，先来推导 y_k 的表达式。

图 7-2-7（b）中 B 点经匹配滤波器后的解调器输出基带信号，其可表示为

$$y(t) = A\sum_{i=-\infty}^{\infty} b_i p(t-iT_b) + n_1(t) \qquad （7-5-1）$$

当 $h_e(t)$ 设计为匹配滤波器且系数取 $K = 1/\sqrt{2E_g}$ 时，式（7-5-1）中噪声 $n_1(t)$ 的方差为 $n_0/2$，$p(t)$ 为

$$p(t) = \int_{-\infty}^{\infty} g(t-\tau)h_e(\tau)\mathrm{d}\tau$$

$$= \frac{1}{\sqrt{2E_g}}\int_{-\infty}^{\infty} g(t-\tau)g(t_0-\tau)\mathrm{d}\tau \qquad (7\text{-}5\text{-}2)$$

$$= \frac{1}{\sqrt{2E_g}}R_g(t-t_0)$$

式中，$R_g(x) = \int_{-\infty}^{\infty} g(t)g(t+x)\mathrm{d}t$ 是 $g(t)$ 的自相关函数，$R_g(0) = E_g$ 是 $g(t)$ 的能量。

假设系统设计满足奈奎斯特准则，则 $p(t)$ 按时刻 $t_i = t_0 + iT_b (i = 0, \pm1, \pm2, \cdots)$ 采样后只有一项不为 0，即

$$p(t_0 + iT_b) = \begin{cases} \dfrac{1}{\sqrt{2E_g}}R_g(0), i = 0 \\ 0, \qquad\qquad i \neq 0 \end{cases} = \begin{cases} \sqrt{\dfrac{E_g}{2}}, i = 0 \\ 0, \quad i \neq 0 \end{cases} \qquad (7\text{-}5\text{-}3)$$

因此判决器输入端的采样值为

$$y_k = y(t_0 + kT_b) = b_k\sqrt{E_1} + n_k = b_k\sqrt{2E_b} + n_k \qquad (7\text{-}5\text{-}4)$$

式中，$n_k = n_1(t_0 + kT_b)$ 是零均值高斯随机变量，其方差为 $\sigma^2 = n_0/2$。发送 1 时，对应 1 个符号已调信号 $Ag(t-kT_b)\cos(2\pi f_c t + \phi)$ 的能量为 $E_1 = A^2 E_g/2$。由于数据中的 0、1 等概率出现，且发送 0 时的信号能量为 0，故 2ASK 平均每个比特的发送能量为 $E_b = E_1/2$。

式（7-5-4）与第 6 章的式（6-5-7）等价。在 6 章中我们已经推导了单极性星座图的二进制数字信号在最佳接收和最佳判决下的误码率，由式（6-6-35）给出：

$$P_s = P_b = Q\left(\sqrt{\frac{E_b}{n_0}}\right) \qquad (7\text{-}5\text{-}5)$$

这里从 2ASK 相干解调（见图 7-2-7（b））开始，直接导出误比特率，其由发 1 时误判为 0 的概率及发 0 时误判为 1 的概率（两个条件差错概率）按发 1 和发 0 的先验概率加权求和得到。

发送数据 $b_k = 0$ 时，$y_k = n_k$。根据式（7-2-9）的判决规则，当 $y_k = n_k > V_{th}$ 时会错判为 1，其概率为

$$\Pr\{n_k > V_{th}\} = \Pr\left\{\frac{n_k}{\sigma} > \frac{V_{th}}{\sigma}\right\} = Q\left(\frac{V_{th}}{\sigma}\right) \qquad (7\text{-}5\text{-}6)$$

式中，$Q(\cdot)$ 是标准正态分布的右尾函数。n_k 是均值为 0、方差为 $\sigma^2 = \dfrac{n_0}{2}$ 的高斯随机变量，$\dfrac{n_k}{\sigma}$ 是均值为 0、方差为 1 的标准高斯随机变量。

发送数据 $b_k = 1$ 时，当 $y_k = \sqrt{2E_b} + n_k < V_{th}$ 时会错判为 0，其概率为 $\Pr\{n_k < -\sqrt{2E_b} + V_{th}\}$。根据噪声分布的对称性，可得

$$\Pr\{n_k < -\sqrt{2E_b} + V_{th}\} = \Pr\{n_k > \sqrt{2E_b} - V_{th}\} = Q\left(\frac{\sqrt{2E_b} - V_{th}}{\sigma}\right) \qquad (7\text{-}5\text{-}7)$$

当数据中 0、1 等概率出现时，平均误比特率为

$$P_b = \frac{1}{2}Q\left(\frac{\sqrt{2E_b} - V_{th}}{\sigma}\right) + \frac{1}{2}Q\left(\frac{V_{th}}{\sigma}\right) \qquad (7\text{-}5\text{-}8)$$

式（7-5-8）表明 P_b 是门限 V_{th} 的函数。为了获得最小的误比特率，我们可以令此函数对门限 V_{th} 的导数为 0，得到最佳判决门限为

$$V_{\text{th}} = \frac{\sqrt{E_1}}{2} = \sqrt{\frac{E_b}{2}} \qquad (7\text{-}5\text{-}9)$$

实际上，根据对称性，我们可以直接得出极点的位置。设 $f(x)$ 是任意单调减函数，则 $f(x_0 - x) + f(x)$ 的极点位于 $x = x_0/2$ 处。

式（7-5-9）表明最佳门限是无噪声时 y_k 的两种可能取值的中点。将最佳门限代入式（7-5-8），经计算，可得 2ASK 相干解调的误比特率为

$$P_b = Q\left(\sqrt{\frac{E_b}{n_0}}\right) \qquad (7\text{-}5\text{-}10)$$

可见，相干解调达到了最佳接收的误码性能。

2. 非相干解调误码性能

图 7-2-11 中的带通滤波器设计为匹配滤波器时，可以最大限度地抑制加性高斯白噪声的影响。但由于在非相干解调中没有同步载波，接收端不知道接收信号 $b_k Ag(t - kT_b)\cos(2\pi f_c t + \phi)$ 的相位 ϕ，故无法对带通信号进行精确匹配。此时可以考虑忽略精确相位信息而仅对复包络进行匹配，即让 $h(t)$ 的等效基带冲激响应 $h_e(t)$ 与 $g(t)$ 匹配。接收信号经过这样的带通滤波器后，输出信号 $y(t)$ 的复包络为

$$y_L(t) = Ae^{j(\phi-\theta)} \sum_{i=-\infty}^{\infty} b_i p(t - iT_s) + n_I(t) + jn_Q(t) \qquad (7\text{-}5\text{-}11)$$

理想包络检波器的输出是输入带通信号的包络，即复包络的模。利用式（7-5-3）可得到式（7-5-11）的模在 $t = t_0 + kT_b$ 时刻的采样值为

$$y_k = \left| e^{j(\phi-\theta)} b_k \sqrt{2E_b} + n_I(t_k) + jn_Q(t_k) \right| = \left| b_k \sqrt{2E_b} + z_k \right| \qquad (7\text{-}5\text{-}12)$$

式中，$z_k = e^{-j(\phi-\theta)}[n_I(t_k) + jn_Q(t_k)] = z_{k,I} + jz_{k,Q}$。由噪声的性质可知，$z_k$ 的实部 $z_{k,I}$ 和虚部 $z_{k,Q}$ 是均值为 0 的独立高斯随机变量，方差均为 $n_0/2$。

可以看出，虽然式（7-5-11）中的相位项 $e^{j(\phi-\theta)}$ 对接收器来说是未知量，但通过式（7-5-12）中的取模操作后，该未知量被消除，使无噪声时的判决量与相干解调完全一样。无噪声时 y_k 的两个可能取值仍然是 $\sqrt{2E_b}$ 和 0。接下来推导误比特率时，我们先仿照相干解调的情形，将图 7-2-11 中的判决门限 V_{th} 也取为这两个可能取值的中点，即 $V_{\text{th}} = \sqrt{E_b/2}$。

发送 $b_k = 1$ 时，判决量是赖斯分布的随机变量，则

$$y_k = \left| \sqrt{2E_b} + z_{k,I} + jz_{k,Q} \right| \qquad (7\text{-}5\text{-}13)$$

通过赖斯分布的积分来求发 1 时错判为 0 的概率难以得到显性表达式。但类似于 AM 包络检波中的分析，高信噪比时近似有

$$y_k \approx \sqrt{2E_b} + z_{k,I} \qquad (7\text{-}5\text{-}14)$$

错判发生在 $y_k = \sqrt{2E_b} + z_{k,I} < V_{\text{th}}$ 时，其概率与相干解调中的式（7-5-7）一样，为 $Q\left(\dfrac{\sqrt{2E_b} - V_{\text{th}}}{\sigma}\right) = Q\left(\sqrt{\dfrac{E_b}{n_0}}\right)$。

发送 $b_k = 0$ 时，判决量 $y_k = \left| z_{k,I} + jz_{k,Q} \right|$ 是瑞利分布的随机变量，其概率密度函数为

$$f_y(x) = \frac{x}{\sigma^2} \exp\left(-\frac{x^2}{2\sigma^2}\right), x \geq 0 \qquad (7\text{-}5\text{-}15)$$

误判成 1 的概率为

$$\Pr\{y_k > V_{\text{th}}\} = \int_{V_{\text{th}}}^{\infty} \frac{x}{\sigma^2} \exp\left(-\frac{x^2}{2\sigma^2}\right) \mathrm{d}x = \exp\left(-\frac{V_{\text{th}}^2}{2\sigma^2}\right) = \exp\left(-\frac{E_{\text{b}}}{2n_0}\right) \tag{7-5-16}$$

0、1 等概率出现时的平均误比特率为

$$P_{\text{b}} = \frac{1}{2} Q\left(\sqrt{\frac{E_{\text{b}}}{n_0}}\right) + \frac{1}{2} \exp\left(-\frac{E_{\text{b}}}{2n_0}\right) \tag{7-5-17}$$

在高信噪比条件下，可以忽略式（7-5-17）中的第一项，得到 2ASK 非相干解调的误比特率近似为

$$P_{\text{b}} \approx \frac{1}{2} \exp\left(-\frac{E_{\text{b}}}{2n_0}\right) \tag{7-5-18}$$

需要说明的是，对于非相干解调，由于发送 1 和发送 0 时，y_k 的分布不对称（一个近似是高斯，另一个是瑞利），所以理想门限并不是无噪声 y_k 取值的中点，而是瑞利分布与赖斯分布曲线的交点。在高信噪比条件下，近似有 $V_{\text{th}} = \sqrt{E_{\text{b}}/2}$。

7.5.2　BPSK 误码性能分析

在第 6 章中我们已经推导了双极性星座图的二进制数字信号在理想接收和理想判决下的误码率如式（6-6-34）所示：$P_{\text{b}} = Q\left(\sqrt{\dfrac{2E_{\text{b}}}{n_0}}\right)$，因此本节直接针对 BPSK 信号进行分析。BPSK 解调只能采用相干解调方式。无论 $g(t)$ 是矩形脉冲还是根号升余弦脉冲，判决器输入的样值 y_k 的推导过程与 2ASK 中的式（7-5-1）～式（7-5-4）类似，只需要注意在 BPSK 中发送数据 $b_k = 0$ 以及 $b_k = 1$ 时的比特能量都是 E_{b}（信号幅度 A 与平均符号能量 $E_{\text{s}} = E_{\text{b}}$ 之间的关系不同于 2ASK），最终得到判决输入为

$$y_k = a_k \sqrt{E_{\text{b}}} + n_k \tag{7-5-19}$$

式中 $a_k = 1 - 2b_k = (-1)^{b_k}$，$n_k$ 是均值为 0、方差为 $n_0/2$ 的高斯随机变量。式（7-5-19）与式（7-5-4）的差别仅在于等式右边第一项系数的取值。

无噪声的情况下，y_k 可能的两个取值是 $\pm\sqrt{E_{\text{b}}}$。根据对称性，理想判决门限应取为中点 $V_{\text{th}} = 0$，判决函数为

$$\varphi(y_k) = \begin{cases} 1, & y_k > 0 \\ 0, & y_k < 0 \end{cases} \tag{7-5-20}$$

发送 $b_k = 1$（$a_k = -1$）而判错为 0 的概率是 $\Pr\{n_k > \sqrt{E_{\text{b}}}\}$，发送 $b_k = 0$（$a_k = +1$）而判错为 1 的概率是 $\Pr\{n_k < -\sqrt{E_{\text{b}}}\} = \Pr\{n_k > \sqrt{E_{\text{b}}}\}$，整理后得到 BPSK 的误比特率为

$$P_{\text{b}} = Q\left(\sqrt{\frac{2E_{\text{b}}}{n_0}}\right) \tag{7-5-21}$$

比较式（7-5-10）与式（7-5-21），可知在相同 E_{b}/n_0 的条件下，BPSK 的误比特率比 2ASK 更低。在相同误比特率要求下，BPSK 需要的 E_{b}/n_0 仅为 2ASK 相干解调的一半，即 BPSK 的抗噪声性能相对于 2ASK 相干解调有 3dB 的改善。

7.5.3　2FSK 误码性能分析

1．相干解调误码性能

在采用匹配滤波器的 2FSK 相干解调器（见图 7-2-20）中，判决量的推导过程可以参考 2ASK。注意对于正交 2FSK，图 7-2-20 的下支路输出 $y_{2,k}$ 中不含 $s_{\text{ASK1}}(t)$ 的贡献，上支路输出 $y_{1,k}$ 中不含 $s_{\text{ASK2}}(t)$ 的贡献，另外每个 2ASK 发送 1 时的能量都是 $E_1 = E_{\text{b}}$，故得

$$y_{1,k} = (1-b_k)\sqrt{E_b} + n_{1,k}$$
$$y_{2,k} = b_k\sqrt{E_b} + n_{2,k} \qquad (7\text{-}5\text{-}22)$$
$$y_k = y_{1,k} - y_{2,k} = a_k\sqrt{E_b} + n_k$$

式中 $a_k = 1 - 2b_k = (-1)^{b_k} \in \{\pm 1\}$，$n_{1,k}$、$n_{2,k}$ 是均值为 0、方差为 $n_0/2$ 的独立高斯随机变量，$n_k = n_{1,k} - n_{2,k}$。因为两路正交，且 $n_{1,k}$、$n_{2,k}$ 独立，所以 n_k 是均值为 0、方差为 n_0 的高斯随机变量。

式（7-5-22）中的 y_k 与式（7-5-19）中 y_k 的差别仅在于噪声 n_k 的方差增加了一倍，类比可知理想判决门限是 0，误比特率为

$$P_b = Q\left(\sqrt{\frac{E_b}{n_0}}\right) \qquad (7\text{-}5\text{-}23)$$

比较式（7-5-23）与式（7-5-10），可知在 E_b/n_0 相同的条件下，2FSK 和 2ASK 相干解调的抗噪声性能相同，但要注意平均比特能量 E_b 与载波幅度 A 的关系。假设基带脉冲是矩形，脉冲 2ASK 发送 0 时能量为 0，发送 1 时能量为 $A^2 T_b/2$，平均比特能量 $E_b = A^2 T_b/4$。2FSK 发送 1 或者发送 0 时的能量相同，平均比特能量 $E_b = A^2 T_b/2$。固定 n_0 情况下，如果平均比特能量 E_b 相同，则 2ASK 与 2FSK 的误比特率相同。但如果载波幅度 A 相同，则 2ASK 的平均比特能量比 2FSK 小，此时 2ASK 的误比特率比 2FSK 高。

2．非相干解调误码性能

在 2FSK 相干解调器（见图 7-2-21）中，对于正交 2FSK，2FSK 中的两个 2ASK 在采样时刻互不干扰。参考 2ASK 非相干解调中的推导可得上、下两路包络样值为

$$y_{1,k} = \left|(1-b_k)\sqrt{E_b} + z_{1,k}\right|$$
$$y_{2,k} = \left|b_k\sqrt{E_b} + z_{2,k}\right| \qquad (7\text{-}5\text{-}24)$$

式中，$z_{1,k}, z_{2,k}$ 是两个独立同分布的复高斯随机变量，其实部和虚部是独立同分布的零均值高斯随机变量，方差是 $\sigma^2 = n_0/2$。

两路判决量 $y_{1,k}$ 和 $y_{2,k}$ 的统计特性相同，根据这种对称性，可知理想判决门限为 0。将 $y_k = y_{1,k} - y_{2,k}$ 与 0 比较等同于比较 $y_{1,k}$ 和 $y_{2,k}$，故判决函数为

$$\varphi(y_k) = \begin{cases} 0, & y_{1,k} > y_{2,k} \\ 1, & y_{1,k} < y_{2,k} \end{cases} \qquad (7\text{-}5\text{-}25)$$

发送 $b_k = 0$ 时，$y_{1,k} = \left|\sqrt{E_b} + z_{1,k}\right|$ 服从赖斯分布，其概率密度函数为

$$f_1(x) = \frac{x}{\sigma^2} e^{-\frac{x^2 + E_b}{2\sigma^2}} I_0\left(\frac{x\sqrt{E_b}}{\sigma^2}\right), x \geqslant 0 \qquad (7\text{-}5\text{-}26)$$

式中，$I_0(\bullet)$ 是第一类零阶修正贝塞尔函数。

此时 $y_{2,k} = |z_{2,k}|$ 服从瑞利分布，其概率密度函数为

$$f_2(x) = \frac{x}{\sigma^2} e^{-\frac{x^2}{2\sigma^2}}, x \geqslant 0 \qquad (7\text{-}5\text{-}27)$$

若 $y_{2,k} > y_{1,k}$，则判决出错，其概率为

$$\Pr\{y_{1,k} < y_{2,k}\} = \iint\limits_{y<x} f_1(y) f_2(x) \mathrm{d}x\mathrm{d}y$$
$$= \int_0^\infty \left[\int_y^\infty f_2(x)\mathrm{d}x\right] f_1(y)\mathrm{d}y \qquad (7\text{-}5\text{-}28)$$

$$= \int_0^\infty e^{-\frac{x^2}{2\sigma^2}} \frac{x}{\sigma^2} e^{-\frac{x^2+E_b}{2\sigma^2}} I_0\left(\frac{x\sqrt{E_b}}{\sigma^2}\right) dx$$

$$= \int_0^\infty \frac{x}{\sigma^2} e^{-\frac{2x^2+E_b}{2\sigma^2}} I_0\left(\frac{x\sqrt{E_b}}{\sigma^2}\right) dx$$

令 $\tilde{\sigma}^2 = 2\sigma^2$，并进行变量代换 $\tilde{x} = 2x$，故式（7-5-28）可整理为

$$\Pr\{y_{1,k} < y_{2,k}\} = \frac{1}{2} \int_0^\infty \frac{\tilde{x}}{\tilde{\sigma}^2} e^{-\frac{\tilde{x}^2+2E_b}{2\tilde{\sigma}^2}} I_0\left(\frac{\tilde{x}\sqrt{E_b}}{\tilde{\sigma}^2}\right) d\tilde{x}$$

$$= \frac{1}{2} e^{-\frac{E_b}{2\tilde{\sigma}^2}} \int_0^\infty \frac{\tilde{x}}{\tilde{\sigma}^2} e^{-\frac{\tilde{x}^2+E_b}{2\tilde{\sigma}^2}} I_0\left(\frac{\tilde{x}\sqrt{E_b}}{\tilde{\sigma}^2}\right) d\tilde{x}$$

（7-5-29）

式（7-5-29）中的被积函数是服从赖斯分布的变量 $\tilde{x}$ 的概率密度函数，其在整个定义域上的积分为 1，因此

$$\Pr\{y_{1,k} < y_{2,k}\} = \frac{1}{2} e^{-\frac{E_b}{2n_0}}$$

（7-5-30）

根据对称性，发送 $d_k = 1$ 时的条件错误概率也是 $\frac{1}{2} e^{-\frac{E_b}{2n_0}}$。因而平均误比特率为

$$P_b = \frac{1}{2} e^{-\frac{E_b}{2n_0}}$$

（7-5-31）

此结果与式（7-5-18）2ASK 非相干解调的误比特率相同，但式（7-5-18）是高信噪比条件下的近似式，而式（7-5-31）是准确式。

【例题 7-5-1】　分别采用 BPSK、2ASK 和 2FSK 来传输相同数据速率的数字基带信号，已知给定基带脉冲为矩形，BPSK 的载波幅度 $A_1 = 1(\text{V})$，在高斯白噪声下要达到相同的误比特率，求 2ASK 和 2FSK 采用相干解调时各自所需的载波幅度 A_2、A_3。

解：由于 3 种信号的误码率相同，因此平均比特能量为

$$E_{b(2\text{ASK})} = E_{b(2\text{FSK})} = 2E_{b(\text{BPSK})}$$

2ASK 的平均功率为 $\frac{1}{2} \cdot \frac{A_2^2}{2}$，2FSK 的平均功率为 $\frac{A_3^2}{2}$，BPSK 的平均功率为 $\frac{A_1^2}{2} = \frac{1}{2}(\text{W})$，由于数据速率 R_b 相同，则可知 $\frac{1}{2} \cdot \frac{A_2^2}{2} = \frac{A_3^2}{2} = 2 \cdot \frac{A_1^2}{2}$，故

$$A_2 = 2(\text{V}),\ A_3 = \sqrt{2}(\text{V})$$

7.5.4　2DPSK 误码性能分析

在此我们只考虑 2DPSK 相干解调的情况，即先经 BPSK 相干解调恢复出相对码 $\hat{c}_k$，再经差分译码恢复出发送的二进制数字信息 $\hat{b}_k = \hat{c}_k \oplus \hat{c}_{k-1}$，如图 7-2-24 所示。假设所接收已调信号的载波是 $\cos(2\pi f_c t + \phi)$，接收端采用平方法、科斯塔斯环或其他方法提取出的载波是 $\cos(2\pi f_c t + \theta)$。在载波提取环路锁定期间，采用平方法/科斯塔斯环提取的载波相位 θ 的取值或者是 ϕ，或者是 $\phi + \pi$，始终保持不变。当系统重启或是环路失锁重捕后，载波提取环路将重新锁定在一个新的 θ 上，与 ϕ 或同步或反相。若 $\theta = \phi + \pi$，将使图 7-2-24 中判决其输入的样值 y_k 极性反转，所有判决结果取反，此时载波提取的相位模糊会导致判决得到的相对码 $\hat{c}_k$ 出现 0、1 倒置问题。

判决器输出的相对码可以表示为

$$\hat{c}_k = c_k \oplus e_p \oplus e_k \tag{7-5-32}$$

式中，e_p 代表相位模糊的影响：若 $\theta = \phi$ 则 $e_p = 0$，表示正确接收数据；若 $\theta = \phi + \pi$ 则 $e_p = 1$，表示所有数据全部反相。注意 e_p 由载波提取电路决定，该值只在电路重启时变化。e_k 代表噪声引起的 BPSK 判决误码，$e_k = 1$ 表示 c_k 的判决出错，$e_k = 0$ 表示判决正确。e_k 由噪声决定，每个比特遇到的噪声是独立的，因此 $\{e_k\}$ 是独立同分布的 0、1 随机序列，$e_k = 1$ 的概率就是 BPSK 的误比特率。

差分译码器的输出为

$$\hat{b}_k = \hat{c}_k \oplus \hat{c}_{k-1} = c_k \oplus e_p \oplus e_k \oplus c_{k-1} \oplus e_p \oplus e_{k-1} = b_k \oplus e_k \oplus e_{k-1} \tag{7-5-33}$$

可见差分译码器的输出不受 e_p 影响，即 2DPSK 可以克服相位模糊的影响。译码结果出现差错（$\hat{b}_k \neq b_k$）的条件是：e_k 和 e_{k-1} 中有且仅有一个是 1。e_k 或 e_{k-1} 为 1 的概率是 BPSK 的误比特率 $Q\left(\sqrt{\dfrac{2E_b}{n_0}}\right)$，因此 2DPSK 相干解调的误比特率为

$$P_b = 2Q\left(\sqrt{\frac{2E_b}{n_0}}\right)\left[1 - Q\left(\sqrt{\frac{2E_b}{n_0}}\right)\right] \tag{7-5-34}$$

当信噪比较高时，$Q\left(\sqrt{\dfrac{2E_b}{n_0}}\right)$ 远小于 1，此时 2DPSK 的误比特率近似是 BPSK 误比特率的 2 倍。直观来说，BPSK 的每一个判决得到的 $\hat{c}_k$ 在差分译码中会影响相邻两个比特。因此，$\hat{c}_k$ 这一个比特传输出错可能导致译码结果出现一对差错，即差分译码会引起误码传播。

7.5.5　QPSK 误码性能分析

假设 QPSK 的比特速率是 R_b，发送信号 $s(t)$ 的平均功率是 P，则 QPSK 信号平均每个比特的能量是 $E_b = P / R_b = PT_b$。QPSK 信号包含 I、Q 两个 BPSK，它们各自的功率是 $P/2$，各自传输比特速率是 $R_b/2$，因此每个 BPSK 的比特能量是 $(P/2)/(R_b/2) = P/R_b = E_b$。根据式（7-5-21），可得每个 BPSK 的误比特率为

$$P_b = Q\left(\sqrt{\frac{2E_b}{n_0}}\right) \tag{7-5-35}$$

图 7-3-1 中 QPSK 正交调制器输入端的每个比特要么通过 I 路传输，要么通过 Q 路传输。无论是通过 I 路传输还是通过 Q 路传输，接收端出错的概率都是式（7-5-35）中的结果，因此 QPSK 的误比特率也是式（7-5-35）中的结果。

QPSK 的每个符号 $(b_{I,k}, b_{Q,k})$ 有两个比特，其中任何一个错就是符号出错，只有两者都不出错的情况下符号判决结果才是正确的。I 路和 Q 路的判决是独立的，因此 QPSK 的误符号率为

$$P_s = 1 - (1 - P_b)^2 = P_b(2 - P_b) = Q\left(\sqrt{\frac{E_s}{n_0}}\right)\left[2 - Q\left(\sqrt{\frac{E_s}{n_0}}\right)\right] \tag{7-5-36}$$

式中，$E_s = 2E_b$ 是 QPSK 的符号能量。当信噪比较高时，误符号率近似是误比特率的 2 倍。

$$P_s \approx 2Q\left(\sqrt{\frac{E_s}{n_0}}\right) \tag{7-5-37}$$

与 QPSK 相比，OQPSK 只是将 Q 路信号延迟了 $T_b = T_s/2$，延迟不改变错误率，因此 OQPSK 的误比特率与 QPSK 相同。

类似于 2DPSK，DQPSK 相干解调是先按 QPSK 进行相干解调后进行差分译码，其误比特率

公式也是式（7-5-34）。

7.5.6　MSK 误码性能分析

由于图 7-4-3 中带预编码的 MSK 与采用特定基带成形脉冲的 OQPSK 完全等价，因此带有预编码的 MSK 的接收可以采用图 7-3-5 中的 OQPSK 相干解调接收方案。采用匹配滤波器接收时，QPSK 的错误率性能与基带脉冲形状无关，故带预编码的 MSK 的误比特率性能和 QPSK 相同，误比特率公式也是式（7-5-35）。

需要指出的是，GMSK 信号功率谱特性的改善是以误比特率性能的降低为代价的。高斯滤波器的带宽越窄，输出功率谱密度越紧凑，误比特率性能变得越差。在恒参信道、AWGN 噪声背景下 GMSK 误比特率性能下降较少，但对于移动通信系统的快速瑞利衰落信道特性，误比特率性能下降更多。

7.5.7　二进制调制误码性能对比

图 7-5-1 给出了前述各种基本二进制调制的误比特率曲线。可以看出，相同 E_b/n_0 的条件下，BPSK 的误比特率性能最好，2ASK 和 2FSK 非相干解调得最差，且二者性能相当。除 BPSK 只能相干解调之外，2ASK、2FSK、2DPSK 既可以相干解调，也可以非相干解调，相干解调的性能优于非相干解调。

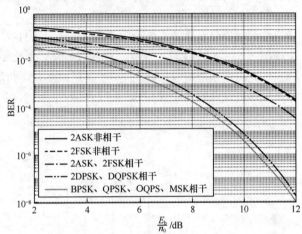

图 7-5-1　二进制调制的误比特率曲线

7.6　多进制调制

在前面几节中，我们基本上是把数字调制理解为：将模拟调制中的模拟基带信号替换为数字基带信号，就形成了数字调制。本节将从另一个角度来讨论数字调制。

首先，介绍信号空间和多进制调制的一般情形。

信号空间是向量空间的一种，其"向量"是能量有限的信号波形，其"内积"是两个信号 $u(t)$ 与 $v(t)$ 之间的相关运算。

$$\langle u, v \rangle = \int_{-\infty}^{\infty} u(t)v(t)\mathrm{d}t \tag{7-6-1}$$

容易验证，式（7-6-1）所定义的内积满足正定、交换律、线性等性质。信号空间也称为 L_2 空间，相应也有长度、欧式距离、角度等概念。

波形 $v(t)$ 的"长度"平方是它与自身的内积，也就是信号的能量。

$$\|v\|^2 = \langle v, v \rangle = \int_{-\infty}^{\infty} v^2(t)\mathrm{d}t = E_v \tag{7-6-2}$$

两个波形 $v_1(t)$ 和 $v_2(t)$ 的"欧氏距离"平方是其差的能量。

$$\|v_1 - v_2\|^2 = \int_{-\infty}^{\infty} \left[v_1(t) - v_2(t)\right]^2 \mathrm{d}t \tag{7-6-3}$$

设 $v(t)$ 的能量是 E_v，则 $v(t)/\sqrt{E_v}$ 的能量是 1。在信号空间中，这个能量归一化的信号 $v(t)/\sqrt{E_v}$

是一个单位向量，代表信号空间中的一个"方向"。两个波形 $v_1(t)$ 和 $v_2(t)$ 的方向之间的"夹角"为

$$\cos(\theta) = \left\langle \frac{v_1}{\|v_1\|}, \frac{v_2}{\|v_2\|} \right\rangle = \int_{-\infty}^{\infty} \frac{v_1(t)}{\sqrt{E_1}} \cdot \frac{v_2(t)}{\sqrt{E_2}} \mathrm{d}t \tag{7-6-4}$$

式中，E_1、E_2 分别是 $v_1(t)$ 和 $v_2(t)$ 的能量。内积为 0 对应 $v_1(t)$ 和 $v_2(t)$ 垂直，也叫正交。

若 $\phi_1(t), \phi_2(t), \cdots, \phi_N(t)$ 是 N 维信号空间 $\boldsymbol{S}$ 的一组完备正交基，则 N 维信号空间 $\boldsymbol{S}$ 中的每一个波形都可以分解成 N 个正交基函数的线性组合 $s(t) = \sum_{i=1}^{N} s_i \phi_i(t)$，对应 N 维实数空间 $\mathbf{R}^N$ 中的一个点 $\boldsymbol{s} = (s_1, s_2, \cdots, s_N)$，其坐标值 $s_i = \int_{-\infty}^{\infty} s(t) \phi_i(t) \mathrm{d}t$。

M 进制数字调制需要预先设计出 M 个波形 $s_1(t), s_2(t), \cdots, s_M(t)$。可将每个 $s_m(t)$ 分解成 N 个正交基函数的线性组合，从而使 $s_m(t)$ 对应到一个实数向量 $\boldsymbol{s}_m = (s_{m,1}, s_{m,2}, \cdots, s_{m,N})$。$\boldsymbol{s}_m$ 是 N 维实数空间 $\mathbf{R}^N$ 中的一个点，所有 M 个点的集合 $\mathcal{A} = \{\boldsymbol{s}_1, \boldsymbol{s}_2, \cdots, \boldsymbol{s}_M\}$ 就是 M 进制调制的星座图。我们可以把 M 进制调制信号设计的工作分为两部分：一是设计完备正交基函数 $\phi_1(t), \phi_2(t), \cdots, \phi_N(t)$；二是设计星座图 $\mathcal{A} = \{\boldsymbol{s}_1, \boldsymbol{s}_2, \cdots, \boldsymbol{s}_M\}$。确定了星座图和基函数之后，$M$ 个发送信号 $s_1(t), s_2(t), \cdots, s_M(t)$ 便已经确定，此时调制器可以按照图 7-6-1 所示来实现。每次输入的 n 个比特将选出一个星座点，从存储器中读出该点的 N 个坐标 $(a_1, a_2, \cdots, a_N) \in \mathcal{A} = \{\boldsymbol{s}_1, \boldsymbol{s}_2, \cdots, \boldsymbol{s}_M\}$，将存储的基函数按 N 个坐标值加权求和得到发送波形（M 个发送波形中的某一个）。

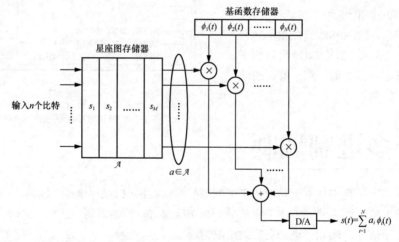

图 7-6-1　数字调制的一般实现方法

同样也可以把接收信号看成是 $\mathbf{R}^N$ 中的一个点。发送某个 $s(t) \in \{s_1(t), s_2(t), \cdots, s_M(t)\}$，通过加性高斯白噪声信道后收到 $r(t) = s(t) + n(t)$。其中 $n(t)$ 是功率谱密度为 $n_0 / 2$ 的噪声，$r(t)$ 中所含白噪声的功率无限大，因此 $\phi_1(t), \phi_2(t), \cdots, \phi_N(t)$ 对 $r(t)$ 来说不完备，对 $r(t)$ 进行分解后会有剩余。

$$r(t) = \sum_{i=1}^{N} y_i \phi_i(t) + n_r(t)$$

$$y_i = \int_{-\infty}^{\infty} r(t) \phi_i(t) \mathrm{d}t, \, i = 1, \cdots, N \tag{7-6-5}$$

虽然向量 $\boldsymbol{y} = (y_1, y_2, \cdots, y_N)$ 只能代表接收信号 $r(t)$ 的一部分，但因为 $n_r(t)$ 是纯噪声，不包含发送信息，故舍弃 $n_r(t)$ 不会造成性能损失。于是，解调器可以设计成图 7-6-2 所示的一般形式，其中相关器也可以用匹配滤波器来代替。

图 7-6-2 中的每个系数可以表示为

$$y_i = s_i + z_i, \; i = 1, 2, \cdots, N \tag{7-6-6}$$

无噪声时，$y_i = s_i$ 是 $s(t)$ 正交分解后的系数。无信号 $s(t)$ 时，$y_i = z_i$ 是加性高斯白噪声分解后的系数，根据高斯白噪声的性质可知，$z_1, z_2, \cdots, z_N$ 是独立同分布的零均值高斯随机变量，方差均为 $n_0 / 2$。

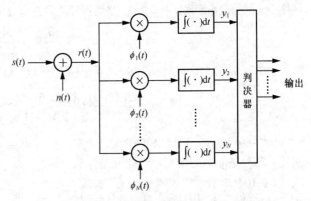

将接收信号 $r(t)$ 转换为向量 $\boldsymbol{y} = (y_1, y_2, \cdots, y_N)$ 之后，图 7-6-2 中的"判决器"需要根据向量 $\boldsymbol{y}$ 来推断发送的点究竟是 $\mathcal{A} = \{ \boldsymbol{s}_1, \boldsymbol{s}_2, \cdots, \boldsymbol{s}_M \}$ 中的哪一个。判决器本身是一个从 $\mathbf{R}^N$ 到 $\mathcal{A}$ 的映射函数。

$$\varphi : \mathbf{R}^N \to \mathcal{A} \qquad (7\text{-}6\text{-}7)$$

判决器的设计就是对判决函数 $\varphi(\boldsymbol{y})$ 的设计。理想的判决器应当使错误率最小，

图 7-6-2　解调器的一般形式

相应的判决函数应符合最大后验概率准则。在星座点等概率出现时，MAP 准则等价于最大似然准则。进一步地，如果 $\boldsymbol{y}$ 中的噪声 $\boldsymbol{z} = (z_1, z_2, \cdots, z_N)$ 的元素是独立同分布的高斯随机变量，则按 ML 准则判决等价于按欧氏距离的远近来判决，即认为发送的星座点是 $\mathcal{A}$ 中离 $\boldsymbol{y}$ 最近的。

7.6.1　MASK

考虑信号空间维数 $N = 1$，取基函数为

$$\phi(t) = \sqrt{\frac{2}{E_g}} g(t) \cos(2\pi f_c t) \qquad (7\text{-}6\text{-}8)$$

式中 $g(t)$ 是能量为 E_g 的基带成形脉冲，它可以是矩形脉冲或根号升余弦脉冲，也可以是其他脉冲。式中取系数 $\sqrt{\dfrac{2}{E_g}}$ 是为了使基函数的能量归一化。

一维星座图 $\mathcal{A} = \{ s_1, s_2, \cdots, s_M \}$ 是一条直线上的 M 个点，如图 7-6-3 所示。注意图 7-6-3 中的记号 A 代表一个非负实数。发送某个 $a \in \mathcal{A}$ 时，已调信号为

$$s(t) = a\phi(t) = a\sqrt{\frac{2}{E_g}} g(t) \cos(2\pi f_c t) \qquad (7\text{-}6\text{-}9)$$

称此信号为 MASK 信号。

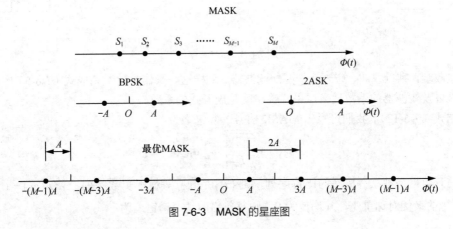

图 7-6-3　MASK 的星座图

BPSK 和 2ASK 是 MASK 在 $M = 2$ 时的特例。

图 7-6-3 中还给出了理想一维星座图。理想星座图是以原点为中心，对称，等距离布置了 M 个点。星座点之间的最小距离 $d_{\min} = 2A$，平均符号能量 $E_s = A^2(M^2-1)/3$。归一化最小星座点间距离平方为

$$\frac{d_{\min}^2}{E_s} = \frac{12}{M^2-1} \tag{7-6-10}$$

由式（6-6-25）、式（6-6-29），对于任意的 M，MASK 的误符号率为

$$p_s = \frac{2(M-1)}{M} Q\left(\sqrt{\frac{6}{M^2-1}\frac{E_s}{n_0}}\right) = \frac{2(M-1)}{M} Q\left(\frac{A}{\sqrt{n_0/2}}\right) \tag{7-6-11}$$

图 7-6-4 展示出了 MASK 的误符号率曲线。随着进制数的增高，性能变差。从式（7-6-10）来看，当进制数 M 很大时，$d_{\min}^2/E_s$ 近似与 M^2 成反比。进制数 M 提高一倍（每符号携带的比特数增加 1bit）时，为了维持相同的 $d_{\min}^2$，E_s 需要提高到 4 倍（6dB）。图 7-6-4 中 $M=2$、4、8、16 对应 SER $=10^{-6}$ 所需的 E_s/n_0 分别是 10.53dB、17.67dB、23.95dB 和 30.05dB。随着 M 增大，间隔趋向于 6dB。

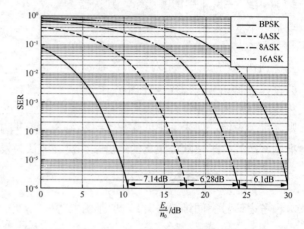

图 7-6-4　MASK 的误符号率曲线

图 7-6-5 是 MASK 系统。串并变换将输入的比特流按 $n = \log_2 M$ 进行分组，每组是一个符号，符号间隔 $T_s = nT_b$。第 k 个符号映射为星座点 $a_k \in \mathcal{A} = \{s_1, s_2, \cdots, s_M\}$，然后经过基带脉冲成形以及对单频正弦波的 DSB 调制后得到 MASK 已调信号为

$$s(t) = \sqrt{\frac{2}{E_g}}\left[\sum_{k=-\infty}^{\infty} a_k g(t-kT_s)\right]\cos(2\pi f_c t) \tag{7-6-12}$$

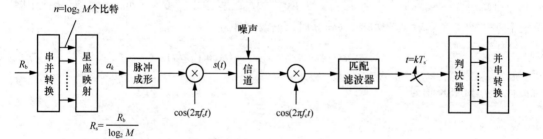

图 7-6-5　MASK 系统

在接收端，乘以载波、通过基带匹配滤波器、采样这些操作等效于完成式（7-6-5）中的展开。如果载波以及滤波器的系数适当，采样输出就是展开式的系数。

根据式（7-6-12），我们可写出 MASK 信号的复包络为

$$s_L(t) = \sqrt{\frac{2}{E_g}}\left[\sum_{k=-\infty}^{\infty} a_k g(t-kT_s)\right] \tag{7-6-13}$$

若信息数据是独立等概率的比特序列，则 $\{a_k\}$ 是独立等概率实数序列，且 $E[a_k^2] = E_s$。考虑图 7-6-3 中的最优对称星座，其均值为 0，则复包络的功率谱密度为

$$P_L(f) = P_s \frac{2}{E_g}|G(f)|^2 \tag{7-6-14}$$

式中，$P_s = E_s / T_s$ 是 $s(t)$ 的平均功率。式（7-6-12）中是一个 DSB 信号，根据频谱搬移关系可得到 $s(t)$ 的功率谱密度为

$$P_s(f) = \frac{P_s}{2E_g} \left[\left| G(f - f_c) \right|^2 + \left| G(f + f_c) \right|^2 \right] \tag{7-6-15}$$

采用矩形脉冲或根号升余弦脉冲时 MASK 的功率谱密度如图 7-6-6 所示。

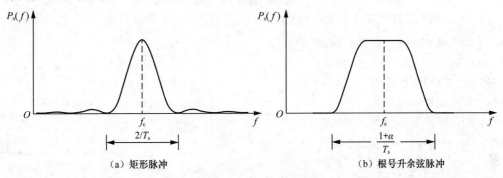

（a）矩形脉冲 （b）根号升余弦脉冲

图 7-6-6 MASK 的功率谱密度

无论是矩形脉冲还是根号升余弦脉冲，MASK 的信号带宽与符号速率 $R_s = 1/T_s$ 成正比。给定比特速率 R_b 时，符号速率 $R_s = R_b / \log_2 M$ 随着进制数 M 的增加而减小，因此 MASK 的频谱效率 $\frac{R_b}{B} = \log_2 M \cdot \frac{R_s}{B}$ 与 $\log_2 M$ 成正比。M 每增加一倍时，频谱效率增加 1(bit/s)/Hz。结合误符号率来看，频谱效率每增加 1(bit/s)/Hz 时，E_s / n_0 相应需要增加约 6dB。

式（7-6-15）对任意重心在原点（即均值为 0）的 MASK 星座图都成立，且与 M 的取值无关。如果星座图的重心不在原点，MASK 的功率谱中将存在离散线谱分量。

7.6.2 QAM

从 I/Q 调制的角度来说，MASK 只用了 I 路。类似于用 I、Q 两个 BPSK 构成正交相移键控，我们也可以用两个载波正交的 ASK 构成**正交幅度调制**。矩形星座 MQAM 的系统如图 7-6-7 所示。其中，M 进制 QAM 符号携带 $\log_2 M$ 个比特，其中一半通过 I 路的 ASK 传输，另一半通过 Q 路的 ASK 传输，每个 ASK 符号携带的比特数是 $\frac{1}{2} \log_2 M = \log_2 \sqrt{M}$，因此 M 进制 QAM 是两个 $\sqrt{M}$ 进制 ASK 的叠加。由于 $\sqrt{M}$ 是 2 的整幂，故 M 是 4 的整幂。

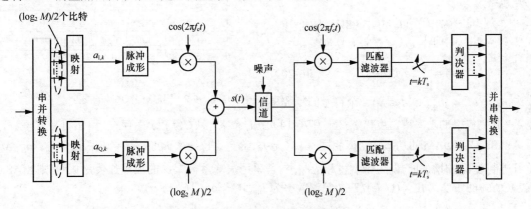

图 7-6-7 矩形星座 MQAM 的系统

QAM 的基函数就是两个正交 ASK 的基函数，则有

$$\begin{cases} \phi_1(t) = g(t)\cos(2\pi f_c t) \\ \phi_2(t) = -g(t)\sin(2\pi f_c t) \end{cases} \tag{7-6-16}$$

QAM 是二维调制，其星座图 $\mathcal{A}$ 是二维的。我们用复数 $a = a_I + ja_Q$ 表示 QAM 星座点，发送某个 $a = a_I + ja_Q \in \mathcal{A}$ 时，已调信号为

$$s(t) = a_I \phi_1(t) + a_Q \phi_2(t) \tag{7-6-17}$$

a_I、a_Q 取值的各种组合将形成一个正方点阵，故称为正方星座或矩形星座。图 7-6-8 展示出了 I、Q 两个 4ASK 星座图组合而成的 16QAM 星座图。图 7-6-8 中 4QAM（QPSK）、64QAM 也分别由 2ASK（BPSK）和 8ASK 组合形成。此图中，MQAM 的星座点最小距离和组成它的两个 $\sqrt{M}$ ASK 的星座点最小距离相同，均为 $d_{min} = 2A$，但一个 QAM 符号的能量是两个 ASK 符号能量之和，因此根据式（7-6-10），QAM 的归一化最小星座点间的距离平方为

$$\frac{d_{min}^2}{E_s} = \frac{1}{2} \cdot \frac{12}{(\sqrt{M})^2 - 1} = \frac{6}{M-1} \tag{7-6-18}$$

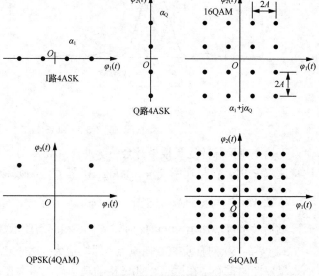

图 7-6-8　矩形星座的 MQAM

图 7-6-9 展示出了矩形星座 QAM 的误符号率曲线。在进制数相同的情况下，QAM 的性能明显比 ASK 好。若 M 提高为 $4M$（I 路和 Q 路各增加 1bit），则从式（7-6-18）来看，当进制数 M 很大时，为了维持相同的 d_{min}，E_s 需要提高到 4 倍（6dB）。图 7-6-14 中 M=4、16、64、256 对应 SER $=10^{-6}$ 所需的 E_s/n_0 分别是 11.01dB、18.13dB、24.40dB 和 30.50dB。

发送单个符号时，QAM 信号（见式（7-6-17））的复包络为

$$s_L(t) = a_I g(t) + ja_Q g(t) = ag(t) \tag{7-6-19}$$

发送符号序列时，QAM 信号的复包络为

$$s_L(t) = \sum_{k=-\infty}^{\infty} a_k g(t - kT_s) \tag{7-6-20}$$

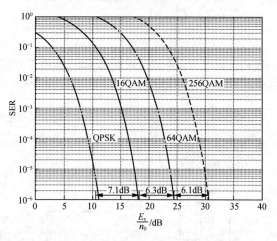

图 7-6-9　矩形星座 QAM 的误符号率曲线

式中，$a_k = a_{I,k} + ja_{Q,k} \in \mathcal{A}$ 是第 k 个符号的复数星座点。其复包络的功率谱密度仍然是式（7-6-14）中的结果，且 $G(f)$ 与 T_s 有关。给定符号速率 $1/T_s$ 后，MASK 或 MQAM 的功率谱密度相同，与 M 无关。给定比特速率 R_b 时，符号速率 $R_s = R_b/\log_2 M$ 随着进制数 M 的增加而减小，带宽也相应减小。若采用滚降系数为 α 的根号升余弦脉冲，则 MASK 或 MQAM 的带宽为 $W = (1+\alpha)/T_s$，频谱效率为 $R_b/W = \log_2 M/(1+\alpha)$。

图 7-6-8 中的星座图之所以为正方点阵，是因为图 7-6-7 中 I 路和 Q 路的符号 a_I、a_Q 独立。广义的 QAM 不要求 a_I、a_Q 独立，所形成的星座图可以是复平面上的任意 M 个点。MASK 以及矩形

星座的 MQAM 只是一般 QAM 的特例：前者要求 M 个点布在一条过原点的直线上，后者要求 M 个点布为方阵。

任意星座时的 QAM 系统如图 7-6-10 所示。由于 $a_{1,k}$、$a_{Q,k}$ 有关联，因此不能像图 7-6-7 那样把 $n = \log_2 M$ 个比特分两半来分别进行一维调制，而是要用 n 个比特整体映射到复数星座图 $\mathcal{A}$ 的某个点上，接收端也必须要 I、Q 联合判决。除此之外，图 7-6-10 与图 7-6-7 并无区别，如它们的信号复包络都是式（7-6-19）中的结果；如果星座图重心在原点（均值为 0），则复包络的功率谱密度都是式（7 6 14）中的结果。实际上，QAM 的频谱效率只与星座图中的点数 $M = |\mathcal{A}|$ 有关，与这些点的具体坐标无关。

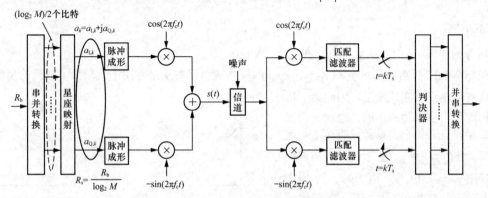

图 7-6-10　任意星座的 QAM 系统

给定星座图中的总点数 M 后，各个星座点的不同布局会有不同的抗噪声性能，表现为误符号率的不同。例如，对比图 7-6-4 和图 7-6-9 可以看出，16ASK 的抗噪声性能要比 16QAM 差很多，在 SER $= 10^{-6}$ 处大约相差 12dB。

7.6.3　MFSK

星座图的维数从一维（ASK）扩展到二维（QAM）后，抗噪声性能会有显著的提升。这一点也容易理解：在一条直线上布置 M 个点时，空间局促，点与点之间的距离相对比较小；如果是在平面上布点，空间开阔，点与点之间的距离就可以较大；如果空间维数更大，自然能有更好的效果。M 个向量至多构成一个 M 维空间，因此 M 进制调制的维数最多为 $N = M$。

考虑维数最大的情况。构造 $N = M$ 个正交基函数的方法有很多，比如频率间隔适当的不同频率的正弦波就是正交的。

$$\begin{cases} \phi_1(t) = \cos(2\pi f_1 t) \\ \phi_2(t) = \cos(2\pi f_2 t) \\ \quad\vdots \\ \phi_M(t) = \cos(2\pi f_M t) \end{cases}, 0 \leqslant t \leqslant T_s \qquad (7\text{-}6\text{-}21)$$

能使式（7-6-21）中各个载波保持正交的最小频差是 $1/(2T_s)$。

星座图方面，在 M 维空间中布 M 个点最简单的方法是在每个坐标轴上各布一个点，则有

$$\begin{cases} s_1 = (\sqrt{E_s}, 0, 0, \cdots, 0) \\ s_2 = (0, \sqrt{E_s}, 0, \cdots, 0) \\ \quad\vdots \\ s_M = (0, 0, \cdots, 0, \sqrt{E_s}) \end{cases} \qquad (7\text{-}6\text{-}22)$$

星座图为式（7-6-22）的调制，称为 M 进制正交调制。在 M 进制正交调制中，若基函数是式（7-6-21），则称为 M 进制移频键控（MFSK）。2FSK 是 MFSK 在 $M = 2$ 时的特例。

图 7-6-11 展示出了 2FSK 及 3FSK 的星座图。由于四维以上无法图示，因此图中给出了 3FSK 星座图。从原点看过去，MFSK 的所有星座点都位于半径为 $\sqrt{E_s}$ 的球面上，并且任意两个星座点之间的距离都是 $\sqrt{2E_s}$，是球半径的 $\sqrt{2}$ 倍。固定符号能量为 E_s 时，星座点之间的距离与 M 无关。但如果固定比特能量为 E_b，则 $E_s = E_b \log_2 M$ 将随 M 的增加而增加，这意味着球半径扩大，位于球面上的星座点之间的距离扩大，抗噪声能力提升。这一点与 MQAM 相反，后者是 M 越大，抗噪声能力越差。具体来看归一化的 $d_{\min}^2$，固定 E_b 后，MFSK 以及矩形星座 MQAM 的 $d_{\min}^2$ 分别为

MFSK
$$d_{\min}^2 = E_b \cdot 2\log_2 M$$

MQAM
$$d_{\min}^2 = E_b \cdot \frac{6\log_2 M}{M-1} \tag{7-6-23}$$

可见随着 M 的增加，MQAM 的 $d_{\min}$ 在减小，MFSK 的 $d_{\min}$ 在增大。

在图 7-6-2 中，得到向量 $\boldsymbol{y} = (y_1, y_2, \cdots, y_M)$ 后，判决单元将从星座图中找出离 $\boldsymbol{y}$ 最近的星座点。

由于所有星座点都在球面上，因此离 $\boldsymbol{y}$ 最近的也就是与 $\boldsymbol{y}$ 夹角最小的，也就是内积最大的星座点。每个向量 $\boldsymbol{s}_i$ 只有第 i 个元素非零，故 $\langle \boldsymbol{y}, \boldsymbol{s}_i \rangle = y_i \sqrt{E_s}$。因此判决规则就是找出 y_1，y_2，$\cdots$，y_M 中的最大者。发送 $\boldsymbol{s}_i$ 的条件下，如果 y_i 不是向量 $\boldsymbol{y}$ 的最大元素，则判决出错。星座点距离固定时，M 越大，则 y_1，y_2，$\cdots$，y_M 中有其他元素比

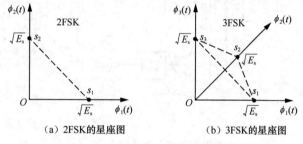

（a）2FSK 的星座图　　（b）3FSK 的星座图

图 7-6-11　2FSK 及 3FSK 的星座图

y_i 更大的机会就越多，因此可以预期的是：固定 E_s 的条件下，误符号率将随 M 的增大而增大；而在固定 E_b 的条件下，因为星座点之间的间距扩大，误符号率将随 M 的增大而减小。

图 7-6-12（a）、图 7-6-12（b）分别展示出了 MFSK 的误符号率随 E_s / n_0 及 E_b / n_0 变化的曲线。从图 7-6-12（a）中可以看出，给定 E_s / n_0 时，误符号率随 M 的增大而增大，但变化程度不算大；当 $\text{SER} = 10^{-6}$ 时，2FSK、4FSK、16FSK、256FSK 所需要的 E_s / n_0 分别是 13.5dB、13.9dB、14.4 dB 和 14.9dB；M 取平方时，E_s / n_0 大致恶化 0.5dB。从图 7-6-12（b）中可以看出，给定 E_b / n_0 时，SER 随 M 的增加而迅速减小；当 $\text{SER} = 10^{-6}$ 时，2FSK、4FSK、16FSK、256FSK 所需要的 E_b / n_0 分别是 13.5dB、10.9dB、8.4dB 和 5.9dB。

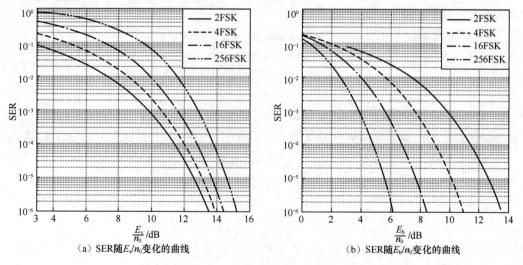

（a）SER 随 E_s/n_0 变化的曲线　　（b）SER 随 E_b/n_0 变化的曲线

图 7-6-12　MFSK 的误符号率曲线

MFSK 调制器的实现除了可以用图 7-6-1 所示这种通用方法外，也可以用键控方法，"开关控制"单元根据输入的 $n = \log_2 M$ 个比特的内容决定开关的连接位置。开关的切换速率 $R_s = R_b / n$，开关在每个位置上的停留时间 $T_s = nT_b$。对某一个载频来说，开关时而接通，时而断开，形成一个 2ASK。因此与 7.2 节类似，我们可以将 MFSK 信号看成是 M 个 2ASK 信号的叠加。若按主瓣带宽计算，MFSK 的带宽为

$$B = |f_M - f_1| + 2R_s \tag{7-6-24}$$

在频差按最小取值设计的情况下，相邻载波的频差是 $1/(2T_s) = R_s / 2$，主瓣带宽为

$$B = \frac{M-1}{2}R_s + 2R_s = \frac{M}{2}R_s + 1.5R_s \tag{7-6-25}$$

随着 M 的增加，频带利用率 R_b / B 单调下降。这一点与 MQAM 相反。

7.6.4 MPSK

若将星座图设计为 $\mathcal{A} = \left\{ \sqrt{E_s} e^{j\left(\frac{2\pi}{M}i + \varphi_0\right)}, i = 1, 2, \cdots, M \right\}$，其中 φ_0 是任意固定的相位，则 M 个星座点均匀布局在一个圆上，彼此的差别只有相位，如图 7-6-13 所示，称此为 MPSK。注意 QPSK 既是 4PSK 也是矩形星座的 4QAM。

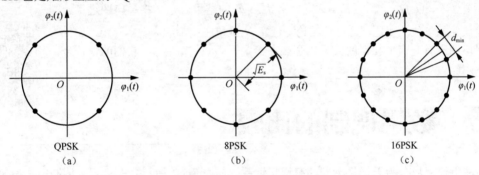

图 7-6-13 MPSK 星座图

MPSK 的每个星座点都有相同的能量 E_s。星座点间的最小距离是相邻两点之间的弦长，即 $d_{\min} = 2\sqrt{E_s} \sin\left(\frac{\pi}{M}\right)$。归一化最小星座点间距离为

$$\frac{d_{\min}^2}{E_s} = 4\sin^2\left(\frac{\pi}{M}\right) \tag{7-6-26}$$

这个结果比式 (7-6-10) 的结果大，说明在圆周上布点比在直线上布点有更大的间距。

图 7-6-14（a）中 8 个星座点均匀分布在半径为 1 的圆上。图 7-6-14（b）是把图 7-6-14（a）中的 s_0、s_2、s_4、s_6 这 4 个点向圆心方向推到小圆上，其中 s_4、s_5、s_6 形成了一个等边三角形。图 7-6-14（a）是 8PSK，根据式 (7-6-26)，可知 $d_{\min}^2 / E_s = 4\sin^2\left(\frac{\pi}{8}\right)$。图 7-6-14（b）中最小星座点之间的距离 $d_{\min} = |s_4 - s_6| = \frac{2}{1+\sqrt{3}}$，平均符号能量 $E_s = \frac{1}{2}\left[1 + \frac{2}{(1+\sqrt{3})^2}\right]$，其 $d_{\min}^2 / E_s$ 比

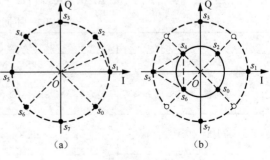

图 7-6-14 两种八进制星座图

8PSK 的大约 1.6dB。

与图 7-6-14（b）类似，在 4 个同心圆上各布置 4 个点所得到的十六进制星座图性能比正方星座的 16QAM 更好。给定 M 时，精心优化星座图的问题也叫星座成形。虽然优化星座能带来一定的性能增益，但由于复杂度等方面的原因，实际系统中应用最多的还是正方星座的 MQAM。

图 7-6-15 展示出了两个八进制星座图。图 7-6-15（b）是在图 7-6-15（a）中星座点旋转 45° 的基础上，将幅度按 $1:\dfrac{1}{\sqrt{2}}$ 的比例进行了缩小。

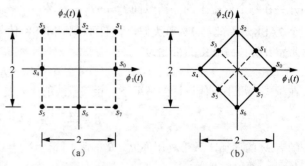

图 7-6-15 两个八进制星座图

数字调制的误码性能

图 7-6-15（a）中 s_0、s_2、s_4、s_6 离原点的距离是 1，能量均为 1。s_1、s_3、s_5、s_7 离原点的距离都是 $\sqrt{2}$，能量均为 2。因此，平均符号能量 $E_s = (1+2)/2 = 1.5$。从图 7-6-15（a）中可以看出最小星座点间距离 $d_{\min} = 1$，归一化的最小星座点间距离为 $d_{\min}^2 / E_s = 2/3$。图 7-6-15（b）的符号能量 $E_s = 0.75$，最小星座点间距离 $d_{\min} = 1/\sqrt{2}$，$d_{\min}^2 / E_s = 2/3$。由 $d_{\min}^2 / E_s$ 的结果可知，将星座图进行旋转或缩放并无实质性变化，且这个结论对任意 N 维星座图都成立。实际上，如果两个星座图具有几何上相似的关系，那么在给定 E_s / n_0 的条件下，它们的误符号率完全相同。

数字调制的星座图与噪声影响

7.7 数字调制的比较

数字调制可以分为**无记忆调制**和**有记忆调制**，如表 7-7-1 所示。在无记忆调制中，当前发送的信号只与当前输入的符号（$\log_2 M$ 个输入比特）有关，与过去符号无关。在有记忆调制中，当前发送的信号不仅与当前输入的符号有关，还与之前的输入有关。有记忆调制可以等效成先对信息进行某种预编码，然后进行无记忆调制。

表 7-7-1 无记忆调制和有记忆调制

无记忆调制	2ASK、2FSK、BPSK、QPSK、OQPSK、MASK、MPSK、MQAM、MFSK
有记忆调制	2DPSK、DQPSK、π/4-DQPSK、MSK、GMSK

数字调制所发送的波形是信号空间中的星座点，M 进制调制的星座图有 M 个点。按这 M 个点所在空间的维数（基函数的个数），我们可以将数字调制分为一维、二维和多维调制，如表 7-7-2 所示。

表 7-7-2 不同维数的数字调制

	调制方式	基函数
一维调制	2ASK、BPSK、MASK	$\phi(t) = g(t)\cos(2\pi f_c t)$
二维调制（I/Q）正交	MPSK、MQAM	$\phi_1(t) = g(t)\cos(2\pi f_c t)$ $\phi_2(t) = -g(t)\sin(2\pi f_c t)$
二维调制（频率正交）	2FSK	$\phi_1(t) = \cos(2\pi f_1 t),\ 0 \leq t \leq T_b$ $\phi_2(t) = \cos(2\pi f_2 t),\ 0 \leq t \leq T_b$
多维调制（频率正交）	MFSK	$\phi_i(t) = \cos(2\pi f_i t),\ 0 \leq t \leq T_s,\ i = 1,2,\cdots,M$

解调器有相干解调和非相干解调之分。如果解调器必须建立与发送信号同步的载波，就是相干解调，否则就是非相干解调。有些数字调制只能相干解调，有些数字调制既可以相干解调也可以非相干解调，如表 7-7-3 所示。一般来说，相干解调的抗噪声性能优于非相干解调的抗噪声性能，但在某些应用环境中，实现精确的载波同步代价太高，此时可以考虑非相干解调。

表 7-7-3　相干调制和非相干调制

只能相干解调	BPSK、QPSK、OQPSK、MASK、MPSK、MQAM
支持非相干解调	2ASK、2FSK、2DPSK、DQPSK、π/4-DQPSK、MSK、GMSK、MFSK

有些应用场合需要使用成本低、功率效率高的非线性放大器，要求已调信号对非线性失真不敏感，为此需要采用包络起伏低的调制方式。表 7-7-4 列出了不同调制方式的包络起伏情况。

表 7-7-4　包络起伏

恒包络	MSK、GMSK、2FSK、MFSK；采用矩形脉冲成形的 BPSK、2DPSK、QPSK、DQPSK、MPSK
包络起伏较小	采用升余弦滚降脉冲成形的 OQPSK、π/4-DQPSK
包络起伏较大	MQAM、MASK、2ASK；采用升余弦滚降脉冲成形的 BPSK、QPSK、MPSK

不同的调制方式有不同的带宽和频谱效率，如表 7-7-5 所示。数字调制的带宽与符号速率 $R_s = 1/T_s$ 成正比。对于一维调制、二维 I/Q 调制来说，如果给定比特速率，带宽随进制数 M 的增加而减小，因此提高进制数可以提高频谱利用率。但对 MFSK 来说，M 增加时带宽也增加，频带利用率随进制数的增加而减小。需要注意的是，主瓣带宽或者根号升余弦滚降的绝对带宽属于易于计算的简单带宽定义，虽然可以用来比较不同的系统，但不是实际工程中主要使用的带宽定义。工程中的带宽定义视具体情形而不同，例如许多系统对发送信号频谱的设计主要考虑的是对相邻通信信道的干扰，此时需要关注的是功率谱密度旁瓣高度。

表 7-7-5　不同调制方式的带宽和频谱效率

调制方式	带宽	频带利用率 Baud/Hz	频带利用率（bit/s）/Hz
矩形脉冲成形的一维调制以及二维 I/Q 调制	主瓣带宽为 $2/T_s$	0.5	$\frac{1}{2}\log_2 M$
滚降系数为 α 的根号升余弦脉冲成形的一维调制以及二维 I/Q 调制	$(1+\alpha)/T_s$	$1/(1+\alpha)$	$\frac{\log_2 M}{1+\alpha}$
MFSK（含 2FSK）	主瓣带宽最小为 $\dfrac{M+3}{2T_s}$	$\dfrac{2}{M+3}$	$\dfrac{2\log_2 M}{M+3}$

数字调制的可靠性用错误率来衡量。表 7-7-6 列出了相干解调的错误率公式，其中有一些是高信噪比条件下的近似式，注意 $\gamma_b = E_b/n_0$，$\gamma_s = E_s/n_0$。当进制数超过 2 时，MFSK 的误符号率没有闭式解，表 7-7-6 中给出的误符号率是一种称为联合界（Union Bound）的简单上界。

表 7-7-6　相干解调的错误率公式

	误符号率	误比特率
2ASK、2FSK	$Q(\sqrt{\gamma_b})$	
BPSK	$Q(\sqrt{2\gamma_b})$	
2DPSK	$2Q(\sqrt{2\gamma_b})[1-Q(\sqrt{2\gamma_b})]$	
QPSK、OQPSK、MSK	$2Q(\sqrt{\gamma_s})-Q^2(\sqrt{\gamma_s})$	$Q(\sqrt{2\gamma_b})$
MASK	$\dfrac{2(M-1)}{M}Q\left(\sqrt{\dfrac{6}{M^2-1}\gamma_s}\right)$	$\approx \dfrac{2(M-1)}{M\log_2 M}Q\left(\sqrt{\dfrac{6\log_2 M}{M^2-1}\gamma_b}\right)$
MPSK	$\approx 2Q\left(\sqrt{2\sin^2\dfrac{\pi}{M}\cdot\gamma_s}\right)$	$\approx \dfrac{2}{\log_2 M}Q\left(\sqrt{2\log_2 M\cdot\sin^2\dfrac{\pi}{M}\cdot\gamma_b}\right)$

续表

	误符号率	误比特率
MQAM（矩形星座）	$\approx 4\left(1-\dfrac{1}{\sqrt{M}}\right)Q\left(\sqrt{\dfrac{3\gamma_s}{M-1}}\right)$	$\approx \dfrac{4}{\log_2 M}\left(1-\dfrac{1}{\sqrt{M}}\right)Q\left(\sqrt{\dfrac{3\log_2 M\cdot\gamma_b}{M-1}}\right)$
MFSK	$\leqslant (M-1)Q\left(\sqrt{\gamma_s}\right)$	$\leqslant \dfrac{M}{2}Q\left(\sqrt{\log_2 M\cdot\gamma_b}\right)$

习题

一、基础题

7-1 假设在卫星收发器上采用 QPSK 信号传送数据速率为 30Mbit/s 的数据。收发器的带宽为 24MHz。

（1）若对卫星信号进行均衡以使其具有等效升余弦滤波器特性，所需的滚降系数 α 是多少？

（2）是否可找到滚降系数 α 支持 50Mbit/s 的数据速率？

7-2 在电话线信道上传输数字数据，假定对电话线 300Hz～2700Hz 的频段进行了均衡，且其输出信号与高斯噪声功率比为 25dB。

（1）采用 QPSK，求该系统的比特速率 R。

（2）将该结果与香农信道容量公式描述的理想数字信号方案的比特率 R 进行比较。

7-3 设发送数字序列为"+1 −1 −1 −1 −1 −1 +1"，试画出调制后的 MSK 信号的相位变化图。若码元速率为 1000Baud，载频为 3000Hz，试画出此 MSK 信号的波形。

7-4 在 MSK 系统中，设发送数字信息序列为 11001，若码元速率为 2000Baud，载波频率为 4000Hz。

（1）试画出 MSK 信号的时间波形和相位变化图（设初始相位为 0）。

（2）试画出 MSK 信号调制器的原理图。

（3）以主瓣宽度作为 MSK 信号的带宽，计算 MSK 信号的最大频带利用率（bit/s/Hz）。

7-5 设数据序列为 1100100，载波为 $\sin(4\pi t/T_b)$，基带脉冲 $g(t)$ 为矩形脉冲，试画出 OOK、BPSK、2DPSK 的波形。

7-6 用键控方式产生数据速率为 R_b 的 2FSK，设数据序列为 1100100，两个载波分别是 $\sin(2\pi R_b t)$ 和 $\sin(4\pi R_b t)$，试画出 2FSK 信号的波形。

7-7 给定基带脉冲为矩形脉冲，数据速率为 R_b，高斯白噪声的功率谱密度为 $n_0/2$，误比特率为 P_b，且已知此条件下 BPSK 的载波幅度为 $A_1=1$ V，求 OOK 和 2FSK 采用相干解调时各自所需的载波幅度 A_2、A_3。

7-8 设载波为 1800Hz，码元速率为 1200Baud，发送数字信息为 011010。

（1）若相位偏移 $\Delta\varphi=0°$ 代表"0"，$\Delta\varphi=180°$ 代表"1"，试画出这时的 2DPSK 信号波形。

（2）若相位偏移 $\Delta\varphi=270°$ 代表"0"，$\Delta\varphi=90°$ 代表"1"，试画出这时的 2DPSK 信号波形。

7-9 在二进制相移键控系统中，已知解调器输入端的信噪比为 $\gamma=10$dB，试分别求出相干解调 2PSK、相干解调和差分相关解调 2DPSK 信号时的系统误码率。

7-10 考虑 16PSK 和矩形星座的 16QAM，假设各星座点等概率出现，分别按下列条件求这两个星座图的最小星座点间距离平方的比值。

（1）16PSK 和 16QAM 信号的最大幅度相同。

（2）16PSK 和 16QAM 信号的平均功率相同。

二、提高题

7-11 一个二进制基带信号先通过滚降系数为 0.5 的升余弦滚降滤波器，然后调制到载波上。信息产生速率为 64kbit/s。试计算：

（1）所产生的 2ASK 信号的零点带宽；

（2）当传号频率为 150kHz，空号频率为 155kHz 时，所产生的 FSK 信号的近似带宽。

7-12 证明 2FSK 信号的近似传输带宽为 $W = 2R_b\left(1 + \dfrac{h}{2}\right)$，式中 h 为数字调制指数，R_b 为比特速率。

7-13 采用 8PSK 调制传输数据速率为 4800bit/s 的数据，试求：

（1）最小理论带宽是多少？

（2）若采用滚降系数为 α=0.5 升余弦滚降设计，需要的传输带宽是多少？

（3）在（1）条件下，若传输带宽不变，而数据速率加倍，则调制方式应如何改变？画出星座图。

（4）在（1）条件下，若调制方式不变，而数据速率加倍，为达到相同误比特率，发送功率应如何变化？

7-14 已知电话信道可用的信号传输频带为 600Hz～3000Hz，取载频为 1800Hz，试说明：

（1）采用 α=1 升余弦滚降基带信号 QPSK 调制可以传输数据速率为 2400bit/s 的数据；

（2）采用 α=0.5 升余弦滚降基带信号 8PSK 调制可以传输数据速率为 4800bit/s 的数据。

7-15 若 MSK 信号的时域表达式为 $S_{MSK}(t) = A[I(t)\cos(2\pi f_c t) - Q(t)\sin(2\pi f_c t)]$，其中，

$$I(t) = \sum_n a_n \text{rect}\left[\frac{t - (2n-1)T_b}{T_b}\right]\cos\left(\frac{\pi t}{2T_b}\right), \quad Q(t) = \sum_n b_n \text{rect}\left[\frac{t - 2nT_b}{T_b}\right]\sin\left(\frac{\pi t}{2T_b}\right)。$$

（1）试按照此信号形式构造 MSK 调制器。

（2）试画出信息码 0110010 对应的 MSK 信号的相位路径图并求其最终相位（设初始相位为 0）。

7-16 在带宽为 10MHz 的带通信道上传输数据速率为 32Mbit/s 的数据，试给出系统设计，包括确定调制进制数、滚降系数，画出收发图。

7-17 若星座图中有 $M = 2^n$ 个点，相邻星座点的最小距离 $d_{min} = 1$，求 MASK、MPSK、MQAM 以及 MFSK 的平均符号能量 E_s，且与 n 的关系。

7-18 对于题 7-18 图中所示的 8QAM 星座图，求平均符号能量 E_s 以及 d_{min}^2 / E_s。

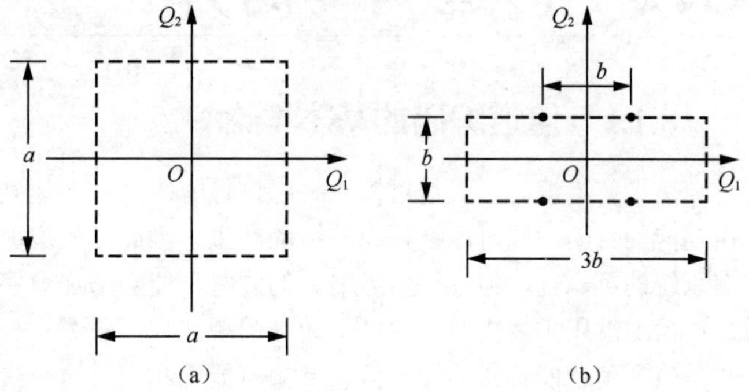

题 7-18 图

7-19 某 16QAM 系统中 I 路和 Q 路传输的数据独立，已知 I、Q 两路的符号错误率分别是 P_{sI} 和 P_{sQ}，求 16QAM 的符号错误概率。

7-20 考虑 BPSK 系统相干解调时接收器的载波相位有大小为 θ 的相位差。对于 θ 的不同取值，BPSK 系统判决输出的误比特率 P_b 也不同，因此 P_b 是 θ 的函数，可记为 $P_b(\theta, \gamma_b)$，其中 $\gamma_b = E_b / n_0$。

（1）写出 $P_b(\theta, \gamma_b)$ 的表达式。

（2）假设 θ 是在区间 $[-\pi/4, \pi/4]$ 上均匀分布的随机变量，用 MATLAB 或者其他工具画出 $\overline{P_b}(\gamma_b) = E[P_b(\theta, \gamma_b)]$ 曲线（要求横坐标为 dB，纵坐标为对数刻度）。

第 8 章　信道编码

在数字通信系统中，信源编码是对信源进行数字化表示，并进行数据压缩以消除冗余、提升通信系统效率。如果信道中的噪声和干扰足够小，那么信源编码输出的数字信号可直接送入信道（可能包含调制器等）传输，并不需要进行信道编码。然而，在现实中，信道往往都会引入噪声与干扰，特别是在无线传输的情况下，噪声和干扰会导致数字信号的传输发生较多错误。当系统误比特率无法满足要求时，就需要采用信道编码（差错控制编码）来降低误比特率，以满足系统的性能指标要求。

信道编码是指在发送端的信息序列之外附加一些校验位（监督码元），这些校验位根据原始信息序列及固定的规则来生成，与原始信息序列以某种确定的规则相互关联。在接收端检验接收到的信息位和校验位是否符合既定的规则，依此来判断信息传输是否正确；如果关联规则足够强，则可进一步纠正错误。由此可见，根据关联规则来检测和纠正传输过程中产生的差错就是信道编码的基本思想。

本章简介

本章首先在 8.1 节中对信道编码的基本原理进行介绍，然后在 8.2～8.5 节中介绍几类基础的信道编码，包括线性分组码、循环码、卷积码和复合编码等。同时在 8.6 节中，对新型编码方式进行简单介绍，例如网格编码调制（Trellis Coded Modulation，TCM）、Turbo 码、LDPC 码和极化码。这些码字在实际中获得了广泛应用，值得我们学习与借鉴。

8.1　信道编码简介

8.1.1　信道编码的基本概念

5G 信道编码
标准之争

所谓信道编码，就是对输入码组进行编码，从而达到抗干扰、具有检错和纠错功能的目的，同时尽量减少差错的产生。因此，信道编码的主要目的是提高通信系统的可靠性，但进行信道编码的同时可能会增加数字信号的冗余性。

信道编码主要需要研究以下两类问题。

（1）信道能传送的最大信息率的可能性和超过这个最大值时的传输问题。香农的信道编码定理给出了该问题的答案。

（2）构造性的编码方法及这些方法能达到的性能界限。针对该问题，我们需要去研究不同编码方式的性能差异，并找到性能最优的编码方式。

信道编码就是根据信道的特性，选择合适的编码方式。因此，我们需要对现实中的信道种类进行一定的了解。现实中信道出现的差错有以下 3 种。

（1）**随机差错**：在无记忆信道中，接收码元的错误独立出现，一般由加性随机噪声引起，例如高斯白噪声，这样的信道会产生随机差错。

（2）**突发差错**：错码是成簇集中出现的，且错误之间有关联，即在一些短促的时间段内会出现大量错码。突发差错一般由冲击噪声引起，且差错的出现是一连串出现的，例如，移动通信中信号在某一段时间内发生衰落而造成一连串差错、光盘上的一条划痕等。

（3）**混合差错**：实际中有些信道既存在随机差错也存在突发差错，这样的信道称为混合信道。这种差错则称为混合差错。

信道编码的发展历程

实际应用中，我们需要具体考虑不同信道的特点，去选择合适的编码方式。因此，信道编码可分为纠独立随机差错码、纠突发差错码和混合纠错码 3 类。

总而言之，信道编码是为了提升传输的可靠性。我们通常将具有检错和纠错能力的码称为信道编码。

8.1.2　香农信道编码定理与香农限

在 1.3.2 小节中，香农公式给出了通信容量的理论极限，但并未说明如何能够到达这一理论极限。本章中我们所学习的各种编码方法就是为了能够更好地达到这一理论极限。下面开始介绍香农信道编码定理与香农限。

1．香农信道编码定理

设一离散无记忆平稳信道，其信道容量为 C，只要传输的信息速率 $R < C$（R 为编码器输入的二进制码元速率），则一定存在一种编码方式，使编码错误概率 P 随着码长 n 的增加，按指数下降到任意小的值。其可表示为

$$P \leqslant e^{-nE(R)} \tag{8-1-1}$$

式中，$E(R)$ 代表误差指数，又称可靠性函数或加拉格函数。它与 R 和 C 的关系如图 8-1-1 所示，是一条下凸曲线。

香农信道编码定理的证明过程较为复杂，在此不进行详细描述。该公式建立起了码长 n、误差指数 $E(R)$ 与编码错误概率 P 之间的关系，这条定理告诉我们如下两个结论。

（1）在码长及发送信息速率一定的情况下，增加信道容量可以降低误码率。

（2）在信道容量及发送信息速率一定的情况下，增加码长可以降低误码率。

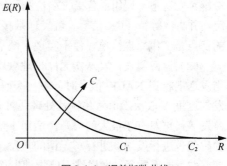

图 8-1-1　误差指数曲线

2．香农限

根据香农信道编码定理，对于一个信息速率为 R_b 的编码通信系统，若要实现无差错传输，则系统的信噪比不能够低于某个理论极限值，该极限值通常称为香农限。若信噪比高于该理论值，则总能找到一种编码方式来进行无差错传输，反之不能。香农限可以利用香农公式进行求解，推导如式（8-1-2）所示，代表信噪比 E_b / N_0 的极限值，其单位通常用 dB 表示。

$$R_b \leqslant W \log_2 \left(1 + \frac{E_b R_b}{N_0 W} \right) \rightarrow \frac{E_b}{N_0} \geqslant \lim_{W \to \infty} \frac{2^{R_b/W} - 1}{R_b/W} = \ln 2 \approx -1.59 \, (\text{dB}) \tag{8-1-2}$$

信道编码就是为了能够尽可能去接近香农限的理论极限。LDPC 码和 Turbo 码已经接近理论香农限，但是以高计算复杂度为代价。2009 年土耳其毕尔肯大学教授埃尔达尔·阿里坎（Erdal Arikan）提出的极化码是唯一在理论上已经被证明可以到达香农限的编码方式。

8.1.3　检错和纠错的方式及基本原理

信道编码的基本思想是在被传送的信息中附加一些校验位，在两者之间建立某种校验关系，当这种校验关系因传输错误而受到破坏时，可以被接收端检测出来，或者进一步纠正错误。这样做的目的是通过添加冗余的方式增加通信的可靠性。常用的**检错、纠错方式**有以下 3 种。

（1）**检错重发**（Automatic Repeat Request，ARQ）：发送端发送检错码，接收端根据校验位进行判断，若检测到传输中有错误，则发送 NACK 至接收端，接收端重新发送接收的信号。ARQ 的优点是传输可靠性高，缺点是传输效率低、实时性不好。

（2）**前向纠错**（Forward Error Correction，FEC）：发送端发送纠错码，接收端可以自动纠正传输中的错误。FEC 传输效率高，实时性好，但是传输的可靠性不如检错重发方式。

（3）**混合纠错**（Hybrid ARQ，HARQ）：混合纠错是 ARQ 与 FEC 的结合。其同时具备检错与纠错能力，当超出纠错能力时，可以要求发送端重新发送信号。HARQ 既能够提高传输的效率，又能够保证传输的可靠性。

3 种检错、纠错方式的过程如图 8-1-2 所示。

检错重发的工作原理如图 8-1-3 所示。常用的**检错重发方法**有以下 3 种。

（1）**停发等候重发**：发送端每发送一个码组，若接收端未检测到错误则返回一个确认信号（ACK），发送

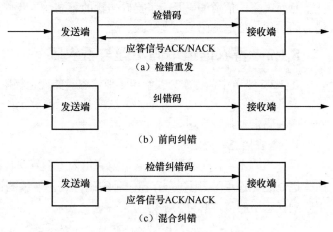

图 8-1-2　3 种检错、纠错方式的过程

端继续发送下一码组；若接收端检测到错误则返回否认信号（NACK），发送端重新发送一遍该码组，并再次等待 ACK 信号。若发送端接收不到接收端反馈的 ACK 信号，一般也会重发。该方法的优点是工作原理简单、便于实现，缺点是效率低下。

（2）**返回重发**：发送端无停顿地顺序发送码组，当接收端检测到错误时，发送 NACK 信号；当发送端收到 NACK 信号时，下一个码组从错误处重发，这样前一段已发的 N 个码组就会被重发，这里 N 取决于信号传输及处理所带来的延时，图 8-1-3（b）中 $N = 4$。该方法的效率相较于停发等候重发有了很大的提升，适用于信道条件比较好的环境。但是，重发码组时会将接收正确的码组也进行发送，进行了无谓的重发，影响了效率，因此信息传输效率有进一步改善的空间。

（3）**选择重发**：发送端无停顿地发送码组，当接收端检测到错误时，发送 NACK 信号；当发送端收到 NACK 信号时，只重复发送对应的错误码组，然后继续发送以前尚未发送的码组。该方法效率最高，但是复杂度提升，要求发送端与接收端都有数据缓存器，以便对数组进行排序。

图 8-1-3 中停发等候重发要求半双工链路，返回重发和选择重发要求全双工链路。

可以看到，在不同的检错、纠错方式中，都需要发送端向接收端发送带有检错能力与纠错能力的码组。因此，我们需要合理地对检错、纠错码进行构造，并研究其基本原理。

为了更好地对检错、纠错码进行研究，我们先做如下定义。

码重：在信道编码中，定义码组中非零位的数量为码组的重量。例如，二进制码组 101 的码重为 2。

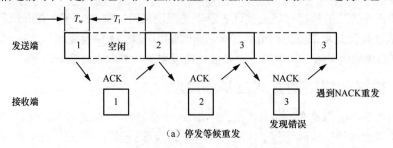

（a）停发等候重发

图 8-1-3　检错重发的工作原理

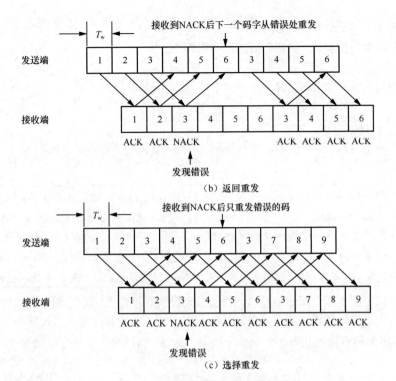

图 8-1-3 检错重发的工作原理（续）

码距： 我们把两个码组中对应码位上具有不同二进制位的位数定义为两码组的距离，称为**汉明（Hamming）码距**，简称码距。例如，二进制码组 101 与 011 之间有 2 位不同，因此这两个码组之间的码距为 2。

一种编码的**最小码距**直接关系到这种码的检错和纠错能力，因此最小码距是信道编码的一个重要参数。最小码距越大，则该编码的检错、纠错能力越强。

我们用 3 位二进制码进行举例，3 位二进制码共有 8 种可能的组合：000、001、010、011、100、101、110、111。我们将这 8 个码看作一个正方体的 8 个顶点，比如 010 代表 $x=0$、$y=1$、$z=0$。如果我们选择对全部的 8 种码进行传输，则这样的码不具备检错与纠错的能力，因为在发生传输错误时得到的码也在允许使用的码组之内。如果我们选定 000 和 111 为**许用码组**，其余码为**禁用码组**，如图 8-1-4 所示，此时的最小码距为 3。如果传输过程中仅有一位码传输错误，则接收到的码与 000 和 111 的码距为 1，可以直接纠正错误；对于一位以上的误码，则无法进行纠错，但可以检测出两位的错误。因此，这种码字纠错能力为 1、检错能力为 2，可以同时纠正一位错误并检测一位错误。

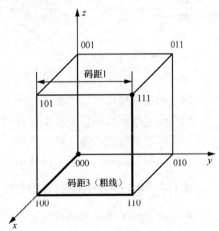

图 8-1-4 码距几何解释

如果只是将这种 3 位二进制码用于检错，则无论出现一位错误还是出现两位错误都可以检测出来；如果同时用其来检错与纠错，则只能检测一位错误，这是因为若发送端发送的是 000，但出现了两位错误，接收端接收的码与 111 的码距为 1，会自动将该码纠正为 111，此时两位错误将不可检。

在一般情况下，关于分组码有以下结论。

（1）在一个码组内检测 e 个误码，要求最小码距为

$$d_{\min} \geqslant e+1 \tag{8-1-3}$$

（2）在一个码组内纠正 t 个误码，要求最小码距为

$$d_{\min} \geqslant 2t+1 \tag{8-1-4}$$

当 $t < e \leqslant 2t$ 时只能检错，不能纠错。

（3）在一个码组内纠正 t 个误码，同时检测 $e(e \geqslant t)$ 个误码，要求最小码距为

$$d_{\min} \geqslant t+e+1 \tag{8-1-5}$$

假设许用码组的最小码矩为 5，根据式（8-1-3）最多能检测 4 个误码，根据式（8-1-4）最多能纠正 2 个误码，但不能同时做到，因为当误码位数超过纠错能力时，该码组会进入其他许用码组的纠错范围内被错误地"纠正"了；对于 $d_{\min} \geqslant 2t+1$，错误数 $\leqslant 2t$ 时一定能检出错误，但不一定能成功纠错，仅当错误数 $\leqslant t$ 时能成功纠错。用一个码组同时进行检错与纠错时，不能够使检错的码落在另外码的纠错区域内，否则会干扰纠错的正常进行。

上述结论可以用图 8-1-5 所示的检错、纠错与码距关系高维空间示意图进行描述。一个码组可用空间中的一个点进行描述，如图 8-1-5 中 C_1，用与该点距离相同的点可构成高维空间中的一个球体，在球体内部的点代表其码距比球体半径小。我们可以以每一个许用码组为球心构造球体。

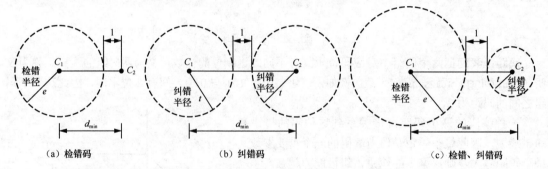

图 8-1-5　检错、纠错与码距关系高维空间示意图

如果码组是检错码，则要求每一个球体不能够包含其余球的球心。

如果码组是纠错码，则要求球体两两之间不能够相交。

如果码组既可以检错又可以纠错，则要求检错半径构成的球中不能够含有另一个纠错球的元素，否则如果接收到的码落在两球的相交区域内，则无法判断是成功纠错还是需要返回重发。

8.1.4　几种实用的简单检错码

本小节介绍一些简单的检错码，这些检错码具有一定的检错能力且易于实现。

1．奇偶校验码

编码规则：设码组的长度为 n，前 $n-1$ 位代表信息位，第 n 位 (a_0) 代表校验位，则码组可以表示为 $a_{n-1}a_{n-2}\cdots a_1 a_0$。具体编码规则如下。

奇校验：加上 a_0 后码组中含有奇数个 1，其代数表达式为

$$a_0 \oplus a_1 \oplus \cdots \oplus a_{n-1} = 1 \tag{8-1-6}$$

通过简单变换，根据式（8-1-6）可以得到校验位 a_0 为

$$a_0 = 1 \oplus a_1 \oplus \cdots \oplus a_{n-1} \tag{8-1-7}$$

偶校验：加上 a_0 后码组中含有偶数个 1，其代数表达式为

$$a_0 \oplus a_1 \oplus \cdots \oplus a_{n-1} = 0 \tag{8-1-8}$$

通过简单变换，根据式（8-1-8）可以得到校验位 a_0 为

$$a_0 = a_1 \oplus \cdots \oplus a_{n-1} \tag{8-1-9}$$

其中，$\oplus$ 代表模 2 加。

检错能力：奇偶校验码的最小码距 $d_{\min} = 2$，只能够检测出单个或奇数个错误，不能检测出偶数个错误，检错能力不高。

实际应用：ISO 和 CCITT 提出的七单位国际 5 层字母表、美国信息交换码 ASCII 字母表和我国的七单位字母编码标准中采用 7bit 码组表示 128 种字符，如字符 A 编码为 1000001。在 7bit 码组后附加一位比特位作为奇偶校验位构成 8 位码组。采用偶校验编码时，A 编码为 10000010。

2．水平奇偶校验码

编码规则：经过奇偶校验编码的位序列按行排列成方阵，每行为一组奇偶校验码（见表 8-1-1），但发送时则按列的顺序传输，接收端仍然将位排成发送时的方阵形式，然后按行进行奇偶校验。由于按横行进行奇偶校验，因此称为水平奇偶校验码或行奇偶校验码。

表 8-1-1 水平奇偶校验码

	→ 编码方向（按行编码）							
	信息位							校验位
↓ 传输方向	0	1	0	1	1	1	1	1
	0	0	0	0	1	0	1	0
	1	1	0	0	0	1	0	1
	1	1	1	1	1	1	1	1
	0	0	0	0	1	1	1	1
	1	0	1	0	1	0	1	0
	1	1	0	0	1	1	0	0

检错能力：水平奇偶校验码可以发现某一行上的所有奇数个错误及所有长度不大于方阵行数的突发错误。该方法附加的校验位与简单的奇偶校验码相同，是通过增加码长的方式来降低编码错误概率的。这种编码证明了香农信道编码定理的正确性，但这种编码的代价是信息延时也随着码长的增加而增加。

3．水平垂直奇偶校验码

编码规则：在水平奇偶校验码基础上，对水平奇偶校验方阵中每一列也进行奇偶校验，就得到表 8-1-2 所示的方阵，称水平垂直奇偶校验码，又称行列奇偶校验码。

表 8-1-2 水平垂直奇偶校验码

	→ 编码方向（按行编码）							
	信息位							水平校验位
↓ 传输方向	0	1	0	1	1	1	1	1
	0	0	0	0	1	0	1	0
	1	1	0	0	0	1	0	1
	1	1	1	1	1	1	1	1
	0	0	0	0	1	1	1	1
	1	0	1	0	1	0	1	0
	1	1	0	0	1	1	0	0
垂直校验位	0	0	0	0	1	1	1	0

检错能力：水平垂直奇偶校验码具有比水平奇偶校验码更强的检错能力，它能发现某一行或某一列上的所有奇数个错误及长度不大于行数（或列数）的突发错误。

4．群计数码

编码规则：对于每一个码组，计算其信息位中 1 的个数，然后将这个数量转换为二进制，作为校验位附加在信息位之后。例如，信息位为 1000001，有 2 个 1，二进制表示为 010，则传输的

码组为 1000001010。

检错能力：群计数码具有较强的检错能力，可以检测出除了 0 变成 1 与 1 变成 0 成对出现的错误之外的全部错误。

有时候为了减少附加校验位，降低冗余，不传送所有的计数位，只传送最后几位。如上例只传送后两位 10，变为 100000110，这样检错能力会有所下降。

为了检测突发错误，我们也可以把二元序列排成方阵，然后利用群计数水平检验。

5.恒比码

编码规则：从某确定码长的二进制码组中挑选 1 和 0 比例恒定的码组作为许用码组。

实际应用：应用于电报传输，国际上通用的 ARQ 电报通信系统中采用 3 个 1、4 个 0 的恒比码，又称七中取三码。这种码共有 $\binom{7}{3}=35$ 个码组，对应于 26 个字母及其他符号，如表 8-1-3 所示。

表 8-1-3　国际通用的七中取三码

字符		码	字符		码
A	-	0011010	S	'	0101010
B	?	0011001	T	5	1000101
C	:	1001100	U	7	0110010
D	+	0011100	V	=	1001001
E	3	0111000	W	2	0100101
F	%	0010011	X	/	0010110
G		1100001	Y	6	0010101
H		1010010	Z	+	0110001
I	8	1110000	回行		1000011
J		0100011	换行		1011000
K	(	0001011	字母键		0100110
L	)	1100010	数字键		0001110
M	.	1010001	间隔		1101000
N	,	1010100	（不用）		0000111
O	9	1000110	R	Q	0110100
P	0	1001010	α		0101001
Q	1	0001101	β		0101100
R	4	1100100	—		—

我国邮电部门广泛采用五单位数字保护电码（见表 8-1-4），它是一种五中取三恒比码。这种码最小码距为 2，能发现所有的奇数个错误。采用这种保护电码可使电报传输中的错误显著降低。

表 8-1-4　我国五单位保护电码表

数字	电码	数字	电码
0	01101	5	00111
1	01011	6	10101
2	11001	7	11100
3	10110	8	01110
4	11010	9	10011

6.ISBN 国际统一图书编号

编码规则：国际标准书号由 13 位数字组成，并以 5 个连接号或 4 个空格加以分割，每组数字都有固定的含义。

第一组号码段：978 或 979。

第二组号码段：国家、语言或区位代码，其中中国的代码是 7。

第三组号码段：出版社代码；该代码由各国家或地区的国际标准书号分配中心，分给各个出版社。

第四组号码段：书序码；该出版物代码由出版社具体给出。

第五组号码段：校验码；其只有一位，取值范围为从 0 到 9。

校验码计算步骤如下。

（1）把书号首 12 个数字交替地乘以权数 1 和 3。

（2）把所有积相加。

（3）把总和除以 10，得出余数。

（4）最后用 10 减去余数，所得数字即为校验码。若无余数（即总和可被 10 整除），校验码便是 0。

7. 身份证号码

编码规则：身份证号码为 18 位数字，18 位数字按从左到右数，1～6 位代表出生地编码，7～10 位代表出生年份，11～12 位代表出生月份，13～14 位代表出生日期，15～16 位代表出生顺序编号，17 位代表性别标号，18 位代表校验码。校验码计算步骤如下。

（1）计算前 17 位身份证号码的加权和。从第 1 位到第 17 位的加权系数分别为 7、9、10、5、8、4、2、1、6、3、7、9、10、5、8、4、2。

（2）计算加权和后进行模 11 运算，结果只能位于 0～10 之间，再按照表 8-1-5 进行映射，得到第 18 位。

表 8-1-5　身份证号码第 18 位的映射关系

模 11 运算结果	0	1	2	3	4	5	6	7	8	9	10
第 18 位数	1	0	X	9	8	7	6	5	4	3	2

8.2　线性分组码

根据前面的分析，校验位的存在使信道编码具有检错或纠错能力，一般来说，校验位的多少决定了码距的大小。码距越大，码组的检错和纠错能力就越大，但如何构造合适的许用码组是一个较为困难的问题。线性空间可以通过一组基张成，大大简化了空间中点的描述，每个点可以通过基的线性组合得到。线性分组码中信息码组与码字之间一一对应的关系使得线性分组码得到研究者的重视。线性分组码在编码、译码中有巨大的优势，具有完美的数学结构。循环码是线性分组码中人们研究最为透彻的一种码。

8.2.1　基本概念

线性分组码**定义**：将信息码分组，为每组信息位附加若干监督位，且信息位与监督位间的关系可由线性方程组表示的编码。

线性分组码中所有码字构成一个 n 维线性空间，同时，这些码字的集合构成代数学中的群，因此又称群码。最常见的线性分组码是二元码，它的主要性质如下。

（1）**封闭性**：任意两个码字之和，即逐位模 2 加，仍为一码字。

（2）**重量即距离**（码重即码距）：码的最小距离等于非零码的最小重量。

在进行线性分组码的计算时，可以根据性质二，计算码的码重，从而得到最小码距。这样计算复杂度从 $o(n^2)$ 降低至了 $o(n)$。

校正子 S：校正子是根据发送码组的信息位，通过线性方程构造得到的。一个码组里可以有多个校正子，只需要增加线性方程组的数量就可以使校正子的数量增加。校正子越多，则码组的检错能力越强。

一般来说，由 r 个校验方程计算得到的校正子有 r 位，它可以用来指示 2^r-1 种错误图样（全 0 表示正确）。为了方便研究，我们进行如下约定：对于 (n,k) **线性分组码**，n 代表码字长度，k 代表信息位长度，则校验位长度 $r=n-k$。如果满足 $2^r-1 \geqslant n$，则有可能构造出纠正 1 位甚至更多错误的分组码。

之前所提到的奇偶校验码是一种最简单的线性分组码。我们以偶校验为例，式（8-2-1）表示其校验关系，其中 a_0 是校验位，此校验码有 $n-1$ 个信息位和 1 个校验位，因此奇偶校验码为 $(n,n-1)$ 校验码，校验方程数 $r=1$。

$$a_0 \oplus a_1 \oplus \cdots \oplus a_{n-1} = 0 \qquad (8\text{-}2\text{-}1)$$

接收时，为了检测传输过程中是否有错误，我们可以将式（8-2-1）的左侧再计算一遍，有

$$S = a_{n-1} \oplus a_{n-2} \oplus \cdots \oplus a_0 \qquad (8\text{-}2\text{-}2)$$

当 S 为 0 时，则代表传输正确，否则代表传输错误。

可以看到，校正子并不代表校验位。准确来说，它代表的是接收端根据接收码元和线性方程所计算出来的一个值。校验位的目的则是辅助信息位能够使校正子构造正确。值得注意的是，校验位的数量与校正子的数量相同，这是因为校正子的方程与校验位的方程是等价的。

在引入校正子这一概念之后，我们可以解决如何构造一个线性分组码的问题。构造线性分组码的步骤如下。

（1）根据码长 n 与所要纠错的位数，选择合适的校正子数量 r。如果满足 $2^r-1 \geqslant n$，则有可能构造出纠正 1 位甚至更多错误的分组码。

（2）指定校正子图样所对应的误码位置。其中，当校正子均为 0 时，代表传输正确。

（3）根据校正子与误码位置关系写出对应的线性方程组。

（4）选择合适的校验位。一般而言，选择低 r 位作为校验位。

（5）根据校正子的线性方程组，令校正子为 0，得到关于校验位的线性方程组，从而得到构造线性分组码的方法。

我们以长度为 7 的线性分组码为例来说明上述构造步骤，要求其至少能纠正一位错误。

（1）(n,k) 系统分组码中 $n=7$，为能纠正 1 位错误，要求 $r \geqslant 3$。

（2）如表 8-2-1 所示，指定校正子图样所对应的误码位置。

表 8-2-1　校正子与误码位置的对应关系

$S_1 S_2 S_3$	误码位置	$S_1 S_2 S_3$	误码位置
001	a_0	101	a_4
010	a_1	110	a_5
100	a_2	111	a_6
011	a_3	000	a_7

（3）写出校正子对应的线性方程组，有

$$\begin{cases} S_1 = a_2 + a_4 + a_5 + a_6 \\ S_2 = a_1 + a_3 + a_5 + a_6 \\ S_3 = a_0 + a_3 + a_4 + a_6 \end{cases} \qquad (8\text{-}2\text{-}3)$$

（4）选择 $a_2 a_1 a_0$ 作为校验位。

（5）写出校验位方程，有

$$\begin{cases} 0 = a_2 + a_4 + a_5 + a_6 \\ 0 = a_1 + a_3 + a_5 + a_6 \\ 0 = a_0 + a_3 + a_4 + a_6 \end{cases} \qquad (8\text{-}2\text{-}4)$$

将方程化简可得

$$\begin{cases} a_2 = a_4 + a_5 + a_6 \\ a_1 = a_3 + a_5 + a_6 \\ a_0 = a_3 + a_4 + a_6 \end{cases} \tag{8-2-5}$$

由此可以得到该线性分组码的构造方法。我们可以将其全部的码字写出，如表 8-2-2 所示。

表 8-2-2　(7,4)分组码的码字

信息位	校验位	信息位	校验位
$a_6a_5a_4a_3$	$a_2a_1a_0$	$a_6a_5a_4a_3$	$a_2a_1a_0$
0000	000	1000	111
0001	011	1001	100
0010	101	1010	010
0011	110	1011	001
0100	110	1100	001
0101	101	1101	010
0110	011	1110	100
0111	000	1111	111

当接收端接收到码组后，计算对应的校正子。若校正子不为 0，则根据表 8-2-1 可以确定误码位置。例如接收码组为 0000011 时，可算出 $S_1S_2S_3 = 011$，可知 a_3 处出现了错误。

可以看出，该(7,4)码的最小码距 $d_{\min} = 3$，它能纠正 1 个错误或检测 2 个错误。注意此处不是同时处理：出现 1 个错误时，可纠正；出现 2 个错误时，不可纠正，只能检测。

线性分组码构建示例

8.2.2　校验矩阵

计算校正子的线性方程组可以看作是对于接收到的码组的一个校验过程。如果线性方程组的计算结果均为 0，则代表传输正确，否则代表产生误码。该过程可以转换成矩阵形式，即

$$Ha = 0 \tag{8-2-6}$$

H 代表**校验矩阵**，是一个 $r \times n$ 大小的**矩阵**。

a 代表接收码组，是一个 $n \times 1$ 大小的**列向量**。

H 矩阵的作用是将接收码组 a 转换成校正子 S，以此来判断传输结果是否正确。

线性独立非系统形式的 H 矩阵可以通过高斯消元法转换为**系统形式校验矩阵 H'**，如式（8-2-7）所示。

$$H' = [P \quad I_r] \tag{8-2-7}$$

其中，P 是一个大小为 $r \times k$ 的矩阵。转换之后映射结果发生改变，校正子与误码位置的对应关系会发生改变。一般而言，我们使用系统形式的校验矩阵进行计算，因为此时代表校验位是码组中的低 r 位。

以 8.2.1 小节中构造线性分组码的结果为例，式（8-2-4）的 3 个方程可以改写为

$$\begin{cases} 1 \cdot a_6 + 1 \cdot a_5 + 1 \cdot a_4 + 0 \cdot a_3 + 1 \cdot a_2 + 0 \cdot a_1 + 0 \cdot a_0 = 0 \\ 1 \cdot a_6 + 1 \cdot a_5 + 0 \cdot a_4 + 1 \cdot a_3 + 0 \cdot a_2 + 1 \cdot a_1 + 0 \cdot a_0 = 0 \\ 1 \cdot a_6 + 0 \cdot a_5 + 1 \cdot a_4 + 1 \cdot a_3 + 0 \cdot a_2 + 0 \cdot a_1 + 1 \cdot a_0 = 0 \end{cases} \tag{8-2-8}$$

这个线性方程组改写成矩阵形式为

$$\begin{bmatrix} 1 & 1 & 1 & 0 & 1 & 0 & 0 \\ 1 & 1 & 0 & 1 & 0 & 1 & 0 \\ 1 & 0 & 1 & 1 & 0 & 0 & 1 \end{bmatrix} \begin{bmatrix} a_6 & a_5 & a_4 & a_3 & a_2 & a_1 & a_0 \end{bmatrix}^{\mathrm{T}} = \begin{bmatrix} 0 \\ 0 \\ 0 \end{bmatrix} \tag{8-2-9}$$

因此其校验矩阵为

$$H = \begin{bmatrix} 1 & 1 & 1 & 0 & 1 & 0 & 0 \\ 1 & 1 & 0 & 1 & 0 & 1 & 0 \\ 1 & 0 & 1 & 1 & 0 & 0 & 1 \end{bmatrix} \tag{8-2-10}$$

其中，H 已经是系统形式的校验矩阵，P 矩阵形式为

$$P = \begin{bmatrix} 1 & 1 & 1 & 0 \\ 1 & 1 & 0 & 1 \\ 1 & 0 & 1 & 1 \end{bmatrix} \tag{8-2-11}$$

8.2.3 生成矩阵

通过线性方程组生成校验位的过程可以通过矩阵表示，该过程可以用矩阵形式进行表示，即

$$a^{\mathrm{T}} = a_{\mathrm{c}}^{\mathrm{T}} G \tag{8-2-12}$$

G 代表生成矩阵，是一个 $k \times n$ 大小的矩阵。

a 代表发送码组，是一个 $n \times 1$ 大小的列向量。

a_{c} 代表信息码组，是一个 $k \times 1$ 大小的列向量。

G 矩阵的作用是根据信息码组产生发送的码组，即生成所需要发送的码组。

线性独立非系统形式的 G 矩阵可以通过高斯消元法转换为**系统形式生成矩阵** G'，如式（8-2-13）所示。

$$G' = [I_k \quad Q] \tag{8-2-13}$$

式中，Q 是一个大小为 $k \times r$ 的矩阵。系统形式生成矩阵的物理含义是根据信息位产生校验位并补在码组的低 r 位。

接下来说明线性分组码生成矩阵与校验矩阵的关系。已知系统形式的生成矩阵与校验矩阵为 $H = [P \quad I_r]$ 和 $a^{\mathrm{T}} = [a_{\mathrm{c}}^{\mathrm{T}} \quad a_{\mathrm{p}}^{\mathrm{T}}]$，因此有

$$Ha = 0 \tag{8-2-14}$$

$$[P \quad I_r]\begin{bmatrix} a_{\mathrm{c}} \\ a_{\mathrm{p}} \end{bmatrix} = 0 \tag{8-2-15}$$

$$Pa_{\mathrm{c}} + I_r a_{\mathrm{p}} = 0 \tag{8-2-16}$$

$$a_{\mathrm{c}}^{\mathrm{T}} P^{\mathrm{T}} = a_{\mathrm{p}}^{\mathrm{T}} \tag{8-2-17}$$

$$[a_{\mathrm{c}}^{\mathrm{T}} \quad a_{\mathrm{c}}^{\mathrm{T}} P^{\mathrm{T}}] = [a_{\mathrm{c}}^{\mathrm{T}} \quad a_{\mathrm{p}}^{\mathrm{T}}] \tag{8-2-18}$$

$$a_{\mathrm{c}}^{\mathrm{T}}[I_k \quad P^{\mathrm{T}}] = a^{\mathrm{T}} \tag{8-2-19}$$

故有

$$G = [I_k \quad P^{\mathrm{T}}] = [I_k \quad Q] \tag{8-2-20}$$

即生成矩阵与校验矩阵之间的关系为

$$P = Q^{\mathrm{T}} \tag{8-2-21}$$

其中，各矩阵和列向量的大小分别为

$$H : r \times n \quad G : k \times n \quad P : r \times k \quad Q : k \times r$$

$$a : n \times 1 \quad a_{\mathrm{c}} : k \times 1 \quad a_{\mathrm{p}} : r \times 1 \quad I_r : r \times r \quad I_k : k \times k$$

同样以上述(7,4)线性分组码为例，之前已经求出了其校验矩阵 H，因此有

$$Q = P^{\mathrm{T}} = \begin{bmatrix} 1 & 1 & 1 & 0 \\ 1 & 1 & 0 & 1 \\ 1 & 0 & 1 & 1 \end{bmatrix}^{\mathrm{T}} = \begin{bmatrix} 1 & 1 & 1 \\ 1 & 1 & 0 \\ 1 & 0 & 1 \\ 0 & 1 & 1 \end{bmatrix} \tag{8-2-22}$$

可得生成矩阵为

$$G = [I_k \quad Q] = \begin{bmatrix} 1 & 0 & 0 & 0 & 1 & 1 & 1 \\ 0 & 1 & 0 & 0 & 1 & 1 & 0 \\ 0 & 0 & 1 & 0 & 1 & 0 & 1 \\ 0 & 0 & 0 & 1 & 0 & 1 & 1 \end{bmatrix} \tag{8-2-23}$$

合理地利用生成矩阵与校验矩阵之间的关系可以简化运算，否则需要列写相关线性方程组进行求解。

8.2.4 校正子

我们在之前已经详细地介绍了校正子的作用与构造方式，在此将会对其进行矩阵化表示。

码字 a 在传输过程中可能会发生误码，为了加以区分，我们将接收到的码组用 b 表示，即

$$b = [b_{n-1} \quad b_{n-2} \quad \cdots \quad b_0]^T \tag{8-2-24}$$

计算校正子的公式为

$$S = Hb \tag{8-2-25}$$

由于

$$b = a + e \tag{8-2-26}$$

其中 e 代表收发码组之差，即**错误图样**，是一个 $n \times 1$ 的列向量。e_i 表达式为

$$e_i = \begin{cases} 0, & b_i = a_i \\ 1, & b_i \neq a_i \end{cases} \tag{8-2-27}$$

并且由于 H 是校验矩阵，因此 $Ha = 0$，故有

$$S = Hb = H(a + e) = Ha + He = He \tag{8-2-28}$$

可见，校正子只与 e 有关，可以看到校正子与错误图样有一一对应的关系。只需要使用 b 计算出校正子 S，就可以得到对应的错误图样。

同样以上述 (7,4) 线性分组码为例，假设我们接收到的码字为 1000100，在传输过程中至多有 1 位误码，判断传输过程中是否产生误码，如果产生误码，将其进行纠正。其计算过程如下。

（1）计算校正子，有

$$S = Hb = \begin{bmatrix} 1 & 1 & 1 & 0 & 1 & 0 & 0 \\ 1 & 1 & 0 & 1 & 0 & 1 & 0 \\ 1 & 0 & 1 & 1 & 0 & 0 & 1 \end{bmatrix} [1 \ 0 \ 0 \ 0 \ 1 \ 0 \ 0]^T = \begin{bmatrix} 0 \\ 1 \\ 1 \end{bmatrix} \tag{8-2-29}$$

（2）校正子不为 0 代表传输过程中有误码，并且校正子对应于 H 矩阵中的第 4 列，因此该校正子所对应的错误图样为 a_3。与之前我们自己设定的错误图样与校正子的对应情况完全一致（见表 8-2-1）。

由此可以看出，矩阵化表示有利于我们对线性分组码的研究，使得线性分组码的各种关联及性质更加直观地展现出来。

校验矩阵、生成矩阵、校正子总结

8.2.5 汉明码

汉明码是电信领域中的一种线性调试码，以发明者理查德·卫斯里·汉明的名字命名。上述 (7,4) 线性分组码其实就是汉明码的一种。汉明码的特点如下。

校验码位：$r = n - k = m$。

码长：$n = 2^m - 1$。

信息码位：$k = n - r = 2^m - m - 1$。

最小汉明距：$d = 3$。

纠错能力：$t = 1$。

这里 $m \geqslant 2$，给定正整数 m 后，可以构造出具体的 (n, k) 汉明码。

汉明码的构造：根据之前所述的矩阵化表示方式，只需要给出汉明码的校验矩阵和生成矩阵便可以完成对汉明码的构造。

校验矩阵：汉明码的校验矩阵大小为 $r \times n$，汉明码的校验矩阵每一列均不相同，且是 $1 \sim 2^m - 1$ 的二进制表示，因此 $n = 2^m - 1$。

生成矩阵：我们构造系统形式的校验矩阵，即可以根据之前的校验矩阵与生成矩阵的关系，求出其生成矩阵。我们以 $m = 3$ 的汉明码为例，构造其校验矩阵和生成矩阵。

（1）构造系统形式的校验矩阵，我们可以构造出与式（8-2-10）不同的校验矩阵。

$$\boldsymbol{H} = \begin{bmatrix} 1 & 1 & 1 & 0 & 1 & 0 & 0 \\ 0 & 1 & 1 & 1 & 0 & 1 & 0 \\ 1 & 1 & 0 & 1 & 0 & 0 & 1 \end{bmatrix} = [\boldsymbol{P} \quad \boldsymbol{I}_3] \tag{8-2-30}$$

（2）根据校验矩阵与生成矩阵的关系，求出生成矩阵。

$$\boldsymbol{G} = [\boldsymbol{I}_4 \quad \boldsymbol{P}^{\mathrm{T}}] = \begin{bmatrix} 1 & 0 & 0 & 0 & 1 & 0 & 1 \\ 0 & 1 & 0 & 0 & 1 & 1 & 1 \\ 0 & 0 & 1 & 0 & 1 & 1 & 0 \\ 0 & 0 & 0 & 1 & 0 & 1 & 1 \end{bmatrix} \tag{8-2-31}$$

写出生成矩阵和校验矩阵后，我们可以计算校正子，然后确定错误图样并加以纠正。图 8-2-1 给出了式（8-2-30）所示的编码电路和译码电路。

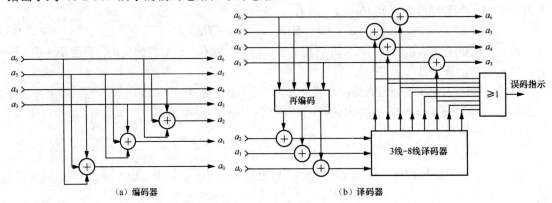

（a）编码器　　　　　　　　　　（b）译码器

图 8-2-1　(7, 4)汉明码的编码、译码器

8.2.6　线性分组码的纠错能力

一般而言，对于能纠正 t 个错误的 (n, k) 线性分组码，其校正子的数量不能少于**可纠错图样**的数量，即

$$2^r = 2^{n-k} \geqslant 1 + C_n^1 + C_n^2 + \cdots + C_n^t = \sum_{i=0}^{t} C_n^i \tag{8-2-32}$$

这里，C_n^i 为 n 中取 i 的组合，其物理含义是一个码组中恰有 i（$i \neq 0$）位出现错误的错误图样数量。对于汉明码，$n = 2^m - 1$，$t = 1$，式（8-2-32）恰好能够取等号，即**汉明码的校正子与码不超过 t 个的所有错误图样一一对应**，校验位得到最充分的利用，因此式（8-2-32）也称为汉明界。能够以等号满足汉明界的码又称为**完备码**。

除了汉明码外，迄今为止已找到的能纠正多个错误的二元完备码是(23,12)格雷码。$r = 23 - 12 = 11$，(23,12)格雷码满足以下的关系式。

$$\sum_{i=0}^{3} C_{23}^{i} = 2^{11} \tag{8-2-33}$$

因此这是一个纠错能力为 3 的完备二元线性分组码。其生成多项式（循环码）为

$$g(D) = D^{11} + D^{10} + D^{6} + D^{5} + D^{4} + D^{2} + 1 \tag{8-2-34}$$

8.2.7 扩展码与缩短码

根据系统需要，有时有必要对现有的码进行修改，使其码长、信息位数量等参数的取值更为灵活，以提高实用性。对码进行修改的方法有多种，最常用的是码的扩展与缩短，从而得到扩展码和缩短码。

对于 (n,k) 线性分组码，校验矩阵为 $\boldsymbol{H}$，生成矩阵为 $\boldsymbol{G}$，我们只需要对校验矩阵和生成矩阵做出相应的修改就可以构造出扩展码和缩短码。

1．扩展码

编码方式：新增加 l 个校验关系式，即在 $\boldsymbol{H}$ 矩阵中增加 l 行和 l 列，以保持信息位数量不变，便可得到一个 $(n+l,k)$ 扩展码。

编码作用：由于信息位数量不变，而校验位数量增加，因此扩展码能够纠正的错误图样增加了，其最小汉明距通常也会增加。最常见的扩展方法是在原来码字的基础上增加一个全局奇偶校验位，变为 $(n+1,k)$ 扩展码；若扩展前的最小汉明距 $d_{\min}$ 为奇数，则扩展后的码距为 $d_{\min}+1$。

以汉明码为例，如果再加上一位对于所有位都进行校验的校验位，则校验位的数量由 m 变为 $m+1$，信息位的数量不变，码长由 2^m-1 增长至 2^m，得到 $(2^m, 2^m-m-1)$ 扩展汉明码，其最小汉明距增加到 4，能够在纠正 1 位错误的同时检测 2 位错误。扩展汉明码的校验矩阵为

$$\boldsymbol{H}_{\mathrm{E}} = \begin{bmatrix} 1 & 1 & 1 & \cdots & 1 \\ & & & & 0 \\ & \boldsymbol{H} & & & 0 \\ & & & & 0 \\ & & & & 0 \end{bmatrix} \tag{8-2-35}$$

其中下标 E 表示扩展汉明码，即在 $\boldsymbol{H}$ 矩阵最右侧添加一列全 $\boldsymbol{0}$，然后在最上或者最下行添加一行全 1。与式（8-2-30）对应的(8,4)汉明码的校验矩阵为

$$\boldsymbol{H}_{8} = \begin{bmatrix} 1 & 1 & 1 & 1 & 1 & 1 & 1 & 1 \\ 1 & 1 & 1 & 0 & 1 & 0 & 0 & 0 \\ 0 & 1 & 1 & 1 & 0 & 1 & 0 & 0 \\ 1 & 1 & 0 & 1 & 0 & 0 & 1 & 0 \end{bmatrix} \tag{8-2-36}$$

2．缩短码

编码方式：将 $\boldsymbol{H}$ 矩阵最左侧的 $s(s<k)$ 列删除（相当于将 $\boldsymbol{G}$ 矩阵中左侧的单位阵删除 s 列），并将这些列中非零元素对应的 s 行一并删除。经过这样的处理，得到 $(n-s,k-s)$ 缩短码。

编码作用：由于缩短码的码长和码字数量都减少了，而校验位长度不变，因此码组的检错、纠错能力得到提高，最小汉明距通常会增大。由于删除的 s 列对应的码字位置不再参与校验，也可认为这些位全部为 0，因此这样对编码非常有利，即仍旧可以使用原来的编码器，只是在信息前需要附加 s 个 0。

将式（8-2-30）的前 2 列删去即得到(5,2)缩短码。

$$\boldsymbol{H}_{s} = \begin{bmatrix} 1 & 0 & 1 & 0 & 0 \\ 1 & 1 & 0 & 1 & 0 \\ 0 & 1 & 0 & 0 & 1 \end{bmatrix} \tag{8-2-37}$$

其中下标 s 代表缩短码。

8.2.8　线性分组码的最小汉明距界限

我们在寻找或设计线性码时，常以最小汉明距作为衡量标准。

在给定码长和编码效率（k/n）的情况下，最小汉明距愈大愈好。除了前面介绍的汉明界（上界），线性码中常用的编码界限还有**普罗特金界**（上界）和**吉尔伯特-瓦尔沙莫夫界**（下界）。

我们将 8.2.6 小节中的汉明界公式（8-2-32）改写为

$$k \leqslant n - \log_2\left(\sum_{i=0}^{t} C_n^i\right) \tag{8-2-38}$$

式（8-2-38）给出在已知 n 和 t（或 d）时，所需要信息位数的上界（不保证存在性）。

普罗特金界给出已知 n 和 k 时所能得到最大的最小汉明距；或者给定 d 时信息位数的上界（不保证存在性）为

$$d \leqslant \frac{n2^{k-1}}{2^k - 1} \tag{8-2-39}$$

由此可以求得给定最小距离 d 时，信息位数 k 的上界（推导过程较为烦琐，直接在此给出结论）为

$$k \leqslant n - \log_2 d - (2d-1)/(q-1) + 1 \tag{8-2-40}$$

对于高码率，即 k/n 较大的情况下，汉明码是较好的上界（与实际寻找到的最好码比较接近）。普罗特金界适用于低码率的码。

吉尔伯特-瓦尔沙莫夫界告诉我们，当 n、k 与 d 满足以下不等式时，总能找到一个最小距离至少为 d 的 (n,k) 码。

$$2^{n-k} > \sum_{i=0}^{d-2} C_{n-1}^i \tag{8-2-41}$$

下面举例说明这些界限的应用。假设需要寻找一个最小距离为 5、码长为 63 的分组线性码，由汉明界公式可得

$$2^{n-k} \geqslant \sum_{i=0}^{2} C_{63}^i \tag{8-2-42}$$

化简可得

$$2^{n-k} \geqslant 2017 \tag{8-2-43}$$

由式（8-2-43）可知，校验位数至少为 11。由该码的普罗特金界（见式（8-2-40））可知信息位数 $k \leqslant 57.3$，即校验位数至少为 6。该码的吉尔伯特-瓦尔沙莫夫界为

$$2^{n-k} > \sum_{i=0}^{3} C_{62}^i \tag{8-2-44}$$

化简可得

$$2^{n-k} > 39774 \tag{8-2-45}$$

由式（8-2-45）可知，校验位数至少为 16。

由汉明界和吉尔伯特-瓦尔沙莫夫界可以看出，对于 $n=63$、$d=5$ 的码来说，必定存在一种 $52 \geqslant k > 47$ 的线性码。显然，k 越接近于 52 的码，其编码效率越高。（注意，吉尔伯特-瓦尔沙莫夫界表示的是校验位数量大于或等于 16 后必然能够找到距离为 $d=5$ 的码。为了减少校验位数量，我们可以选择在小于 16 的校验位中寻找合适的码字。）表 8-2-3 列出了长度 $n=31$ 时各种码的上下界。其中，k_{max} 值是由汉明界求出的，带"*"的是由普罗特金界得到的，并且在低码率时，后者更加接近于实际编码；k_{min} 值是由吉尔伯特-瓦尔沙莫夫界得到的；此外，表 8-2-3 中最后一列给出了已知 BCH 码的实际 k 值。图 8-2-2 给出了上述 3 种界限的码率与最小码距的关系曲线，这些

曲线是在假设码长 n 很大时得到的（仿真 $n=100$）。

表 8-2-3 长度 n=31 时各种码的上下界

n	d	k_{min}	k_{max}	k_{BCH}
31	3	26	26	26
	5	19	22	21
	7	14	18	16
	9	10	15	—
	11	8	13	11
	13	4	10^*	—
	15	3	6^*	6
	17	1	3^*	—

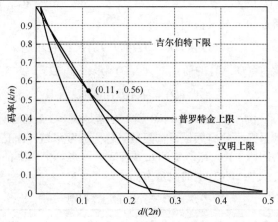

图 8-2-2 最小汉明距的上下界

8.3 循环码

8.3.1 循环码概念

一个 (n,k) 线性分组码，如果每个码字经任意循环移位之后仍然在码字集合中，那么就称此码为循环码。因此，循环码具有线性及循环性。所谓线性，是指循环码是线性码，具有线性分组码的所有特点。所谓循环性，是指循环码中任一码字循环移位后得到的仍为码字。例如，$(a_{n-1}a_{n-2}\cdots a_1a_0)$ 为一码字，则 $(a_{n-2}a_{n-3}\cdots a_0a_{n-1})$、$(a_{n-3}a_{n-4}\cdots a_{n-1}a_{n-2})$、$\cdots$、$(a_0a_{n-1}\cdots a_2a_1)$ 都为码字。

以 (7,3) 循环码为例，表 8-3-1 给出了具体的码字内容。

表 8-3-1 (7,3) 循环码（生成多项式 $g(x)=x^4+x^2+x+1$）

码字编号	信息分组	编码码字
c_1	000	0000000
c_2	001	0010111
c_3	010	0101110
c_4	011	0111001
c_5	100	1001011
c_6	101	1011100
c_7	110	1100101
c_8	111	1110010

8.3.2　生成多项式与生成矩阵

为了使用代数学理论研究循环码，采用多项式对码字进行描述，则该式称为**码多项式**。对于任意长度为 n 的码字 $A = (a_{n-1}a_{n-2}\cdots a_1a_0)$，用一个多项式可表示为

$$A(D) = a_{n-1}D^{n-1} + a_{n-2}D^{n-2} + a_{n-3}D^{n-1} + \cdots + a_1D^1 + a_0 \tag{8-3-1}$$

式中，D 为哑元，它的幂次代表其系数在码字中的位置。将该码字向左循环移位 1 位，得到的码字记作 $A^{(1)} = (a_{n-2}a_{n-3}\cdots a_0a_{n-1})$，其对应的码多项式为

$$A^{(1)}(D) = a_{n-2}D^{n-1} + a_{n-3}D^{n-2} + a_{n-4}D^{n-1} + \cdots + a_0D^1 + a_{n-1} \tag{8-3-2}$$

左移 i 位后的码字为 $A^{(i)} = (a_{n-i-1}a_{n-i-2}\cdots a_{n-i+1}a_{n-i})$，其对应的码多项式为

$$A^{(i)}(D) = a_{n-i-1}D^{n-1} + a_{n-i-2}D^{n-2} + a_{n-i-3}D^{n-1} + \cdots + a_{n-i+1}D^1 + a_{n-i} \tag{8-3-3}$$

$A^{(i)}(D)$ 可由 $A(D)$ 通过如下公式得到。

$$D^iA(D) = Q(D)(D^n+1) + A^{(i)}(D) \tag{8-3-4}$$

式中，$Q(D)$ 是 $D^iA(D)$ 除以 (D^n+1) 的商式，$A^{(i)}(D)$ 为余式，故式（8-3-4）可表示为

$$A^{(i)}(D) \equiv D^iA(D)\,\mathrm{mod}(D^n+1) \tag{8-3-5}$$

对于二元码，码多项式的系数为 0 或 1。0 和 1 在满足表 8-3-2 的运算规则时，构成一个代数系，称为二元域。二元域是最小的有限域，有限域又称为**伽罗华域**（Galois field，GF），故二元域通常记为 GF(2)。二元码的码字由 GF(2) 中的元素构成。若将每个码字都看成是长度为 n 的向量，则所有的码字构成一个定义在 GF(2) 上的向量空间。

表 8-3-2　二元域的运算规则

加运算	乘运算
$0 \oplus 0 = 0$	$0 \cdot 0 = 0$
$0 \oplus 1 = 1$	$0 \cdot 1 = 0$
$1 \oplus 0 = 1$	$1 \cdot 0 = 0$
$1 \oplus 1 = 0$	$1 \cdot 1 = 1$

例如，某循环码字为 1100101，则 $A(D) = D^6 + D^5 + D^2 + 1$。该码字向左循环移位 1 位，可得码字为 1001011，其码多项式为 $A^{(1)}(D) = D^6 + D^3 + D + 1$。此时，有

$$D(D^6 + D^5 + D^2 + 1) = Q(D) \cdot (D^7 + 1) + D^6 + D^3 + D + 1 \tag{8-3-6}$$

式中，$Q(D)$ 为 1。不难证明，对于循环码的码多项式，式（8-3-4）是普遍成立的。

在熟悉上述基础理论后，我们可以对循环码的**生成多项式**进行定义。对于一个 (n,k) 循环码，其生成多项式 $g(D)$ 是一个能整除 D^n+1 的 $n-k$ 阶多项式。循环码完全由其码长 n 及生成多项式 $g(D)$ 所决定。阶数低于 n 并能被 $g(D)$ 整除的所有多项式构成一个 (n,k) 循环码。循环码的每一个码字的码多项式都满足阶数小于或等于 $n-1$ 且能被 $g(D)$ 整除。

(n,k) 循环码有 2^k 个码字，其信息多项式 $M(D)$ 有 2^k 个，$M(D)$ 为不大于 $k-1$ 阶的多项式，共有 k 个系数。由信息多项式 $M(D)$ 和生成多项式 $g(D)$ 相乘所生成的码多项式为

$$A(D) = M(D)g(D) \tag{8-3-7}$$

以 (7,3) 循环码为例进行说明：$n=7$，$g(D) = D^4 + D^3 + D^2 + 1$ 是 D^7+1 的一个因式，阶次为 $n-k = 7-3 = 4$，该循环码共有 2^3 个阶次不大于 2 的信息多项式，相应地，有 2^3 个阶次不大于 6 的码多项式，即

$$0 = g(D) \cdot 0$$
$$D^4 + D^3 + D^2 + 1 = g(D) \cdot 1$$

$$D^5 + D^4 + D^3 + D = g(D) \cdot D$$

$$D^6 + D^5 + D^4 + D^2 = g(D) \cdot D^2$$

$$D^5 + D^2 + D + 1 = g(D) \cdot (D+1)$$

$$D^6 + D^3 + D^2 + D = g(D) \cdot (D^2 + D)$$

$$D^6 + D^5 + D^3 + 1 = g(D) \cdot (D^2 + 1)$$

$$D^6 + D^4 + D + 1 = g(D) \cdot (D^? + D + 1)$$

为了寻找生成多项式，必须对 $D^n + 1$ 进行因式分解（计算机能较轻松地完成分解）。对于某些 n 值，$D^n + 1$ 只有很少几个因式，因此码长为这些 n 值的循环码很少。仅对于很少几个 n 值，$D^n + 1$ 才有很多因式。显然，对于任意 n 值，都有

$$D^n + 1 = (D+1)(D^{n-1} + D^{n-2} + \cdots + D + 1) \tag{8-3-8}$$

当取 $D+1$ 为生成多项式时，其生成的循环码为 $(n, n-1)$ 单奇偶校验码。由于 $g(D) = D+1$ 为一阶多项式，故只有 1 位校验位，最小码距 $d_{\min}$ 为 2。当取 $D^{n-1} + D^{n-2} + \cdots + D + 1$ 为生成多项式时，其生成的循环码为 $(n, 1)$ 循环码，只有两种码组：全 0 和全 1。故 $(n, 1)$ 循环码又称为 $(n, 1)$ 重复码，最小码距 $d_{\min}$ 为 n。

利用 $D+1$ 可构造 (n, k) 循环码的子集。对任何 (n, k) 循环码的生成多项式 $g(D)$，乘上 $D+1$ 可得到一个新的生成多项式 $g^*(D) = g(D)(D+1)$，由 $g^*(D)$ 生成的循环码为 $(n, k-1)$ 循环码且为 (n, k) 循环码的一个子集。

汉明码也属于循环码，其生成多项式为**本原多项式**。首先，本原多项式是既约多项式，即在 GF(2) 上无法继续因式分解；其次，能够被 m 阶本原多项式整除的多项式 $D^n + 1$，其最低阶次为 $2^m - 1$。

循环码作为线性分组码的一种，同样能使用生成矩阵来描述。循环码的生成矩阵可由生成多项式得到。由于 $g(D), D^2 g(D), \cdots, D^{k-1} g(D)$ 均能被 $g(D)$ 整除，且阶次最高的多项式 $D^{k-1} g(D)$ 的阶次为 $n-1$，故它们都是码多项式，对应不同的码字。将这些码字作为生成多项式的行，由线性代数理论易得，上述行线性独立，由各行的线性组合可以得到全部的 2^k 个码字。因此生成矩阵多项式表示为

$$\boldsymbol{G}(D) = \begin{bmatrix} D^{k-1} g(D) \\ D^{k-2} g(D) \\ \vdots \\ g(D) \end{bmatrix} \tag{8-3-9}$$

对应的生成矩阵为

$$\boldsymbol{G} = \begin{bmatrix} g_{n-k} & g_{n-k-1} & \cdots & g_0 & 0 & \cdots & 0 \\ 0 & g_{n-k} & g_{n-k-1} & \cdots & g_0 & \cdots & 0 \\ \vdots & \vdots & \vdots & & \vdots & & \vdots \\ 0 & \cdots & 0 & g_{n-k} & g_{n-k-1} & \cdots & g_0 \end{bmatrix} \tag{8-3-10}$$

输入信息位为 $(m_{k-1} m_{k-2} \cdots m_0)$ 时，相应的码多项式为

$$A(D) = m_{k-1} D^{k-1} g(D) + m_{k-2} D^{k-2} g(D) + \cdots + m_0 g(D)$$

$$= (m_{k-1} D^{k-1} + m_{k-2} D^{k-2} + \cdots + m_0) g(D) \tag{8-3-11}$$

$$= M(D) g(D)$$

这同样证明了码多项式必定为 $g(D)$ 的倍式。由于 $g(D)$ 是 $D^n + 1$ 的因式，故可表示为

$$D^n + 1 = g(D) h(D) \tag{8-3-12}$$

式中，生成多项式 $g(D) = g_{n-k} D^{n-k} + \cdots + g_1 D + g_0$，校验多项式 $h(D) = h_{n-k} D^{n-k} + \cdots + h_1 D + h_0$。由式（8-3-12）可知，$g(D) h(D)$ 的中间项系数全部为 0，即

$$g_1 h_0 + g_0 h_1 = 0$$
$$g_2 h_0 + g_1 h_1 + g_0 h_2 = 0$$
$$\vdots$$
$$g_{n-k} h_{k-1} + g_{n-k-1} h_k = 0$$

（8-3-13）

由此可得循环码的校验矩阵为

$$\boldsymbol{H} = \begin{bmatrix} h_0 & h_1 & \cdots & h_k & 0 & \cdots & 0 \\ 0 & h_0 & h_1 & \cdots & h_k & \cdots & 0 \\ \vdots & \vdots & \vdots & & \vdots & & \vdots \\ 0 & \cdots & 0 & h_0 & h_1 & \cdots & h_k \end{bmatrix}$$

（8-3-14）

它完全由 $h(D)$ 的系数确定，并且满足 $\boldsymbol{GH}^T = 0$。$\boldsymbol{H}$ 矩阵中每行的系数是按照升幂顺序排列的，而 $\boldsymbol{G}$ 矩阵是按照降幂顺序排列的。同样地，由于 $h(D)$ 是 $D^n + 1$ 的因式，因此我们可将校验多项式 $h(D)$ 作为生成多项式，以构造得到 $(n, n-k)$ 循环码。它与以 $g(D)$ 作为生成多项式所生成的 (n,k) 循环码互称为**对偶码**。

注意到式（8-3-10）所示的生成矩阵并非系统形式，这是因为其左侧并非单位阵。系统码码字的最左侧 k 位是信息位，随后是 $n-k$ 位校验位。这相当于码多项式为

$$A(D) = M(D)D^{n-k} + r(D)$$
$$= m_{k-1}D^{k-1} + \cdots + m_0 D^{n-k} + r_{n-k-1}D^{n-k-1} \cdots + r_0$$

（8-3-15）

式中，$r(D) = r_{n-k-1}D^{n-k-1} + \cdots + r_0$ 为校验多项式，最高阶次为 $n-k-1$，其对应的校验位为 $(r_{n-k-1}, \cdots, r_0)$。为保证码多项式 $A(D)$ 能被 $g(D)$ 整除，校验多项式需满足

$$r(D) = A(D) + M(D)D^{n-k} = M(D)D^{n-k} \bmod g(D)$$

（8-3-16）

由上述分析可知，构造系统循环码时，只需将信息多项式 $M(D)$ 乘以 D^{n-k}，然后进行模 $g(D)$ 运算，即除以 $g(D)$ 求余式 $r(D)$，将 $r(D)$ 尾随 $M(D)D^{n-k}$ 即得到系统循环码。

系统形式的生成矩阵 $\boldsymbol{G} = [\boldsymbol{I}_k \quad \boldsymbol{Q}]$，与单位矩阵 $\boldsymbol{I}_k$ 每行对应的信息多项式为

$$m_i(D) = m_i D^{k-i} = D^{k-i}, \quad i = 1, 2, \cdots, k$$

（8-3-17）

由式（8-3-16）可得相应的校验多项式为

$$r(D) \equiv D^{k-i} D^{n-k}$$
$$\equiv D^{n-i} \bmod g(D), \quad i = 1, 2, \cdots, k$$

（8-3-18）

因此系统循环码生成矩阵多项式的一般表达式为

$$\boldsymbol{G}(D) = \begin{bmatrix} C_1(D) \\ C_2(D) \\ \vdots \\ C_k(D) \end{bmatrix} = \begin{bmatrix} D^{n-1} + r_1(D) \\ D^{n-2} + r_2(D) \\ \vdots \\ D^{n-k} + r_k(D) \end{bmatrix}$$

（8-3-19）

我们通过求得的系统循环码生成矩阵多项式，进而可得到系统形式的生成矩阵，其过程如例题 8-3-1 所示。

【例题 8-3-1】　已知 $(7,4)$ 循环码的生成多项式为 $g(D) = D^3 + D + 1$，求系统形式的生成矩阵。

解：由式（8-3-18）可得

$$r_1(D) \equiv D^6 \equiv D^2 + 1 \bmod g(D)$$
$$r_2(D) \equiv D^5 \equiv D^2 + D + 1 \bmod g(D)$$
$$r_3(D) \equiv D^4 \equiv D^2 + D \bmod g(D)$$
$$r_4(D) \equiv D^3 \equiv D + 1 \bmod g(D)$$

（8-3-20）

因此，生成矩阵多项式可表示为

$$G(D) = \begin{bmatrix} D^6 + D^2 + 1 \\ D^5 + D^2 + D + 1 \\ D^4 + D^2 + D \\ D^3 + D + 1 \end{bmatrix} \tag{8-3-21}$$

由多项式系数得到系统形式的生成矩阵为

$$G = \begin{bmatrix} 1000101 \\ 0100111 \\ 0010110 \\ 0001011 \end{bmatrix} = \begin{bmatrix} I_4 & Q \end{bmatrix} \tag{8-3-22}$$

对于系统码而言，其校验矩阵必为系统形式，参照线性分组码的理论，容易得到

$$H = \begin{bmatrix} Q^T & I_{n-k} \end{bmatrix} \tag{8-3-23}$$

将校验矩阵展开为

$$H = \begin{bmatrix} 1 & 1 & 1 & 0 & 1 & 0 & 0 \\ 0 & 1 & 1 & 1 & 0 & 1 & 0 \\ 1 & 1 & 0 & 1 & 0 & 0 & 1 \end{bmatrix} \tag{8-3-24}$$

对于所有线性分组码，非系统形式的生成矩阵经过高斯消元运算也一定能够化为系统形式，所以在实际计算系统形式的生成矩阵时，可以通过在 GF(2) 域对非系统形式的生成矩阵进行初等行变换以得到 $[I_k \quad Q]$ 形式的矩阵，该矩阵即为系统形式的生成矩阵。

循环码生成矩阵
构建示例

8.3.3　编码与译码

由 8.3.2 小节可知，系统循环码最容易实现的编码方式是将信息码多项式升 $n-k$ 次幂后除以生成多项式，然后将所得余式置于升幂后的信息多项式之后。系统循环码的编码过程就是多项式除法求余的过程，用公式可表示为

$$\frac{M(D)D^{n-k}}{g(D)} = q(D) + \frac{r(D)}{g(D)} \tag{8-3-25}$$

式中，$q(D)$ 为商式。由此得到系统循环码多项式为

$$A(D) = M(D)D^{n-k} + r(D) \tag{8-3-26}$$

【例题 8-3-2】　已知 (7,3) 循环码的生成多项式为 $g(D) = D^4 + D^2 + D + 1$，信息码为 110，求编码后的码字。

解：信息多项式为 $M(D) = D^2 + D$，由式（8-3-25）可得

$$\frac{(D^2 + D)D^4}{D^4 + D^2 + D + 1} = (D^2 + D + 1) + \frac{D^2 + 1}{D^4 + D^2 + D + 1} \tag{8-3-27}$$

所以

$$A(D) = D^4(D^2 + D) + D^2 + 1 = D^6 + D^5 + D^2 + 1 \tag{8-3-28}$$

编码后的码字为 1100101。

多项式除法可以用带反馈的线性移位寄存器来实现。除法电路有两种：一种采用**内接的异或（模 2 加）电路**；另一种采用**外接的异或电路**。以 $g(D) = D^4 + D^2 + D + 1$ 为例，这两种除法电路分别如图 8-3-1（a）、图 8-3-1（b）所示，在实际中通常采用内接异或门的除法电路。内接异或门除法电路的工作过程与多项式除法的过程完全一致，每当一个"1"移出寄存器进入反馈线时，相当

于从被除式中"减去"除式。所谓"减去"也是模 2 加运算。

上述除法电路虽然能用作编码器，但由于前 $n-k$ 次移位只是用于将信息位输入移位寄存器，并未真正开始除法运算，因此通过预先乘以 D^{n-k} 的编码方案，直接将信息位放入寄存器中，这种编码器如图 8-3-2 所示。在 k 位信息位输入时，图 8-3-2 中开关 K_2、K_3 合上，K_1 打开，这时信息位在直接输出的同时完成了除法运算。然后，K_1 合上，K_2、K_3 打开，移位寄存器中所存的校验位尾随信息位输出。

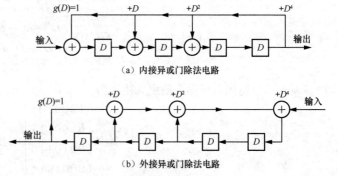

（a）内接异或门除法电路

（b）外接异或门除法电路

图 8-3-1　内接和外接异或门除法电路

以信息码 110，$g(D) = D^4 + D^2 + D + 1$ 为例，表 8-3-3 详细说明了该(7,3)循环码编码器的工作过程。目前多采用微处理器和数字信号处理器（Digital Signal Processor，DSP）等先进的器件及相应的软件代替硬件逻辑电路来实现上述编码。

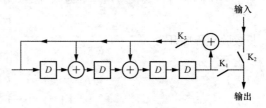

图 8-3-2　预先乘以 D^{n-k} 的循环码编码器

循环码编码器
工作原理

表 8-3-3　(7,3)循环码编码器工作过程（生成多项式 $g(x) = x^4 + x^2 + x + 1$）

输入	移位寄存器	反馈	输出	
0	0000	0	0	
1	1110	1	1	信息位
1	1001	1	1	
0	1010	1	0	
0	0101	0	0	校验位
0	0010	1	1	
0	0001	0	0	
0	0000	1	1	

以上编码器是以一个比特的方式实现的。对于某些高速应用的场合，编码器可以用每次多个比特的方式实现。此时使用带反馈的并联移位寄存器。以生成多项式为 $g(D) = D^6 + D^5 + D^4 + D^3 + 1$ 的(15, 9)循环码为例，该码能够纠正长度为 3 的突发错误，拟采用每次移 3 个比特的编码器，其编码器的一般形式如图 8-3-3 所示。图 8-3-3 中 M_0、M_1 是两个连接矩阵，P_0、P_1 表示移位寄存器的当前状态，F_0、F_1 表示下一个状态，D 表示输入信息。

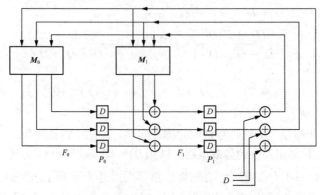

图 8-3-3　每次移 3 个比特的循环码编码器

为了更直观地展示编码过程，表 8-3-4 列出了该(15,9)循环码编码器的工作过程。

表 8-3-4　(15, 9)循环码编码器的工作过程

移位顺序	0	1	2	3
输入信息	d_5	d_4	d_3	d_2
移位寄存器状态	$\left.\begin{matrix} p_0 \\ p_1 \\ p_2 \end{matrix}\right\} p_0$	$\begin{matrix} d_5+p_5 \\ p_0 \\ p_1 \end{matrix}$	$\begin{matrix} d_5+p_5+d_4+p_4 \\ d_5+p_5 \\ p_0 \end{matrix}$	$\left.\begin{matrix} p_3+d_3+p_4+d_4 \\ p_5+d_5+p_4+d_4 \\ p_5+d_5 \end{matrix}\right\} F_0$
	$\left.\begin{matrix} p_3 \\ p_4 \\ p_5 \end{matrix}\right\} p_1$	$\begin{matrix} d_5+p_5+p_2 \\ d_5+p_5+p_3 \\ d_5+p_5+p_4 \end{matrix}$	$\begin{matrix} d_5+p_5+d_4+p_4+p_1 \\ d_4+p_4+p_2 \\ d_4+p_4+p_3 \end{matrix}$	$\left.\begin{matrix} p_0+p_3+d_3+p_4+d_4 \\ p_1+p_5+d_5+p_3+d_3 \\ p_3+d_3+p_2 \end{matrix}\right\} F_1$
反馈	d_5+p_5	$d_5+p_5+d_4+p_4$	$d_4+p_4+d_3+p_3$	$d_2+p_2+d_3+p_3$

为了一次移动 3 个比特，该电路须满足下列方程。

$$F_0 = (P_1+D)\boldsymbol{M}_0$$
$$F_1 = P_0 + (P_1+D)\boldsymbol{M}_1 \tag{8-3-29}$$

这里，$P_0 = (p_0,p_1,p_2)$，$P_1 = (p_3,p_4,p_5)$，由表可知

$$F_0 = ((p_3+d_3+p_4+d_4),(p_4+d_4+p_5+d_5),(p_5+d_5))$$
$$F_1 = ((p_0+p_3+d_3+p_4+d_4),(p_1+p_3+d_3+p_5+d_5),(p_2+p_3+d_3)) \tag{8-3-30}$$

由式（8-3-30）可以确定 $\boldsymbol{M}_0$、$\boldsymbol{M}_1$ 为

$$\boldsymbol{M}_0 = \begin{bmatrix} 1 & 0 & 0 \\ 1 & 1 & 0 \\ 0 & 1 & 1 \end{bmatrix} \quad \boldsymbol{M}_1 = \begin{bmatrix} 1 & 1 & 1 \\ 1 & 0 & 0 \\ 0 & 1 & 0 \end{bmatrix} \tag{8-3-31}$$

根据 $\boldsymbol{M}_0$、$\boldsymbol{M}_1$ 可设计出相应循环码编码器的具体电路。

根据循环码的线性特性，我们可以类比对线性码译码来设计循环码的译码。循环码的译码步骤如下。

（1）由接收到码多项式 $B(D)$ 计算校正子多项式 $S(D)$。

（2）由校正子多项式 $S(D)$ 确定错误图像 $E(D)$。

（3）将错误图像 $E(D)$ 与 $B(D)$ 相加，纠正错误。

由校正子的定义可知

$$s = \boldsymbol{H}b = \boldsymbol{H}e \tag{8-3-32}$$

类似地，对循环码而言，校正子多项式为

$$S(D) \equiv B(D) \bmod g(D)$$
$$\equiv E(D) \bmod g(D) \tag{8-3-33}$$

因此，循环码的校正子多项式 $S(D)$ 就是用接收到的码多项式除以生成多项式 $g(D)$ 所得到的余式。

当除法电路作为校正子计算电路时，有一个重要性质能大大减少译码器需要识别的错误图样数量。该性质为某码组循环移位 i 次的校正子等于原码组校正子在除法电路中循环移位 i 次所得的结果。令 $S_i(D)$ 为码多项式 $B(D)$ 循环移位 i 次后计算得到的校正子，即

$$S_i(D) \equiv D^i B(D) \bmod g(D) \tag{8-3-34}$$

而由式（8-3-33）可得，当 $S(D)$ 循环移位 i 次时，有

$$D^i S(D) \equiv D^i B(D) \bmod g(D) \tag{8-3-35}$$

将式（8-3-35）减去式（8-3-34）可得

$$S_i(D) \equiv D^i S(D) \bmod g(D) \tag{8-3-36}$$

一般而言，译码器的复杂性主要取决于译码过程的第二步：由校正子多项式 $S(D)$ 确定错误图像 $E(D)$。根据上述性质，某个可纠正错误图样 $E(D)$ 的 i 次循环移位 $D^i E(D)$ 也必定是可纠正的错误图样，把 $E(D), DE(D), \cdots, D^i E(D)$ 归为一类，用一个错误图样 $E(D)$ 作代表。根据这一特点，当想要纠正 t 个错误时，需要识别的错误图样从 $\sum_{i=1}^{t}\binom{n}{i}$ 减少为至多 $\sum_{i=1}^{t}\binom{n-1}{i-1}$，以此减小译码器的复杂度和简化译码器的逻辑电路。

基于错误图样识别的译码器称为**梅吉特译码器**，其原理图如图 8-3-4 所示。错误图样识别器是一个具有 $n-k$ 个输入端的逻辑电路，理论上可以采用查表的方法，根据校正子找到错误图样，并利用循环码的上述特性简化识别电路。梅吉特译码器特别适合于纠正 $t \leqslant 2$ 个随机独立错误的纠错码，因为随着纠错能力的提高，需要识别的错误图样数量将变得更大，导致译码器难以实现。

图 8-3-4 中 k 级缓存器用于存储系统循环码的信息位，模 2 和电路用于纠正错误。当校正子为 0 时，模 2 和来自错误图样识别电路的输入端，为 0，输出即为缓存器的内容。当校正子恰好使得错误图样识别电路输出 1 时，它使缓存器输出取补，即纠正了错误。

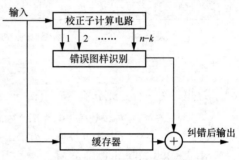

图 8-3-4　梅吉特译码器原理图

捕错译码是梅吉特译码器的一种变形，其能用较简单的组合逻辑电路实现。它特别适用于纠突发错误、单个随机错误和两个错误的低码率（k/n）码，但不适用于具有大纠错能力的高码率码。其基本原理为如果突发错误的长度为 $n-k$，且全部集中在码组的后 $n-k$ 位上，即错误图样多项式 $E(D)$ 的最高阶次不超过 $g(D)$ 的最高阶 $n-k-1$，则校正子 $S(D) = E(D)$。这一点反映了错误图样本身就是除法的余式。此时，只需要把校正子直接加到接收码组上即可实现纠错。假设带有错误图样的码组为 $B(D)$，发送码组为 $A(D)$，则有

$$
\begin{aligned}
B(D) + S(D) &= A(D) + E(D) + S(D) \\
&= A(D) + E(D) + E(D) \\
&= A(D)
\end{aligned}
\tag{8-3-37}
$$

上述捕错译码的实现有错误集中在码组最后 $n-k$ 位上的限制。实际中，错误分布满足上述限制的可能性不大，所以需要改进上述的捕错译码以适用于纠正任何突发错误的循环码。根据式（8-3-35）表示的循环码和校正子的循环移位特性，只要错误集中出现在任意连续的 $n-k$ 位上，将接收到的码组与校正子同时在各自的移位寄存器中移位（校正子是在带反馈的移位寄存器中循环移位），那么当错误循环移位到码组最后 $n-k$ 位时，校正子必然与错误图样相同，进而按照前述的捕错译码进行纠错。

对一个能纠正 t 个错误的码来说，上述情形可以用校正子的码重来判断。显然，校正子码重一定不超过 t。但是，当校正子码重满足不超过 t 的条件时，仍然可能无法纠错。因为错误分布不一定满足集中分布的条件。当 t 个错误均匀分布在 n 位上时最难满足 k 位无错这一要求，因此用捕错译码方法对纠正 t 个错误的 (n, k) 循环码译码时，要求

$$
k < \frac{n}{t}
\tag{8-3-38}
$$

对于纠正突发错误的 (n, k) 循环码，可以证明，它的可纠突发错误的长度 b 不可能超过 $(n-k)/2$，因此可纠突发错误必定集中在 $n-k$ 位内。故满足上述条件的捕错译码方法适用于任何突发错误的循环码，其原理图如图 8-3-5 所示。

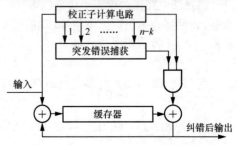

图 8-3-5　捕错译码器原理图

8.3.4 BCH 码

BCH 码是一种被广泛应用的、能够纠正多个错码的循环码，它是由霍昆格姆（Hocquenghem）、博思（Bose）和雷-查德胡里（Ray-Chaudhuri）独立发现的。BCH 码的纠错能力很强，尤其是在短码长和中等码长时，其性能非常接近理论值，并且构造方便。BCH 码能够在给定纠错能力要求下寻找码的生成多项式，解决了生成多项式和纠错能力的关系问题。

BCH 码分为两类，即本原 BCH 码和非本原 BCH 码。它们的主要区别在于，**本原 BCH 码**的生成多项式 $g(D)$ 中含有最高次数为 m 的本原多项式，且码长为 $n = 2^m - 1$（$m \geqslant 3$，为正整数）；**非本原 BCH 码**的生成多项式中不含这种本原多项式，且码长 n 是 $2^m - 1$ 的一个因子。这里再补充说明有关本原多项式和既约多项式的概念。**既约多项式**的定义为若一个 m 次多项式 $f(x)$ 不能被任何次数小于 m 但大于 0 的多项式除尽，则称它为不可约多项式、既约多项式或素多项式。**本原多项式**的定义为若一个 m 次多项式 $f(x)$ 是既约多项式，同时可整除 $x^n + 1$（$n = 2^m - 1$），并且除不尽 $x^q + 1$（$q < n$），则称 $f(x)$ 为本原多项式。

BCH 码的码长 n 与监督位、纠错个数 t 之间的关系如下：对于正整数 m（$m \geqslant 3$）和正整数 $t < m/2$，必定存在一个码长为 $n = 2^m - 1$、监督位为 $n - k \leqslant mt$、能纠正所有不多于 t 个随机错误的 BCH 码。若码长 $n = (2^m - 1)/i$（$i > 1$，且除得尽 $2^m - 1$），则为非本原 BCH 码。具有循环性质的汉明码是能纠正单个随机错误的本原 BCH 码，例如，(7,4)汉明码是以 $g_1(D) = D^3 + D + 1$ 或 $g_2(D) = D^3 + D^2 + 1$ 生成的 BCH 码。

在工程设计中，一般不需要用计算方法寻找 BCH 码的生成多项式，故本书限于篇幅不在此介绍 BCH 码涉及的数学原理，而是注重介绍如何使用 BCH 码。工程上一般使用查表法找到所需的生成多项式。表 8-3-5 给出了码长 $n \leqslant 127$ 的二进制本原 BCH 码生成多项式系数，表 8-3-6 给出了部分二进制非本原 BCH 码生成多项式系数。例如，$g(D) = (13)_8$ 是指 $g(D) = D^3 + D + 1$，因为 $(13)_8 = (1011)_2$，1011 就是此 3 次方程 $g(D)$ 的各项系数。在表 8-3-6 中的 (23,12) 码称为戈莱码。它能纠正 3 个随机错码，并且容易解码，实际应用较多。此外 BCH 码的长度都为奇数。

表 8-3-5　码长 $n \leqslant 127$ 的二进制本原 BCH 码生成多项式系数

n	k	t	$g(D)$（八进制形式）
7	4	1	13
15	11	1	23
15	7	2	721
15	5	3	2467
31	26	1	45
31	21	2	3551
31	16	3	107657
31	11	5	5423325
31	6	7	313365047
63	57	1	103
63	51	2	12471
63	45	3	1701317
63	39	4	166623567
63	36	5	1033500423
63	30	6	157464165547
63	24	7	17323260404441
63	18	10	1363026512351725
63	7	15	5231045543503271737
127	120	1	211
127	113	2	41567
127	106	3	11554743

续表

n	k	t	$g(D)$（八进制形式）
127	99	4	3447023271
127	92	5	624730022327
127	85	6	130704476322273
127	78	7	26230002166130115
127	71	9	6255010713253127753
127	64	10	1206534025570773100045
127	57	11	335265252505705053517721
127	50	13	54446512523314012421501421
127	43	14	17721772213651227521220574343
127	36	15	3146074666522075044764574721735
127	29	21	403114461367670603667530141176155
127	22	23	123376070404722522435445626637647043
127	15	27	22057042445604554770523013762217604353
127	8	31	7047264052751030651476224271567733130217

表 8-3-6　部分二进制非本原 BCH 码生成多项式系数

n	k	t	$g(D)$（八进制形式）
17	9	2	727
21	12	2	1663
23	12	3	5343
33	22	2	5145
41	21	4	6647133
47	24	5	43073357
65	53	2	10761
65	40	4	354300067
73	46	4	1717773537

在应用中，为了得到偶数长度的码，并增大检错能力，我们可以在 BCH 码生成多项式中乘上一个因式$(D+1)$，从而得到扩展 BCH 码$(n+1,k)$。扩展 BCH 码相当于在原 BCH 码上增加了一个校验位，因此码距比原 BCH 码增加 1。扩展 BCH 码已经不再具有循环性。例如，应用广泛的扩展戈莱码(24,12)，其最小码距d_{min}为 8，码率为 1/2，能够纠正 3 个错码和检测 4 个错码。它比汉明码的纠错能力强，但解码更复杂，码率也较低。

BCH 译码可以分为频域译码和时域译码两大类。**频域译码**是把每个码组看成一个数字信号，把接收到的信号进行离散傅里叶变换（Discrete Fourier Transform，DFT），然后利用数字信号处理技术在频域内进行译码，最后进行离散傅里叶反变换得到译码后的码组。**时域译码**则是在时域上直接利用代数结构进行译码，已有的方法很多，包括彼得森译码算法、伯利坎普迭代算法等。这里以彼得森译码算法为例进行简要介绍。

（1）用生成多项式$g(D)$的各因式作为除式，对接收到的码多项式求余，得到t个余式，称为部分伴随式。

（2）用t个部分伴随式构造一个特定的译码多项式，它以错误位置数为根。

（3）求译码多项式的根，得到错误位置。

（4）纠正错误位置。

8.3.5　RS 码

实际中还常用一类纠错能力很强的 RS（Reed-Solomon）码，它是一种特殊的非**二进制 BCH 码**。对于任意选取的正整数s，我们可构造一个相应的码长为$n=q^s-1$的q进制 BCH 码，其中码元符号取自有限域 GF(q)，q为某个素数的幂。当$s=1$、$q>2$时，所建立的码长为$n=q-1$的q进制 BCH 码，称为 RS 码。当$q=2^m$（$m>1$）时，码元符号取自域 GF(2^m)的 RS 码可用来纠正突发错误。2^m进制 RS 码可用二进制的部件实现，将输入信息分成每km个比特为一组，其中每

组 k 个符号，每个符号由 m 个比特组成，而不是二进制 BCH 码中的 1 个比特。

一个可纠正 t 个错误的 RS 码的码长为 $n = 2^m - 1$ 符号或 $m(2^m - 1)$ 个比特，信息位为 k 符号或 km 个比特，监督位为 $n - k = 2t$ 符号或 $m(n-k) = 2mt$ 个比特，最小码距为 $d = 2t + 1$ 符号或 $md = m(2t + 1)$ 个比特。RS 码具有同时纠正随机错误和突发错误的能力，且纠突发错误能力更强。它可纠正的错误图样如下。

总长度为 $b_1 = (t-1)m + 1$ 个比特的 1 个突发错误。

总长度为 $b_2 = (t-3)m + 3$ 个比特的 2 个突发错误。

……

总长度为 $b_i = (t - 2i + 1)m + 2i - 1$ 个比特的 i 个突发错误。

【例题 8-3-3】　构造一个能纠正 2 个错误符号，且码长 $n = 7$、$m = 3$ 的 RS 码。

解：已知 $t = 2$，$n = 7$，$m = 3$，由上述 RS 码参数性质有

最小码距为 $d = 2t + 1 = 5$ 个符号，为 $5 \times 3 = 15$ 个比特。

监督位为 $n - k = 2t = 4$ 个符号，为 $4 \times 3 = 12$ 个比特。

信息位为 $k = n - 6 = 3$ 个符号，为 $3 \times 3 = 9$ 个比特。

码长为 $n = 2^3 - 1 = 7$ 个符号，为 $7 \times 3 = 21$ 个比特。

该码为 $(n,k) = (7,3)$ RS 码，亦可视为 $(n,k) = (21,9)$ 二进制码。

对于一个长度为 $2^m - 1$ 符号的 RS 码，每个符号都可以看作是有限域 GF(2^m) 中的一个元素，则最小距离为 d 的 RS 码生成多项式应具有如下形式。

$$g(D) = (D + \varepsilon)(D + \varepsilon^2) \cdots (D + \varepsilon^{d-1}) \tag{8-3-39}$$

将 $d = 5$ 代入，可得

$$g(D) = D^4 + \varepsilon^3 D^3 + D^2 + \varepsilon D + \varepsilon^3 \tag{8-3-40}$$

式中 ε^i 是 GF(2^m) 中的元素。

RS 码的编码过程与 BCH 码的编码过程一样（循环码编码器），也是除以 $g(D)$，且同样可以使用带反馈的移位寄存器实现。但不同的是，所有数据通道都是 m 个比特宽，即移位寄存器为 m 级并联工作，然后每个反馈连接乘以多项式中相应的系数 ε^i。该 (7,3) RS 码编码器原理图如图 8-3-6 所示。其中输入与 ε^i 相乘可以使用 $2^m \times m$ ROM 查表法实现。

RS 码的译码过程大体上与纠 t 个错误 BCH 码的彼得森译码法相似。所不同的是，需要在找到错误位置后，求出错误值。因为 BCH 译码时只有一个错误值 "1"，RS 译码则有 $2^m - 1$ 种可能值。具体地说，要在 BCH 译码时的彼得森解法的 4 个步骤中，在第 3 步之后加上一个求出错误值的步骤，而将原来第 4 步改为第 5 步，内容为纠正错误。详细论证可以参考曹志刚教授主编的《通信原理与应用——基础理论部分》一书中 BCH 译码相关部分，本书不再赘述。

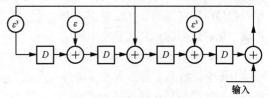

8.3.6　循环冗余校验码

图 8-3-6　(7,3)RS 码编码器原理图

循环冗余校验（Cyclic Redundancy Check，CRC）码是一种常用的循环码，因为它有很强的检错能力，特别是检测突发错误的能力，加之编码电路及错误检测电路都很容易实现，所以其在实际中获得了广泛应用。CRC 码的编码一般采用系统码的形式，其编码电路与循环码的编码电路完全一样。

(n,k) CRC 码能够检测出如下 5 种错误。

（1）长度不超过 $n - k$ 的突发错误。

（2）长度为 $n - k + 1$ 的大部分突发错误，其中不可检测的这类错误只占 $2^{-(n-k-1)}$。

（3）长度超过 $n-k+1$ 的大部分突发错误，其中不可检测的这类错误只占 $2^{-(n-k)}$。

（4）所有与码字距离不超过 $d_{min}-1$ 的错误。

（5）所有奇数个随机错误。

CRC 码在数据通信中得到广泛应用，表 8-3-7 列出已成为国际标准的 4 种 CRC 码。其中 CRC-12 用于字符长度为 6 个比特的场景，CRC-16、CRC-CCITT 和 CRC-32 则用于 8 个比特字符。

表 8-3-7 国际标准中常用的 CRC 码

码	$g(D)$（生成多项式）
CRC-12	$D^{12}+D^{11}+D^3+D^2+D+1$
CRC-16	$D^{16}+D^{15}+D^2+1$
CRC-CCITT	$D^{16}+D^{12}+D^2+1$
CRC-32	$D^{32}+D^{26}+D^{23}+D^{22}+D^{16}+D^{12}+D^{11}+D^{10}+D^8+D^7+D^5+D^4+D^2+D+1$

8.4 卷积码

线性分组码是一种固定长度的码组，通常可表示为 (n,k)。在编码时，线性分组码将 k 个信息比特编码为 n 个比特长度的序列，$n-k$ 个监督位的作用是实现检错与纠错，每个码组的监督位仅与本码组的 k 个信息位有关，并且仅监督本码组中的 k 个信息位，与其他码组无关。分组码的码组长度一般都比较大，这是为了获得比较不错的检错和编码的效率，其编码效率定义为 $R=k/n$。

卷积码是一种非分组码。在编码时，虽然它也将 k 个信息比特编码成 n 个比特长度的序列，但卷积码编码后的 $n-k$ 个监督码元不仅与当前时刻输入的 k 个信息比特有关，而且与前面输入的 $(N-1)k$ 个信息比特有关。通常，我们将 N 称为**约束长度**。卷积码可记作 (n,k,N)，编码效率仍定义为 $R=k/n$。卷积码编码后的 k 和 n 通常都较小，这就意味着译码的延时也会变小。在许多实际情况中，卷积码性能优于分组码，运算简单，所以通常卷积码更适用于前向纠错。卷积码也可以采用同样适用于分组码的译码算法如门限译码，但门限译码的译码性能不如维特比算法和序列译码。

8.4.1 卷积码的编码

图 8-4-1 所示为卷积码编码器的一般原理图。该编码器主要由一个 N 段且每段含有 k 级的输入移位寄存器、n 个模 2 加法器以及一个 n 级的输出移位寄存器组成。每个模 2 加法器的输入端口数量可以不同，首先将输入移位寄存器的输出连接到模 2 加法器上，再将模 2 加法器的输出端接到输出移位寄存器上。编码器运行时，在每个时隙都有 k 个比特从左端进入移位寄存器中，同时移位寄存器各级所存的信息都会向右移动 k 位，此时输出移位寄存器输出 n 个比特。

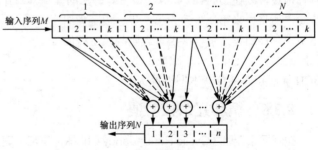

图 8-4-1 卷积码编码器的一般原理图

接下来，我们将讨论一种常用的卷积码。它是一个 $(n,k,N)=(2,1,3)$ 的卷积码，其 $k=1$，则表示每个时隙仅有 1 个比特的输入信息进入移位寄存器，并且此时各级的移位寄存器也会向右移动 1 位，例如在 j 时刻，我们输入一个信息比特 m_j，此时寄存器内存储的内容为 $m_{j-1}m_{j-2}$，经编码器产生的两个输出比特为 $x_{1,j}x_{2,j}$。

为了方便进行介绍，这里用 a、b、c、d 来代表编码器的 4 种状态，其中 a 代表 00，b 代表 10，c

代表 01，*d* 代表 11，具体关系如表 8-4-1 所示。图 8-4-2 为（2,1,3）卷积码编码器的原理图。

表 8-4-1　(2,1,3)卷积码编码器移位寄存器状态与输入、输出码元的关系

移位寄存器前一状态 $m_{j-1}m_{j-2}$	当前输入 m_j	输出码元 $x_{1,j}x_{2,j}$	移位寄存器下一状态 m_jm_{j-1}
a (00)	0	00	a (00)
a (00)	1	11	b (10)
b (10)	0	10	c (01)
b (10)	1	01	d (11)
c (01)	0	11	a (00)
c (01)	1	00	b (10)
d (11)	0	01	c (01)
d (11)	1	10	d (11)

描述卷积码的方式有图解方法和代数解析方法，我们将以(2,1,3)卷积码为例来介绍这两类方法。

1．图解方法

（1）状态图

为了使表 8-4-1 中的关系看起来更为简洁和直观，我们可以使用状态图来表示这种关系。由图 8-4-2 所示的(2,1,3)卷积码编码器的结构可知，卷积码编码器的输出码元 $x_{1,j}x_{2,j}$ 不仅取决于当前输入信息 m_j ，还取决于前两位信息 $m_{j-1}m_{j-2}$ 。卷积码编码器的状态取决于编码器内的移位寄存器所存储的内容。由表 8-4-1 可知，输入码元进入寄存器后， $m_{j-1}m_{j-2}$ 为编码器的前一状态， m_jm_{j-1} 为编码器的后一状态。随着信息序列不断输入移位寄存器中，编码器的状态从一个状态会转移到另外一个状态，并同时会输出其对应的输出码元序列。对于一个 (n,k,N) 的码元序列，编码器的总可能状态数是 $2^{(N-1)k}$ 个。

图 8-4-3 所示为(2,1,3)卷积码的状态图。虚线代表输入信息为 1，实线代表输入信息为 0，线旁边的数字表示对应编码器的输出。从每个状态出发，都可到达两个不同的状态，即每个到达状态都是来自两个不同的出发状态。

（2）树状图

状态图虽看起来十分简洁，但缺点是时序关系表达不清晰。为了使编码器的输出/输入所有可能情况都清晰地展示出来，我们可以使用树状图，且树状图可以按照时间顺序将状态图清晰地表现出来。

图 8-4-4 为(2,1,3)卷积码的树状图。因输入信息位只有两种可能，所以树状图中每个节点仅有 2 条支路。由图 8-4-4 可见，在该树状图中，节点表示状态，分支上标注的数字表示输出的比特。设初始状态 00 为整个二叉树的树根。每个节点都有两个可能的分支，即输入信息为 0 时向上分支，输入信息为 1 时向下分支。对于第 i 个输出信息比特，二叉树共有 2^i 条分支。对(2,1,3)卷积码来说，该码共有 4 种状态，也就是当输入第 3 个信息时，二叉树的底层节点从左到右开始重复出现 4 种状态。同样地，也使用 a、b、c、d 来代表编码器的 4 种状态。

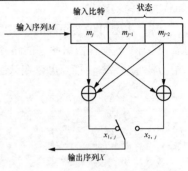

图 8-4-2　(2,1,3)卷积码编码器的原理图

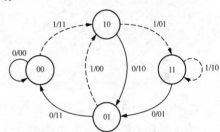

图 8-4-3　(2,1,3)卷积码的状态图

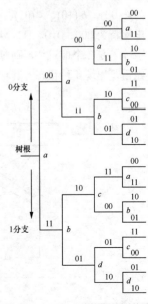

图 8-4-4　(2,1,3)卷积码的树状图

（3）网络图

除上述两种图之外，我们还可以使用网络图来描述卷积码的状态随着时间不断变化而转移的状况。该图综合了状态图的简便，也能将时序关系表述得像树状图那样清晰，而且该图比树状图中结构更加紧凑，更易理解和绘制图形。在网络图中，相同的状态被合并在同一层。在图 8-4-5 中，用虚线表示输入信息位为 1 时状态转移的路线，用实线表示输入信息位为 0 时状态转移的路线。从第 N 节开始，网络图的状态出现反复，网络图的图形出现重复。本例(2,1,3)卷积码是从第三个节点后，状态开始出现重复。

【例题 8-4-1】　对于(2,1,3)卷积码，若起始状态为 00，当输入序列为 101110100 时，求输出序列和状态的转移路径。

解：本题可由卷积码的网络图来表示以进行求解，其编码过程在网络图中的路径如图 8-4-6 所示，输出序列和状态转移都可以在该图中表示。

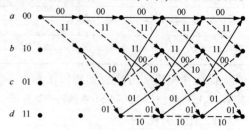

图 8-4-5　(2,1,3)卷积码的网络图

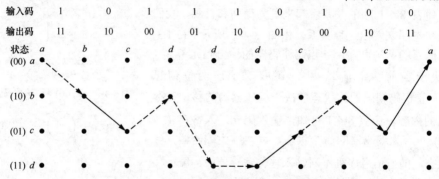

图 8-4-6　(2,1,3)卷积码的编码过程及状态转移图

【例题 8-4-2】　图 8-4-7 给出了(3,2,2)卷积码的编码器示意图，求其状态图、树状图和网络图。

解：该码的约束长度为 2，每输入 2 个比特，就会产生 3 个编码比特。若输入移位寄存器初始状态为全 0，因为其 $N=2$，$k=2$，则通过公式可知其状态数为 $2^{(N-1)k}=2^{(2-1)\cdot2}=4$ 个，4 种状态分别为 a (00)、b (10)、c (01)、d (11)。第一组输入的信息比特可能为 00、01、10、11，与它们对应的输出比特为 000、010、111、101。第二组输入数据进入后，第一组输入的数据会移到右边的寄存器。由于输入是 2 个信息位，则对树状图来说，每个节点都有 4 个分支。由于 $N=2$，则树状图从第二级开始重复出现 4 种状态。其状态图如图 8-4-8 所示，树状图如图 8-4-9 所示，网络图如图 8-4-10 所示。

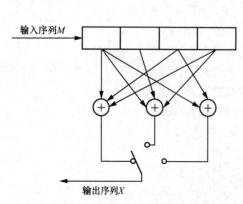

图 8-4-7　（3,2,2）卷积码的编码器示意图

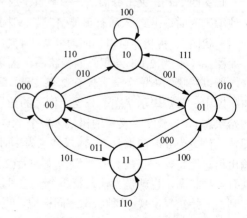

图 8-4-8　(3,2,2)卷积码的状态图

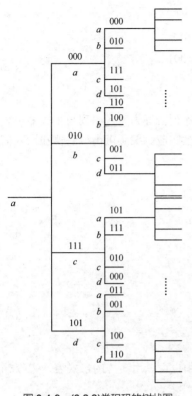

图 8-4-9　(3,2,2)卷积码的树状图

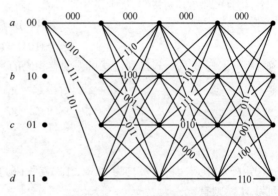

图 8-4-10　(3,2,2)卷积码的网络图

2．代数解析方法

除了上述 3 种图解表示的方法，通常还有两种代数方法来表示卷积码。

（1）延时算子多项式表示法

编码器中输入、输出序列以及移位寄存器与模 2 加法器的连接关系都可以转换为延时算子 D 的多项式。D 的幂次可以看作一点相对于输入码元位置延时的数量，输入序列通常可表示为

$$M = m_1 + m_2 D + m_3 D^2 + m_4 D^3 + \cdots \tag{8-4-1}$$

$m_1 m_2 m_3 m_4 \cdots$ 为输入序列，如输入序列为 $1011101\cdots$，M 可表示为

$$M = 1 + D^2 + D^3 + D^4 + D^6 + \cdots \tag{8-4-2}$$

对于卷积码编码器，在用延时算子多项式表示移位寄存器与模 2 加法器的连接关系时，若寄存器与加法器相连，则多项式中系数为 1；若无连接线，则多项式中系数为 0。以图 8-4-2 的(2,1,3)卷积码为例，其编码器中输入、输出移位寄存器与模 2 加法器的连接关系为

$$\begin{aligned} M_1 &= 1 + D + D^2 \\ M_2 &= 1 + D^2 \end{aligned} \tag{8-4-3}$$

式（8-4-3）也通常被称为生成多项式。与分组码类似，输入序列的生成多项式乘以生成多项式就可以得到输出序列。继续以输入序列 $1011101\cdots$ 为例，可知

$$\begin{aligned} x_1(D) &= M_1 M \\ &= (1 + D + D^2) \cdot (1 + D^2 + D^3 + D^4 + D^6 + \cdots) \\ &= 1 + D + D^4 + D^7 + D^8 + \cdots \end{aligned} \tag{8-4-4}$$

$$\begin{aligned} x_2(D) &= M_2 M \\ &= (1 + D^2) \cdot (1 + D^2 + D^3 + D^4 + D^6 + \cdots) \\ &= 1 + D^3 + D^5 + D^8 + \cdots \end{aligned} \tag{8-4-5}$$

由此可知，输出序列为

$$x_1 = (x_{1,1}x_{1,2}x_{1,3}\cdots) = 110010011\cdots$$
$$x_2 = (x_{2,1}x_{2,2}x_{2,3}\cdots) = 100101001\cdots$$
$$x = (x_{1,1}x_{2,1}x_{1,2}x_{2,2}x_{1,3}x_{2,3}\cdots)$$
$$= 111000011001001011 \tag{8-4-6}$$

计算结果与例题 8-4-1 所得结果一致。可以看出，输出序列恰好为输入序列与生成多项式系数的离散卷积，生成多项式系数组成的序列也是编码器的冲激响应。编码可由编码器和输入信息序列两个冲激响应的卷积得到，故命名为卷积码。

（2）生成矩阵表示法

对(2,1,3)卷积码而言，其生成多项式可表示为

$$g_1 = (111) = (g_1^1 g_1^2 g_1^3)$$
$$g_2 = (101) = (g_2^1 g_2^2 g_2^3) \tag{8-4-7}$$

若将 $g_1 g_2$ 按下列形式排列，就可得到卷积码的生成矩阵 $\boldsymbol{G}$ 为

$$\boldsymbol{G} = \begin{bmatrix} g_1^1 & g_2^1 & g_1^2 & g_2^2 & g_1^3 & g_2^3 & & & \\ & & g_1^1 & g_2^1 & g_1^2 & g_2^2 & g_1^3 & g_2^3 & \\ & & & & g_1^1 & g_2^1 & g_1^2 & g_2^2 & g_1^3 & g_2^3 \\ & & & & & & \vdots & \vdots & \vdots & \vdots \end{bmatrix} \tag{8-4-8}$$

在矩阵 $\boldsymbol{G}$ 中，空白区域均为 0。(2,1,3)卷积码的编码过程也可以用矩阵的形式表示，令输入序列为 $\boldsymbol{M}$，则有

$$\boldsymbol{M} = [m_1, m_2, \cdots, m_i] \tag{8-4-9}$$

对应输出序列 $\boldsymbol{X}$ 矩阵可表示为

$$\boldsymbol{X} = [x_{1,1}, x_{1,2}, x_{2,1}, x_{2,2}, \cdots] \tag{8-4-10}$$

输入与输出的关系可表示为

$$\boldsymbol{X} = \boldsymbol{MG} \tag{8-4-11}$$

当输入信息序列为无限序列，生成矩阵则会是一个有起点但无终点的半无限矩阵。

$\boldsymbol{G}$ 矩阵也可以用更为简洁的方式表示，令

$$\boldsymbol{G}_1 = [g_1^1 \quad g_2^1], \ \boldsymbol{G}_2 = [g_1^2 \quad g_2^2], \ \boldsymbol{G}_3 = [g_1^3 \quad g_2^3] \tag{8-4-12}$$

每个行向量对应生成多项式中阶次相同的系数，则 $\boldsymbol{G}$ 矩阵可表示为

$$\boldsymbol{G} = \begin{bmatrix} \boldsymbol{G}_1 & \boldsymbol{G}_2 & \boldsymbol{G}_3 & & \\ & \boldsymbol{G}_1 & \boldsymbol{G}_2 & \boldsymbol{G}_3 & \\ & & \boldsymbol{G}_1 & \boldsymbol{G}_2 & \boldsymbol{G}_3 \\ & & & \vdots & \vdots & \vdots \end{bmatrix} \tag{8-4-13}$$

这种方式更为简洁，也容易推广到一般的形式。对于 (n,k,N) 码来说，有

$$\boldsymbol{M} = [m_{1,1}, m_{2,1}, m_{3,1}, \cdots, m_{k,1}, m_{1,2}, m_{2,2}, m_{3,2}, \cdots, m_{k,2}, \cdots]$$
$$\boldsymbol{X} = [x_{1,1}, x_{2,1}, x_{3,1}, \cdots, x_{n,1}, x_{1,2}, x_{2,2}, x_{3,2}, \cdots, x_{n,2}, \cdots] \tag{8-4-14}$$

且该码的生成多项式可表示为

$$g_{i,j} = (g_{i,j}^1 g_{i,j}^2 \cdots g_{i,j}^l \cdots g_{i,j}^N), \ i = 1, 2, \cdots, k; \ j = 1, 2, \cdots, n; \ l = 1, 2, \cdots, N \tag{8-4-15}$$

式中 $g_{i,j}^l$ 表示某时刻输入的 k 个比特中第 i 个比特经 $l-1$ 组延迟后的输出是否参与了生成同一时刻输出的 n 个比特中的第 j 个比特，即延迟后的输入比特与第 j 个模 2 和加法器间是否有连线。若为 1 则表示有连线，若为 0 则表示无连线。(n,k,N) 卷积码生成矩阵的一般形式为

$$G = \begin{bmatrix} G_1 & G_2 & G_3 & \cdots & G_N & & \\ & G_1 & G_2 & G_3 & \cdots & G_N & \\ & & G_1 & G_2 & G_3 & \cdots & G_N \\ & & & \vdots & \vdots & \vdots & \vdots \end{bmatrix} \qquad (8\text{-}4\text{-}16)$$

$G_l(l = 1, 2, k, \cdots, N)$ 是 k 行 n 列子矩阵，展开为

$$G_l = \begin{bmatrix} g_{1,1}^l & g_{1,2}^l & \cdots & g_{1,n}^l \\ g_{2,1}^l & g_{2,2}^l & \cdots & g_{2,n}^l \\ \vdots & \vdots & & \vdots \\ g_{k,1}^l & g_{k,2}^l & \cdots & g_{k,n}^l \end{bmatrix} \qquad (8\text{-}4\text{-}17)$$

8.4.2　卷积码的距离特性

本章在 8.2.8 小节已经介绍了分组码的距离特性，分组码的码距与纠错能力有关。同样地，卷积码也有码距的概念。通常，我们常介绍的距离特性有最小汉明距和自由距。将长度为 $(N+1)n$ 的编码序列间的最小距离定义为**卷积码的最小汉明距**。将任意长编码后的序列之间的最小汉明距称为**自由距**。由于卷积码是不划分为码字，因此通常使用自由距作为卷积码纠错能力的度量。但采用哪一种距离作为衡量纠错能力的标准与采用哪种译码的算法有关，当采用概率译码即维特比译码或序列译码且译码所考察的序列长度大于 $(N+1)n$ 时，自由距是一个重要参量；当采用代数译码即门限译码时，其仅处理长度为 $(N+1)n$ 的接收序列，因此最小汉明距是一个重要参量。

由于卷积码具备线性特性，因此与线性分组码一样，在求最小汉明距或自由距时，无须为其列出所有可能出现的编码后序列。最小汉明距应等于所有非零码序列的最小汉明重量，即非零码序列中 1 码的个数。由此可见，求最小汉明距或自由距时，只要考虑码树中下半部的码序列即可，因为这些码序列全部是以非零支路开始的。

求自由距时，还必须对任意长度的路径进行考察。因为自由距是有限的，且路径的汉明距在与全 0 路径汇聚后就停止增长，于是与自由距对应的路径必然是最终汇聚到全 0 路径上。所以自由距可以从全 0 序列出发再回到全 0 序列的所有路径中求得，这一点可以用网络图或状态图来求解。

8.4.3　卷积码的译码

卷积码的译码分为代数译码和概率译码两种。代数译码是利用编码本身所得到的代数结构进行解码，并不考虑信道的统计特性，其主要译码方法有门限译码等。概率译码的基本思想是把已经接收到的序列与所有可能的发送序列相比较，选择其中汉明距最小的一个序列作为发送序列，其主要译码方法包括**维特比译码**和**序列译码**。

1. 最大似然译码

首先，我们讨论最大似然译码。在一个卷积码编码器的构成中，假设输入信息序列 X 被编码后以离散无记忆信道方式传播，且通过译码器译码输出为序列 Y，离散无记忆信道的输入、输出均为离散值且不同时刻信道的转移概率相互独立。通常，输入信息序列是一个二进制的序列，输出 Y 可能是一个含有 R 个符号的序列，此处 R 为大于 1 的一个常数。由于信道是无记忆的，因此输出序列仅与输入序列有关。当 $R=2$ 时，该信道也被称为硬判决信道；当 $R>2$ 时，该信道也被称为软判决信道。

在数字通信中，平均误码率 P_e 通常可以判断一个通信系统是否可靠。平均误码率公式可表示为

$$P_e = \sum P(x)P(e \mid x) \qquad (8\text{-}4\text{-}18)$$

其中错判概率为

$$P(e \mid x) = P(\hat{x} \neq x \mid x) \qquad (8\text{-}4\text{-}19)$$

式中，x 为发送码字，$\hat{x}$ 为接收端恢复的码字。当 $\hat{x} \ne x$ 时，说明译码出现了差错。

最佳译码器会使译码的平均错判概率最小，因此，我们可以通过选取平均错判概率最小来确定最佳译码器。在接收到序列 Y 时，最佳译码器的输出为

$$\hat{x} = \arg\max\{P(y|x)\} \tag{8-4-20}$$

最佳译码器也被称为最大似然译码器，条件概率 $P(y|x)$ 称为似然函数。所以最大似然译码器判定的输出信息是使似然函数最大时的信息。

通常，使用对数似然函数比较方便，首先是因为对数似然函数对收到的符号来说具有相加性，其次是因为取对数后结果大小是不产生变化的。所以对一个给定的接收序列，最大似然译码等价于求使其对数似然函数累加值达到最大的一条路径。假设有一个二进制信道，其发送序列 X 长度为 L 个比特，在传输过程出现了 n 个比特的错误，即 X 与 Y 有 n 个信息位不同，两者之间的汉明距为 n，其对数似然函数为

$$\log_2 P(Y|X) = \log_2(P_e^n (1-P_e)^{L-n})$$
$$= L\log_2(1-P_e) - n\log_2\left(\frac{1-P_e}{P_e}\right) \tag{8-4-21}$$

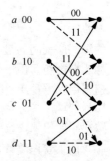

图 8-4-11　(2,1,3)
卷积码的网络图

汉明距 n 最小就相当于对数似然函数最大，则可以看出最大似然译码的任务是在卷积码的树状图或者网络图中选择一条路径，使译码序列与接收序列之间的汉明距 n 最小。

此处要引入两个概念，**分支度量**和**累计度量**。

以 (2,1,3) 卷积码为例，设 j 时刻接收的比特为 $y_{1j}y_{2j}$，网络图在 $j \geq 2$ 时刻有 8 种分支，每个分支对应两比特编码输出 $n_{1j}n_{2j}$，这两比特编码输出与接收比特之间的汉明距称为该分支的**分支度量**，如图 8-4-11 所示，它是为网络中每条分支路径定义的。从第 i 步到第 $i+1$ 步的接收比特为 10，则 00 到 00 的分支度量为 $d(00,10)=1$；00 到 10 的分支度量为 $d(11,10)=1$；10 到 01 的分支度量为 $d(10,10)=0$；10 到 11 的分支度量为 $d(01,10)=2$；01 到 00 的分支度量为 $d(11,10)=1$；01 到 10 的分支度量为 $d(00,10)=1$；11 到 01 的分支度量为 $d(01,10)=2$；11 到 11 的分支度量为 $d(10,10)=0$。

从起始状态到 j 时刻某个状态的路径是由各个树枝连成的，这些树枝的分支度量之和称为该路径的**累计度量**。通过定义可以知晓，某个路径的累计度量实际上是该路径与接收序列的汉明距。对于一个长度为 l 的二进制序列，可能发送 2^l 个不同的序列，对应网络图中也含有 2^l 条路径。卷积码的最大似然译码就是通过计算每条路径的累计度量，通过选择累计度量最小的一条路径作为译码的输出路径。

之所以选用网络图（而不是选用树状图）来观察也是有一定原因的：用网络图进行描述更加简洁，路径汇聚在一起也杜绝了树状图复杂的冗余度。网络图也能更直观地找到累计度量最小的路径，例如在某一时刻后的某条路径上，从该节点开始发现该路径不能获得最小的累计度量，就可以放弃这条路径，然后在剩下的路径中继续选择，一直进行下去。这种方法大大减少了译码选择的路径数量，也减少了译码的工作量。

2．维特比译码

在日常生活中，若发送一个 k 位的序列，则在网络图中有 2^k 种可能的发送序列的路径。当使用最大似然译码进行比较以选择累计度量最短路径时，译码的计算量会随着 k 的增大而指数增大。显然，这个操作会十分复杂，在实际中难以实现。维特比译码算法对此进行了大大简化，使之更为实用。

维特比译码算法是由美国科学家维特比（Viterbi）在 1967 年提出的卷积码的概率译码算法。后来在学者们深入研究中证明维特比译码算法是基于卷积码网格图的最大似然译码算法。维特比译码算法的核心思想是累加、比较、选择。使用网络图描述维特比译码算法时，译码过程只需考

虑整个路径集合中那些能使似然函数最大的路径，即每级都求出对数似然函数的累加值，然后两两做出比较，当某一节点发现某条路径已经不可能获得最大的对数似然函数，就放弃该路径。有时会出现两条对数似然函数累加值相等的情况，此时可选择任意一条或对比题目所给条件进行筛选。

下面继续以(2,1,3)卷积码为例进行介绍。图 8-4-5 为(2,1,3)卷积码的网络图，该网络图中含有 $X+n+1$ 个时间段。其中，X 表示输入信息的长度，n 为编码器中寄存器的长度。由于系统是有记忆的，因此它的影响可以扩展到 $X+n+1$。对于(2,1,3)卷积码来说，$n=2$。当输入信息 $x=(10111)$（即 $X=5$）时，则有 $X+n+1=8$，在网络图中以 0 到 7 这一区间来表示。假设起始编码器状态为 $a(00)$，并最终仍回到 a 状态，则对于这个编码过程，编码器从 a 状态出发，最后两个时间段再回到 a 状态。因此，通过分析，我们可知最初和最后的两个时间段编码器不能达到所有的状态，但是在中间时间段可以，且每个节点都有 2 个分支的进入和离去。本节在讲解网络图时已经提到，当输入信息为 0 时是实线，当输入信息为 1 时是虚线；在画路线时，下分支表示输入信息为 1，上分支表示输入信息为 0。维特比译码算法就是基于这样一个算法，对于网络图中某一时刻所对应的节点，按照最大似然准则比较所有以它为终点的路径（(2,1,3)卷积码每个节点只有两条路径），只保留一条具有最大似然值的路径，所以到下一时刻依然仅需要比较筛选下来的节点所到达的两条路径。这样就体现了前面所提到的维特比译码算法的核心思想，接收一段，累加一段，计算一段，比较一段，然后保留所选择的路径。

由此可见，维特比译码算法的优越性：首先，是分支度量的可加性，以及网格图的构造结构，使得每次局部判决都等效于全局整体最优化的一部分；其次，通过局部进行判决，去掉了大量非优路径，不需要进行多余的比较，且当比较两条路径值大小时，如果有重复部分，则可直接去掉不用计算（只要比较它们开始分离的不同路径值即可，这样不仅节省了许多运算量和时间，而且算法容易实现）。

维特比译码算法的一般步骤如下。

（1）从 $l=n$ 时刻开始，计算进入每一状态的单个路径的分支度量值，并存储所选取的路径和分支度量。

（2）进入下一时刻，即 $l=n+1$，该分支路径的分支度量与前一时刻的分支度量累加起来，然后计算进入该状态所涉及的所有路径，最后确定保存的路径及其累加的分支度量值，并删除其他路径。

（3）当 $l<n+X$ 时，重复第（2）步，直至停止。

上述步骤中最关键的是第（2）步，它主要包括两个部分：一部分是对每个状态进行关于分支度量的计算和比较，从而决定所要保存的路径；另一部分是对每一状态记录保存路径及其累计度量值。

以(2,1,3)卷积码为例，维特比译码算法的步骤如下。

（1）从 $l=n=2$ 时刻开始，在网络图中做出前两个时刻的状态图，计算分支度量并将路径存储。

（2）进入下一时刻，即 $l=n+1=3$，进行分支度量的计算，从所保存的路径中取出，进行累加、比较、选择，产生新的所要保存的路径。

（3）如果 $l<n+X=7$，重复步骤（2），直至结束，从而选出一条路径。

通过如下例子进行说明：

【例题 8-4-3】　以(2,1,3)卷积码为例，若发送信息序列为 $x=(1011100)$，经编码后的输出码字为 $m=(1110\,00\,01\,10\,0111)$，通过二进制对称信道后接收到的信号序列为 $y=(1010\,00\,01\,11\,0110)$，求其译码过程。

解：图 8-4-12 到图 8-4-18 为卷积码的维特比译码过程。其中 d 表示汉明距，用 n 记录舍弃路线汉明码，实线表示输入信息为 0，虚线表示输入信息为 1。$\hat{x}$ 表示信息序列的估计值；译码结束后，给出了一条译码器输出 y 的估值序列 $\hat{m}=(1110\,00\,01\,10\,0111)$，显然，这是一条最大似然路径，且接收时出现的 3 个错误也得到了纠正。

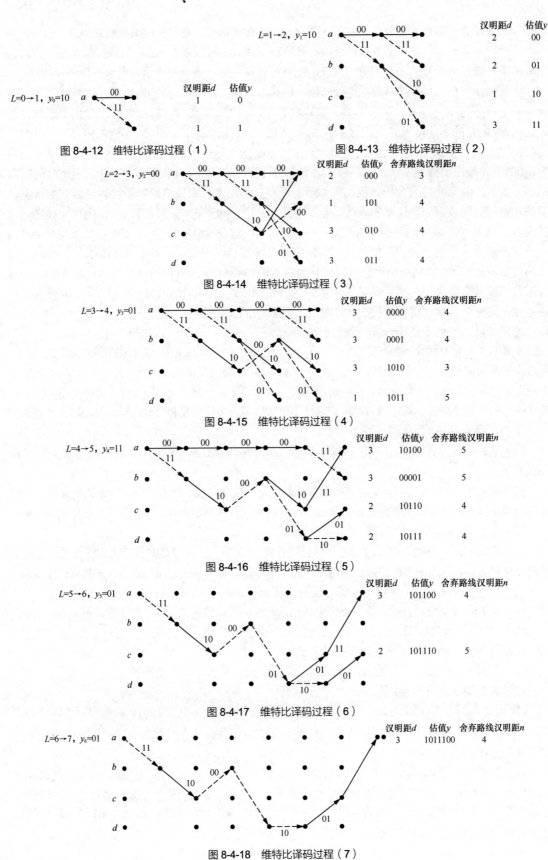

图 8-4-12　维特比译码过程（1）

图 8-4-13　维特比译码过程（2）

图 8-4-14　维特比译码过程（3）

图 8-4-15　维特比译码过程（4）

图 8-4-16　维特比译码过程（5）

图 8-4-17　维特比译码过程（6）

图 8-4-18　维特比译码过程（7）

维特比译码是按最大似然准则进行译码的，它的性能则由信道质量所决定。这种译码方法主要存在两个缺点：第一是要等全部接收的数据进入译码器以后才能算出译码的结果，导致译码时间延长；第二是需要存储 $2^{(N-1)k}$ 条幸存路径的全部历史数据，导致存储量很大。

3．序贯译码

卷积码的序贯译码也被称为序列译码，出现的时间早于维特比译码。序贯译码是根据接收序列和编码规则，在整个码树中搜索（既可以前进，也可以后退）出一条与接收序列距离（或其他量度）最小的路径的算法。许多深空和海事通信系统都采用序贯译码。与维特比译码一样，序贯译码的本质也是最大似然译码，以路径的汉明距为准则，选择与接收序列最接近的路径。序贯译码有与维特比译码不同的地方，序贯译码器只会延伸一条具有最小汉明距的路径，不会与维特比译码一样先延伸所有可能的路径，然后进行比较和选择。序贯译码的这种编码方式大大减少了计算量和存储量，当译码的长度较长时，显然，序贯译码使用起来更为便捷，但也正因为只延伸一条路径，在一定的情况下我们不能确定这条路径是否为理想路径。因此，我们可以这样理解，这是一种探索正确路径的方法。它总是在一条单一的路径上以序贯的方式进行搜索。译码器每向前延伸一条支路，就进行一次判断，选择呈现出具有最大似然概率的路径。如果所作的判决是错误的，那么以后的路径就是错误的。根据累计度量的变化，译码器最终可以识别路径是否正确。当译码器识别出路径是错误的时候，就后退搜索并试探其他路径，直到选择一条正确的路径。

实例说明：图 8-4-19 为序贯译码过程的网络图，发送的序列为 $X = 110111000110001111101100$，接收的序列为 $Y = 110101000110011111101100$，错误模式为 $E = 000001000000010000000000$。由图 8-4-19 可知，序贯译码器只搜索一条路径，两相邻节点总是取具有最小量度的支路。当由一个节点引出的两条支路有相同量度时，如在节点 d_2，译码器会随机地选择一条。如果走了一条错误的路径，则该路径的累计度量会迅速增大，译码器最终将决定往回搜索，退回到具有较低量度的节点，并试探另一条路径。图 8-4-19 中出现了 3 条被排除的路径，用 A、B、C 表示。

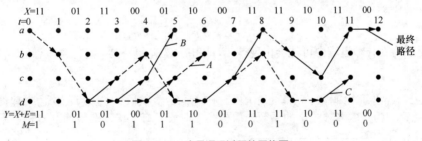

图 8-4-19　序贯译码过程的网络图

是否需要后退搜索其他路径，是由给定节点处的累计度量的期望值而决定的。如果信道误比特率为 P_e，则在正确路径的第 i 个节点处的路径期望值为 inP_e，这实际上也就是在该点 Y 序列中错误比特的期望值。当路径量度超出 inP_e 以上某个特定门限值 Δ 时，序贯译码器就放弃这条路径。如果没有一条路径能够幸存下来，则增大门限值 Δ，译码器再往回搜索一次。图 8-4-20 中画出序贯译码时路径量度相对于 i 的变化，上下两条虚线为 $inP_e + \Delta$ 和门限线 inP_e，该图中 $P_e = 1/16$，$\Delta = 2$。

当门限值很小时，序贯译码的性能接近于最大似然译码，因为所有可能的路径几乎都会被搜索到。但频繁地返回要求更大的计算量，并且译码延时将大大超过维特比译码。当门限值很大时，

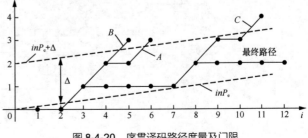

图 8-4-20　序贯译码路径度量及门限

其返回计算量和译码延时都大大减小，但有可能搜索不到理想路径，因而输出误比特率将增大。

序贯译码虽然是一种次最优的译码方法，但是它的译码复杂性基本上与约束长度无关，因此它可以应用于约束长度很大的卷积码，从而得到很高的编码增益。

4. 门限译码

门限译码又称大数逻辑译码，是一种代数译码方法。门限译码指的是按检验方程中出现错误的个数是否超过一半（门限）来判决该位是否有错的一种译码方法。它可用于译某些分组码，也可用于译某些卷积码，但效率一般较低。门限译码是从最大后验概率译码法演变来的，但这种算法依赖码的代数构造，译每个码元的计算量是固定的。虽然维特比译码和序贯译码已成为主要的译码方法，但由于门限译码速度较快，所使用设备不复杂，且适合有突发错误的信道，因此在某些情况它仍可以用来译码。门限译码的误码性能比维特比译码和序列译码差，为弥补其性能不足，我们可以将其约束长度增大。

当门限译码用于卷积码时，它把卷积码看成在译码约束长度含义下的分组码。它的基本思想也是计算一组校正子；其含义与分组码时类似，不同的则是卷积码的校正子是一个序列，这是因为信息和编码的输出都是以序列形式出现的。

与维特比译码和序贯译码不同，适合门限译码的卷积码大多数是系统码。为了便于叙述，我们来讨论编码效率 $R=1/2$ 的卷积码。若为系统码，则编码后输出序列中信息位与校验位交替出现。令发送端输出序列为

$$X = n_0 m_0 n_1 m_1 \cdots n_i m_i \cdots \qquad (8\text{-}4\text{-}22)$$

其中输入信息序列为

$$N = n_0 n_1 \cdots n_i \cdots \qquad (8\text{-}4\text{-}23)$$

监督位组成的监督序列为

$$M = m_0 m_1 \cdots m_i \cdots \qquad (8\text{-}4\text{-}24)$$

接收到的序列为

$$Y = X + E = \hat{n}_0 \hat{m}_0 \hat{n}_1 \hat{m}_1 \cdots \hat{n}_i \hat{m}_i \cdots \qquad (8\text{-}4\text{-}25)$$

这里是因为在传输过程中可能会出现差错，其中 E 为差错序列，其包含信息位的差错 e_{n_i} 以及监督位的差错 e_{m_i}。

图 8-4-21 给出了编码效率 $R=1/2$ 的二进制系统卷积码的门限译码器原理图。该图中 $g_0, g_1, g_k, \cdots, g_{N-1}$ 为生成多项式中的系数，取值为 1 时表示有连接，取值为 0 时表示无连接。

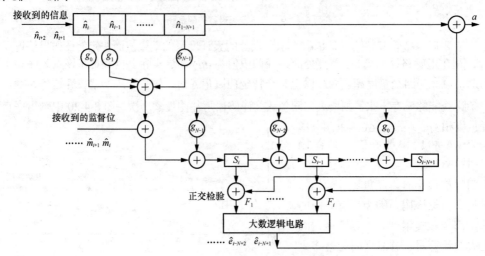

图 8-4-21　二进制系统卷积码的门限译码器原理图

门限译码时，这些校正子通常并不直接用来执行译码，而是把它们的线性组合送给大数逻辑电路。由图 8-4-21 可知，译码器输出的信息为

$$a = \hat{n}_{i-N+1} + \hat{e}_{i-N+1}$$

（8-4-26）

8.5　复合编码

通过前面的介绍，我们已经知晓了分组码和卷积码的一些基础知识；为了获得较好的纠错能力，我们可以通过增大码长来增加码的最小汉明距或自由距。随着码长度的增加，编码的复杂度也随之提升。通常来说，复杂度的提升是呈指数级增长，而不是随码长呈线性增长，因此，长码在实际生活中往往难以实现，于是采用两种或多种混合编码的思想被提出。这样短码合成的长码其编码的复杂度和单独编两个短码的复杂度是大致相同的。本节将通过介绍级联码、乘积码以及交织码来介绍复合编码。

8.5.1　级联码

1966 年，福尼（Forney）首先提出使用两个确定的短码来构造长码的串联式级联码，希望通过对外码的译码以纠正内码尚未纠正的错误。这一革新思想的引入，给信道编码，特别是长码的性能带来很大改善。Forney 提出的串行级联码的基本思想是将编制长码的过程分级完成，从而通过用短码级联的方法来提高纠错码的纠错能力。

Forney 级联码的编码器原理图如图 8-5-1 所示。外码为定义在 $\text{GF}(2^k)$ 上的 (N,K) RS 码，码率为 R_o，最小距离为 D 个符号，每个码符号由 k 个比特构成。长度为 Kk 的信息经外码编码器后，输出 N 个符号，每个符号看作新的信息位，送入内码编码器。内码编码器可以是分组码，也可以是卷积码。在 Turbo 码和 LDPC 码出现之前，以 RS 为外码、卷积码为内码的级联码是数字通信差错控制中的理想选择。若内码采用码率为 R_i 二元 (n,k) 分组码，最小距离为 d，则每个长度为 k 的 RS 码符号恰好被编成长度为 n 的内码码字。这样，两者合起来的级联码便是一个二进制线性分组 (Nn,Kk) 码，最小距离为 Dd，码率 $R_c = R_o R_i$。

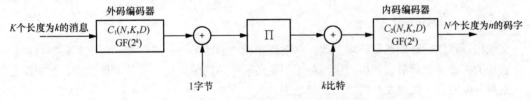

图 8-5-1　Forney 级联码的编码器原理图

级联码内码通常采用卷积码，这是因为软判决维特比译码算法适合约束度较小的卷积码；级联码外码通常采用纠突发差错分组码（如 RS 码）等，这是因为卷积码的译码是序列译码。以卷积码为内码时，一旦出错就是一个序列差错，相当于一个突发差错，因此，RS 码称为首选的外码。

8.5.2　乘积码

除了使用级联的方法以外，合并两个码最直接的方法是将两个码串联在一起，即第一个编码的输出作为第二个编码的输入。

图 8-5-2 为乘积码的编码器原理图。其中，C_1 和 C_2 为成员码；C_1 与信源相连，在 C_2 的外侧，称为外码；C_2 与信道相连，在 C_1 的内侧，称为内码。C_1 和 C_2 中可以有一个是卷积码，有一个是分组码，或者二者都为卷积码或分组码。假设 G_1 和 G_2 是成员码的生成矩阵，那么乘积码的生成矩阵为 $G = G_1 \otimes G_2$。若这两个成员码分别为 (n_1,k_1) 和 (n_2,k_2) 的线性分组码，最小距离分别为 d_1 和

d_2，则合并后的码为 (n_1n_2, k_1k_2) 的线性分组码，最小距离为 d_1d_2。

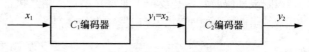

图 8-5-2　乘积码的编码器原理图

乘积码可以按行或列的次序传送，也可以按码阵对角线次序传送数据，这两种方法所得的码是不一样的。但对于按行或按列传输的乘积码，只要行、列采用同样的线性码，那么无论是先行编码再列编码，还是先列编码再行编码，右下角校验数据是一样的。

1954 年，伊莱亚斯（Elias）提出的一种方式如下。假定 C_1 和 C_2 都是系统码，将外码 C_1 的码字排列成一个长方形阵列，该阵列的每一行为一个码字，这样共有 n_1 列，每列的元素对应 C_1 码字的一个码符号。填满 k_2 行后，用内码 C_2 对该阵列逐列编码，用得到的冗余符号填充剩余的 $n_2 - k_2$ 行。最后获得的 $n_2 \times n_1$ 长方形阵列便是乘积码的一个码字，我们将阵列码字逐列送入信道便可进行传输。图 8-5-3 给出了伊莱亚斯的二维乘积码的码字结构。显然，这种方法很容易扩展到更高维的乘积码。

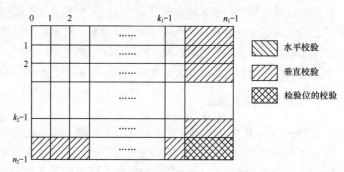

图 8-5-3　伊莱亚斯的二维乘积码的码字结构

需要注意的是，只有采用仔细设计的译码方法，乘积码才能达到其纠错能力。假如两个(7,4)汉明码级联，得到一个(49,16)的乘积码，最小距离 $d = 3 \times 3 = 9$，可以纠正 4 个错误。若这 4 个错误分布在图 8-5-3 中码字的 4 个角上，则按照行译码或者列译码均无法纠正。这是因为(7,4)汉明码只能纠正一个错误，而此时的错误图样无论是从行看还是从列看去，都含有两个。故乘积码多采用两步译码办法。首先，对行码 C_1 采用仅纠错的代数译码算法，基于纠正的错误数，给译码符号分配可靠性权重；然后，对列码 C_2 进行纠错纠删代数译码。在最不可靠的位置，即那些具有最小可靠性权重的位置，逐次增加删除，直到满足可纠正错误数量的充分条件。该步骤常用的纠错、纠删算法为通用最小距离算法。

8.5.3　交织码

交织码是在实际移动通信环境下改善移动通信信号衰落的一种通信技术。交织码的目的是把一个较长的突发差错离散成随机差错，再用纠正随机差错的编码技术消除随机差错。交织深度越大，则离散度越大，抗突发差错能力也就越强。

在级联码和乘积码的编码器中，内码与外码中间有一个交织器，该设备将输入的序列进行重新排序。该操作的作用有两点：其一是将外码编码器输出的码字整合，使其符合内码编码器的输入要求；其二是当一个随机错误经过译码后会导致后续比特的连续错误，在内外编码器接入交织器，则突发的错误会被分散到不同的码字中，易于外码译码器处理，以提高译码的性能。交织技术原理图如图 8-5-4 所示。

图 8-5-4　交织技术原理图

接下来将介绍几种常见的交织技术。这里先引入一个概念，原本相邻的两个符号，经过交织后，便不再相邻。此时二者的最小间距称为交织深度 J。

1．卷积交织器

卷积交织器的基本结构如图 8-5-5 所示。去交织器与交织器呈现互补关系，将交织器的结构图水平翻转 180° 就是去交织器。为便于理解，图 8-5-6 和图 8-5-7 分别给出了 $M=3$ 的卷积交织器及其输入与输出之间的关系。在交织器与去交织器中，时延单元均排列成三角形。符号自左侧进入交织器，依次进入三组时延单元中。交织器的输入开关与输出开关同步，当开关处于最上面的位置时，输入符号直接到达输出端；当开关处于中间位置时，符号被存在寄存器中，并在开关再次到达该位置时（经过 3 个符号周期）输出；当开关处于最下面的位置时，符号要经过 6 个符号周期方可到达输出端。去交织器的操作与此操作类似，不同的是，存储器（图 8-5-5 中容存器 D）中存储的位置与交织器中存储的位置互补。开关在最上方时，接收符号要经过 6 个符号周期后才输出；开关在中间时，接收符号要经过 3 个符号周期才输出；开关在最下面时，输入与输出直连。显然，所有符号都经历了 6 个符号周期的时延，只是在收发两端的分配不同而已。从输入与输出关系可以看出，输入时在同一个符号组中的符号交织后，它们之间的距离至少是 3 个符号，即交织深度 $J=4$。

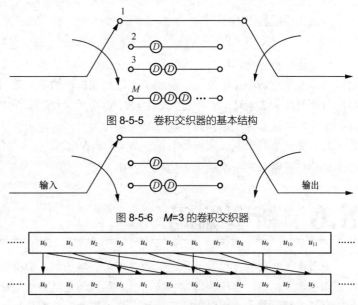

图 8-5-5　卷积交织器的基本结构

图 8-5-6　$M=3$ 的卷积交织器

图 8-5-7　$M=3$ 卷积交织器输入与输出之间的关系

2．块交织器

在前述乘积码中，若将 C_1 的码字按照行进行排列，排满 k_2 行后，不再进行编码，按照列的次序将编码后的符号送入信道，便是最简单的交织方式，称为块交织。块交织是一种基于分组的交织方法，它在一段时间内产生的交织信号与这段时间内的输入信号有关，通过指定输入信号向量与输出信号向量下标之间的对应关系对输入信号进行置换。在接收端，将接收序列逐列写入，每列长度为 k_2，写满 n_1 列后，按照行读出，则完成解交织过程。

假如发送一组信息 $X=(x_1 x_2 \cdots x_{24} x_{25})$，首先将 X 送入交织器，同时将交织器设计为按列写入、按行写出的 5×5 阵列存储器，然后从存储器中按行输出，送入突发差错的有记忆信道，信道输出送入去交织器，它完成交织器的相反变换（即按行写入、按列取出，其仍是一个 5×5 阵列存储器）。

交织矩阵为

$$\boldsymbol{X}_1 = \begin{pmatrix} x_1 & x_6 & x_{11} & x_{16} & x_{21} \\ x_2 & x_7 & x_{12} & x_{17} & x_{22} \\ x_3 & x_8 & x_{13} & x_{18} & x_{23} \\ x_4 & x_9 & x_{14} & x_{19} & x_{24} \\ x_5 & x_{10} & x_{15} & x_{20} & x_{25} \end{pmatrix} \tag{8-5-1}$$

经交织器输出并送入信道的信息序列为

$$X' = (x_1 x_6 x_{11} x_{16} x_{21} x_2 x_7 \cdots x_{22} x_3 \cdots x_{23} x_4 \cdots x_{24} x_5 \cdots x_{25}) \tag{8-5-2}$$

假设突发信道产生两个突发错误：第一个突发错误产生于 x_1 至 x_{21}，连错 5 个；第二个突发错误产生于 x_{13} 至 x_4，连错 4 个。故有

$$X'' = (X_1 X_6 X_{11} X_{16} X_{21} x_2 x_7 x_{12} x_{17} x_{22} x_3 x_8 X_{13} X_{18} X_{23} X_4 x_9 x_{14} x_{19} x_{24} x_5 x_{10} x_{15} x_{20} x_{25}) \tag{8-5-3}$$

去交织矩阵为

$$\boldsymbol{X}_2 = \begin{pmatrix} \hat{X}_1 & \hat{X}_6 & \hat{X}_{11} & \hat{X}_{16} & \hat{X}_{21} \\ x_2 & x_7 & x_{12} & x_{17} & x_{22} \\ x_3 & x_8 & \hat{X}_{13} & \hat{X}_{18} & \hat{X}_{23} \\ \hat{X}_4 & x_9 & x_{14} & x_{19} & x_{24} \\ x_5 & x_{10} & x_{15} & x_{20} & x_{25} \end{pmatrix} \tag{8-5-4}$$

经去交织器输出的序列为

$$X''' = (\hat{X}_1 x_2 x_3 \hat{X}_4 x_5 \hat{X}_6 x_7 x_8 x_9 x_{10} \hat{X}_{11} x_{12} x_{13} x_{14} x_{15} \hat{X}_{16} x_{17} \hat{X}_{18} x_{19} x_{20} \hat{X}_{21} x_{22} \hat{X}_{23} x_{24} x_{25}) \tag{8-5-5}$$

由上述分析可见，经过交织矩阵与反交织矩阵的信号设计与变换后，原来信道中产生的突发错误（即 5 个连错和 4 个连错）变成了无记忆随机性的独立差错。推广到一般形式，这类快交织器的分组长度为 $L = M \times N$，故也称为 (M, N) 分组交织器。它将分组长度 L 分成 M 列 N 行并构成一个交织矩阵，该交织矩阵存储器是按列写入、按行读出，读出后送至信道发送。在接收端，将来自信道的信息送入去交织器的同一类型 (M, N) 交织矩阵存储器，它则是按行写入、按列读出，读出后信息差错分布变换成无记忆独立差错。

8.6　新型编码

随着现代社会的飞速发展，通信业务需求急剧增加，数据传输速率需求越来越高，通信可靠性需求也越来越高，传统信道编码技术已经难以满足当前的通信需求。因此，大量的研究人员开始研究新型编码技术，用以支持高速率、高可靠性的数据传输。本节主要给出了这些新型编码技术的原理和特点，并对其应用进行了简要介绍。

8.6.1　网格编码调制

在前面几节的介绍中，只考虑通信系统中的信道编码过程，没有考虑调制过程。在传统的数字传输系统中，信道编码与调制是各自独立设计并实现的，译码和解调也是如此。信道编码需要冗余度，编码增益是依靠降低信息传输速率来获得的。为保证信息传输速率不变，在功率受限信道中可通过增加传输频带实现用频带利用率换取功率利用率；在频带受限信道中，则可通过加大调制信号集实现，以保证传输频带不变。若调制和编码仍按传统相互独立的方法设计，往往难以取得令人满意的效果。将信道编码与调制结合起来共同优化，则可以提高系统的误码性能。

调制信号的抗干扰性主要取决于已调信号矢量在欧氏空间中距离的大小，即已调信号在欧氏空间中的距离越大，其抗干扰性也就越强。在信道编码中，其抗干扰性则主要取决于码组（字）间汉明距的大小。汉明距是有限域中的距离，它与欧氏距离是两个不同的概念，两类距离指导了两类抗干扰的理论与技术的发展。那么在什么情况下，两类距离具有"一一对应"的关系，又在什么情况下，它们不存在"一一对应"的关系呢？经分析后发现，当信号的进制数小于四时（即二进制与四进制时）存在"一一对应"的关系，八进制以上"一一对应"关系就不再成立。下面进行简要分析，图 8-6-1 展示

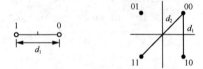

信道编码中的汉明距离　　　　调制信号的欧氏距离

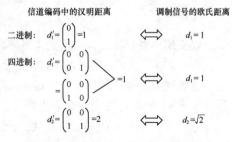

图 8-6-1　二进制和四进制调制的两类距离

了二进制和四进制调制的两类距离。

可见，在四进制以下两类距离具有"一一对应"的关系。这种情况下，度量抗干扰的两类距离不存在矛盾，它们是一致的。因此，在这种情况下（特别是对二进制通信，香农曾建议将通信系统优化的两个主要部分调制与信道编码分开来优化，这样可简化分析和实现。这种方法在低频谱效率的编码中已被广泛采用并已取得了很大的成功。

但是，进一步研究将发现对于八进制及其以上，两类距离"一一对应"的关系将不再成立。下面以 8PSK 调制信号为例，分析八进制调制与编码的两类距离。

八进制信道编码的三类汉明距为

$$
d_1' = \begin{pmatrix} 0 & 0 & 0 \\ 0 & 0 & 1 \end{pmatrix} \qquad\qquad d_2' = \begin{pmatrix} 0 & 0 & 0 \\ 0 & 1 & 1 \end{pmatrix}
$$

（1）$\left.\begin{array}{c} = \begin{pmatrix} 0 & 0 & 0 \\ 0 & 1 & 0 \end{pmatrix} \\ = \begin{pmatrix} 0 & 0 & 0 \\ 1 & 0 & 0 \end{pmatrix} \end{array}\right\} = 1$ ；（2）$\left.\begin{array}{c} = \begin{pmatrix} 0 & 0 & 0 \\ 1 & 0 & 1 \end{pmatrix} \\ = \begin{pmatrix} 0 & 0 & 0 \\ 1 & 1 & 0 \end{pmatrix} \end{array}\right\} = 2$ ；（3）$d_3' = \begin{pmatrix} 0 & 0 & 0 \\ 1 & 1 & 1 \end{pmatrix} = 3$ 。

8PSK 调制信号的四类欧氏距离为

（1）$d_1 = \sqrt{2-\sqrt{2}}$ ；（2）$d_2 = \sqrt{2}$ ；（3）$d_3 = \sqrt{2+\sqrt{2}}$ ；（4）$d_4 = 2$ 。

显然，三类汉明距与四类欧氏距离是无法直接建立"一一对应"的关系的。所以在多进制（大于或等于八进制）情况下，编码的汉明距与调制的欧氏距离不能建立直接、简单的"一一对应"关系。因此，如何协调两类距离的对应关系，即如何寻求具有最大欧氏距离的信道编码就成为了多进制下高效信道编码中提高抗干扰性的一个核心问题。

1982 年，昂格博克（Ungerboeck）对多进制情况下两类距离的不一致性进行了深入的研究，并在此基础上提出了"子集划分"理论。利用这一理论将待传送的信源消息变成待发送的调制信号，并用计算机搜索了一批符合子集划分且具有最大欧氏距离的信道纠错码，称为 UB 码。UB 码是一类调制联合优化的编码，它一般是利用 $(n+1, n, K)$ 卷积码，其中 n 表示输入消息，$n+1$ 表示输出码元，K 表示编码器的约束长度。其原理是将 n 位消息送入编码器，输出 $n+1$ 位码元。它不仅与输入的 n 位消息有关，还与编码器中寄存的 m 位消息（$m = K-1$）有关，且将每一个码组（字）与调制信号星座图中的一个信号点相对应。星座图中共有 2^{n+1} 个信号点，为了使发送信号间欧氏距离最大，我们可将 2^{n+1} 信号点划分为若干个子集，子集中信号的欧氏距离随划分次数而不断增大，即 $d_1 < d_2 < d_3 < \cdots$ ，从而解决了两类距离的一致性问题。

同样地，以 8PSK 信号为例，说明子集划分问题，如图 8-6-2 所示。

由图 8-6-2 可见，将一个 8PSK 的信号集合 A（含有 8 个黑色信号点的集合 A）逐次按照"一分为二"方式进行子集划分。若设 8PSK 的信号点位于半径 $r = 1$ 的单位圆上，则集合 A 中各信号点（黑点）的欧氏距离为

$$
d_1 = 2\sqrt{r}\sin\frac{1}{8}\pi = \sqrt{(2-\sqrt{2})} = 0.765 \tag{8-6-1}
$$

第一次子集划分，有

$$
A = B_0 \bigcup B_1 \tag{8-6-2}
$$

其中，子集 B_0 与 B_1 中各有 4 个黑色信号点，且位置相间隔，这时 B_i（$i = 0, 1$）各黑色信号点间的欧氏距离扩大为

$$
d_2 = \sqrt{2} = 1.414 \tag{8-6-3}
$$

第二次子集划分，有

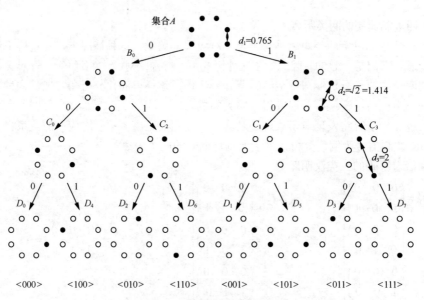

图 8-6-2　8PSK 信号子集划分图

$$\left.\begin{array}{l} B_0 = C_0 \bigcup C_2 \\ B_1 = C_1 \bigcup C_3 \end{array}\right\} \tag{8-6-4}$$

其中，各子集 C_i（$i = 0,1,2,3$）中有两个黑色信号点，且位置相间隔，这时各黑色信号点间的欧氏距离进一步扩大为

$$d_3 = 2 \tag{8-6-5}$$

第三次也是最后一次子集划分，有

$$\left.\begin{array}{l} C_0 = D_0 \bigcup D_4 \\ C_1 = D_1 \bigcup D_5 \\ C_2 = D_2 \bigcup D_6 \\ C_3 = D_3 \bigcup D_7 \end{array}\right\} \tag{8-6-6}$$

其中，各子集 D_i（$i = 0 \sim 7$）中有一个黑色信号点。可见，每次子集划分都能使信号点间的欧氏距离不断扩大，即

$$d_1 < d_2 < d_3 < \cdots \tag{8-6-7}$$

在上述 8PSK 调制信号的子集划分中，经过 3 次划分，直至每个子集中仅包含一个黑色信号点。实际上，在一般情况下，不一定要划分到每个子集中仅含有一个黑色信号点才为止。比如上述 8PSK 调制信号的星座图可以只进行两级（两次）划分，即产生 4 个子集，而每个子集中有两个黑色信号点。因此究竟应该划分到什么程度合适，这一点完全取决于编码特性。一般情况下，TCM 编码器的结构图如图 8-6-3 所示。

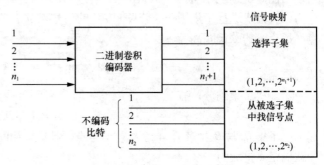

图 8-6-3　TCM 编码器的结构图

由图 8-6-3 可知，一个 $n$bit 的信息组可分解为 n_1 和 n_2 两个分组，其中 n_1 比特组被送入二进制卷积编码器并编成 $n_1 + 1$ 比特组输出，而另一组 n_2 bit 不参与编码。这样，从编码器得出的 $(n_1 + 1)$ bit 可以在经过子集划分后的信号星座中的 2^{n_1+1} 个子集中选取其中之一，而未编码的 n_2 bit 则可以在已划分的

2^{n_1+1} 各子集中的 2^{n_2} 个信号点中选取其中之一。一个未编码的 n bit 信息可以分解为两个部分：$2^n = 2^{n_1} 2^{n_2}$。其中，前一部分 2^{n_1} 可利用 UB 码选择调制信号星座图中 2^{n_1+1} 个子集中的某一个；后一部分 2^{n_2} 则是用来选择 2^{n_1+1} 个调制子集中每个子集含有 2^{n_2} 个信号点中的某一个。

具体来说，这 n_2 bit 与子集中的信号如何映射，在 TCM 设计中并不重要。这是因为它不影响 TCM 的自由距离，故对码的性能影响不大。在网格图中子集内的 2^{n_2} 个信号点对应着 2^{n_2} 条并行转移支路。若当 $n_2 - 0$ 时，则 $n = n_1$，即所有的信息比特都参与编码。

从上面的讨论可以看出，TCM 是利用"子集划分"理论，而不是利用传统的扩展频带来获取编码增益的，故其频谱效率高，并称为高效编码调制。它的最佳性能是通过将编码器和调制器作为一个统一的整体来考虑的，编码器与调制器级联后具有最大的欧氏自由距离。从信号空间角度看，这种最佳编码调制的设计实际上是一种对信号空间的最佳分割。这类最佳分割具有以下两个特点。

（1）星座图中的所有信号点数大于未编码同类调制所需的信号点数，通常是信号点扩大一倍，扩大后多余的信号点为纠错编码提供了冗余度。

（2）采用卷积码在信号点之间引入某种依赖性，只有某些信号点序列是允许出现的。这些允许信号点序列可以模型化为网格结构，故称为网格编码调制。

8.6.2　Turbo 码

随着通信技术的发展和人民生活水平的日益提高，人们对通信质量的要求也日益增长，因此希望找到一些新型的、能显著提高通信质量的方法。Turbo 码作为一种误码率性能接近香农限（即允许误码率存在时达到该误码率性能所需的最小信噪比），而且复杂度较低的纠错码，一经提出便受到了编码理论界的高度关注，并且为信道编码领域带来了一场革命。

1993 年 5 月，在瑞士日内瓦召开的 IEEE 国际通信会议（International Conference on Communications，ICC）上，法国不列颠通信大学的柏若（Berrou）、格拉维克（Glavieux）和奇提玛悉玛（Thitimajshima）三人发表的一篇论文，最先提出了 Turbo 码的原始概念，并通过仿真表明在一定的参数条件下，Turbo 码可以达到距香农限仅 0.7dB 的优异性能。由于其译码器中包含两个分量译码器，在两个译码器之间可进行迭代译码，整个译码过程像涡轮机（Turbo）工作一样不断循环、反复，因而被形象地称为 Turbo 码。由于 Turbo 码的编码器在两个并联或串联的分量码编码器之间增加了一个交织器，因而 Turbo 码具有了很大的码字长度，使 Turbo 码中重量小的码字数量减少，能够在低信噪比的情况下获得接近理想的性能，同时又避免了单纯使用一种增大长度的码字而造成的编译码复杂度太高的问题。

总而言之，Turbo 码技术由两个基本思想构成：一是在两个并联或串联的分量码编码器之间增加一个交织器的长码构造方案，二是采用反馈译码结构实现的软输入软输出（Soft Input Soft Output，SISO）递推迭代式译码的译码方案。Turbo 码的提出更新了编码理论研究中的一些概念和方法。如今，人们更倾向于使用基于概率的软判决译码方法，而不是早期基于代数方法来构造编码和译码方法。

Turbo 码编码器一般主要由分量码编码器、交织器以及删余矩阵和复用器组成，图 8-6-4 为并行级联卷积码编码器结构图。分量码的最佳选择为递归系统卷积（Recursive Systematic Convolutional，RSC）码，且通常两个

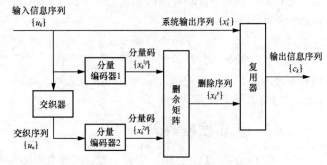

图 8-6-4　并行级联卷积码编码器结构图

分量码采用相同的编码器生成（分量码不同也并不影响编码性能）。Turbo 码所采用的交织器是伪随机交织器，它可以产生类随机的重量谱，极大地避免了段循环事件的产生，并保证了信息序列进入编码寄存器序列的分散性和不相关性，这是伪随机交织器性能优于其他种类交织器的最重要原因。同时 Turbo 码中的交织器不仅可以抵抗突发性错误，还可以使两个递归系统卷积码子码以较大的概率获得很大的码间距。删余矩阵的作用是改变编码码率，其中的元素均为 0 或 1。矩阵中的每一行都分别对应一个分量码编码器，其中 0 表示相应位置上的校验比特被删除，1 则表示保留相应位的校验比特。通过对编码后的校验位适当删余，便可以产生满足一定码率要求的码字。

　　Turbo 译码器译码时采用迭代译码的思想，复杂度随着信息序列长度的增加呈线性增长，与译码复杂度随码字长度增加呈指数级增长的最大似然译码相比，迭代译码方式具有更好的可实现性。下面将简要介绍 Turbo 码并行级联卷积码译码器的结构组成和译码原理。

　　Turbo 码并行级联卷积码译码器由 SISO 译码器 1 和 SISO 译码器 2 两个译码器并行级联组成，如图 8-6-5 所示；译码器中所使用的交织器与编码器中的交织器相同。SISO 译码器 1 对输入信息位进行最佳译码后，产生关于信息序列中每一比特的似然信息，并将其中迭代译码前信道所给出的外信息经过交织器送给 SISO 译码器 2，SISO 译码器 2 将此信息比特作为先验信息，对输入信息位交织后所得的比特位进行最佳译码，产生关于交织后的信息序列中每一比特的似然信息，然后其中的外信息经过解交织器送给 SISO 译码器 1，SISO 译码器 1 将此信息作为先验信息进行下一次译码。于是，重复经过多次迭代，SISO 译码器 1 和 SISO 译码器 2 的外部信息趋于稳定，似然比渐近值逼近于对整个码的最大似然译码。然后对此似然比进行硬判决，即可得到信息序列的最佳估计序列。

　　常用的 Turbo 码译码算法主要有两种：最大后验概率算法和软输出维特比算法（Soft-Output Viterbi Algorithm，SOVA）。两者的共同点是都通过软输出来进行迭代译码。

图 8-6-5　Turbo 码并行级联卷积码译码器

　　在 3G 移动通信系统中，Turbo 码作为具有最佳译码性能的码字，被应用于传输高速数据的信道编码标准中。在 WCDMA 通信标准中，传输信道提供前向纠错和自动重发请求两类纠错方式，其中前向纠错在用于专用信道（Dedicated Channel，DCH）或者前向接入信道（Forward Access Channel，FACH）时的编码方式为采用两个递归系统卷积码并行级联方式下的 Turbo 码。在 CDMA 2000 标准中，上行链路和下行链路都在辅助信道中以 Turbo 码作为可选信道编码方案，其他信道使用卷积码作为信道编码方案。对于卫星通信和深空通信，Turbo 码也作为推荐信道编码标准。除了在无线通信领域的应用，Turbo 码如今也被应用于数字水印技术和保密通信领域。在空域对嵌有水印的图像进行 Turbo 编码后，经噪声信道传输，可在接收端收到误码率极低的水印信息，从而保护水印。

　　然而，Turbo 码也存在一些尚未克服的缺点和难点问题：一是计算量大，要得到高码率往往需要很大的交织器，这样就增大了解码的复杂性；二是交织和交错译码所造成的延时，使 Turbo 码在某些对时延要求高的通信系统中的应用受到了限制；三是由于 Turbo 码的自由距离较小，因此译码时会出现误码平层效应。

8.6.3　低密度校验码

　　低密度校验码（LDPC 码）是另一类逼近香农限的编码方式，由加拉格尔（Gallager）于 1962 年首次提出。然而，由于 LDPC 码在码组长度很长时才具有优良的性能，而当时计算机的能力还不足以处理如此长的码组，因此，它当时并没有引起人们的关注。大约过了 20 年后，1981 年 Tanner 在他的研究中从图论的观点出发，提供了一种对 LDPC 码的全新阐释。但是，泰纳（Tanner）的这一工作又继续被编码研究者忽视了 14 年。20 世纪 90 年代初期，一些编码研究者开始研究图编码和迭代译码。直到 1996 年，麦凯（Mackay）和尼尔（Neal）发现了 LDPC 码与 Turbo 码相比有着同样的性能。在基于图模型的编译码和迭代译码的研究过程中，Mackay、Neal 和威伯格（Wiberg）注意到，与 Turbo 码相比，LDPC 码具有更低的译码复杂度、更强大的纠错能力和更低的误码平层等优点，尤其在长码时具有超越 Turbo 码的性能。此外，LDPC 码迭代译码算法易设计为并行计算，译码时延远远小于 Turbo 码。他们的这些研究工作促成了对 Gallager 的 LDPC 码的重新探索和进一步推广。

　　LDPC 码是一种线性分组码，其校验矩阵只含有很少量的非零元素。正是校验矩阵的这种稀疏性使得其译码复杂度和最小码距都只随码长呈线性增加。LDPC 码和 Turbo 码同属于复合码类，两者的性能相近。相较于 Turbo 码，LDPC 码具有如下的优点：（1）不需要深度交织便可获得好的误码性能；（2）具有更好的分组误码性能；（3）误码平层处的误码率大大降低；（4）解码不基于网络。图 8-6-6 直观地给出了以码长为 10^6、码率为 0.5 的 Turbo 码和最优非规则 LDPC 码的误码率性能，并与香农限进行了比较，可以看出 LDPC 码的性能更加接近香农限。

　　一个长度为 n 的线性分组码可以由生成矩阵 G 或校验矩阵 H 来唯一确定。除了校验矩阵 H 是稀疏矩阵外，LDPC 码本身与其他的线性分组码并无区别，因此也可以由一组生成矩阵和校验矩阵来唯一确定。LDPC 码是基于校验矩阵 H 定义的，其定义为具有如下结构特性的校验矩阵 H 的一种线性分组码。

　　（1）每一行含有 ρ 个 1。

　　（2）每一列含有 γ 个 1。

　　（3）任何两列之间位置相同的 1 的个数（以 λ 表示）不大于 1。

　　（4）与码长以及 H 的行数相比，ρ 和 γ 都较小。

　　特性（1）和特性（2）表明校验矩阵 H 分别具有不变的行重 ρ 和列重 γ。特性（3）意味着在 H 中任何两行也没有超过一个相同位置的 1。由于 ρ 和 γ 都小于码长和校验矩阵 H 的行数，因此 H 中 1 的密度很小，故该矩阵被称为低密度校验矩阵。由其确定的码为 LDPC 码。

　　此外，线性分组码的另一种有效图形化表示方式为二分图。线性分组码的二分图也称为**泰纳图**，其由泰纳（Tanner）在 1982 年首次引入。泰纳图描绘了码元与校验码元的奇偶校验之间的关联关系，它是校验矩阵的图形化表示，也是 LDPC 码研究过程中常用的图模型表示方法。图 8-6-7 为

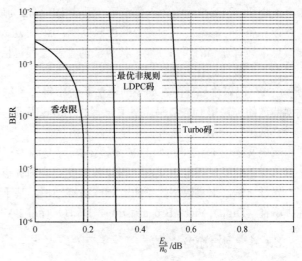

图 8-6-6　最优非规则 LDPC 码的性能与香农限、Turbo 码的性能比较

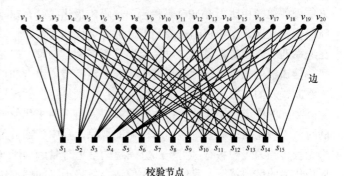

图 8-6-7　规则 LDPC 码的泰纳图

一个规则 LDPC 码的泰纳图，由码元节点（变量节点）集、校验节点集以及连接码元节点和校验节点的边集所构成。每个校验节点代表矩阵 H 中的一行校验式，码元节点集包含了 20 个顶点，代表码的 20 个码元比特；校验节点集包含 15 个顶点，代表 15 个奇偶校验和；当且仅当校验和中包含码元比特时，对应的码元节点与校验节点通过一条边相连。在泰纳图中从一个码元节点出发，交替地经过校验节点和码元节点，跳了若干步后回到了原来的码元节点所形成的回路（称为码环）。构成该回路的边数是码环的长度。显然，在泰纳图中码环的长度只能是大于或等于 4 的偶数。泰纳图中最小码环的长度称为泰纳图的**圈长**（Grith）。由于该泰纳图中最小码环的长度为 8，因此，该泰纳图的圈长为 8。LDPC 码不能含有长度为 4 的码环，是因为长度为 4 的码环容易存在一定数量的低码重码字，导致出现不可纠正的错误，从而出现错误平层。

LDPC 码的码字性能一般通过控制圈长的大小来实现。一般来说，圈长大的码字，其码间距也大。虽然决定码字性能的是码间距，但无法直接约束控制码间距；控制泰纳图的圈长虽然也有很大难度，却可以通过一些数学构造的方法消除长度较短的圈，例如，伪随机构造法。先对校验矩阵 H 设置一些属性限制（如最小环长或节点度分布等），再利用计算机搜索方法进行随机或者类随机生成校验矩阵 H。

LDPC 码的译码算法本质上都是基于泰纳图的消息迭代译码算法。具体的译码算法有很多种，基本的译码算法包括置信传播（Belief Propagation，BP）算法、比特翻转（Bit-Flipping，BF）算法、最小和（Min-Sum）译码算法等。其中 BF 算法为硬判决算法，通过传递比特信息进行译码，虽然计算简单，但是达不到理想的译码性能；BP 算法为软判决算法，传递与先验信息相关的置信度信息，具有理想的纠错性能，其算法的主要过程包括信道信息初始化、校验节点更新、变量节点更新、后验信息计算和译码判决过程。

LDPC 码以优异性能在如今的通信系统中得到了越来越多的应用，例如，在 5G NR 标准中，数据信道的传输用 LDPC 码代替了原有的 Turbo 码，这是因为 LDPC 码的译码算法易于并行实现，更适合低延时应用；在我国北斗导航系统中，对于"北斗三号"新体制信号下的 B1c 和 B2a 信号，其导航电文采用 64 进制的 LDPC 码编码，这是因为相比二进制，多进制 LDPC 码具有对错误更敏感，译码信噪比门限更低，译码收敛速度更快的优点；此外，LDPC 码也已广泛应用于深空通信、光纤通信、卫星数字视频和音频广播等领域，基于 LDPC 码的编码方案也被下一代卫星数字视频广播（Digital Video Broadcasting，DVB）标准 DVB-S2 所采纳。

8.6.4　极化码

极化（Polar）码是由 E.Arikan 于 2008 年基于信道极化现象而提出的一类线性分组码，是首个可理论证明能达到任意二进制输入离散无记忆对称信道（Binary-Input Discrete Memoryless Channels，BI-DMC）容量的信道编码，并且具有较低的编译码复杂度和确定性的构造，因而近年来广受关注。相比于 LDPC 码和 Turbo 码，极化码具有以下优点：首先，理论上可达香农限，性能最优；其次，在中短码长情况下，拥有更优的误块率性能；最后，可构造任意长度的极化码，在速率匹配方面更加灵活，对性能提升更有利。

信道极化理论是极化码理论的核心，包括信道组合和信道分解部分。信道极化是指对于任意二进制输入的离散无记忆信道，将其进行多次复用，并经过信道组合与信道分解过程，使得这些相互独立的信道转换成彼此相关联的虚拟信道，即极化信道。当参与到复用中的信道数量足够多的时候，极化信道会呈现一种两极化的现象，其中一部分信道的信道容量趋向于 1，即趋向于一种无噪传输的理想状态；另一部分信道的信道容量趋向于 0，即趋向于一种全噪信道的状态。根据极化后的信道特征，我们可以在信道容量趋于 1 的信道中传输信息比特，在信道容量趋于 0 的信道中传输固定冗余信息（即冻结比特），这种编码方式就是极化编码。按照上述方法进行传输，极化码在码长趋向于无限长时，可以达到香农限。

串行消除译码是极化码的基础译码算法。该算法在理论上被证明在无限码长情况下，可使极化码达到香农限，但在中短码长下译码性能并不理想。目前应用最广的极化码译码算法是循环冗余校验（CRC）辅助的列表译码算法。该算法可看作是一个串行级联编码系统，其中 CRC 作为外码，极化码作为内码。CRC 一方面可以增加码的最小距离，改进高信噪比下的性能，另一方面可帮助列表译码器选择正确的路径。该算法在进行极化码编码前，先对信息序列进行 CRC 校验，译码器对接收序列进行列表译码，在译码最后一个比特后，译码器选择表中能通过 CRC 校验的度量最大的路径作为输出。

极化码被 3GPP 采纳为 5G 中的信道编码技术之一，是我国在通信技术研究和标准化上迈出的重要一步。相比于 2G、3G 和 4G 时代，我国正在 5G 的发展竞赛中处于领先地位。编码技术是通信系统的基础，通信系统的发展总是伴随编码技术的变革。从 Turbo 码、LDPC 码到极化码的发明，以逼近香农限为目标的编码技术得到快速的发展。面对未来更加复杂异构的无线通信场景和业务需求，需要考虑超高吞吐量需求、超大带宽信道、超高频信道、可见光信道、高空/太空信道、远洋/深海信道、深地信道等复杂的传播环境及更多样的业务类型等问题，新型编码技术的研究与突破依然是具有挑战性的重要问题。

习题

一、基础题

8-1　请描述信源编码与信道编码的区别，并举几个简单的信道编码例子。

8-2　信道编码的目的是提高数字信息传输的_____性，其代价是降低了信息传输的_____性。

8-3　请描述香农信道编码定理的意义与实际应用。

8-4　已知连续随机变量 $Y = X + N$，其中 X 与 N 相互独立。证明：在给定 X 条件下 Y 的条件相对熵 $H(Y/X) = H(N)$，其中 $H(N)$ 是 N 的相对熵。

8-5　已知电话信道的带宽为 3.4kHz，试求：

（1）当接收端信噪比 $S/N = 30\text{dB}$ 时，单位时间内最大信息传输速率；

（2）若要求该信道能够传输 4800bit/s 的数据，则接收端要求的最小信噪比 S/N 为多少？

8-6　假设二进制对称信道的差错率 $p_e = 10^{-2}$，则(4,3)偶校验码通过此信道传输，不可检出错误的出现概率是多少？

8-7　对于如下的码组：(000000)、(001110)、(010101)、(011011)、(100011)、(101101)、(110110)、(111000)，若将其分别用于检错、纠错、纠错的同时进行检错，它们各自的纠错能力和检错能力分别是多少？

8-8　已知(7,4)码的生成矩阵为

$$G = \begin{bmatrix} 1 & 0 & 0 & 0 & 1 & 1 & 1 \\ 0 & 1 & 0 & 0 & 1 & 0 & 1 \\ 0 & 0 & 1 & 0 & 0 & 1 & 1 \\ 0 & 0 & 0 & 1 & 1 & 1 & 0 \end{bmatrix}$$

写出全部的许用码组，并求出校验矩阵。若接收码组为 1101101，计算校正子；假设传输过程中至多会出现 1 位错误，试判断误码位置。

8-9　已知(15,11)循环码的生成多项式为 $g(D) = D^4 + D^3 + 1$，求生成矩阵，并导出监督矩阵。

8-10　已知(7,4)循环码的生成多项式为 $g(D) = D^3 + D^2 + 1$，求系统形式的生成矩阵和系统形式的监督矩阵。若信息码为 1100，求相应的编码码组，并画出编码器的电路图。

8-11　已知(7,4)循环码的生成多项式为 $g(D) = D^3 + D + 1$，若接收到的码字为(0101011)，判断该码字是否有错；若有错，求原发送的码字。

8-12　已知(7,4)循环码的全部码组由 0000000 和 1110100 两个循环圈组成，试求：循环码的生成多项式和系统形式的生成矩阵，并列出校正子和错误位置之间的错误图样表。

8-13　已知(7,4)循环码的生成多项式为 $g(D) = D^3 + D^2 + 1$，若输入信息为 110010110101，求编码后的系统码，并分析此循环码的检错、纠错能力。

二、提高题

8-14　通过查表法构造一个码长 63、能纠正 3 个错误的 BCH 码，并写出其生成多项式。

8-15　构造 1 个能纠正 2 个错误符号、码长为 7、m 为 8 的 RS 码，并写出其生成多项式。

8-16　已知一个(3,1,4)卷积码编码器的输入与输出的关系为

$$Y_1 = m_j$$
$$Y_2 = m_{j+3} \otimes m_{j+2} \otimes m_{j+1} \otimes m_j$$
$$Y_3 = m_{j+3} \otimes m_{j+2} \otimes m_j$$

（1）画出该编码器的原理图。

（2）画出该编码器的树状图。

（3）当输入信息为 10110 时，求出其输出的码序列。

8-17　对于一个(2,1,3)卷积码编码器，当接收码序列为 1000100000 时，试用维特比解码算法求其发送序列。

8-18　证明以 (N, K, D) 为外码、以 (n, k, d) 为内码的级联码的最小距离等于 Dd。

8-19　已知某 LDPC 码的校验矩阵如下：

$$\boldsymbol{H} = \begin{bmatrix} 1 & 1 & 0 & 1 & 0 & 0 \\ 0 & 1 & 1 & 0 & 1 & 0 \\ 1 & 0 & 1 & 0 & 0 & 1 \end{bmatrix}$$

（1）画出该 LDPC 码的泰纳图。

（2）求出其围长。

8-20　设输入信息序列为 110，经过题 8-19 中 LDPC 码校验矩阵编码输出的码字为 110011，采用 BPSK 调制后，送入加性高斯白噪声信道 $N(0,1)$。接收端接收到的序列为 $(-1, 2, -2, -2, 2, 0)$，请尝试表述置信传播算法译码的全过程。

第 9 章　复用与多址

前面各章所介绍的通信技术在信道中只传输一路信号，因此只支持单路业务传输。在实际通信中，单个信道所能提供的带宽往往比单路业务所需的带宽大很多，造成了通信带宽资源的浪费。此外，在实际应用中，收发设备间可能需要传输多路业务（如广播电台传输多个频道业务），或者单个设备需要与多个设备通信（如蜂窝移动通信中基站与多个用户通信）。因此，为了应对数据需求与用户数量不断增长带来的挑战，我们需要充分利用通信资源，有效提升通信资源利用率。此种情况下，复用和多址技术应运而生。这些技术通过在单个信道中同时传输多路或者多个用户的信号提高了信道的使用效率，同时降低了通信系统的建设和维护成本。通过这些技术的应用，通信系统能够更高效地处理大量数据传输和服务众多用户的需求。

复用（也称多路复用）是在同一个信道上传输多路信号或数据流的技术。这种技术能够将多个低速业务集成到一个高速信道进行传输，有效提高了宽带信道的使用效率。多址（也称多址接入）是一种允许多个用户或设备通过同一通信信道同时进行数据传输的技术。它使多个用户能够共享同一个频谱资源，从而提高信道的使用效率和通信网络的总体容量。

复用技术强调信道资源的细粒度划分，以支撑多路信号同时传输。复用系统一般在发送端将多路低速业务映射到多个细分子信道，并进行合路处理后送入宽带信道；在接收端将合路信号进行分路处理，恢复多路低速业务。一般而言，复用技术的合路与分路分别是在单台发送设备与单台接收设备上完成的，例如广播电视的多个频道业务，合路是在广播电台设备，分路则是在电视机设备。多址接入同样依赖信道资源的细粒度划分，它将多个细分信道资源分配给不同的用户使用，使它们之间不会相互干扰，并可以作为用户的"地址"进行相互区分。多个用户终端设备在物理上可以是分散开的。总的来说，复用技术关注的是如何高效利用信道资源，将多个数据流在一个信道中传输，从通信设备的角度看还是从一个点（设备）传输到另一个点（设备）；多址技术关注的是如何在同一信道中支持多个用户终端的通信，确保信息能够传送给正确的用户，属于点对多点系统。

本章简介

本章包括复用和多址两个部分。在 9.1 节复用技术部分，主要介绍频分复用、时分复用、码分复用、正交频分复用的基本原理及应用；在 9.2 节多址技术部分，主要介绍频分多址、时分多址、码分多址、正交频分多址以及随机多址接入的基本原理和应用。

9.1　复用技术

9.1.1　基本概念

若某一信道的传输能力高于一路信号的传输需求，该信道就可以被多路信号共享，例如电话系统的干线通常有数千路信号在一根光纤中传输。这时，为了能充分利用信道的频带或时间资源，提高信道的利用率，我们可以采用复用技术在一条信道中同时传输多路信号。目前，常用的复用方法包括频分复用、时分复用、码分复用、空分复用等。

9.1.2 频分复用

频分复用是一种通过频率划分来同时传输多路信号的技术。在这个过程中，整个传输信道的带宽被分割成多个不重叠的子频带（或称子信道），每个子信道分别承载一路信号。为了确保频分复用的有效性，系统的总频率宽度必须大于所有子信道频率宽度的总和。这一要求的目的在于为每个子信道提供足够的频率空间，以防止相邻信道之间的干扰。换言之，为了增强信号的独立性并确保传输的准确性，子信道之间需要设置未使用的隔离频带。在接收端可以采用适当的带通滤波器将多路信号分开，从而恢复出所需要的信号。频分复用技术的特点是所有子信道传输的信号以并行的方式工作。

1. 频分复用原理

图 9-1-1 所示为频分复用系统的组成原理图。图 9-1-1 中，在发送端，各路基带信号首先通过低通滤波器限制各路基带信号的带宽，避免它们调制后的频谱出现相互混叠，然后各路信号分别对应各自的载波进行调制，使各路信号搬移到各自的频段范围内，合路后送入信道传输；在接收端，分别采用不同中心频率的带通滤波器分离出各路已调信号（分路），它们被解调后即恢复出各路相应的基带信号。

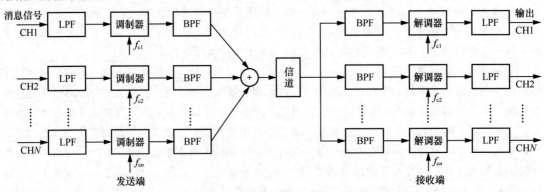

图 9-1-1　频分复用系统的组成原理图

频分复用是利用各路信号在频域不相互重叠来进行区分的。若相邻信号之间产生相互干扰，将会使输出信号产生失真，因此需要合理选择载波频率 $f_{c1}, f_{c2}, \cdots, f_{cn}$，并使各路已调信号频谱之间留有一定的防护频带。AM、DSB-SC、SSB、VSB 或 FM 等模拟调制方式可以用于基带信号是模拟信号的情况，其中 SSB 方式频带利用率最高。ASK、FSK、PSK 等各种数字调制方式可以用于基带信号是数字信号的情况。复用信号的频谱结构示意图如图 9-1-2 所示。

2. 模拟电话多路复用系统

模拟电话多路复用系统主要采用频分多路复用技术，该技术能够在同一通道上同时传递多个数据流。通过将不同的电话信号分配到不同频率上，FDM 系统可有效利用频谱资源，并提高信道的传输能力。

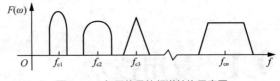

图 9-1-2　复用信号的频谱结构示意图

按照国际电话电报咨询委员会建议，多路载波电话系统目前采用的是单边带调制频分复用方式。图 9-1-3 所示为北美多路载波电话系统的典型组成。以下是对该系统的概述。

（1）层次结构

该系统包括多个层级。

基群（Basic Group）：基本层级，复用 12 路电话线。

超群（Super Group）：包含 5 个基群，共复用 60 路电话线。

主群（Master Group）：由 10 个超群组成，共复用 600 路电话线。

超主群（Jumbo Group）：将多个主群进一步复用，可传输更多路电话。

图 9-1-3（a）展示了模拟电话多路复用系统的分层结构。

（2）频谱结构

每个复用层级的频谱结构都有其特点，随着从基群到超群再到主群的层级提升，频谱结构会发生变化，图 9-1-3（b）～图 9-1-3（d）分别对应了各级复用信号的频谱结构。

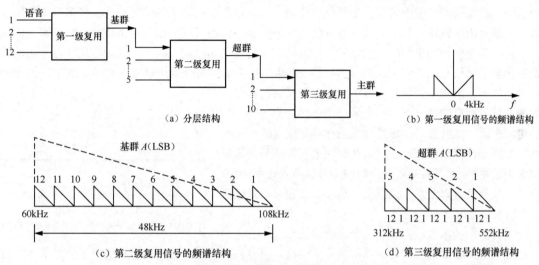

图 9-1-3　北美多路载波电话系统的典型组成

（3）分群标准

北美多路载波电路分群等级如表 9-1-1 所示，ITU-T 多路载波电路分群等级如表 9-1-2 所示。其中每路电话信号的频带限制在 300Hz～3400Hz，每路电话信号取 4000Hz 作为标准带宽以使各路已调信号间留有保护间隔。

表 9-1-1　北美多路载波电路分群等级（AT&T 载频标准）

分群等级	信道数量	带宽/kHz	频谱/kHz
基群	12	48	60～108
超群	60 = 5×12	240	312～552
主群	600 = 10×60	2520	564～3084
超主群	$N \times 600$	—	—

表 9-1-2　ITU-T 多路载波电路分群等级

分群等级	信道数量	带宽/kHz	频谱/kHz
基群	12	48	60～108
超群	60 = 5×12	240	312～552
主群	300 = 5×60	1232	812～2044
超主群	900 = 3×300	3872	8516～12388

9.1.3　时分复用

时分复用是利用各信号的采样值在时间上不相互重叠的特点来实现在同一信道中传输多路信号的一种方法。时分复用的主要特点是利用不同时隙来传送各路不同信号。具体来说，时分复用通过分配固定的时隙给每个信号，确保同一时间内只有一个信号被传输，从而避免了时间上的信号冲突。这种方法使多个信号可以顺序交替使用同一信道进行传输。在频分复用系统中，各信号在时域上混叠而在频域上分开；在时分复用系统中，各信号在时域上分开而在频域上混叠。如今，时分复用技术比频分复用技术有更加广泛的应用，数字电话系统就是其中典型的例子。此外，时分复用技术还在同步数字系列（Synchronous Digital Hierarchy，SDH）、异步传输模式（Asynchronous Transfer Mode，ATM）和因特网协议（Internet Protocol，IP）等网络通信中有所应用。

1．时分复用原理

时分复用原理是通过将传输线路上的时间划分为多个时间片（时隙），分配固定的时隙给每个信号，确保同一时间内只有一个信号被传输，从而避免了时间上的信号冲突，使多个信号能在同一信道上依次传输。每个信号在其分配的时隙内独占信道，这样就避免了信号之间频率上的重叠。为了确保信号的正确接收和恢复，接收端需要与发送端时间上同步。这种方法使在有限的带宽内传输多路信号成为可能。图 9-1-4 所示为两个基带信号时分复用原理示意图。其中，按相同的时间周期对两个基带信号 $m_1(t)$ 和 $m_2(t)$ 进行采样。在采样脉冲宽度足够窄的情况下，两个采样值之间就会留有一定的时间空隙，此时若另一路信号的采样时刻刚好落在第一路信号的采样时间空隙上，那么在时间上两路信号的采样值就不会重叠。此时若接收端在时间上可以与发送端同步，则两个信号就可以分别正确恢复。这个原理也可以推广到 n 个信号进行时分复用。

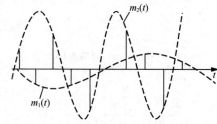

图 9-1-4　两个基带信号时分复用原理示意图

时分复用技术方法有如下两个突出的优点。

（1）多路信号的合路与分路都是数字电路。时分复用比频分复用的模拟滤波器分路简单、可靠，便于实现数字通信、易于制造、适于采用集成电路实现、生产成本较低。

（2）在频分复用系统中，信道的非线性会产生交调失真与高次谐波，引起路际串话，因此，对信道的非线性失真要求很高；时分复用系统对信道的非线性失真要求相对较低。

时分复用的特点是将时间划分为多段等长的**时分复用帧**（TDM Frame），每一个时分复用的用户在每一个 TDM 帧中占用固定序号的**时隙**（Slot），每一个用户所占用的时隙周期性地出现。时分复用的所有用户在不同的时间占用同样的频带宽度。时分复用时隙分配示意图如图 9-1-5 所示。

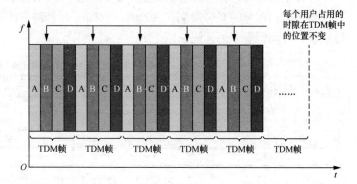

图 9-1-5　时分复用时隙分配示意图

一个具有 n 路模拟信号的 TDM-PCM 系统原理图如图 9-1-6 所示。

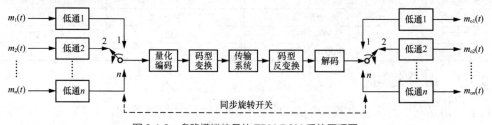

图 9-1-6　多路模拟信号的 TDM-PCM 系统原理图

首先，采样电子开关以适当的速率交替对输入的基带信号分别进行采样，得到 TDM-PAM 波

形。此时，TDM-PAM 脉冲波形宽度为

$$T_a = \frac{T_s}{n} = \frac{1}{nf_s} \qquad (9\text{-}1\text{-}1)$$

式中，T_s 为每路信号的采样间隔，满足奈奎斯特间隔。

接着对 PAM 波形进行量化和编码，得到 TDM-PCM 信号，这时信号脉冲宽度为

$$T_h = \frac{T_a}{N} = \frac{T_s}{nN} \qquad (9\text{-}1\text{-}2)$$

式中，N 为 PCM 中的编码位数。

在接收端，输入的 TDM-PCM 信号经过译码器输出 TDM-PAM 波形。与发送端采样开关相同步的接收采样开关对输入的 TDM-PAM 波形同步采样并正确分路，得到 n 路 PAM 信号。这些信号通过低通滤波器，恢复出发送的 n 路基带信号。

2. PCM 基群帧结构

PCM30/32 路（A 律压扩特性）制式和 PCM24 路（μ 律压扩特性）制式是国际上建议的 PCM 基群的两种标准，我国规定采用 PCM30/32 路制式。

（1）PCM30/32 路制式基群

图 9-1-7 所示为 PCM30/32 路制式基群帧结构。该结构由 32 路组成，包括用来传送用户语音的 30 路，用作勤务的 2 路。每路语音信号采样速率为 f_s=8000Hz，对应的每帧时间间隔为 125μs。一帧共有 32 个时间间隔，称为时隙。各个时隙从 0 到 31 顺序编号，分别记作 TS_0，TS_1，TS_2，…，TS_{31}。其中，TS_1 至 TS_{15} 和 TS_{17} 至 TS_{31} 这 30 个时隙用来传送 30 路电话信号的 8 位编码码组。TS_0 分配给帧同步，TS_{16} 专用于传送话路信令。每个时隙包含 8 位码，一帧共包含 256 个比特。信息传输速率为 $f_b = 8000$ [$(30+2)\times 8$] = 2.048Mbit/s；每比特时间宽度为 $\tau_b = \dfrac{1}{f_b} \approx 0.488\mu s$；时隙时间宽度为 $\tau_1 = 8\tau_b \approx 3.91\mu s$。

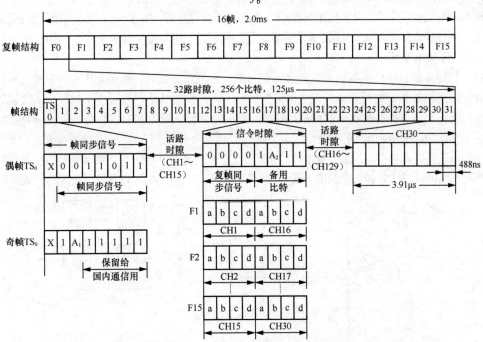

图 9-1-7　PCM30/32 路制式基群帧结构

图 9-1-7 中，帧同步码组为 X0011011（首位码 X 保留用于国际电话间通信），它插入偶数帧的 TS_0 时隙，用于建立帧同步，实现发送端与接收端的各路时隙脉冲相对应并保持一致。接收端

识别出帧同步码组后，即可建立正确的路序。

在传送话路信令时，若将 TS_{16} 所包含的总比特率集中起来使用，称为共路信令传送。这时，必须将 16 个帧构成一个更大的帧，称为复帧。复帧的重复频率为 500Hz，周期为 2ms；若将 TS_{16} 按规定的时间顺序分配给各个话路，直接传送各话路所需的信令，则称为随路信令传送。

（2）PCM24 路制式基群

图 9-1-8 为 PCM24 路制式基群帧结构。该结构由 24 路组成，每路语音信号采样速率 $f_s = 8000\,\mathrm{Hz}$，每帧时间间隔为 125μs。一帧共有 24 个时隙，各个时隙从 0 到 23 顺序编号，分别记作 $TS_0, TS_1, TS_2, \cdots, TS_{23}$，这 24 个时隙用来传送 24 路电话信号的 8 位编码码组。为了提供帧同步，在 TS_{23} 路时隙后插入 1 比特帧同步位（第 193 个比特）。这样，每帧时间间隔 125μs，共包含 193 个比特。信息传输速率为 $f_b = 8000(24 \times 8 +$

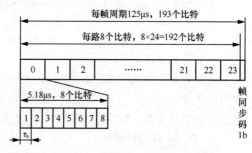

图 9-1-8　PCM24 路制式基群帧结构

$1) = 1.544\mathrm{Mbit/s}$；每比特时间宽度为 $\tau_b = \dfrac{1}{f_b} \approx 0.647\mu s$；时隙时间宽度为 $\tau_1 = 8\tau_b \approx 5.18\mu s$。

PCM24 路制式与 PCM30/32 路制式的帧结构不同，12 帧构成一个复帧，复帧周期为 1.5ms。12 帧中奇数帧的第 193 个比特构成 101010 帧同步码组。偶数帧的第 193 个比特构成复帧同步码000111。这种帧结构同步建立时间要比 PCM30/32 帧结构长。

9.1.4　码分复用

在通信系统中实际信道的容量一般比一路信号的信息速率大得多。信道复用技术充分利用信道，在同一信道中传输许多路相互独立的信号，包括前面提到的时分复用技术和频分复用技术。为在接收端能将不同路信号区分开，必须使不同路信号具有某种不同特征。按照不同时域、频域特征区分信号的方式分别为时分复用、频分复用。此外，若按照不同波形（码）特征来区分信号，则称为**码分复用**。

1. 码分复用原理

码分复用是通过不同的编码来复用多路信号的一种复用方式。在码分复用中，各路信号可在同一时间使用同样的频带进行通信。为了保证在信道中所传输的各路信号互不干扰，要求代表各路信号的编码组正交，这样在接收端就可利用这些正交的编码组区分并恢复各路信号。码分复用的关键在于使用不同的码来调制每个用户的信号，并通过信号与用户特定码的相关性来分离和提取信号。在一个典型码分复用系统中，各路信号常常对相互正交的码组进行扩频，合成的多路信号经过信道传输后，在接收端可采用计算相关系数的方法将各路信号分开。图 9-1-9 为码分复用系统的组成原理图。

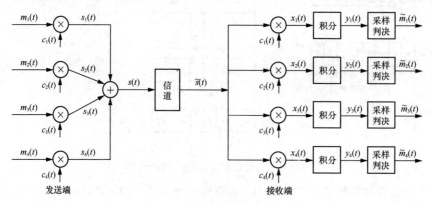

图 9-1-9　码分复用系统的组成原理图

图 9-1-9 中，$m_1(t)$、$m_2(t)$、$m_3(t)$、$m_4(t)$ 为 4 路基带信号，4 组正交的码组分别为 $c_1(t)$、$c_2(t)$、$c_3(t)$、$c_4(t)$。设 4 组正交码分别为

$$c_1 = (-1-1-1+1+1-1+1+1)$$
$$c_2 = (-1-1+1+1-1+1+1+1-1)$$
$$c_3 = (-1+1-1+1+1+1-1-1)$$
$$c_4 = (-1+1-1-1-1-1+1-1)$$

则 4 路信号码分复用系统发送端和接收端的波形分别如图 9-1-10 和图 9-1-11 所示。

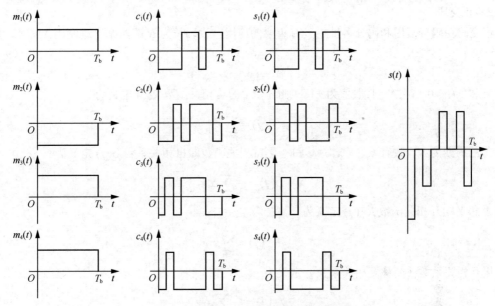

图 9-1-10　4 路信号码分复用系统发送端波形

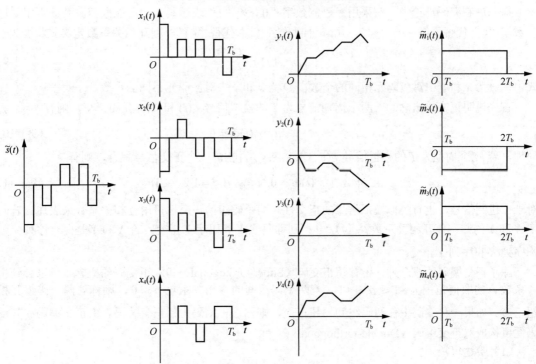

图 9-1-11　4 路信号码分复用系统接收端波形

码分复用具有以下特点。

（1）**设备简单、通用**：相对于频分复用，码分复用的设备更为简单，具有良好的通用性和一致性；不需要复杂的模拟滤波器，分路过程简单、可靠。

（2）**同步系统要求简单**：与时分复用相比，码分复用对同步系统的要求较为简单，能够提供较好的信号质量和高可靠性的通信。

（3）**大容量且动态可扩展**：相对于频分复用和时分复用，码分复用的容量更大，而且这个容量是动态可调的，容易进行扩容。

2．正交码

正交码在码分复用和码分多址中具有重要的应用。设码长为 N 的两个二进制码 X 和 Y，则

$$X = (x_0 x_1 \cdots x_{N-1}) \tag{9-1-3}$$

$$Y = (y_0 y_1 \cdots y_{N-1}) \tag{9-1-4}$$

其中 x_i 和 $y_i (i = 0,1,\cdots,N-1)$ 取值为 ± 1，则码字 X 的自相关函数 $R(j)$ 定义为

$$R(j) = \sum_{i=0}^{N-1} x_i x_{i+j} \tag{9-1-5}$$

由于 X 的周期为 N，故有 $x_{N+i} = x_i$。其归一化自相关函数即自相关系数 $\rho(j)$ 定义为

$$\rho(j) = \frac{1}{N} \sum_{i=0}^{N-1} x_i x_{i+j} \tag{9-1-6}$$

码字 X 和 Y 的互相关函数 $R_{xy}(j)$ 定义为

$$R_{xy}(j) = \sum_{i=0}^{N-1} x_i y_{i+j} \tag{9-1-7}$$

归一化互相关系数（简称互相关系数）定义为

$$\rho_{xy}(j) = \frac{1}{N} \sum_{i=0}^{N-1} x_i y_{i+j} \tag{9-1-8}$$

在二进制编码理论中，常采用二进制数字"0"和"1"表示码元的可能取值。若规定用二进制数字"0"代替码组中的"+1"，用二进制数字"1"代替"–1"，则互相关系数定义式将变为

$$\rho_{xy}(j) = \frac{A-D}{A+D} \tag{9-1-9}$$

式中，A 为 x 和 y 中对应码元相同的个数；D 为 x 和 y 中对应码元不同的个数。

首先说明正交的概念。若两个周期信号为 T 的模拟信号 $s_1(t)$ 和 $s_2(t)$ 互相正交，则有

$$\int_0^T s_1(t) s_2(t) \mathrm{d}t = 0 \tag{9-1-10}$$

同理，若 M 个周期为 T 的模拟信号 $s_1(t), s_2(t), \cdots, s_M(t)$ 构成一个正交信号集合，则有

$$\int_0^T s_i(t) s_j(t) \mathrm{d}t = 0, \ i \neq j, \ i,j = 1,2,\cdots,M \tag{9-1-11}$$

对于二进制信号，也有类似模拟信号的正交性。两个码组的正交性可用互相关系数来表述。若码字 X 和 Y 的归一化互相关系数 $\rho_{xy}(j) = 0$，则称码字 X 和码字 Y 正交。若 X 和 Y 是两个序列，则称序列 X 和序列 Y 正交。

除了正交编码的概念外，还有超正交码（Super-Orthogonal）和双正交码的概念。可以看到相关系数 ρ 的取值范围为 $-1 \leqslant \rho \leqslant +1$。若两个码组间的互相关系数 $\rho < 0$，则称这两个码组互相超正交。如果一种编码中任两码组间均超正交，则称这种编码为超正交编码。由正交编码和其反码便可构成双正交编码（Double-Orthogonal）。

（1）哈达玛矩阵

在正交编码理论中，哈达玛（Hadamard）矩阵具有非常重要的作用，因为它的每一行（或列）

都是一个正交码组，而且通过它还很容易构成超正交码和双正交码。

哈达玛矩阵是法国数学家 M.J.哈达玛（M.J.Hadamard）于 1893 年首先构造出来的，简记为 **H** 矩阵。它是一种方阵，仅由元素+1 和−1 构成，而且其各行（和列）是互相正交的。最低阶的 **H** 矩阵是 2 阶的，即

$$H_2 = \begin{bmatrix} +1 & +1 \\ +1 & -1 \end{bmatrix} \tag{9-1-12}$$

阶数为 2 的幂的高阶 **H** 矩阵可以从下列递推关系得出，即

$$H_N = H_{N/2} \otimes H_2 = \begin{bmatrix} H_{N/2} & H_{N/2} \\ H_{N/2} & -H_{N/2} \end{bmatrix} \tag{9-1-13}$$

式中，$N = 2^m$，$\otimes$ 为直积（Kronecker Product）。直积的算法是将矩阵 $H_{N/2}$ 中每个元素都用矩阵 H_2 代替。若 **H** 矩阵中每个元素由+1 和 0 组成，则其递推公式为

$$H_N = H_{N/2} \otimes H_2 = \begin{bmatrix} H_{N/2} & H_{N/2} \\ H_{N/2} & \bar{H}_{N/2} \end{bmatrix} \tag{9-1-14}$$

式中，$\bar{H}_{N/2}$ 是 $H_{N/2}$ 的补。

4 阶哈达玛矩阵为

$$H_4 = H_2 \otimes H_2 = \begin{bmatrix} H_2 & H_2 \\ H_2 & -H_2 \end{bmatrix} = \begin{bmatrix} +1 & +1 & +1 & +1 \\ +1 & -1 & +1 & -1 \\ +1 & +1 & -1 & -1 \\ +1 & -1 & -1 & +1 \end{bmatrix} \tag{9-1-15}$$

8 阶哈达玛矩阵为

$$H_8 = H_4 \otimes H_2 = \begin{bmatrix} H_4 & H_4 \\ H_4 & -H_4 \end{bmatrix} = \begin{bmatrix} +1 & +1 & +1 & +1 & +1 & +1 & +1 & +1 \\ +1 & -1 & +1 & -1 & +1 & -1 & +1 & -1 \\ +1 & +1 & -1 & -1 & +1 & +1 & -1 & -1 \\ +1 & -1 & -1 & +1 & +1 & -1 & -1 & +1 \\ +1 & +1 & +1 & +1 & -1 & -1 & -1 & -1 \\ +1 & -1 & +1 & -1 & -1 & +1 & -1 & +1 \\ +1 & +1 & -1 & -1 & -1 & -1 & +1 & +1 \\ +1 & -1 & -1 & +1 & -1 & +1 & +1 & -1 \end{bmatrix} \tag{9-1-16}$$

上面给出的几个 **H** 矩阵都是对称矩阵，且第 1 行和第 1 列的元素全为"+1"。我们把这样的 **H** 矩阵称为哈达玛矩阵的正规形式或称为正规哈达玛矩阵。**H** 矩阵中各行或各列是相互正交的。若把其中每一行看作是一个码组，则这些码组也是互相正交的，整个 **H** 矩阵就是一种长为 N 的正交编码，共包含 N 个码组。

容易看出，在 **H** 矩阵中，交换任意两行、交换任意两列、改变任一行中每个元素的符号或改变任一列中每个元素的符号都不会影响矩阵的正交性质。因此，正规 **H** 矩阵经过上述各种交换或改变后仍为 **H** 矩阵，但不一定是正规的。

按照递推关系可以构造出所有 2^k 阶的 **H** 矩阵。可以证明，高于 2 阶的 **H** 矩阵的阶数一定是 4 的倍数。不过，以 4 的倍数作为阶数是否一定存在 **H** 矩阵，这一问题并未解决。有人推测，对于所有 $n = 4t$ 都存在相应的 **H** 矩阵，但是这种推测尚未得到证明。目前，除 $n = 4 \times 47 = 188$ 外，所有 $n \leqslant 200$ 的 **H** 矩阵都已经找到。

（2）沃尔什矩阵

沃尔什矩阵是由 J.L.沃尔什（J.L.Walsh）于 1923 年提出的一种非正弦的完备正交矩阵系。它

的取值为+1 和–1（或 1 和 0），其比较适合用来表达和处理数字信号。用二进制码元来表示沃尔什矩阵就构成沃尔什码。

　　沃尔什矩阵可通过对哈达玛矩阵 $\boldsymbol{H}$ 变换得到。将 $\boldsymbol{H}$ 矩阵中行的次序按"+1"和"–1"交变次数的多少重新排列，则得到沃尔什矩阵。例如，对式（9-1-16）按"+1"和"–1"交变次数的多少重新排列各行后，即可得到沃尔什矩阵 $\boldsymbol{W}_8$。

$$\boldsymbol{W}_8 = \begin{bmatrix} +1 & +1 & +1 & +1 & +1 & +1 & +1 & +1 \\ +1 & +1 & +1 & +1 & -1 & -1 & -1 & -1 \\ +1 & +1 & -1 & -1 & -1 & -1 & +1 & +1 \\ +1 & +1 & -1 & -1 & +1 & +1 & -1 & -1 \\ +1 & -1 & -1 & +1 & +1 & -1 & -1 & +1 \\ +1 & -1 & -1 & +1 & -1 & +1 & +1 & -1 \\ +1 & -1 & +1 & -1 & -1 & +1 & -1 & +1 \\ +1 & -1 & +1 & -1 & +1 & -1 & +1 & -1 \end{bmatrix} \tag{9-1-17}$$

　　$\boldsymbol{W}$ 矩阵中各行或各列是相互正交的，其中每一行都是一个长度为 N 的沃尔什码，这些码组也是互相正交的。式（9-1-17）的 8 阶沃尔什矩阵用波形图表示如图 9-1-12 所示。

　　沃尔什码是一种同步正交码。在同步传输情况下，利用沃尔什码作为地址码具有良好的自相关特性和处处为 0 的互相关特性。例如在 IS-95（Interim Standard-95）标准的 CDMA 系统的前向链路中，采用 64 阶 Walsh 码扩频，将前向信道划分为 64 个码分信道,码分信道与沃尔什序列一一对应。每个沃尔什码用于一种前向物理信道，实现码分多址功能。

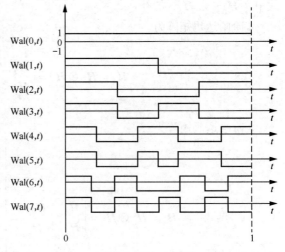

图 9-1-12　8 阶沃尔什矩阵的波形图

3．伪随机码

　　在通信系统中的随机噪声会使模拟信号产生失真、使数字信号出现误码，并且随机噪声还是限制信道容量的一个重要因素。因此，人们经常希望消除或减小通信系统中的随机噪声。

　　但是，有时人们会希望获得随机噪声。例如，在实验室中对通信设备或系统性能进行测试时，可能要故意加入一定的随机噪声。又如，为了实现高可靠的保密通信，此时也希望利用随机噪声等，因此，需要获得符合要求的随机噪声。然而，利用随机噪声的最大困难是它难以重复产生和处理。直至 20 世纪 60 年代，伪随机噪声的发明才使这一困难得到克服。伪随机噪声具有类似于随机噪声的某些统计特性，同时又能够重复产生。由于它具有随机噪声的优点，又避免了随机噪声的缺点，因此获得了日益广泛的实际应用。广泛应用的伪随机噪声都是由周期性数字序列经过滤波等处理后得出的。我们将这种周期性数字序列称为伪随机序列，有时又称为伪随机信号或伪随机码。

　　伪随机序列是一种通过确定性方法生成的数据序列，在一定周期内展现出类似白噪声的随机特点。这种序列通常是二进制或多进制的。在通信技术中，如码分复用、码分多址、扩频通信、加扰与解扰等，伪随机序列都扮演着重要角色。伪随机序列的性能优劣直接影响整个系统的性能（伪随机序列的具体介绍可参考第 6 章）。作为地址码和扩频码，它们对伪随机序列的一般要求如下。

（1）统计特性具有良好的伪随机性。

（2）具有良好的相关特性，自相关函数应具有明显的峰值，而互相关函数峰值应较低。

（3）序列数量较多，以便在多址通信中容纳更多的用户。

（4）易于实现，设备较简单，成本较低。

常用的伪随机序列有 m 序列、M 序列、Gold 序列等。

频分复用、时分复用、码分复用优缺点总结

9.1.5　正交频分复用

随着无线通信需求的快速增长，对于能提供高速数据传输、增强性能和提高效率的新兴无线技术，人们表现出极大的关注。数据传输速率的持续提高带来了对更宽传输带宽的需求。特别是在现代多媒体通信领域，需求已经激增至数 Mbit/s，这一需求在人口稠密城市的移动通信中表现得尤为突出，其中多径衰落对无线信道影响深远。面对这些挑战，并行调制技术成为了研究热点。在此背景下，**正交频分复用**技术应运而生，成为解决高速数据传输难题的关键技术之一。

OFDM 发展历程

在处理高速数据传输时，特别是在高码元速率情况下，面临诸多挑战。码元速率增加导致信号带宽变宽和码元间隔变小。这样可能引发频率选择性衰落，特别是当信号带宽超过信道相干带宽或码元间隔小于信道时延扩展时。频率选择性衰落可导致接收信号的前后码元的交叠，产生符号间干扰。这样对单载波时分多址系统中使用的均衡器提出了非常高的要求，即抽头数量要足够大，训练符号要足够多，训练时间要足够长，从而使均衡算法的复杂度大大增加。

在数字调制系统中，通常使用单个正弦波作为载波，并将基带信号调制到这个载波上。然而，当信道条件不理想时，这种方法在已调信号的频带上难以维持理想的传输特性，这样可能会导致信号严重失真和码间串扰。为了克服这些问题，除了采用均衡器作为一种解决方案外，另一种有效的方法是使用多载波技术。这种方法将信道分成多个子信道，并将基带码元均匀分散地调制到每个子信道的载波上。假设有 k 个子信道，则每个载波的调制码元速率将降低至 $\frac{1}{k}$，每个子信道的带宽也随之减小为 $\frac{1}{k}$。若子信道的带宽足够小，则可以认为信道特性接近理想信道特性，码间串扰可以得到有效克服。

传统的频分复用技术是将频带划分为若干个互不重叠的子频带来并行传输数据流，这时要求各个子信道之间要保留足够的保护频带来防止干扰。因此传统的频分复用技术虽然能消除符号间的干扰，却降低了频谱利用率。正交频分复用技术则对传统的频分复用进行了改进，使得各子载波之间相互正交，子载波的频谱可以相互重叠。这种设计既减少了子信道之间的干扰，又允许更紧凑的频谱排列，从而大大提高了频谱利用率。在频谱资源有限的无线环境中，正交频分复用技术的应用特别有效，因为它不仅能有效消除符号间干扰，还能显著提升频谱的使用效率，远超过传统的频分复用技术。传统频分复用和正交频分复用频谱利用情况如图 9-1-13 所示。

正交频分复用技术将信道分成若干正交子信道，将高速数据信号转换成并行的低速子数据流，调制到每个子载波上进行传输，从而有效降低符号间干扰并提高频谱利用率。目前，OFDM 已经广泛地应用于非对称数字用户线（Asymmetric Digital Subscriber Line，ADSL）、高清晰度电视（High Definition

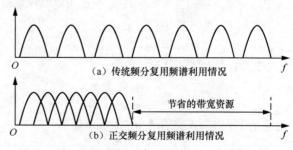

图 9-1-13　传统频分复用和正交频分复用频谱利用情况

Television，HDTV）信号传输、数字视频广播、无线局域网等领域，并且开始应用于无线广域网（Wireless Wide Area Network，WWAN）和正在研究的下一代蜂窝网中。IEEE 的 5GHz 无线局域网标准 802.11a 和 2GHz～11GHz 的标准 802.16a 均采用 OFDM 作为它的物理层标准。欧洲电信标准化组织（European Telecommunications Standards Institute，ETSI）的宽带射频接入网（Broadband Radio Access Networks，BRAN）的局域网标准也确定了 OFDM 作为主要的调制技术标准。

OFDM 的缺点主要有以下几个。

（1）对信道频率偏移和相位噪声敏感。

（2）信号峰值功率和平均功率的比值较大，这样将会降低射频功率放大器的效率。

本小节将介绍正交频分复用系统采用的基本技术和方法，并给出其特点和应用上的简单介绍。

1．OFDM 基本原理

设在一个 OFDM 系统中有 N 个子信道，每个子信道采用的子载波数为

$$x_k(t) = B_k \cos(2\pi f_k t + \varphi_k)，\quad k = 0, 1, \cdots, N-1 \tag{9-1-18}$$

式中，B_k 为第 k 路子载波的振幅，它受基带码元的调制；f_k 为第 k 路子载波的频率；φ_k 为第 k 路子载波的初始相位，则在此系统中的 N 路子信号之和可以表示为

$$e(t) = \sum_{k=0}^{N-1} x_k(t) = \sum_{k=0}^{N-1} B_k \cos(2\pi f_k t + \varphi_k) \tag{9-1-19}$$

式（9-1-19）还可改写成复数形式：

$$e(t) = \sum_{k=0}^{N-1} \boldsymbol{B}_k e^{j(2\pi f_k t + \varphi_k)} \tag{9-1-20}$$

式中，$\boldsymbol{B}_k$ 是一个复数，为第 k 路子信道中的复输入数据。

为了使这 N 路子信道信号在接收时能够完全分离，要求它们满足正交条件。在码元持续时间 T_s 内任意两个子载波都正交的条件为

$$\int_0^{T_s} \cos(2\pi f_k t + \varphi_k) \cos(2\pi f_i t + \varphi_i)\, dt = 0 \tag{9-1-21}$$

借助三角变换公式，式（9-1-21）可改写为

$$\int_0^{T_s} \cos(2\pi f_k t + \varphi_k) \cos(2\pi f_i t + \varphi_i)\, dt = \frac{1}{2}\int_0^{T_s}\cos[2\pi(f_k - f_i)t + \varphi_k - \varphi_i]\, dt + \frac{1}{2}\int_0^{T_s}\cos[2\pi(f_k + f_i)t + \varphi_k + \varphi_i]\,dt = 0 \tag{9-1-22}$$

积分可得

$$\frac{\sin[2\pi(f_k + f_i)T_s + \varphi_k + \varphi_i]}{2\pi(f_k + f_i)} + \frac{\sin[2\pi(f_k - f_i)T_s + \varphi_k - \varphi_i]}{2\pi(f_k - f_i)} - \frac{\sin(\varphi_k + \varphi_i)}{2\pi(f_k + f_i)} - \frac{\sin(\varphi_k - \varphi_i)}{2\pi(f_k - f_i)} = 0 \tag{9-1-23}$$

进一步解得

$$(f_k + f_i)T_s = m，\quad (f_k - f_i)T_s = n \tag{9-1-24}$$

式中，m 和 n 均为整数，并且 φ_k 和 φ_i 可以取任意值。子载频需要满足

$$f_k = \frac{k}{2T_s} \tag{9-1-25}$$

k 为整数，且要求子载频间隔为

$$\Delta f = f_k - f_i = \frac{n}{T_s} \tag{9-1-26}$$

也就是使子载频正交的最小子载频间隔为

$$\Delta f_{\min} = \frac{1}{T_s} \tag{9-1-27}$$

接着我们来看 OFDM 系统在频域中的特点。设在一个子信道中，子载波的频率为 f_k，码元持续时间为 T_s，则子载波码元的频谱图如图 9-1-14 所示。

在 OFDM 中，各相邻子载波的频率间隔等于最小允许间隔：

$$\Delta f = \frac{1}{T_s} \tag{9-1-28}$$

在 OFDM 中，当多个子载波合成后，它们形成的复合频谱可以参见图 9-1-15。尽管这些子载波的频谱存在重叠，但是在一个码元持续时间内它们是正交的。这种正交性使在接收端可以轻松地将各个子载波分离。OFDM 的一个显著优点是它允许子载波之间紧密排列，无须在子信道间保留保护频带，从而实现了频带的充分利用。在子载波受调制后，若采用的是 BPSK、QPSK、4QAM、64QAM 等类调制方式，则其各路频谱的位置和形状没有改变，仅幅度和相位有变化，故仍保持其正交性，因为 φ_k 和 φ_i 可以取任意值而不影响正交性。因此，在 OFDM 中，各路子载波可以根据所处频段的信道特性选择不同的调制方式，具有很大的灵活性。这是 OFDM 的又一个优点。

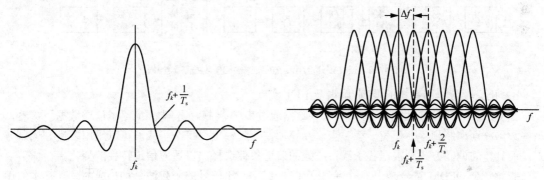

图 9-1-14　子载波码元的频谱图　　　　　图 9-1-15　多路子载波频谱图

接着分析 OFDM 的频带利用率。设 OFDM 系统中共有 N 路子载波，子信道码元持续时间为 T_s，每路子载波均采用 M 进制的调制，则它占用的频带宽度为

$$B_{OFDM} = \frac{N+1}{T_s}\,(\text{Hz}) \tag{9-1-29}$$

频带利用率为单位带宽传输的比特率：

$$\eta_{b/OFDM} = \frac{N \log_2 M}{T_B} \cdot \frac{1}{B_{OFDM}} = \frac{N}{N+1} \log_2 M\,((\text{bit/s})/\text{Hz}) \tag{9-1-30}$$

当 N 很大时，有

$$\eta_{b/OFDM} \approx \log_2 M\,((\text{bit/s})/\text{Hz}) \tag{9-1-31}$$

若用单个载波的 M 进制码元传输，为得到相同的传输速率，则码元持续时间应缩短为 T_s/N，而占用带宽等于 $2N/T_s$，故频带利用率为

$$\eta_{b/M} = \frac{N \log_2 M}{T_s} \cdot \frac{T_s}{2N} = \frac{1}{2} \log_2 M\,((\text{bit/s})/\text{Hz}) \tag{9-1-32}$$

可以看到，并行的 OFDM 体制和串行的单载波体制相比，频带利用率大约可提升一倍。

2．正交频分复用系统的基本结构

正交频分复用系统的基本思想是：将信道分成多个正交子信道，将高速数据流转换成并行的低速子数据流，分别调制到这些子载波上进行传输。这样，宽带信道被有效地分割为众多子信道，每个子信道的带宽远小于整个系统的总带宽。若子载波个数适当，使每个子信道的带宽小于信道的相干带宽，则每个子信道为相对平坦的衰落信道，从而可以有效抵抗频率选择性衰落，减少符号间干扰。同时，这些子信道的正交调制和解调可以非常容易地采用快速傅里叶逆变换和快速傅里叶变换来实现。

图 9-1-16 为正交频分复用系统的发送端和接收端基本结构图。在发送端，数据首先经过编码、交织和数字调制处理，然后通过串/并转换和快速傅里叶逆变换（Inverse Fast Fourier Transform，IFFT）运算，接着，将并行数据转换回串行数据，加入保护间隔（也称作"循环前缀"（Cyclic Prefix，CP）），形成 OFDM 符号，之后，对 OFDM 符号进行加窗处理，经过数/模转换后由射频（RF）模块发送。在接收端，首先进行时频域同步和信道估计，随后进行与发送端相反的处理步骤。在这里，IFFT 和 FFT 模块分别负责 OFDM 系统的正交调制和解调过程，是系统的核心部分。

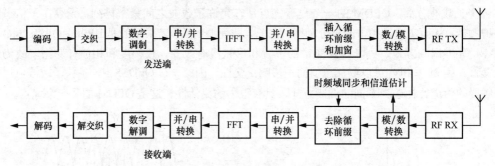

图 9-1-16　正交频分复用系统的发送端和接收端基本结构图

3．正交频分复用系统的调制/解调及 FFT 实现

在 OFDM 的调制过程中，首先将输入数据通过串/并转换，分解成 N 路子信道数据。接着，这些数据分别调制到各个正交子载波上，并叠加在一起输出。每个子载波可以采用多进制调制方式，而具体的调制方式则根据各子载波所处的信道条件选择，以适应信道特性的变化。

假设一个 OFDM 符号是由 N 个承载了 PSK 或 QAM 信号的子载波叠加构成的，其基本的调制/解调模型如图 9-1-17 所示。

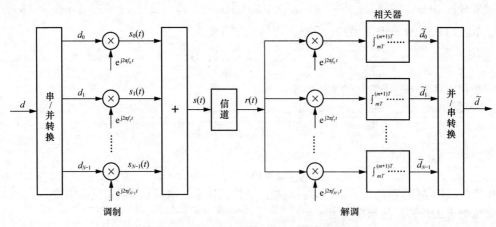

图 9-1-17　正交频分复用系统的调制/解调模型

在一个调制符号周期内，调制后输出的正交频分复用信号的等效复基带信号可以表示为

$$s(t) = \sum_{i=0}^{N-1} s_i(t) = \sum_{i=0}^{N-1} d_i e^{j2\pi f_i t} = \boldsymbol{d}^{\mathrm{T}} \boldsymbol{w} , \quad mT \leqslant t \leqslant (m+1)T \tag{9-1-33}$$

式中，$s_i(t)$ 是第 i（$i = 0,1,\cdots,N-1$）个子载波上调制后的信号；频率 $f_i = f_c + i\Delta f$，f_c 为第 0 个子载波的载波频率（为了分析方便，通常令 $f_c = 0$），子载波间频率间隔 $\Delta f = 1/T$；T 为正交频分复用符号的持续时间；d_i 是第 i 个子载波经过星座映射后的复信号；$\boldsymbol{d} = [d_0, d_1, \cdots, d_{N-1}]^{\mathrm{T}}$ 表示并行发送信号矢量；$\boldsymbol{w} = [1, e^{j2\pi t/T}, e^{j4\pi t/T}, \cdots, e^{j2\pi(N-1)t/T}]^{\mathrm{T}}$ 表示子载波调制矢量，它是标准正交量。

在实际应用中，不同的调制方式，每个子载波的幅值和相位是不同的。尽管如此，在一个 OFDM 符号的周期内，每个子载波都包含整数倍个周期，并且与相邻的子载波相差一个周期。这种排列方式保持了子载波之间的正交性。即使幅值和相位各不相同，子载波在 OFDM 符号周期内的这种整数倍周期的特性，确保了它们之间的正交关系得以保持，即

$$\frac{1}{T}\int_0^T e^{j2\pi f_m t}e^{j2\pi f_n t}dt = \begin{cases} 1, m = n \\ 0, m \neq n \end{cases} \tag{9-1-34}$$

基本的正交频分复用解调器由一组相关器组成，每个相关器对应一个子载波（见图 9-1-17）。虽然子载波间有明显的交叠，但由于子载波间的正交特性，在理想条件下，解调后无子载波间干扰。例如，对第 k 路子载波进行解调，可以得到

$$\int_{mT}^{(m+1)T} e^{-j2\pi kt/T}\left[\sum_{i=0}^{N-1} d_i e^{j2\pi it/T}\right]dt = \sum_{i=0}^{N-1} d_i \int_0^T e^{j2\pi(i-k)t/T}dt = d_k T \tag{9-1-35}$$

式（9-1-35）利用了复正弦信号的周期积分特性，由于指数信号具有正交性，式（9-1-35）中的信号与其他子载波相乘后积分为 0，因此仅输出本载波包含的符号。

从频域上来看，正交频分复用符号的频谱就是 sinc(fT) 函数和一组位于各个子载波频率上的 $\delta(f)$ 函数的卷积，即函数的移位之和。sinc(fT) 函数的零点位于 $f = 1/T$ 的整数倍处，最大值位于 $f = 0$ 处。图 9-1-15 中给出了相互覆盖的各个子信道内经过矩形波形成形得到的符号的 Sa 函数频谱，由于每个子载波的频率间隔为 $1/T$，因此在每个子载波的频率处其自身的频谱幅值最大，而其余子载波的频谱幅度恰好为 0。在 OFDM 符号的解调过程中，这一特性允许准确计算各个子载波频率上的最大值。因此，即使多个子载波符号相互重叠，也能从中提取所需信息，而不受其他子载波的影响，这个过程有效避免了载波间干扰的产生。

对于实际系统，由于正交频分复用符号特殊的子载波间隔，式（9-1-33）中的正交频分复用等效复基带信号可以采用离散傅里叶逆变换来实现。

对 $s(t)$ 以 $N\Delta f$ 的速率采样，时间离散的正交频分复用信号可表示为

$$s_k = s(kT/N) = \sum_{i=0}^{N-1} d_i e^{j2\pi ik/N}, \quad 0 \leq k \leq N-1 \tag{9-1-36}$$

可以看出，式（9-1-36）等效为对 d_i 进行 N 点离散傅里叶逆变换。同样地，在接收端，为了恢复出原始的数据符号 d_i，我们可以对 s_k 进行离散傅里叶变换，得到

$$d_i = \sum_{k=0}^{N-1} s_k e^{-j2\pi ik/N}, \quad 0 \leq i \leq N-1 \tag{9-1-37}$$

由上述分析，可分别用 IDFT 和 DFT 代替正交频分复用系统的调制和解调。频域数据符号 d_i 通过 N 点的 IDFT 运算变换成时域数据符号 s_k，经过射频载波调制之后发送。这里每个 IDFT 输出的数据符号 s_k 都是所有了载波信号经过叠加而生成的，即对连续多个经过调制了载波的叠加信号进行采样所得到的。

在 OFDM 系统的实际运用中，通常采用更加高效的 IFFT 或者 FFT。传统的 N 点 IDFT 需要实施 N^2 次的复数乘法，IFFT 则可以显著地降低运算的复杂度。特别是对常用的基 2-IFFT 算法来说，其复数乘法次数仅为 $(N/2)\log_2 N$。随着子载波个数 N 的增加，这种方法的复杂度也会显著增加，但对于子载波数量非常大的 OFDM 系统来说，我们可以采用基 4-IFFT 算法来进一步降低运算复杂度。

4．正交频分复用的特点和关键技术

正交频分复用技术之所以越来越受关注，原因在于它具有多个独特的优点。

- 频谱利用率高。OFDM 的频谱效率几乎是传统频分复用系统的两倍，这一点在频谱资源有限的无线环境中尤其重要。由于 OFDM 信号的相邻子载波相互重叠，因此理论上其频谱利用率可以接近奈奎斯特极限。

- 抗多径干扰与频率选择性衰落能力强。在 OFDM 系统中，数据分布在许多子载波上，显著降低了每个子载波的符号速率，从而减少了多径传播的影响。若再增加循环前缀作为保护间隔，甚至可以完全消除符号间干扰。

- 采用动态子载波分配技术能提高系统总传输速率。若各子信道信息分配遵循信息论中的"注水定理"（即优质信道多传送，较差信道少传送，劣质信道不传送的原则），则可以提高系统总传输速率。

- 各子载波联合编码可使系统具有更强的抗衰落能力。正交频分复用技术本身已经利用了信道的频率分集，具有较好的抗衰落性能，若将各个信道联合编码，则可以进一步提高系统性能。

- 调制和解调简便。正交频分复用采用快速傅里叶反变换和快速傅里叶变换来实现调制和解调，易用数字信号处理器实现。

- 易与其他多址接入方法相结合，构成正交频分多址系统，如多载波码分多址（Multi Carrier-CDMA，MC-CDMA）、OFDM-TDMA 等，这样可以使得多个用户同时利用正交频分复用技术进行信息的传输。

正交频分复用系统涉及的主要关键技术包括信道估计和信号检测技术、时频域同步技术、降低峰均功率比（Peak-to-Average Power Ratio，PAPR）技术、信道编码和交织、均衡、单载波频分多址（Single-Carrier Frequency-Division Multiple Access，SC-FDMA）技术以及与多输入多输出相结合的 MIMO-OFDM 技术等。具体如下。

（1）信道估计和信号检测技术

在正交频分复用系统中，信道估计器的设计主要存在两个问题：首先是导频信号的选择，由于无线信道常常是衰落信道，需要不断对信道进行跟踪，因此，导频信号也必须根据信道特性以特定方式不断传送；其次是理想估计器的设计，在确定导频发送方式和估计准则条件下，寻找复杂度低且具有良好导频跟踪能力的理想信道估计器结构。

在实际设计中，导频信号的选择和理想估计器的设计通常又是相互关联的，因为估计器的性能与导频信号的传输方式有关。

（2）时域和频域同步技术

正交频分复用系统对定时和频率偏移比较敏感，特别是实际应用中，它可能与频分多址、时分多址和码分多址等多址方式相结合使用。这种情况下，时域和频域同步变得尤为重要。与其他数字通信系统一样，同步分为捕获和跟踪两个阶段。

（3）降低峰均功率比技术

OFDM 信号在时域上是多个正交子载波信号的叠加。当这些子载波信号在峰值点处相互叠加时，OFDM 信号会产生最大的峰值，其峰值功率是平均功率的数倍。虽然这种峰值功率出现的概率较低，但为了不失真地传输这些高峰均功率比信号，对发送端的高功率放大器的线性度有很高的要求，同时会导致发送效率极低。类似地，接收端对前端放大器以及模/数转换器的线性度要求也很高。因此，高的峰均功率比将极大降低正交频分复用系统的总体性能，甚至影响其在实际应用中的可用性。为了解决这一问题，人们提出了基于信号畸变技术、信号编码技术、符号扰码技术和基于信号空间扩展技术等的降低正交频分复用系统峰均功率比的方法。

（4）信道编码和交织

为提高衰落信道下的通信性能，信道编码和交织是常用的技术。其中，信道编码技术可降低衰落信道中的随机错误；交织技术可降低衰落信道中的突发错误。在实际应用场景中，信道编码和交织往往被联合使用，以此来进一步提升整个通信系统的性能。通过这种结合使用，系统能够更有效地抵抗各种信道干扰，从而提高传输的可靠性。

（5）均衡

在一般的衰落环境中，OFDM 系统通常不需要进行均衡处理。这是因为均衡主要用于补偿多径信道引起的符号间干扰，而 OFDM 技术已经通过利用多径信道的分集特性来解决了这个问题。在一些高度散射的信道中，由于信道记忆长度很长，因此我们需要较长的循环前缀来尽量避免符号间干扰。但是，过长的循环前缀会导致能量损失，尤其是对子载波数量较少的系统。因此，在这些情况下，可以考虑采用均衡器以使循环前缀的长度适当减小。

（6）单载波频分多址技术

单载波频分多址技术也可称为线性预编码正交频分多址技术，是第四代移动通信系统（LTE）上行链路的主流多址技术。单载波频分多址技术实际上输出的是单载波发送信号，它是在正交频分复用的快速傅里叶逆变换之前对信号进行离散傅里叶变换，这样系统发送的就是时域信号，从而避免正交频分复用系统发送频域信号带来的峰均功率比问题。

（7）MIMO-OFDM 技术

MIMO-OFDM 技术融合了 MIMO 与 OFDM 的优势，有效降低了符号间干扰和载波间干扰。通过这种结合，不仅能简化系统设备，还能提高系统性能与容量。

9.1.6　帧同步

1. 概述

在数字通信中，通常用若干个码元表示一定的含义。例如，用 7 个二进制码元表示一个字符，因此在接收端需要知道组成这个字符的 7 个码元的起止位置；在采用分组码纠错的系统中，需要将接收码元正确分组才能正确地解码；传输数字图像时，必须知道一帧图像信息码元的起始和终止位置才能正确地恢复这帧图像。因此，在绝大多数情况下必须在发送信号中插入辅助同步信息，即在发送数字信号序列中周期性地插入标示一个字符或一帧码元的起始位置的同步码元，使接收端能正确识别连续数字序列中每个字符或每帧码元的起始位置。

帧同步的实现方法有两类：一类是外同步法，在发送的数字信号序列中插入帧同步脉冲或帧同步码作为帧的起始标志，接收端根据插入的同步码来获取同步信号，插入方式可分为集中插入和分散插入；另一类是自同步法，在接收端利用数字信号序列本身的特性来提取同步信息。本节主要介绍外同步法。其中，集中插入法是将标志码组开始位置的帧同步码插入在一个码组的起始位置，如图 9-1-18（a）所示。这里的帧同步码是一组符合特殊规律的码元，它出现在信息码元中的概率非常小。因此，接收端一旦检测到这个特定的帧同步码组，就可以认为接下来是一组新的信息码元。这种方法适用于要求快速建立同步或间断传输信息且每次传输时间很短的场合。实际应用中，系统检测到此特定码组时可以利用锁相环保持一定时间的同步，但为了长时间地保持同步，则需要周期性地将这个特定码组插入每组信息码元之前。

分散插入法是将一种特殊的周期性同步码元序列分散插入信息码元序列中。在每组信息码元前插入一个（也可以插入很少几个）帧同步码元，如图 9-1-18（b）所示，因此，这种方法须经过较长时间接收若干组信息码元后，根据帧同步码元的周期特性，从接收到的若干组信息码元中找到帧同步码元的位置，从而确定信

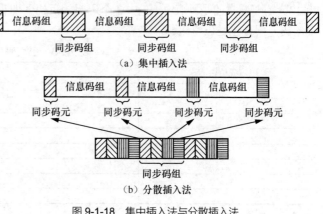

（a）集中插入法

（b）分散插入法

图 9-1-18　集中插入法与分散插入法

息码元的分组。分散插入法的优点是对信息码元序列的连贯性影响较小，不会使信息码元组之间分离过大；但相应地，它需要较长的时间建立同步，因此适用于连续传输数据的系统，例如数字电话系统。

为了建立正确的帧同步，接收端的同步电路有两种状态，即捕捉（Acquisition）态和保持（Maintenance）态。当处于捕捉态时，确认搜索到帧同步码的条件必须规定得很严格，防止发生假同步（False Synchronization）。一旦确认已经达到同步状态后，系统将转入保持态。在保持态下，仍需不断检测同步码是否正确，但为防止噪声引起的个别错误导致保持态被破坏，我们可以适当地降低同步的条件以使系统能稳定工作。

2．集中插入法

集中插入法采用特殊的帧同步码组，该同步码组集中插入在信息码组的起始位置，以便接收时能够快速捕捉。这样就要求帧同步码的自相关特性具有尖锐的单个峰值，以便从接收码元序列中将其识别出来。有限长度码组的局部自相关函数（下称自相关函数）定义如下：设有一个码组包含 n 个码元 $\{x_1, x_2, \cdots, x_n\}$，其自相关函数为

$$R(j) = \sum_{i=1}^{n-j} x_i x_{i+j} \tag{9-1-38}$$

式中，$x_i = \pm 1$（$1 \leqslant i \leqslant n$），$x_i = 0$（$i < 1$ 或 $i > n$），j 为整数。

显然，当 $j = 0$ 时，有

$$R(0) = \sum_{i=1}^{n} x_i x_i = \sum_{i=1}^{n} x_i^2 = n \tag{9-1-39}$$

自相关函数实际上是计算两个相同的码组互相移位、相乘后求和。若一个码组的自相关函数仅在 $R(0)$ 处出现峰值，而在其他处的 $R(j)$ 均很小，则可以通过自相关运算判断峰值位置，从而发现此码组的位置。

目前常用的一种帧同步码是巴克（Barker）码。设一个 n 位的巴克码组为 $\{x_1, x_2, \cdots, x_n\}$，则其自相关函数可表示为

$$R(j) = \sum_{i=1}^{n-j} x_i x_{i+j} = \begin{cases} n, & j = 0 \\ 0 \text{ 或} \pm 1, & 0 < j < n \\ 0, & j \geqslant n \end{cases} \tag{9-1-40}$$

由式（9-1-40）可知，巴克码的 $R(0) = n$，而其他处自相关函数的绝对值均不大于 1。也就是说，凡是满足式（9-1-40）的码组均称为巴克码。

目前尚未找到巴克码的一般构造方法，仅搜索到 10 组巴克码（参见表 9-1-3），码组最大长度为 13。需要注意的是，表 9-1-3 中各个码组的反码（即正负号相反的码）和反序码（时间顺序相反的码）同样也是巴克码。

表 9-1-3　巴克码

巴克码位数 N	巴克码
1	+
2	++,+－（2 组）
3	++－
4	+++－,++－+（2 组）
5	+++－+
7	+++－－+－
11	+++－－－+－－+－
13	+++++－－++－+－+

注："+"代表"+1"；"－"代表"－1"。

以 $n=5$ 为例，计算在 $j=0 \sim 4$ 的范围内其自相关函数的值。

$$\begin{cases} R(0) = \sum_{i=1}^{5} x_i^2 = 1+1+1+1+1 = 5 \\[2mm] R(1) = \sum_{i=1}^{4} x_i x_{i+1} = 1+1-1-1 = 0 \\[2mm] R(2) = \sum_{i=1}^{3} x_i x_{i+2} = 1-1+1-1 \\[2mm] R(3) = \sum_{i=1}^{2} x_i x_{i+3} = -1+1 = 0 \\[2mm] R(4) = \sum_{i=1}^{1} x_i x_{i+4} = 1 \end{cases} \qquad (9\text{-}1\text{-}11)$$

由以上计算结果可得，其自相关函数的绝对值在 0 处以外均不大于 1。实际通信情况中，在巴克码前后都有可能存在其他码元。若信号码元的出现是等概率的，即出现+1 和−1 的概率相等，则相当于在巴克码前后的码元平均值为 0，所以平均之后巴克码的局部自相关函数近似符合实际通信情况中计算全部自相关函数的结果。

在接收端可以按上述公式用计算接收码元序列的自相关函数。系统在开始接收时处于捕捉状态，若计算结果小于 N，则等待下一个码元，再开始计算，直到自相关函数值等于同步码组的长度 N 时，就认为成功捕捉同步，并将系统从捕捉状态转换为保持状态。系统在保持状态时继续考察后面的同步位置上接收码组是否仍然具有等于 N 的自相关值，当系统失去同步后，自相关值会立即下降。但是自相关值下降也可能是由噪声引起的。所以为了避免噪声等干扰打断同步状态，在保持状态时要降低对自相关值的要求，我们可以规定一个小于 N 的值，如 $N-2$；只有当所考察的自相关值小于 $N-2$ 时才判定系统失同步，并转入捕捉状态，重新捕捉同步码组。集中插入法帧同步码组检测流程图如图 9-1-19 所示。

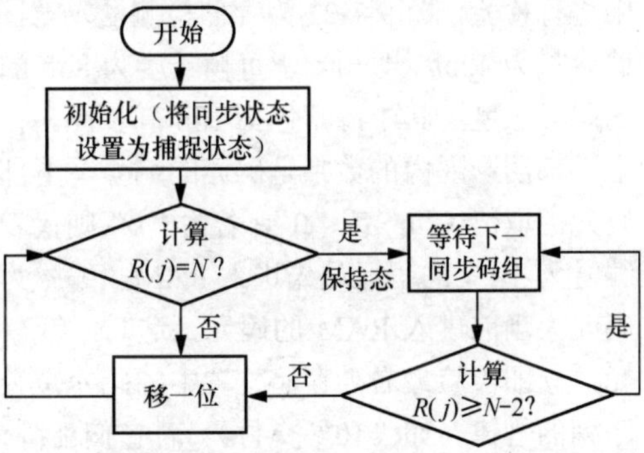

3．分散插入法

通常，分散插入法的帧同步码都很短。例如，在数字电话系统中常采用"10"交替码，即在图 9-1-18（b）中的同步码元位置上轮流发送二进制数字"1"和"0"。由于这种有规律的周期性出现的"10"交替在信息码元序列中出现的概率很低，因此在接收端可以捕捉帧同步码。

为了在接收端找到帧同步码的位置，需

图 9-1-19　集中插入法帧同步码检测流程图

要按照其出现周期搜索若干个周期。若在规定数量的搜索周期内，同步码位置上均满足"1"和"0"交替出现的规律，则认为该位置就是帧同步码元的位置。目前多采用软件搜索的方法，主要包括移位搜索法和存储检测法两种。

在移位搜索法中，系统最开始处于捕捉状态，会依次检测接收码元，若第一个接收码元符合帧同步码元的要求，则先假定它就是帧同步码元；在下一个周期，继续检测下一个预期位置上的码元是否仍符合要求。若连续 n 个周期都符合要求，就认为捕捉到了帧同步码，这里 n 是预先设定的一个值。若第一个接收码不符合要求或在 n 个周期内出现被检测的码元不符合要求，则推迟一位继续检测下一个接收码元，直至找到符合要求的码元并保持连续 n 个周期都符合为止。满足上述要求后，捕捉状态变为保持状态。在保持状态时同步电路仍然要不断考察同步码是否正确，但为防止检测时因噪声等因素引起的偶然错误，而误认为失去同步，我们可以规定在连续 n 个周

期内发生 m 次（$m < n$）检测错误才认为是失去同步。这种措施称为同步保护（Synchronize Protection）。移位搜索法的流程图如图 9-1-20 所示。

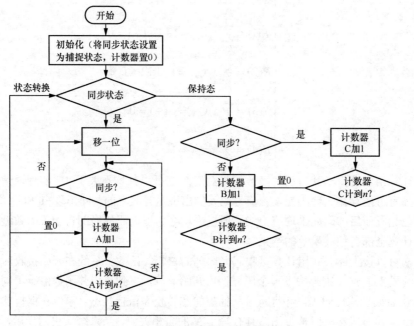

图 9-1-20　移位搜索法的流程图

在存储检测法中，将接收码元序列按先进先出（First In First Out，FIFO）的原理存在计算机的 RAM 中进行检验，图 9-1-21 为存储检测法示意图。假设存储容量为 40bit，即相当于每帧长度为 8bit 的 5 帧信息的码元长度，其中每帧包括 1bit 同步码。在每个方格中上部阴影区内的数字是码元的编号，下部的数字是码元的取值（"1"或"0"，若为"x"则代表任意值）。编号为"1"的码元最先进入 RAM，编号为"40"的码元为当前进入 RAM 的码元。这时，每存入 1 个码元，立即检验最右存储位置中的码元是否符合同步

33	34	35	36	37	38	39	40
x	x	x	x	x	x	x	0
25	26	27	28	29	30	31	32
x	x	x	x	x	x	x	1
17	18	19	20	21	22	23	24
x	x	x	x	x	x	x	0
9	10	11	12	13	14	15	16
x	x	x	x	x	x	x	1
1	2	3	4	5	6	7	8
x	x	x	x	x	x	x	0

图 9-1-21　存储检测法示意图

序列的规律（如"10"交替）。若它们都符合同步序列的规律，则判定新进入的码元为同步码元。若不完全符合，则在下一个比特进入时继续检验。在实际应用中，存储检测法需要连续检验的帧数和时间可能较长。例如，在单路数字电话系统中，每帧长度可能大于 50bit，而检验帧数可能有数十帧。这种方法也需要加用同步保护措施。其原理与移位搜索法的原理类似，这里不再重复。

4．帧同步性能

帧同步性能的主要指标包括假同步概率 P_f 和漏同步概率 P_1。其中，假同步是指由于信息码元中出现了与帧同步码组相同的码组，被系统误认为同步码，以使同步系统在捕捉时将错误的同步位置当作正确的捕捉位置进行捕捉。漏同步是指由于噪声/干扰使正确的同步码元变为错误的码元，以使同步系统将正确的同步位置漏过而没有捕捉到。

首先计算漏同步概率。设接收码元错误概率为 p，需要检验的同步码元个数为 n，检验时容许错误的最大码元数为 m，即被检验同步码组中错误码元数不超过 m 时判定为同步码组，则未漏判定为同步码的概率为

$$P_{\mathrm{u}} = \sum_{r=0}^{m} \mathrm{C}_n^r p^r (1-p)^{n-r} \tag{9-1-42}$$

由此可知，漏同步概率为

$$P_1 = 1 - \sum_{r=0}^{m} \mathrm{C}_n^r p^r (1-p)^{n-r} \tag{9-1-43}$$

当不容许有错误时，即令 $m=0$，则得到不允许有错同步码时漏同步的概率为

$$P_1 = 1 - (1-p)^n \tag{9-1-44}$$

然后分析假同步概率。假设信息码元是等概率出现的，并且假设假同步完全是由于某个信息码组被误认为是同步码组造成的。设同步码组长度为 n，则 n 位的信息码组有 2^n 种排列方式。它被错判为是同步码组的概率与允许错误的码元数 m 有关。若不允许有错误码元（即 $m=0$），则只有一种可能，即信息码组中的每一个码元都与同步码元相同。若 $m=1$，则会有 C_n^1 种可能将信息码组误认为是同步码组，以此类推，假同步的总概率为

$$P_{\mathrm{f}} = \frac{\displaystyle\sum_{r=0}^{m} \mathrm{C}_n^r}{2^n} \tag{9-1-45}$$

比较式（9-1-43）和式（9-1-45）可得，当判定条件放宽，允许错误的码元数增加（即 m 增大）时，漏同步概率减小而假同步概率增大，因此这两个概率是矛盾的。故在设计时需要兼顾，折中考虑。

除了上述两个指标，对于帧同步的要求还有平均建立时间。这里建立时间是指从捕捉状态开始捕捉转变到保持状态所需的时间。显然，平均建立时间越快越好。以集中插入法为例，假设漏同步和假同步都不发生，则由于在一个帧同步周期内一定会有一次同步码组出现，按照图 9-1-19 的流程捕捉同步码组时，最长需要等待一个周期的时间，最短则不需要等待。平均而言，则需要等待半个周期的时间。设 N 为每帧的码元数量，其中帧同步码元数量为 n，T 为码元持续时间，则一帧的持续时间为 NT，即捕捉到同步码组需要的最长时间为 NT，平均捕捉时间为 $NT/2$。若考虑到出现一次漏同步或假同步大约需要多用 NT 的时间才能捕获到同步码组，则帧同步平均建立时间约为

$$t_{\mathrm{e}} \approx NT\left(\frac{1}{2} + P_{\mathrm{f}} + P_1\right) \tag{9-1-46}$$

9.2 多址技术

9.2.1 基本概念

在现代通信系统或通信网中，众多的用户站需要与中心站通信，中心站也需要与各用户站进行通信。这时就必须赋予每个用户站一个"地址"，只有这样，中心站才能从接收到的用户站混合信号中正确识别出某个用户站发出的信号；用户站也才能从接收到的中心站混合信号中正确识别出发往自己的信号。这一过程就是多址通信。

多址技术是一种通过给多个用户分配信道资源，让多个用户同时使用信道资源传输数据的技术。根据分配的信道资源不同，多址技术可以分为**频分多址**、**时分多址**、**码分多址**、**空分多址**等。在这一小节中，我们将对这些多址技术进行详细讨论。同时，本章也将对**随机多址接入**和**正交频分多址**进行讨论。多址技术与复用技术有一定的联系，共同点是二者都为多个信息源共享一个公共信道，都为了提高介质利用率；区别

复用与多址的概念

是复用是对资源来说的，而多址的对象是用户，是区分用户和用户的方式。简单来说，多址肯定要复用，不同用户必须占用不同的资源才能区分开来；但复用不一定多址，单个用户可以同时占用多个资源进行接收，比如在 GSM 或 3G 中一个用户占用多个频道、多个码道或多个时隙来提高传输速率。

9.2.2　频分多址

1．频分多址工作原理

频分多址技术是将给定的频谱资源划分成多个较窄且互不重叠的子频带，每个频道的宽度能够容纳一路信号的传输，且在一次通信过程中，每个子频带仅分配给一个用户用来发送和接收数据的一种多址方式。频分多址的频带分配情况如图 9-2-1 所示。各个用户将信号调制到分配的子频带中，每个用户同时发送信号，接收端选择不同的频率来提取不同用户的信号，从而实现多址通信。频分多址系统可以采用模拟调制方式，也可以采用数字调制方式。

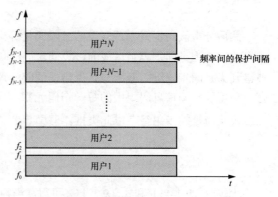

图 9-2-1　频分多址的频带分配情况

在单纯的 FDMA 系统中，通常采用**频分双工**的方式实现双工通信，即发送数据的频率和接收数据的频率是不同的。由于收发信号同时进行，因此为了使收发信机能共用天线，需要双工器。同时，为了使同一终端收发数据不产生干扰，收发的频率间隔必须要大于一定的数值。在实际应用中，为了实现双向通信，我们需要将整个工作频带划分成两个频带区，一个用来发送数据，另一个用来接收数据。为了防止两频带区中信号间的干扰，须在两频带区之间设立一个收发保护频带。为了实现多址通信，在两频带区中又各自划分出若干个不重叠的子频带。为了防止子频带间的干扰，子频带间也设置有保护频带。将两频带区中对应的子频带分给一个用户，

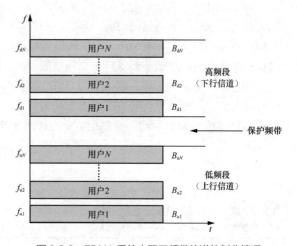

图 9-2-2　FDMA 系统中双工频带信道的划分情况

用户使用这组子频带来收发信号。FDMA 系统中双工频带信道的划分情况如图 9-2-2 所示。

2．频分多址典型应用——蜂窝移动通信系统

第一代蜂窝移动通信是模拟移动通信系统，采用的是频分多址，典型的有北美的先进移动电话系统、欧洲及我国的全入网通信系统（Total Access Communications System，TACS）。在 FDMA 系统中，每个移动用户分配一个频率地址，即在给定频带内，每个移动用户分配一个子频带。基站向用户发送数据的信道被称为前向信道，又被称为下行信道或下行链路；用户向基站发送数据的信道被称为反向信道，又被称为上行信道或上行链路。上行信道与下行信道的频带分割是实现频分双工通信的条件。我国频分模拟移动通信 TACS 系统的频段是 890MHz～905MHz（上行信道）和 935MHz～950MHz（下行信道），上下行频道间隔为 25kHz，用户发送与接收的保护频带为 45MHz。逻辑信道中上行信道和下行信道均包含语音信道和控制信道，语音信道传送模拟的语音，采用频率调制（FM 调制）；控制信道用来传送数据的控制信令，采用频移键控调制（FSK 调制）。语音信道为每个用户的专有信道，控制信道分为用户专有的信道和公共信道，不同的专有信道占用不

同的频带。TACS 的无线信道框架图如图 9-2-3 所示。

FDMA 系统是以不同频道来作为用户的地址，因此，只要知道了用户占用的频带以及子频带
与用户之间的对应关系便能够实现多
址通信。在蜂窝移动通信系统中，由
于频道的资源有限，不可能在所有时
间内都给每个用户分配一个固定的信
道，因此需要采用多频道共用的形式，
也就是在基站通过信令信道向用户临
时分配通信频道。为了便于用户实现
多信道共用以提高信道利用率，在蜂
窝移动通信系统中，信道的频率划分
与频道构成是采用一个频道只传送一
路语音信号的方式，即频分多址中的
单路单载波工作方式。

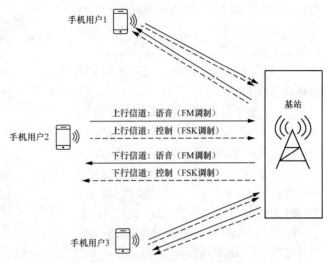

图 9-2-3　TACS 的无线信道框架图

FDMA 蜂窝移动通信系统有以
下技术特点。

（1）每个频道传送一路电话，带宽较窄。TACS 为 25kHz，AMPS 为 30kHz。
（2）系统的业务信道（语音信道）采用模拟调制方式，抗干扰能力弱，通信效果差。
（3）系统采用频分双工的方式，需要采用双工器，进行收发隔离。
（4）随着系统中划分出的子频带数量增加，系统复杂度也将增加，系统扩展性差。
（5）与 TDMA 相比，所有用户能同时传输信息，通信效率高，也无须用到复杂的同步技术。

9.2.3　时分多址

1．时分多址工作原理

在时分多址（TDMA）中，时间被分为了一个个周期性的时间间隔（帧），每一帧又可被细分
成一个个时隙。这时，一个时隙就是一个 TDMA 信
道，每个用户都只能够在被分配的时隙中接收和发
送数据。TDMA 时隙划分示意图如图 9-2-4 所示。

时分多址的工作过程如下。在上行场景中，各
用户在规定的时间内以突发脉冲的形式发送信号，
基站监测所有用户发送的信号，接收并解调后便能
提取到各个时隙的信号，然后根据各个用户分配的
时隙来区分出各用户发送的信号，实现多址通信。
在下行场景中，基站按照各个用户分配的时隙将要
发送给各个用户的数据按时隙进行排序，并以广播
的形式发送连续脉冲；各个用户只有在分配的时隙
进行接收，才能从广播的信号中正确地接收到发送
给它的信号。值得注意的是，由于在发送端发送的数据需要经过一定的时间才能到达接收端，因

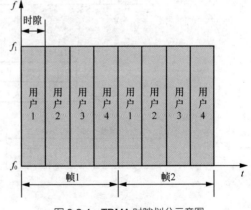

图 9-2-4　TDMA 时隙划分示意图

此，发送端需要提前一定的时间发送数据，数据才能在对应时隙到达接收端。这个时间提前量需
要根据发送端与接收端的距离来确定。

此外，时分多址系统在收发信息方面还存在双工问题，我们可以选择采用**频分双工**方式或者
是**时分双工**方式来解决该问题。两者的时隙划分图分别如图 9-2-5 和图 9-2-6 所示。在采用 FDD

方式的 TDMA 系统中，上行链路和下行链路的帧在不同频率的相同时隙上传输；在采用 TDD 方式的 TDMA 系统中，上行链路和下行链路的帧在相同频率但是不同时隙上传输。值得注意的是，采用 TDD 方式的 TDMA 系统由于收发在不同的时隙，因此不需要双工器。

2．时分多址典型应用——GSM 数字蜂窝移动通信系统

第二代数字蜂窝移动通信系统中的 GSM 数字蜂窝移动通信系统采用的是 TDMA 方式。TDMA 系统的帧结构相对复杂，除了基本时帧单元 TDMA 帧外，还有复帧、超帧等；它们的结构和功能各不相同，需要根据实际系统而定。对于 GSM 系统，其帧结构一共有 5 个层次：时隙、TDMA 帧、复帧、超帧和超高帧，各种帧及时隙的格式如图 9-2-7 所示。

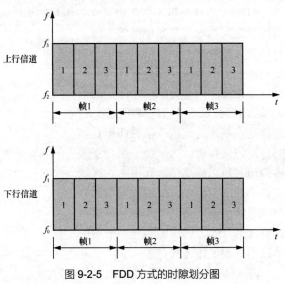

图 9-2-5　FDD 方式的时隙划分图

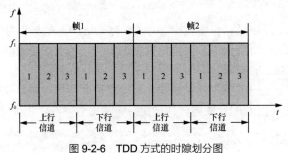

图 9-2-6　TDD 方式的时隙划分图

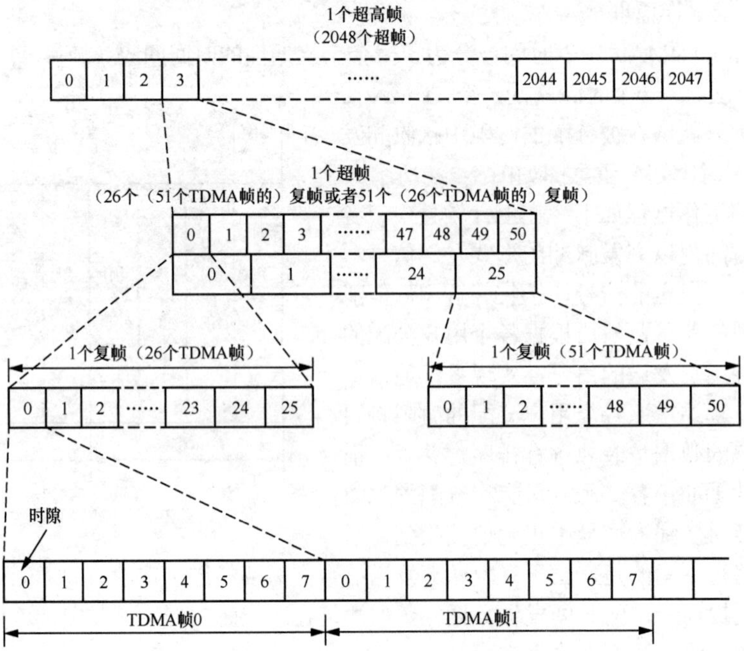

图 9-2-7　各种帧及时隙的格式

它们的结构与功能说明如下所述。

（1）在 GSM 系统中，最多允许 8 个用户共享同一个载波，用户之间采用不同的时隙来发送自己的信号。每个 TDMA 帧包含 8 个时隙，帧长度为 4.615ms，每个时隙占 0.577ms，其中包含156.25 个码元。

（2）GSM 系统中的复帧由若干个 TDMA 帧构成。复帧有两种结构：一种为业务复帧，主要用于传输业务信息，如编码后的语音或者用户数据，它由 26 个 TDMA 帧组成，长度为 120ms；另一种为控制复帧，专门用于传输控制信息，如信令，它由 51 个 TDMA 帧组成，长度为 235.385ms。

（3）超帧由 1326 个 TDMA 帧构成。每个超帧可以由 51 个业务复帧或者 26 个控制复帧组成，其长度为 $51 \times 26 \times 4.615 \times 10^{-3} \approx 6.12s$。

（4）由 2048 个超帧可以组成超高帧，其周期为 $2048 \times 1326 = 2715648$ 个 TDMA 帧，长度为12533.76s（大约 3.5h）。GSM 系统中，帧的标号以超高帧为周期，从 0 一直到 2715647。

（5）GSM 系统中，上行传输和下行传输虽然使用相同的帧号，但上行帧相对于下行帧在时间上延迟了 3 个时隙，这种安排使得移动台有 3 个时隙的时间来进行帧调整，以及对收发器进行调谐和转换。上行帧与下行帧在时间和频率上的关系如图 9-2-8 所示。

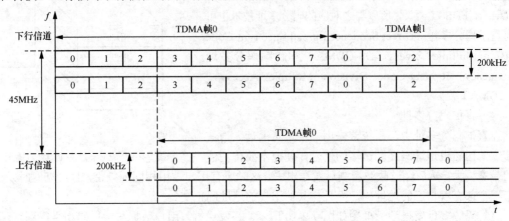

图 9-2-8　上行帧与下行帧在时间和频率上的关系

GSM 采用的是频分双工方式，上行链路频段为 890MHz～915MHz，下行链路频段为935MHz～960MHz。上下行频段各自占用带宽 25MHz，频段间隔为 45MHz，由于上行信道的频率较低，因此其传播损耗也相对较低，这样有助于补偿上行与下行功率不平衡的问题。每个语音信道的间隔为 200kHz，所以 GSM 系统可提供的语音信道（载频）的数量为

$$N = \frac{25000}{200} - 1 = 124 \tag{9-2-1}$$

每个载频含有 8 个时隙，也就是说能分配给 8 个不同用户，所以 GSM 系统一共能提供的时分信道数为

$$N_1 = N \times 8 = 992 \tag{9-2-2}$$

TDMA 蜂窝通信系统有以下几个特点。

（1）小区以 TDMA 方式建立信道，每个时隙中只有一个话路的数字信号传输。

（2）系统需要严格的定时同步。

（3）移动用户只能在指定的时隙接收来自基站的信号，但可以在其他时隙中接收网络信号或者是其他基站的信号，方便网络管理。

（4）时隙结构灵活，可以根据需求实现多种传输速率的数据传输，且系统容量比 FDMA 的系统容量大。

（5）采用了数字编码，因此有更好的信息检错、纠错功能，抗干扰能力更强，且语音还原效

果更好，同时用户通话的保密性更强。

9.2.4 码分多址

1. 码分多址工作原理

码分多址（CDMA）通信方式首先为每个用户分配一个伪随机序列地址码，这些地址码之间相互正交或相关系数极低，然后通过**扩频技术**，使用户的信号与对应的地址码结合后发送出去，从而实现多址通信。在码分多址中，"地址"指的是不同的码型，而非频率或时隙。码分多址的频道划分情况如图 9-2-9 所示。在接收端需要使用与发送端完全一致的地址码，在同步后与接收到的信号进行相关处理，选出其中使用预设码型的信号，以实现正确的接收。由于不同用户的地址码不同，因此尽管接收端能接收到其他用户的信号，但是由于其码型与接收器本地码型不一致而不能被接收，因此系统能实现用户间互不干扰的多址通信。

码分多址是基于扩频技术的多址方式。扩频技术主要有**直接序列扩频**和**跳频扩频**（Frequency-Hopping Spread Spectrum，FHSS）两类，所以与之对应的码分多址技术也可分为**直扩码分多址**（Direct Sequence Spread Spectrum-Code Division Multiple Access，DS-CDMA）和**跳频码分多址**（Frequency Hopping-Code Division Multiple Access，FH-CDMA）。

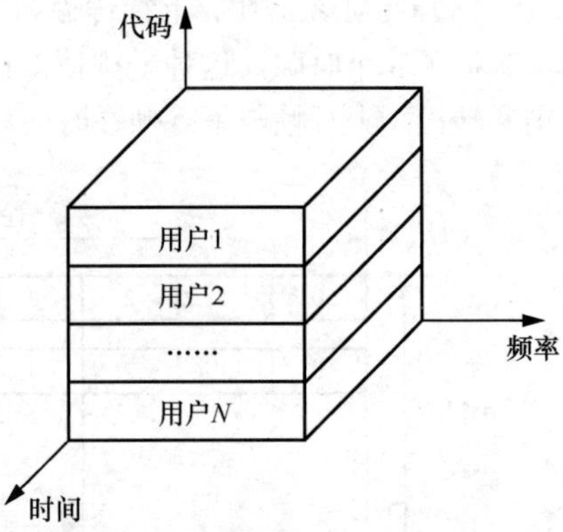

（1）直扩码分多址

在直扩码分多址中，系统首先用一个带宽远远大于信号带宽的伪随机地址码调制传输的信号，使原本要传输信号的带宽扩大，然后经过载波调制后发送出去。这时所有用户占用相同的频带，且可以同时发送。每个用户都有着自己的地址码，而且与其他用户的地址码正交。

图 9-2-9 码分多址的频道划分情况

直扩码分多址发送端原理图如图 9-2-10 所示。在发送端，用户数据与地址码相乘得到宽带信号，再经过载波调制后发送出去。在接收端，使用该用户的地址码对接收到的信号进行相关解扩，恢复出用户发送的数据。由于其他用户的地址码和目标用户的地址码正交，因此解码时其他用户的信号可以看成是噪声。需要注意的是，在接收过程中，系统必须精确同步。直扩码分多址接收端原理图如图 9-2-11 所示。

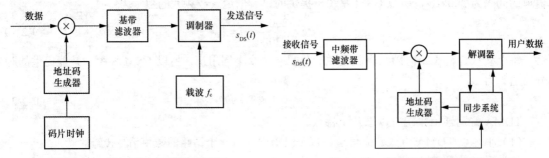

图 9-2-10　直扩码分多址发送端原理图　　　　图 9-2-11　直扩码分多址接收端原理图

直扩码分多址中，由于伪随机码的带宽远大于要传输的信号带宽，因此噪声功率会被分散到较宽的带宽上，这样噪声的影响也会被减小。直扩码通信也能较好地消除多径的影响，在经过了多径后，除了主信号外，其他的多径信号虽然序列与原本的地址码相同，但是会有不同程度的时延，在与原地址码做相关接收后输出很小。因此，多径效应不会影响到主信号的接收。

（2）跳频码分多址

跳频码分多址是在跳频通信的基础上发展起来的一种多址形式。在跳频码分多址中，整个给定的频带被分割成了很多相同的子频道，每个用户的载波频率随时间变化而变化，其变化规律由各自地址码（伪随机序列）决定。图 9-2-12 为跳频码分多址的频道划分图，每个用户根据地址码，在不同时间占用不同子频道（窄带信道），并将数据发送出去。跳频码分多址能够避免一个子信道长时间无人使用的情况，能够更加充分地利用信道资源。

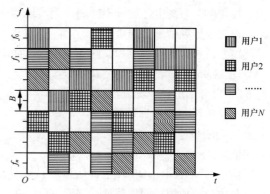

图 9-2-12 跳频码分多址的频道划分图

图 9-2-13 给出了跳频码分多址的系统原理图。频率合成器输出的频率由跳频码生成器控制。在发送端，跳频码生成器不断生成跳频码，控制着频率合成器不断改变载波频率。跳频系统中载波频率变化的规律称为跳频图案。在接收端，只有本地跳频码生成器产生的跳频图案与发送端的一致，才能恢复出用户的数据，以实现正确接收。

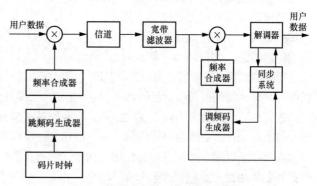

图 9-2-13 跳频码分多址的系统原理图

2．码分多址典型应用——IS-95

从 20 世纪 80 年代末期开始，CDMA 技术因在频谱利用率和抗干扰能力方面具有显著优势而在数字移动通信领域迅速崛起，并展示出巨大的发展潜力。在 CDMA 技术的发展历程中，IS-95 标准扮演了重要角色。这一标准是由美国高通（Qualcomm）公司于 1993 年开发的第二代数字蜂窝通信系统的标准，其中文全称为"双模宽带扩频蜂窝系统的移动台-基站兼容标准"。作为一个空中接口（Common Air Interface，CAI）标准，IS-95 着重规定了信令协议和数据结构的特点，包括对波形和数据序列的明确规定。这些规定确保了不同设备之间的兼容性和系统可靠性，同时为移动通信网络的安全性和隐私保护提供了坚实的基础。IS-95 的主要技术参数如表 9-2-1 所示。

表 9-2-1 IS-95 的主要技术参数

工作频段	824MHz～849MHz（上行链路）；869MHz～894MHz（下行链路）
载波间隔	1.25MHz
双工方式	FDD
多址技术	CDMA
帧长度	20ms
信道数	每一载频 64 个码分多址信道
数据速率	1200、2400、4800、9600bit/s
扩频方式	直接序列扩频
调制方式	移动台：OQPSK\n基站：QPSK
扩频码片速率	1.2288Mc/s（chip per second）
语音编码	可变速率 CELP
信道编码	卷积码，$r = 1/3$，$K = 9$（上行链路）；$r = 1/2$，$K = 9$（下行链路）

在 IS-95 系统中，通过不同码序列实现信道的区分，在基站到移动用户的传输方向（下行链路）设置了导频信道、同步信道、寻呼信道和正向业务信道；在移动用户到基站的传输方向（上行链路）设置有接入信道和反向业务信道，如图 9-2-14 所示。

在 IS-95 中，一个下行链路共设有 64 个码分信道，这些信道通过使用互相正交的沃尔什序列进行区分。在完全同步的情况下，各个沃尔什序列保持完全正交。图 9-2-15 给出了 CDMA 下行信道的配置图，CDMA 下行信道被划分为导频信道、同步信道、寻呼信道和前向信道。其中，导频信号的主要功能是发送一种无调制的直接序列扩频信号，使用户能迅速捕获到信道的定时信息，并提取相干载波对信号进行解调。基站向所有的用户提供基准，用户可通过对周围不同基站的导频信号进行检测和比较，

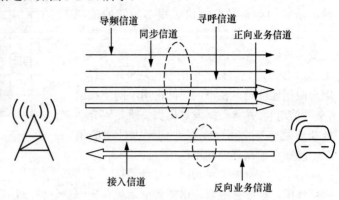

图 9-2-14　CDMA 蜂窝通信系统的信道示意图

以此决定什么时候需要进行越区切换。同步信道主要是用来传输同步信息，帮助用户进行同步调整。用户在完成同步后通常不再需要此信道，但在设备关机并重新开机时，还是需要重新进行同步的。寻呼信道用来传输寻呼用户的信息，用户在建立同步后，会侦听某个寻呼信道（有时由基站指定），以接收系统发出的寻呼信息和其他相关指令。正向业务信道用来传输用户的信息，它的传输速率可

根据通信需求进行逐帧调整，以适应通话者的语音活动，例如，在语音活跃期间，速率较高，而在静音期间则速率降低。总体来看，下行链路的信道配置是灵活的，但其中的导频信道一定有，其他信道可以根据实际情况来配置，典型配置为 1 个导频信道、1 个同步信道、7 个寻呼信道和 55 个业务信道。

上行链路的 PN 码采用的是级数为 42 的 m 序列，其周期的长度为 $m = 2^{42} - 1$。由于 m 序列具有低互相关性，因此我们可以采用 m 序列的不同相位来区分不同信道。CDMA 上行信道的配置图如图 9-2-16 所示，其中包括接入信道和反向信道。接入信道的作用是传送用户随机接入请求的信道；反向业务信道的作用是在呼叫建立期间传输用户信息和信令信息。上行链路支持最多 62 个不同反向业务信道和 32 个不同接入信道。1 个接入信道与 1 个寻呼信道相对应，1 个寻呼信道至少与 1 个、至多与 32 个接入信道对应，标号从 0 到 31。与下行链

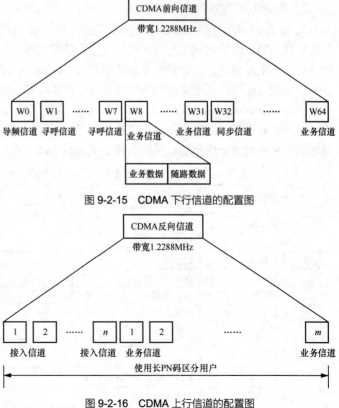

图 9-2-15　CDMA 下行信道的配置图

图 9-2-16　CDMA 上行信道的配置图

路不同，上行链路中没有导频信道，所以基站在接收上行链路的信道时，不能采用相干解调。

CDMA 系统有以下特点。

（1）抗干扰和抗多径衰减能力强：基于扩频技术，能有效地抵御干扰和多径传播效应，通信保密性好。

（2）高容量：与 FDMA 模拟蜂窝通信系统或者 TDMA 数字蜂窝通信系统相比，系统能容纳更多的用户。

（3）"软"容量：系统的容量与用户数量之间存在一种"软"关系，即在系统满负荷运行时，增加少量用户只会导致轻微的通信质量下降，而不会引发信号阻塞。

（4）软切换特性：CDMA 蜂窝系统支持"软切换"功能，在移动用户越区切换时，原基站和新基站同时为用户提供服务，直到该用户与新的基站间建立起可靠的通信链路后，原基站才会终止与该用户的联系。

（5）语音激活技术：CDMA 系统可以充分利用人类对话的不连续性来实现语音激活技术，以提高系统的通信容量。

9.2.5　正交频分多址

正交频分多址是指使用 OFDM 技术，并结合 TDMA、FDMA 或 CDMA 多址技术的一种新的多用户通信系统的接入方式。其可以被视为是正交频分复用的泛化。在 TDMA-OFDM 中，用户是通过不同时间片段区分出来的。一个用户占用时间片中的所有子载波，而下一个时间片的全部子载波则由下一个用户来占用。FDMA-OFDM 中，每个用户占用系统所有子载波中的部分子载波，这些子载波组可以是连续的，也可以是非连续的，这取决于不同的子载波分配方式，如常见的连续分配和交织分配，在具体实现时，一般是先估计移动信号，然后各个用户根据信道状况选择最适合用户本身的子载波组来进行数据传输，也就是自适应资源分配。CDMA-OFDM 中，每个用户通过不同的扩频码字来共享同一个 OFDM 符号。目前基于自适应资源分配的 FDMA-OFDM 系统应用最为广泛，因此我们一般意义上说的 OFDMA 系统是指基于自适应资源分配的 FDMA-OFDM 多址系统。

图 9-2-17 为 TDD OFDM 的帧结构示意图，其中帧的不同颜色代表该帧分配给了不同的用户。可以看出，在每一个时间单元中，OFDM 符号仅仅分配给了一个用户，如果用户需要传输的数据较短，则可能出现时频资源的浪费。在 OFDMA 中，每次分配的对象不再是一个 OFDM 符号，而是在时间和频率两个维度上的资源块。这种方式相比于 OFDM，显然更加灵活地给不同的用户分配资源，也能更加充分地利用时频资源块。图 9-2-18 为 OFDMA 的帧结构示意图，不同颜色的时频资源块代表该资源块被分配给了不同的用户。

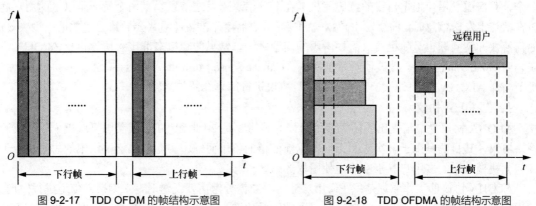

图 9-2-17　TDD OFDM 的帧结构示意图　　　　图 9-2-18　TDD OFDMA 的帧结构示意图

OFDMA 的整体流程图如图 9-2-19 所示。在发送端，各个用户传输的数据先经过调制，将调制之后的数据进行串/并转换，并调制到各个用户分配的对应子载波上。然后，对子载波调制后的信号进行 IFFT，将频域信号转换成时域信号，添加循环前缀，再进行数/模转换之后经由天线发送。信号经过无线信道后，到达接收端。在接收端，信号首先进行模/数转换，去除了循环前缀后再进行 FFT，将时域信号转换成频域信号。各个用户根据导频信号对发送端与接收端之间的信道进行估计，然后根据被分配的子载波和估计出来的信道对对应子载波的数据进行恢复，恢复出来的数据再经过解调，最后进行并/串转换，得到用户发送出来的数据。

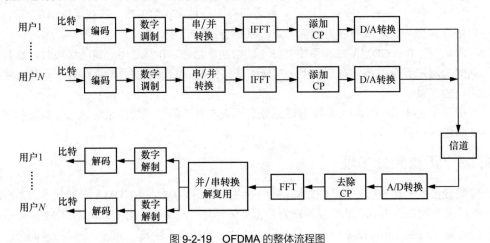

图 9-2-19　OFDMA 的整体流程图

OFDMA 有以下优势。

（1）传输效率高。OFDMA 的频带被分成了很多的窄带，多用户能在同一时间并行传输数据，提高了传输效率，也方便了频率调度。

（2）资源分配灵活。OFDMA 系统根据信道条件动态地为不同用户分配不同的子载波，实现了频谱资源分配的优化，充分利用信道的时频资源。

（3）抗干扰能力强。OFDMA 将频率选择性衰落信道分割成多个平坦子信道，有效减弱了频率选择性衰落，并可显著改善系统容量。

9.2.6　随机多址接入

在通信网络中，每个用户接入通信网络具有随机性，而用户发送数据的时间以及大小也是随机的，所以数据传输具有突发性和随机性。随机多址接入协议属于信道共享技术，多个用户共享一个公共信道，用户根据自己的意愿随机地在公共信道上发送信息。当两个及两个以上的用户同时在信道上发送信息时，便会发生数据包的碰撞，进而产生冲突。冲突会导致用户数据传输失败，如何解决冲突问题也是随机接入需要考虑的问题之一。常见的随机多址接入协议包括 ALOHA 协议、时隙 ALOHA 协议、载波侦听多址接入（Carrier Sense Multiple Access，CSMA）协议等。本小节将对 ALOHA 及其改进协议和 CSMA 类协议进行简单介绍与比较。

1．ALOHA 协议

ALOHA 协议是最早提出的随机多址协议。该协议是 20 世纪 70 年代美国夏威夷大学开发的网络协议，其目的是用于解决地面无线电广播信道的争用问题。实际上，该协议中的思想适用于任何无协调关系的多用户竞争单信道使用权的系统。

ALOHA 协议的工作原理是：任何用户随时有数据分组需要发送时，立刻接入信道进行发送。发送结束后，在相同的信道上或者一个单独的反馈信道上等待响应，若在给定的时间内没有收到确认字符（Acknowledge Character，ACK），则会重新发送刚才的数据分组。由于所有用户都是在同一信道上独立且随机地发送数据包，因此此时会出现数据包发生碰撞的情况。发生碰撞之后，各个用户在经过随机时延后再次发送数据包，直到收到对方的 ACK。

　　ALOHA 的工作原理图如图 9-2-20 所示。假设每个用户发送数据帧的长度为 T_0，用户 1 在发送数据帧 1 的时候，其他用户均未发送数据帧，这时接收端能成功将其接收；用户 2 发送的数据帧 2 与用户 N 发送的数据帧 3 在时间上有重叠，发生了冲突，这时数据帧 2 和数据帧 3 的发送均失败，需要重新发送。当然，在发生冲突后，不能马上再次发送，这样会导致两者发送的数据帧再次重叠。为了避免重传时再次发生冲突，ALOHA 的重传策略是，冲突双方需要分别等待随机时间才能再次发送。同理，如果再次发生冲突，需要用户再次等待随机时间发送数据帧，直到重传成功。从图 9-2-20 中可以看到，在发生冲突后，用户 2 和用户 N 均进行了重传，其中用户 N 重传是为了数据帧 6 且没有与其他用户的数据帧重叠，故发送数据成功；用户 2 重传是为了数据帧 5，但是与用户 1 发送的数据帧 4 有重叠，所以用户 2 重传失败，需要等待随机时间，以便重新发送数据帧。

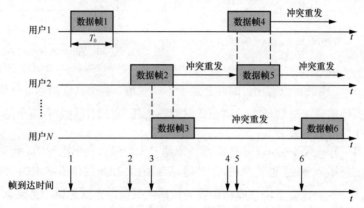

图 9-2-20　ALOHA 的工作原理图

　　从冲突发生的定义来看，要想数据能被接收端成功接收，则在该数据帧发送之前与之后 T_0 时间内，需要确保没有用户发送数据帧，否则数据帧之间就会产生重叠，使数据传输失败。图 9-2-20 中用户 1 的数据帧 1 便是这样一个例子。再看用户 2，用户 2 第一次发送数据帧 2 的时候，在其发送数据帧之后 T_0 时间内，用户 N 发送数据帧 3，导致数据传输失败；第二次发送数据帧 5 时，在其发送数据帧之前的 T_0 时间内，用户 1 发送数据帧 4，导致数据传输失败。

　　在 ALOHA 协议中，一般使用吞吐量 S 和网络负载 G 这两个归一化参数来衡量协议性能。吞吐量 S 是指在时间 T_0 内平均成功发送的数据帧数量；网络负载 G 是指在时间 T_0 内平均发送的数据帧数量，其中包含了成功发送的数据帧数量（即吞吐量 S）和时间 T_0 内由于冲突未能成功发送的数据帧的平均数量。所以有 $G \geqslant S$，且当未发生冲突时 $G = S$。显然，我们有 $0 \leqslant S \leqslant 1$，$S = 1$ 表示数据帧一个紧接一个地发送出去，数据帧之间紧紧挨着，没有任何间隙。此时，整条随机信道被充分利用，但这显然是理想情况，现实中不可能实现。但我们仍然可以使用参数 S 来表示随机信道的利用情况。

　　在通信系统中，不相关数据帧到达可以看成服从泊松过程，所以每秒响应的数据帧数量服从泊松分布。故在数据帧发送时间段 t 内有 n 个数据帧响应的概率为

$$P(n) = (\lambda t)^n \mathrm{e}^{-\lambda t} / n! \quad (n \geqslant 0) \tag{9-2-3}$$

式中，λ 为数据帧的平均到达率，此时网络负载 G 为

$$G = \lambda t \tag{9-2-4}$$

所以在时间 T_0 内没有发生碰撞且发送成功的概率 P_c 为

$$P_c = P(n = 0)|_{t=2T_0} = \mathrm{e}^{-2\lambda T_0} = \mathrm{e}^{-2G} \tag{9-2-5}$$

ALOHA 系统的吞吐量 S 为

$$S = GP_c = Ge^{-2G} \tag{9-2-6}$$

图 9-2-21 中给出了 ALOHA 系统中吞吐量 S 与网络负载 G 之间的关系曲线。

从图 9-2-21 中我们可以看出，当 G 较小时，S 也较小，这说明当发送的数据帧较少时，能够成功发送的数据帧也就较少。S 随着 G 的增大而增大，但是当 G 增大到某个数值后（即为顶点），随着 G 的增大，S 反而会逐渐下降，且逐渐趋向于 0，这说明当发送的数据帧太多时，几乎所有数据帧都发生了碰撞，故无法成功发送到接收端。对式（9-2-6）求导，并令导数为 0，即

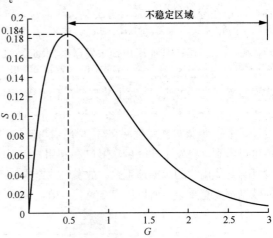

图 9-2-21　ALOHA 系统中吞吐量 S 与
网络负载 G 之间的关系曲线

$$\frac{dS}{dG} = e^{-2G} - 2Ge^{-2G} = 0 \tag{9-2-7}$$

可以得到当 $G = 0.5$ 时，最大吞吐量 $S_{max} = 0.5e^{-1} \approx 0.184$。由此可以看出，即便是最大吞吐量值，整个系统的吞吐量仍然是比较低的。这是由于发送数据帧的碰撞周期是 $2T$，则在该时间段内任一时刻，只要有多个用户同时发送就会造成碰撞，即发生碰撞概率较大。

从之前的内容可知，式（9-2-6）是在假设系统稳定工作的前提下推导的。但是，当 $G > 0.5$ 时系统吞吐量曲线的斜率为负，也就是说，这片区域是不稳定的。这里不稳定的意思是，当 $G > 0.5$ 时，随着 G 的增大，S 应该会下降，成功传输的数据帧减少，也就是说，需要重传的数据帧会变多。这种情况下，网络负载会进一步增大，导致更多数据帧要重传，形成恶性循环。这样所导致的结果是系统的吞吐量会沿着吞吐量曲线迅速下降，直到趋向于 0。所以在 ALOHA 系统中，网络负载量 G 一定不能超过 0.5。

从理论上来说，理想的随机接入系统中的吞吐量极限值是 1。但是 ALOHA 系统的吞吐量的极大值仅仅只有极限值的18.4%。实际应用中为了安全起见，ALOHA 系统的吞吐量不应该超过10%，因此只能应用于用户数不多、对通信实时性和吞吐量要求不高的场景中。为了能提升系统的吞吐量，在 ALOHA 系统上进行了改进，又提出了很多种改进后的 ALOHA 协议。

2．时隙 ALOHA 协议

纯 ALOHA 系统的吞吐量最大值只有18.4%，为了提升随机接入系统的吞吐量，时隙 ALOHA（Slotted-ALOHA，S-ALOHA）被提了出来。时隙 ALOHA 协议的基本思想是：把信道时间分成离散的时隙，每个时隙的长度为数据帧的长度 T_0，同时规定无论数据帧在何时产生，每个用户只能够在每个时隙开始时才能发送数据包，其他过程与纯 ALOHA 协议相同。时隙 ALOHA 的工作原理图如图 9-2-22 所示。当一个用户的数据帧在某个时隙到达后，一般都要在缓存器中暂存一段时间，等到下个时隙开始时，再将数据帧发送出去，正好使一个数据帧在一个时隙内发送完毕。当一个时隙内只有一个数据帧到达时，则该数据帧发送成功；如果一个时隙内有多于一个用户的数据帧到达，则会发生冲突，发生冲突的数据帧将会在后面的时隙内重传。通过这种方式，一个用户数据帧能够成功发送的条件是没有其他数据帧在同一个时隙内到达。与纯 ALOHA 协议相比，没有用户到达的时间从原本的 $2T_0$ 下降到了 T_0，降低了用户发送数据帧产生碰撞的概率，提高了信道的吞吐量。

根据式（9-2-5）和式（9-2-6）可以推导出时隙 ALOHA 吞吐量的表达式为

$$S = GP_c = Ge^{-\lambda T_0} = Ge^{-G} \tag{9-2-8}$$

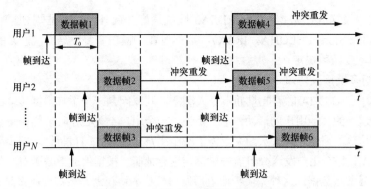

图 9-2-22　时隙 ALOHA 的工作原理图

根据求极值法对式（9-2-8）求导，并令导数为 0，可得

$$\frac{\mathrm{d}S}{\mathrm{d}G} = \mathrm{e}^{-G} - G\mathrm{e}^{-G} = 0 \tag{9-2-9}$$

可以得到当 $G = 1$ 时，系统的吞吐量达到最大值 $S_{\max} = \mathrm{e}^{-1} \approx 0.368$，为纯 ALOHA 系统吞吐量的两倍。我们将时隙 ALOHA 和纯 ALOHA 的吞吐量曲线进行对比，结果如图 9-2-23 所示。与 ALOHA 类似，当 $G > 1$ 时，时隙 ALOHA 系统发生的碰撞和冲突较多，所以应尽量维持网络负载量 G 在 1 附近。

3. 其他改进的 ALOHA 协议

时隙 ALOHA 系统的最大吞吐量为 0.368，仍然不是很高。为了进一步提升系统的吞吐量，后来，人们引入了分集的概念。分集时隙 ALOHA（Diversity Slotted ALOHA，DSA）便是在时隙 ALOHA 的基础上引入了时间分集。

分集时隙 ALOHA 的原理是：将传输时间划分成若干个独立的帧，再将每一帧划分成若干个时隙，每个时隙的长度均为数据帧的长度 T_0，用户在每一帧的随机时隙中重复发送相同的数据帧副本，若有一个数据帧副本没有发生冲突且被成功接收，则代表数据帧发送成功；若是所有数据帧副本均发生了冲突，则在随机

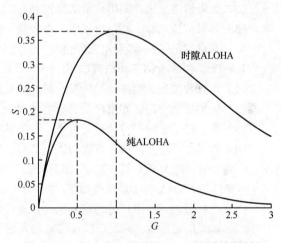

图 9-2-23　纯 ALOHA 和时隙 ALOHA 系统性能比较

帧数后再次发送数据帧。在时隙 ALOHA 中，一次仅发送一个数据帧，若产生冲突，便要在随机时间后重新发送；分集时隙 ALOHA 通过多次传输相同数据帧的方法，避免了因一个数据帧发生的冲突而发送失败的情况，能提高数据帧发送成功的概率，提升系统的吞吐量。

在分集时隙 ALOHA 中，如果用户的一个数据帧副本成功发送，那么该用户发生冲突的数据帧副本不仅无法对用户发送数据帧起到正面作用，还会对其他用户发送数据帧产生干扰。为了能够减少用户成功发送数据帧对其他用户数据帧的干扰，人们进一步提出了竞争解决的分集时隙 ALOHA（Contention Resolution Diversity Slotted ALOHA，CRDSA）。CRDSA 协议的基本思想是：运用连续迭代干扰消除（Successive Interference Cancellation，SIC），每个终端在同一帧中随机选择两个时隙发送数据包，且每个数据包都包含同一帧中其他副本所在时隙信息。当在某一时隙中只有一个数据包发送，则该数据包发送成功。该数据包被接收后，接收端同一帧中该数据包的其他副本对同一时隙其他数据包的干扰会被消除。迭代多次后，一些由于碰撞而未能成功译码的数据包能被成功接收。这样能更充分地利用数据包副本中所含信息，并提高了系统的吞吐量。根据一帧中发送数据包数量的多少，人们还提出了 CRDSA++，其特点是在一帧内发送 3~5 次相同

数据包副本，其中发送 3 次数据包的 CRDSA3 性能最好。此外，还有非规则重传时隙 ALOHA
（Irregular Repetition Slotted ALOHA，IRSA），数据包在一帧内重复发送 k 次，k 的数量由接收端
根据给定的概率密度函数决定。

4．载波侦听多址接入协议

ALOHA 和时隙 ALOHA 的吞吐量并不令人满意，其原因是一个用户数据传输的决定独立于连
接到这个广播信道上的其他用户的活动，也就是说，一个用户不关心在其开始传输数据时是否有其
他用户碰巧也在传输，因此导致大量冲突。为了减少用户传输数据的盲目性，减少数据帧发生碰撞
的概率，我们可以让每个用户发送分组前先对信道进行侦听，根据信道上是否有其他用户正在发送
数据来决定是否要发送数据。这种先侦听信道后发送数据的协议就是载波侦听多址接入协议。

CSMA 协议是由 ALOHA 协议演变而来的，其基本原理是：任何一个用户有数据需要进行信
息分组发送时，先侦听信道中是否存在别的用户在发送数据，如果侦听到信道有数据发送，则信
道为忙，否则信道是空闲的。在侦听过程中，根据"载波侦听策略"的不同，CSMA 可以分为非
坚持型 CSMA（non-persistent CSMA）、1-坚持型 CSMA（1-persistent CSMA）和 p-坚持型 CSMA
（p-persistent CSMA）协议。下面将对这 3 种协议进行介绍。

非坚持型 CSMA 的工作原理如下：

（1）当有数据到达用户处等待发送时，用户对信道进行侦听；

（2）如果信道空闲，则用户发送数据帧；

（3）如果信道忙碌，则不再侦听，在等待一段由概率分布决定的延迟时间后，再次对信道进
行侦听，并重复第（2）步和第（3）步。

1-坚持型 CSMA 的工作原理如下：

（1）当有数据到达用户处等待发送时，用户对信道进行侦听；

（2）如果信道空闲，则用户发送数据帧；

（3）如果信道忙碌，持续侦听信道，直到侦听到信道空闲，发送数据帧；

（4）如果在一段时间内没有收到恢复信号，则代表发生了冲突，在等到一个随机时间后，再
次对信道进行侦听并重复第（2）步和第（3）步。

p-坚持型 CSMA 的工作原理如下：

（1）当有数据到达用户处等待发送时，用户对信道进行侦听；

（2）如果信道空闲，则用户以 p 的概率发送数据帧，以 $1-p$ 的概率延迟一定时间，时间通常
为最大传输时延 τ 的两倍；

（3）如果信道忙碌，持续侦听信道，直到侦听到信道空闲，重复第（2）步。

简单总结上述 3 种 CSMA 协议的特点。非坚持型 CSMA 的特点是当侦听到信道为忙时，不
会一直侦听信道，在经过随机时间后才会再次侦听信道；1-坚持型 CSMA 的特点是直到数据成功
发送前，用户会一直侦听信道，且在信道空闲时会直接发送数据；p-坚持型 CSMA 的特点是会
持续侦听信道，且在信道空闲时会以 p 的概率发送数据帧，以 $1-p$ 的概率延迟一定时间。p-坚持
型 CSMA 的优点是它既能像 1-坚持型 CSMA 那样持续侦听信道，减少信道空闲时间，又能像非
坚持型 CSMA 那样，通过随机时延来降低用户间发生冲突的概率。

非坚持型 CSMA 的吞吐量 S 和网络负载量 G 的关系如式（9-2-10）所示。

$$S = \frac{G}{1+G} \qquad (9\text{-}2\text{-}10)$$

1-坚持型 CSMA 的吞吐量 S 和网络负载量 G 的关系如式（9-2-11）所示。

$$S = \frac{Ge^{-G}(1+G)}{e^{-G}+G} \qquad (9\text{-}2\text{-}11)$$

p -坚持型 CSMA 的吞吐量 S 和网络负载量 G 的关系如式（9-2-12）所示。

$$S = \frac{Ge^{-G}(1+pGx)}{e^{-G}+G} \qquad (9\text{-}2\text{-}12)$$

式中 x 满足

$$x = \sum_{k=0}^{\infty} \frac{[(1-p)G]^k}{[1-(1-p)^{k+1}]k!} \qquad (9\text{-}2\text{-}13)$$

图 9-2-24 给出了几种随机多址协议的性能曲线。

5．CSMA/CD 和 CSMA/CA 协议

（1）CSMA/CD 协议

载波侦听多址接入/冲突检测（CSMA/Collision Detection，CSMA/CD）协议是在 CSMA 协议的基础上，增加了冲突检测机制。为了减少冲突，用户在发送数据的过程中还要不停地检测自己发送的数据是否在传输过程中与其他用户发送的数据发生冲突，这就是冲突检测。

CSMA/CD 协议的工作原理是：在发送数据前，先侦听总线是否空闲。若总线忙，等待一段时间；若总线空闲，则把准备好的数据发送到总线上。在发送数据的过程中，工作站边发送边检测总线是否与

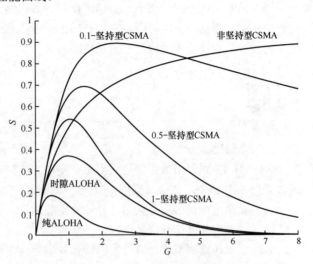

图 9-2-24　随机多址协议的性能曲线

自己发送的数据有冲突。若无冲突，则继续发送，直到发送完全部数据，传输成功且节点在等待帧间隔（Interframe Gap，IFG）时间后，可以进行下一次传输；若有冲突，则中止数据发送，发送阻塞信号，让所有节点立即停止发送数据，然后等待一个预设的随机时间，且在总线为空闲时，再重新发送未发完的数据。

CSMA/CD 控制方式的特点是：原理比较简单，技术上易实现，网络中各工作站处于平等地位，不需集中控制，不提供优先级控制。但在网络负载增大时，发送时间增长，发送效率急剧下降。CSMA/CD 是总线型以太网的 MAC 标准。

（2）CSMA/CA 协议

CSMA/CD 协议可成功地应用于有线连接的局域网。在无线网络中进行冲突检测，有时是困难的，因此人们制定出载波侦听多址接入/冲突避免（CSMA/Collision Avoid，CSMA/CA）协议，采用主动避免碰撞而非被动监测的方式来解决冲突问题。

CSMA/CA 协议的工作原理是：一个工作站希望在无线网络中传送数据，如果信道空闲，则附加等待一段时间，再随机选择一个时间片继续探测信道，如果信道仍然空闲，就将数据发送出去。该协议通过随机的时间等待，使数据冲突发生的概率大幅度降低。不仅如此，接收端的工作站如果收到发送端发送的完整数据则会发送一个 ACK 帧，如果这个 ACK 帧被发送端收到，则这个数据发送过程完成；如果发送端没有收到 ACK 帧，则表明发送的数据没有被完整收到或者 ACK 帧发送失败，但不管是哪种现象发生，都认为是发送失败。

CSMA/CD 与 CSMA/CA 的主要差别在于。

（1）CSMA/CD 为带有冲突检测的载波侦听多址接入，源自 1-坚持型 CSMA，可以检测冲突，但无法"避免"。

（2）CSMA/CA 为带有冲突避免的载波侦听多址接入，源自 p-坚持型 CSMA，发送包的同时不能检测到信道上有无冲突，只能尽量"避免"。

（3）两者的传输介质不同，CSMA/CD 用于总线式以太网，CSMA/CA 则用于无线局域网。

（4）检测方式不同，CSMA/CD 采用的是冲突检测加上发送阻塞信号的机制，一边发送数据一边侦听信道，一旦发生冲突则马上发送阻塞信号，停止传输。如果整个过程中没有发生冲突也没收到阻塞信号，则说明发送成功。CSMA/CA 采用 ACK 的检测机制，即如果收到接收端发送的 ACK 信号，则说明该次发送成功。

随机多址接入协议

（5）侦听机制不同，由于 CSMA/CD 是有线网络，故其侦听是直接检测电缆中的电压来判断信道空闲与否。在 CSMA/CA 中主要采用能量检测、载波检测和能量与载波混合检测 3 种检测信道空闲的方式。

习题

一、基础题

9-1　有 12 路模拟语音信号采用频分复用方式传输。已知语音信号频率范围为 0～4kHz，副载波采用 SSB 调制，主载波采用 DSB-SC 调制。

（1）试画出频谱结构示意图，并计算副载波调制合成信号带宽。

（2）试求主载波调制信号带宽。

9-2　有 60 路模拟语音信号采用频分复用方式传输。已知语音信号频率范围为 0～4kHz，副载波采用 SSB 调制，主载波采用 FM 调制，调制指数 $m_f = 2$。

（1）试计算副载波调制合成信号带宽。

（2）试求信道传输信号带宽。

9-3　设有 60 路模拟语音信号采用频分复用方式传输。已知每路语音信号频率范围为 0～4kHz（含防护频带），先由 12 路电话复用为一个基群，其中第 n 路载频 $f_{cn} = 112 - 4n$（$n = 1, 2, \cdots, 12$），采用下边带调制；再由 5 个基群复用（仍采用下边带调制）为一个超群，共 60 路电话，占用频率范围为 312kHz～552kHz。试求：

（1）基群占用的频率范围和带宽；

（2）各超群的载频值。

9-4　已知一个基本主群由 10 个超群复用组成，试画出频谱结构，并计算频率范围。

9-5　有 24 路模拟语音信号采用时分复用 PAM 方式传输，每路语音信号带宽为 4kHz，采用奈奎斯特速率采样，PAM 脉冲宽度为 τ，占空比为 50%。试计算脉冲宽度 τ。

9-6　有 12 路模拟语音信号采用时分复用 PCM 方式传输，每路语音信号带宽为 4kHz，采用奈奎斯特速率采样，8 位编码，PCM 脉冲宽度为 τ，占空比为 100%。试计算脉冲宽度 τ。

9-7　有 24 路模拟语音信号采用时分复用 PAM 方式传输，每路语音信号带宽为 4kHz，采用奈奎斯特速率采样，PAM 脉冲宽度为 τ，占空比为 50%。

（1）试计算此 24 路 PAM 信号第一个零点带宽。

（2）试计算此 24 路 PAM 系统最小带宽。

9-8　有 32 路模拟语音信号采用时分复用 PCM 方式传输，每路语音信号带宽为 4kHz，采用奈奎斯特速率采样，8 位编码，PCM 脉冲宽度为 τ，占空比为 100%。

（1）试计算此 24 路 PCM 信号第一个零点带宽。

（2）试计算此 24 路 PCM 系统最小带宽。

9-9 对于标准 PCM30/32 路制式基群系统，试回答以下问题。

（1）计算每个时隙时间宽度和每帧时间宽度。

（2）计算信息传输速率和每比特时间宽度。

9-10 对于标准 PCM24 路制式基群系统，试回答以下问题。

（1）计算每个时隙时间宽度和每帧时间宽度。

（2）计算信息传输速率和每比特时间宽度。

9-11 已知语音信号的最高频率 f_H=3400 Hz，若用线性 PCM 系统传输，要求信号量化噪声比 S/N_q 不低于 30dB。试求此 PCM 系统所需的奈奎斯特带宽。

9-12 已知模拟信号 $f(t) = 10\sin(4000\pi t) + \sin(8000\pi t)$ （V），对其进行 A 律 13 折线 PCM 编码。设一个输入抽样脉冲幅度为 0.546875V，最小量化间隔为 1 个量化单位（Δ）。

（1）试求此时编码器的输出码组和量化误差。

（2）若采用时分多路系统传输 10 路编码后的 PCM 信号，传输波形为非归零的矩形脉冲时，试确定该 PCM 时分多路信号的信息传输速率和传输带宽（第一零点带宽）。

9-13 16 路独立信源的频带分别为 W、W、$2W$、$2W$、$3W$、$3W$。若采用时分复用制进行传输，每路信源均采用 8 位对数 PCM 编码。

（1）设计该系统的帧结构和总时隙数，求每个时隙占有时隙宽度 T 以及脉冲宽度。

（2）求信道最小传输频带。

9-14 北美洲采用 PCM 24 路复用系统。现已知每路的抽样频率 f_n=8kHz，每个样值用 8bit 表示，每帧共有 24 个时隙，并加 1bit 作为帧同步信号。求每路时隙宽度与总群路的数码率。

9-15 试计算二次群复接器的支路子帧插入比特数 m_s 和码速调整率 S。

9-16 根据哈达玛矩阵的递推公式，试回答以下问题。

（1）写出 N 阶哈达玛矩阵一般表示式。

（2）若哈达玛矩阵中各元素取"0"和"1"，写出 8 阶哈达玛矩阵。

（3）验证 8 阶哈达玛矩阵中第 2 行与第 7 行之间的正交性。

9-17 将哈达玛矩阵中行的次序按"+1"和"−1"交变次数的多少重新排列可以得到沃尔什矩阵，并回答以下问题。

（1）写出沃尔什矩阵 W_8。

（2）画出第 3 行和第 6 行沃尔什码波形，并验证该两个沃尔什码的正交性。

9-18 若给定一个 21 级的移位寄存器，其可能产生的最长码序列有多长？

9-19 若 m 序列的本原多项式 $f(x) = x^3 + x + 1$，试回答以下问题。

（1）画出该 m 序列发生器的原理图。

（2）写出该 m 序列。

（3）求该 m 序列的自相关函数。

9-20 判断下列多项式是否为 m 序列的本原多项式。

（1）$f(x) = x^4 + x + 1$。

（2）$f(x) = x^4 + x^2 + 1$。

（3）$f(x) = x^5 + x^4 + x + 1$。

（4）$f(x) = x^3 + x + 1$。

9-21 已知级数 $r = 9$，试求 m 序列的长度及各游程数。

9-22 已知线性反馈移存器序列的特征多项式为 $f(x) = x^3 + x + 1$，求此序列的状态转移图，并说明它是否是 m 序列。

9-23 已知 m 序列的特征多项式为 $f(x)=x^4+x+1$，写出此序列一个周期中的所有游程。

9-24 已知某线性反馈移存器序列发生器的特征多项式为 $f(x)=x^3+x^2+1$，请画出此序列发生器的结构图，写出它的输出序列（至少包括一个周期），并指出其周期是多少。

9-25 试回答以下问题。

（1）写出 8 阶哈达玛矩阵。

（2）验证此矩阵的第 3 行和第 4 行是正交的。

（3）写出与此 8 阶哈达玛矩阵的各行所对应的 8 阶沃尔什序列的各下标号。

9-26 美国 TDMA 数字蜂窝系统的数据速率为 48.6kbit/s，假设每帧支持 3 个用户，每一用户占用每帧中 6 个时隙的 2 个。试求每一用户的原始数据速率。

9-27 简述 OFDM 系统的基本原理。

9-28 OFDM 相邻符号间插入循环前缀的目的是什么？

9-29 什么是"加窗"技术？其作用是什么？

9-30 简述 OFDM 技术的优点和缺点。

二、提高题

9-31 12 路语音信号分别被上边带调幅频分复用，得到的基带信号为 $m(t)$，再将 $m(t)$ 通过调频器，如题 9-31 图（a）所示，其中每路语音信号 $m_i(t)$ 限带于 $W=4$ kHz，进行上边带调幅的载波为 $c_i(t)=\cos(2\pi f_{c_i}t)$，$f_{c_i}=(i-1)W$，$i=1,2,\cdots,12$，$m(t)$ 的振幅谱为题 9-31 图（b），调频器的载频为 f_c，最大频偏 480 kHz。

（1）求出 FM 信号的带宽。

（2）画出解调图。

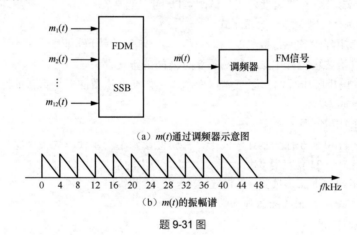

（a）$m(t)$ 通过调频器示意图

（b）$m(t)$ 的振幅谱

题 9-31 图

9-32 对 10 路带宽均为 300Hz～3400Hz 的模拟信号进行 PCM 时分复用传输，设抽样速率为 8000 Hz，抽样后进行 8 级量化，并编成自然二进制码，试求：

（1）传输此复用信号的信息传输速率；

（2）若传输码元波形是宽度为 τ 的矩形脉冲，且占空比为 1，求所需的传输带宽（第一谱零点带宽）和奈奎斯特基带带宽；

（3）若矩形脉冲的占空比为 1/2，重做第（2）小题。

9-33 若将题 9-32 中的"8 级量化"改为"128 级量化"，重做题 9-32。

9-34 用 MATLAB 对 PCM30/32 路制式基群系统进行仿真。

（1）在发送端产生 PCM 信号。

（2）在接收端恢复出 1 路模拟信号。

（3）仿真信道误码对恢复模拟信号性能的影响，画出误码率和恢复模拟信号信噪比的关系曲线。

9-35　用 MATLAB 对 PCM24 路制式基群系统进行仿真。

（1）在发送端产生 PCM 信号。

（2）在接收端恢复出 1 路模拟信号。

（3）仿真信道误码对恢复模拟信号性能的影响，画出误码率和恢复模拟信号信噪比的关系曲线。

9-36　若 m 序列的本原多项式为 $f(x) = x^4 + x^3 + 1$，试回答以下问题。

（1）画出该 m 序列发生器的原理图。

（2）写出该 m 序列。

（3）求该 m 序列的自相关函数。

（4）分析该 m 序列游程分布。

9-37　利用 m 序列的移位相加特性证明双极性 m 序列的周期性自相关函数为二值函数，且主副峰之比等于码长（周期）。

9-38　采用 m 序列测距，已知时钟频率为 1MHz，最远目标距离为 3000km，求 m 序列的长度（一周期的码片数）。

9-39　对于 GSM TDMA 系统，其数据传输速率为 270.833kbit/s，假设每帧支持 8 个用户，试回答以下问题。

（1）求每一用户的原始数据速率。

（2）若保护时间和同步比特共占用 11.1kbit/s，求每一用户的传输效率。

9-40　试证明纯 ALOHA 协议的最大通过量为 $1/2e$，此最大值出现在网络负载 $G = 0.5$ 处。

9-41　在一个纯 ALOHA 系统中，若分组长度 T=10ms，平均每秒响应的分组个数 λ=20pkt/s，试回答以下问题。

（1）求网络负载 G。

（2）求时间段 T 内无碰撞成功发送的概率 P_c。

（3）求通过量 S。

9-42　试证明时隙 ALOHA 协议的最大通过量为 $1/e$，此最大值出现在网络负载 G=1 处。

9-43　对于时隙 ALOHA 系统，若分组长度 T=10ms，平均每秒响应的分组个数 λ=20pkt/s，试回答以下问题。

（1）求网络负载 G。

（2）求通过量 S。

附录 A　常用三角公式

常用三角公式如附表 A-1 所示。

附表 A-1　常用三角公式

倍角公式	$\sin 2a = 2\sin a\cos a$
	$\cos 2a = \cos^2 a - \sin^2 a = 1 - 2\sin^2 a = 2\cos^2 a - 1$
	$\tan 2a = \dfrac{2\tan a}{1 - \tan^2 a}$
降幂公式	$\sin^2 a = (1 - \cos 2a)/2$
	$\cos^2 a = (1 + \cos 2a)/2$
两角和差	$\cos(\alpha \pm \beta) = \cos\alpha\cos\beta \mp \sin\alpha\sin\beta$
	$\sin(\alpha \pm \beta) = \sin\alpha\cos\beta \pm \cos\alpha\sin\beta$
	$\tan(\alpha \pm \beta) = \dfrac{\tan\alpha \pm \tan\beta}{1 \mp \tan\alpha\tan\beta}$
和差化积	$\sin\alpha + \sin\beta = 2\sin[(\alpha+\beta)/2]\cos[(\alpha-\beta)/2]$
	$\sin\alpha - \sin\beta = 2\cos[(\alpha+\beta)/2]\sin[(\alpha-\beta)/2]$
	$\cos\alpha + \cos\beta = 2\cos[(\alpha+\beta)/2]\cos[(\alpha-\beta)/2]$
	$\cos\alpha - \cos\beta = -2\sin[(\alpha+\beta)/2]\sin[(\alpha-\beta)/2]$
积化和差	$\sin\alpha\cos\beta = \dfrac{1}{2}[\sin(\alpha+\beta) + \sin(\alpha-\beta)]$
	$\cos\alpha\sin\beta = \dfrac{1}{2}[\sin(\alpha+\beta) - \sin(\alpha-\beta)]$
	$\cos\alpha\cos\beta = \dfrac{1}{2}[\cos(\alpha+\beta) + \cos(\alpha-\beta)]$
	$\sin\alpha\sin\beta = -\dfrac{1}{2}[\cos(\alpha+\beta) - \cos(\alpha-\beta)]$

附录 B 傅里叶变换性质

傅里叶变换性质如附表 B-1 所示。

附表 B-1 傅里叶变换性质

运算名称	函数 $x(t)$	傅里叶变换 $X(f)$
线性叠加	$ax_1(t) + bx_2(t)$	$aX_1(f) + bX_2(f)$
共轭	$x^*(t)$	$X^*(-f)$
对称	$X(t)$	$2\pi x(-f)$
标尺变换	$x(at)$	$\dfrac{1}{\lvert a \rvert} X(f/a)$
反演	$x(-t)$	$X(-f)$
时延	$x(t - t_0)$	$X(f)e^{-j2\pi t_0 f}$
时域微分	$\dfrac{d^n x(t)}{dt^n}$	$(j2\pi f)^n X(f)$
时域积分	$\displaystyle\int_{-\infty}^{t} x(v)dv$	$\dfrac{1}{j2\pi f} X(f) + \dfrac{1}{2} X(0)\sigma(f)$
时域相关	$R(\tau) = \int x_1(t)x_2^*(t+\tau)dt$	$X_1(f)X_2^*(f)$
时域卷积	$x_1(t)x_2(t)$	$X_1(f)X_2(f)$
频移	$x(t)e^{j2\pi f_0 t}$	$X(f - f_0)$
频域微分	$(-j2\pi t)^n x(t)$	$\dfrac{d^n X(f)}{df^n}$
频域卷积	$x_1(t)x_2(t)$	$X_1(f)X_2(f)$
帕塞瓦尔定理	$\displaystyle\int_{-\infty}^{\infty} x_1(t)x_2(t)\,dt$	$\displaystyle\int_{-\infty}^{\infty} X_1(f)X_2^*(f)\,df$
维纳-辛钦定理	$R(\tau) = E[X(t)X(t+\tau)] = \displaystyle\int_{-\infty}^{\infty} P(f)e^{j2\pi f\tau}\,df$	$P(f) = \displaystyle\int_{-\infty}^{\infty} R(\tau)e^{-j2\pi f\tau}\,d\tau$

附录 C 常用傅里叶变换

常用傅里叶变换如附表 C-1 所示。

附表 C-1 常用傅里叶变换

函数名称	函数 $x(t)$	傅里叶变换 $X(f)$
指数函数	$e^{-\alpha t}u(t)$	$\dfrac{1}{\alpha+j2\pi f}$
双边指数函数	$e^{-\alpha|t|}$	$\dfrac{2\alpha}{\alpha^2+4\pi^2 f^2}$
三角函数	$\begin{cases}1-|t|,|t|\leqslant 1\\0,|t|>1\end{cases}$	$\left(\dfrac{\sin f}{f}\right)^2$
高斯函数	$e^{-\alpha t^2}$	$\sqrt{\dfrac{\pi}{\alpha}}e^{\frac{(\pi f)^2}{\alpha}}$
冲激函数	$\delta(t)$	1
阶跃函数	$u(t)$	$\dfrac{1}{2}\delta(t)+\dfrac{1}{j2\pi f}$
sgn t	$\dfrac{t}{|t|}$	$\dfrac{1}{j\pi f}$
常数	K	$K\delta(f)$
余弦函数	$\cos\omega_0 t$	$\dfrac{1}{2}[\delta(f+f_0)+\delta(f-f_0)]$
正弦函数	$\sin\omega_0 t$	$\dfrac{j}{2}[\delta(f+f_0)-\delta(f-f_0)]$
复指数函数	$e^{j\omega_0 t}$	$\delta(f-f_0)$
脉冲序列	$\displaystyle\sum_{n=-\infty}^{\infty}\delta(t-nT)$	$\dfrac{1}{T}\displaystyle\sum_{n=-\infty}^{\infty}\delta\left(f-\dfrac{n}{T}\right)$

附录 D Q 函数和误差函数

1. Q 函数

在计算数字传输系统错误概率时，经常需要求高斯分布概率密度函数尾部的面积。这在数学上可以表达为

$$P = \int_{x_0}^{\infty} \frac{1}{\sigma\sqrt{2\pi}} \exp\left[-\frac{(x-m)^2}{2\sigma^2}\right] dx \tag{D-1}$$

可用 Q 函数来表征上述积分：

$$Q(\alpha) = \int_{\alpha}^{\infty} \frac{1}{\sqrt{2\pi}} \exp\left[-\frac{y^2}{2}\right] dy \tag{D-2}$$

两者的关系为

$$P = Q\left(\frac{x_0 - m}{\sigma}\right) \tag{D-3}$$

Q 函数具有如下性质。

（1） $Q(0) = \dfrac{1}{2}$ 。

（2） $Q(-\alpha) = 1 - Q(\alpha)$ ， $\alpha > 0$ 。

（3） $Q(\alpha) \approx \dfrac{1}{\alpha\sqrt{2\pi}} e^{-\alpha^2/2}$ ， $\alpha \gg 1$（通常 $\alpha > 4$ 即可）。

Q 函数及其值分别列于附表 D-1 和附表 D-2 中。

附表 D-1 Q 函数及其值（ $\alpha \in [0.00, 2.99]$ ）

α	0.00	0.01	0.02	0.03	0.04	0.05	0.06	0.07	0.08	0.09
0.0	0.5000	0.4960	0.4920	0.4880	0.4840	0.4801	0.4761	0.4721	0.4681	0.4641
0.1	0.4602	0.4562	0.4522	0.4483	0.4443	0.4404	0.4364	0.4325	0.4286	0.4247
0.2	0.4207	0.4168	0.4129	0.4094	0.4052	0.4013	0.3974	0.3936	0.3897	0.3859
0.3	0.3821	0.3783	0.3745	0.3707	0.3669	0.3632	0.3594	0.3557	0.3520	0.3483
0.4	0.3446	0.3409	0.3372	0.3336	0.3300	0.3264	0.3228	0.3192	0.3156	0.3121
0.5	0.3085	0.3050	0.3015	0.2981	0.2946	0.2912	0.2877	0.2843	0.2810	0.2776
0.6	0.2743	0.2709	0.2676	0.2643	0.2611	0.2578	0.2546	0.2514	0.2483	0.2451
0.7	0.2420	0.2389	0.2358	0.2327	0.2296	0.2266	0.2236	0.2206	0.2177	0.2149
0.8	0.2119	0.2090	0.2061	0.2033	0.2005	0.1977	0.1949	0.1922	0.1894	0.1867
0.9	0.1841	0.1814	0.1788	0.1762	0.1736	0.1711	0.1685	0.1660	0.1635	0.1611
1.0	0.1587	0.1562	0.1539	0.1515	0.1492	0.1469	0.1446	0.1423	0.1401	0.1379
1.1	0.1357	0.1335	0.1314	0.1292	0.1271	0.1251	0.1230	0.1210	0.1190	0.1170
1.2	0.1151	0.1131	0.1112	0.1093	0.1075	0.1056	0.1038	0.1020	0.1003	0.0985
1.3	0.0967	0.0951	0.0934	0.0918	0.0901	0.0885	0.0869	0.0853	0.0838	0.0823
1.4	0.0808	0.0793	0.0778	0.0764	0.0749	0.0735	0.0721	0.0708	0.0694	0.0681
1.5	0.0668	0.0655	0.0643	0.0630	0.0618	0.0606	0.0594	0.0582	0.0571	0.0559
1.6	0.0548	0.0537	0.0526	0.0516	0.0505	0.0495	0.0485	0.0475	0.0465	0.0455

续表

α	0.00	0.01	0.02	0.03	0.04	0.05	0.06	0.07	0.08	0.09
1.7	0.0446	0.0436	0.0427	0.0418	0.0409	0.0401	0.0392	0.0384	0.0375	0.0367
1.8	0.0359	0.0351	0.0344	0.0336	0.0329	0.0322	0.0314	0.0307	0.0301	0.0294
1.9	0.0287	0.0281	0.0274	0.0268	0.0262	0.0256	0.0250	0.0244	0.0239	0.0233
2.0	0.0228	0.0222	0.0217	0.0212	0.0207	0.0202	0.0197	0.0192	0.0188	0.0183
2.1	0.0179	0.0174	0.0170	0.0166	0.0162	0.0158	0.0154	0.0150	0.0146	0.0143
2.2	0.0139	0.0136	0.0132	0.0129	0.0125	0.0122	0.0119	0.0116	0.0113	0.0110
2.3	0.0107	0.0104	0.0102	0.0099	0.0096	0.0093	0.0091	0.0089	0.0086	0.0084
2.4	0.0082	0.0080	0.0077	0.0075	0.0073	0.0071	0.0069	0.0067	0.0066	0.0064
2.5	0.0062	0.0060	0.0059	0.0057	0.0055	0.0054	0.0052	0.0051	0.0049	0.0048
2.6	0.0047	0.0045	0.0044	0.0043	0.0042	0.0040	0.0039	0.0038	0.0037	0.0036
2.7	0.0035	0.0034	0.0033	0.0032	0.0031	0.0030	0.0029	0.0028	0.0027	0.0026
2.8	0.0026	0.0025	0.0024	0.0023	0.0023	0.0022	0.0021	0.0021	0.0020	0.0019
2.9	0.0019	0.0018	0.0018	0.0017	0.0016	0.0016	0.0015	0.0015	0.0014	0.0014

查表举例：$\alpha = 0.54$。由附表 D-1 第 7 行第 6 列可查得 $Q(0.54) = 0.2946$。

附表 D-2　Q 函数及其值（$\alpha \in [3.00, 5.95]$）

α	$Q(\alpha)$	α	$Q(\alpha)$	α	$Q(\alpha)$
3.00	1.35×10^{-3}	4.00	3.17×10^{-5}	5.00	2.87×10^{-7}
3.05	1.14×10^{-3}	4.05	2.56×10^{-5}	5.05	2.21×10^{-7}
3.10	9.68×10^{-4}	4.10	2.07×10^{-5}	5.10	1.70×10^{-7}
3.15	8.16×10^{-4}	4.15	1.66×10^{-5}	5.15	1.30×10^{-7}
3.20	6.87×10^{-4}	4.20	1.33×10^{-5}	5.20	9.96×10^{-8}
3.25	5.77×10^{-4}	4.25	1.07×10^{-5}	5.25	7.61×10^{-8}
3.30	4.83×10^{-4}	4.30	8.54×10^{-6}	5.30	5.79×10^{-8}
3.35	4.04×10^{-4}	4.35	6.81×10^{-6}	5.35	4.40×10^{-8}
3.40	3.37×10^{-4}	4.40	5.41×10^{-6}	5.40	3.33×10^{-8}
3.45	2.80×10^{-4}	4.45	4.29×10^{-6}	5.45	2.52×10^{-8}
3.50	2.33×10^{-4}	4.50	3.40×10^{-6}	5.50	1.90×10^{-8}
3.55	1.93×10^{-4}	4.55	2.68×10^{-6}	5.55	1.43×10^{-8}
3.60	1.59×10^{-4}	4.60	2.11×10^{-6}	5.60	1.07×10^{-8}
3.65	1.31×10^{-4}	4.65	1.66×10^{-6}	5.65	8.03×10^{-9}
3.70	1.08×10^{-4}	4.70	1.30×10^{-6}	5.70	6.00×10^{-9}
3.75	8.84×10^{-5}	4.75	1.02×10^{-6}	5.75	4.47×10^{-9}
3.80	7.23×10^{-5}	4.80	7.93×10^{-7}	5.80	3.32×10^{-9}
3.85	5.91×10^{-5}	4.85	6.17×10^{-7}	5.85	2.46×10^{-9}
3.90	4.81×10^{-5}	4.90	4.79×10^{-7}	5.90	1.82×10^{-9}
3.95	3.91×10^{-5}	4.95	3.71×10^{-7}	5.95	1.34×10^{-9}

2．误差函数

误差函数是统计学上常用的函数，通常定义为

$$\mathrm{erf}(\beta) = \frac{2}{\sqrt{\pi}} \int_0^{\beta} \mathrm{e}^{-y^2} \mathrm{d}y \qquad (\text{D-4})$$

误差函数具有如下性质。

（1）$\mathrm{erf}(-\beta) = -\mathrm{erf}(\beta)$。

（2）$\mathrm{erf}(\infty) = 1$。

误差函数及其值如附表 D-3 所示。

附表 D-3　误差函数及其值

β	$\mathrm{erf}(\beta)$	β	$\mathrm{erf}(\beta)$	β	$\mathrm{erf}(\beta)$	β	$\mathrm{erf}(\beta)$
0.00	0.00000	0.55	0.56332	1.10	0.88021	1.65	0.98038
0.05	0.05637	0.60	0.60386	1.15	0.89612	1.70	0.98379
0.10	0.11246	0.65	0.64203	1.20	0.91031	1.75	0.98667
0.15	0.16800	0.70	0.67780	1.25	0.92290	1.80	0.98909
0.20	0.22270	0.75	0.71116	1.30	0.93401	1.85	0.99111
0.25	0.27633	0.80	0.74210	1.35	0.94376	1.90	0.99279
0.30	0.32863	0.85	0.77067	1.40	0.95229	1.95	0.99418
0.35	0.37938	0.90	0.79691	1.45	0.95970	2.00	0.99532
0.40	0.42839	0.95	0.82089	1.50	0.96611	2.50	0.99959
0.45	0.47548	1.00	0.84270	1.55	0.97162	3.00	0.99998
0.50	0.52050	1.05	0.86244	1.60	0.97635	3.30	0.999998

Q 函数与误差函数之间有如下关系：

$$\mathrm{erf}(\alpha) = 1 - 2Q(\sqrt{2}\alpha) \qquad (\text{D-5})$$

参考文献

[1] 曹志刚. 通信原理与应用: 基础理论部分[M]. 北京: 高等教育出版社, 2015.

[2] 曹志刚. 通信原理与应用: 系统案例部分[M]. 北京: 高等教育出版社, 2015.

[3] 曹志刚, 钱亚生. 现代通信原理[M]. 北京: 清华大学出版社, 2008.

[4] 樊昌信, 曹丽娜. 通信原理[M]. 7 版. 北京: 国防工业出版社, 2012.

[5] 樊昌信. 通信原理教程[M]. 4 版. 北京: 电子工业出版社, 2019.

[6] T. S. 拉帕波特. 无线通信原理与应用[M]. 2 版. 周文安, 付秀花, 王志辉, 等译. 北京: 电子工业出版社, 2018.

[7] J. G. 普罗基斯. 数字通信[M]. 4 版. 张力军, 张宗橙, 郑宝玉, 等译. 北京: 电子工业出版社, 2006.

[8] 周荫清. 信息理论基础[M]. 5 版. 北京: 北京航空航天大学出版社, 2020.

[9] 仇佩亮, 陈惠芳, 谢磊. 数字通信基础[M]. 北京: 电子工业出版社, 2007.

[10] B. 斯克拉. 数字通信: 基础与应用[M]. 2 版. 徐平平, 宋铁成, 叶芝慧, 等译. 北京: 电子工业出版社, 2002.

[11] 周炯槃, 庞沁华, 续大我, 等. 通信原理[M]. 4 版. 北京: 北京邮电大学出版社, 2015.

[12] 周炯槃. 通信网理论基础[M]. 2 版. 北京: 人民邮电出版社, 2009.

[13] A. 哥德史密斯. 无线通信[M]. 杨鸿文, 李卫东, 郭文彬, 等译. 北京: 人民邮电出版社, 2007.

[14] 大卫·谢, P. 维斯瓦纳斯. 无线通信基础[M]. 李锵, 周进, 等译. 北京: 人民邮电出版社, 2007.

[15] 陈树新. 数字信号处理[M]. 3 版. 北京: 高等教育出版社, 2015.

[16] A. F. 莫利斯. 无线通信[M]. 2 版. 田斌, 帖翊, 任光亮, 译. 北京: 电子工业出版社, 2015.